मध्य प्रदेश कर्मचारी चयन मण्डल

मध्य प्रदेश

शासन, स्कूल शिक्षा विभाग के अन्तर्गत

मध्य प्रदेश कर्मचारी चयन मण्डल

मध्य प्रदेश

शासन, स्कूल शिक्षा विभाग के अन्तर्गत

उच्च माध्यमिक शिक्षक

पात्रता परीक्षा (ऑनलाइन)

हिन्दी भाषा

लेखकगण
राजीव पाण्डेय

अरिहन्त पब्लिकेशन्स (इण्डिया) लिमिटेड

卐 रजि. कार्यालय

'रामछाया' 4577/15, अग्रवाल रोड, दरिया गंज, नई दिल्ली- 110002
फोन: 011-47630600, 43518550

卐 मुख्य कार्यालय

कालिन्दी, टी०पी० नगर, मेरठ (यूपी)– 250002
फोन: 0121-7156203, 7156204

卐 शाखा कार्यालय

आगरा, अहमदाबाद, बरेली, बंगलुरु, चेन्नई, दिल्ली, गुवाहाटी, हैदराबाद, जयपुर, झाँसी, कोलकाता, लखनऊ, नागपुर तथा पुणे

卐 मूल्य ₹ 220.00

PO No : TXT-59-T067403-09-25

PUBLISHED BY ARIHANT PUBLICATIONS (INDIA) LTD.

'अरिहन्त' की पुस्तकों के बारे में अधिक जानकारी के लिए हमारी वेबसाइट **www.arihantbooks.com** पर लॉग इन करें या **info@arihantbooks.com** पर सम्पर्क करें।

विषय-सूची

- **सॉल्वड पेपर 2019** — **3-14**

भाग 'अ' हिन्दी (आधार पाठ्यक्रम)

1. हिन्दी की ध्वनि व्यवस्था और मानक हिन्दी — 3-10
2. हिन्दी का शब्द भण्डार (तत्सम, तद्भव, देशज और विदेशी शब्द) — 11-19
3. शब्द रचना (उपसर्ग, प्रत्यय, सन्धि, समास) — 20-31
4. उच्चारण, वर्तनी, शब्द, अर्थ एवं व्याकरण से सम्बन्धित अशुद्धियाँ और उनका संशोधन — 32-43
5. वाक्य रचना एवं वाक्य भेद (वाक्य का रूपान्तर) — 44-50
6. विराम चिह्न — 51-56
7. हिन्दी की अर्थव्यवस्था — 57-79
8. अनेक के लिए एक शब्द — 80-87
9. मुहावरे एवं लोकोक्तियाँ — 88-99
10. अपठित गद्यांश — 100-105
11. संक्षेपण — 106-107
12. निबन्ध — 108-110
13. पत्र लेखन — 111-120
14. प्रमुख लेखक/कवि और उनकी कृतियाँ — 121-126

भाग 'ब' हिन्दी (साहित्य)

1. हिन्दी काव्य और उसका विकास — 129-138
2. हिन्दी गद्य और उसका विकास — 139-150
3. रस, अलंकार तथा छन्द — 151-155
4. शब्द-शक्ति — 156-159
5. हिन्दी भाषा और साहित्य — 160-172
6. प्रयोजन मूलक हिन्दी (हिन्दी और आधुनिक जनसंचार माध्यम) — 173-178

प्रैक्टिस सेट्स (1-5) — **181-214**

परीक्षा का प्रारूप व पाठ्यक्रम

परीक्षा योजना निर्देश

1. सभी प्रश्न अनिवार्य होंगे।
2. सभी प्रश्न बहुविकल्पीय (वस्तुनिष्ठ 4 विकल्प वाले) होंगे। प्रत्येक प्रश्न हेतु 1 अंक निर्धारित रहेगा।
3. परीक्षा समय 2:30 घण्टे का होगा।
4. इस परीक्षा हेतु एक प्रश्न-पत्र होगा। इसका कुल पूर्णांक 150 होगा। इसमें बहुविकल्पीय प्रश्नों की कुल संख्या 150 होगी। प्रत्येक सही प्रश्न हेतु 1 अंक निर्धारित रहेगा। ऋणात्मक मूल्यांकन होगा। प्रति 4 प्रश्नों के गलत उत्तर पर 1 अंक काटा जाएगा।
5. प्रश्न-पत्र के दो भाग होंगे- भाग अ एवं भाग ब। **भाग अ** सभी के लिए अनिवार्य होगा। **भाग ब** के अन्तर्गत शामिल विषयों में से एक विषय का चयन करना होगा।
6. **भाग अ के चार खण्ड होंगे, जिनमें अंकों का अधिभार निम्नानुसार होगा**

क्र.स.	विषय	प्रश्नों की संख्या	कुल अंक
1.	सामान्य हिन्दी	8	8
2.	सामान्य अंग्रेजी	5	5
3.	सामान्य ज्ञान व समसामयिक घटनाक्रम, तार्किक एवं आंकिक योग्यता	7	7
4.	पेडागोगी	10	10
	कुल	**30**	**30**

7. भाग ब 120 अंक का होगा एवं इस प्रश्न-पत्र में 120 बहुविकल्पीय प्रश्न पूछे जायेंगे। प्रश्न-पत्र के अन्तर्गत 16 विषय नीचे तालिका में दिए अनुसार होंगे, जिसमें से अभ्यर्थी अपने स्नातकोत्तर उपाधि के विषय में ही परीक्षा में सम्मिलित हो सकेगा।

क्र. स.	विषय	प्रश्नों की संख्या	कुल अंक	क्र. स.	विषय	प्रश्नों की संख्या	कुल अंक
1.	हिन्दी भाषा	120	120	9.	गृह विज्ञान	120	120
2.	अंग्रेजी भाषा	120	120	10.	वाणिज्य	120	120
3.	संस्कृत भाषा	120	120	11.	इतिहास	120	120
4.	उर्दू भाषा	120	120	12.	भूगोल	120	120
5.	गणित	120	120	13.	राजनीति शास्त्र	120	120
6.	भौतिक विज्ञान	120	120	14.	अर्थशास्त्र	120	120
7.	जीव विज्ञान	120	120	15.	कृषि	120	120
8.	रसायन विज्ञान	120	120	16.	समाजशास्त्र	120	120

विषय वस्तु का स्तर

- प्रश्न-पत्र के भाग अ में सामान्य ज्ञान व समसामयिक घटनाक्रम, तार्किक एवं आंकिक योग्यता, पेडागोगी की विषयवस्तु का स्तर स्नातक स्तर के छात्र के मानसिक स्तर के समकक्ष होगा। हिन्दी व अंग्रेजी की विषयवस्तु का स्तर हायरसेकेंडरी स्कूल परीक्षा के समकक्ष होगा।
- प्रश्न-पत्र के भाग ब की विषयवस्तु का स्तर स्नातकोत्तर स्तर के समकक्ष होगा।

(भाग 'ब')

परीक्षा का प्रारूप

भाग 'ब' 120 अंकों का होगा एवं इस प्रश्न–पत्र में 120 बहुविकल्पीय प्रश्न पूछे जाएँगे। इसकी विषयवस्तु का स्तर स्नातक स्तर के समकक्ष होगा। इस प्रश्न–पत्र में प्रश्न मध्य प्रदेश राज्य के कक्षा 9 व 10 के प्रचलित पाठ्यक्रम/पाठ्यपुस्तकों की विषयवस्तु पर आधारित होंगे, लेकिन इनका कठिनाई स्तर एवं सम्बद्धता (लिंकेज) स्नातक स्तर होगा।

प्रश्न–पत्र की अवधारणा, समस्या समाधान और पेडागोजी की समझ पर आधारित होगी।

परीक्षा का पाठ्यक्रम

'अ' हिन्दी (आधार पाठ्यक्रम)

- हिन्दी की ध्वनि व्यवस्था और मानक हिन्दी–वर्ण–स्वर, व्यंजन, संयुक्ताक्षर, अनुस्वार, अनुनासिक। वर्णमाला, मानकलिपि। उच्चारण, वर्तनी, शब्द, अर्थ एवं व्याकरण से सम्बन्धित अशुद्धियाँ और उनका संशोधन। हिन्दी का शब्द भण्डार–तत्सम, तद्भव, देशज और विदेशी शब्द। शब्द रचना–उपसर्ग, प्रत्यय, सन्धि, समास।
- हिन्दी की वाक्य रचना
- वाक्य भेद : रचना की दृष्टि से–सरल, मिश्र और संयुक्त वाक्य। अर्थ की दृष्टि से–विधिवाचक, निषेधवाचक, आज्ञावाचक, प्रश्नवाचक, विस्मय वाचक, सन्देहवाचक, इच्छा वाचक, संकेत वाचक। वाक्य का रूपान्तर। विराम चिह्न।
- हिन्दी की अर्थव्यवस्था: पर्यायवाची, विलोम, एकार्थक, अनेकार्थक शब्द। अनेक के लिए एक शब्द। एक शब्द के विभिन्न प्रयोग। मुहावरे और लोकोक्तियाँ।
- अपठित गद्यांश, संक्षेपण।
- निबन्ध और पत्र लेखन।
- हिन्दी के प्रमुख लेखक और उनकी कृतियाँ।
- हिन्दी के प्रमुख कवि और उनकी कृतियाँ।

'ब' हिन्दी (साहित्य)

- हिन्दी काव्य और उसका विकास : वीरगाथा काल, भक्तिकाल, रीतिकाल, आधुनिक
काल–नामकरण, युग की सामाजिक, राजनीतिक, सांस्कृतिक पृष्ठ भूमि प्रमुख प्रवृत्तियाँ, विशिष्ट रचनाकार एवं उनकी प्रतिनिधि रचनाएँ, युगीन परिस्थितियाँ एवं साहित्य पर उसका प्रभाव।

- हिन्दी गद्य और उसका विकास : गद्य की प्रमुख विधाएँ–निबन्ध, कहानी, उपन्यास, नाटक, एकांकी, आलोचना।
गद्य की गौण विधाएँ–आत्मकथा, जीवनी, संस्मरण, रेखाचित्र,
पत्र, डायरी, यात्रा–वृतान्त, साक्षात्कार।
सभी प्रमुख एवं गौण विधाओं का प्रारम्भ
विकांस, प्रमुख प्रवृत्तियाँ, प्रमुख साहित्यकार
एवं उनकी रचनाएँ।

- काव्यांग विवेचन : काव्य–परिभाषा, काव्य के विभिन्न भेद एवं उनका सामान्य परिचय, रस, छन्द, अलंकान, काव्य गुण, शब्द शक्तियाँ।

- हिन्दी भाषा और साहित्य–भाषा, विभाषा,
बोली, राष्ट्रभाषा का परिचय, बोली और भाषा
में अन्तर, हिन्दी भाषा का विकास, प्रयोजन मूलक हिन्दी–हिन्दी और आधुनिक
जनसंचार माध्यम।

सॉल्वड पेपर
2019

सॉल्वड पेपर

परीक्षा तिथि 02 फरवरी, 2019

मध्य प्रदेश उच्च माध्यमिक शिक्षक पात्रता परीक्षा

हिन्दी

1. सही विकल्प बताइए।
''महाराज भोज के समय से लेकर हम्मीरदेव के समय के कुछ पीछे तक का समय ······ माना जा सकता है।''
(a) आधुनिक काल (b) वीरगाथा काल
(c) भक्ति काल (d) रीति काल

2. जो लोग स्वार्थ वश व्यर्थ की प्रशंसा और खुशामद करके वाणी का दुरूपयोग करते हैं, वे सरस्वती का गला घोटते हैं। ऐसी तुच्छ वृत्ति वालों को कविता नहीं करनी चाहिए। कविता उच्चाशय, उदार एवं नि:स्वार्थ हृदय की उपज है। सत्कवि मनुष्य मात्र के हृदय में सौन्दर्य के प्रवाह बहाने वाला है। उसकी दृष्टि में राजा और रंक सब समान हैं। वह उन्हें मनुष्य के सिवा कुछ नहीं समझता।
सत्कवि की क्या विशेषता होती है?
(a) सत्कवि का उद्देश्य मानव हृदय में असौन्दर्य का उन्मुक्त प्रवाह करना है
(b) सत्कवि का उद्देश्य मानव हृदय में सौन्दर्य का वियुक्त प्रवाह करना है
(c) सत्कवि का उद्देश्य मानव हृदय में सौन्दर्य का उन्मुक्त प्रवाह करना नहीं है
(d) सत्कवि का उद्देश्य मानव हृदय में सौन्दर्य का उन्मुक्त प्रवाह करना है

3. सही विकल्प बताओ–नाटक में ······ का ध्यान अधिक रखा जाता है।
(a) परिहास (b) प्रभाव (c) प्रभास (d) प्रवास

4. अंग्रेजी से कौन-सी नई ध्वनि हिन्दी में आई?
(a) ओं (b) ओ (c) ऑ (d) ऑं

5. रासो काव्य परम्परा की प्रवृत्तियाँ निम्न में से कौन-सी है?
(a) रहस्यानुभूति (b) ऐतिहासिकता का अभाव
(c) दार्शनिक मान्यताएँ (d) ज्ञान की महत्ता

6. ''पराजित और निराश उत्तर भारत को चौथे महान धर्म सुधार की प्रेरणा दक्षिण भारत से मिली।''
उपरोकत कथन इनमें से किसका है?
(a) आचार्य रामचन्द्र शुक्ल (b) डॉ. सत्येन्द्र
(c) डॉ. नागेन्द्र (d) डॉ. राधाकमल मुखर्जी

7. ''हिन्दी भारत की राष्ट्रभाषा तो है ही, यही जनतन्त्रात्मक भारत में राजभाषा भी होगी''-यह कथन किसका है?
(a) पण्डित गोविन्द वल्लभ पन्त (b) सी. राजगोपालाचारी
(c) महात्मा गाँधी (d) जस्टिस कृष्णस्वामी अय्यर

8. सही विकल्प बताएँ
संक्षेपण से अभिप्राय एक ऐसी रचना से है
(a) जिसमें किसी ध्यातव्य, लेख, निम्बन्ध, अनुच्छेद आदि में व्यक्त किए गए भावों को संक्षेप में प्रस्तुत किया जाता है
(b) जिसमें किसी वक्तव्य, लेख, निम्बन्ध, विच्छेद आदि में व्यक्त किए गए भावों को संक्षेप में प्रस्तुत किया जाता है
(c) जिसमें किसी वक्तव्य, लेख, निम्बन्ध, अनुच्छेद आदि में व्यक्त किए गए भावों को संक्षेप में प्रस्तुत किया जाता है
(d) जिसमें किसी वक्तव्य, लेख, निम्बन्ध, अनुच्छेद आदि में व्यक्त किए गए भावों को विस्तार में प्रस्तुत किया जाता है

9. सही विकल्प बताएँ
व्यावसायिक क्षेत्र में 'संक्षेपण' एक ······ के रूप में प्रयुक्त होता है।
(a) पारिभाषिक शब्द (b) अपारिभाषिक शब्द
(c) व्याकर्णिक शब्द (d) व्यापारिक शब्द

10. सही विकल्प बताओ
संक्षेपण शब्द अंग्रेजी के 'प्रेसी' का हिन्दी अनुवाद है। 'प्रेसी' मूलत: ······
(a) ग्रीक भाषा के 'प्रेसीड्यूसर' से बना है
(b) फ्रेन्च भाषा के 'प्रेसीड्यूसर' से बना है
(c) चाइनीज भाषा के 'प्रेसीड्यूसर' से बना है
(d) लैटिन भाषा के 'प्रेसीड्यूसर' से बना है

11. सही विकल्प बताओ
······ में प्रासंगिक कथाओं का अवसर नहीं होता।
(a) कहानी (b) उपन्यास (c) निबन्ध (d) नाटक

12. सही विकल्प बताएँ
शब्द से उन्नति प्रतीति ही ······।
(a) वाक्य है (b) अर्थ है
(c) रीति है (d) ध्वनि है

13. सही विकल्प बताओ
उपन्यासकार, तिथियों और नामों की कल्पना कर ········ करता है।
(a) असम्भावित सत्य का चित्रण (b) सम्भावित असत्य का चित्रण
(c) सम्भावित सत्य का चित्रण (d) अचम्भित सत्य का चित्रण

14. सही विकल्प बताओ
········ में किसी घटना या पदार्थ का वर्णन रहता है।
(a) विवरणात्मक निबन्ध (b) कथात्मक निबन्ध
(c) वर्णनात्मक निबन्ध (d) भावात्मक निबन्ध

15. सही विकल्प बताओ
········ में किसी विषय पर रोचक ढंग से विचारों को प्रकट किया जाता है।
(a) विवरणात्मक निबन्ध (b) विचारात्मक निबन्ध
(c) वर्णनात्मक निबन्ध (d) भावात्मक निबन्ध

16. सही विकल्प बताइए
दृश्य वस्तु बिम्ब का दूसरा रूप
(a) अलंकृत बिम्ब है (b) स्पर्श बिम्ब है
(c) दृश्य व्यापार बिम्ब है (d) सांस्कृतिक बिम्ब है

17. सही विकल्प बताओ
उपन्यास के कथानक को तीन प्रधान भागों में बाँटा जा सकता है
(a) कथोपकथन, मध्य या विकास, परिणाम या समाप्ति
(b) प्रारम्भ या प्रस्तावना, उद्देश्य या विकास, परिणाम या समाप्ति
(c) प्रारम्भ या प्रस्तावना, मध्य या विकास, परिणाम या समाप्ति
(d) प्रारम्भ या प्रस्तावना, मध्य या विकास, उद्देश्य

18. सही विकल्प चुनो
········ जब कोई वस्तु या कार्य किसी अप्रस्तुत वस्तु, भाव, विचार, क्रिया-कलाप, देश जाति, संस्कृति आदि का प्रतिनिधित्व करता हुआ प्रकट किया जाता है, तब वह प्रतीक कहलाता है।
(a) अपने, रूप गुण, कार्य विशेषताओं के असादृश्य या प्रत्यक्षता के कारण
(b) अपने, रूप गुण, कार्य या विशेषताओं के असादृश्य या अप्रत्यक्षता के कारण
(c) अपने, रूप गुण, कार्य या विशेषताओं के सादृश्य या प्रत्यक्षता के कारण
(d) अपने, कुरूप गुण, कार्य या विशेषताओं के सादृश्य या प्रत्यक्षता के कारण

19. मध्यकाल में फारसी (अरबी, तुर्की, पश्तो भी) से कौन-सी ध्वनियाँ हिन्दी में आ मिलीं?
(a) क, ख, ग, ज, फ (b) क, ख, ग, ज, फ
(c) क, ख, ग, ज, फ (d) क, ख, ग, ज, फ

20. किसी वस्तु, भाव या विचार को इन्द्रियगोचर बनाने के मूल व्यापार के साथ बिम्बयोजना अन्य कार्य भी सिद्ध करती है, वो निम्न में से कौन नहीं है?
(a) काव्यार्थ को पूर्णतया स्पष्ट करना
(b) कुरूप सौन्दर्य या दुर्गुण को हृदय विकारी बनाना
(c) भाव को सम्प्रेषित एवं उत्तेजित करना
(d) वस्तु या घटना को प्रत्यक्ष करना

21. आचार्य रामचन्द्र शुक्ल ने पहला 'अंग्रेजी ढंग का मौलिक उपन्यास' कौन-सा माना था?
(a) बालकृष्ण भट्ट का 'नूतन ब्रह्मचारी'
(b) राधाकृष्ण दास का 'निस्सहाय हिन्दू'
(c) उपरोक्त में से कोई नहीं
(d) श्रीनिवास दास का 'परीक्षागुरु'

22. आचार्य रामचन्द्र शुक्ल ने वीरगाथा काल की सीमा क्या मानी है?
(a) 9000 ई.-1350 ई. (b) 1100 ई.-1350 ई.
(c) 1000 ई.-1350 ई. (d) 1000 ई.-1700 ई.

23. प्रयत्न के आधार पर क, ख, ग, घ किस भेद के अन्तर्गत आते हैं?
(a) संघर्षी व्यंजन (b) प्रकम्पित व्यंजन
(c) स्पर्श व्यंजन (d) पार्श्विक व्यंजन

24. प्रयत्न के आधार पर व्यंजनों के कौन-से भेद हैं?
(a) स्पर्श, संघर्षी, स्पर्श-संघर्षी, नाविक, पार्श्विक, उत्क्षिप्त, प्रकम्पित, संघर्षहीन सप्रवाह
(b) स्पर्श, संघर्षी, स्पर्श-संघर्षी, नासिक्य, पार्श्विक, उत्क्षिप्त, प्रकम्पित, संघर्षहीन सप्तप्रवाह
(c) स्पर्श, संघर्षी, स्पर्श-संघर्षी, नासिक्य, पार्श्विक, उद्दीप्त, प्रकम्पित, संघर्षहीन सप्रवाह
(d) स्पर्श, संघर्षी, स्पर्श-संघर्षी, नासिक्य, पार्श्विक, उत्क्षिप्त, प्रकम्पित, संघर्षहीन सप्रवाह

25. छात्र पास हो गए, वाक्य में उद्देश्य है
(a) पास (b) पास हो गए
(c) छात्र (d) हो गए

26. किस कवि को 'प्रकृति का सुकुमार कवि' कहा जाता है?
(a) रामधारी दिनकर (b) सूर्यकान्त त्रिपाठी निराला
(c) सुमित्रानन्दन पन्त (d) जयशंकर प्रसाद

27. किस कवयित्री को 'आधुनिक मीरा' कहा जाता है
(a) सरोजनी नायडू (b) महादेवी वर्मा
(c) मीरा बाई (d) सुभद्रा कुमारी चौहान

28. संज्ञा पदबन्ध बतलाने वाला वाक्य कौन-सा है?
(a) चाँद से भी प्यारा मुखड़ा (b) घर से होकर जाउँगा
(c) देव का मारा वह (d) रात को पहरा देने वाला

29. निम्नलिखित रचनाओं में से कौन-सी नरेश मेहता की लिखी रचना नहीं है?
(a) महाप्रस्थान (b) अरण्या
(c) शबरी (d) गुनाहों का देवता

30. निम्नलिखित रचनाओं में से कौन-सी नागार्जुन की लिखी रचना है?
(a) डूबते मस्तूल (b) स्मृति की रेखाएँ
(c) प्यासी पथराई आँखें (d) दो एकान्त

31. निम्नलिखित रचनाओं में से कौन-सी कुँवर नारायण जी की लिखी रचना है?
(a) पारो (b) मेरे साक्षात्कार
(c) बात की बात (d) इमरतिया

32. निम्नलिखित रचनाओं में से कौन-सी प्रेमचन्द जी की लिखी रचना नहीं है?
(a) कल सुनना मुझे (b) कर्मभूमि
(c) सेवा सदन (d) निर्मला

33. निम्न में से कौन-सी निबन्ध की विशेषता नहीं है?
(a) व्यक्तित्व का प्रकाशन (b) अन्विति का प्रभाव
(c) एकसूत्रता (d) तुकबन्दी

34. निम्न में से कौन-सा पत्र का प्रकार नहीं है?
(a) व्यापारिक-पत्र (b) समाचार-पत्र
(c) सरकारी-पत्र (d) सामाजिक-पत्र

35. निम्न में से कौन-सा बिन्दु पत्र लेखन की विशेषता नहीं है?
(a) प्रभान्विति (b) सरल भाषा शैली
(c) विचारों की सुस्पष्टता (d) चरमोत्कर्ष

36. निम्न में से कौन निबन्ध का प्रकार नहीं है?
(a) एकांकी (b) विचारात्मक
(c) वर्णनात्मक (d) भावात्मक

37. निम्न में से कौन संक्षेपण का भेद है?
(a) मशीनी संक्षेपण (b) आमुख
(c) मौखिक संक्षेपण (d) सारिणी संक्षेपण

38. निम्न में से कौन-सा रासो काव्य नरपति नाल्ह द्वारा रचित है?
(a) बीसलदेव रासो (b) परमाल रासो
(c) खुमान रासो (d) पृथ्वीराज रासो

39. निम्न में से नाथ साहित्य की कौन-सी विशेषता नहीं है?
(a) रामायण तथा महाभारत से सम्बन्धित कथाओं का साहित्य में समावेश
(b) चित्त शुद्धि और सदाचार में आस्था
(c) गुरु महिमा
(d) उलटबाँसियाँ

40. निम्न में से कौन-सा संक्षेपण से सम्बन्धित तथ्य नहीं है?
(a) भाषा सरल होनी चाहिए
(b) भाषा मुहावरेदार या आलंकारिक नहीं होनी चाहिए
(c) व्यास शैली होनी चाहिए
(d) अन्यपुरुष का प्रयोग होना चाहिए

41. निम्नलिखित में भारतेन्दु हरिश्चन्द्र का कौन-सा नाटक एक प्रहसन है?
(a) वैदिक हिंसा, हिंसा न भवति (b) अन्धेर नगरी
(c) नीलदेवी (d) भारत दुर्दशा

42. निम्नलिखित में किसे स्त्री विमर्श की आलोचिका नहीं माना जाता है?
(a) प्रभा खेता (b) अनामिका
(c) कात्यानी (d) सुभद्रा कुमारी चौहान

43. निम्नलिखित में से बोलियों के असंगत विकल्प-युग्म को छाँटिए।
(a) मारवाड़ी, मेवाती, मालवी
(b) अवधी, बघेली, ब्रजभाषा
(c) ब्रजभाषा, बुन्देली, कन्नौजी
(d) भोजपुरी, मगही, मैथिली

44. निम्नलिखित विरगयादिवाचक वावय में से किस वाक्य में योग्य विरामचिह्नों का प्रयोग हुआ है?
(a) बस करो? तुम्हें कुछ समझ में नहीं आता
(b) बस करो, तुम्हें कुछ समझ में नहीं आता
(c) बस करो! तुम्हें कुछ समझ में नहीं आता?
(d) बस करो। तुम्हें कुछ समझ में नहीं आता?

45. राहुल सांस्कृत्यायन ने हिन्दी साहित्य का प्रथम कवि किस माना है?
(a) पुष्य (b) कबीर
(c) शालिभद्र सूरि (d) सरहपाद

46. बीसलदेव रासो के रचयिता का क्या नाम है?
(a) जगनिक (b) चन्द बरदाई
(c) नरपति नाल्ह (d) दलपति विजय

47. बिहारी सतसई का मूल रस क्या है?
(a) शान्त रस (b) भक्ति रस
(c) वात्सल्य रस (d) श्रृंगार रस

48. वाक्य का सही विकल्प क्या है?
हिन्दी की ध्वनियाँ कौन-सी हैं?
(a) स्वर-व्यंजन और अनुस्वार (b) स्वर-व्यंजन और विसर्ग
(c) स्वर-व्यंजन (d) इनमें से कोई नहीं

49. वाक्य भेद बताओ
'हमने खाना नहीं खाया'
(a) इच्छावाचक वाक्य (b) संकेतवाचक वाक्य
(c) विधिवाचक वाक्य (d) निषेधवाचक वाक्य

50. ऋ किन वर्णों के योग से बना है?
(a) र + ई (b) ऋ + ऋ
(c) र् + इ (d) र + इ

51. निम्बन्ध में लेखक का .... झाँकता हुआ होना चाहिए।
(a) व्यक्तित्व और निजीपन (b) पढ़ाई और लेखन करना
(c) लेखन शैली और विचार (d) प्रौढ़ता और लेखन

52. हिन्दी साहित्य के किस काल को आचार्य रामचन्द्र शुक्ल ने स्वर्ण युग कहा है?
(a) आधुनिक काल (b) आदि काल
(c) भक्ति काल (d) रीति काल

53. हिन्दी साहित्य के इतिहास का प्रथम लेखक कौन हैं?
(a) आचार्य राम चन्द्र शुक्ल (b) गार्सा-द-तासी
(c) मिश्रबन्धु (d) नागेन्द्र

54. 'निशा-निमन्त्रण' के रचयिता कौन हैं?
(a) महादेवी वर्मा (b) श्यामनारायण पाण्डेय
(c) हरिवंश राय बच्चन (d) जयशंकर प्रसाद

55. 'अभिजात' का पर्यायवाची है
(a) आल (b) उपयुक्त
(c) उत्तमाँ (d) सम्भ्रान्त

56. 'नाम उछालना' मुहावरे का अर्थ है
(a) बदनाम करना (b) बदनाम न करना
(c) नाम कमाना (d) सड़क पर गिरना

57. 'अतीत के चलचित्र' किसके द्वारा रचित साहित्य है?
(a) महादेवी वर्मा (b) गजानन माधव मुक्तिबोध
(c) भवानी प्रसाद (d) नागार्जुन

58. 'बेमेल वस्तुएँ या मेल न होना' किस मुहावरे का अर्थ है?
(a) आधा तीतर आधा बटेर (b) आड़े हाथों लेना
(c) आसमान टूटना (d) आपे से बाहर होना

59. 'नरोत्तमदास' का साहित्य इनमें से कौन-सा है?
(a) ध्रुवचरित (b) नगर शोभा
(c) रसिकप्रिया (d) कन्हावत

60. 'प्रहसन' क्या होता है?
(a) इसका पात्र अपने तथा दूसरों के धूर्ततापूर्ण कृत्यों का आकाशभाषित रूप में वर्णन करता है
(b) इसका कथानक मिश्र होता है
(c) यह हास्यप्रधान एकांकी होता है
(d) इसकी कथावस्तु उत्पाद्य अथवा कवि कल्पित होती है

61. 'विद्यापति' का साहित्य इनमें से कौन-सा नहीं है?
(a) लिखनावली (b) बरवै नायिका भेद
(c) कीर्ति पताका (d) पुरुष परीक्षा

62. 'छिन्न' का विलोम है
(a) अबिच्छिन्न (b) अभिचिन्न
(c) उतछिन्न (d) अविछिन्न

63. 'जायसी' का साहित्य इनमें से कौन-सा नहीं है?
(a) आखिरी कलाम (b) बीजक
(c) पद्मावत (d) कन्हावत

64. 'अवहेलना' शब्द का पर्यायवाची कौन-सा शब्द नहीं है?
(a) अपमान (b) अनादर
(c) मद (d) तिरस्कार

65. 'जौहर दिखाना' मुहावरे का अर्थ है
(a) पति के साथ भष्म होना (b) तरकीब जोड़ना
(c) आग में जल जाना (d) बहादुरी दिखाना

66. 'पत्ता काटना' मुहावरे का अर्थ है
(a) पतझड़ आना (b) पेड़ काटना
(c) पान काटना (d) अधिकार से वंचित करना

67. 'रसखान' का साहित्य इनमें से कौन-सा नहीं है?
(a) दान लीला (b) प्रेम वाटिका
(c) सुजान रसखान (d) शिवराज भूषण

68. 'एक साहित्यिक की डायरी' किसके द्वारा लिखित है?
(a) रामविलास शर्मा (b) भारतेन्दु हरिश्चन्द्र
(c) प्रेमचन्द (d) गजानन माधव मुक्तिबोध

69. 'महाभारत मचाना' मुहावरे का अर्थ है
(a) महाभारत देखना (b) लड़ाई-तगड़ा न करना
(c) लड़ाई-झगड़ा न करना (d) बहुत लड़ाई-झगड़ा करना

70. 'कमान से तीर निकलना' मुहावरे का अर्थ है
(a) मुँह से बात निकलना (b) चैन न पड़ना
(c) तीरंदाजी करना (d) तीर चलाना

71. 'कृपया शान्ति बनाए रखें' इस आज्ञावाचक वाक्य को प्रश्नार्थक वाक्य में किस प्रकार परिवर्तित किया जा सकता है?
(a) बनाए रखेंगे शान्ति आप क्या कृपया?
(b) शान्ति बनाए रखेंगे, करके आप कृपा?
(c) शान्ति बनाए रखेंगे कृपया?
(d) कृपा कर क्या आप शान्ति बनाए रखेंगे?

72. 'दलपति विजय' का साहित्य इनमें से कौन-सा है?
(a) चित्र लेखा (b) आखिरी कलाम
(c) खुमाण रासो (d) पृथ्वी राज रासो

73. 'तुलसीदास' का साहित्य इनमें से कौन-सा नहीं है?
(a) बरवै रामायण (b) रामचन्द्रिका
(c) हनुमानबाहुक (d) रामचरितमानस

74. 'यदि आप आते, तो हम साथ चलते'-यह किस प्रकार का वाक्य है?
(a) इच्छावाचक वाक्य
(b) विस्मयादिवाचक वाक्य
(c) संकेतवाचक वाक्य
(d) आज्ञावाचक वाक्य

75. 'जी छोटा करना' मुहावरे का अर्थ है
(a) मायूस होना (b) चिल्लाना
(c) रोना (d) जी मिचलाना

76. 'खबर सुनकर मैं विस्मय हो गया' इस वाक्य में किस प्रकार का वाक्यदोष है?
(a) विभक्ति सम्बन्धी दोष (b) विशेषण सम्बन्धी दोष
(c) सर्वनाम सम्बन्धी दोष (d) क्रियागत दोष

77. 'मुल्ला दाऊद' का साहित्य इनमें से कौन-सा है?
(a) सन्देश रासक (b) मधुमालती
(c) मृगावती (d) चन्दायन

78. 'सुनहरे शैवाल' किसके द्वारा रचित साहित्य है?
(a) नरेश मेहता
(b) डॉ. धर्मवीर भारती
(c) सच्चिदानन्द हीरानन्द वात्स्यायन 'अज्ञेय'
(d) भवानी प्रसाद मिश्र

79. जिस वाक्य में गहरी अनुभूमि का प्रदर्शन किया जाता है, उसे ...... कहा जाता है।
(a) अनुभूति प्रदर्शक वाक्य (b) विस्मयादिवाचक वाक्य
(c) प्रश्नवाचक वाक्य (d) सन्देहवाचक वाक्य

80. जिस वाक्य का एक ही उद्देश्य और विधेय हो उसे कौन-सा वाक्य कहते हैं?
(a) मिश्रित वाक्य (b) सरल वाक्य
(c) उपवाक्य (d) संयुक्त वाक्य

81. निर्गुण ब्रह्म को जब भावना का विषय बना लिया जाता है, तो ...... होता है।
(a) अद्वैतवाद का जन्म (b) रहस्यवाद का जन्म
(c) एकेश्वरवाद का जन्म (d) शुद्धाद्वैतवाद का जन्म

82. अमीर खुसरो किसके विकास में अपनी भूमिका के लिए जाने जाते हैं?
(a) ब्रज भाषा (b) अवधी
(c) भोजपुरी (d) खड़ी बोली

83. स्थान के आधार पर प, फ, ब, भ, म का उच्चारण स्थान क्या है?
(a) तालव्य (b) दन्त्य (c) वर्त्स्य (d) ओष्ठ्य

84. पंचमाक्षर (ङ्, ञ्, ण्, न, म्) के स्थान पर अनुस्वार के प्रयोग सर्वप्रथम प्रस्ताव किसने रखा?
(a) डॉ. श्यामसुन्दर दास (b) डॉ. धीरेन्द्र वर्मा
(c) महावीर प्रसार द्विवेदी (d) बालगंगाधर तिलक

85. नाटक में नाट्यकला और अभिनय-सम्बन्धी अनेक उपादानों की आवश्यकता पड़ती है और ....।
(a) दर्शक ही उसका साधन होते हैं
(b) अभिनेत्री ही उसका साधन होती है
(c) अभिनेता ही उसका साधन होता है
(d) अभिनय ही उसका साधन होता है

86. जो लोग स्वार्थ वश व्यर्थ की प्रशंसा और खुशामद करके वाणी का दुरूपयोग करते हैं, वे सरस्वती का गला घोटते हैं। ऐसी तुच्छ वृत्ति वालों को कविता नहीं करनी चाहिए। कविता उच्चाशय, उदार एवं नि:स्वार्थ हृदय की उपज है। सत्कवि मनुष्य मात्र के हृदय में सौन्दर्य के प्रवाह बहाने वाला है। उसकी दृष्टि में राजा और रंक सब सामान हैं। वह उन्हें मनुष्य के सिवा कुछ नहीं समझता।
उपर्युक्त गद्याँश का शीर्षक दीजिए
(a) कवि का दुरूपयोग (b) कविता का दुरूपयोग
(c) कविता का सदुरपयोग (d) गद्य का दुरूपयोग

87. राजा और रंक में कौन-सा समास है?
(a) तत्पुरुष समास (b) कर्मधारय समास
(c) द्वन्द्व समास (d) बहुव्रीहि समास

88. एकाधिक ध्वनि के किसी अक्षर में शीर्ष ध्वनि या प्राय: स्वर पर किया गया आघात क्या कहलाता है?
(a) ध्वनि-बलाघात (b) वाक्याँश-बलाघात
(c) अक्षर-बलाघात (d) शब्द-बलाघात

89. जिन भाषाओं में प्रत्यय प्रकृति से अलग लगाया जाता है, उन्हें .... कहा जाता है।
(a) श्लिष्ट योगात्मक भाषा
(b) अन्तर्मुखी संयोगात्मक भाषा
(c) प्रश्लिष्ट बलात्मक भाषा
(d) बहिर्मुखी वियोगात्मक भाषा

90. किसके आधार पर वाक्य के तीन भेद होते हैं?
(a) ध्वनि के आधार पर (b) शब्द के आधार पर
(c) रचना के आधार पर (d) अर्थ के आधार पर

91. जब कोई शब्द पहले व्यापक अर्थ देता हो व बाद में उसके अर्थ की व्याप्ति सीमित हो जाए तो उसे
(a) अर्थादेश कहते हैं (b) अर्थ परिवर्तन कहते हैं
(c) अर्थ विस्तार कहते हैं (d) अर्थ संकोच कहते हैं

92. निर्मल वर्मा लिखिते 'चीड़ों पर चाँदनी' की विधा क्या है?
(a) कहानी (b) आत्मकथा
(c) यात्रा वृत्तान्त (d) संस्मरण

93. 'कामायनी : एक पुनर्विचार' किसके द्वारा रचित साहित्य है?
(a) महादेवी वर्मा (b) गजानन माधव मुक्तिबोध
(c) भवानी प्रसाद (d) नागार्जुन

94. नयनों को रोने दे, मन संकीर्ण न बन, प्रिय बैठे हैं।
आँखों से ओझल हो गए नहीं वे कहीं यहीं बैठे हैं।
उपरोक्त पंक्तियों में कौन-सा रस है?
(a) हास्य रस (b) शान्त रस
(c) वियोग श्रृंगार रस (d) संयोग श्रृंगार रस

95. चिरजीवौ जोरी जुरै क्यों न सनेह गंभीर।
को घटि ये वृषभानुजा वे हलधर के वीर।
उपरोक्त पंक्तियों में कौन-सा अलंकार है?
(a) रूपक अलंकार (b) अतिशयोक्ति अलंकार
(c) श्लेष अलंकार (d) उत्प्रेक्षा अलंकार

96. तो पै वारौ उरबसी, सुनु राधिके सुजान।
तू मोहन के उरबसी, ह्वै उर्वसी सागान।
उपरोक्त पंक्तियों में कौन-सा अलंकार है?
(a) उपमा अलंकार (b) रूपक अलंकार
(c) यमक अलंकार (d) अनुप्रास अलंकार

97. चितवत चकित चहूँ दिसि सीता।
कहाँ गए नृपकिसोर मन चीता।
लता ओट तब सखिन्ह दिखाए।
श्यामल गौर किसोर सुहाए।
उपरोक्त पंक्तियों में कौन-सा रस है?
(a) शान्त रस (b) सम्भोग श्रृंगार रस
(c) वियोग श्रृंगार रस (d) वात्सल्य रस

98. जिन दिन देखे वे कुसुम गई सु बीति बहार।
अब अलि रही गुलाब में, अपत कँटीली दार।।
उपरोकत अवतरण में कौन-सा अलंकार है?
(a) उपमा अलंकार (b) अन्योक्ति अलंकार
(c) रूपक अलंकार (d) अतिशयोक्ति अलंकार

99. संदेशों देवकी सो कह्यो।
हौं तो धाय तिहारे सुत की, कृपा करत ही रहियो।
उपरोक्त पंक्तियों में कौन-सा रस है?
(a) वियोग वात्सल्य रस
(b) भक्ति रस
(c) संयोग वात्सल्य रस
(d) श्रृंगार रस

100. CASUAL LEAVE का सही हिन्दी रूपान्तरण है
(b) निर्णायक मत (b) सभ्य समाज
(c) छोड़ देना (d) आकस्मिक छुट्टी

उत्तरमाला

1.	(c)	2.	(b)	3.	(b)	4.	(c)	5.	(b)	6.	(d)	7.	(b)	8.	(c)	9.	(a)	10.	(b)
11.	(a)	12.	(b)	13.	(c)	14.	(c)	15.	(b)	16.	(a)	17.	(c)	18.	(c)	19.	(b)	20.	(b)
21.	(d)	22.	(c)	23.	(c)	24.	(d)	25.	(c)	26.	(c)	27.	(b)	28.	(d)	29.	(d)	30.	(c)
31.	(b)	32.	(a)	33.	(d)	34.	(b)	35.	(d)	36.	(a)	37.	(d)	38.	(a)	39.	(a)	40.	(c)
41.	(b)	42.	(d)	43.	(b)	44.	(c)	45.	(d)	46.	(c)	47.	(d)	48.	(c)	49.	(d)	50.	(c)
51.	(a)	52.	(c)	53.	(b)	54.	(c)	55.	(d)	56.	(a)	57.	(a)	58.	(a)	59.	(a)	60.	(c)
61.	(b)	62.	(d)	63.	(b)	64.	(c)	65.	(d)	66.	(d)	67.	(d)	68.	(d)	69.	(d)	70.	(a)
71.	(d)	72.	(c)	73.	(b)	74.	(c)	75.	(a)	76.	(b)	77.	(d)	78.	(c)	79.	(b)	80.	(b)
81.	(b)	82.	(d)	83.	(d)	84.	(a)	85.	(d)	86.	(b)	87.	(c)	88.	(a)	89.	(d)	90.	(c)
91.	(d)	92.	(c)	93.	(b)	94.	(c)	95.	(c)	96.	(c)	97.	(b)	98.	(b)	99.	(a)	100.	(d)

संकेत एवं हल

1. (c) भक्ति काल सम्वत् 1375 से 1700 वि स. तक का काल हिन्दी साहित्य में भक्ति काल के नाम से जाना जाता है। इस काल में विपुल साहित्य लिखा गया। काव्य शैलियों की व्यापकता अभिव्यक्ति की मौलिकता, साहित्यिक उत्कृष्टता के कारण यह काल हिन्दी साहित्य का स्वर्ण युग कहलाता है।

2. (b) सत्कवि पहला वह निष्पक्ष भाव होते हैं, जो किसी भी मामले को जाति धर्म से ऊपर उठकर एक सामाजिक मुद्दा बनाकर उठाते हैं और दूसरी बात यह कि वो कोई भी जब सन्देश देते है अपनी कविताओं के माध्यम से सभी वर्गों को देते हैं, सभी समुदायों को देते हैं। अतः कविता में ही अपने भावों को जो स्पष्ट कर दे वही सत्कवि होता है।

3. (b) नाटक दृश्य काव्य की विधा है। हिन्दी का नाट्य साहित्य पश्चिम से प्रभावित रहा है। संस्कृत नाटकों में वस्तु नेता और रस नामक तत्वों की प्रधानता रही, जबकि पाश्चात्य नाट्य कला के अनुसार उसमें कथा वस्तु, पात्र योजना, कथोपकथन देशकाल और वातावरण, भाषा शैली एवं उद्देश्य नामक छः तत्वों की प्रधानता रही है। उसमें यथास्थान, रंगमंचीय निर्देश देना आवश्यक है। नाटक सुखान्त होना चाहिए, किन्तु पाश्चात्य नाट्य शैली में दुखान्त नाटकों की प्रधानता रही है।

4. (c) आजकल अंग्रेजी के प्रभाव से 'ऑ' ध्वनि भी हिन्दी में अपनी जगह बना चुकी है। यह हिन्दी के 'आ' और 'ओ' के बीच की ध्वनि है; जैसे- डॉक्टर, कॉलेज आदि।

5. (b) रासो ग्रन्थों की प्रमाणिकता का सवाल सबसे ज्यादा इसके ऐतिहासिक पक्ष को लेकर ही उठाया जाता रहा है। रासो ग्रन्थों की तिथियाँ इतिहास सम्मत नहीं मिलती। अन्य घटनाओं का भी इतिहास से मेल नहीं मिलता है। चरणों की अतिरंजना पूर्ण शैली ने ऐतिहासिकता को कल्पना पर न्यौछावर कर दिया।

6. (d) डॉ. राधाकमल मुखर्जी 7 दिसम्बर, 1889-24 अगस्त, 1968 आधुनिक भारत के प्रसिद्ध चिन्तक एवं समाज विज्ञानी थे। वे लखनऊ विश्वविद्यालय के अर्थशास्त्र एवं समाजशास्त्र के प्राध्यापक तथा उपकुलपति रहे। उन्होंने भारत के स्वतन्त्रता संग्राम में महत्त्वपूर्ण भूमिका निभाई।

7. (b) चक्रवती राजगोपालाचारी (9 दिसम्बर, 1878-25 दिसम्बर, 1972) एक भारतीय राजनेता, लेखक, वकील और स्वतन्त्रता कार्यकर्ता थे। राजगोपालाचारी भारत के अन्तिम गवर्नर जनरल थे, क्योंकि भारत 1950 में एक गणतन्त्र देश बन गया था।

8. (c) किसी गद्यांश अथवा पद्यांश के मूल पाठ या भावार्थ में किसी प्रकार का परिवर्तन किए बिना उसे लगभग एक-तिहाई शब्दों में लिखना सार लेखन अथवा संक्षिप्तीकरण कहलाता है। यह संक्षेप में इस तरह होना चाहिए कि अनुच्छेद की मूल धारणा खण्डित न हो। संक्षेपण लेखन की ऐसी शैली है, जिसमें कम समय और श्रम में सार गर्भित अभिप्राय लेखन के साथ अनावश्यक वर्णन से बचा जा सकता है।

9. (a) पारिभाषिक शब्द ऐसे शब्दों को कहते हैं, जो सामान्य व्यवहार की भाषा के शब्द न होकर भौतिक रसायन, प्राणिविज्ञान, दर्शन, गणित, इन्जीनियरी, विधि, वाणिज्य, अर्थशास्त्र, मनोविज्ञान, भूगोल आदि ज्ञान विज्ञान के विभिन्न क्षेत्रों के विशिष्ट शब्द होते हैं। जिनकी अर्थ सीमा सुनिश्चित और परिभाषित होती है।

10. (b) संक्षेपण अथवा सार-लेखन 'अंग्रेजी-Precis का आशय किसी अनुच्छेद, परिच्छेद, विस्तृत टिप्पणी अथवा प्रतिवेदना को संक्षिप्त कर देना। किसी बड़े पाठ (निबन्ध, लेख, शोध, प्रबन्ध आदि) में मुख्य विचारों तर्कों आदि को लघुत्तर आधार में प्रस्तुत करना संक्षेपण कहलाता है। संक्षेपण की अंग्रेजी में समराईजिंग प्रेसी राइटिंग अथवा प्रेसी भी कहते हैं।

11. (a) कहानी वह छोटी आख्यानात्मक रचना है, जिसे एक बैठक में पढ़ा जा सके। जो पाठक पर एक समन्वित प्रभाव को उत्पन्न करने के लिए लिखी गई हो, जिसमें उस प्रभाव को उत्पन्न करने में सहायक तत्वों के अतिरिक्त और कुछ न हो और जो अपने आप में पूर्ण हो।

12. (b) शब्द की वह आन्तरिक व अमूर्त शक्ति, जो शब्द के उच्चारित होते ही उस व्यक्ति, वस्तु भाव आदि का बोध करा देती है, जिसके सम्बन्ध में शब्द प्रयुक्त किया गया था, उसे अर्थ कहते हैं।

13. (c) उपन्यास उप और न्यास से मिलकर बना है। 'उप' का अर्थ है। समीप और न्यास का अर्थ है रचना अर्थात् उपन्यास वह है, जिसमें मानव जीवन के किसी तत्व को उक्तिउक्त के रूप में समन्वित कर समीप रखा जाए। इसमें उपन्यासकार मानव जीवन से सम्बन्धित सुखद एवं दुःखद किन्तु मर्म स्पर्शी घटनाओं को निश्चित तारतम्यता के साथ चित्रित करता है।

14. (c) वर्णनात्मक निबन्ध इस प्रकार के निबन्धों में लेखक किसी प्राकृतिक वस्तु किसी स्थान अथवा किसी मनोहर दृश्य का आनन्दवर्धक वर्णन करता है। वर्णनात्मक निबन्ध व्यास और समास शैली में लिखे जाते हैं। महादेवी के संस्मरणों में समास शैली का वर्णन मिलता है।

15. (b) विचारात्मक निबन्ध इन निबन्धों में तर्क-वितर्क का सहारा लिया जाता है। अन्य निबन्धों की अपेक्षा इन निबन्धों में विचार या बुद्धि तत्व अधिक होता है। आचार्य रामचन्द्र शुक्ल का कथन है- ''शुद्र विचारात्मक निबन्धों का चरम उत्कर्ष वही कहा जा सकता है, जहाँ एक-एक पैराग्राफ में विचार दबा-दबा कर ठूसे गए हों और एक-एक वाक्य किसी सम्बद्ध विचार खण्ड के हों। शुक्ल जी स्वयं विचारात्मक निबन्धकारों के प्रतिनिधि हैं। उन्होंने समास प्रधान शैली में विचारात्मक निबन्ध लिखे हैं। विचारात्मक निबन्धों के आलोचनात्मक गवेषणात्मक विवेचनात्मक आदि कई प्रकार के होते हैं।

16. (a) बिम्ब शब्द अंग्रेजी के इमेज शब्द का हिन्दी रूपान्तर है। जिसका अर्थ है मूर्त रूप प्रदान करना। काव्य में बिम्ब को वह शब्द चित्र माना जाता है, जो कल्पना द्वारा ऐन्द्रिक अनुभवों के आधार पर निर्मित होता हैं।

बिम्बवादी विचारधारा का प्रारम्भ 1909 ई. में टी. ई. ह्यूम ने कर दिया था, जिसको 1912 ई. में सुप्रसिद्ध कवि एजरा पाउण्ड ने व्यवस्थित आन्दोलन का रूप दिया। एजरा पाउण्ड ने बिम्बवादी कवियों की कविताओं का संग्रह किया। टी. एस इलियट भी बिम्बवारी कवि थे।

बिम्बों का वर्गीकरण बिम्बों का कई आधारों पर वर्गीकरण किया गया है

अभिव्यंजना पद्धति के आधार पर दो प्रकार के बिम्ब होते हैं

1. प्रत्यक्ष बिम्ब और 2. अलंकृत बिम्ब

प्रत्यक्ष बिम्बों में कवि सामान्य परन्तु अर्थ पूर्ण शब्दों द्वारा चित्र अंकित करता है। अलंकृत बिम्बों द्वारा कवि रूपक, उपमा या उत्प्रेक्षा आदि अलंकारों का विधान करता है।

17. (c) कथानक का महत्त्व कम समझा जाता है पर यह उपन्यास का मूल है। उपन्यास में व्याप्त कुतुहल का तत्त्व कथानक के सहारे ही विकास पाता है। उपन्यास के कथानक को तीन प्रधान भागों में बाँटा जाता है

1. प्रारम्भ या प्रस्तावना भाग
2. मध्य या विकास
3. परिणाम या समाप्ति प्रारम्भ और समाप्ति भागों में सबसे अधिक कथानक के कलात्मक विकास की आवश्यकता रहती है। मध्य भाग में पात्रों के आन्तरिक और बाह्य संघर्षों का विशद विवतरण और घटना चक्र रहता है। मध्य भाग की सफलता के लिए उपन्यासकार को संसार का विस्तृत अध्ययन और मानस मनोभावों का सूक्ष्म ज्ञान आवश्यक है। उपन्यास की सफलता इस बात में निहित रहती है कि पाठक आगामी घटना, क्रियाकलाप अथवा अन्तिम परिणाम का अनुमान न लगा सके। मध्य भाग के लिए जीवन के विविध रूपों की विशद विवृत्ति होना सफलता का लक्षण है।

18. (c) अल्बर्ट ओरिएण्ट ने अपने निबन्ध में प्रतीकवाद के लिए पाँच बातें आवश्यक बताई-

1. वह भावात्मक हो, क्योंकि उसका प्रयोजन एक भाव को व्यक्त करता है।
2. वह प्रतीकात्मक हो, क्योंकि वह भाव को रूपाकार के माध्यम से प्रकट करेगी।
3. वह संश्लेषणात्मक हो, क्योंकि वह उन रूपाकारों को सामान्य प्रेषणीय उपकरण के रूप में घटित करेगी।
4. वह विषयीपरक हो, क्योंकि उसमें विषय, विषय के रूप में आकार, कलाकार द्वारा ग्रहीत भाव संकेत के रूप में होगा।
5. वह अलंकरणात्मक हो, क्योंकि उपर्युक्त विशेषताएँ आलंकारिक कला की विशेषताएँ हैं।

19. (b) क़, ख़, ग़, ज़, फ़, व़, विदेशी भाषाओं से ग्रहीत व्यंजन ध्वनियाँ हैं।

20. (b) अंग्रेजी में बिम्ब के लिए Image शब्द का प्रयोग होता है। इस शब्द का अर्थ है किसी पदार्थ को मूर्त रूप प्रदान करना, चित्रबद्ध करना, मानसी प्रतिकृति उतारना।

बिम्ब के कार्य - 1 काव्यार्थ को स्पष्ट करना।
2. भाव-सम्प्रेषण में सहयोग देना।
3. भाव को उत्तेजित करना।
4. वस्तु या घटना को वर्तमान में प्रत्यक्ष करना और
5. सौन्दर्य और रूप को आकार देकर हृदयंगम करना।

21. (d) श्रीनिवास दास का परीक्षागुरु
हिन्दी उपन्यास विधा का विकास अंग्रेजी एवं बांग्ला उपन्यासों के प्रभाव के कारण हुआ, लाला श्रीनिवास दास का उपन्यास परीक्षा गुरु, पं. गौरीदत्त का देवरानी-जेठानी की कहानी'' राधाकृष्ण दास का निस्सहाय हिन्दू', श्रद्धाराम फिल्लौरी का ''भाग्यवती आदि विभिन्न विद्वानों ने हिन्दी का प्रथम उपन्यास माना है पर इनमें औपन्यासिक तत्व युक्त 'परीक्षा गुरु (1882 ई.) को ही आचार्य रामचन्द्र शुक्ल ने हिन्दी का प्रथम 'अंग्रेजी ढंग का' और मौलिक उपन्यास मानते हैं।

22. (c) आचार्य शुक्ल अपने हिन्दी साहित्य के इतिहास में आदिकाल काल के लिए वीरगाथा काल नाम का प्रयोग किया हैं और उसकी पूर्वोत्तर सीमा 993 ई. से 1318 ई. तक स्वीकार की है। आचार्य शुक्ल ने वीरगाथा काल नामकरण के सम्बन्ध में आधारभूत चिन्तन प्रस्तुत किया है। उन्होंने लिखा है मुंज और भोज के समय (संवत 1050 के लगभग) में तो ऐसी अपभ्रंश या पुरानी हिन्दी का पूरा प्रचार शुद्ध साहित्य या काव्य रचनाओं में भी पाया जाता है। अतः हिन्दी साहित्य का आदिकाल सम्वत 1050 से लेकर 1375 तक अर्थात् महाराजा भोज के समय से लेकर हम्मीर देव के कुछ पीछे तक माना जा सकता है।

23. (c) स्पर्श व्यंजन- जिन व्यंजन ध्वनियों के उच्चारण में कण्ठ, जीभ या ओष्ठों का स्पर्श होता है तथा कुछ रुकावट के बाद स्फोट के साथ श्वास वायु बाहर निकलती है। वे स्पर्श व्यंजन कहलाते हैं। का वर्ग, ट वर्ग, त वर्ग, प वर्ग स्पर्श ध्वनियाँ हैं।

24. (d) ध्वनियों का उच्चारण करते समय जिह्वा या अन्य मुख अवयव अनेक प्रकार से प्रयत्न करते हैं। इस आधार पर व्यंजनों का निम्नलिखित विभाजन किया गया है

(i) **स्पर्श** जिन व्यंजन ध्वनियों के उच्चारण में कण्ठ, जीभ या ओष्ठों का स्पर्श होता है तथा कुछ रुकावट के बाद स्फोट के साथ वायु बाहर निकलती है, वे स्पर्श व्यंजन कहलाते हैं। क वर्ग, ट वर्ग, त वर्ग, प वर्ग।

(ii) **संघर्षी** जिन व्यंजन ध्वनियों के उच्चारण में प्राण वायु मुख्य अवयव से घर्षण के साथ निकलती हैं, उन्हें संघर्षी व्यंजन भी कहते हैं। इनके उच्चारण में क्योंकि हवा रगड़ के साथ निकलने से कुछ ऊष्म (गरम) हो जाती है, इसलिए इन्हें ऊष्म व्यंजन भी कहते हैं। श्, ष्, स्, ह् तथा क़, ख, ग़, ज़, फ़, संघर्षी ध्वनियाँ हैं।

(iii) **स्पर्श संघर्षी** जिन व्यंजनों के उच्चारण में वायु पहले किसी मुख अवयव से स्पर्श करती है, फिर कुछ घर्षण के साथ निकलती है। उन्हें स्पर्श संघर्षी व्यंजन कहते हैं। ये ध्वनियाँ निम्नलिखित प्रकार से हैं- च्, छ्, ज्, झ्, ण्, ञ्।

(iv) **नासिक्य** जिन व्यंजनों का उच्चारण करते समय वायु पूरी तरह से मुख से न निकलकर नाक से भी निकलती है। वे नासिक्य व्यंजन कहलाते हैं। ये इस प्रकार हैं। ङ्, ञ्, , न्, म्।

(v) **पर्श्विक** पार्श्विक का अर्थ है बगल का, अतः जिस ध्वनि के उच्चारण में साँस जिह्वा के दोनों पार्श्व से निकलती है। वह पार्श्विक ध्वनि कहलाती है। ल् पार्श्विक व्यंजन है।

(vi) **उत्झिप्त** उत्झिप्त का अर्थ है फेंका हुआ। अतः जिन ध्वनियों का उच्चारण जीभ की नोंक को उलट कर कठोर तालु को झटके के साथ स्पर्श करके किया जाता है। उन्हें उत्झिप्त (ताड़नजात) व्यंजन कहा जाता है, ये व्यंजन हैं ड़्, ढ़।

(vii) **प्रकम्पित/लुंठित** लुंठित का अर्थ है लुढ़कता हुआ या काँपता हुआ। अतः जिस ध्वनि के उच्चारण में जीभ टकराकर लुढ़कती एवं काँपती सी लगती है। उसे लुंठित या प्रकम्पित व्यंजन कहते हैं- 'र' प्रकम्पित व्यंजन हैं।

(viii) **संघर्षहीन सप्रवाह** जिन व्यंजनों का उच्चारण करते समय प्राणवायु बिना किसी संघर्ष के मुख से बाहर निकल जाती है उन्हें संघर्षहीन व्यंजन कहते हैं। संघर्षहीन व्यंजनों की संख्या दो होती है–'य' और 'व'

25. (c) मुख्यतः वाक्य के दो अंग होते हैं
1. उद्देश्य
2. विधेय
1. **उद्देश्य** वाक्य में जिसके सम्बन्ध में कुछ कहा जाता है। उसे उद्देश्य कहते हैं। वाक्य में कर्ता ही उद्देश्य होता है।

यथा- 1. दादाजी ने पूजा की
2. छात्र पास हो गए

इन दोनों वाक्यों में दादाजी व छात्रों के बारे में बताया जा रहा है अर्थात् ये दोनों उद्देश्य हैं।

26. (c) **सुमित्रानन्दन पन्त** छायावाद के सुप्रसिद्ध कवि सुमित्रानन्दन पन्त का जन्म मई, 1900 ई. में अल्मोड़ा जिले के कौसानी ग्राम में हुआ। कौसानी एक रमणीक प्रकृति सौन्दर्यपूर्ण ग्राम है, जो वर्तमान में उत्तराखण्ड में स्थित हैं। पन्त के जन्म के छह घण्टे उपरान्त ही माता सरस्वती देवी का देहान्त हो गया। मातृविहीन बालक के लिए प्रकृति ही सुषमा का आकर्षण बन गई। पन्त प्रकृति के सुकुमार कवि माने जाते हैं। आधुनिक कवि की भूमिका में पन्त जी स्वीकारते हैं कि मुझे कविता करना प्रकृति ने सिखलाया है। पन्त जी की आत्मकथा 'साठ वर्ष : रेखांकन से विदित होता है कि शैशव से ही पन्त को प्रकृति से गहरा लगाव था। प्राकृतिक दृश्यों को देखकर उनके मन में तरह-तरह के सुन्दर भावों का उद्वेलन होता था। मात्र सात वर्ष की आयु में ही कवि को छन्द रचना की प्रेरणा प्रकृति प्रेम से उत्पन्न हुई।

27. (b) **महादेवी वर्मा** छायावादी युग की प्रमुख कवयित्री हैं। इनके काव्य में अन्तर्मन की वेदना एवं पीड़ा की अभिव्यक्ति एवं अज्ञात- अलौकिक सत्ता के प्रति समर्पण भाव मिलता है। इस कारण महादेवी वर्मा को आधुनिक युग की मीरा कहा जाता है।

28. (d) **संज्ञा पदबन्ध** संज्ञा पद के स्थान पर प्रयुक्त होने वाला पद-समूह को संज्ञा- पदबन्ध कहते हैं। इनमें प्रयुक्त होने वाले सभी पद किसी संज्ञा को ही स्पष्ट करते हैं। ये विभिन्न कारक रूपों में आते हैं; जैसे-
1. **पद समूह** रात में पहरा देने वाला पहरेदार कल गोली का शिकार हुआ।
2. **उसके जीवन भर की कमाई** पल में नष्ट हो गई।

29. (d) **गुनाहों का देवता** हिन्दी उपन्यासकार धर्मवीर भारती के शुरुआती दौर के और सर्वाधिक पढ़े जाने वाले उपन्यासों में से एक है। यह सबसे पहले (1949) में प्रकाशित हुआ। इसमें प्रेम के अव्यक्त और अलौकिक रूप का अन्यतम चित्रण है। इसमें सुधा व चन्दर की प्रेम विडम्बना को उजागर किया गया है।

30. (c) **प्यासी पथराई आँखें** नागार्जुन (वैद्यनाथ सिंह- 1911-1998 ई.)
मैथिली भाषा में यात्री उपनाम था।
नागार्जुन को प्रगतिवाद का 'शलाका पुरुष' कहा जाता है।

डूबते मस्तूल	-	नरेश मेहता
स्मृति की रेखाएँ	-	महादेवी वर्मा
दो एकान्त	-	नरेश मेहता

31. (b) मेरे साक्षात्कार - कुँवर नारायण- हिन्दी के साहित्यकार थे।

नई कविता आन्दोलन के सशक्त हस्ताक्षर कुँवर नारायण अज्ञेय द्वारा सम्पादित तीसरा सप्तक के प्रमुख कवियों में रहे हैं। 2009 में उन्हें 2005 के लिए भारत के साहित्य जगत के सर्वोच्च सम्मत ज्ञानपीठ पुरस्कार से सम्मानित किया गया।

32. (a) कल सुनना मुझे - 1976– धूमिल, सुदामा पाण्डेय धूमिल हिन्दी की समकालीन कविता के दौर के मील के पत्थर सरीखे कवियों में एक हैं।
उन्हें मरणोपरान्त 1979 में 'कल सुनाना मुझे' काव्य संग्रह के लिए साहित्य अकादमी पुरस्कार से सम्मानित किया गया।

33. (d) **निबन्ध** संस्कृत भाषा का शब्द है- निबन्ध जिसका अर्थ है निबन्ध अर्थात् सुव्यवस्थित (बंधी हुई) शैली। निबन्ध को गद्य की कसौटी कहा जाता है। निबन्ध में वे रचनाएँ आती हैं जिनमें किसी विषय का सुसम्बद्ध विवेचन किया जाता है।
तुकबन्दी- दो या दो से अधिक शब्दों के किसी में समान ध्वनियों की पुनरावृत्ति होती है। तुकबन्दी का उपयोग कविताओं या गीतों के भीतर अन्तिम पंक्तियों में संगीत या सौन्दर्य प्रभाव के लिए किया जाता है।

34. (b) पत्र सामान्यतया तीन प्रकार के होते हैं
(i) सामाजिक पत्र- वे पत्र होते हैं, जिन्हें लोग अपने दैनिक जीवन के व्यवहार में लाते हैं; जैसे- सम्बन्धियों के पत्र, बधाई-पत्र, शोक-पत्र, परिचय-पत्र, निमन्त्रण-पत्र आदि।
(ii) व्यापारिक-पत्र- व्यापार, वाणिज्य आदि से सम्बन्धित पत्र इसके अन्तर्गत आते हैं; जैसे- पुस्तक विक्रेता को पत्र सम्पादक को पत्र, बैंक मैनेजर को पत्र, बीमा कम्पनी को पत्र।
(iii) सरकारी-पत्र- सरकारी पत्राचार के अन्तर्गत निम्नलिखित प्रकार के पत्र आते हैं
सरकारी-पत्र, अर्ध सरकारी-पत्र, कार्यालय ज्ञापन, अशासनिक ज्ञापन, परिपत्र, कार्यालय आदेश, पृष्ठांकन, अधिसूचना, संकल्प, प्रेसविज्ञप्ति, तार तुरन्त-पत्र, अनुस्मारक, नीलामी सूचना, निविदा विज्ञापन आदि।
समाचार-पत्र- समाचार-पत्र, समाचारों पर आधारित एक प्रकाशन हैं। जिसमें मुख्यत: सामाजिक घटनाएँ, राजनीति, खेल-कूद, व्यक्तित्व विज्ञापन इत्यादि जानकारियाँ होती हैं।

35. (d) पत्र लेखन की विशेषताएँ–
1. **सरलता** पत्र की भाषा सरल, स्पष्ट और स्वाभाविक होनी चाहिए।
2. **स्पष्टता** पत्र की भाषा में स्पष्टता होनी चाहिए।
3. **संक्षिप्त** पत्र की भाषा संक्षिप्त होनी चाहिए।
4. **आकर्षकता तथा मौलिकता** पत्र आकर्षक एवं सुन्दर होना चाहिए। पत्र की भाषा में मौलिकता होनी चाहिए।
5. **उद्देश्य पूर्णता** पत्र का कथ्य अपने आप में पूर्ण तथा उद्देश्य की पूर्ति करने वाला हो।
6. **शिष्टता** सरकारी, व्यावसायिक तथा अन्य औपचारिक पत्र की भाषा शिष्टतापूर्ण होनी चाहिए।
7. **चिन्हांकन** पत्र में प्रयुक्त चिन्ह पर हमें विशेष ध्यान देना चाहिए।

36. (a) निबन्ध के प्रकार-
1. वर्णानात्मक 2. विवरणात्मक
3. विचारात्मक 4. भावात्मक निबन्ध
एकांकी डॉ. राजकुमार वर्मा के अनुसार ''एकांकी में एक ही घटना होती है और वह घटना नाटकीय कौशल से कौतूहल का संचय करती हुई चरम सीमा तक पहुँचती है। उसमें कोई अप्रधान प्रसंग नहीं रहता। विस्तार के अभाव में प्रत्येक घटना कलि की भाँति खिलकर पुष्प की भाँति विकसित होती है। उसमें लता के समान फैलने की उच्छंखलता नहीं होती।''

37. (d) पत्राचार संक्षेपण के दो प्रकार हैं- सामान्य संक्षेपण और सूचीकरण (सारिणी) संक्षेपण। सामान्य संक्षेपण को विस्तृत रूप से संक्षिप्त करना होता है, जबकि सूचीकरण संक्षेपण में कम संख्या, पत्र संख्या, दिनांक, प्रेषक, प्रेषिता और पत्र के विषय में ध्यान रखा जाता है।

38. (a) बीसलदेव रासो- रचनाकाल 1212 ई. वीरगाथा काल की प्रसिद्ध रचना है, कवि नरपति नाल्ह जो विग्रहराज चतुर्थ (बीसलदेव रासो का नायक) के समकालीन कवि थे, इस ग्रन्थ के रचयिता हैं। 128 छन्दों की शृंगारपरक गेय रचना है। यह एक विरह काव्य है। बीसलदेव रासो चार खण्ड़ों में विभाजित हैं।
बीसलदेव रासो में अपभ्रंश तथा हिन्दी का प्रयोग मिलता है।

39. (a) नाथ साहित्य की विशेषताएँ–
1. शिव भक्ति की उपासना पर बल।
2. नाथ साहित्य स्त्री-विरोधी।
3. निवृत्तिमार्ग पर विशेष बल।
4. अष्टांग योग पर बल।
5. अखण्ड ब्रह्मचर्य में विश्वास।
6. योग साधना की बात।
7. गुरु की तीव्र महिमा का बखान दिया।
8. ब्राह्मणवाद की खण्डन एवं शास्त्रवाद का विरोध।
9. नाथ ईश्वर वादी यद्यपि ईश्वर निर्गुण है।
10. नाथ साहित्य शुष्क व नीरस है।

40. (c) अच्छे संक्षेपण के गुण
1. **पूर्णता** संक्षेपण स्वत: पूर्ण होना चाहिए।
2. **संक्षिप्तता** संक्षिप्तता संक्षेपण का प्रधान गुण है।
3. **स्पष्टता** पढ़ने से मूल सन्दर्भ का अर्थ पूर्ण और सरलता से स्पष्ट हो जाए।
4. **भाषा की सरलता** भाषा सरल और परिष्कृत हो।
5. **शुद्धता** संक्षेपण में भाव और भाषा शुद्ध होनी चाहिए।
6. **प्रवाह और क्रमबद्धता** संक्षेपण में भाव और भाषा प्रवाह एक आवश्यक गुण है। भाव क्रमबद्ध और भाषा प्रवाहपूर्ण हो।

41. (b) अन्धेर नगरी- लोककथा व लोक संस्कृति को आधार बनाकर अन्धेर नगरी लिखा गया है। वासतव में अन्धेर नगरी की अन्तिम परिणति ही अन्धायुग है। अन्धेर नगरी की प्रसिद्ध पंक्ति .... 'चूरन साहब लोग जो खावें .... टके सेर भाजी, टके सेर खाजा। के अनुसार हर चीज बेची और खरीदी जा सकती है। 'अन्धेर नगरी' शास्त्रीय कसौटी पर प्रहसन का अतिक्रमण करता हैं। काशी के हिन्दू नेशनल थियेटर ने 'अन्धेर नगरी' का प्रथम मंचन किया था।

42. (d) सुभद्रा कुमारी चौहान- मूलत: वे कवयित्री थी तथा उनकी कविताओं में दो प्रवृत्तियाँ प्रमुख रूप से देखने को मिलती हैं- प्रथम राष्ट्र की भावना द्वितीय घरेलू जीवन की। उनकी राष्ट्रीय भावनाओं से युक्त कविताओं पर समसामयिक घटनाओं, राष्ट्र प्रेम तथा संस्कृति की गहरी छाप मिलती है।

43. (b) अवधी, बघेली ब्रजभाषा।
अवधी और बघेली पूर्वी हिन्दी (पूर्वी खण्ड) हिन्दी की बोलियों के अन्तर्गत आती है, परन्तु ब्रजभाषा पश्चिमी हिन्दी (पश्चिमी खण्ड) की बोलियों के अन्तर्गत आती हैं।

44. (c) विस्मयसूचक चिन्ह (!) खुशी, हर्ष, घृणा, दुख, करुणा, दया शोक, विस्मय आदि भावों को प्रकट करने के लिए इस चिन्ह का प्रयोग किया जाता है।

45. (d) सरहपा- इनके अन्य नाम सरहपाद, सरोज, राहुल भद्र भी मिलते हैं। इनका जन्म 769 ई. में हुआ। राहुल सांस्कृत्यायन ने शरहपा को हिन्दी का प्रथम कवि माना है और 769 ई. से हिन्दी साहित्य का प्रारम्भ माना है। सरहपा की रचनाओं में 'दोहा कोश' प्रसिद्ध है। सरहपा सहजयान के प्रवर्तक कहे जाते हैं। सरहपा द्वारा रचित 32 ग्रन्थ माने जाते हैं।

46. (c) नरपति नाल्ह राजस्थान के प्रसिद्ध कवियों में से एक थे। वे पुरानी पश्चिमी राजस्थानी भाषा की सुप्रसिद्ध रचना 'बीसलदेव रासो के रचयिता कवि थे। अपनी रचना 'बीसलदेव रासो में नरपति नाल्य ने स्वयं को कही नरपति लिखा हैं। तो कहीं नाल्य। ऐसा सम्भव हो सकता है कि 'नरपति उनकी उपाधि रही हो और नाल्ह उनका नाम है। बीसलदेव रासो प्रथम परम्परा का प्रतिनिधि ग्रन्थ है। यह प्रेणाख्यान काव्य की कोटी में आता है।

47. (d) महाकवि बिहारी रीतिकाल के सर्वश्रेष्ठ कवि माने जाते हैं। बिहारी की ख्याति उनके अन्यतम ग्रन्थ बिहारी सतसई के कारण हुई। 'सतसई' में बिहारी ने अलंकार रस, भाव नायिकाभेद, ध्वनि वक्रोक्ति, रीति, गुण आदि का ध्यान रखकर रचना की है। सतसई के अन्तर्गत अलंकारिक सौन्दर्य और भाव सौन्दर्य दोनों का मिलाप है।

शृंगार रस- विभावनुभाव एवं संचारी भावों के संयोग से परिपक्व अवस्था में पहुँचा हुआ रति स्थायी भाव शृंगार रस कहलाता है।

48. (c) ध्वनि- मौखिक रूप से भाषा की सबसे छोटी इकाई ध्वनि होती है अर्थात् जब किसी वर्ण या वर्णों के समूह को मौखिक रूप दे दिया जाता है। इसका खण्ड या टुकड़ा नहीं हो सकता अर्थात् वर्ण वह मूल ध्वनि है, जिसका खण्ड नहीं होता। वर्णों या ध्वनि के क्रमबद्ध समूह को वर्णमाला कहते हैं। हिन्दी वर्णमाला में कुल 46 वर्ण होते हैं।

1. **स्वर** ये ध्वनियाँ जिनके उच्चारण में हवा फेफड़ों से उठकर निर्बाध रूप से मुँह या नाक के द्वारा बाहर निकल जाती है। अर्थात् जीभ या ओष्ठ को परस्पर कहीं स्पर्श नहीं होते और वायु से कहीं घर्षण नहीं होता स्वर कहलाते हैं। हिन्दी में 11 स्वर ध्वनियाँ होती हैं।
   अ, आ, इ, ई, उ, ऊ, ऋ, ए, ऐ ओ और औ।
2. **व्यंजन** जिन ध्वनियों के पूर्ण उच्चारण के लिए स्वरों की सहायता ली जाती है और जिनके उच्चारण में फेफड़ों से बाहर निकलने वाली वायु मुख विवर में अथवा स्वत्यन्त्र में अवरोध के साथ बाहर निकलती है, उन्हें व्यंजन ध्वनियाँ कहते हैं।
   क वर्ग क्, ख्, ग्, घ्, ङ्
   च वर्ग च्, छ्, ज्, झ्, ञ्
   ट वर्ग त्, ठ्, ड्, ध्, ण्
   त वर्ग त्, थ्, द्, ध्, न्
   प वर्ग प्, फ्, ब्, भ्, म्
   य, र, ल, व
   श, ष, स, ह

49. (d) जिस वाक्य में किसी बात के न होने या काम के अभाव या नहीं होने का बोध हो, वह निषेधात्मक वाक्य कहलाता है।

50. (c) ऋ स्वर- 'र', व्यंजन और 'इ' स्वर का संयुक्त रूप है। लेखक में संस्कृत से आये तत्सम शब्दों; जैसे- ऋषि, कृपा, पृथ्वी, ऋतु आदि में ऋ का प्रयोग किया जाता है।

51. (a) निबन्ध गद्य रचना का उत्कृष्ट रूप है। विषय का भलीभाँति प्रदान, लेखकीय व्यक्तित्व की अभिव्यक्ति और भाषा चुस्त प्रांजल रूप से तीनों अच्छे निबन्ध की विशेषता है।

52. (c) सम्वत् 1375 से 1700 वि. तक का काल हिन्दी साहित्य में भक्ति काल के नाम से जाना जाता है। इस काल में विपुल साहित्य लिखा गया। काव्य शैलियों की व्यापकता, अभिव्यक्ति की मौलिकता, साहित्यिक उत्कृष्टता के कारण यह काल हिन्दी साहित्य का स्वर्ण युग कहलाता है।

53. (b) गार्सा-द-तासी- हिन्दी साहित्य के इतिहास लेखन का सबसे पहले प्रयास फ्रांसीसी विद्वान गार्सा द तासी ने किया। इनका इतिहास ग्रन्थ, इस्त्वार-द-ला-लित्रेच्यूट ऐन्दुई ऐन्दुस्तानी फ्रेंच भाषा में रचित हैं।

54. (c) निशा निमन्त्रण के रचनाकार हरिवंश राय बच्चन हैं। यह एक गीत संग्रह है, जो 1938 में प्रकाशित हुआ था। 13-13 पंक्तियों के ये गीत हिन्दी साहित्य की श्रेष्ठतम उपलब्धियों में से हैं। पहला गीत ''दिन जल्दी जल्दी ढलता है। से प्रारम्भ होकर ''निशा निमन्त्रण'' रात्रि की निस्तब्धता के बड़े सघन चित्र करता हुआ प्रातः कालीन प्रकाश में समाप्त होता है।

55. (d) अभिजात के पर्यायवाची शब्द- श्रेष्ठ, सम्भ्रान्त, योग्य कुलीन होते हैं।

56. (a) नाम उछालना मुहावरे का अर्थ- ''बदनाम करना अर्थात् नाम उछालना मुहावरे का हिन्दी भाषा व्याकरण में मतलब का अर्थ बदनामी करना होता है।

57. (a) अतीत के चलचित्र महादेवी वर्मा द्वारा रचित एक रेखाचित्र है। इसमें लेखिका हमारा परिचय रामा, भाभी बिन्दा, सबिया, बिट्टो, बालिका माँ, धीसा, अभागी स्त्री आलोपी, बदलू तथा अलोपा, इन ग्यारह चरित्रों से करवाती है। सभी रेखा-चित्रों को उन्होंने अपने जीवन से ही लिया है, इसलिए इनमें उनके अपने जीवन की विविध घटनाओं तथा चरित्र के विभिन्न पहलुओं का प्रत्यारोपण अनायास ही हुआ है। उन्होंने अनुभूत सत्यों को जस का तस अंकित किया है।

58. (a) आधा तीतर आधा बटेर मुहावरे का अर्थ है- अधूरा ज्ञान सुचारू रूप से नहीं होना, बेमेल चीजों का मिश्रण, बेमेल-बेढ़ंगा

59. (a) नरोत्तमदास हिन्दी के प्रमुख साहित्यकार थे। इनका जन्म (1550-1605) उत्तर प्रदेश के जिले सीतापुर में तहसील सिधौली के गाँव बाड़ी नामक स्थान पर हुआ। इनका एकमात्र खण्ड काव्य सुदामा चरित्र ब्रजभाषा में मिलता है।

ध्रुवचरित आंशिक रूप से उपलब्ध है, जिसके 28 छन्द ''रसवती पत्रिका'' में 1968 अंक में प्रकाशित हुए।

60. (c) रूपक का वह भेद जिसमें तापस-संन्यासी पुरोहित, भिक्षु, क्षत्रिय आदि नायकों और नीच प्रकृति के अन्य व्यक्तियों के मध्य परिहास चर्चा होती है। प्रहसन कहलाता हैं। प्रहसन की कथा प्रायः काल्पनिक होती है। और उसमें हास्य रस की प्रधानता रहती है। प्रहसन का प्रत्यक्ष प्रयोजन मनोरंजन ही है, किन्तु अप्रत्यक्ष प्रेक्षक को इससे उपदेश प्राप्ति भी होती है।

61. (b) बरवै नायिका भेद रहीम की रचना है। रहीम जी ने बरवै नायिका भेद अवधी भाषा में नायिका भेद का सर्वोत्तम ग्रन्थ है। इसमें भिन्न-भिन्न नायिकाओं के केवल उदाहरण हैं।

62. (d) छिन्न- का अर्थ जो करा हुआ हो छिन्द के अन्य विलोम शब्द- अनकरा, अनुछिन्न, अविछिन्न अखण्डित ।

63. (b) बीजक कबीर की वाणी का संग्रह 1464 ई. धर्मदास ने बीजक नाम से किया। यह साखी, सबद रमैनी में विभाजित है।

64. (c) मद-अर्थात-अहंकार अभिमान, नशा मस्ती उन्माद उन्मत्तता, पागलपन होता है।

65. (d) जौहर दिखाना अर्थात् वीरता दिखाना, कौशल या पूर्णता प्रदर्शन, उपलब्धि दिखाना, योग्यता दिखाना।

66. (d) पत्ता काटना मुहावरे का अर्थ है पद से हटा देना या अधिकार से वंचित कर देना।

67. (d) शिवराज भूषण कवि भूषण की प्रसिद्ध रचना है। कवि भूषण की वीर रसपूर्ण रचनाएँ रीतिकाल में बड़ी महत्त्वपूर्ण हैं। इनकी रचनाओं में हिन्दू राजाओं को विदेशी एवं मुगल राजाओं से लड़ने की प्रेरणा दी हैं। वे अपने आश्रय दाता शिवाजी राजा की विजय हिन्दू धर्म की विजय मानते थे।

68. (d) एक साहित्यिक की डायरी भारत के प्रसिद्ध प्रगतिशील कवि और हिन्दी साहित्य की स्वातंत्र्योत्तर प्रगतिशील काव्यधारा के शीर्ष व्यक्तित्त्व गजानन माधव मुक्तिबोध द्वारा लिखी गई पुस्तक है। यह पुस्तक 'भारतीय ज्ञानपीठ' द्वारा 25 जून, 2000 में प्रकाशित की गई थी। हिन्दी साहित्य में सर्वाधिक चर्चा के केन्द्र में रहने वाले मुक्तिबोध एक कहानीकार होने के साथ ही समीक्षक भी थे।

69. (d) महाभारत मचाना- खूब लड़ाई-झगड़ा करना वाक्य प्रयोग- सोनू और मोनू दोनों बहन-भाई सुबह से महाभारत मचा रहे हैं।

70. (a) कमान से तीर निकलना और मुँह से निकली बात वापस नहीं आती मुहावरे का अर्थ है सोच समझकर कार्य करना चाहिए, क्योंकि कुछ कार्यों में गलती को सुधारा नहीं जा सकता।

71. (d) आज्ञावाचक वाक्य-जिस वाक्य में आज्ञा, अनुमति, उपदेश व विनय का बोध हो, वह आज्ञार्थक/आज्ञावाचक वाक्य कहलाता है।
प्रश्नवाचक वाक्य-प्रश्न का बोध कराने वाला वाक्य अर्थात् जिस वाक्य का प्रयोग प्रश्न पूछने में किया जाए उसे प्रश्नवाचक वाक्य कहते हैं।

72. (c) खुमाण रासो- रचयिता दलपति विजय ने इस ग्रन्थ का चरित्र नायक मेवाड़ का राजा खुमान द्वितीय को बनाया है। आचार्य शुक्ल इसे 9वीं शताब्दी तथा डॉ. मोतीलाल मेनारिया इसे 17वीं शती की रचना मानते हैं। इस ग्रन्थ की प्रमाणिकता हस्तलिखित प्रति पूना संग्रहालय में उपलब्ध है। ग्रन्थ की रचना लगभग 5000 छन्दों में की गई है। यद्यपि वीर रस ही ग्रन्थ का प्रधान रस है, परन्तु शृंगार के मार्मिक एवं हृदयस्पर्शी चित्र की उपलब्ध होते हैं।

73. (b) रामचन्द्रिका हिन्दी साहित्य के रीतिकाल के आरम्भ के सुप्रसिद्ध कवि केशवदास रचित महाकाव्य हैं। रामकथा पर लिखा हुआ 'रामचन्द्रिका' इनका उत्कृष्ट प्रबन्ध काव्य है। इनमें इनकी भक्ति भावना के दर्शन होते हैं।

74. (c) संकेतवाचक वाक्य- जिस वाक्य में संकेत या शर्त हो तो वह संकेतार्थक वाक्य कहलाता हैं। जैसे-यदि तुम आओ तो मैं चलूँ।

75. (a) जी छोटा करना- का अर्थ हतोत्साहित होना मायूस होना होता है। जी छोटा करना को प्रायः हतोत्साहित करना, अर्थ को प्रकट करने के लिए किया जाता है।

76. (b) यहाँ विशेषण सम्बन्धी दोष है। विस्मय के स्थान पर विस्मित शब्द का प्रयोग होना चाहिए जोकि एक विशेषण है अतः शुद्ध शब्द होगा- खबर सुनकर मैं विस्मित हो गया।

77. (d) चन्द्रायन, मुल्ला दाऊदकृत हिन्दी का ज्ञात प्रथम सूफी प्रेमकाव्य। इसमें नायक लोर, लारा, लोरक, लोरिक अथवा नूरक और नायिका चाँदा या चन्दा की प्रेम कथा वर्णित हैं।

78. (c) सुनहरे शैवाल/अज्ञेय (कविता संग्रह 1965) सच्चिदानन्द हीरानन्द वात्स्यायन 'अज्ञेय' (7 मार्च, 1911 अप्रैल, 1987) कवि, कथाकार, ललित-निबन्धकार, सम्पादक और सफल अध्यापक थे। उनका जन्म उत्तर प्रदेश के देवरिया जिले के कुशीनगर में हुआ। 1964 में आँगन के पार द्वार पर उन्हें साहित्य अकादमी और 1978 में कितनी नावों में कितनी बार पर भारतीय ज्ञानपीठ पुरस्कार मिला।

79. (b) जिस वाक्य में हर्ष, शोक, घृणा व विस्मय आदि भाव प्रकट होते हैं। वह विस्मयादिबोधक वाक्य कहलाता है।

80. (b) सरल वाक्य- जिस वाक्य में एक उद्देश्य व एक ही विधेय होता है। उसे साधारण या सरल वाक्य कहते हैं अर्थात् एक कर्त्ता व एक ही क्रिया होती है। जैसे- मैं जाता हूँ।

81. (b) **रहस्यवाद** रहस्यवाद वह भावनात्मक अभिव्यक्ति हैं, जिसमें कोई व्यक्ति या रचनाकार उस अलौकिक परम, अव्यक्त सत्ता से अपना प्रेम प्रकट करता है। जो सम्पूर्ण सृष्टि का आधार है। वह उस अलौकिक तत्व में डूब जाना चाहता है और ऐसा करके जब उसे परम आनन्द की अनूभूति होती है, तब वह अनुभूति को बाह्य जगत में व्यक्त करने का प्रयास करता है, किन्तु इसमें अत्यन्त कठिनाई करने का प्रयास करता है, किन्तु इसमें अत्यन्त कठिनाई होती है। लौकिक भाषा और वस्तुएँ उस आनन्द को व्यक्त नहीं कर सकती। इसलिए उसे पारलौकिक आनन्द को व्यक्त करने के लिए प्रतीकों का सहारा लेना पड़ता है, जो आम जनता के लिए रहस्य बन जाते हैं। हिन्दी साहित्य में रहस्यवाद सर्वप्रथम मध्यकाल में दिखाई पड़ता है। सन्त या सूफी काव्यधारा में जायसी के यहाँ रहस्यवाद का प्रयोग हुआ/दोनों परम सत्ता से जुड़ना चाहते हैं और उसमें लीन होना चाहते हैं।

82. (d) अमीर खुसरो चौदहवीं सदी लगभग दिल्ली के निकट रहने वाले एक प्रमुख कवि, शायर, गायक और संगीतकार थे। अमीर खुसरो प्रथम मुस्लिम कवि थे, जिन्होंने हिन्दी शब्दों का खुलकर प्रयोग किया है। वह पहले व्यक्ति थे, जिन्होंने हिन्दी, हिन्दवी और फारसी में एकसाथ लिखा। उन्हें खड़ी बोली के आविष्कार का श्रेय दिया जाता है।

83. (d) ओष्ठ्य- प, फ, ब, भ, म व्यंजन ध्वनियाँ ओष्ठों को मिलाने पर बोली जाती हैं।

84. (a) डॉ. श्यामसुन्दर दास जुलाई, 1875-1945 ई. हिन्दी के अनन्य साधक, विद्वान आलोचक और शिक्षाविद् थे। हिन्दी साहित्य और बौद्धिकता के पथ-प्रदर्शकों में उनका नाम अविस्मरणीय है। हिन्दी क्षेत्र के साहित्यिक सांस्कृतिक नवजागरण में उनका योगदान विशेष रूप से उल्लेखनीय है। उन्होंने और उनके साथियों ने मिलकर सन् 1893 में काशी नागटी प्रचारिणी सभा की स्थापना की थी।

85. (d) **अभिनय** दृश्यकाव्य होने के कारण नाटक की सफलता का सबसे प्रबल प्रमाण उसकी अभिनेयता अथवा मंचीय प्रस्तुति में निहित है। आचार्य भरत के अनुसार, 'अभि' पूर्वक 'णीज' धातु के योग से 'अभिनय' शब्द निःसृत होता है। उनके अनुसार 'अभिनय' शब्द का अर्थ है। सम्मुख ले जाना। नाटक के प्रसंग में शाखा, अंग उपाग सहित जो प्रक्रिया कवि के अभिप्रेरक को पाठक के समक्ष व्यक्त कर देती है। उसे अभिनय कहते हैं।

86. (b) इस गद्यांश का शीर्षक कविता का दुरूपयोग के अलावा-निम्नलिखित भी हो सकते हैं। सत्कवि के गुण, अच्छे कवियों की विशेषता इत्यादि।

87. (c) **द्वन्द्व समास** इस समास में दोनों पद समान रूप से प्रधान होते हैं। इसके दोनों पद योजक चिन्ह द्वारा जुड़े होते हैं तथा समास विग्रह करने पर 'और' या अथवा तथा एवं आदि लगते हैं; जैसे-
समास रात-दिन = रात और दिन (समास विग्रह)
(समास) सीता-राम = सीता और राम
(समास विग्रह)

88. (a) **ध्वनि-बलाघात** यह वह बलाघात है, जो किसी ध्वनि अर्थात् स्वर और व्यंजन पर होता है। यदि एक शब्द का अक्षर ही दृष्टि से विश्लेषण करें, तो उसमें एक ध्वनि अक्षर शीर्ष (मुख्य) होगी और अन्य ध्वनियाँ गहर (गौण) होगी; जैसे- काम में तीन ध्वनियाँ 'क + आ + य' इसमें 'आ' स्वर ध्वनि अक्षर में शीर्ष होगी और 'म' व्यंजन ध्वनि गौण हो जाएगी। इन दोनों बलाघात 'अ' (शीर्ष) पर सबसे अधिक होगा।

89. (d) **बहिर्मुखी वियोगात्मक भाषा** भारोपीय परिवार का ज्यादा भाषा आधुनिक समय में वियोगात्मक भाषा है।
बर्हिमुखी के दो भेद होते हैं- संयोगात्मक व वियोगात्मक संयोगात्मक के अन्तर्गत संस्कृत भाषा आती है एवं वियोगात्मक के अन्दर हिन्दी भाषा आती है इस प्रकार यह हिन्दी भाषा का वर्गीकरण है।

90. (c) रचना के आधार पर वाक्य तीन प्रकार के होते हैं

1. **सरल वाक्य** जिस वाक्य में एक उद्देश्य एक ही विधेय होता है। उसे साधारण या सरल वाक्य कहते हैं अर्थात् एक ही कर्त्ता व एक ही क्रिया होती है, जैसे- मैं जाता हूँ।
2. **मिश्र वाक्य/मिश्रित वाक्य** जिस वाक्य में एक मुख्य उपवाक्य हो तथा उसके साथ अन्य आश्रित उपवाक्य हों उसे मिश्र वाक्य कहते हैं। मिश्र वाक्य व उपवाक्य को जोड़ने का काम समुच्चय बोधक अव्यय करते हैं। चूँकि, क्योंकि, जब तब, अर्थात, यदि, तो, ताकि, तदापि जैसे-
   वे मेरे घर आएँगे, क्योंकि उन्हें अजमेर शहर घूमना है।
   प्रधान वाक्य ↓ योजक ↓ आश्रित उपवाक्य ↓

3. संयुक्त वाक्य- जिस वाक्य में दो या दो से अधिक साधारण वाक्य या प्रधान उपवाक्य या समानाधिकरण उपवाक्य किसी संयोजक शब्द (तथा, एवं या, अथवा और परन्तु, लेकिन, किन्तु, बल्कि अतः आदि) से जुड़े हो, उसे संयुक्त वाक्य कहते हैं;
जैसे- भरत आया, किन्तु भूपेन्द्र चला गया।

91. (d) अर्थ संकोच जब कोई शब्द पहले विस्तृत अर्थ में प्रयोग हुआ करता था और अब वह किसी सीमित अर्थ के लिए प्रयोग किया जाने लगे, तो उस शब्द का अर्थ संकुचित हो गया। इसे अर्थ संकोच कहते हैं; जैसे- सूर्य का अर्थ होता है। ''सरकने वाला या 'जो सरकता है' अर्थात् जो कोई भी जीव सरकता हो के लिए हम सर्प का प्रयोग किया जाता हैं।

92. (c) यात्रा वृतान्त- चीड़ों पर चाँदनी निर्मल वर्मा द्वारा लिखित 'चीड़ों पर चाँदनी' एक यात्रा संस्मरण है, जोकि सन् 1959 में प्रकाशित संग्रह चीड़ों पर चाँदनी का नवाँ संस्मरण है। चीड़ों पर चाँदनी संग्रह को लेखक ने तीन उपशीर्षकों में विभाजित किया है। प्रथम- ''उत्तरी रोशनियों की ओर, द्वितीय चीड़ों पर चाँदनी, तृतीय -देहरी के बाहर/द्वितीय उपशीर्षक-चीड़ों पर चाँदनी में पाँच यात्रा संस्मरण हैं। लिदीत्सेः एक संस्मरण, बर्तरम्फा एक शाम, पेरिस, एक स्टिल लाइफ, वियना और चीड़ों पर चाँदनी। इसमें चार यूरोपीय परिवेश से जुड़े यात्रा वृत्त हैं तथा अन्तिम चीड़ों पर चाँदनी भारत से।

93. (b) कामायनी एक पुनर्विचार, समकालीन साहित्य के मूल्यांकन के सन्दर्भ में नए मूल्यों का ऐतिहासिक दस्तावेज है। उसके द्वारा मुक्तिबोध ने पुरानी लीक से एकदम हटकर प्रसाद जी की कामायनी को एक विराट फैंटसी के रूप में व्यवस्थित क्रिया है। मुक्तिबोध द्वारा प्रस्तुत यह पुनर्मूल्यांकन बिल्कुल नए सिरे से कामायनी की अनारंग छानबीन का एक सहसा चौका देने वाला परिणाम है। इसमें मुन, श्रद्धा और इडा ऐसे पौराणिक पत्र अपनी परम्परागत ऐतिहासिक सत्ता खोकर विशुद्ध मानव-चरित्र के रूप में उभरते हैं।

94. (c) वियोग शृंगार- जब अपने प्रेमी से बिछड़ने पर वियोग की अवस्था में नायक या नायिका के प्रेम का वर्णन हो, तो उसे वियोग शृंगार कहते हैं, जो उद्दीपन संयोग में सुखद होते हैं। वही वियोग में दुःख के कारण बन जाते हैं। संयोग के क्षणों की स्मृति कष्ट को उद्दीपन करती है।

95. (c) **श्लेष अलंकार** श्लेष शब्द 'शिलष्' धातु से निष्पन्न हुआ है, जिसका अर्थ है मिला हुआ, सटा हुआ अथवा चिपका हुआ। जहाँ एक ही शब्द में अनेक अर्थ चिपके रहते हैं। उसे श्लिष्ट पद कहते हैं अर्थात् एक ही बार आए और उस शब्द के दो या अधिक अर्थ निकलें, तब श्लेष अलंकार होता है।
जैसे- पानी गये न ऊबरे, मोती मानुष चून।

96. (c) **यमक अलंकार** जहाँ एक शब्द एक से अधिक बार आए और उसका अर्थ भिन्न हो, वहाँ यमक अलंकार होता है। यमक का अर्थ है दो, इसलिए इस अलंकार में एक ही आकार वाले वर्ण समूह का कम-से-कम दो बार श्रवण या आवृत्ति आवश्यक दो आवृत्ति वाले शब्द सार्थक भी हो सकते हैं और निरर्थक भी; जैसे- कनक कनक ते सौ गुनी मादकता अधिकाय।
प्रथम कनक का अर्थ स्वर्ण तथा
दूसरे कनक का अर्थ धतूरा है।

97. (b) सम्भोग शृंगार रस सम्भोग शृंगार रस-नायक, नायिका के परस्पर दर्शन, मिलन, श्रवण, स्पर्श, आलिगन वार्तालाप आदि के द्वारा पूर्णता को प्राप्त होने वाला रति नामक स्थायीभाव सम्भोग शृंगार कहलाता है। इसमें नायक-नायिका के परस्पर मिलन, ह्रास-विलास, आलिंगन स्पर्श, चुम्बन आदि का वर्णन होता है।

98. (b) अन्योक्ति अलंकार- जहाँ अप्रस्तुत उपमान के माध्यम से प्रस्तुत उपमेय का बोध कराया जाए वहाँ अन्योक्ति अलंकार होता है।
उदाहरण- माली आवत देखकर कलियन करी पुकारि फूलि-फूलि चुन लिये, काल्हि हमारि बारि।
यहाँ पर काली, कलियाँ और फूलों (अप्रस्तुत) के माध्यम से काल, युवा, पुरुष दृढ़ (प्रस्तुत) का कथन है।

99. (a) माता-पिता का सन्तान के प्रति जो स्नेह होता है। उससे पुष्ट वात्सल स्थायी भाव ही वात्सल्य रस कहलाता है।
वात्सल के दो भेद होते हैं-
1. संयोग वत्सल रस- शिशु का माँ के पास रहना।
2. वियोग वत्सल रस- शिशु/सन्तान का माँ-बाप से बिछुड़ना।

100. (d) किसी भी राज्य कर्मचारी को एक वर्ष में अधिक-से-अधिक 15 दिन का आकस्मिक अवकाश दिया जा सकता है, जो एक बार में अधिकतम 10 दिन तक लिया जा सकता है।

‘अ’ हिन्दी

आधार पाठ्यक्रम

अध्याय 01

हिन्दी की ध्वनि व्यवस्था और मानक हिन्दी

भाषा के द्वारा मनुष्य अपने भावों-विचारों को दूसरों के समक्ष प्रकट करता है तथा दूसरों के भावों-विचारों को समझता है। अपनी भाषा को सुरक्षित रखने और काल की सीमा से निकालकर अमर बनाने की ओर मनीषियों का ध्यान गया। वर्षों बाद मनीषियों ने यह अनुभव किया कि उनकी भाषा में जो ध्वनियाँ प्रयुक्त हो रही हैं, उनकी संख्या निश्चित है और इन ध्वनियों के योग से शब्दों का निर्माण हो सकता है। बाद में इन्हीं उच्चारित ध्वनियों के लिए लिपि में अलग-अलग चिह्न बना लिए गए, जिन्हें वर्ण कहते हैं।

हिन्दी वर्णमाला

वर्णों के समूह या समुदाय को **वर्णमाला** कहते हैं। हिन्दी में उच्चारण के आधार वर्णों की संख्या 44 है (11 स्वर + 33 व्यंजन) तथा लेखन के आधार पर 52 वर्ण (13 स्वर, 33 व्यंजन, 2 द्विगुण व्यंजन व 4 संयुक्त) हैं।

अ आ इ ई उ ऊ ऋ
ए ऐ ओ औ अं अः
क ख ग घ ङ
च छ ज झ ञ
ट ठ ड ढ ण
त थ द ध न
प फ ब भ म
य र ल व
श ष स ह
क्ष त्र ज्ञ श्र संयुक्त व्यंजन
ड़ ढ़ द्विगुण व्यंजन

हिन्दी वर्णमाला को दो वर्गों में विभाजित किया गया है—स्वर व व्यंजन।

स्वर

स्वर उन वर्णों को कहते हैं, जिनका उच्चारण बिना अवरोध या बाधा के होता है। इनके उच्चारण में किसी दूसरे वर्ण की सहायता नहीं ली जाती। ये स्वतन्त्र होते हैं।

देवनागरी वर्णमाला में निम्नलिखित ग्यारह स्वर हैं

अ, आ, इ, ई, उ, ऊ, ऋ, ए, ऐ, ओ, औ

स्वरों को व्यंजनों के साथ प्रयोग करते समय उनको यथारूप प्रयुक्त नहीं किया जाता, बल्कि उनकी निम्नलिखित मात्राओं (चिह्नों) का प्रयोग किया जाता है

स्वर	अ	आ	इ	ई	उ	ऊ	ऋ	ए	ऐ	ओ	औ
मात्राएँ		ा	ि	ी	ु	ू	ृ	े	ै	ो	ौ

['अ' की मात्रा अलग से नहीं होती। यह व्यंजन में ही समाहित होती है।]

अनुस्वर अं (ं) ·

विसर्ग अः (:)

स्वरों के प्रकार

जिन ध्वनियों के उच्चारण में हवा मुख-विवर से अबाध गति से निकलती है, उन्हें स्वर कहते हैं। स्वर तीन प्रकार के होते हैं, जो निम्न हैं

1. **मूल स्वर** वे स्वर जिनके उच्चारण में कम-से-कम समय लगता है, अर्थात् जिनके उच्चारण में अन्य स्वरों की सहायता नहीं लेनी पड़ती है, मूल स्वर या ह्रस्व स्वर कहलाते हैं, जैसे—अ, इ, उ, ऋ।
2. **सन्धि स्वर** वे स्वर जिनके उच्चारण में मूल स्वरों की सहायता लेनी पड़ती है, सन्धि स्वर कहलाते हैं। ये दो प्रकार के होते हैं

   (i) **दीर्घ स्वर** वे स्वर जो सजातीय स्वरों (एक ही स्थान से बोले जाने वाले स्वर) के संयोग से निर्मित हुए हैं, दीर्घ स्वर कहलाते हैं; जैसे—

   अ + अ = आ
   इ + इ = ई
   उ + उ = ऊ

   (ii) **संयुक्त स्वर** वे स्वर जो विजातीय स्वरों (विभिन्न स्थानों से बोले जाने वाले स्वर) के संयोग से निर्मित हुए हैं, संयुक्त स्वर कहलाते हैं; जैसे—

   अ + इ = ए
   अ + ए = ऐ
   अ + उ = ओ
   अ + ओ = औ

3. **प्लुत स्वर** वे स्वर जिनके उच्चारण में दीर्घ स्वर से भी अधिक समय लगता है, प्लुत स्वर कहलाते हैं; जैसे— 'ऽ' किसी को पुकारने या नाटक के संवादों में इसका प्रयोग करते हैं; जैसे— राऽऽऽऽम

स्वरों का उच्चारण

उच्चारण स्थान की दृष्टि से स्वरों को तीन वर्गों में विभाजित किया जा सकता है, जो निम्न हैं

1. **अग्र स्वर** जिन स्वरों के उच्चारण में जिह्वा का अग्र भाग ऊपर उठता है, अग्र स्वर कहलाते हैं; जैसे—इ, ई, ए, ऐ।
2. **मध्य स्वर** जिन स्वरों के उच्चारण में जिह्वा समान अवस्था में रहती है, मध्य स्वर कहलाते हैं; जैसे—'अ'
3. **पश्च स्वर** जिन स्वरों के उच्चारण में जिह्वा का पश्च भाग ऊपर उठता है, पश्च स्वर कहलाते हैं; जैसे—आ, उ, ओ, औ।

इसके अतिरिक्त अँ (ँ), अं (ं) और अ: (:) ध्वनियाँ हैं। ये न तो स्वर हैं और न ही व्यंजन।

> **अयोगवाह**
>
> हिंदी में अं, अः ध्वनियाँ अयोगवाह मानी जाती हैं। वास्तव में, अं और अः ध्वनियाँ न तो पूरी तरह स्वर हैं और न ही व्यंजन, किंतु ये स्वरों के सहारे चलती हैं। आचार्य किशोरीदास वाजपेयी ने इन्हें अयोगवाह कहा है, क्योंकि ये बिना किसी से योग किए ही साथ रहते हैं अर्थात् अर्थ वहन करते हैं। हिंदी वर्णमाला में इनका स्थान स्वरों के बाद और व्यंजनों से पहले निर्धारित किया गया है।

व्यंजन

जिन ध्वनियों के उच्चारण में हवा मुख-विवर से अबाध गति से नहीं निकलती, वरन् उनमें पूर्ण या अपूर्ण अवरोध होता है, 'व्यंजन' कहलाती हैं। दूसरे शब्दों में, वे ध्वनियाँ, जो बिना स्वरों की सहायता लिए उच्चरित नहीं हो सकती हैं, 'व्यंजन' कहलाती हैं। प्रत्येक व्यंजन के उच्चारण में 'अ' की ध्वनि छिपी रहती है;

जैसे— क् + अ = क ख् + अ = ख आदि।

हिंदी वर्णमाला में व्यंजनों की संख्या 33 मानी जाती है। द्विगुण व्यंजन ड़, ढ़ को जोड़ देने पर इनकी संख्या 35 हो जाती है। हिंदी वर्णमाला में निम्नलिखित व्यंजन हैं

'क' वर्ग	क्, ख्, ग्, घ्, ङ्
'च' वर्ग	च्, छ्, ज्, झ्, ञ्
'ट' वर्ग	ट्, ठ्, ड्, ढ्, ण्, ड़्, ढ़्
'त' वर्ग	त्, थ्, द्, ध्, न्
'प' वर्ग	प्, फ्, ब्, भ्, म्
अंतःस्थ	य्, र्, ल्, व्
ऊष्म	श्, ष्, स्, ह्
आगत वर्ण	ऑ, ज़्, फ़्

संयुक्त व्यंजन क्ष् = क् + ष् ; त्र = त् + र ; ज्ञ = ज् + ञ ; श्र = श् + र

सामान्यतया व्यंजन छ: प्रकार के होते हैं, जो निम्न हैं

1. **स्पर्श व्यंजन** जिन व्यंजनों के उच्चारण में जिह्वा का कोई-न-कोई भाग मुख के किसी-न-किसी भाग को स्पर्श करता है, **स्पर्श व्यंजन** कहलाते हैं। **क** से लेकर **म** तक 25 व्यंजन स्पर्श हैं। इन्हें पाँच-पाँच के वर्गों में विभाजित किया गया है। अत: इन्हें **वर्गीय व्यंजन** भी कहते हैं; जैसे—**क** से ङ तक **क वर्ग**, **च** से ञ तक **च वर्ग**, **ट** से **ण** तक **ट वर्ग**, **त** से **न** तक **त वर्ग**, और **प** से **म** तक **प वर्ग**।
2. **अनुनासिक व्यंजन** जिन व्यंजनों के उच्चारण में वायु नासिका मार्ग से निकलती है, अनुनासिक व्यंजन कहलाते हैं। **ङ, ञ, ण, न** और **म** अनुनासिक व्यंजन हैं।
3. **अन्त:स्थ व्यंजन** जिन व्यंजनों के उच्चारण में मुख बहुत संकुचित हो जाता है फिर भी वायु स्वरों की भाँति बीच से निकल जाती है, उस समय उत्पन्न होने वाली ध्वनि **अन्त:स्थ व्यंजन** कहलाती है। य, र, ल, व अन्त:स्थ व्यंजन हैं।
4. **ऊष्म व्यंजन** जिन व्यंजनों के उच्चारण में एक प्रकार की गरमाहट या सुरसुराहट-सी प्रतीत होती है, **ऊष्म व्यंजन** कहलाते हैं। श, ष, स और ह ऊष्म व्यंजन हैं।
5. **उत्क्षिप्त व्यंजन** जिन व्यंजनों के उच्चारण में जिह्वा की उल्टी हुई नोंक तालु को छूकर झटके से हट जाती है, उन्हें **उत्क्षिप्त व्यंजन** कहते हैं। ड़, ढ़ उत्क्षिप्त व्यंजन हैं।
6. **संयुक्त व्यंजन** जिन व्यंजनों के उच्चारण में अन्य व्यंजनों की सहायता लेनी पड़ती है, संयुक्त व्यंजन कहलाते हैं; जैसे—

   क् + ष = क्ष (उच्चारण की दृष्टि से क् + छ = क्ष)
   त् + र = त्र
   ज् + ञ = ज्ञ (उच्चारण की दृष्टि से ग् + य = ज्ञ)
   श् + र = श्र

व्यंजनों का उच्चारण

उच्चारण स्थान की दृष्टि से हिन्दी-व्यंजनों को आठ वर्गों में विभाजित किया जा सकता है

1. **कण्ठ्य व्यंजन** जिन व्यंजन ध्वनियों के उच्चारण में जिह्वा के पिछले भाग से कोमल तालु का स्पर्श होता है, कण्ठ्य ध्वनियाँ (व्यंजन) कहलाते हैं। क, ख, ग, घ, ङ कण्ठ्य व्यंजन हैं।
2. **तालव्य व्यंजन** जिन व्यंजनों के उच्चारण में जिह्वा का अग्र भाग कठोर तालु को स्पर्श करता है, तालव्य व्यंजन कहलाते हैं। च, छ, ज, झ, ञ और श, य तालव्य व्यंजन हैं।
3. **मूर्धन्य व्यंजन** कठोर तालु के मध्य का भाग मूर्धा कहलाता है। जब जिह्वा की उल्टी हुई नोंक का निचला भाग मूर्धा से स्पर्श करता है, ऐसी स्थिति में उत्पन्न ध्वनि को मूर्धन्य व्यंजन कहते हैं। ट, ठ, ड, ढ, ण मूर्धन्य व्यंजन हैं।
4. **दन्त्य व्यंजन** जिन व्यंजनों के उच्चारण में जिह्वा की नोंक ऊपरी दाँतों को स्पर्श करती है, दन्त्य व्यंजन कहलाते हैं। त, थ, द, ध, स दन्त्य व्यंजन हैं।
5. **ओष्ठ्य व्यंजन** जिन व्यंजनों के उच्चारण में दोनों ओष्ठों द्वारा श्वास का अवरोध होता है, ओष्ठ्य व्यंजन कहलाते हैं। प, फ, ब, भ, म ओष्ठ्य व्यंजन हैं।

6. **दन्त्योष्ठ्य व्यंजन** जिन व्यंजनों के उच्चारण में निचला ओष्ठ दाँतों को स्पर्श करता है, दन्त्योष्ठ्य व्यंजन कहलाते हैं। 'व' दन्त्योष्ठ्य व्यंजन है।
7. **वर्त्स्य व्यंजन** जिन व्यंजनों के उच्चारण में जिह्वा ऊपरी मसूढ़ों (वर्त्स) का स्पर्श करती है, वर्त्स्य व्यंजन कहलाते हैं; जैसे—न, र, ल।
8. **स्वरयन्त्रमुखी या काकल्य व्यंजन** जिन व्यंजनों के उच्चारण में अन्दर से आती हुई श्वास, तीव्र वेग से स्वर यन्त्र मुख पर संघर्ष उत्पन्न करती है, स्वरयन्त्रमुखी व्यंजन कहलाते हैं; जैसे—ह।

उपरोक्त आठ वर्गों के विभाजन के अतिरिक्त व्यंजनों के उच्चारण हेतु उल्लेखनीय बिन्दु निम्नलिखित हैं

1. **घोषत्व के आधार पर** घोष का अर्थ **स्वरतन्त्रियों** में ध्वनि का कम्पन है।
   (*i*) **अघोष** जिन व्यंजनों के उच्चारण में स्वरतन्त्रियों में कम्पन न हो, अघोष व्यंजन कहलाते हैं। प्रत्येक 'वर्ग' का पहला और दूसरा व्यंजन वर्ण अघोष ध्वनि होता है; जैसे—क, ख, च, छ, ट, ठ, त, थ, प, फ।
   (*ii*) **घोष** जिन व्यंजनों के उच्चारण में स्वरतन्त्रियों में कम्पन हो, वह घोष व्यंजन कहलाते हैं। प्रत्येक 'वर्ग' का तीसरा, चौथा और पाँचवाँ व्यंजन वर्ण घोष ध्वनि होता है; जैसे—ग, घ, ङ, ज, झ, ञ, ड, ढ, ण।
2. **प्राणत्व के आधार पर** यहाँ 'प्राण' का अर्थ हवा से है।
   (*i*) **अल्पप्राण** जिन व्यंजनों के उच्चारण में मुख से कम हवा निकले, अल्पप्राण व्यंजन होते हैं। प्रत्येक वर्ग का पहला, तीसरा और पाँचवाँ व्यंजन वर्ण अल्पप्राण ध्वनि होता है जैसे—क, ग, ङ, च, ज, ञ आदि।
   (*ii*) **महाप्राण** जिन व्यंजनों के उच्चारण में मुख से अधिक हवा निकले महाप्राण व्यंजन होते हैं। प्रत्येक वर्ग का दूसरा और चौथा व्यंजन वर्ण महाप्राण ध्वनि होता है; जैसे—ख, घ, छ, झ, ठ, ढ आदि।
3. **उच्चारण की दृष्टि से ध्वनि** (व्यंजन) को तीन वर्गों में बाँटा गया है
   (*i*) **संयुक्त ध्वनि** दो-या-दो से अधिक व्यंजन ध्वनियाँ परस्पर संयुक्त होकर 'संयुक्त ध्वनियाँ' कहलाती हैं; जैसे—प्राण, घ्राण, क्लान्त, क्लान, प्रकर्ष इत्यादि। संयुक्त ध्वनियाँ अधिकतर तत्सम शब्दों में पाई जाती हैं।
   (*ii*) **सम्पृक्त ध्वनि** एक ध्वनि जब दो ध्वनियों से जुड़ी होती है, तब यह 'सम्पृक्त ध्वनि' कहलाती है; जैसे—'कम्बल'। यहाँ 'क' और 'ब' ध्वनियों के साथ म् ध्वनि संयुक्त (जुड़ी) है।
   (*iii*) **युग्मक ध्वनि** जब एक ही ध्वनि द्वित्व हो जाए, तब यह 'युग्मक ध्वनि' कहलाती है; जैसे—अक्षुण्ण, उत्फुल्ल, दिक्कत, प्रसन्नता आदि।

हलंत या हल् चिह्न

व्यंजनों के नीचे एक तिरछी रेखा (्) को हलंत या हल् चिह्न कहते हैं, जिसका अर्थ है कि व्यंजन में स्वरवर्ण का बिलकुल अभाव है या व्यंजन आधा है। यदि व्यंजनों को अपने मूल रूप में दिखाना हो, तो उसे हलंत या हल् चिह्न के साथ दिखाना होता है। अतः हलंत स्वर रहित होने का चिह्न है।
जैसे- *क = क् + अ*

संयुक्ताक्षर

किसी एक ध्वनि या ध्वनि समूह की उच्चरित इकाई को अक्षर कहते हैं अथवा छोटी से छोटी इकाई अक्षर है, जिसका उच्चारण वायु के एक झटके से होता है। अक्षर को वर्ण भी कहते हैं।

जब एक स्वर रहित व्यंजन अन्य स्वर सहित व्यंजन से मिलता है, तब वह संयुक्ताक्षर कहलाता है;

जैसे— क् + त = क्त = संयुक्त
स् + थ = स्थ = स्थान
स् + व = स्व = स्वाद
द् + ध = द्ध = शुद्ध
द् + य = द्य = विद्या

उपर्युक्त उदाहरणों में दो अलग-अलग व्यंजन मिलकर कोई नया व्यंजन नहीं बना रहे हैं। संयुक्ताक्षर में पहला व्यंजन हलन्त के साथ प्रयुक्त होता है। जबकि दूसरा व्यंजन हलन्त के बिना प्रयुक्त होता है।

अनुस्वार बिंदु (ं)

अनुस्वार एक व्यंजन ध्वनि है। इसके उच्चारण में नाक से अधिक साँस निकलती है और मुख से कम; जैसे— अंक, अंश, पंच, अंग आदि। अनुस्वार की ध्वनि प्रकट करने के लिए वर्ण पर बिंदु लगाया जाता है। अनुस्वार (ं) को वर्णमाला का पंचम वर्ण कहा जाता है। इसका प्रयोग स्वर रहित नासिक्य व्यंजन अर्थात् पंचम वर्ण 'ङ्', 'ञ्', 'ण्', 'न्' तथा 'म्' के स्थान पर होता है;

जैसे—
ङ् (क वर्ग) = अंग (अङ्ग), पंक (पङ्क)
ञ् (च वर्ग) = अंचल (अञ्चल), चंचल (चञ्चल)
ण् (ट वर्ग) = चंडी (चण्डी), पाखंड (पाखण्ड)

अनुनासिक या चंद्रबिंदु (ँ)

अनुनासिक (ँ) का प्रयोग उच्चारण की उस अवस्था में होता है, जब मुख और नाक दोनों से हवा निकले, लेकिन नाक से बहुत कम और मुँह से अधिक साँस निकलती है, इन्हें चंद्रबिंदु भी कहते हैं;

जैसे— दाँत, आँख, चाँद आदि।

चंद्रबिंदु या अनुनासिक का प्रयोग प्रायः सभी स्वरों के साथ होता है। जिन स्वरों की मात्राओं में शिरोरेखा होती है, वहाँ अनुनासिक का प्रयोग अनुस्वार (ं) के रूप में होता है;

जैसे— चिड़ियाँ-चिड़ियों।

निरनुनासिक जिन स्वरों के उच्चारण में हवा केवल मुँह से निकलती है। उन स्वरों को 'निरनुनासिक' कहते हैं;

जैसे— अ, आ, इ, ई आदि।

स्मरणीय तथ्य

अनुनासिकता के लिए चंद्रबिंदु (ँ) का प्रयोग होता है, किंतु जहाँ स्वर की मात्रा शिरोरेखा के ऊपर लगती है, वहाँ मात्र (ं) बिंदु का प्रयोग होता है; जैसे– मैं, कहीं, हैं, में आदि।

अनुस्वार तथा अनुनासिक चिह्न (चंद्रबिंदु) का प्रयोग

अनुस्वार (ं) और अनुनासिक चिह्न (ँ) दोनों निम्नलिखित स्थितियों में प्रयुक्त होते हैं

(क) संयुक्त व्यंजन के रूप में जहाँ पंचमाक्षर के बाद समवर्गीय शेष चार वर्णों में से कोई वर्ण हो, तो अनुस्वार का प्रयोग भी किया जा सकता है; जैसे— गंगा, चंचल, ठंडा, संध्या, संपादक आदि में पंचमाक्षर के बाद उसी वर्ग का वर्ण आता है। अत: पंचमाक्षर पर अनुस्वार का प्रयोग हो सकता है।

(ख) यदि किसी शब्द में पंचमाक्षर एक साथ दो बार आते हैं, तो पहला पंचमाक्षर अनुस्वार के रूप में नहीं बदलता; जैसे—

मानक	अमानक
वाङ्मय	वांमय
अन्न	अंन
सम्मेलन	संमेलन
सम्मति	संमति
उन्मुख	उंमुख

(ग) यदि पंचमाक्षर य, व, ह से पहले आता है, तो वहाँ पंचमाक्षर ही अपने मूल रूप में लिखा जाता है। उसके स्थान पर अनुस्वार नहीं लगता; जैसे—

मानक	अमानक
पुण्य	पुंय
कण्व	कंव
अन्वय	अंवय
कन्हैया	कंहैया
तुम्हारा	तुंहारा
कन्या	कंया

(घ) श, ष, स, ह से पूर्व लगने वाले अनुस्वार को पंचमाक्षर में नहीं बदला जा सकता; जैसे—

मानक	अमानक
अंश	अन्श
वंश	वन्श
हंस	हन्स
कंस	कन्स
संहार	सम्हार/सन्हार
संसार	सन्सार

(ङ) 'सम्' उपसर्ग के बाद यदि अंत:स्थ या ऊष्म वर्ण आए, तो 'म्' का रूपांतरण 'न्' में हो जाता है; जैसे—

सम् + यंत्र = संयंत्र
सम् + रचना = संरचना
सम् + लाप = संलाप
सम् + वाद = संवाद

(च) ईकारांत और ऊकारांत शब्दों के बहुवचन रूप बनाते समय 'ई' और 'ऊ' क्रमश: 'इ' और 'उ' बन जाते हैं; जैसे—

एकवचन	बहुवचन
बहू	बहुएँ
वधू	वधुएँ
दवाई	दवाइयाँ
कलाई	कलाइयाँ
ईसाई	ईसाइयों
नदी	नदियाँ
साधू	साधुओं

(छ) चंद्रबिंदु के बिना प्राय: भिन्न अर्थ की गुंजाइश रहती है; जैसे— हँस : हंस, अँगना : अंगना आदि में।

अतएव ऐसे भ्रम को दूर करने के लिए चंद्रबिंदु का प्रयोग अवश्य किया जाना चाहिए।

विसर्ग (:) अनुस्वार की तरह विसर्ग भी स्वर के बाद आता है। यह व्यंजन है और इसका उच्चारण 'ह' की तरह होता है। हिंदी में इसका प्रयोग कम होता है, किंतु तत्सम शब्दों के प्रयोग में इसका अभी भी उपयोग होता है;

जैसे— मन:कामना, दु:ख, अत:, स्वत: आदि।

आगत ध्वनियाँ

नुक्ता (.)

हिंदी में अंग्रेज़ी, अरबी, फ़ारसी, उर्दू भाषा के कुछ शब्दों के व्यंजनों के नीचे लगने वाली बिंदी नुक्ता (.) कहलाती है। नुक्ता को हिंदी में **पादबिंदु** कहा जा सकता है; जैसे— अंग्रेज़ी, फ़ैशन, ग़ज़ल, इंतज़ाम आदि।

- अंग्रेजी में 'ज़' तथा 'फ़' ध्वनियाँ हिंदी की 'ज' तथा 'फ' से भिन्न हैं।
- उर्दू की 'क़', 'ख़', 'ग़', 'ज़' तथा 'फ़' ध्वनियाँ हिंदी की ध्वनियों से भिन्न हैं।
- हिंदी में 'ज़' तथा 'फ़' के दोनों रूप स्वीकृत हो चुके हैं। इनके उच्चारण भी विशिष्ट हैं। अत: विद्यार्थियों से अपेक्षा की जाती है कि वे अंग्रेज़ी तथा उर्दू में 'ज़' तथा 'फ़' का प्रयोग करते समय नुक्ता (.) लगाएँ। ध्यान रहे, नुक्ते के बिना भी ये शब्द स्वीकार्य हैं। 'क', 'ख' तथा 'ग' में अभी नुक्ता लगाने की कोई विशेष आवश्यकता नहीं समझी गई है।

नुक्ता-प्रयोग के कुछ उदाहरण

- मेहमाननवाज़ी, सब्ज़ियों, इज़रायल, इज़्ज़, रिलीज़, ब्लेज़र, ज़िक्र, ज़िले आदि।
- कमज़ोर, मज़दूर, ज़िंदगी, इज़्ज़त, मरीज़, ज़ुल्म, ज़रा ज़माना, कर्ज़, ज़ेवर, ज़ोरदार, ज़ुल्फ आदि।
- फ़ादर, फ़ीचर, फ़्रेंच, फ़्रेम, फ़ोटो आदि।
- शराफ़त, फ़र्ज़, फ़ासला, फ़रियाद, फ़तवा, फ़जीहत, फ़कीर, फ़रमाइश, फ़रमान, पुरज़े, खिलाफ़त, ज़बरदस्ती, मज़हबी।

ऑ (ॅ) या अर्द्धचंद्र

अंग्रेज़ी की कुछ ध्वनियों के लिए हिंदी में ऑ (ॅ) का प्रयोग किया जाता है। इसे अर्द्धचंद्र भी कहते हैं;

जैसे— कॉफ़ी, डॉक्टर, ऑफ़िस, बॉल आदि।

कॉलेज, डॉक्टर आदि शब्दों में कुछ ध्वनियाँ ऐसी हैं, जो हिंदी के लिए नई हैं। कॉलेज के 'कॉ' में, न तो 'का' है, न 'को'। यह 'क' तथा 'को' के बीच की ध्वनि है। ऐसी ध्वनियों को अर्द्धचंद्राकार के (ॅ) रूप में व्यक्त किया जाता है।

ऑ (ॅ) से युक्त कुछ शब्द इस प्रकार हैं

कॉटेज, मैकॉले, कॉलसेंटर, कॉलगेट, डॉग, डॉली, डॉलर, पॉलिश, चॉक, एन्जॉय, नायलॉन, ऑक्सीजन आदि।

मानकलिपि

हिन्दी भाषा का मानकीकरण

मानकीकरण का सम्बन्ध मानक भाषा से है। किसी भाषा का बोल-चाल के स्तर से ऊपर उठकर मानक रूप ग्रहण कर लेना उसका 'मानकीकरण' कहलाता है। मानक शब्द का अंग्रेज़ी रूपान्तरण (Standard) है, जिसका अर्थ आदर्श, परिनिष्ठित एवं श्रेष्ठ है। इस प्रकार भाषा का वह रूप जो आदर्श परिनिष्ठित एवं श्रेष्ठ हो, वह मानक भाषा कहलाती है। इस भाषा का प्रयोग, पत्राचार, शिक्षा, सरकारी कामकाज, सामाजिक-सांस्कृतिक आदान-प्रदान में समान स्तर पर होता है। मानक भाषा किसी देश या राज्य की ऐसी आदर्श भाषा होती है, जिसका प्रयोग वहाँ के शिक्षित वर्ग द्वारा अपने सामाजिक, साहित्यिक, व्यापारिक, सांस्कृतिक एवं प्रशासनिक कार्यों में किया जाता है।

मानकीकरण के तीन सोपान हैं

मानकीकरण के सोपान

1. **बोली** मानकीकरण का पहला सोपान बोली है। भाषा का मूल रूप एक सीमित क्षेत्र में प्रयुक्त होने वाली बोली का होता है। इसे क्षेत्रीय, स्थानीय और आंचलिक बोली के नाम से भी जाना जाता है। इसका शब्द भण्डार अत्यन्त सीमित होता है। इसका नियमित व्याकरण नहीं होता। इसमें लोक साहित्य प्रचुर मात्रा में उपलब्ध होता है।
2. **भाषा** मानकीकरण का दूसरा सोपान 'भाषा' है, जब बोली कुछ विशिष्ट भौगोलिक, सामाजिक, सांस्कृतिक आदि कारणों से अपना क्षेत्र विस्तार कर लेती है, उसका लिखित रूप विकसित होने लगता है और वह व्याकरणिक साँचे में ढलने लगती है, तो वह 'भाषा' का रूप ले लेती है। बोली का भाषा बनने के पश्चात् उसका प्रयोग पत्राकार, शिक्षा, व्यापार, प्रशासन आदि में होने लगता है।
3. **मानक भाषा** मानकीकरण का तीसरा सोपान मानक भाषा है। बोली का क्षेत्र जहाँ सीमित होता है, वही बोली का व्यापक क्षेत्र भाषा कहलाती है, जब यही भाषा अपने प्रयोग क्षेत्र को और अधिक विस्तृत कर लेती है, तब वह एक आदर्श रूप ग्रहण करती है। यही भाषा का संस्कृतनिष्ठ या परिमार्जित रूप होता है। इसकी अपनी शैक्षिक, वाणिज्यिक, शास्त्रीय, तकनीकी, वैज्ञानिक और कानूनी शब्दवली होती है। इस स्तर पर पहुँचकर ही भाषा 'मानक भाषा' का रूप धारण करती है।

अतः तीनों सोपानों के अध्ययन के पश्चात् मानकीकरण के सोपान को इस तरह समझा जा सकता है कि पहले बोली भाषा का रूप लेती है और इसके पश्चात् भाषा अपने प्रयोग क्षेत्र को विस्तृत बनाकर मानक भाषा का रूप ग्रहण करती है।

मानक भाषा के तत्त्व

मानक भाषा में ऐतिहासिकता, स्वायत्तता, केन्द्रोन्मुखता, बहुसंख्यक प्रयोगशीलता, सहजता, व्याकरणिक साम्यता व सर्वविध एकरूपता के तत्त्व होते हैं। इन्हीं के आधार पर भाषा मानक भाषा का रूप ग्रहण करती है।

मानक हिन्दी की आवश्यकता

हिन्दी में मानक भाषा के लिए 'शुद्ध भाषा', 'आदर्श भाषा' परिनिष्ठित भाषा आदि का प्रयोग किया जाता है। हिन्दी भाषा का प्रयोग देश के 10 प्रदेशों में किया जाता है, जिस कारण इसमें विभिन्न क्षेत्रीय बोलियों का प्रभाव परिलक्षित होता है, जो इसके परिनिष्ठित या आदर्श रूप में बाधा उत्पन्न करते हैं। जैसे-हिन्दी प्रदेश में पिता के बड़े भाई के लिए कहीं 'ताऊ', 'चाचा', काका, बड़का बाबू आदि प्रयोग किए जाते हैं, इसी प्रकार चाबी के लिए 'ताली', खोलनी, चाभी, 'कुंजी' आदि का भी प्रयोग किया जाता है। भाषा का यह गुण इसकी एकरूपता को खण्डित करता है। जिसके परिणामस्वरूप इसका कार्यालयों, शिक्षा, वाणिज्यिक, शास्त्रीय, तकनीकी आदि क्षेत्रों में प्रयोग नहीं किया जा सकता। भाषा की समस्या को दूर करने के लिए ही भाषा के मानकीकरण की आवश्यकता होती है।

देवनागरी लिपि का मानकीकरण

देवनागरी लिपि का प्रयोग हिन्दी के अतिरिक्त मराठी तथा नेपाली भाषा के लेखन के लिए भी किया जाता है। लिपि के मानकीकरण का प्रश्न सर्वप्रथम इलाहाबाद विश्वविद्यालय द्वारा 1950 ई. में उठाया गया। जहाँ डॉ. धीरेन्द्र वर्मा की अध्यक्षता में एक समिति गठित की गई जिसमें डॉ. हरदेव बाहरी, डॉ. ब्रजेश्वर शर्मा, डॉ. माता प्रसाद गुप्ता आदि सदस्य थे। इन्होंने लिपि चिह्नों में एकरूपता, वर्ण-विन्यास की समस्या, हिन्दी व्याकरण तथा हिन्दी शब्द भण्डार के स्थिरीकरण के विषय को उठाया। लिपि के मानकीकरण के सम्बन्ध में सर्वाधिक महत्त्वपूर्ण योगदान केन्द्रीय हिन्दी निदेशालय का है जिसने अखिल भारतीय स्तर पर विद्वानों से विचार-विमर्श करके सभी भारतीय भाषाओं की लिपि के रूप में उसमें कुछ नए चिह्न भी जोड़े तथा उसे मानक रूप भी दिया। इस सम्बन्ध में उसने 'देवनागरी लिपि तथा हिन्दी वर्तनी का मानकीकरण' का प्रकाशन किया।

अभ्यास प्रश्न

1. भाषा की सबसे छोटी इकाई है
(a) शब्द (b) व्यंजन
(c) स्वर (d) वर्ण

2. हिन्दी में मूलत: कितने वर्ण हैं?
(a) 52 (b) 50 (c) 40 (d) 46

3. हिन्दी भाषा में वे कौन-सी ध्वनियाँ हैं जो स्वतन्त्र रूप से बोली या लिखी जाती हैं?
(a) स्वर (b) व्यंजन
(c) वर्ण (d) अक्षर

4. संयुक्त को छोड़कर हिन्दी में मूल वर्णों की संख्या है।
(a) 36 (b) 44 (c) 48 (d) 53

5. स्वर कहते हैं
(a) जिनका उच्चारण 'लघु' और 'गुरु' में होता है
(b) जिनका उच्चारण बिना अवरोध अथवा विघ्न-बाधा के होता है
(c) जिनका उच्चारण स्वरों की सहायता से होता है
(d) जिनका उच्चारण नाक और मुँह से होता है

6. निम्नलिखित में से अग्र स्वर नहीं है
(a) अ (b) इ (c) ए (d) ऐ

7. हिन्दी में स्वरों के कितने प्रकार हैं?
(a) 1 (b) 2 (c) 3 (d) 4

8. हिन्दी वर्णमाला में 'अं' और 'अ:' क्या है?
(a) स्वर (b) व्यंजन
(c) अयोगवाह (d) संयुक्ताक्षर

9. जिनके उच्चारण में दीर्घ स्वर से भी अधिक समय लगता है, वे कहलाते हैं
(a) मूल स्वर (b) प्लुत स्वर
(c) संयुक्त स्वर (d) अयोगवाह

10. निम्नलिखित में से कौन स्वर नहीं है?
(a) अ (b) उ (c) ए (d) ञ

11. उच्चारण के समय जीभ की स्थिति के अनुसार स्वरों के कितने भेद किए गए हैं?
(a) दो (b) तीन (c) पाँच (d) सात

12. वे ध्वनियाँ जो स्वरों की सहायता के बिना उच्चारित नहीं हो सकतीं; वह क्या कहलाती हैं?
(a) स्वर (b) शब्द
(c) व्यंजन (d) संयुक्ताक्षर

13. निम्नलिखित में एक स्पर्श व्यंजन है
(a) श (b) छ (c) ल (d) ह

14. हिन्दी वर्णमाला के अन्तिम पंचमाक्षरों का उच्चारण स्थान क्या है?
(a) अनुनासिक (b) कण्ठ्य
(c) तालव्य (d) मूर्धन्य

15. अन्त:स्थ व्यंजन हैं
(a) श, स, ह (b) क्ष, त्र, ज्ञ
(c) अं, अँ, अ: (d) य, र, ल, व

16. श, ष, स और ह व्यंजन है
(a) उत्क्षिप्त (b) ऊष्म
(c) स्पर्श (d) संयुक्त

17. उत्क्षिप्त व्यंजन है
(a) श, ष, स (b) य, र, ल
(c) क्ष, त्र, ज्ञ (d) ड़, ढ़

18. उत्क्षिप्त ध्वनि का प्रयोग हुआ है
(a) आरजू में (b) खसरा में
(c) पढ़ाई में (d) जफ़र में

19. 'ज्ञ' वर्ण किन वर्णों के संयोग से बना है?
(a) ज + ञ (b) ज् + ञ
(c) ज + ञ् (d) ज् + ञ्

20. क्ष, त्र और ज्ञ की गणना स्वतन्त्र वर्णों में नहीं होती, क्योंकि
(a) ये संयुक्त व्यंजन हैं
(b) इनका प्रयोग केवल तत्सम शब्दों में ही होता है
(c) ये व्यंजन 'अर्द्धस्वर' माने गए हैं
(d) ये पूर्णत: स्वतन्त्र व्यंजन हैं

21. हिन्दी में व्यंजन वर्णों की संख्या है
(a) 28 (b) 30
(c) 33 (d) 35

22. कण्ठ्य ध्वनियाँ (व्यंजन) कौन-सी हैं?
(a) च, छ, ज, झ (b) ट, ठ, ड, ढ
(c) क, ख, ग, घ (d) प, फ, ब, भ, म

23. 'श' ध्वनि का उच्चारण स्थान है
(a) मूर्धन्य (b) तालव्य
(c) दन्त्य (d) ओष्ठ्य

24. मूर्धन्य ध्वनियाँ कौन-सी हैं?
(a) च, छ, ज, झ (b) ट, ठ, ड, ढ
(c) त, थ, द, ध (d) प, फ, ब, भ, म

25. त, थ, द, ध, स आदि का उच्चारण स्थान है
(a) तालव्य (b) दन्त्य
(c) मूर्धन्य (d) दन्त्योष्ठ्य

26. जिन व्यंजनों के उच्चारण में दोनों ओष्ठों द्वारा श्वास का अवरोध होता है, वे क्या कहलाते हैं?
(a) मूर्धन्य व्यंजन (b) ओष्ठ्य व्यंजन
(c) तालव्य व्यंजन (d) कण्ठ्य व्यंजन

27. यदि नीचे का होंठ पूरी तरह काट दिया जाए, तो किस ध्वनि के उच्चारण में कठिनाई होगी?
(a) 'ल' (b) 'ब' (c) 'ध' (d) 'ख'

28. 'व' व्यंजन का उच्चारण स्थान है
(a) दन्त्य (b) ओष्ठ्य
(c) मूर्धन्य (d) दन्त्योष्ठ्य

29. वर्त्स्य व्यंजन कौन-सा है?
(a) न (b) त
(c) स (d) ह

30. स्वर रहित 'र' का प्रयोग हुआ है
(a) ट्रक में (b) पुनर्निर्माण में
(c) त्राटक में (d) शत्रु में

31. निम्न में से अल्पप्राण वर्ण कौन-से हैं?
(a) अ, आ (b) क, ग
(c) य, ध (d) फ, भ

32. निम्नलिखित में से कौन-सी बात गलत है?
(a) 'ध' सघोष, महाप्राण दन्त्य है
(b) 'ब' सघोष, ओष्ठ्य महाप्राण है
(c) 'च' अघोष, तालव्य अल्पप्राण है
(d) 'ख' कण्ठ्य महाप्राण अघोष है

33. जिनके उच्चारण में स्वरतन्त्रियों में कम्पन न हो, वे कहलाते हैं
(a) घोष ध्वनियाँ (b) महाप्राण ध्वनियाँ
(c) अघोष ध्वनियाँ (d) अल्पप्राण ध्वनियाँ

34. 'प्रसन्नता' में कौन-सी ध्वनि है?
(a) संयुक्त ध्वनि (b) सम्पृक्त ध्वनि
(c) युग्मक ध्वनि (d) इनमें से कोई नहीं

35. निम्न में से महाप्राण ध्वनि नहीं है
(a) क (b) घ (c) झ (d) य

36. अघोष वर्ण कौन-सा है?
(a) अ (b) ज (c) ह (d) स

37. 'सम्बल' में कौन-सी ध्वनि है?
(a) सम्पृक्त (b) संयुक्त
(c) युग्मक (d) इनमें से कोई नहीं

38. हिन्दी शब्दकोश में 'क्ष' का क्रम किस वर्ण के बाद आता है?
(a) क (b) छ (c) त्र (d) ज्ञ

39. इनमें से कौन-सा युग्म अघोष ध्वनि है?
(a) ग, घ (b) ड, ढ
(c) प, फ (d) द, ध

40. किस वर्णमाला को पंचम वर्ण कहा जाता है?
(a) अनुनासिक (b) अनुस्वार
(c) हलंत (d) व्यंजन

41. दिए गए विकल्पों में से उस शब्द का चुनाव कीजिए, जिसमें अनुस्वार का प्रयोग हुआ है
(a) गाँधी (b) आँवला
(c) धुआँ (d) अंक

42. निम्नलिखित विकल्पों में अनुनासिक शब्द चुनिए
(a) अंग (b) अंत
(c) गाँधी (d) हंस

43. हिन्दी में अंग्रेजी, अरबी, फारसी, उर्दू भाषा के कुछ शब्दों के व्यंजनों के नीचे लगने वाली बिन्दी क्या कहलाती है?
(a) अनुस्वार (b) अनुनासिक
(c) नुक्ता (d) स्वर

44. दिए गए विकल्पों में से उपयुक्त स्थान पर लगे अनुनासिक वाले शब्द चुनिए
(a) महगाँई (b) ऊँचाई
(c) आँव देखा न ताँव (d) ब्रह्माँड

45. संयुक्ताक्षर होते हैं
(a) जिसका पहला वर्ण हलन्त हो (b) जिसका दूसरा वर्ण पूर्ण हो
(c) 'a' और 'b' दोनों (d) जिसके दोनों वर्ण पूर्ण हो

46. निम्नलिखित में से कौन-सा संयुक्ताक्षर के योग से बना शब्द है?
(a) बच्चा (b) शान्ति (c) सन्ध्या (d) परिवर्तन

47. निम्नलिखित में कौन-सा संयुक्ताक्षर के योग से बना शब्द नहीं है?
(a) स्वर (b) स्थल
(c) आयुक्त (d) मोहन

48. निम्नलिखित में से कौन-सा संयुक्ताक्षर के योग से बना शब्द है?
(a) साधारण (b) युद्ध
(c) अभय (d) मन्दिर

49. निम्नलिखित में से कौन-सा संयुक्ताक्षर के योग से बना शब्द नहीं हैं?
(a) स्थल (b) रिक्त (c) बत्तख (d) विशुद्ध

50. मानकीकरण का अर्थ है
(a) जन सामान्य की भाषा को वर्गीकृत करना
(b) जन सामान्य की भाषा को आदर्श रूप देना
(c) क्षेत्रीय भाषा शब्दों के साथ विदेशी भाषा को सम्मिलित करना
(d) उपरोक्त सभी

51. मानक भाषा का प्रयोग नहीं किया जाता है-
(a) प्रशासनिक कार्यों के लिए (b) सांस्कृतिक सम्मेलनों में
(c) शिक्षा के लिए (d) लोकगीतों को गाने के लिए

52. भाषा के मानकीकरण के कितने चरण हैं?
(a) सात (b) आठ (c) तीन (d) चार

53. बोली की विशेषता है
(a) यह भाषा का मूल रूप होती है
(b) इसका शब्द भण्डार व्यापक होता है
(c) इसका व्याकरण होता है
(d) इसका प्रयोग पत्राचार के लिए किया जाता है

54. मानक भाषा का लक्षण है
(a) इसकी तकनीकी शब्दावली होती है
(b) इसका प्रयोग कानूनी भाषा के रूप में किया जाता है
(c) इसका प्रयोग क्षेत्र सीमित होता है
(d) 'a' और 'b' दोनों

55. मानक भाषा का तत्त्व नहीं है
(a) एकरूपता (b) सांस्कृतिकता
(c) व्याकरणिक साम्यता (d) स्वायत्तता

56. मानक हिन्दी किस बोली से विकसित हुई है?

(a) अवधि (b) ब्रजभाषा (c) खड़ीबोली (d) मैथिली

57. मानक भाषा में बाधक हैं

(a) क्षेत्रीय भाषाओं का खड़ीबोली पर प्रभाव
(b) वाक्य संरचना में अंतर
(c) हिन्दी भाषा की व्यापकता
(d) उपरोक्त सभी

58. मानकीकरण का लाभ है

(a) भाषा को व्यापकता प्रदान करती है
(b) भाषा के निश्चित व्याकरण का निर्माण करती है
(c) भाषा में एकरूपता लाती है
(d) उपरोक्त सभी

59. मानकीकरण के द्वारा

(a) भाषा के मान्य प्रयोग का निर्धारण किया जाता है
(b) भाषा भी बोधगम्यता सुनिश्चित होती है
(c) लोक साहित्य को हानि पहुँचाती है
(d) 'a' और 'b' दोनों

60. डॉ. धीरेन्द्र वर्मा की अध्यक्षता में गठित समिति ने लिपि के मानकीकरण के लिए सुझाव दिए

(a) लिपि के वर्ण विन्यास की समस्या
(b) हिन्दी शब्द भण्डार का स्थिरीकरण
(c) लिपि चिह्नों की एकरूपता
(d) उपरोक्त सभी

उत्तरमाला

1.	(d)	2.	(d)	3.	(a)	4.	(c)	5.	(b)	6.	(a)	7.	(c)	8.	(c)	9.	(b)	10.	(d)
11.	(b)	12.	(c)	13.	(b)	14.	(a)	15.	(d)	16.	(b)	17.	(d)	18.	(c)	19.	(b)	20.	(a)
21.	(c)	22.	(c)	23.	(b)	24.	(a)	25.	(b)	26.	(b)	27.	(b)	28.	(d)	29.	(a)	30.	(b)
31.	(b)	32.	(b)	33.	(c)	34.	(c)	35.	(a)	36.	(a)	37.	(a)	38.	(a)	39.	(c)	40.	(b)
41.	(d)	42.	(c)	43.	(c)	44.	(b)	45.	(c)	46.	(c)	47.	(d)	48.	(b)	49.	(c)	50.	(b)
51.	(d)	52.	(c)	53.	(a)	54.	(d)	55.	(a)	56.	(c)	57.	(d)	58.	(d)	59.	(d)	60.	(d)

अध्याय 02

हिन्दी का शब्द भण्डार
(तत्सम, तद्भव, देशज और विदेशी शब्द)

प्रयोग के आधार पर शब्दों की भिन्न-भिन्न जातियाँ होती हैं, जिन्हें शब्द-भेद कहा जाता है। शब्द-भेद को मुख्यत: दो वर्गों में विभक्त किया जाता है, जिसे नीचे दिए गए चित्र से स्पष्ट किया गया है।

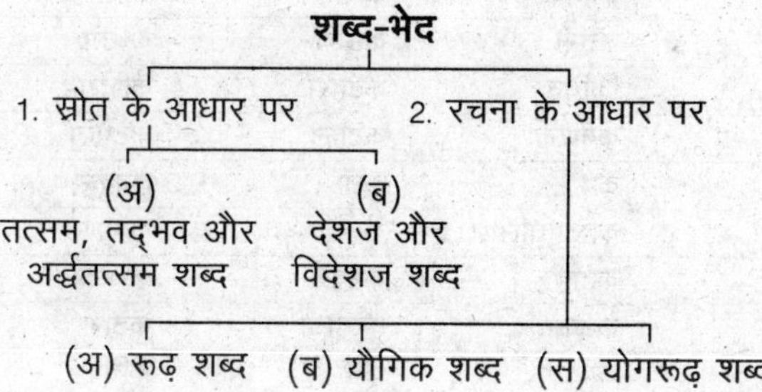

1. स्रोत के आधार पर

पुर्तगाली, अरबी, फ़ारसी, अंग्रेज़ी आदि आगत (विदेशी) भाषा के शब्दों के अतिरिक्त अन्य शब्द जो हिन्दी भाषा में प्रचलित हैं। उन्हें स्रोत के आधार पर निम्न प्रकार से बाँटा गया है

(अ) तत्सम, तद्भव और अर्द्धतत्सम शब्द

(i) **तत्सम शब्द** 'तत्सम' शब्द 'तत + सम' से मिलकर बना है, जिसका अर्थ है—उसके समान अर्थात् संस्कृत के समान, जो शब्द संस्कृत भाषा से हिन्दी में आए हैं और ज्यों के त्यों प्रयुक्त हो रहे हैं, तत्सम शब्द कहलाते हैं; जैसे—''राजा, पुष्प, कवि, आज्ञा, अग्नि, वायु, वत्स, भ्राता इत्यादि।''

(ii) **तद्भव शब्द** 'तद्भव' शब्द 'तत् + भव' से मिलकर बना है, जिसका अर्थ है—'उससे उत्पन्न या विकसित।' अर्थात् वे शब्द जो संस्कृत से उत्पन्न या विकसित हुए हैं, तद्भव शब्द कहलाते हैं; जैसे—मोर, चार, बच्चा, फूल इत्यादि।

(iii) **अर्द्धतत्सम शब्द** अर्द्धतत्सम शब्द उन संस्कृत शब्दों को कहते हैं, जो प्राकृत भाषा बोलने वालों के उच्चारण से बिगड़ते-बिगड़ते कुछ और ही रूप के हो गए हैं; जैसे—बच्छ, अग्याँ, मुँह, बंस इत्यादि।

इन तीनों प्रकार के शब्दों (तत्सम, तद्भव और अर्द्धतत्सम) के कुछ उदाहरण निम्न प्रकार से दिए गए हैं।

इन उदाहरणों से तीनों शब्दों के भेद स्पष्ट हो जाएँगे

तत्सम	अर्द्धतत्सम	तद्भव
आज्ञा	अग्याँ	आन
वत्स	बच्छ	बच्चा
अग्नि	अग्नि	आग
कार्य	कारज	काज
अक्षर	अच्छर	अक्ख/आखर

विभिन्न परीक्षाओं में तद्भव शब्दों के तत्सम रूप लिखने के लिए आते हैं। अत: छात्रों की सुविधा हेतु तद्भव और तत्सम शब्दों की सूची यहाँ प्रयुक्त है

तद्भव	तत्सम	तद्भव	तत्सम
		(अ)	
अंगरखा	अंगरक्षक	अढ़ाई	अर्द्धतृतीय
अंगीठी	अग्निष्ठिका	अदरक	आर्द्रक
अँगुरी	अंगुली	अधूरा	अर्द्धपूरक
अँगूठा	अंगुष्ठ	अनाड़ी	अनार्य
अंगूली	अंगुलीय	अनी	अणि
अंगोछा	अंगपौंछा	अनूठा	अनूत्थ
अंतड़ी	अंत्र	अपना	आत्मनः
अजान	अज्ञान	अनाज	अन्न
अमावस	अमावस्या	अठखेली	अष्ट
अंडी	एरंडी	अपाहज	अपादहस्त
अन्धा	अंध	अमचूर	आम्रचूर्ण
अंधेरा	अंधकार	अमी/अमिय	अमृत
अकड़ना	आकड़न	अरग	अर्क
अकाज	अकार्य	अलग	अलग्न
अकेला	एकल	अलोना	अलवण
अखरोट	अक्षोर	असाढ़	आषाढ़
अखाड़ा	अक्षवाट	असीस	आशीष
अगहन	अग्रहायन	अस्सी	आशीति
अगम	अगम्य	अस्तुति	स्तुति
अगार	आगार	अहीर	आभीर
अटारी	अट्टालिका	अहेर	आखेट

तद्भव	तत्सम	तद्भव	तत्सम
अचरज	आश्चर्य	अट्ठावन	अष्टपंचाशन
अच्छर/आखर	अक्षर	अड़सठ	अष्टषष्टि
अट्ठाईस	अष्टाविंशति	अट्ठारह	अष्टादश
अट्ठानवे	अष्टानवति	अनत	अन्यत्र
	(आ)		
आँख	अक्षि	आधा	अर्ध/अर्द्ध
आँच	अर्चि	आधीन	अधीन
आँत	आंत्र	आप	आत्मा
आँब	आमा	आम	आम्र
आँवला	आमलक	आयसु	आदेश
आँसू	अश्रु	आरसी	आदर्शिका
आग	अग्नि	आलस	आलस्य
आज	अद्य	आवाँ	आपाक
आठ	अष्ट	आस	आशा
आढ़त	आढ्यत्व	आसरा	आश्रय
आसोज	आश्विन	आखा	अखिल
आक	अर्क	आखा/तीज	अर्क
	(इ)		
इकट्ठा	एकत्र	इक्यासी	एकाशीति
इकतीस	एकत्रिंशत्	इतना	इयत
इकतालीस	एकचत्वारिंशत	इतवार	आदित्यवार
इकसठ	एकषष्ठि	इलायची	एला
इक्कीस	एकविंशति	इस	एतस्य
इक्यावन	एकपंचाशत्	इमली	अम्लिका
	(ई)		
ईंट	इसिका	ईख	इक्षु
ईंधन	इन्धन	ईर्षा	ईर्ष्या
	(उ)		
उड़	उड्ड	उनतालीस	ऊनचत्वारिंशत्
उजड्ड	उज्जड	उनतीस	ऊनत्रिंशत्
उँगली	अँगुलि	उन्नीस	ऊनविंशति
उगना	उद्गत	उपजना	उत्पद्यते
उगलना	उद्गलन	उबटन	उद्धर्तन
उछाह	उत्साह	उबालना	उद्वालन
उघाड़ना	उद्घाटन	उलाहना	उपालंभ
उजाला	उज्ज्वल	उल्लू	उलूक
उठ	उत्तिष्ठ	उस	अमुष्य
उनचास	ऊनपंचाशत्		
	(ऊ)		
ऊँचा	उच्च	ऊँट	उष्ट्र
ऊखल	उदखल	ऊन	ऊर्णा
ऊसर	ऊषर		
	(ए/ऐ)		
एकलौता	एकल पुत्रः	ऐसा	ईदृश
एका	ऐक्य		

तद्भव	तत्सम	तद्भव	तत्सम
		(ओ)	
ओंठ	ओष्ठ	ओर	अवर
ओखल	उद्खल	ओस	अवश्याय
ओझा	उपाध्याय	ओला	उपल
		(औ)	
औगुन	अवगुन	और	अपर
औंधा	अवमूर्ध	औचक	अकस्मात
		(क)	
कंगन	कंकण	किस	कसम
कंचन	काँचन	किसान	कृषक
कंघी	कंकती	किवाड़	कपाट
कँवल	कमल	कीड़ा	कीटक
कई	कति	कुंजी	कुज्जिका
कचहरी	कृत्यगृह	किसन	कृष्ण
कन्धा	स्कंध	काजल	कज्जल
किरन	किरण	कुअर	कुमार
कातिक	कार्तिक	कीरति	कीर्ति
कैंची	कर्त्तरी	कछुआ	कच्छप
कुछ	किंचित्	कटहरा	काष्ठगृह
कुंवारा	कुमारकः	कटहल	कंटफल
कुआँ	कूप	कुत्ता	कुक्कुर
कठपुतली	काष्ठपुत्तलिका	कुम्हड़ा	कूष्माण्ड
कड़ाह	कटाह	कुम्हार	कुम्भकार
कडुआ	कटुक	कुल्हाड़ा	कुठार
कपड़ा	कर्पट	कूची	कूर्चिका
कपास	कर्पास	कूड़ा	कूट
कपूत	कुपुत्र	कूदना	कूर्दन
कपूर	कर्पूर	कूर	क्रूर
कन	कण	ककड़ा	कर्कट
कलोल	कल्लोल	के	कृते/कार्ये
कलेश	क्लेश	केला	कदली
करम	कर्म	केवट	कैवर्त्त
कर्तब	कर्त्तव्य	कैथा	कपित्थ
करोड़	कोटि	कल	कल्य
कोई	कोऽपि	कसेरा	कांस्यकार
कोख	कुक्षि	कसौटी	कर्षपट्टिका
कोठा	कोष्ठक	कहाँ	कुत्रस्थ
कहानी	कथानिका	कोठी	कोष्ठिका
कहार	स्कन्धभार	कोढ़	कुष्ठ
काँच	काच	कोढ़ी	कुष्ठी
काँटा	कण्टक	कोना	कोण
का	कृत	कोयल	कोकिल
काज	कार्य	कोस	क्रोश
काट	कर्त	कोहनी	कफोणी
काटना	कर्तन	कौड़ी	कपर्दिका
काठ	काष्ठ	कौआ	काकः
काढ़ा	क्वाथ	कौर	कवल
कान	कर्ण	क्या	किम्
कान्ह	कृष्ण	काम	कर्म

तद्भव	तत्सम	तद्भव	तत्सम
		(ख)	
खण्डहर	खंडगृह	खाना	खादन
खजूर	खर्जूर	खार	क्षार
खत्री	क्षत्रिय	खीर	क्षीर
खप्पर	खर्पर	खुजली	खर्जू
खम्भा	स्तम्भ	खुर	क्षुर
खाँसी	कास	खेत	क्षेत्र
खाई	खाति	खेती	क्षेत्रित
खाट	खट्वा	खेल	खेला
खान	खनि	खोदना	क्षोदन
		(ग)	
गँवार	ग्रामीण	गुफा	गुहा
गड्ढा	गर्त	गुसाईं	गोस्वामी
गधा	गर्दभ	गूँजना	गुञ्जन
गनेश	गणेश	गेंद	कंदुक
गहरा	गभीर	गेहूँ	गोधूम
गाँठ	ग्रन्थि	गोबर	गोमय
गाँव	ग्राम	गोत	गोत्र
गागर	गर्गर	गोद	क्रोड
गात	गात्र	गोरा	गौर
गाभिन	गर्भिणी	गोह	गोधा
गाय	गो	गौना	गमन
गाहक	ग्राहक	ग्यारह	एकादश
गिनना	गणन	ग्वाल	गोपाल
		(घ)	
घड़ा	घट	घिसना	घृषण
घड़ी	घटिका	घी	घृत
घाम	घर्म	घुँघची	गुञ्जा
घाव	घात	घूँघट	गुंठन
घिन	घृणा	घोड़ा	घोटक
		(च)	
चख	चक्षु	चूना	चूर्ण
चकवा	चक्रवाक	चूमना	चुम्बन
चक्का	चक्र	चैत	चैत्र
चना	चणक	चोंच	चञ्चु
चबाना	चर्वण	चोरी	चौरिका
चमार	चर्मकार	चौ	चतुः
चाँद	चंद्र	चौक	चतुष्क
चाँदनी	चन्द्रिका	चौखट	चतुष्काठ
चाम	चर्म	चौथा	चतुर्थ
चार	चत्वारि	चौथाई	चतुर्थ भागिक
चाहे	चक्षते	चौदह	चतुर्दश
चिकना	चिक्कण	चौपाया	चतुष्पद
चिड़िया	चटिका	चौरासी	चतुरशीति
चितेरा	चित्रकार	चौरी	चमरी
चीता	चित्रक	चुनना	चिनोति

तद्भव	तत्सम	तद्भव	तत्सम
		(छ)	
छत	छत्र	छाँह	छाया
छः	षष्	छाजन	छाद्य/छादन
छकड़ा	शकट	छाता	छत्रक
छक्का	षट्क	छिन	क्षण
छठा	षष्ठ	छिमा	क्षमा
छति	क्षति	छिलका	शकल
छतीस	षट्त्रिंशत	छुरी	क्षुरिका
छत्री	क्षत्रिय	छेद	छिद्र
छब्बीस	षट्विंशति	छेनी	छेदनी
छाता	छत्र	छोड़ना	क्षोडन
		(ज)	
जग	जगत	जानना	ज्ञान
जड़	जटा	जिजमान	यजमान
जत्था	यूथ	जनेऊ	यज्ञोपवीत
जब	यदा	जिस	यस्य
जम	यम	जीभ	जिह्वा
जमाई	जामातृ	जीरन	जीर्ण
जम्हाई	जृम्भिका	जूआ	युक्त
जमुना	यमुना	जेठ	ज्येष्ठ
जलना	ज्वलन	जैसा	यादृश
जवान	युवा	जो	यः
जहाँ	यत्र	जोग	योग
जाँघ	जंघा	जोगी	योगी
जागना	जाग्रण	जोड़ा	युक्त
जाड़ा	जाड्य	जौ	यव
जनम	जन्म		
		(झ)	
झट	झटिति	झीना	जीर्ण
झरना	निर्झर	जूठा	जुष्ट
		(ट)	
टकसाल	टंकशाला	टूटना	त्रुट्यते
टिटिहरी	टिट्टिभी		
		(ठ)	
ठण्डा	स्तब्ध/शीत	ठाँव	स्थान
		(ड)	
डंक/डंका	दंश	डाँड़	दण्ड
डर	दर	डाइन	डाकिनी
डसना	दंशन	डाढ़	दंष्ट्रा
डण्डा	दंड	डाह	दाह
		(ढ)	
ढाई	अर्द्धतृतीय	ढीठ	धृष्ट
ढीला	शिथिल	ढौंचा	अर्द्धपंच

(त)

तद्भव	तत्सम	तद्भव	तत्सम
तब	तदा	तीता	तिक्त
तपसी	तपस्वी	तीसरा	त्रिसृत
तन्डुल	तन्दुल	तुम	तुषमे
तमोली	ताम्बूलिक	तुरत	त्वरित
तमचुर	ताम्रचूड़	तू	त्वं/वैदिक/तु
तलवार	तरवारि	तैंतीस	त्रित्रिंशत्
ताँबा	ताम्र	तेईस	त्रिविंशत्
ताकना	तर्कन	तेरह	त्रयोदश
ताव	ताप	तेल	तैल
तिगुना	त्रिगुण	तोंद	तुन्द
तिनका	तृण	तोल	तुल्य
तिरछा	तिरश्च	तोड़ना	त्रोटन
तिहाई	त्रिभागिका	त्योहार	तिथिवार

(थ)

तद्भव	तत्सम	तद्भव	तत्सम
थम्भ	स्तम्भ	थल	स्थल
थन	स्तन	था	स्थित
थान	स्थान	थोड़ा	स्तोक

(द)

तद्भव	तत्सम	तद्भव	तत्सम
दबना	दमन	दीवाली	दीपावली
दठी	दृष्ठि	दुबला	दुर्बल
दस	दश	दूज	द्वितीय
दसवाँ	दशम	दूजा	द्वितीय
दही	दधि	दूध	दुग्ध
दाँत	दन्त	दूना	द्विगुण
दाई	धात्री/धाया	दूब	दुर्वा
दाख	द्राक्षा	दूल्हा	दुर्लभ
दाढ़	दंष्ट्रा	दूसरा	द्विसत
दाद	दद्रु	देवर	द्विवर
दामाद	जामाता	दो	द्वौ
दाहिना	दक्षिण	दोना	द्रोण
दीया	दीपक	दृग	दृक्

(ध)

तद्भव	तत्सम	तद्भव	तत्सम
धरम	धर्म	धीरज	धैर्य
धरती	धरित्री	धुआँ	धूम
धनिया	धनिका	धूल	धूलि
धान	धान्य	धोना	धावन

(न)

तद्भव	तत्सम	तद्भव	तत्सम
नंगा	नग्न	नीचे	नीचैः
नखत	नक्षत्र	निठुर	निष्ठुर
नन्दोई	ननांदृपति	निडर	निर्दर
नया	नव	निभाना	निर्वहण
नब्बे	नवति	निहाई	निघाति
नरसों	अन्यपरश्व	नीचा	नीच्य
नस	नस्या	नीबू	निम्बक
नहना	नखहरण	नीम	निम्ब
नहीं	न हि	नेउता	निमन्त्रण
नाई	नापित	नेम	नियम
लाँघना	लंघन	नेवला	नकुल
नाक	नक्र	नैन	नयन
नाथ	नस्ता	नैहर	ज्ञातिगृह
निगलना	निर्गलन	नोचना	लुंचन
नारियल	नारिकेल	नेह	स्नेह

(प)

तद्भव	तत्सम	तद्भव	तत्सम
पंख	पक्ष	पीपल	पिप्पल
पंगत	पंक्ति	पाँव/पैर	पाद
पँछी	पक्षी	पाती	पत्रिका
पंदरह	पंचदश	पान	पर्ण
पकवान	पक्वान्न	पाना	प्रापण
पक्का	पक्व	पानी	पानीय
पचपन	पंचपंचाशत्	पापड़	पर्पट
पछतावा	पश्चात्ताप	पास	पार्श्व
पड़ना	पतन	पाहन	पाषाण
पड़िवा	प्रतिपदा	पाहुना	प्राघूर्ण
पड़ौस	प्रतिवेश	पिटारा	पिटक
पड़ोसी	प्रतिवेशी	पिसन	पिषण
पढ़	पठ	पीठ	पृष्ठ
पीठी	पिष्टिका	पीढ़ा	पीठ
पत्ता	पत्र	पीढ़ी	पीठिका
पत्थर	प्रस्तर	पीला	पीत
पनसारी	पण्यशालिक	पिय	प्रिय
पर	उपरि	पुजारी	पूजाकारी
परकोटा	परिकूट	पतोहू	पुत्रवधु
परछाई	प्रतिच्छाया	पुराना	पुरातन
परनाला	प्रणाल	पूँछ	पुच्छ
परपोता	परपौत्र	पूँजी	पुंज
परपोती	परपौत्री	पूछना	प्रच्छन
परमारथ	परमार्थ	प्यास	पिपासा
परस	स्पर्श	पूरब	पूर्व
परिच्छा	परीक्षा	पूरा	पूरक
परसों	परश्व	पूस	पुष्य
पराठा	पर्पट		
पलंग	पर्यंक	पैंतालीस	पंचचत्वारिंशत्
पलड़ा	पटल	पैंतीस	पंचत्रिंशत्
पल्ला	पल्लव	पोखरा	पुष्कर
पसीना	प्रस्विन्न/स्वेद	पोता	पौत्र
पहचान	प्रत्यभिज्ञान	पोती	पौत्री
पहनना	परिधान	पन्ना	पर्ण
पहर	प्रहर	पोथी	पुस्तिका
पहला	प्रथिल	पौना	पादोन
पहरुआ	प्रहरी	पहुँच	प्रभुत्व

तद्भव	तत्सम	तद्भव	तत्सम
		(फ)	
फटिक	स्फटिकी	फूटना	स्फुटन
फिटकरी	स्फटिकी	फुल्का	फुल्ल
फरुआ	परशु	फूलना	फुल्लन
फाँसी	पाशिका	फोड़ा	स्फोट
फागुन	फाल्गुन	फरसा	परशु
		(ब)	
बँटना	बंटन	बत्ती	वर्तिका
बन्दर	वानर	बात	वार्ता
बकरा	वर्कर	बादल	वारिद
बखान	व्याख्यान	बानवे	द्विनवति
बगुला	वक	बायाँ	वाम
बच्चा	वत्स	बार	वार
बछड़ा	वत्स	बार	द्वार
बजरंग	वज्रांग	बारह	द्वादश
बड़/बरगद	वट	बालू	वालुका
बड़ा	वृतक	बावन	द्विपंचाशत्
बढ़ई	वर्द्धकि	बावला	वातुल
बढ़ना	वर्धन	बासठ	द्विषष्ठि
बत्तीस	द्वात्रिंशत्	बिकना	विक्रयण
बनारस	वाराणसी	बिगाड़	विकार
बनिया	वणिक	बिच्छू	वृश्चिक
बयालीस	द्वाचत्वारिंशत्	बिजली	विद्युत
बरसना	वर्षण	बिदेश	विदेश
बरस	वर्ष	बिनती	विनति
बरात	वरयात्रा	बींधना	वेधन
बसेरा	वासगृह	बीघा	विग्रह
बहन	भगिनी	बीच	वर्त्म
बहनोई	भगिनीपति	बीत	व्यतीत
बहिरा	वधिर	बुआ	पितृश्वसा
बहुत	बहुत्व	बुरा	विरूप
बहेड़ा	विभीतिक	बूँद	बिन्दु
बाट	वर्त्म	बूझना	बुध्यते
बाजा	वाद्य	बूटी	वृतिक
बाँका	वक्र	बेर	बदरी
बाँध	बंध	बैस	उपविष्ठ
बाँधना	बन्धन	बैन	वचन
बाँस	वंश	बैल	बलीवर्द
बाँह	बाहु	बोना	वपन
बाग	वल्गा	बौना	वामन
बाघ	व्याघ्र	बाड़ी	वाटिका
बाहर	बहिर	बैयरबानी	वीर बनिता
		(भ)	
भण्डार	भाण्डागार	भावज	भ्रातृजाया
भट्ठी	भ्राष्ट्रिका	भिखारी	भिक्षाकारी
भतीज	भ्रातृव्य	भी	अपि
भतीजी	भ्रातृजा	भीख	भिक्षा
भत्ता	भक्त	भीतर	अभ्यन्तर

तद्भव	तत्सम	तद्भव	तत्सम
भभूत	विभूति	भीसम	भीष्म
भरोसा	परवश्यता	भूख	बुभुक्षा
भला	भद्रक	भूखा	बुभुक्षित
भांजा	भागिनेय	भूसा	बुष
भांड	भंड/भट्ट	भूषन	भूषण
भाई	भ्रातृ	भेस	वेष
भाड़ा	भाटक	भौंरा	भ्रमर
भात	भक्त	भौंह	भ्रू
भादों	भाद्रपद	भस्मि	भस्म
भालू	भल्लुक	भौं/भौंह	भ्रू
भाभी	भ्रातृभार्या		
		(म)	
मण्डुआ	मण्डप	मूसल	मुषल
मक्खी	मक्षिका	मुँह	मुख
मच्छर	मत्सर	मुआ	मृत
मछली	मत्स्य	मुखिया	मुख्य
मजीठ	मञ्जिष्ठ	मुझे	मह्यम
मिट्टी	मृत्तिका	मुट्ठी	मुष्टि
मढ़ना	मंडन	मूँग	मुद्ग
मदारी	मन्त्रकारी	मूँछ	श्मश्रु
मसान	श्मशान	मूँड़	मुंड
महँगा	महार्घ	मूँदना	मुद्रण
महावत	महापात्र	मूठ	मुष्टि
महुआ	मधूक	मेढ़क	मंडूक
माँग	मार्ग	मेह	मेघ
माँगना	मार्गण	मैल	मल
माई	मातृ	मोती	मौक्तिक
माखन	म्रक्षण	मोर	मयूर
मानुस	मनुष्य	मौर	मुकुट
मिट्टी	मृत्तिका	मौसी	मातृश्वसा
मिठाई	मिष्टि	मौत	मृत्यु
मीत	मित्र	मकड़ी	मर्कटी
मिर्च	मरीच	मनिहार	मणिकार
		(य)	
यह	एष	यों	एवम्
यहाँ	अत्र		
		(र)	
रखना	रक्षण	रीठा	अरिष्ठ
रत्ती	रक्तिका	रीता	रिक्त
रस्सी	रश्मि	रीस	ईर्ष्या
रहट	अरघट्ट	रूखा	रुक्ष
राख	क्षार	रूठा	रुष्ट
राखी	रक्षासूत	रैन	रजनी
राजपूत	राजपुत्र	रोआँ	रोम
रात	रात्रि	राच्छस/राकस	राक्षस
रानी	राज्ञी	राज्य	राष्ट्र
रोना	रुदन	रास	राशि
रीछ	ऋक्ष	रूख	वृक्ष

तद्भव	तत्सम	तद्भव	तत्सम
		(ल)	
लँगड़ा	लंग	लाज	लज्जा
लंगोट	लिंगपट्ट	लिपटना	लिप्त
लकड़ी	लगुड़	लीख	लिक्षा
लखपति	लक्षपति	लेई	लेपिका
लगना	लगन	लोथ	लोष्ट
लच्छा	लवगुच्छ	लोयन	लोचन
लटकना	लटन	लोहा	लौह
लड़ना	रणन	लोहार	लौहकार
लहसुन	लशुन	लौंग	लवंग
लाख	लक्ष/लाक्षा	लोमड़ी	लोमश
		(व)	
वह	असौ	विछोह	विक्षोभ
वैयरबानी	वीर वनिता		
		(श)	
शक्कर	शर्करा	शाम	सायं
शिस्य	शिष्य	शीशम	शिंशपा
		(स)	
संडसी	संदंशिका	सूंड	शुण्डा
संभल	सफल	सूअर	शूकर
सकना	शक्यते	सूई	सूचिका
सगा	स्वक	सूखा	शुष्क
सच	सत्य	सूत	सूत्र
सजाना	सज्जापन	सूना/सुन्न	शून्य
सतसई	सप्तशती	सूय	शूर्य
सतहत्तर	सप्तसप्तति	सूरज	सूर्य
सताना	संतापन	सोंठ	शुंठी
सत्त	सत्व	सोंध	सुगन्ध
सत्रह	सप्रदश	सोता	स्रोत
सनीचर	शनैश्चर	सेंध	सन्धि
सत्तासी	सप्तपंचाशत्	सेम	शिम्बा
सत्तू	सक्तु	सैंतालीस	सप्तचत्वारिंशत्
सपना	स्वप्न	सैंतीस	सप्तत्रिंशत्
सपूत	सुपुत्र	सोना	स्वर्ण
समझ	संबुद्धि	साहू	साधु
समेटना	समावर्तन	सिंगार	शृंगार
सयाना	सज्ञान	सिंघाड़ा	शृंगाटक
सलाई	शलाका	सिकड़ी	शृंखला
साँचा	सच्चक	सिकड़ी	शृंखल
सलोना	सलावण्य	सिक्ख	शिष्य
सवा	सपाद	सितार	सप्ततार
ससुर	श्वसुर	सियार	शृगाल
ससुराल	स्वशुरालय	सौरी	प्रसूतिगृह
सहिजन	शोभांजन	सिल	शिला
सहेली	सह हेलनी	सींग	शृंग

तद्भव	तत्सम	तद्भव	तत्सम
साँई	स्वामी	सीख	शिक्षा
सांकल	शृंखला	सीढ़ी	श्रेढ़ी/श्रेणी
सांड	षण्ड	सीतल	शीतल
साँवला	श्यामल	सीधा	सिद्ध
साँस	श्वास	सीला	शीतल
साग	शाक	सीस	शीर्ष
सात	सप्त	सुघड़	सुघट
सातवाँ	सप्तम	सुथरा	सुस्थिर
साझा	सांश	सुन	श्रृणु
साठ	षष्ठि	सुनार	स्वर्णकार
साड़ी	शाटी	सुवरन	स्वर्ण
साढ़े	सार्द्ध	सुहाग	सौभाग्य
साथ	सार्थ	सोलह	षोडश
साला	श्याल	सोहन	शोभन
सावन	श्रावण	सौंप	समर्पय
सास	श्वश्रृ	सौ	शत
साही	शल्यकी	सौत	सपत्नी
		(ह)	
हँसी	हास्य	हार	हारि
हड्डी	अस्थि	हीरा	हीरक
हथौड़ा	हस्त	हेठी	अधःस्थिति
हरड़	हरीतकी	हिया	हृदय
हरा	हरित	हिलना	हिल्लन
हलका	लघुक	हींग	हिंगु
हल्दी	हरिद्रा	होंठ	ओष्ठ
हाथ	हस्त	हाट	हट्ट
हाथी	हस्ती	हितैषी	हितेच्छु

(ब) देशज और विदेशज शब्द

(i) **देशज शब्द** (देशी) 'देशज' शब्द की उत्पत्ति 'देश + ज' के योग से हुई है, जिसका अर्थ है—'देश में जन्मा'। देशज उन शब्दों को कहते हैं, जो बोलचाल तथा देश की अन्य भाषाओं से गृहीत हैं;

जैसे— कटोरा, कौड़ी, खिड़की, डिबिया, लोटा आदि।

नीचे कुछ मुख्य देशज (देशी) शब्दों की सूची दी जा रही है, जो विभिन्न प्रतियोगी परीक्षाओं में पूछे जाते हैं

लकड़ी	खिड़की	थैला	घरौंदा	पगड़ी
लुटिया	डिबिया	जूता	चिड़िया	तेंदुआ
कपास	पिल्ला	चूड़ी	रोटी	दाल
बेटा	पड़ोसी	कौड़ी	बाप	पेट
ठुमरी	डोंगी	गड़बड़ी	चालू	कसरत
खड़खड़ाना	भीड़-भाड़	लथपथ	पैसा	ढेर
खुरपा	रोड़ा	ढाँचा	गाड़ी	पेटी
फावड़ा	खलिहान	झाड़ू	मास	समय
काया	चेला	गन्ना	हुक्का	दारू
टाँग	बुलबुल	लात	हलचल	औज़ार
लोटा	भात	खड़ाऊँ	ठेस	धुआँ

(ii) **विदेशज शब्द** (विदेशी/आगत) 'विदेशज' शब्द की उत्पत्ति 'विदेश + ज' के योग से हुई है, जिसका अर्थ है—'विदेश में जन्मा'। विदेशज उन शब्दों को कहते हैं, जो किसी विदेशी भाषा से आए हैं। विदेशी भाषा से आने के कारण ही इन्हें **आगत** शब्द की संज्ञा दी जाती है।

हिन्दी भाषा में अनेक शब्द ऐसे भी हैं जो हैं तो विदेशी मूल के, किन्तु परस्पर सम्पर्क के कारण यहाँ (हिन्दी भाषा में) प्रचलित हो गए हैं।

'फ़ारसी, अरबी, तुर्की, अंग्रेज़ी आदि भाषाओं से जो शब्द हिन्दी में आए हैं, वे विदेशी (विदेशज) कहलाते हैं;

जैसे— ऑर्डर, कम्पनी, कैम्प, क्रिकेट आदि।

हिन्दी में विदेशज शब्द

- मुस्लिम शासन के प्रभाव से आए (अरबी-फ़ारसी के शब्द)
- ब्रिटिश शासन के प्रभाव से आए (अंग्रेज़ी आदि के शब्द)

नीचे कुछ महत्त्वपूर्ण विदेशी शब्दों (अरबी, फ़ारसी और अंग्रेज़ी) की सूची दी गई है, जो विभिन्न प्रतियोगी परीक्षाओं की दृष्टि से उपयोगी हैं

अरबी

अज़ब	अज़ीब	अदालत	अक्ल
अल्लाह	आदमी	इज़्ज़त	इलाज
ईमान	उम्र	एहसान	औरत
कमाल	कर्ज़	किस्मत	किताब
कुर्सी	ख़्याल	जिस्म	जुलूस
जलसा	जवाब	जहाज़	ज़िक्र
तमाम	तकदीर	तारीख़	तकिया
तरक्की	दवा	दिमाग	दुनिया
नतीजा	नहर	नकल	फ़िक्र
फ़ैसला	बहस	मुहावरा	मजबूर
मुकदमा	मुश्किल	मौसम	मुसाफ़िर
राय	लिफ़ाफ़ा	बारिश	शराब
हक	हज़म	हिम्मत	हुक्म
हैज़ा	हकीम	हौंसला	शाम

फ़ारसी

आबरू	आतिशबाज़ी	आफ़त	आराम
आमदनी	आवारा	आवाज़	उम्मीद
उस्ताद	कमीना	कारीगर	किशमिश
कुश्ती	खाक	खुद	खुदा
खामोश	ख़ुराक	गरम	गवाह
गिरफ़्तार	गुलाब	चादर	चालाक
चश्मा	चेहरा	जलेबी	ज़हर
ज़ोर	ज़िन्दगी	जागीर	ज़ादू
ज़ुरमाना	तबाह	तमाशा	तनख़ाह
तेज़	दंगल	दफ़्तर	दिल
दीवार	नापसंद	नापाक	पाजामा
पैदा	पुल	पेश	बारिश
बुखार	बर्फ़ी	लगाम	लेकिन
वापिस	शादी	सितार	सरदार
सरकार	हज़ार	फ़रेब	फ़रिश्ता

अंग्रेज़ी

अपील	कोर्ट	मजिस्ट्रेट	ज़ज़
पुलिस	टैक्स	कलेक्टर	डिप्टी
वोट	पेंशन	कॉपी	पेंसिल
पेन	पिन	पेपर	लाइब्रेरी
स्कूल	कॉलेज़	रॉकेट	डॉक्टर
कम्पाउण्डर	नर्स	ऑपरेशन	वार्ड
प्लेग	मलेरिया	कॉलरा	हार्निया
कैंसर	कालर	पैंट	हैट
बुश्शर्ट	स्वेटर	बूट	जम्पर
ब्लाउज	कप	प्लेट	जग
लैम्प	गैस	माचिस	केक
टॉफी	बिस्कुट	टोस्ट	चॉकलेट
ज़ैम	ज़ैली	ट्रेन	बस
कार	स्कूटर	साइकिल	टिकट
पार्सल	पोस्टकार्ड	मनी ऑर्डर	आफ़िस
क्लर्क	गार्ड	सिनेमा	स्टेशन

अंग्रेज़ी, अरबी, फ़ारसी विदेशी शब्दों के अतिरिक्त तुर्की, पश्तो, पुर्तगाली, फ्रेंच, डच, रूसी, चीनी और जापानी भी ऐसी विदेशी भाषाएँ हैं, जिनके शब्द हिन्दी भाषा में प्रचलित हैं। ऐसे प्रमुख शब्दों की सूची नीचे दी जा रही है

तुर्की

उर्दू	बहादुर	कुरता	कलगी
कैंची	चाकू	ताश	दरोगा
बेगम	चम्मच	बारूद	लाश
खच्चर	सराय	गनीमत	तोप

पश्तो

पठान	गुण्डा	खर्राटा	तहस-नहस
अखरोट	पटाखा	डेरा	गटागट
हड़बड़ी	बाड़	भड़ास	

पुर्तगाली

अनन्नास	अलमारी	आलपिन	आया
इस्त्री	इस्पात	कमीज	कमरा
कर्नल	काफ़ी	काजू	गमला
गोभी	गोदाम	तौलिया	पपीता
पादरी	फ़ीता	बाल्टी	मिस्त्री
संतरा	परात	पिस्तौल	तम्बाकू

फ्रेंच कारतूस, कर्फ़्यू, कूपन, अंग्रेज़, लाम, बिगुल आदि।

डच तुरूप, बम (टाँगे का) आदि।

रूसी रूबल, ज़ार, मिग, वोदका, सोवियत आदि।

चीनी चाय, लीची, चीनी, चीकू आदि।

जापानी रिक्शा, सूनामी आदि।

नोट तुर्की, पश्तो, पुर्तगाली, फ्रेंच, डच, रूसी, चीनी और जापानी विदेशी भाषा के शब्द हिन्दी भाषा में कम प्रचलित वर्ग के अन्तर्गत समाहित किए जाते हैं। इनका प्रचलन अंग्रेज़ी, अरबी-फ़ारसी की अपेक्षा कम है।

2. रचना के आधार पर

हिन्दी एक रचनात्मक भाषा है। रचना के आधार पर शब्द तीन प्रकार के होते हैं

(अ) रूढ़

रूढ़ शब्द वे हैं, जिनका कोई भी खण्ड सार्थक नहीं होता और जो परम्परा से किसी विशिष्ट अर्थ में चले आ रहे हैं; जैसे—नाक, जल, आग आदि।

'नाक' में 'ना' और 'क' खण्डो का कोई अर्थ नहीं। इसी प्रकार जल शब्द में 'ज' और 'ल' खण्डों का पृथक्-पृथक् कोई अर्थ नहीं होता। रूढ़ शब्दों को **मूल** या **अयौगिक** शब्द भी कहते हैं।

(ब) यौगिक

वे शब्द, जो दो या दो से अधिक सार्थक शब्द-खण्डों के योग से निर्मित होते हैं, यौगिक शब्द कहलाते हैं; जैसे–

पाठशाला = पाठ और शाला
विज्ञान = वि + ज्ञान
राजपुत्र = राजा का पुत्र

(स) योगरूढ़

वे शब्द जो यौगिक तो होते हैं, परन्तु जिनका अर्थ रूढ़ (विशेष अर्थ) हो जाता है, योगरूढ़ शब्द कहलाते हैं। ये सामान्य अर्थ को प्रकट न कर किसी विशेष अर्थ का प्रकटीकरण करते हैं; जैसे—लम्बोदर, जलज, चारपाई, चौपाई आदि।

'लम्बोदर' शब्द का अर्थ है—लम्बे उदर (पेट) वाला। इस प्रकार लम्बे उदर वाले जितने भी जीव हैं, लम्बोदर हुए। लेकिन लम्बोदर शब्द का प्रयोग केवल गणेशजी के लिए ही किया जाता है। इसी प्रकार 'जलज' का सामान्य अर्थ है 'जल में जन्मा'; किन्तु यह विशेष अर्थ में केवल 'कमल' के लिए प्रयुक्त होता है। जल में जन्मे और किसी वस्तु को हम 'जलज' नहीं कह सकते।

नीचे दी गई तालिका में रूढ़, यौगिक और योगरूढ़ शब्दों को वर्गीकृत किया गया है, जो निम्नलिखित हैं—

रूढ़

लाल	दीमक	कलम	चींटी
कमल	धन	रात	दिन
जग	सरल	मत	

यौगिक

गंगाजल	रेलगाड़ी	गणनायक	विद्यालय
राजनेता	रसोई घर	गौशाला	दुर्जन
बुद्धिमान	राजकुमार	सामाजिक	

योगरूढ़

लम्बोदर	चंद्रशेखर	दशानन	नीलकण्ठ
गिरधारी	दशरथ	महावीर	त्रिलोचन
घनश्याम	मृत्युंजय	पंकज	चतुर्भुज

अभ्यास प्रश्न

1. निम्नलिखित विकल्पों में से तत्सम शब्द का चयन कीजिए
(a) गहरा (b) तीखा (c) अटारी (d) निकृष्ट

2. निम्नलिखित शब्दों में से तद्भव शब्द का चयन कीजिए।
(a) आश्रम (b) प्यास (c) प्रांगण (d) उद्वेग

3. शब्द-रचना के आधार पर अधोलिखित में से योगरूढ़ शब्द का चयन कीजिए
(a) पवित्र (b) कुशल (c) विनिमय (d) जलज

4. निम्नलिखित में कौन-सा शब्द देशज नहीं है?
(a) ढिबरी (b) पगड़ी (c) पुष्कर (d) ढोर

5. अधोलिखित में 'रूढ़' शब्द कौन-सा है?
(a) मलयज (b) पंकज (c) जलज (d) वैभव

6. इलायची का तत्सम शब्द है
(a) एला (b) इला (c) अला (d) अल्ला

7. प्रस्तर का तद्भव शब्द है
(a) पाथर (b) पत्थर (c) पत्तर (d) फत्थर

8. हिन्दी में प्रयुक्त 'तुरूप' शब्द .... है।
(a) अंग्रेज़ी (b) डच (c) रूसी (d) फ्रेंच

9. निम्नलिखित में कौन-सा शब्द तत्सम है?
(a) आँख (b) अग्र (c) आग (d) आज

10. निम्नलिखित में रूढ़ शब्द कौन-सा है?
(a) वाचनालय (b) समतल (c) विद्यालय (d) पशु

11. निम्नलिखित में तत्सम शब्द का चयन कीजिए
(a) बारात (b) वर्षा (c) हाथी (d) आँसू

12. स्वतन्त्र सत्ता धारण न करने वाले शब्द क्या कहलाते हैं?
(a) रूढ़ (b) यौगिक
(c) योगरूढ़ (d) इनमें से कोई नहीं

13. निम्नलिखित में कौन 'यौगिक' शब्द है?
(a) लेखक (b) पुस्तक (c) विद्यालय (d) योगी

14. 'यौगिक' शब्द कौन-सा है?
(a) पंकज (b) पाठशाला (c) दिन (d) जलज

15. 'योगरूढ़' शब्द कौन-सा है?
(a) पीला (b) घुड़सवार (c) लम्बोदर (d) नाक

16. जिस शब्द का कोई सार्थक खण्ड हो सके, उन्हें क्या कहते हैं?
(a) रूढ़ (b) यौगिक (c) योगरूढ़ (d) मिश्रित

17. 'अंगीठी' का तत्सम शब्द है
(a) अग्निका (b) अनिष्ठका (c) अग्निष्ठिका (d) अग्निष्ठकी

18. 'अगम' शब्द है
(a) तत्सम (b) तद्भव (c) देशज (d) विदेशी

19. 'गँवार' का तत्सम शब्द है
(a) मूर्ख (b) गम्भीर (c) ग्राहक (d) ग्रामीण

20. 'चोंच' का तत्सम शब्द कौन-सा है?
(a) चूँचूँ (b) चूँचुः
(c) चंचु (d) इनमें से कोई नहीं

21. मजिस्ट्रेट शब्द है
(a) तत्सम (b) तद्भव (c) देशज (d) विदेशज

22. निम्नलिखित में से कौन-सा शब्द 'देशज' है?
(a) अग्नि (b) प्रार्थना (c) खेत (d) लोटा

23. निम्नलिखित में से कौन 'यौगिक' शब्द है?
(a) कवि (b) पत्र (c) छात्रावास (d) गायक

24. 'योगरूढ़' शब्द कौन-सा है?
(a) नीला (b) धैर्यवान (c) पीताम्बर (d) आँख

25. नीचे दिए गए विकल्पों में से तत्सम शब्द का चयन कीजिए
(a) पड़ोसी (b) गोधूम (c) बहू (d) शहीद

26. कौन-सा शब्द 'देशज' नहीं है?
(a) अण्टा (b) कलाई (c) जूता (d) चमचा

27. जिन शब्दों की उत्पत्ति का पता नहीं चलता, उन्हें कहा जाता है
(a) तत्सम (b) तद्भव (c) देशज (d) यौगिक

28. निम्नलिखित में कौन-सा शब्द तत्सम नहीं है?
(a) आँख (b) नयन (c) नेय (d) दृग

29. 'आज' का तत्सम शब्द है
(a) अजः (b) आजः (c) अद्य (d) इदम्

30. 'किवाड़' शब्द है
(a) तद्भव (b) तत्सम
(c) देशज (d) इनमें से कोई नहीं

31. केला का तत्सम शब्द है
(a) केलकः (b) कदली (c) कदलिकः (d) कदर्लिकः

32. 'हल्दी' शब्द का तत्सम है
(a) हरदी (b) हरिद्रा (c) हल्दिका (d) हरद्रिका

33. स्रोत के आधार पर शब्द के कितने भेद हैं?
(a) तीन (b) दो (c) छः (d) पाँच

34. 'चाय' किस भाषा का शब्द है?
(a) चीनी (b) जापानी (c) अंग्रेज़ी (d) फ्रेंच

35. 'वकील' किस भाषा का शब्द है?
(a) फ़ारसी (b) अरबी (c) तुर्की (d) पुर्तगाली

36. कमल किस प्रकार का शब्द है?
(a) रूढ़ (b) यौगिक
(c) योगरूढ़ (d) इनमें से कोई नहीं

37. निम्न में से कौन-सा शब्द तुर्की भाषा का है?
(a) चाय (b) रिक्शा (c) कमरा (d) कैंची

38. निम्न में से एक तत्सम शब्द छाँटकर बताइए
(a) अनजान (b) सच (c) पत्ता (d) घोटक

39. 'स्टेशन' किस भाषा का शब्द है?
(a) फ्रेंच (b) अंग्रेज़ी (c) डच (d) चीनी

40. निम्नलिखित में तत्सम शब्द का चयन कीजिए
(a) बारात (b) वर्षा (c) हाथी (d) आँसू

41. निम्न में से कौन-सा शब्द तुर्की भाषा का नहीं है
(a) बन्दूक (b) बारूद (c) रिक्शा (d) तोप

42. 'तोता' शब्द किस शब्द-भेद का रूप है?
(a) देशज (b) तद्भव (c) तत्सम (d) विदेशज

43. 'रज्जु' शब्द का तद्भव रूप है?
(a) रस्सी (b) राजा (c) राजपुत्र (d) रानी

44. 'शक्कर' शब्द का तत्सम रूप है?
(a) शकट (b) सूगर (c) शर्करा (d) चीनी

45. निम्न में से कौन-सा शब्द 'फ़ारसी' भाषा का है?
(a) लिफ़ाफ़ा (b) हज़म (c) फ़िक्र (d) ज़िन्दगी

46. 'साखी' का मूल तत्सम शब्द क्या है?
(a) शिक्षा (b) साक्षी
(c) सखी (d) इनमें से कोई नहीं

उत्तरमाला

1.	(d)	2.	(b)	3.	(d)	4.	(c)	5.	(d)	6.	(a)	7.	(b)	8.	(b)	9.	(b)	10.	(d)
11.	(b)	12.	(b)	13.	(c)	14.	(b)	15.	(c)	16.	(b)	17.	(c)	18.	(c)	19.	(d)	20.	(c)
21.	(d)	22.	(d)	23.	(c)	24.	(c)	25.	(b)	26.	(d)	27.	(c)	28.	(a)	29.	(c)	30.	(a)
31.	(b)	32.	(b)	33.	(d)	34.	(a)	35.	(b)	36.	(a)	37.	(d)	38.	(d)	39.	(b)	40.	(b)
41.	(c)	42.	(d)	43.	(a)	44.	(c)	45.	(d)	46.	(b)								

अध्याय 03

शब्द-रचना (उपसर्ग, प्रत्यय, सन्धि, समास)

हिन्दी की शब्द-रचना प्रकृति व प्रत्यय पर आधारित है। प्रकृति का प्रकृति से संयोग या प्रकृति का प्रत्यय से संयोग और सम्बन्ध व्याकरण का प्रमुख विषय है। प्रत्यय आबद्ध पद हैं, जो किसी मुक्तपद के साथ सम्बद्ध होकर एक विशेष व्याकरणिक अर्थ प्रकट करते हैं। भारतीय वैयाकरण मुक्तपद को 'प्रकृति' और आबद्ध पद को 'प्रत्यय' कहते हैं। मुक्तपद (प्रकृति) ही भाषा में अर्थतत्त्व को व्यक्त करते हैं, इन्हें स्वतन्त्र या 'पूर्णपद' कहते हैं। आबद्ध पद (प्रत्यय) केवल सम्बन्ध तत्त्व को व्यक्त करते हैं।

हिन्दी भाषा में यौगिक शब्द-रचना के मुख्य आधार निम्न हैं

1. उपसर्ग 2. प्रत्यय 3. सन्धि 4. समास

इस पाठ के अन्तर्गत इन सभी का विवरण किया गया है।

वर्णों या अक्षरों के मेल से बनने वाले अर्थवान अक्षर समूह को शब्द कहते हैं। नवीन शब्दों के निर्माण की प्रक्रिया भाषा की सतत चलने वाली प्रक्रिया से जुड़ी है। इसे ही व्याकरण में शब्द-रचना कहा जाता है।

यह तीन प्रकार से होती है

1. अर्थवान एवं स्वतन्त्र मूल शब्द के पूर्व में शब्दांश (उपसर्ग) जोड़कर।
2. अर्थवान एवं स्वतन्त्र मूल शब्द के बाद में शब्दांश (प्रत्यय) जोड़कर।
3. दो पृथक्-पृथक् अर्थवान स्वतन्त्र शब्दों के मेल से।

ध्यान रखना चाहिए कि शब्दांश को अर्थात् शब्द के अंश को स्वतन्त्र रूप से वाक्य में प्रयुक्त नहीं किया जाता है। शब्दांश जोड़कर जिस नवीन शब्द की रचना होती है, वही शब्द वाक्य में प्रयुक्त किए जाते हैं।

उपसर्ग

'उपसर्ग' दो शब्दों (उप + सर्ग) के योग से निर्मित हुआ है। 'उप' का अर्थ 'समीप', 'निकट' या 'पास में' होता है, जबकि 'सर्ग' का अर्थ है—सृष्टि करना। उपसर्ग को 'आदि प्रत्यय' भी कहा जाता है। इसका प्रयोग शब्द के आदि में किया जाता है।

वास्तव में, उपसर्ग किसी भी सार्थक मूल शब्द से पूर्व जोड़े जाने वाले वे अविकारी शब्दांश हैं, जो शब्द के पूर्व जुड़कर उसके अर्थ या भाव में परिवर्तन कर देते हैं अर्थात् शब्द में नवीन विशेषता उत्पन्न कर देते हैं या अर्थ बदल देते हैं, जैसे—'हार' के पहले 'प्र' उपसर्ग लगा दिया जाए, तो नया शब्द 'प्रहार' बन गया, जिसका नया अर्थ हुआ 'मारना'।

हिन्दी भाषा में प्रयुक्त होने वाले उपसर्ग मुख्यत: तीन भागों में विभक्त किए जा सकते हैं

1. संस्कृत के उपसर्ग (तत्सम)
2. हिन्दी के उपसर्ग (तद्भव)
3. आगत उपसर्ग (विदेशी भाषाओं से हिन्दी में आए मुख्यत: उर्दू (फ़ारसी-अरबी) एवं अंग्रेज़ी)

1. संस्कृत के उपसर्ग (तत्सम)

संस्कृत के कुल 22 उपसर्ग हैं किन्तु 'निस्', 'निर्' तथा 'दुस्', 'दुर्' में कोई अन्तर नहीं होता है, अत: 'संस्कृत' भाषा के 20 उपसर्ग उन तत्सम् शब्दों के साथ प्रयुक्त होते हैं जिनका प्रयोग 'हिन्दी' भाषा में होता है, इसलिए इन्हें 'तत्सम' उपसर्ग भी कहा जाता है।

संस्कृत के उपसर्ग

उपसर्ग	अर्थ	उदाहरण
अति	अधिक, सीमा से परे	अतिवृद्धि, अत्युक्ति, अत्याचार
अधि	अधिक, ऊपर, श्रेष्ठ समीपता	अधिकृत, अध्यवसाय, अधिकार
अनु	पीछे, क्रम, समानता	अनुमान, अनुकूल, अनुप्रास
अप्	बुरा, अभाव, विपरीत	अपराध, अपहरण, अपशब्द
अपि	निकट	अपिधान, अपिसार, अपिमान
अभि	सामने, अधिक, अच्छा	अभिमान, अभिलाषा, अभियान
अव	पतन, हीनता	अवनति, अवगुण, अवमानना
आ	तक, सब तरफ से, ओर	आदर, आडम्बर, आचरण

उपसर्ग	अर्थ	उदाहरण
उत्, उद्	ऊपर, अधिक	उद्भव, उत्संग, उद्गम, उत्पात, उत्पन्न
उप	समीप, सहायक, छोटा	उपयुक्त, उपहार, उपद्रव, उपसम्पादक
दुः (दुर, दुस्)	बुरा, दुष्ट, कठिन	दुर्गम, दुष्कर, दुर्लंघ्य, दुर्लभ, दुर्जन
नि	बहुत-नीचे, अलावा	निवास, निवेदन, निकट, निबन्ध, निदान
निः (निस, निर)	बना, बाहर, निषेध	निर्देश, निराकरण, निर्जीव, निष्काम, निःशब्द
परा	विपरीत, अनादर	पराधीन, पराकाष्ठा, परार्द्ध, परामर्श, पराविद्या
परि	चारों ओर, आस-पास	परिचय, परिणाम, परिसर, परित्याग
प्र	अधिक, ऊपर, आगे, गति	प्रणाम, प्रख्यात, प्रगति, प्रवेग, प्रयोग
प्रति	विपरीत, समान, प्रत्येक परिवर्तन	प्रतिकूल, प्रतिमूर्ति, प्रतिदिन, प्रतिहिंसा
वि	विशेष, रहित, विपरीत भिन्न	विहार, विरह, विपक्ष, वियोग, विदेश, विवाद, विमर्श
सम्, सन्	संयोग, पूर्णता	सन्तोष, संचय, सम्भाषण, सन्देश
सु	अच्छा, सरल	स्वागत, सुवासित, सुअवसर, सुकवि

2. हिन्दी के उपसर्ग (तद्भव)

हिन्दी के उपसर्ग मूलतः संस्कृत से ही विकसित हुए हैं। इनकी कुल संख्या 10 हैं। जो निम्न हैं

हिन्दी के उपसर्ग

अ	निषेध, अभाव	अपढ़, अलग, अनाम, अजान, अथाह
अध्	आधा	अधखिला, अधपका, अधकचरा
अन्	अभाव, निषेध, अनजान	अनपढ़, अनमोल, अनगढ़, अनिच्छा
उन	एक कम	उनचास, उनहत्तर, उनतालीस
औ (अव)	हीनता, नहीं	औघड़, औघट, अवगुण
क, कु	बुरा	कुपात्र, कुलेख कुपूत, कुचाल
स, सु	अच्छा, सहित	सुकर्म, सुपूत, सुजान, सुलेख
स	साथ, सहित	सगोत्र, सरस, सहित, सजग
दु	बुरा, हीन	दुकाल, दुलारा, दुसाध्य
नि	नहीं, अभाव	निधड़क, निडर, निकम्मा

3. आगत उपसर्ग (विदेशी)

हिन्दी में विदेशी भाषाओं से आए आगत उपसर्ग मुख्यतः उर्दू एवं अंग्रेजी भाषा से विकसित हुए हैं। जो निम्न हैं

(i) उर्दू के उपसर्ग

उपसर्ग	अर्थ	उदाहरण
कम	थोड़ा, हीन	कमज़ोर, कमअक्ल, कमउम्र
खुश	अच्छा	खुशबू, खुशदिल, खुशहाल
गैर	नहीं, अभाव	गैरहाजिर, गैर-कानूनी, गैर-सरकारी
दर	में	दरअसल, दरमियान, दरकार
ना	अभाव	नापसन्द, नासमझ, नाराज़
ब	अनुसार में	बनाम, बदस्तूर, बदौलत
बद	बुरा	बदमाश, बदनीयत, बदतमीज़
बा	साथ	बाइंसाफ, बाकायदा, बावफा
बिला	बिना	बिलाकसूर, बिलाशक
बे	बिना	बेइमान, बेचारा
ला	बिना	लाचार, लाजबाव
सर	मुख्य	सरदार, सरताज
हम	बराबर	हमउम्र, हमवतन
हर	प्रत्येक	हररोज, हरएक

उपरोक्त तीन विभाजनों के अतिरिक्त अंग्रेजी उपसर्ग तथा गति शब्द का प्रयोग भी हिन्दी में प्रचलित है।

(ii) अंग्रेज़ी के उपसर्ग

उपसर्ग	अर्थ	उदाहरण
सब	अधीन, नीचे	सब-जज, सब-कमेटी
डिप्टी	सहायक	डिप्टी कलेक्टर, डिप्टी रजिस्ट्रार
वाइस	सहायक	वाइसराय, वाइस चांसलर
जनरल	प्रधान	जनरल मैनेजर, जनरल सेक्रेटरी
चीफ	प्रमुख	चीफ-मिनिस्टर, चीफ-इन्जीनियर
हेड	मुख्य	हेड मास्टर, हेड क्लर्क
डबल	दुगुना	डबलरोटी, ड बल बेड
फुल	पूरा	फुल शर्ट, फुल प्रूफ
हाफ	आधा	हाफ शर्ट, हाफ पैंट

प्रत्यय

'प्रत्यय' दो शब्दों से बना है— प्रति + अय। 'प्रति' का अर्थ है 'साथ में, पर बाद में; जबकि 'अय' का अर्थ 'चलने वाला' है। अतः 'प्रत्यय' का अर्थ हुआ, 'शब्दों के साथ, पर बाद में चलने वाला या लगने वाला, अतः इसका प्रयोग शब्द के अन्त में किया जाता है।

प्रत्यय किसी भी सार्थक मूल शब्द के पश्चात् जोड़े जाने वाले वे अविकारी शब्दांश हैं, जो शब्द के अन्त में जुड़कर उसके अर्थ में या भाव में परिवर्तन कर देते हैं अर्थात् शब्द में नवीन विशेषता उत्पन्न कर देते हैं या अर्थ बदल देते हैं।

जैसे— सफल + ता = सफलता
अच्छा + ई = अच्छाई

यहाँ 'ता' और 'आई' दोनों शब्दांश प्रत्यय हैं, जो 'सफल' और 'अच्छा' मूल शब्द के बाद में जोड़ दिए जाने पर 'सफलता' और 'अच्छाई' शब्द की रचना करते हैं।

हिन्दी भाषा के प्रत्यय को चार भागों में विभक्त किया गया है, जो निम्न हैं

1. संस्कृत प्रत्यय
2. हिन्दी प्रत्यय
3. विदेशज प्रत्यय
4. ई प्रत्यय

1. संस्कृत प्रत्यय

(i) **संस्कृत के कृत् प्रत्यय** धातु के साथ उनके अन्त में लगाए जाने वाले प्रत्यय 'कृत्' प्रत्यय कहलाते हैं तथा उनसे निर्मित शब्दों को 'कृदन्त' कहते हैं।

प्रत्यय	मूल धातु	उदाहरण
क्तिन् (ति)	दृश, कृ	दृष्टि, कृति
तव्य	गम, रक्ष्	गन्तव्य, रक्षितव्य
क्त	पठ, दा	पठित, दत्त
अनीय	कथ्, रक्ष	कथनीय, रक्षणीय
यत् (य)	लभ, गम्	लभ्य, गम्य
तृच् (तृ)	दा, कृ	दातृ, कर्तृ
अक्	पाठ, लेख	पाठक, लेखक
घञ्	धृ, भृ	धर, भर

(ii) **संस्कृत के तद्धित प्रत्यय** सर्वनाम, विशेषण तथा संज्ञा के अन्त में तद्धित प्रत्यय को जोड़कर यौगिक शब्दों की रचना की जाती है।

प्रत्यय	मूल शब्द	उदाहरण
अ	मृदु, गुरु	मार्दव, गौरव
आयन	तिलक, वत्स	तिलकायन, वात्स्यायन
इक	मुख, मातृ	मौखिक, मातृक
इत्	पुष्प, तृषा	पुष्पित, तृषित
इम्	पश्च, अग्र	पश्चिम, अग्रिम
इमा	हरित, महा	हरीतिमा, महिमा
इय्	क्षत्र	क्षत्रिय
इष्ठ	भूमि, धर्म	भूमिष्ठ, धर्मिष्ठ
ई	वसन्त, लोभ	वसन्ती, लोभी
ईन्	काल, नव	कालीन, नवीन
ईय	मत्, नगर	मदीय, नगरीय
एय	राधा, विनिता	राधेय, वैनतेय
इका	प्रकाश, काशी	प्रकाशिका, काशिका
क	बाल, नीति	बालक, नीतिक
तः	वस्तु, मूल	वस्तुतः, मूलतः
ता	शिशु, लघु	शिशुता, लघुता
त्व	पुरुष, स्त्री	पुरुषत्व, स्त्रीत्व
त्र	यत्, कु	यत्र, कुत्र
था	सर्व, अन्य	सर्वथा, अन्यथा
दा	फल, सर्व	फलदा, सर्वदा
धा	द्वि, बहु	द्विधा, बहुधा
मान्	शक्ति, श्री	शक्तिमान्, श्रीमान्
वान्	श्रद्धा, धन	श्रद्धावान, धनवान्
वत्	पुत्र, ब्राह्मण	पुत्रवत्, ब्राह्मणवत्
वी	यश, तेज	यशस्वी, तेजस्वी
श	तर्क, कर्क	तर्कश, कर्कश
शः	बहु, शत	बहुशः, शतशः
सात्	आत्म, भूमि	आत्मसात्, भूमिसात्
य	सम, शरण	साम्य, शरण्य
ल	वत्स, बहु	वत्सल, बहुल
मय	तप, शान्ति	तपोमय, शान्तिमय

(iii) **संस्कृत के स्त्री प्रत्यय** पुल्लिंगवाची शब्दों में स्त्री प्रत्यय जोड़कर पुल्लिंग शब्दों के स्त्रीलिंगवाची शब्द बनाए जाते हैं।

प्रत्यय	मूल शब्द	उदाहरण
आ	अश्व, वृद्ध	अश्वा, वृद्धा
इका	बालक, अध्यापक	बालिका, अध्यापिका
इनी	गृह, भर	गृहिणी, भरिणी
ई	दास, बुरा	दासी, बुराई
वती	पुत्रवान्, धनवान्	पुत्रवती, धनवती
मती	श्रीमान्, आयुष्मान्	श्रीमती, आयुष्मती
आनी	भव, मातुल	भवानी, मातुलानी

2. हिन्दी प्रत्यय

(i) **कृत् (कृदन्त)** मूल क्रिया के साथ कृत् प्रत्यय को जोड़कर नए शब्दों की रचना की जाती है।

प्रत्यय	मूल क्रिया	उदाहरण
अ	लूट, खेल्	लूट, खेल
अक्कड	पी, घूम	पिअक्कड, घुमक्कड़
अन्त	लड़, पिट	लड़न्त, पिटन्त
अन	जल, ले	जलन, लेन
अना	पढ़, दे	पढ़ना, देना
आ	मेल, बैठ	मेला, बैठा
आई	खेल, लिख	खेलाई, लिखाई
आऊ	टिक, खा	टिकाऊ, खाऊ
आन	उठ, मिल्	उठान, मिलान
आव	घुम् , जम्	घुमाव, जमाव
आवा	छल्, बहक्	छलावा, बहकावा
आवना	सुह, डर	सुहावना, डरावना
आक, आका, आकू	तैर, लड़ा, पढ़	तैराक, लड़ाका, पढ़ाकू
आप, आपा	मिल्, पुज्	मिलाप, पुजापा
आवट	बन, दिख	बनावट, दिखावट
आहट	घबर, झनझन	घबराहट, झनझनाहट
आस	पी, मीठा	प्यास, मिठास
इयल	मर, अड़	मरियल, अड़ियल
इया	छल, घट	छलिया, घटिया
ई	घुड़क, लग्	घुड़की, लगी
ऊ	मार्, काट्	मारू, काटू
एरा	लूट्, बस्	लुटेरा, बसेरा
ऐया	हँस, बच	हँसैया, बचैया
ऐत	लड़, बिगड़	लड़ैत, बिगड़ैत
ओड़, ओड़ा	भाग, हँस,	भगोड़ा, हँसोड़
औता, औती	समझ्, चुन्	समझौता, चुनौती
औना, औनी, आवनी	खेल्, मिच्, डर्	खिलौना, मिचौनी, डरावनी
का	छील, फूल	छिलका, फूलका
वाला	जा, सो	जाने वाला, सोनेवाला

(ii) **हिन्दी के तद्धित प्रत्यय** हिन्दी के तद्भव शब्दों में तद्धित प्रत्यय जोड़कर संज्ञा और विशेषण शब्द बनाने वाले कुछ प्रत्यय

प्रत्यय	मूल शब्द	उदाहरण
आ	भूख, प्यास	भूखा, प्यासा
आई	विदा, ठाकुर	विदाई, ठकुराई
आन	ऊँचा, नीचा	ऊँचान, निचान
आना	तेलंग, बघेल	तेलंगना, बघेलाना
आर	कुम्भ, सोना	कुम्भार, सोनार
आरी, आरा	हत्या, घास	हत्यारा, घसियारा
आल, आला	ससुर, दया	ससुराल, दयाला

प्रत्यय	मूल शब्द	उदाहरण
आवट	नीम, आम	निमावट, अमावट
आस	मीठा, खट्टा	मिठास, खटास
आहट	चिकना, कड़ुआ	चिकनाहट, कड़ुवाहट
इया	दु:ख, भोजपुर	दुखिया, भोजपुरिया
ई	खेत, सुस्त	खेती, सुस्ती
ईला	रंग, जहर	रंगीला, जहरीला
ऊ	गँवार, बाज़ार	गँवारू, बाज़ारू
एरा	मामा, चाचा	ममेरा, चचेरा
एड़ी	भांग, गाँजा	भँगेड़ी, गँजेड़ी
औती	काठ, मान	कठौती, मनौती
ओला	साँप, खाट	सँपोला, खटोला
क	ढोल, बाल	ढोलक, बालक
ऐल	झगड़ा, तोंद	झगड़ैल, तोंदैल
त	संग, रंग	संगत, रंगत
पन	मैला, लड़का	मैलापन, लड़कपन
पा	बहन, बूढ़ा	बहनापा, बुढ़ापा
हारा	लकड़ी, पानी	लकड़हारा, पनिहारा
स	उष्मा, तम	उमस, तमस
ता	मधुर, मनुज	मधुरता, मनुजता
हरा	एक, तीन	एकहरा, तिहरा
वाला	टोपी, धन	टोपीवाला, धनवाला

(iii) हिन्दी के स्त्री प्रत्यय पुल्लिगवाची शब्दों के साथ जुड़ने वाले स्त्रीलिंगवाची प्रत्यय

प्रत्यय	मूल शब्द	उदाहरण
आइन	पण्डित, लाला	पण्डिताइन, ललाइन
आनी	राजपूत, जेठ	राजपूतानी, जेठानी
इन	तेली, दर्जी	तेलिन, दर्जिन
इया	चूहा, बेटा	चुहिया, बिटिया
ई	घोड़ा, नाना	घोड़ी, नानी
नी	शेर, मोर	शेरनी, मोरनी

3. विदेशज प्रत्यय

(उर्दू एवं फ़ारसी के प्रत्यय)

विदेशी भाषा से आए हुए प्रत्ययों से निर्मित शब्द

प्रत्यय	मूल शब्द	उदाहरण
कार	पेश, काश्त	पेशकार, काश्तकार
खाना	डाक, मुर्गी	डाकखाना, मुर्गीखाना
खोर	रिश्वत, चुगल	रिश्वतखोर, चुगलखोर
दान	कलम, पान	कलमदान, पानदान
दार	फल, माल	फलदार, मालदार
आ	खराब, चश्म	खराबा, चश्मा
आब	गुल, जूल	गुलाब, जुलाब
इन्दा	बसि, चुनि	बसिन्दा, चुनिन्दा

4. ई प्रत्यय

इनके प्रयोग से भाववाचक स्त्रीलिंग शब्द बनते हैं।

प्रत्यय	मूल शब्द	उदाहरण
ई	रिश्तेदार, दोस्त	रिश्तेदारी, दोस्ती
बाज	अकड़, नशा	अकड़बाज, नशाबाज
आना	आशिक, मेहनत	आशिकाना, मेहनताना
गर	कार, जिल्द	कारगर, जिल्दगर
साज	जिल्द, घड़ी	जिल्दसाज, घड़ीसाज
गाह	ईद, कब्र	ईदगाह, कब्रगाह
ईना	माह, नग	महीना, नगीना
बन्द, बन्दी	मेंड़, हद	मेंड़बन्द, हदबन्दी

सन्धि

दो वर्णों या ध्वनियों के संयोग से होने वाले विकार (परिवर्तन) को सन्धि कहते हैं। सन्धि करते समय कभी-कभी एक अक्षर में, कभी-कभी दोनों अक्षरों में परिवर्तन होता है और कभी-कभी दोनों अक्षरों के स्थान पर एक तीसरा अक्षर बन जाता है। इस सन्धि पद्धति द्वारा भी शब्द-रचना होती है; जैसे—सुर + इन्द्र = सुरेन्द्र, विद्या + आलय = विद्यालय, सत् + आनन्द = सदानन्द।

इन शब्द खण्डों में प्रथम खण्ड का अन्त्याक्षर और दूसरे खण्ड का प्रथमाक्षर मिलकर एक भिन्न वर्ण बन गया है, इस प्रकार के मेल को सन्धि कहते हैं। सन्धियाँ तीन प्रकार की होती हैं

1. स्वर सन्धि 2. व्यंजन सन्धि 3. विसर्ग सन्धि

1. स्वर सन्धि

स्वर के साथ स्वर का मेल होने पर जो विकार होता है, उसे स्वर सन्धि कहते हैं। स्वर सन्धि के पाँच भेद हैं

(i) **दीर्घ सन्धि** सवर्ण ह्रस्व या दीर्घ स्वरों के मिलने से उनके स्थान में सवर्ण दीर्घ स्वर हो जाता है। वर्णों का संयोग चाहे ह्रस्व + ह्रस्व हो या ह्रस्व + दीर्घ और चाहे दीर्घ + दीर्घ हो, यदि सवर्ण स्वर है तो दीर्घ हो जाएगा। इस सन्धि को दीर्घ सन्धि कहते हैं; जैसे—

सन्धि	उदाहरण
अ + अ = आ	पुष्प + अवली = पुष्पावली
अ + आ = आ	हिम + आलय = हिमालय
आ + अ = आ	माया + अधीन = मायाधीन
आ + आ = आ	विद्या + आलय = विद्यालय
इ + इ = ई	कवि + इच्छा = कवीच्छा
इ + ई = ई	हरी + ईश = हरीश
ई + इ = ई	मही + इन्द्र = महीन्द्र
इ + ई = ई	नदी + ईश = नदीश
उ + उ = ऊ	सु + उक्ति = सूक्ति
उ + ऊ = ऊ	सिन्धु + ऊर्मि = सिन्धूर्मि
ऊ + उ = ऊ	वधू + उत्सव = वधूत्सव
ऊ + ऊ = ऊ	भू + ऊर्ध्व = भूर्ध्व
ऋ + ऋ = ॠ	मातृ + ऋण = मातॄण

(ii) **गुण सन्धि** जब अ अथवा आ के आगे 'इ' अथवा 'ई' आता है तो **इनके स्थान पर ए हो जाता है।** **इसी प्रकार** अ या आ के आगे उ या ऊ आता है तो **ओ** हो जाता है तथा अ या आ के आगे ऋ आने पर **अर्** हो जाता है। दूसरे शब्दों में, हम इस प्रकार कह सकते है कि जब अ, आ के आगे इ, ई या 'उ', 'ऊ' तथा 'ऋ' हो तो क्रमशः ए, ओ और अर् हो जाता है, इसे गुण सन्धि कहते हैं; जैसे—

(i) अ, आ + इ, ई = ए (ii) अ, आ + उ, ऊ = ओ

(iii) अ, आ + ऋ = अर्

सन्धि	उदाहरण
अ + इ = ए	उप + इन्द्र = उपेन्द्र
अ + ई = ए	गण + ईश = गणेश
आ + इ = ए	महा + इन्द्र = महेन्द्र
आ + ई = ए	रमा + ईश = रमेश
अ + उ = ओ	चन्द्र + उदय = चन्दोदय
अ + ऊ = ओ	समुद + ऊर्मि = समुद्रोर्मि
आ + उ = औ	महा + उत्सव = महोत्सव
आ + ऊ = ओ	गंगा + ऊर्मि = गंगोर्मि
अ + ऋ = अर्	देव + ऋषि = देवर्षि
आ + ऋ = अर्	महा + ऋषि = महर्षि

(iii) **वृद्धि सन्धि** जब अ या आ के आगे 'ए' या 'ऐ' आता है तो दोनों का **ऐ** हो जाता है। इसी प्रकार अ या आ के आगे 'ओ' या 'औ' आता है तो दोनों का **औ** हो जाता है, इसे वृद्धि सन्धि कहते हैं;

जैसे—

सन्धि	उदाहरण
अ + ए = ऐ	पुत्र + एषणा = पुत्रैषणा
अ + ऐ = ऐ	मत + ऐक्य = मतैक्य
आ + ए = ऐ	सदा + एव = सदैव
आ + ऐ = ऐ	महा + ऐश्वर्य = महैश्वर्य
अ + ओ = औ	जल + ओकस = जलौकस
अ + औ = औ	परम + औषध = परमौषध
आ + ओ = औ	महा + ओषधि = महौषधि
आ + औ = औ	महा + औदार्य = महौदार्य

(iv) **यण् सन्धि** जब इ, ई, उ, ऊ, ऋ के आगे कोई भिन्न स्वर आता है तो ये क्रमशः य्, व्, र्, ल् में परिवर्तित हो जाते हैं, इस परिवर्तन को यण् सन्धि कहते हैं; जैसे—

(i) इ, ई + भिन्न स्वर = य (ii) उ, ऊ + भिन्न स्वर = व

(iii) ऋ + भिन्न स्वर = र

सन्धि	उदाहरण
इ + अ = य्	अति + अल्प = अत्यल्प
ई + अ = य्	देवी + अर्पण = देव्यर्पण
उ + अ = व्	सु + आगत = स्वागत
ऊ + आ = व्	वधू + आगमन = वध्वागमन
ऋ + अ = र्	पितृ + आज्ञा = पित्राज्ञा

(v) **अयादि सन्धि** जब ए, ऐ, ओ और औ के बाद कोई भिन्न स्वर आता है तो 'ए' का **अय्**, 'ऐ' का **आय्**, 'ओ' का **अव्** और 'औ' का **आव्** हो जाता है; जैसे—

(i) ए + भिन्न स्वर = अय् (ii) ऐ + भिन्न स्वर = आय्

(iii) ओ + भिन्न स्वर = अव् (iv) औ + भिन्न स्वर = आव्

सन्धि	उदाहरण
ए + अ = अय्	ने + अयन = नयन
ऐ + अ = आय्	नै + अक = नायक
ओ + अ = अव्	पो + अन = पवन
औ + अ = आव्	पौ + अक = पावक

2. व्यंजन सन्धि

व्यंजन के साथ व्यंजन या स्वर का मेल होने से जो विकार होता है, उसे व्यंजन सन्धि कहते हैं। व्यंजन सन्धि के प्रमुख नियम इस प्रकार हैं

(क) यदि स्पर्श व्यंजनों के प्रथम अक्षर अर्थात् क्, च्, ट्, त्, प् के आगे कोई स्वर अथवा किसी वर्ग का तीसरा या चौथा वर्ण अथवा य, र, ल, व आए तो क्, च्, ट्, त्, प् के स्थान पर उसी वर्ग का तीसरा अक्षर अर्थात् क के स्थान पर ग, च के स्थान पर ज, ट के स्थान पर ड, त के स्थान पर द और प के स्थान पर 'ब' हो जाता है; जैसे—

दिक् + अम्बर = दिगम्बर
वाक् + ईश = वागीश
अच् + अन्त = अजन्त
षट् + आनन = षडानन
सत् + आचार = सदाचार
सुप् + सन्त = सुबन्त
उत् + घाटन = उद्घाटन
तत् + रूप = तद्रूप

(ख) यदि स्पर्श व्यंजनों के प्रथम अक्षर अर्थात् क्, च्, ट्, त्, प् के आगे कोई अनुनासिक व्यंजन आए तो उसके स्थान पर उसी वर्ग का पाँचवाँ अक्षर हो जाता है; जैसे—

वाक् + मय = वाङ्मय
षट् + मास = षण्मास
उत् + मत्त = उन्मत्त
अप् + मय = अम्मय

(ग) जब किसी ह्रस्व या दीर्घ स्वर के आगे छ् आता है तो छ् के पहले च् बढ़ जाता है; जैसे—

परि + छेद = परिच्छेद
आ + छादन = आच्छादन
लक्ष्मी + छाया = लक्ष्मीच्छाया
पद + छेद = पदच्छेद
गृह + छिद्र = गृहच्छिद्र

(घ) यदि म् के आगे कोई स्पर्श व्यंजन आए तो म् के स्थान पर उसी वर्ग का पाँचवाँ वर्ण हो जाता है; जैसे—

शम् + कर = शङ्कर या शंकर
सम् + चय = संचय
घम् + टा = घण्टा
सम् + तोष = सन्तोष
स्वयम् + भू = स्वयंभू

(ङ) यदि म के आगे कोई अन्तस्थ या ऊष्म व्यंजन आए अर्थात् य्, र्, ल्, व्, श्, ष्, स्, ह् आए तो **म** अनुस्वार में बदल जाता है; जैसे—

सम् + सार = संसार
सम् + योग = संयोग
स्वयम् + वर = स्वयंवर
सम् + रक्षा = संरक्षा

(च) यदि त् और द् के आगे ज् या झ् आए तो 'ज्', 'झ', 'ज' में बदल जाते हैं; जैसे—

उत् + ज्वल = उज्ज्वल
विपद् + जाल = विपज्जाल
सत् + जन = सज्जन
सत् + जाति = सज्जाति

(छ) यदि त्, द् के आगे श् आए तो त्, द् का **च्** और श् का **छ्** हो जाता है। यदि त्, द् के आगे ह आए तो त् का **द्** और ह का **ध** हो जाता है; जैसे—

सत् + चित = सच्चित
तत् + शरीर = तच्छरीर
उत् + हार = उद्धार
तत् + हित = तद्धित

(ज) यदि च् या ज् के बाद न् आए तो न् के स्थान पर या **याञ्जा** हो जाता है; जैसे—

यज् + न = यज्ञ
याच् + न = याञ्जा

(झ) यदि अ, आ को छोड़कर किसी भी स्वर के आगे स् आता है तो बहुधा स् के स्थान पर **ष्** हो जाता है; जैसे—

अभि + सेक = अभिषेक
वि + सम = विषम
नि + सेध = निषेध
सु + सुप्त = सुषुप्त

(ञ) ष् के पश्चात् त या थ आने पर उसके स्थान पर क्रमश: **ट** और **ठ** हो जाता है; जैसे—

आकृष् + त = आकृष्ट
तुष् + त = तुष्ट
पृष् + थ = पृष्ठ
षष् + थ = षष्ठ

(ट) ऋ, र, ष के बाद 'न' आए और इनके मध्य में कोई स्वर क वर्ग, प वर्ग, अनुस्वार य, व, ह में से कोई वर्ण आए तो 'न' = 'ण' हो जाता है; जैसे—

भर + अन = भरण
भूष + अन = भूषण
राम + अयन = रामायण
परि + मान = परिमाण
ऋ + न = ऋण

3. विसर्ग सन्धि

विसर्गों का प्रयोग संस्कृत को छोड़कर संसार की किसी भी भाषा में नहीं होता है। हिन्दी में भी विसर्गों का प्रयोग नहीं के बराबर होता है। कुछ इने-गिने विसर्गयुक्त शब्द हिन्दी में प्रयुक्त होते हैं; जैसे—अत:, पुन:, प्राय:, शनै: शनै: आदि। हिन्दी में मन:, तेज:, आयु:, हरि: के स्थान पर मन, तेज, आयु, हरि शब्द चलते हैं, इसलिए यहाँ विसर्ग सन्धि का प्रश्न ही नहीं उठता। फिर भी हिन्दी पर संस्कृत का सबसे अधिक प्रभाव है। संस्कृत के अधिकांश विधि निषेध हिन्दी में प्रचलित हैं। विसर्ग सन्धि के ज्ञान के अभाव में हम वर्तनी की अशुद्धियों से मुक्त नहीं हो सकते। अत: इसका ज्ञान होना आवश्यक है।

विसर्ग के साथ स्वर या व्यंजन के संयोग से जो विकार होता है, उसे विसर्ग सन्धि कहते हैं। इसके प्रमुख नियम निम्नलिखित हैं

(क) यदि विसर्ग के आगे श, ष, स आए तो वह क्रमश: श्, ष्, स्, में बदल जाता है; जैसे—

नि: + शंक = निश्शंक
दु: + शासन = दुश्शासन
नि: + सन्देह = निस्सन्देह
नि: + संग = निस्संग
नि: + शब्द = निश्शब्द
नि: + स्वार्थ = निस्स्वार्थ

(ख) यदि विसर्ग से पहले इ या उ हो और बाद में र आए तो विसर्ग का लोप हो जाएगा और इ तथा उ दीर्घ ई, ऊ में बदल जाएँगे; जैसे—

नि: + रव = नीरव
नि: + रोग = नीरोग
नि: + रस = नीरस

(ग) यदि विसर्ग के बाद 'च-छ', 'ट-ठ' तथा 'त-थ' आए तो विसर्ग क्रमश: 'श्', 'ष्', 'स्' में बदल जाते हैं; जैसे—

नि: + तार = निस्तार
दु: + चरित्र = दुश्चरित्र
नि: + छल = निश्छल
धनु: + टंकार = धनुष्टंकार
नि: + ठुर = निष्ठुर

(घ) विसर्ग के बाद क, ख, प, फ रहने पर विसर्ग में कोई विकार (परिवर्तन) नहीं होता; जैसे—

प्रात: + काल = प्रात:काल
पय: + पान = पय:पान
अन्त: + करण = अन्त:करण

(ङ) यदि विसर्ग से पहले 'अ' या 'आ' को छोड़कर कोई स्वर हो और बाद में वर्ग के तृतीय, चतुर्थ और पंचम वर्ण अथवा य, र, ल, व में से कोई वर्ण हो तो विसर्ग 'र' में बदल जाता है; जैसे—

दु: + निवार = दुर्निवार
दु: + बोध = दुर्बोध
नि: + गुण = निर्गुण
नि: + आधार = निराधार
नि: + धन = निर्धन
नि: + झर = निर्झर

(च) यदि विसर्ग से पहले अ, आ को छोड़कर कोई अन्य स्वर आए और बाद में कोई भी स्वर आए तो भी विसर्ग र् में बदल जाता है; जैसे—

निः + आशा = निराशा

निः + ईह = निरीह

निः + उपाय = निरुपाय

निः + अर्थक = निरर्थक

(छ) यदि विसर्ग से पहले अ आए और बाद में य, र, ल, व या ह आए तो विसर्ग का लोप हो जाता है तथा विसर्ग 'ओ' में बदल जाता है; जैसे—

मनः + विकार = मनोविकार

मनः + रथ = मनोरथ

पुरः + हित = पुरोहित

मनः + रम = मनोरम

(ज) यदि विसर्ग से पहले इ या उ आए और बाद में क, ख, प, फ में से कोई वर्ण आए तो विसर्ग 'ष्' में बदल जाता है; जैसे—

निः + कर्म = निष्कर्म

निः + काम = निष्काम

निः + करुण = निष्करुण

निः + पाप = निष्पाप

निः + कपट = निष्कपट

निः + फल = निष्फल

हिन्दी की कुछ विशेष सन्धियाँ

हिन्दी की कुछ अपनी विशेष सन्धि हैं, इनकी रूपरेखा अभी तक विशेष रूप से स्पष्ट निर्धारित नहीं हुई है, फिर भी इनका ज्ञान हमारे लिए आवश्यक है। हिन्दी की प्रमुख विशेष सन्धियाँ निम्नलिखित हैं

1. जब, तब, कब, सब और अब आदि शब्दों के अन्त में (पीछे) 'ही' आने पर ह का भ हो जाता है और ब का लोप भी हो जाता है; जैसे—

   जब + ही = जभी

   तब + ही = तभी

   कब + ही = कभी

   सब + ही = सभी

   अब + ही = अभी

2. जहाँ, कहाँ, यहाँ, वहाँ आदि शब्दों के बाद 'ही' आने पर ही (स्वर सहित) लुप्त हो जाता है और अन्तिम ई पर अनुस्वार लग जाता है; जैसे—

   यहाँ + ही = यहीं

   कहाँ + ही = कहीं

   वहाँ + ही = वहीं

   जहाँ + ही = जहीं

3. कहीं-कहीं संस्कृत के र् लोप, दीर्घ और यण् आदि सन्धियों के नियम हिन्दी में नहीं लागू होते हैं; जैसे—

   अन्तर् + राष्ट्रीय = अन्तर्राष्ट्रीय

   स्त्री + उपयोगी = स्त्रियोपयोगी

   उपरि + उक्त = उपर्युक्त

हिन्दी के प्रमुख शब्द एवं उनके सन्धि-विच्छेद

शब्द	सन्धि-विच्छेद	शब्द	सन्धि-विच्छेद
राष्ट्राध्यक्ष	राष्ट्र + अध्यक्ष	नवांकुर	नव + अंकुर
नयनाभिराम	नयन + अभिराम	सहानुभूति	सह + अनुभूति
युगान्तर	युग + अन्तर	दीक्षान्त	दीक्षा + अन्त
शरणार्थी	शरण + अर्थी	वार्तालाप	वार्ता + आलाप
सत्यार्थी	सत्य + अर्थी	पुस्तकालय	पुस्तक + आलय
दिवसावसान	दिवस + अवसान	विकलांग	विकल + अंग
प्रसंगानुकूल	प्रसंग +अनुकूल	आनन्दातिरेक	आनन्द + अतिरेक
विद्यानुराग	विद्या + अनुराग	कामायनी	काम + अयनी
परमावश्यक	परम + आवश्यक	दीपावली	दीप +अवली
उदयाचल	उदय + अचल	दावानल	दाव + अनल
ग्रामांचल	ग्रामा + अंचल	महात्मा	महा + आत्मा
ध्वंसावशेष	ध्वंस + अवशेष	हिमालय	हिम + आलय
हस्तान्तरण	हस्त + अन्तरण	देशान्तर	देश + अन्तर
परमानन्द	परम + आनन्द	सावधान	स + अवधान
रत्नाकर	रत्न + आकर	तीर्थाटन	तीर्थ + अटन
देवालय	देव + आलय	विचाराधीन	विचार + अधीन
धर्मात्मा	धर्म + आत्मा	मुरारि	मुर + अरि
आग्नेयास्त्र	आग्नेय + अस्त्र	कुशासन	कुश + आसन
मर्मान्तक	मर्म + अन्तक	उत्तमांग	उत्तम + अंग
रामायण	राम + अयन	सावयव	स + अवयव
सुखानुभूति	सुख + अनुभूति	भग्नावशेष	भग्न + अवशेष
आज्ञानुपालन	आज्ञा + अनुपालन	धर्माधिकारी	धर्म + अधिकारी
देहान्त	देह + अन्त	जनार्दन	जन + अर्दन
गीतांजलि	गीत + अंजलि	अधिकांश	अधिक + अंश
मात्राज्ञा	मातृ + आज्ञा	गौरीश	गौरी + ईश
भयाकुल	भय + आकुल	लक्ष्मीश	लक्ष्मी + ईश
त्रिपुरारि	त्रिपुर + अरि	पृथ्वीश्वर	पृथ्वी + ईश्वर
आयुधागार	आयुध + आगार	अनूदित	अनु + उदित
स्वर्गारोहण	स्वर्ग + आरोहण	मंजूषा	मंजु + उषा
प्राणायाम	प्राण + आयाम	गुरूपदेश	गुरु + उपदेश
कारागार	कारा + आगार	साधूपदेश	साधु + उपदेश
शाकाहारी	शाक + आहारी	बहूद्देशीय	बहु + उद्देशीय
फलाहार	फल + आहार	वधूपालम्भ	वधु + उपालम्भ
गदाघात	गदा + आघात	भानूदय	भानु + उदय
स्थानापन्न	स्थान + आपन्न	मधूत्सव	मधु + उत्सव
कंटकाकीर्ण	कंटक + आकीर्ण	बहूर्ज	बहु + उर्ज
स्नेहाकांक्षी	स्नेह + आकांक्षी	सिन्धूर्मि	सिन्धु + ऊर्मि
महामात्य	महा + अमात्य	चमूत्तम	चमू + उत्तम
चिकित्सालय	चिकित्सा + आलय	लघूत्तम	लघु + उत्तम
रचनात्मक	रचना + आत्मक	वधूल्लास	वधू + उल्लास
क्षितीन्द्र	क्षिति + इन्द्र	भ्रूर्ध्व	भ्रू + ऊर्ध्व
अधीश्वर	अधि + ईश्वर	पितृण	पितृ + ऋण
प्रतीक्षा	प्रति + ईक्षा	मातृण	मातृ + ऋण
परीक्षा	परि + ईक्षा	योगेन्द्र	योग + इन्द्र
गिरीन्द्र	गिरि + इन्द्र	शुभेच्छा	शुभ + इच्छा
मुनीन्द्र	मुनि + इन्द्र	मानवेन्द्र	मानव + इन्द्र
अधीक्षक	अधि + ईक्षक	गजेन्द्र	गज + इन्द्र
हरीश	हरि + ईश	मृगेन्द्र	मृग + इन्द्र

शब्द	सन्धि-विच्छेद	शब्द	सन्धि-विच्छेद
अधीन	अधि + इन	जितेन्द्रिय	जित + इन्द्रिय
गिरीश	गिरि + ईश	पूर्णेन्द्र	पूर्ण + इन्द्र
वारीश	वारि + ईश	सुरेन्द्र	सुर + इन्द्र
गणेश	गण + ईश	यथेष्ट	यथा + इष्ट
सुधीन्द्र	सुधी + इन्द्र	विवाहेतर	विवाह + इतर
महीन्द्र	मही + इन्द्र	हितेच्छा	हित + इच्छा
श्रीश	श्री + ईश	साहित्येतर	साहित्य + इतर
सतीश	सती + ईश	शब्देतर	शब्द + इतर
फणीन्द्र	फणी + इन्द्र	भारतेन्द्र	भारत + इन्द्र
रजनीश	रजनी + ईश	उपदेष्टा	उप + दिष्टा
नारीश्वर	नारी + ईश्वर	स्वेच्छा	स्व + इच्छा
देवीच्छा	देवी + इच्छा	अन्त्येष्टि	अन्त्य + इष्टि
लक्ष्मीच्छा	लक्ष्मी + इच्छा	बालेन्दु	बाल + इन्दु
परमेश्वर	परम + ईश्वर	राजर्षि	राज + ऋषि
परोपकार	पर + उपकार	ब्रह्मर्षि	ब्रह्म + ऋषि
नीलोत्पल	नील + उत्पल	प्रियैषी	प्रिय + एषी
देशोपकार	देश + उपकार	पुत्रैषणा	पुत्र + एषणा
सूर्योदय	सूर्य + उदय	लोकैषणा	लोक + एषणा
रोगोपचार	रोग + उपचार	देवौदार्य	देव + औदार्य
ज्ञानोदय	ज्ञान + उदय	परमौषध	परम + औषध
पुरुषोचित	पुरुष + उचित	हितैषी	हित + एषी
दुग्धोपजीवी	दुग्ध + उपजीवी	जलौघ	जल + ओघ
अन्त्योदय	अन्त्य + उदय	वनौषधि	वन + ओषधि
वेदोक्त	वेद + उक्त	धनैषी	धन + एषी
महोदय	महा + उदय	महौदार्य	महा + औदार्य
विद्योन्नति	विद्या + उन्नति	विश्वैक्य	विश्व + एक्य
महोपदेशक	महा + उपदेशक	स्वैच्छिक	स्व + ऐच्छिक
महोपकार	महा + उपकार	महैश्वर्य	महा + ऐश्वर्य
दलितोत्थान	दलित + उत्थान	अधरोष्ठ	अधर + ओष्ठ
सर्वोपरि	सर्व + उपरि	शुद्धोधन	शुद्ध + ओधन
सोद्देश्य	स + उद्देश्य	स्वागत	सु + आगत
जनोपयोगी	जन + उपयोगी	अन्वेषण	अनु + एषण
सोल्लास	स + उल्लास	अभ्यास	अभि + आस
भावोद्रेक	भाव + उद्रेक	पर्यवसान	परि + अवसान
धीरोद्धत	धीर + उद्धत	रीत्यनुसार	रीति + अनुसार
सर्वोत्तम	सर्व + उत्तम	अभ्यर्थना	अभि + अर्थना
मानवोचित	मानव + उचित	प्रत्यभिज्ञ	प्रति + अभिज्ञ
कथोपकथन	कथ + उपकथन	प्रत्युपकार	प्रति + उपकार
रहस्योद्घाटन	रहस्य + उद्घाटन	त्र्यम्बक	त्रि + अम्बक
मित्रोचित	मित्र + उचित	अत्यल्प	अति + अल्प
नवोन्मेष	नव + उन्मेष	जात्यभिमान	जाति + अभिमान
नवोदय	नव + उदय	गत्यानुसार	गति + अनुसार
महोर्मि	महा + ऊर्मि	देव्यागमन	देवी + आगमन
महोर्जा	महा + ऊर्जा	गुर्वौदार्य	गुरु + औदार्य
सूर्योष्मा	सूर्य + उष्मा	लघ्वोष्ठ	लघु + औष्ठ
महोत्सव	महा + उत्सव	मात्रुपदेश	मातृ + उपदेश
नवोढ़ा	नव + ऊढ़ा	पर्यावरण	परि + आवरण
क्षुधोत्तेजन	क्षुधा + उत्तेजन	ध्वन्यात्मक	ध्वनि + आत्मक
देवर्षि	देव + ऋषि	अभ्यागत	अभि + आगत
महर्षि	महा + ऋषि	अत्याचार	अति + आचार

शब्द	सन्धि-विच्छेद	शब्द	सन्धि-विच्छेद
सप्तर्षि	सप्त + ऋषि	व्याख्यान	वि + आख्यान
व्याकरण	वि + आकरण	ऋग्वेद	ऋक् + वेद
प्रत्युत्तर	प्रति + उत्तर	सद्धर्म	सत् + धर्म
उपर्युक्त	उपरि + उक्त	जगदाधार	जगत् + आधार
उभ्युत्थान	अभि + उत्थान	उद्वेग	उत् + वेग
अध्यात्म	अधि + आत्म	अजंत	अच् + अन्त
अत्युक्ति	अति + उक्ति	षडंग	षट् + अंग
अत्युत्तम	अति + उत्तम	जगदम्बा	जगत् + अम्बा
सख्यागमन	सखी + आगमन	जगद्गुरु	जगत् + गुरु
स्वच्छ	सु + अच्छ	जगज्जनी	जगत् + जननी
तन्वंगी	तनु + अंगी	उज्ज्वल	उत् + ज्वल
समन्वय	सम् + अनु + अय	सज्जन	सत् + जन
मन्वंतर	मनु + अन्तर	सदात्मा	सत् + आत्मा
गुर्वादेश	गुरु + आदेश	सदानन्द	सत् + आनन्द
साध्वाचार	साधु + आचार	स्यादवाद	स्यात् + वाद
धात्विक	धातु + इक	सद्वेग	सत् + वेग
नायक	नै + अक	छत्रच्छाया	छत्र + छाया
गायक	गै + अक	परिच्छेद	परि + छेद
गायन	गै + अन	सन्तोष	सम् + तोष
विधायक	विधै + अक	आच्छादन	आ + छादन
पवन	पो + अन	उच्चारण	उत् + चारण
हवन	हो + अन	जगन्नाथ	जगत् + नाथ
शावक	शौ + अक	जगन्मोहिनी	जगत् + मोहिनी
श्रावण	श्रौ + अन	उन्नयन	उत् + नयन
नाविक	नौ + इक	सन्मान	सत् + मान
विश्वामित्र	विश्व + अमित्र	सन्निकट	सम् + निकट
प्रतिकार	प्रति + कार	दण्ड	दम् + ड
दिवारात्र	दिवा + रात्रि	सन्त्रास	सम् + त्रास
षड्दर्शन	षट् + दर्शन	सच्चिदानन्द	सत् + चित + आनन्द
वागीश	वाक् + ईश	यावज्जीवन	यावत् + जीवन
उन्मत्	उत् + मत	तज्जन्य	तद् + जन्य
दिग्ज्ञान	दिक् + ज्ञान	परोक्ष	पर + उक्ष
वाग्दान	वाक् + दान	सारंग	सार + अंग
वाग्व्यापार	वाक् + व्यापार	अनुषंगी	अनु + संगी
दिग्दिगन्त	दिक् + दिगन्त	सुषुप्त	सु + सुप्त
सम्यग्दर्शन	सम्यक् + दर्शन	प्रतिषेध	प्रति + सेध
दिग्विजय	दिक् + विजय	दुस्साहस	दुः + साहस
निस्सहाय	निः + सहाय	तपोभूमि	तपः + भूमि
निस्सार	निः + सार	नभोमण्डल	नभः + मण्डल
निश्चल	निः + चल	तमोगुण	तमः + गुण
निष्कलुष	निः + कलुष	तिरोहित	तिरः + हित
निष्काम	निः + काम	दिवोज्योति	दिवः + ज्योति
निष्कासन	निः + कासन	यशोदा	यशः + दा
निश्चय	निः + चय	शिरोभूषण	शिरः + भूषण
दुश्चरित्र	दुः + चरित्र	मनोवांछा	मनः + वांछा
निष्प्रयोजन	निः + प्रयोजन	पुरोगामी	पुरः + गामी
निष्प्राण	निः + प्राण	मनोग्राह्य	मनः+ ग्राह्य

शब्द	सन्धि-विच्छेद	शब्द	सन्धि-विच्छेद
निष्प्रभ	निः + प्रभ	निर्मम	निः + मम
निष्पालक	निः + पालक	दुर्जन	दुः + जन
निष्पाप	निः + पाप	निराशा	निः + आशा
प्राणिविज्ञान	प्राणि + विज्ञान	निष्ठुर	निः + ठुर
योगीश्वर	योगी + ईश्वर	धनुष्टंकार	धनुः + टंकार
स्वामिभक्त	स्वामी + भक्त	दुश्शासन	दुः + शासन
युववाणी	युव + वाणी	शिरोरेखा	शिरः + रेखा
मनीष	मन + ईष	यजुर्वेद	यजुः + वेद
दुर्दशा	दुः + दशा	नमस्कार	नमः + कार
दुर्लभ	दुः + लभ	शिरस्त्राण	शिरः + त्राण
निर्भय	निः + भय	चतुस्सीमा	चतुः + सीमा
यशोगान	यशः + भूमि	आविष्कार	आविः + कार

समास

'संक्षिप्तिकरण' को समास कहते हैं। दूसरे शब्दों में समास संक्षेप करने की एक प्रक्रिया है। दो या दो से अधिक शब्दों का परस्पर सम्बन्ध बताने वाले शब्दों अथवा कारक चिह्नों का लोप होने पर उन दो अथवा दो से अधिक शब्दों के मेल से बने एक स्वतन्त्र शब्द को समास कहते हैं।

उदाहरण 'दया का सागर' का सामासिक शब्द बनता है 'दयासागर'। इस उदाहरण में 'दया' और 'सागर' इन दो शब्दों का परस्पर सम्बन्ध बताने वाले 'का' प्रत्यय का लोप होकर एक स्वतन्त्र शब्द बना 'दयासागर'। समासों के परम्परागत छः भेद हैं

1. द्वन्द्व समास

जिस समास में पूर्वपद और उत्तरपद दोनों ही प्रधान हों अर्थात् अर्थ की दृष्टि से दोनों का स्वतन्त्र अस्तित्व हो और उनके मध्य संयोजक शब्द का लोप हो तो वह द्वन्द्व समास कहलाता है; जैसे—

माता-पिता = माता और पिता
राम-कृष्ण = राम और कृष्ण
भाई-बहन = भाई और बहन
पाप-पुण्य = पाप और पुण्य
सुख-दुःख = सुख और दुःख

2. द्विगु समास

जिस समास में पूर्वपद संख्यावाचक हो, द्विगु समास कहलाता है; जैसे—

नवरत्न = नौ रत्नों का समूह
सप्तदीप = सात दीपों का समूह
त्रिभुवन = तीन भुवनों का समूह
सतमंजिल = सात मंजिलों का समूह

3. तत्पुरुष समास

जिस समास में पूर्वपद गौण तथा उत्तरपद प्रधान हो, तत्पुरुष समास कहलाता है। दोनों पदों के बीच परसर्ग का लोप रहता है। परसर्ग लोप के आधार पर तत्पुरुष समास के छः भेद हैं

(i) **कर्म तत्पुरुष** जहाँ कर्म कारक चिन्ह 'को' का लोप हो; जैसे—

मतदाता = मत को देने वाला
गिरहकट = गिरह को काटने वाला

(ii) **करण तत्पुरुष** जहाँ करण-कारक चिह्न 'से' का लोप हो; जैसे—

जन्मजात = जन्म से उत्पन्न
मुँहमाँगा = मुँह से माँगा
गुणहीन = गुणों से हीन

(iii) **सम्प्रदान तत्पुरुष** जहाँ सम्प्रदान कारक चिह्न 'के लिए' का लोप हो; जैसे—

हथकड़ी = हाथ के लिए कड़ी
सत्याग्रह = सत्य के लिए आग्रह
युद्धभूमि = युद्ध के लिए भूमि

(iv) **अपादान तत्पुरुष** जहाँ अपादान कारक चिह्न 'से' का लोप हो; जैसे—

धनहीन = धन से हीन
भयभीत = भय से भीत
जन्मान्ध = जन्म से अन्धा

(v) **सम्बन्ध तत्पुरुष** जहाँ सम्बन्ध कारक चिह्न 'का, के, की' का लोप हो; जैसे—

प्रेमसागर = प्रेम का सागर
दिनचर्या = दिन की चर्या
भारतरत्न = भारत का रत्न

(vi) **अधिकरण तत्पुरुष** जहाँ अधिकरण कारक चिह्न 'मे, पर' का लोप हो; जैसे—

नीतिनिपुण = नीति में निपुण
आत्मविश्वास = आत्मा पर विश्वास
घुड़सवार = घोड़े पर सवार

4. कर्मधारय समास

जिस समास में पूर्वपद विशेषण और उत्तरपद विशेष्य हो, कर्मधारय समास कहलाता है। इसमें भी उत्तरपद प्रधान होता है; जैसे—

कालीमिर्च = काली है जो मिर्च
नीलकमल = नीला है जो कमल
पीताम्बर = पीत (पीला) है जो अम्बर
चन्द्रमुखी = चन्द्र के समान मुख वाली
सद्गुण = सद् हैं जो गुण

5. अव्ययीभाव समास

जिस समास में पूर्वपद अव्यय हो, अव्ययीभाव समास कहलाता है। यह वाक्य में क्रिया-विशेषण का कार्य करता है; जैसे—

यथास्थान = स्थान के अनुसार   आजीवन = जीवन-भर
प्रतिदिन = प्रत्येक दिन   यथासमय = समय के अनुसार

6. बहुव्रीहि समास

जिस समास में दोनों पदों के माध्यम से एक विशेष (तीसरे) अर्थ का बोध होता है, बहुव्रीहि समास कहलाता है; जैसे—

महात्मा = महान् आत्मा है जिसकी अर्थात् ऊँची आत्मा वाला।
नीलकण्ठ = नीला कण्ठ है जिनका अर्थात् शिवजी।
लम्बोदर = लम्बा उदर है जिनका अर्थात् गणेशजी।
गिरिधर = गिरि को धारण करने वाले अर्थात् श्रीकृष्ण।
मक्खीचूस = बहुत कंजूस व्यक्ति

अभ्यास प्रश्न

1. 'रीत्यनुसार' का सही सन्धि-विच्छेद है
(a) रीत्य + अनुसार (b) रीत + अनुसार
(c) रीति + अनुसार (d) रीत्‌य + अनुसार

2. 'अनुरूप' समस्त पद में कौन-सा समास है?
(a) तत्पुरुष (b) कर्मधारय
(c) अव्ययीभाव (d) बहुव्रीहि

3. 'देशान्तर' में कौन-सा समास है?
(a) बहुव्रीहि (b) द्विगु (c) द्वन्द्व (d) कर्मधारय

4. 'निर्धन' में कौन-सी सन्धि है?
(a) यण् सन्धि (b) व्यंजन सन्धि
(c) विसर्ग सन्धि (d) अयादि सन्धि

5. 'व्याख्यान' में कौन-सी सन्धि है?
(a) गुण (b) दीर्घ (c) यण् (d) विसर्ग

6. 'अत्युत्तम' के सन्धि-विच्छेद का सही विकल्प चुनिए
(a) अति + युत्तम (b) अत्य + उत्तम
(c) अत्यु + उत्तम (d) अति + उत्तम

7. 'हिमांशु' शब्द का सन्धि-विच्छेद कीजिए
(a) हिम् + अंशु (b) हिमा + अंशु
(c) हिम + आंशु (d) हिमांश + उ

8. सप्त + ऋषि इससे बनी सन्धि है
(a) दीर्घ (b) यण् (c) व्यंजन (d) गुण

9. 'षट् + रिपु' इससे बनी सन्धि है
(a) व्यंजन (b) यण (c) आदेश (d) विसर्ग

10. किस शब्द में 'हार' प्रत्यय नहीं है?
(a) लुहार (b) खेवनहार
(c) जाननहार (d) पालनहार

11. 'प्रौढ़' का सही सन्धि-विच्छेद है
(a) प्रा + उढ़ (b) प्र + ऊढ़
(c) प्रौ + ढ़ (d) प्र + औढ़

12. 'चौमासा' में समास है
(a) द्वन्द्व (b) कर्मधारय (c) द्विगु (d) तत्पुरुष

13. 'उल्लंघन' में कौन-सा उपसर्ग है?
(a) उल् (b) उ (c) उत् (d) न

14. 'साहित्यिक' में कौन-सा प्रत्यय है?
(a) इक (b) इत्यिक (c) सा (d) क

15. 'पंचामृत' में कौन-सा समास है?
(a) तत्पुरुष (b) द्वन्द्व
(c) कर्मधारय (d) द्विगु

16. 'पवन' का सन्धि-विच्छेद कौन-सा है?
(a) पब + अन (b) पो + अन
(c) पव + न (d) पो + नन

17. 'त्रिवेणी' शब्द में कौन-सा समास है?
(a) द्वन्द्व (b) कर्मधारय
(c) बहुव्रीहि (d) द्विगु

18. 'कवीश्वर' शब्द का सही सन्धि-विच्छेद बताइए
(a) कवि + ईश्वर (b) कविश + वर
(c) कवि + इश्वर (d) कवी + ईश्वर

19. कौन-से शब्द में व्यंजन सन्धि है?
(a) देवर्षि (b) जानकीश
(c) वागीश (d) कवीश

20. 'पंजाब' शब्द का सही सन्धि-विच्छेद क्या है?
(a) पंज + आब (b) पंजा + ब
(c) पंच + आब (d) पंचा + ब

21. व्यंजन सन्धि के उदाहरण हैं
(a) उल्लास, संगम, तथास्तु (b) सम्भावना, सद्‌भावना, बहिष्कार
(c) वातावरण, उल्लास, संस्कृत (d) उल्लास, संगम, सम्भावना

22. 'देव जो महान् है'' यह किस समास का उदाहरण है?
(a) तत्पुरुष (b) अव्ययीभाव (c) कर्मधारय (d) बहुव्रीहि

23. 'योगदान' में कौन-सा समास है?
(a) बहुव्रीहि (b) अव्ययीभाव
(c) तत्पुरुष (d) कर्मधारय

24. 'उच्छवास' का सही सन्धि-विच्छेद है?
(a) उत् + श्वास (b) उत् + छवास
(c) उच् + श्वास (d) उच् + छवास

25. 'बहिर्मुखी' शब्द में कौन-सा उपसर्ग है?
(a) बहिस (b) बहि (c) बहिर (d) बहिर

26. दो वर्णों के मेल से होने वाले विकार को कहते हैं?
(a) सन्धि (b) समास (c) उपसर्ग (d) प्रत्यय

27. सन्धि के प्रकार होते हैं
(a) एक (b) दो (c) तीन (d) चार

28. 'राकेश' का सही सन्धि-विच्छेद है
(a) राके + ईश (b) राक + एश
(c) राका + ईश (d) राका + इश

29. 'भानूदय' में प्रयुक्त सन्धि का नाम है
(a) गुण सन्धि (b) दीर्घ सन्धि
(c) व्यंजन सन्धि (d) वृद्धि सन्धि

30. 'अति + आचार' सन्धि-विच्छेद है
(a) अतिचार का (b) अत्याचार का
(c) अत्यचार का (d) इनमें से कोई नहीं

31. 'अ + इ = ए' स्वर सन्धि के किस भेद को व्यक्त करता है?
(a) दीर्घ सन्धि (b) गुण सन्धि
(c) वृद्धि सन्धि (d) यण् सन्धि

32. 'प्रत्युत्तर' का सही सन्धि-विच्छेद है
(a) प्र + त्युत्तर (b) पति + उत्तर
(c) प्रत + उत्तर (d) प्रत्यु + उत्तर

33. निम्नलिखित में कर्मधारय समास किसमें है?
(a) चक्रपाणि (b) चतुर्युग
(c) नीलोत्पल (d) माता-पिता

34. 'चतुरानन' में समास है
(a) कर्मधारय (b) बहुव्रीहि (c) द्विगु (d) द्वन्द्व

35. कौन-सा शब्द बहुव्रीहि समास का सही उदाहरण है?
(a) निशिदिन (b) त्रिभुवन
(c) पंचानन (d) पुरुषसिंह

36. 'चौराहा' में कौन-सा समास है?
(a) बहुव्रीहि (b) तत्पुरुष (c) अव्ययीभाव (d) द्विगु

37. 'भाई-बहन' में कौन-सा समास है?
(a) द्वन्द्व (b) बहुव्रीहि (c) द्विगु (d) तत्पुरुष

38. शीला तभी नाचेगी जब उसे पूरे पैसे मिलेंगे, इस वाक्य में रेखांकित शब्द की रचना हुई है
(a) तब + भी (b) तब + ही
(c) तभ + ई (d) तब + ई

39. 'गवैया' किस प्रत्यय का शुद्ध रूप है?
(a) कर्तृवाच्य (b) कर्मवाचक कृत प्रत्यय
(c) करणवाचक कृत प्रत्यय (d) भाववाचक कृत प्रत्यय

40. 'स्वर्णघट' का विग्रह है
(a) स्वर्ण में घट (b) घट में स्वर्ण
(c) स्वर्ण का घट (d) घट के लिए स्वर्ण

41. अव्ययीभाव समास का उदाहरण है
(a) लवकुश (b) भरपेट
(c) त्रिभुवन (d) छत्रधारी

42. शताब्दी में समास है
(a) द्वन्द्व (b) द्विगु (c) कर्मधारय (d) तत्पुरुष

43. पीताम्बर में समास है
(a) तत्पुरुष (b) अव्ययीभाव
(c) बहुव्रीहि (d) द्विगु

44. तत्पुरुष समास है
(a) शताब्दी (b) चौमासा
(c) भाई-बहन (d) पदप्राप्त

45. 'गर्व शून्य' शब्द में समास है
(a) कर्म तत्पुरुष (b) करण तत्पुरुष
(c) सम्प्रदान तत्पुरुष (d) अपादान तत्पुरुष

46. 'रसगुल्ला' में कौन-सा समास है?
(a) तत्पुरुष (b) बहुव्रीहि
(c) अव्ययीभाव (d) द्विगु

47. निम्नलिखित में से किस शब्द में समास और सन्धि दोनों हैं?
(a) यज्ञशाला (b) स्वधर्म
(c) जलोष्मा (d) पंकज

48. किस शब्द में 'अन्' उपसर्ग का प्रयोग नहीं हुआ है?
(a) अनिच्छा (b) अनुचित
(c) अनुपम (d) अनुगमन

49. एक से अधिक उपसर्गों से बना शब्द है
(a) असुरक्षित (b) अत्याचार
(c) अधकचरा (d) पर्यावरण

50. 'अप्रत्याशित' शब्द में मूल शब्द है
(a) प्रत्याशित (b) आशा
(c) आशित (d) प्रत्य

51. निम्नलिखित में से कौन-सा शब्द प्रत्यय से बना है?
(a) देहदान (b) पीकदान
(c) जीवनदान (d) धनदान

52. कौन-सा शब्द प्रत्यय से नहीं बना है?
(a) नवल (b) मृदुल
(c) बहुत (d) निगल

53. किस शब्द में प्रत्यय नहीं है?
(a) गन्तव्य (b) वैधव्य
(c) ज्ञातव्य (d) द्रष्टव्य

54. किस शब्द में प्रत्यय है?
(a) ननिहाल (b) बेहाल
(c) खुशहाल (d) बहाल

55. 'स्वयंवर' शब्द में कौन-सा उपसर्ग है?
(a) स्व (b) स
(c) स्वयं (d) सम्

56. 'उच्छिष्ट' शब्द का विच्छेद है
(a) उच् + छिष्ट (b) उत् + छिष्ट
(c) उत् + शिष्ट (d) उच् + शिष्ट

57. सच्चिदानन्द का विच्छेद है
(a) सत् + चित् + आनन्द (b) सच्चिद् + आनन्द
(c) सच्चि + दानन्द (d) सत् + चिद् + आनन्द

58. 'अन्वेषण' का सन्धि-विच्छेद होगा
(a) अन + वेषण (b) अनु + एषण
(c) अनु + ऐषण (d) अनव + एषण

59. व्यंजन सन्धि का उदाहरण है
(a) उद्यत (b) परमौषध
(c) दुरुपयोग (d) तपोवन

60. गुण सन्धि का उदाहरण है
(a) महर्षि (b) पावक (c) अभ्युदय (d) मतैक्य

61. विसर्ग सन्धि का उदाहरण है
(a) हरिश्चन्द्र (b) हरिशचन्द्र
(c) हरीशचन्द्र (d) दिनेशचन्द्र

62. अधिकरण तत्पुरुष में
(a) पहला पद प्रधान होता है
(b) दूसरा पद प्रधान होता है
(c) दोनों पद प्रधान होते हैं
(d) प्रथम एवं तृतीय पद प्रधान होते हैं

63. 'राजपुत्र' कौन-सा समास है?
(a) बहुव्रीहि (b) तत्पुरुष
(c) द्विगु (d) कर्मधारय

64. इनमें से एक उपसर्ग नहीं है
(a) अ (b) स
(c) कु (d) ता

65. उपसर्ग युक्त शब्द है
(a) आहार-विहार (b) चढ़ावा-चढ़ाई
(c) भुलावा-छलावा (d) डूबता-बहता

66. क्रिया के अन्त में लगकर बने यौगिक शब्दों को कहते हैं
(a) प्रत्यय (b) स्त्री प्रत्यय
(c) तद्धितान्त (d) कृदन्त

67. संज्ञा, सर्वनाम, विशेषण, क्रिया विशेषण आदि के साथ लगने वाले प्रत्यय कहलाते हैं
(a) तद्धित (b) कृत् (c) स्त्री (d) ये सभी

68. 'हाथोंहाथ' शब्द में प्रयुक्त समास है
(a) अव्ययीभाव (b) तत्पुरुष
(c) द्वन्द्व (d) द्विगु

69. 'धुंधला' शब्द में प्रयुक्त प्रत्यय है
(a) धुं (b) धुंध
(c) ला (d) इनमें से कोई नहीं

70. 'निर्वासित' शब्द में प्रयुक्त प्रत्यय है
(a) इक (b) नि (c) सित (d) इत

71. 'उन्नीस' शब्द में उपसर्ग है
(a) उत् (b) उत्त (c) उत्त (d) उन

72. 'अभ्यागत' शब्द में उपसर्ग है
(a) अभि (b) अ (c) अभ्य (d) अंभ

73. निम्नलिखित में से किस शब्द में प्रत्यय नहीं है?
(a) गुणवान (b) दूजा
(c) इकहरा (d) दुबला

74. 'इक' प्रत्यय लगाने पर 'सप्ताह' का रूप क्या होगा?
(a) सप्ताहिक (b) साप्ताहिक
(c) साप्तहिक (d) सप्तहिक

75. 'पंचानन' में कौन-सा समास है?
(a) तत्पुरुष (b) बहुव्रीहि (c) कर्मधारय (d) द्विगु

76. 'सतसई' शब्द में समास का भेद बताइए
(a) कर्मधारय (b) द्विगु (c) तत्पुरुष (d) द्वन्द्व

77. 'गंगाजल' शब्द में समास का भेद बताइए
(a) तत्पुरुष (c) द्वन्द्व
(c) अव्ययीभाव (d) कर्मधारय

निर्देश *(प्र. सं. 78-80) दिए गए सन्धि-विच्छेद में सही विकल्प चुनिए*

78. रूपान्तरण
(a) रूप + अन्तरण (b) रुप + आन्तरण
(c) रुपा + अन्तरण (d) रुपा + आतरण

79. मनोयोग
(a) मनोः + योग (b) मन : + योग
(c) मनः + आयोग (d) इनमें से कोई नहीं

80. 'दुराशा'
(a) दुरा + आशा (b) दुरा + शा
(c) दुः + आशा (d) दुर + आशा

81. 'वाचस्पति' किस समास का समस्तपद है?
(a) नञ् तत्पुरुष (b) अलुक तत्पुरुष
(c) सम्बन्ध तत्पुरुष (d) बहुव्रीहि

82. 'सच्छास्त्र' का उचित विच्छेद निम्न में से कौन-सा है?
(a) सत् + छास्त्र (b) सच् + छास्त्र
(c) सच् + शास्त्र (d) सत् + शास्त्र

83. 'निः + कलंक' का सही सन्धि शब्द कौन-सा है?
(a) निस्कलंक (b) निश्कलंक
(c) निष्कालंक (d) निष्कलंक

उत्तरमाला

1.	(c)	2.	(c)	3.	(d)	4.	(c)	5.	(c)	6.	(d)	7.	(a)	8.	(d)	9.	(a)	10.	(a)
11.	(b)	12.	(c)	13.	(c)	14.	(a)	15.	(d)	16.	(b)	17.	(d)	18.	(a)	19.	(c)	20.	(c)
21.	(d)	22.	(c)	23.	(d)	24.	(a)	25.	(c)	26.	(a)	27.	(c)	28.	(c)	29.	(b)	30.	(b)
31.	(b)	32.	(b)	33.	(c)	34.	(b)	35.	(c)	36.	(d)	37.	(a)	38.	(b)	39.	(b)	40.	(c)
41.	(b)	42.	(b)	43.	(c)	44.	(d)	45.	(b)	46.	(a)	47.	(c)	48.	(d)	49.	(d)	50.	(b)
51.	(b)	52.	(d)	53.	(b)	54.	(c)	55.	(c)	56.	(c)	57.	(a)	58.	(b)	59.	(a)	60.	(a)
61.	(a)	62.	(b)	63.	(b)	64.	(d)	65.	(a)	66.	(d)	67.	(a)	68.	(a)	69.	(c)	70.	(d)
71.	(d)	72.	(a)	73.	(b)	74.	(b)	75.	(d)	76.	(b)	77.	(a)	78.	(a)	79.	(b)	80.	(c)
81.	(c)	82.	(d)	83.	(d)														

अध्याय 04

उच्चारण, वर्तनी, शब्द, अर्थ एवं व्याकरण से सम्बन्धित अशुद्धियाँ और उनका संशोधन

उच्चारण सम्बन्धी अशुद्धियाँ

भाषा को शुद्ध लिखने के लिए उसका शुद्ध उच्चारण का अत्यन्त महत्त्व है। हिन्दी भाषा में शुद्ध उच्चारण को विशेष महत्त्व दिया जाता है, क्योंकि यह भाषा जैसे बोली जाती है वैसे ही लिखी जाती है। हिन्दी में जो अशुद्धियाँ दिखाई देती हैं उसका प्रमुख कारण अशुद्ध उच्चारण है। स्वरलोप, स्वर भक्ति, स्वरागम, अनुनासिक एवं अनुस्वार का भ्रम, शब्द विपर्यय, आदि कारणों से शब्दों के उच्चारण में अशुद्धि उत्पन्न होती है। उच्चारण सम्बन्धी अशुद्धियाँ निम्नलिखित कारणों से होती हैं

- **स्वर-लोप** यथा **'क्षत्रिय' का 'छत्री', परमात्मा का 'प्रमात्मा', 'ईश्वर' का 'इस्सर'।**
- **स्वर-भक्ति** यथा **'बृजेन्द्र' को बढ़ाकर 'बरजेन्दर', 'श्री' को 'सिरी', 'शक्ति' को 'सकती'।**
- **स्वरागम** यथा 'स्नान' में 'अ' का आगम होकर 'अस्नान', 'स्कूल' में 'इ' का आगम होकर 'इस्कूल'।
- **ऋ का अशुद्ध उच्चारण** यथा 'अमृत' का 'अम्रित', पंजाब में 'अम्रत', मराठी में 'अम्रत'।
- **इ, उ का ई, ऊ के साथ भ्रम** यथा 'कवि' का 'कवी', 'हिन्दू', का 'हिन्दु', 'ईश्वर का ईसवर', 'किन्तु' का 'किन्तू'।
- **न और ण का भ्रम** यथा 'रणभमि' का 'रनभूमी', 'प्रणय' का 'प्रनय' 'कर्ण' का 'करन' आदि।
- **क्ष और छ का झमेला** यथा 'लक्ष्मण' को 'लछमन', 'अक्षर' का 'अछर', 'क्षत्री' का 'छत्री'।
- **श और ष का भ्रम** यथा 'प्रकाश' का 'प्रकाष', 'निष्काम' का 'निश्काम'।
- **व और ब का भ्रम** यथा 'वन' (जंगल) का 'बन', बचन का 'बचन' वसन्त का 'बसन्त'।
- **ड और ड़ का भ्रम** जैसे गुड़ का गुड।
- **ढ और ढ़ का भ्रम** यथा पढ़ाई का पढाई, कढ़ाई का कढाई।
- **चन्द्रबिन्दु और अनुस्वार का भ्रम** यथा—गंगा का गँगा और चाँद का चांद कहना।
- **य और ज का भ्रम यथा**—सोचने को सोचना लिखना, बच्चा को बंच्चा लिखना।
- **अनुनासिकता का भ्रम** यथा—यमराज को 'जमराज' लिखता, यज्ञ का जज्ञ उच्चारित करना।
- **अल्पप्राण और महाप्राण सम्बन्धी भ्रम** यथा बुढ़ापा को बुडापा, घूमना को गूमना, घर को गर।
- **शब्द विपर्यय** यथा—लिफाफा को लिलाफा कहना, आदमी को आमदी कहना।
- **शब्दांश विपर्यय** यथा—'बाल की खाल निकालने' को 'खाल की बाल निकालना'।
- **न्यूनाधिक गति** शब्द या वाक्य या वाक्य खण्ड को शीघ्रता में बोलना या देर तक खींचकर बोलने से भी उच्चारण सम्बन्धी दोष आ जाते हैं।
- **ध्वन्यात्मक दोष** यथा—उलटा-पलटा को उल्टा-पल्टा लिखना। इसी प्रकार हिन्दी भाषा में उच्चारण सम्बन्धी अन्य कई दोष विद्यमान हैं।

वर्तनी सम्बन्धी अशुद्धियाँ

किसी भी भाषा में शब्दों की ध्वनियों को जिस क्रम और जिस रूप से उच्चारित किया जाता है, उसी क्रम और उसी रूप से लेखन की रीति को वर्तनी (Spelling) कहते हैं। जो जैसा उच्चारण करता है, वैसा ही लिखना चाहता है। अत: उच्चारण और वर्तनी में घनिष्ठ सम्बन्ध हैं। इस प्रकार शुद्ध वर्तनी के लिए शुद्ध उच्चारण भी आवश्यक है।

शब्दों की वर्तनी में अशुद्धि दो प्रकार की होती है

1. वर्ण सम्बन्धी
2. शब्द रचना सम्बन्धी

वर्ण सम्बन्धी अशुद्धियाँ पुन: दो प्रकार की होती हैं

(i) स्वर-मात्रा सम्बन्धी अशुद्धियाँ। *(ii)* व्यंजन सम्बन्धी अशुद्धियाँ।

स्वर-मात्रा सम्बन्धी अशुद्धियाँ और उनके शुद्ध रूप

अशुद्ध	शुद्ध	अशुद्ध	शुद्ध
		(अं)	
अगूंर	अंगूर	सिन्ह	सिंह
अंलकार	अलंकार	कन्ठ	कंठ/कण्ठ
अन्जलि	अंजलि	कन्घा	कंघा
अन्श	अंश		

अशुद्ध	शुद्ध	अशुद्ध	शुद्ध
		(अ)	
आधीन	अधीन	बांगला	बँगला
आधिकारी	अधिकारी	हस्पताल	अस्पताल
आनाधिकार	अनधिकार	बारात	बरात
आविस्मरणीय	अविस्मरणीय	आलावा	अलावा
		('अ' नहीं होना चाहिए)	
अस्थान (जगह)	स्थान	अस्थापना (प्रतिष्ठा)	स्थापना
अस्नान (नहाना)	स्नान	असपष्ट (साफ)	स्पष्ट
		(आ)	
अगामी	आगामी	चहिए	चाहिए
अजमाइश	आजमाइश	तत्कालिक	तात्कालिक
अहार	आहार	तलाब	तालाब
अशीर्वाद	आशीर्वाद	नदान	नादान
अवश्यकता	आवश्यकता	रमायण	रामायण
अकाश	आकाश	नराज	नाराज
अन्त्यक्षरी	अन्त्याक्षरी	ललायित	लालायित
नरायण	नारायण	परलौकिक	पारलौकिक
भगीरथी	भागीरथी	व्यवहारिक	व्यावहारिक
मतन्तर	मतान्तर	व्यवसायिक	व्यावसायिक
चहरदीवारी	चहारदीवारी	संसारिक	सांसारिक
जमाता	जामाता	कल्यण	कल्याण
		(इ)	
अतिथी	अतिथि	प्रतीज्ञा	प्रतिज्ञा
अभीनेता	अभिनेता	ब्रिटीश	ब्रिटिश
अभीमान	अभिमान	अशुद्धी	अशुद्धि
परिणती	परिणति	स्थायीत्व	स्थायित्व
बहीरंग	बहिरंग	पतीव्रता	पतिव्रता
अन्तीम	अन्तिम	कवीता	कविता
तिथी	तिथि	उत्पत्ती	उत्पत्ति
जलांजली	जलांजलि	विद्यार्थीयों	विद्यार्थियों
वाल्मीकी	वाल्मीकि	नीती	नीति
परीचय	परिचय	कालीदास	कालिदास
समिती	समिति	अनीवार्य	अनिवार्य
अभीलाषा	अभिलाषा	आखीर	आखिर
कोशीश	कोशिश	कोटी-कोटी	कोटि-कोटि
क्योंकी	क्योंकि	क्षत्रीय	क्षत्रिय
परीवार	परिवार	पुष्टी	पुष्टि
कृषी	कृषि	पूर्ती	पूर्ति
चरीतार्थ	चरितार्थ	सम्पत्ती	सम्पत्ति
स्थिती	स्थिति		
		('इ' की मात्रा होनी चाहिए)	
आजीवका	आजीविका	आध्यात्मक	आध्यात्मिक
अध्यापका	अध्यापिका	मट्टी	मिट्टी
कठनाई	कठिनाई	क्षणक	क्षणिक
कुमुदनी	कुमुदिनी	जीवत	जीवित

अशुद्ध	शुद्ध	अशुद्ध	शुद्ध
गृहणी	गृहिणी	वाहनी	वाहिनी
नायका	नायिका	मालन	मालिन
मानसक	मानसिक	साहित्यक	साहित्यिक
सरोजनी	सरोजिनी	परिचत	परिचित
नीत	नीति	परिस्थित	परिस्थिति
परिमार्जत	परिमार्जित	प्रतिनिध	प्रतिनिधि
पाकस्तान	पाकिस्तान	युधिष्ठर	युधिष्ठिर
माचस	माचिस	मैथली	मैथिली
लेकन	लेकिन	रचियता	रचयिता
विरहणी	विरहिणी	लिखत	लिखित
उजयाला	उजियाला	शिवर	शिविर
अनुभूत	अनुभूति	मालकन	मालकिन
		('इ' की मात्रा नहीं होनी चाहिए)	
कौशिल्या	कौशल्या	अहिल्या	अहल्या
द्वारिका	द्वारका	कवियित्री	कवयित्री
छिपकिली	छिपकली	प्रदर्शिनी	प्रदर्शनी
फ़िज़ूल	फ़ज़ूल	वापिस	वापस
चाहिता	चाहता	संस्कृति-भाषा	संस्कृत-भाषा
सम्पादिक	सम्पादक	सामिग्री	सामग्री
हास्यात्मिक	हास्यात्मक	तिरिस्कार	तिरस्कार
पहिला	पहला	झिल्लाया	झल्लाया
रचनात्मिक	रचनात्मक	व्यवस्थापिक	व्यवस्थापक
शिखिर	शिखर	सन्तुलिन	सन्तुलन
स्त्रिी	स्त्री		
		('ई' की मात्रा होनी चाहिए)	
अद्वितिय	अद्वितीय	निरिह	निरीह
निरसता	नीरसता	द्रविभूत	द्रवीभूत
आशिर्वाद	आशीर्वाद	दधिचि	दधीचि
तरिका	तरीका	बिमारी	बीमारी
पत्नि	पत्नी	महाबलि	महाबली
परिक्षा	परीक्षा	रितिकाल	रीतिकाल
संगृहित	संगृहीत	समिक्षा	समीक्षा
सूचिपत्र	सूचीपत्र	सलिका	सलीका
स्वर्गिय	स्वर्गीय	महादेवि	महादेवी
श्रिमान्	श्रीमान्	निमिलित	निमीलित
दिवाली	दीवाली	दिपिका	दीपिका
परिक्षण	परीक्षण	पिताम्बर	पीताम्बर
भागिरथी	भागीरथी	भस्मिभूत	भस्मीभूत
महिना	महीना	विभिषिका	विभीषिका
लिजिए	लीजिए	शारिरिक	शारीरिक
शताब्दि	शताब्दी	शुद्धिकरण	शुद्धीकरण
श्रीमति	श्रीमती	सुशिल	सुशील
खैंचना	खींचना	वर्तनि	वर्तनी
		('ई' की मात्रा नहीं होनी चाहिए)	
कृतघ्नी	कृतघ्न	निरपराधी	निरपराध
निर्दयी	निर्दय	निष्कपटी	निष्कपट

(उ)

अशुद्ध	शुद्ध	अशुद्ध	शुद्ध
ऊत्पात	उत्पात	ऊत्थान	उत्थान
दूबारा	दुबारा	पूण्य	पुण्य
रेणू	रेणु	पुरूष	पुरुष
भानू	भानु	रूख	रुख
हिन्दोस्तान	हिन्दुस्तान	साधूवाद	साधुवाद
ऊपद्रव	उपद्रव	कूआँ	कुआँ
गोलामी	गुलामी	आंधूनिक	आधुनिक

(ऊ)

अशुद्ध	शुद्ध	अशुद्ध	शुद्ध
अनुदित	अनूदित	उधम	ऊधम
अनूकुल	अनुकूल	तुफान	तूफान
उँचाई	ऊँचाई	कौतुहल	कौतूहल
पुर्व	पूर्व	नुपुर	नूपुर
पुज्य	पूज्य	दुसरा	दूसरा
बुढ़ा	बूढ़ा	सुरज	सूरज
हिन्दु	हिन्दू	सिन्दुर	सिन्दूर
चित्रकुट	चित्रकूट	उर्ध्व	ऊर्ध्व

('ऋ')

अशुद्ध	शुद्ध	अशुद्ध	शुद्ध
अनुग्रहीत	अनुगृहीत	उरिण	उऋण
क्रित्रिम	कृत्रिम	त्रितीय	तृतीय
प्रक्रिति	प्रकृति	व्रक्ष	वृक्ष
प्रथक्	पृथक्	ग्रहीत	गृहीत
पैत्रिक	पैतृक	श्रिंगार	शृंगार
संग्रहीत	संगृहीत	द्रश्य	दृश्य
पृथा	प्रथा	कृया	क्रिया
तृकोण	त्रिकोण	दृष्टा	द्रष्टा
वजृ	वज्र	स्रष्टा	सृष्टा
गृाहक	ग्राहक	जाग्रत	जागृत
भृष्ट	भ्रष्ट	रिग्वेद	ऋग्वेद

('ए' 'ऐ')

अशुद्ध	शुद्ध	अशुद्ध	शुद्ध
चाहिऐ	चाहिए	ऐक	एक
ऐकान्त	एकान्त	ऐषणा	एषणा
एसा	ऐसा	एतिहासिक	ऐतिहासिक
ऐकान्तिक	एकान्तिक	एश्वर्य	ऐश्वर्य

('ओ', 'औ')

अशुद्ध	शुद्ध	अशुद्ध	शुद्ध
सरवर	सरोवर	भूगोलिक	भौगोलिक
अनेकों	अनेक	ओलाद	औलाद
मोलवी	मौलवी	प्रत्येकों	प्रत्येक
ओषधालय	औषधालय	ओरत	औरत

व्यंजन सम्बन्धी अशुद्धियाँ और उनके शुद्ध रूप

अशुद्ध	शुद्ध	अशुद्ध	शुद्ध
अंस	अंश	सीढ़ी	सीढ़ी
अबिराम	अभिराम	वीना	वीणा
इष्ठ	इष्ट	परिनाम	परिणाम
छातृ	छात्र	परिमान	परिमाण
धोका	धोखा	गनित	गणित
उश्रृंखल	उच्छृंखल	प्रनाली	प्रणाली
खीजना	खीझना	पुन्य	पुण्य
खाड़	खांड	पौदा	पौधा
साढ़ी	साड़ी	सीदा	सीधा
कारन	कारण	चिन्ह	चिह्न
कंकन	कंकण	मूर्धण्य	मूर्धन्य
मरन	मरण	गोबी	गोभी
प्रान	प्राण	किआ	किया
चरन	चरण	सदृश्य	सदृश
नारायन	नारायण	पिंजड़ा	पिंजरा
भरथ	भरत	घबड़ाना	घबराना
धुरंदर	धुरंधर	भाग्यमान	भाग्यवान
धंदा	धंधा	बिधि	विधि
आपिस	ऑफिस	बिशय	विषय
वहिष्कार	बहिष्कार	बिद्या	विद्या
भाबी	भाभी	कलस	कलश
अध्यन	अध्ययन	आमिश	आमिष
स्थाई	स्थायी	प्रत्यूस	प्रत्यूष
केन्द्रीयकरण	केन्द्रीकरण	सुसमा	सुषमा
राज्यमहल	राजमहल	कैलाश	कैलास
भूक	भूख	कुम्भार	कुम्हार
क्षत्र	छत्र	नछत्र	नक्षत्र
कच्छा	कक्षा	छमा	क्षमा
आकांछा	आकांक्षा	लच्छन	लक्षण
प्रशाद	प्रसाद	परीच्छा	परीक्षा
बसन्त	वसन्त	हितैशी	हितैषी
श्राप	शाप	सिंघ	सिंह

संयुक्त व्यंजन सम्बन्धी अशुद्धियाँ और उनके शुद्ध रूप

अशुद्ध	शुद्ध	अशुद्ध	शुद्ध
कार्यकर्म	कार्यक्रम	नमरता	नम्रता
रक्खा	रखा	शन्ख	शंख
लिक्खा	लिखा	व्यापित	व्याप्त
कुच्छ	कुछ	मान्सिक	मानसिक
यथेष्ठ	यथेष्ट	परसपर	परस्पर
सन्तुष्ठ	सन्तुष्ट	ग्रहस्थ्य	गृहस्थ
अनिष्ठ	अनिष्ट	कियारी	क्यारी
सर्राफ	सराफ	जादा	ज्यादा
गरिष्ट	गरिष्ठ	राधेशाम	राधेश्याम
घनिष्ट	घनिष्ठ	स्वास्थ	स्वास्थ्य
कुन्डली	कुण्डली	राजपाल	राज्यपाल (गवर्नर)
घन्टा	घण्टा	व्योपार	व्यापार
गिरस्ती	गृहस्थी	महात्म	माहात्म्य
योधा	योद्धा	मरयादा	मर्यादा
इंकार	इनकार	नर्क	नरक
ताप्तर्य	तात्पर्य	स्मशान	श्मशान
वेस्त	व्यस्त	भीस्म	भीष्म
अर्च्यना	अर्चना	टकर	टक्कर
त्याज	त्याज्य	प्रसन	प्रसन्न

अशुद्ध	शुद्ध	अशुद्ध	शुद्ध
ईरसा	ईर्ष्या	सलज	सलज्ज
दुरगति	दुर्गति	अला	अल्ला
योज्ञ	योग्य	पचीस	पच्चीस
अरोज्ञ	अरोग्य	इकीस	इक्कीस
यग्य	यज्ञ	समेलन	सम्मेलन
ग्यान	ज्ञान	प्रफुलित	प्रफुल्लित
ब्याकरण	व्याकरण	चौकना	चौकन्ना

व्यंजन द्वित्व सम्बन्धी अशुद्धियाँ और उनके शुद्ध रूप

अशुद्ध	शुद्ध	अशुद्ध	शुद्ध
अवन्नति	अवनति	उज्वल	उज्ज्वल
उतेजना	उत्तेजना	उदंड	उद्दंड
प्रज्जवलित	प्रज्वलित	कन्हय्या	कन्हैया
उनति	उन्नति	उचारण	उच्चारण
उलेख	उल्लेख	खचर	खच्चर
सम्पन	सम्पन्न	भवनिष्ठ	भवनिष्ठ
जलाद	जल्लाद	बचा	बच्चा
उतम	उत्तम	उत्पति	उत्पत्ति
उतीर्ण	उत्तीर्ण	मुका	मुक्का
अइसा	ऐसा	इनसान	इन्सान
जिकर	ज़िक्र	दुशमन	दुश्मन
फिकिर	फ़िक्र	बृजभाषा	ब्रजभाषा
इसलाम	इस्लाम	उधारण	उदाहरण
किसमत	किस्मत	त्यौहार	त्योहार
परभाव	प्रभाव	पैत्रिक	पैतृक
फिलम	फिल्म	मुशकिल	मुश्किल
मुलक	मुल्क	विषेश	विशेष
बेवहार	व्यवहार	सिरफ	सिर्फ
क्यूंकि	क्योंकि	मात्रभूमि	मातृभूमि
श्रंगार	शृंगार	प्रतेक	प्रत्येक

चन्द्रबिन्दु और अनुस्वार की अशुद्धियाँ और उनके शुद्ध रूप

अशुद्ध	शुद्ध	अशुद्ध	शुद्ध
अंगरखा	अँगरखा	चांद	चाँद
आंगन	आँगन	छटांक	छटाँक
आंख	आँख	जहां	जहाँ
अंधेरा	अँधेरा	वहां	वहाँ
उंगली	उँगली	जाऊंगा	जाऊँगा
ऊंचा	ऊँचा	डांट	डाँट
ऊंट	ऊँट	तांता	ताँता
कंगना	कँगना	दूंगा	दूँगा
कुंवर	कुँवर	पहुंचना	पहुँचना
गूंगा	गूँगा	बंगला	बँगला
बांस	बाँस	मुंह	मुँह
सांकल	साँकल		

हल् सम्बन्धी अशुद्धियाँ और उनके शुद्ध रूप

(हल् होना चाहिए)

अशुद्ध	शुद्ध	अशुद्ध	शुद्ध
अर्थात	अर्थात्	पश्चात	पश्चात्
बुद्धिमान	बुद्धिमान्	भगवान	भगवान्
वणिक	वणिक्	सत	सत्
विधिवत	विधिवत्	शक्तिमान	शक्तिमान्
श्रीमान	श्रीमान्	महान	महान्
विद्वान	विद्वान्	श्रद्धावान	श्रद्धावान्
परिषद	परिषद्	हनुमान	हनुमान्

(हल् नहीं होना चाहिए)

अशुद्ध	शुद्ध	अशुद्ध	शुद्ध
च्युत्	च्युत	अष्टम्	अष्टम
भागवत्	भागवत	दशम्	दशम
पंचम्	पंचम	प्राचीनतम्	प्राचीनतम

शब्द सम्बन्धी अशुद्धियाँ

हिन्दी भाषा में शब्दों का निर्माण कई प्रकार से होता है। लिखते व बोलते समय जब हम शब्द निर्माण सम्बन्धी नियमों का अनुपालन नहीं करते, तो वहाँ शब्द सम्बन्धी अशुद्धियाँ उत्पन्न हो जाती हैं। शब्द शुद्धि में वर्तनी सम्बन्धी अशुद्धियाँ तो आती ही हैं साथ ही सन्धि, समास, उपसर्ग, प्रत्यय, व्यंजन, अनुस्वार एवं चन्द्र-बिन्दु विषयक अशुद्धियाँ भी आती हैं। शब्द निर्माण की अशुद्धियों के कुछ उदाहरण इस प्रकार है-

अशुद्ध	शुद्ध
प्रदर्शिनी	प्रदर्शनी
महात्म	महातम्य
द्वारिका	द्वारका
उचाई	ऊँचाई

अर्थ सम्बन्धी अशुद्धियाँ

जब किसी शब्द को उसके अर्थ की अज्ञानता के कारण गलत स्थान पर प्रयुक्त किया जाता है, तब अर्थ सम्बन्धी अशुद्धि होती है अर्थात् कई ऐसे शब्द है जिनका अर्थ तो कुछ और था, लेकिन वे गलत अर्थ समझे जाने से भिन्न अर्थ में प्रयुक्त होने लगे हैं; जैसे:—

1. खिलाफ़त का अर्थ ''खलीफा का पद और उसकी सत्ता'' होता है, लेकिन आम जनता जिसमें पढ़े-लिखे पत्रकार की शामिल हैं, खिलाफ़त को मुखलिफ़त (विरोध) के अर्थ में ही प्रयोग कर रहे हैं।
2. ''मैने मोहन को बेफालतू में बात सुना दी'' बेफालतू का कोई अर्थ नहीं होता, क्योंकि फालतू अपने आप में 'बे' लिया हुआ है।
3. ''मैने पिताजी के आदेश का पालन नहीं किया'' 'आदेश' शब्द का अर्थ कार्यालयों हिन्दी में प्रयुक्त होता है। यहाँ आज्ञा शब्द का प्रयोग उपयुक्त था।

वाक्य सम्बन्धी अशुद्धियाँ

मनुष्य के व्यक्तित्व की पहचान उसकी भाषा से होती है। भाषा का सौन्दर्य श्रेष्ठ विचार, वाक् संयम, सरलता, स्पष्टता और भावों के अनुकूल शब्दों के प्रयोग से पल्लवित होता है। हिन्दी में पाँच प्रकार की अशुद्धियाँ होती हैं, जो निम्नलिखित हैं

1. वर्तनीगत अशुद्धियाँ
2. शब्द निर्माण की अशुद्धियाँ
3. शब्द चयन की अशुद्धियाँ
4. अनावश्यक शब्द प्रयोग की अशुद्धियाँ
5. व्याकरण की अशुद्धियाँ

वाक्य शुद्धिकरण के सामान्य नियम

वाक्य शुद्धिकरण के नियम निम्नलिखित हैं

- वाक्य रचना में संज्ञा, सर्वनाम, कर्म, विशेषण, क्रिया-विशेषण, वचन, लिंग, कारक का प्रयोग आवश्यकतानुसार होना चाहिए।
- वाक्य में अपेक्षित पदक्रम का प्रयोग होना चाहिए।
- विराम-चिह्नों का सही प्रयोग होना चाहिए।
- शब्दों का प्रयोग सन्दर्भ के अनुसार होना चाहिए।
- वाक्य में भाषा का प्रयोग तर्कसंगत और सार्थक होना चाहिए।
- ऐसे दो पर्यायवाची शब्दों का प्रयोग न हो जो एक ही अर्थ के वाचक हों।
- कोई भी वाक्य समाज, धर्म, इतिहास के विरुद्ध नहीं होना चाहिए।
- मुहावरों और लोकोक्ति का प्रयोग सन्दर्भ के अनुसार होना चाहिए।

1. वर्तनीगत अशुद्धियाँ

वर्तनीगत अशुद्धियाँ दो प्रकार की होती हैं

(i) **स्वर सम्बन्धी अशुद्धियाँ** वे अशुद्धियाँ जो बोलते व लिखते समय अ, आ, इ, ई, उ, ऊ, ए, ऐ, ओ, औ ... आदि हिन्दी वर्णमाला के स्वरों से सम्बन्धित होती हैं, स्वर सम्बन्धी अशुद्धियाँ कहलाती हैं। स्वर सम्बन्धी अशुद्धियों के कुछ उदाहरण निम्नलिखित हैं

अशुद्ध	शुद्ध
आप **अनाधिकार** चेष्टा न करें।	आप **अनधिकार** चेष्टा न करें।
महंत जी को **आध्यात्म** का अच्छा ज्ञान है।	महंत जी को **अध्यात्म** का अच्छा ज्ञान है।
महादेवि आधुनीक युग की मीरा हैं।	**महादेवी आधुनिक** युग की मीरा हैं।
मेरा **परिक्षा-परणाम** कल घोषित होगा।	मेरा **परीक्षा-परिणाम** कल घोषित होगा।
अहिल्या का उद्धार राम ने किया था।	अहल्या का उद्धार राम ने किया था।
धोबन अपनी **पड़ोसन** के बच्चों को प्यार करने लगी।	**धोबिन** अपनी **पड़ोसिन** के बच्चों को प्यार करने लगी।
श्रीलंका **भरत** के **आधीन** था।	श्रीलंका **भारत** के **अधीन** था।
वाल्मीकी संस्कृत के **आदिकवी** माने जाते हैं।	**वाल्मीकि** संस्कृत के **आदिकवि** माने जाते हैं।
विधाएक जी **अगामी** रविवार को आएँगे।	**विधायक** जी **आगामी** रविवार को आएँगे।
मेरी **अवाज** संसद में गूँजेगी।	मेरी **आवाज़** संसद में गूँजेगी।
जब गरीब **जगेगा** तब **क्रान्ती** होगी।	जब गरीब **जागेगा** तब **क्रान्ति** होगी।
होली में **कूर्ता-पजामा** पहनूँगा।	होली में **कुर्ता-पाजामा** पहनूँगा।
दिपावलि हिन्दुओं का प्रमुख **त्यौहर** है।	**दीपावली** हिन्दुओं का प्रमुख **त्योहार** है।
मुझे **राहूल** का पता **मालुम** है।	मुझे **राहुल** का पता **मालूम** है।
उनके **तलाब** में सुन्दर-सुन्दर **मछलीयाँ** है।	उनके **तालाब** में सुन्दर-सुन्दर **मछलियाँ** हैं।
बदाम का तेल त्वचा और **बालौ** के लिए **बहूत गूणकरी** है।	**बादाम** का तेल त्वचा और **बालों** के लिए **बहुत गुणकारी** है।
जपान में **भुकम्प** और **सूनामी** से जन-धन की भारी **क्षती** हुई है।	**जापान** में **भूकम्प** और **सुनामी** से जन-धन की भारी **क्षति** हुई है।
बच्चों ! तुम **उधम क्यूँ** मचा रहे हो?	बच्चों ! तुम **ऊधम क्यों** मचा रहे हो?
भारत **समृद्धशाली** देश है।	भारत **समृद्धिशाली** देश है।
उद्यौगिक क्रान्ति सर्वप्रथम **इग्लेंड** में हुई थी।	**औद्योगिक** क्रान्ति सर्वप्रथम **इंग्लैण्ड** में हुई थी।
कालीदास की **ऊपमायें** बेजोड़ हैं।	**कालिदास** की **उपमाएँ** बेजोड़ हैं।
रत्नवलि, नागानंद और **प्रीयदर्शका** 'हर्ष' की **रचनयें** हैं।	**रत्नावली**, नागानंद और **प्रियदर्शिका** 'हर्ष' की **रचनाएँ** हैं।
कामाएनी उच्च **कोटी** का काव्य है।	**कामायनी** उच्च **कोटि** का काव्य है।
प्रमाणिक पुस्तकों का **अध्यन** करें।	**प्रामाणिक** पुस्तकों का **अध्ययन** करें।
बजार से **आइना** लाओ।	**बाज़ार** से **आईना** लाओ।
मुझे **स्वनिर्मीत मिठाईयां** पसन्द हैं।	मुझे **स्वनिर्मित मिठाइयाँ** पसन्द हैं।
गोपाल को **परिक्षा** में अच्छे **अँक** मिले।	गोपाल को **परीक्षा** में अच्छे **अंक** मिले।
गरीबों के लिए **निशुल्क** शिक्षा **कि** व्यवस्था है।	गरीबों के लिए **निःशुल्क** शिक्षा **की** व्यवस्था है।
'यशोधरा' **मैथलीशरण** गुप्त की श्रेष्ठ रचना है।	'यशोधरा' **मैथिलीशरण** गुप्त की श्रेष्ठ रचना है।
हिन्दी का **व्यवहारिक** ज्ञान अपेक्षित है।	हिन्दी का **व्यावहारिक** ज्ञान अपेक्षित है।

(ii) **व्यंजन सम्बन्धी अशुद्धियाँ** वे अशुद्धियाँ जो बोलते व लिखते समय क, ख, ग ... प, फ... य, र, ल... आदि हिन्दी वर्णमाला के व्यंजनों से सम्बन्धित होती हैं, व्यंजन सम्बन्धी अशुद्धियाँ कहलाती हैं। व्यंजन सम्बन्धी अशुद्धियों के कुछ उदाहरण निम्नलिखित हैं

अशुद्ध	शुद्ध
प्रातः **प्राड़ायाम** करो।	प्रातः **प्राणायाम** करो।
मैं **तुमारी इक्षा** पूरी करूँगा।	मैं **तुम्हारी इच्छा** पूरी करूँगा।
शरोबर में कमल के **पुस्प** खिले हैं।	**सरोवर** में कमल के **पुष्प** खिले हैं।
हिन्दी भाषा का **श्रोत संस्क्रत** है।	हिन्दी भाषा का **स्रोत संस्कृत** है।
हमारा **संघटन** मजबूत है।	हमारा **संगठन** मज़बूत है।
सोहन **जबरजस्त** आदमी है।	सोहन **ज़बरदस्त** आदमी है।
भगवान् **भाष्कर** को **प्रड़ाम** करो।	भगवान् **भास्कर** को **प्रणाम** करो।
हिन्दी संघ की **राज्यभासा** है।	हिन्दी संघ की **राजभाषा** है।
तल्ला-भुन्ना मस्सालेदार भोजन **गरिष्ट** होता है।	**तला-भुना मसालेदार** भोजन **गरिष्ठ** होता है।
वरिष्ट अधिकारी से **सम्पंक** करो।	**वरिष्ठ** अधिकारी से **सम्पर्क** करो।
हमें अपना **आर्शीवाद** दें।	हमें अपना **आशीर्वाद** दें।
शीला **ग्रहविग्यान** की परीक्षा में **पृथम** आई है।	शीला **गृहविज्ञान** की परीक्षा में **प्रथम** आई है।
आपका **स्वास्थ** कैसा है?	आपका **स्वास्थ्य** कैसा है?
अपनी **सब्द-सामर्थ** बढ़ाएँ।	अपनी **शब्द-सामर्थ्य** बढ़ाएँ।
दलाईलामा **अधात्मिक** धर्म-गुरु हैं।	दलाईलामा **आध्यात्मिक** धर्म-गुरु हैं।
यह कर्मचारी-हित पर **कुटाराघात** है।	यह कर्मचारी-हित पर **कुठाराघात** है।

अशुद्ध	शुद्ध
अधिकारी की **टिप्पड़ी** आपके अनुकूल है।	अधिकारी की **टिप्पणी** आपके अनुकूल है।
निबन्ध में **संसोधन** किया है।	निबन्ध में **संशोधन** किया है।
आपका सामान **सुरच्छित** रहेगा।	आपका सामान **सुरक्षित** रहेगा।
बालक बहुत **उछृंखल** है।	बालक बहुत **उच्छृंखल** है।
इस पुस्तक का नया **शंश्करण** प्रकाशित हो रहा है।	इस पुस्तक का नया **संस्करण** प्रकाशित हो रहा है।
कौव्वा कॉव-कॉव करता है।	**कौआ काँव-काँव** करता है।
आपका **भविस्य** उज्ज्वल हो।	आपका **भविष्य** उज्ज्वल हो।
माता-पिता **पूज्यनीय** हैं।	माता-पिता **पूजनीय** हैं।
दुरवासा ऋषि ने शकुन्तला को **श्राप** दे दिया।	**दुर्वासा** ऋषि ने शकुन्तला को **शाप** दे दिया।
सूर्य और पृथ्वी के पाँच-पाँच **परियायवाची** लिखें।	सूर्य और पृथ्वी के पाँच-पाँच **पर्यायवाची** लिखें।
अपना **कुसलछेम** अवश्य लिखना।	अपना **कुशलक्षेम** अवश्य लिखना।
उसको **दुसाध्य** बीमारी है।	उसको **दुस्साध्य** बीमारी है।
स्वास्थ के लिए **स्वक्ष** जल आवश्यक है।	**स्वास्थ्य** के लिए **स्वच्छ** जल आवश्यक है।
सेठजी गल्ले का **व्योपार** करते हैं।	सेठजी गल्ले का **व्यापार** करते हैं।
सन्तोस का फल मीठा होता है।	**सन्तोष** का फल मीठा होता है।
नखलऊ उत्तर प्रदेश की **राज्यधानी** है।	**लखनऊ** उत्तर प्रदेश की **राजधानी** है।
ईश्वर **सवका भाग-बिधाता** है।	ईश्वर **सबका भाग्य-विधाता** है।
नेताजी का **प्रतिद्वन्दी** आया है।	नेताजी का **प्रतिद्वन्द्वी** आया है।
उन्हें **यथेष्ठ** लाभ मिला।	उन्हें **यथेष्ट** लाभ मिला।
मट्ठा उदर के लिए लाभकारी है।	**मट्ठा** उदर के लिए लाभकारी है।
तुमारी कच्छा में कितने **क्षात्र** हैं?	**तुम्हारी कक्षा** में कितने **छात्र** हैं?
नियमों का **उलंघन** न करें।	नियमों का **उल्लंघन** न करें।
गीता ने अग्नि **प्रजवलित** किया।	गीता ने अग्नि **प्रज्वलित** की।
मजदूरों का **शोशड़** न करो।	मजदूरों का **शोषण** न करो।
अजोध्या सिंह उपाध्याय 'हरीऔध' 'वैदेही वनवास' के रचनाकार हैं।	**अयोध्या सिंह उपाध्याय 'हरिऔध'** 'वैदेही वनवास' के रचनाकार हैं।
'बिनय पतृका' तुलसीदास की **स्रेस्ठ** रचना है।	**'विनय पत्रिका'** तुलसीदास की **श्रेष्ठ** रचना है।
'नारद अस्त्रति' में **बिधवा** को **पुर्नबियाह** की अनुमति दी गई है।	**'नारद स्मृति'** में **विधवा** को **पुनर्विवाह** की अनुमति दी गई है।
मेरी प्रथम **न्युक्ति कष्टम** अधिकारी पद पर हुई थी।	मेरी प्रथम **नियुक्ति कस्टम** अधिकारी पद पर हुई थी।
अन्तर्साक्ष्य के आधार पर सूर जन्मांध नहीं थे।	**अन्तःसाक्ष्य** के आधार पर सूर जन्मांध नहीं थे।
उपन्यासकार की जीवनी **बहिर्साक्ष्य** पर आधारित है।	उपन्यासकार की जीवनी **बहिःसाक्ष्य** पर आधारित है।
यह भारत का **आँतरिक** मामला है।	यह भारत का **आन्तरिक** मामला है।
स्वालम्बन पर प्राण निछावर।	**स्वावलम्बन** पर प्राण निछावर।
निस्वार्थ सेवा का आनन्द ही कुछ और है।	**निःस्वार्थ** सेवा का आनन्द ही कुछ और है।
आप मेरे **पितावत पूज्यनीय** हैं।	आप मेरे **पितृवत पूजनीय** हैं।
बँगला, उड़िया, असमी आदि **प्रदेशिक** भाषाएँ हैं।	बँगला, उड़िया, असमी आदि **प्रादेशिक** भाषाएँ हैं।
राधा **कृशांगिनी** बाला है।	राधा **कृशांगी** बाला है।
इसका **उत्तरदाई** कौन है?	इसका **उत्तरदायी** कौन है?
उन दिनों मैं **पहाण** पर **स्वस्थता** लाभ **प्राप्त** कर रहा था।	उन दिनों मैं **पहाड़** पर **स्वास्थ्य** लाभ **प्राप्त** कर रहा था।
प्रायः लोग **देहिक** सुख चाहते हैं।	प्रायः लोग **दैहिक** सुख चाहते हैं।
उपरिउक्त वाक्य की **पुनर्रचना** कीजिए।	**उपर्युक्त** वाक्य की **पुनःरचना** कीजिए।
उनकी भाषा **सर्ल** और **सुबोधपूर्ण** है।	उनकी भाषा **सरल** और **सुबोध** है।
मैं किसी **आवश्यकीय** कार्य से **बजार** गया था।	मैं किसी **आवश्यक** कार्य से **बाज़ार** गया था।
मैं आपकी **चातुर्यता** से प्रभावित हूँ।	मैं आपकी **चतुरता** से प्रभावित हूँ। अथवा मैं आपके **चातुर्य** से प्रभावित हूँ।

2. शब्द निर्माण की अशुद्धियाँ

हिन्दी भाषा में शब्दों का निर्माण कई प्रकार से होता है। लिखते व बोलते समय जब हम शब्द निर्माण सम्बन्धी नियमों का अनुपालन नहीं करते तो वहाँ शब्द निर्माण सम्बन्धी अशुद्धियाँ उत्पन्न हो जाती हैं। शब्द निर्माण की अशुद्धियों के कुछ उदाहरण निम्नलिखित हैं

अशुद्ध	शुद्ध
भारत सबसे बड़ा **लोकतंत्रिक** देश है।	भारत सबसे बड़ा **लोकतान्त्रिक** देश है।
समस्या का **तत्कालिक** समाधान करें।	समस्या का **तात्कालिक** समाधान करें।
गिरीश जी **लब्धप्रतिष्ठित** नेता हैं।	गिरीश जी **लब्धप्रतिष्ठ** नेता हैं।
इस इमारत की **इतिहासिकता** संदिग्ध है।	इस इमारत की **ऐतिहासिकता** संदिग्ध है।
घटना स्थल पर काफ़ी भीड़ **एकत्रित** हो गई।	घटना स्थल पर काफ़ी भीड़ **एकत्र** हो गई।
आपकी **मनोकामना** पूरी हो।	आपकी **मनःकामना** पूरी हो।
महात्मा जी **यावत्जीवन** काशी में रहे।	महात्मा जी **यावज्जीवन** काशी में रहे।
संगम तट पर भिखारियों की **बाहुल्यता** है।	संगम तट पर भिखारियों की **बहुलता** है अथवा संगम तट पर भिखारियों का **बाहुल्य** है।
श्रद्धामान् को ही ज्ञान की प्राप्ति होती है।	**श्रद्धावान्** को ही ज्ञान की प्राप्ति होती है।
भगवान् श्रीकृष्ण को **योगीराज** कहा जाता है।	भगवान् श्रीकृष्ण को **योगिराज** कहा जाता है।
उसकी **बुद्धिमानता** सराहनीय है।	उसकी **बुद्धिमत्ता/बुद्धिमानी** सराहनीय है।

3. शब्द चयन की अशुद्धियाँ

इन अशुद्धियों का सम्बन्ध शब्दों के चुनाव से है। हम बोलते व लिखते समय वाक्यों में शब्द का गलत चुनाव कर लेते हैं और तब शब्द चयन की अशुद्धियाँ होती हैं। शब्द चयन की अशुद्धियों के कुछ उदाहरण निम्नलिखित हैं

अशुद्ध	शुद्ध
मन की चंचलता घटने पर **एकाग्रचित्तता** बढ़ती है।	मन की चंचलता घटने पर **एकाग्रता** बढ़ती है।
इस पुस्तक की यही **अच्छाई** है।	इस पुस्तक की यही **विशेषता** है।
आपके कथन से मुझे **शक्ति** मिली है।	आपके कथन से मुझे **बल** मिला है।
रंगशाला में **नाटक का खेल** हुआ।	रंगशाला में **नाटक खेला गया**।
गले में पराधीनता की बेड़ियाँ पड़ गईं।	**पैरों** में पराधीनता की बेड़ियाँ पड़ गईं।
आयकर जमा करने में ही तुम्हारी **अच्छाई** है।	आयकर जमा करने में ही तुम्हारी **भलाई** है।
कार्यक्रम की **सभापति** श्रीमती रेखा जैन है	कार्यक्रम की **सभानेत्री** श्रीमती रेखा जैन हैं।
चिड़ियाँ **बोल** रही हैं।	चिड़ियाँ **चहक** रही हैं।
प्रेम करना तलवार की **नोंक** पर चलना है।	प्रेम करना तलवार की **धार** पर चलना है।
छात्रों में पारस्परिक **युद्ध** हो गया।	छात्रों में पारस्परिक **लड़ाई** हो गई।
स्वनिर्मित गीत की दो-चार **लड़ियाँ** सुनाओ।	**स्वरचित** गीत की दो-चार **कड़ियाँ** सुनाओ।

अशुद्ध	शुद्ध
सफलता के मार्ग में कुछ **संकट** हैं।	सफलता के मार्ग में कुछ **बाधाएँ** हैं।
शोक है कि मैं आपकी सहायता न कर सका।	**खेद** है कि मैं आपकी सहायता न कर सका।
उसे भाषा-विज्ञान का अच्छा **बोध** है।	उसे भाषा-विज्ञान का अच्छा **ज्ञान** है।
जीवन और साहित्य का **घोर** सम्बन्ध है।	जीवन और साहित्य का **घनिष्ठ** सम्बन्ध है।
मेरे लिए गणित **कठोर** विषय है।	मेरे लिए गणित **कठिन** विषय है।
महात्मा जी अपना **भावी** जीवन यहीं बिताएँगे।	महात्मा जी अपना **शेष** जीवन यहीं बिताएँगे।
मन्त्री जी के निधन से **अपूर्ण** क्षति हुई है।	मन्त्री जी के निधन से **अपूरणीय** क्षति हुई है।
निदेशक महोदय **अत्यन्त** सख्त हैं।	निदेशक महोदय **बहुत** सख्त हैं।
मैं आपके **प्रतिकूल** कुछ भी नहीं कहूँगा।	मैं आपके **विरुद्ध** कुछ भी नहीं कहूँगा।
हम अपने वचन पर **स्थायी** हैं।	हम अपने वचन पर **दृढ़** हैं।
मेरा आपसे **आग्रहपूर्ण** निवेदन है कि....	मेरा आपसे **आग्रहपूर्वक** निवेदन है कि....
पुस्तक के **छपित** मूल्य पर 10% छूट मिलेगी।	पुस्तक के **मुद्रित** मूल्य पर 10% छूट मिलेगी।
मेरी शंकाओं का **निराकरण** हो जाना चाहिए।	मेरी शंकाओं का **समाधान** हो जाना चाहिए।
श्री नरेन्द्र मोदी भारत सरकार के **मुख्यमन्त्री** हैं।	श्री नरेन्द्र मोदी भारत सरकार के **प्रधानमन्त्री** हैं।
रिज़र्व बैंक के **राज्यपाल** ने सम्बोधित किया।	रिज़र्व बैंक के **गवर्नर** ने सम्बोधित किया।
गुण्डों ने चौराहे पर **रुधिर** कर दिया।	गुण्डों ने चौराहे पर **खून** कर दिया।
दुकानदार का **गणित** कर दो।	दुकानदार का **हिसाब** कर दो।
मैं आपके सुखी जीवन की **आकांक्षा** करता हूँ।	मैं आपके सुखी जीवन की **कामना** करता हूँ।
दीन-दु:खियों पर **कृपा** करो।	दीन-दु:खियों पर **दया** करो।
शिखा को अपने सौन्दर्य पर **गौरव** है।	शिखा को अपने सौन्दर्य पर **गर्व** है।
इस बाल्टी में बीस लीटर पानी भरने की **योग्यता** है।	इस बाल्टी में बीस लीटर पानी भरने की **क्षमता** है।
हमारे कॉलेज में कॉमर्स की **विद्या** दी जाती है।	हमारे कॉलेज में कॉमर्स की **शिक्षा** दी जाती है।
दूध की **नाप** होती है।	दूध की **माप** होती है।
कपड़े की **माप** होती है।	कपड़े की **नाप** होती है।
आप अपराधी के **प्रतिकूल** गवाही दें।	आप अपराधी के **विरुद्ध** गवाही दें।
उसने दण्ड **देने** का काम किया है।	उसने दण्ड **पाने** का काम किया है।
आपको हिन्दी का अच्छा **बोध** है।	आपको हिन्दी का अच्छा **ज्ञान** है।
गरमी के कारण पथिक पेड़ की **परछाई** में बैठ गया।	गरमी के कारण पथिक पेड़ की **छाया** में बैठ गया।
आप **पानी-पान** करें।	आप **जल-पान** करें।
सागर **अधिक** गहरा है।	सागर **बहुत** गहरा है।
मैंने उसकी बात पर **परेशानी** की।	मैंने उसकी बात पर **आपत्ति** की।
बरछी **शस्त्र** और बन्दूक **अस्त्र** है।	बरछी **अस्त्र** और बन्दूक **शस्त्र** है।
आपको ऐसा नहीं **बोलना** चाहिए।	आपको ऐसा नहीं **कहना** चाहिए।
रामदयाल की शैक्षिक **क्षमता** हाईस्कूल है।	रामदयाल की शैक्षिक **योग्यता** हाईस्कूल है।
समारोह में मुख्य अतिथि को अभिनन्दन पत्र **प्रदान** किया गया।	समारोह में मुख्य अतिथि को अभिनन्दन पत्र **भेंट** किया गया।
भारत **विकासशाली** देश है।	भारत **विकासशील** देश है।
आपने नौकरी पाने का एक अच्छा **संयोग** खो दिया।	आपने नौकरी पाने का एक अच्छा **अवसर** खो दिया।
वाल्मीकि ने रामायण की रचना **लिखी**।	वाल्मीकि ने रामायण की रचना **की**।
अनुशासनहीनता एक **गहरी** समस्या है।	अनुशासनहीनता एक **विकट** समस्या है।

4. अनावश्यक शब्द प्रयोग की अशुद्धियाँ

इन अशुद्धियों का सम्बन्ध शब्दों के अनावश्यक एवं अनपेक्षित प्रयोग से है। इस प्रकार जब अनावश्यक शब्द का प्रयोग किया जाता है, तो वाक्य के अर्थ में नीरसता उत्पन्न हो जाती है। अनावश्यक शब्द प्रयोग की अशुद्धियों के कुछ उदाहरण निम्नलिखित हैं

अशुद्ध	शुद्ध
कुछ लोग **परस्पर आपस** में बातें कर रहे थे।	कुछ लोग परस्पर बातें कर रहे थे।
मैंने उनकी बात पर आपत्ति **प्रकट** की।	मैंने उनकी बात पर आपत्ति की।
वह **समस्त** प्राणिमात्र का हितैषी है।	वह प्राणिमात्र का हितैषी है।
आप लोगों का परस्पर **में** सहयोग होना चाहिए।	आप लोगों का परस्पर सहयोग होना चाहिए।
सभी छात्रों में गोपाल **बहुत** श्रेष्ठ है।	सभी छात्रों में गोपाल श्रेष्ठ है।
नेताजी को सब **कोई** जानते हैं।	नेताजी को सब जानते हैं।
यह दवा रोग को समूल **से** नष्ट कर देगी।	यह दवा रोग को समूल नष्ट कर देगी।
व्यापारी ने सारा माल मनोहर के हाथ **में** बेच दिया है।	व्यापारी ने सारा माल मनोहर के हाथ बेच दिया है।
कवि ने प्रकृति की **सुन्दर** शोभा का वर्णन किया है।	कवि ने प्रकृति की शोभा का वर्णन किया है।
आप **कभी भी** किसी समय हमारे घर आएँ।	आप किसी समय हमारे घर आएँ।
पत्र किसके नाम **पर** लिखा गया है?	पत्र किसके नाम लिखा गया है?
इस समय बच्चे स्कूल **को** जा रहे हैं।	इस समय बच्चे स्कूल जा रहे हैं।
कृपया मेरा प्रार्थना-पत्र स्वीकार करने की **कृपा** करें।	कृपया मेरा प्रार्थना-पत्र स्वीकार करें।
तब **शायद** यह काम **अवश्य** हो जाएगा।	तब यह काम अवश्य हो जाएगा।
मुझसे यह काम सम्भव नहीं **हो सकता**।	मुझसे यह काम सम्भव नहीं।
कृपया आप ही यह **बताने का अनुग्रह** करें।	कृपया आप ही यह बताएँ।
हमारे यहाँ **तरुण** नवयुवकों की शिक्षा की अच्छी व्यवस्था है।	हमारे यहाँ नवयुवकों की शिक्षा की अच्छी व्यवस्था है।
जवाहरलाल नेहरू भारत के **प्रमुख** प्रधानमन्त्री थे।	जवाहरलाल नेहरू भारत के प्रधानमन्त्री थे।
वह नगर का **बढ़िया** सर्वोत्तम खिलाड़ी है।	वह नगर का सर्वोत्तम खिलाड़ी है।
तमाम देशभर में बात फैल गई है।	देशभर में बात फैल गई है।
आज **कई अनेक** अपराधी गिरफ्तार किए गए।	आज अनेक अपराधी गिरफ्तार किए गए।
न जाने कितने बेशुमार जीव पैदा होते हैं।	न जाने कितने जीव पैदा होते हैं।
केवल पाँच रुपये **मात्र** दीजिए।	केवल पाँच रुपये दीजिए।
उसका **आचरण स्वभाव** अच्छा है।	उसका आचरण अच्छा है।
आपकी ईमानदारी से सब **कोई** परिचित हैं।	आपकी ईमानदारी से सब परिचित हैं।
पर्वतों मे हिमालय सबसे **बहुत** ऊँचा है।	पर्वतों में हिमालय सबसे ऊँचा है।
आप **सब लोग** विश्राम करें।	आप सब विश्राम करें।
आपस में मिलकर **परस्पर** सहयोग करो।	आपस में मिलकर सहयोग करो।
खिलाड़ियों में रामू **बहुत बहुत** श्रेष्ठ है।	खिलाड़ियों में रामू श्रेष्ठ है।
वह लड़का **विलाप** करके **रोने** लगा।	वह लड़का रोने लगा।

अशुद्ध	शुद्ध
आपको **उचित न्याय** मिलेगा।	आपको न्याय मिलेगा।
सभा में **प्रायः** सभी उपस्थित थे।	सभा में सभी उपस्थित थे।
मैं **सायंकाल के समय** बाजार गया।	मैं सायंकाल बाजार गया।
वह **लगभग** गायब हो गया।	वह गायब हो गया।
दिल्ली के **अन्दर** में मलेरिया का प्रकोप है।	दिल्ली में मलेरिया का प्रकोप है।
किसी **भी** लड़के को बुला लें।	किसी लड़के को बुला लें।
आपका **गुप्त रहस्य** कौन जान सकता है?	आपका रहस्य कौन जान सकता है?
इस पेन्टिंग में **मुगलकालीन समय की** संस्कृति का चित्रण है।	इस पेन्टिंग में मुगलकालीन संस्कृति का चित्रण है।
यही कारण है कि देश की एक भाषा न होने के कारण भावात्मक एकता नहीं है।	देश में एक भाषा न होने के कारण भावात्मक एकता नहीं है।
जहाँ तक हमारा विचार तो यही है।	हमारा विचार तो यही है।
किसी भी साहित्यकार की एक विशेषता यह भी है।	साहित्यकार की एक विशेषता यह भी है।
मैं केवल इतना जानता **ही** जानता हूँ।	मैं केवल इतना जानता हूँ।
शराब **पीना** विष से भयंकर है।	शराब विष से भयंकर है।
यह चीज़ सपने में भी **मिलना** दुर्लभ है।	यह चीज सपने में भी दुर्लभ है।
सिवाय आपको छोड़कर सभी आए थे।	आपको छोड़कर सभी आए थे।
उसे **लगभग** शत-प्रतिशत अंक मिले।	उसे शत-प्रतिशत अंक मिले।
आप **कभी किसी समय** वहाँ हो आते।	आप किसी समय वहाँ हो आते।
मैं उस समय **लगभग** सो रहा था।	मैं उस समय सो रहा था।
अब आज से ऐसी गलती मत करना।	अब ऐसी गलती मत करना।
मेरा नौकर बिल्कुल **भी** काम करना नहीं चाहता।	मेरा नौकर बिल्कुल काम करना नहीं चाहता।
जो धन का लालची है, **फिर** वह साधु नहीं है।	जो धन का लालची है, वह साधु नहीं है।

5. व्याकरण की अशुद्धियाँ

संज्ञा, लिंग, वचन, कारक, सर्वनाम, विशेषण, क्रिया, क्रिया-विशेषण, अव्यय, पदक्रम आदि से सम्बन्धित अशुद्धियों को **व्याकरण की अशुद्धियाँ** कहते हैं। व्याकरण की अशुद्धियों के कुछ उदाहरण निम्नलिखित हैं

संज्ञा सम्बन्धी

अशुद्ध	शुद्ध
ये **लड़किए** परीक्षा में प्रथम आई है।	ये **लड़की** परीक्षा में प्रथम आई है।
आज **घोड़ा दौड़** भी होगी।	आज **घुड़दौड़** भी होगी।
चिड़ियामार पक्षी बेचता है।	**चिड़ीमार** पक्षी बेचता है।
लौहार लोहा का सामान बनाता है।	**लुहार लोहे** का सामान बनाता है।
क्या कुछ **अशगुन** हो गया?	क्या कुछ **अपशकुन** हो गया?
भिखारिणी को देखकर दया आ गई।	**भिखारिन** को देखकर दया आ गई।
अल्मोड़े की बालमिठाई मशहूर है।	**अल्मोड़ा** की बालमिठाई मशहूर है।
अपने **घोड़ा** का इलाज करो।	अपने **घोड़े** का इलाज करो।
पति और **स्त्री** बातें कर रहे हैं।	**पति** और **पत्नी** बातें कर रहे हैं।
वह अंग्रेज़ी बोलने की **कसरत** कर रहा है।	वह अंग्रेजी बोलने का **अभ्यास** कर रहा है।
अपना मन **लघु** न करो।	अपना मन **छोटा** न करो।
आपने वहाँ जाकर बड़ी **अशुद्धि** की।	आपने वहाँ जाकर बड़ी **गलती** की।
कामायनी एक **उपन्यास** है।	कामायनी एक **महाकाव्य** है।
गड़ित मेरा प्रिय विषय है।	**गणित** मेरा प्रिय विषय है।
'सेवासदन' **मुन्सी प्रेमचन्द्र** का उपन्यास है।	'सेवासदन' **मुंशी प्रेमचन्द** का उपन्यास है।

लिंग सम्बन्धी

अशुद्ध	शुद्ध
कल विद्यालय बन्द **रहेगी**।	कल विद्यालय बन्द **रहेगा**।
कृष्ण और राधा मधुबन में **गई**।	कृष्ण और राधा मधुवन में **गए**।
आपकी लिखावट बहुत **अच्छा** है।	आपकी लिखावट बहुत **अच्छी** है।
दही बहुत **खट्टी** है।	दही बहुत **खट्टा** है।
सुधा बड़ी **बुद्धिमान** है।	सुधा बड़ी **बुद्धिमती** है।
सभी स्त्रियाँ **गुणवान** नहीं होती हैं।	सभी स्त्रियाँ **गुणवती** नहीं होती हैं।
उसके मन में लालच बहुत बढ़ रही है।	उसके मन में लालच बहुत बढ़ रहा है।
सभा को अनेक **विद्वान** महिलाओं ने सम्बोधित किया।	सभा को अनेक **विदुषी** महिलाओं ने सम्बोधित किया।
सुरेश **का** आदत **बड़ा** खराब है।	सुरेश **की** आदत **बड़ी** खराब है।
पुत्री **आयुष्मान्** भव।	पुत्री! **आयुष्मती** भव।
'कल्याणी' इस महाकाव्य की **नायकी** है।	'कल्याणी' इस महाकाव्य की **नायिका** है।
आपके काम **करने का** विधि **अच्छा** है।	आपके काम **करने की** विधि **अच्छी** है।
तुम्हारी कल कब **आएगी**?	**तुम्हारा** कल कब **आएगा**?
कोयल मीठे स्वर में **बोल रहा** है।	कोयल मीठे स्वर में **बोल रही** है।
कौआ बोल **रही** है।	कौआ बोल **रहा** है।
उसके सामने **मेरी** होश उड़ **गई**।	उसके सामने **मेरे** होश उड़ गए।
महारानी **धनवान** है।	महारानी **धनवती** है।
कमरे में बन्दूक **रखा** है।	कमरे में बन्दूक **रखी** है।
राजा और रानी भोजन कर रही हैं।	राजा और रानी भोजन **कर** रहे हैं।

वचन सम्बन्धी

अशुद्ध	शुद्ध
प्यास से मेरे होंठ सूख **रहा है**।	प्यास से मेरे होंठ सूख **रहे** हैं।
पिताजी **आ** रहा **है**।	पिताजी **आ रहे हैं**।
चार **आदमी** ने नगर की यात्रा की।	चार **आदमियों** ने नगर की यात्रा की।
हमारी कमीज में पाँच **बटनें** हैं।	हमारी कमीज में पाँच **बटन** हैं।
पाँच किलो आलुओं के दाम पचास रुपये हैं।	**पाँच किलो आलू** के दाम पचास रुपये हैं।
उसने **चार-पाँच जलेबी** खाई।	उसने **चार-पाँच जलेबियाँ** खाईं।
मैं **मोटरसाइकिलों** पर सवार होकर गया।	मैं **मोटरसाइकिल** पर सवार होकर गया।
खगवृन्द **कलरव कर रहा था**।	खगवृन्द **कलरव कर रहे थे**।
दस सिपाही **एक साथ** आ रहा **है**।	दस सिपाही **एक साथ आ** रहे हैं।
आज चेला भी 'गुरु **का** कान काट रहा है।	आज चेला भी गुरु **के** कान काट रहा है।
अपनी-अपनी **पुस्तकें** लाओ।	अपनी-अपनी **पुस्तक** लाओ।
प्रेमचन्द ने **अनेकों** उपन्यास लिखे।	प्रेमचन्द ने **अनेक** उपन्यास लिखे।
महाभारत **अट्ठारह** दिनों तक चलता रहा।	महाभारत **अट्ठारह दिन** तक चलता रहा।
हमारे **सामानों** का ध्यान रखना।	हमारे **सामान** का ध्यान रखना।
वह मेरे घर **कई दिनों** तक रहा।	वह मेरे घर **कई दिन** तक रहा।

कारक सम्बन्धी

अशुद्ध	शुद्ध
आप अपनी साइकिल **को** भी लाए हैं।	आप अपनी साइकिल भी लाए हैं।
अतुल घर नहीं है।	अतुल घर **में नहीं** है।
कवि सम्मेलन का दायित्व **आपके ऊपर** है।	कवि सम्मेलन का दायित्व **आप पर** है।
जनता **के** अन्दर असन्तोष है।	जनता **में असन्तोष** है।
आपने यह काम करना है।	आपको यह काम करना है।
आपके हाथ **में** कुछ नहीं आया।	आपके हाथ कुछ नहीं आया।

अशुद्ध	शुद्ध
वह चाँद **को** देखता है।	वह चाँद देखता है।
आपके नए पते **से** पत्र भेजा है।	आपके नए पते **पर** पत्र भेजा है।
तुमको क्या कहें?	**तुम्हें** क्या कहें?
मैंने अपनी आँखों **की** वह घटना देखी।	मैंने अपनी आँखों से वह घटना देखी।
गंगा हिमालय **पर से** निकलती है।	गंगा हिमालय से निकलती है।
लड़का पेड़ **पर** गिरा।	लड़का पेड़ **से** गिरा।
इस बात में अच्छी तरह समझता हूँ।	इस बात **को** मैं अच्छी तरह समझता हूँ।
उसने यही कहना था।	**उसको** यही कहना था।
फोड़ें **में** मरहम लगाओ।	फोड़े **पर** मरहम लगाओ।

सर्वनाम सम्बन्धी

अशुद्ध	शुद्ध
वह बड़े विद्वान् व्यक्ति हैं।	**वे** बड़े विद्वान् व्यक्ति हैं।
पिताजी **तुम कहाँ जा रहे हो**?	पिताजी **आप कहाँ जा रहे हैं**?
आप **आपके** विद्यालय जाएँ।	आप **अपने** विद्यालय जाएँ।
उसके पास जो कलम है **यह** हमारा है।	उसके पास जो कलम है **वह** हमारा है
दूध में **कौन** पड़ गया?	दूध में **क्या** पड़ गया?
वहाँ **क्या** जा रहा है?	वहाँ **कौन** जा रहा है?
सन्दूक में **कौन-कौन-सी** वस्तुएँ हैं?	सन्दूक में **क्या-क्या** वस्तुएँ हैं?
हम **हमारे** घर जाएँगे।	हम **अपने** घर जाएँगे।
उनने हमारे यहाँ चाय पिया।	**उन्होंने** हमारे यहाँ चाय पी।
मैंने अल्मोड़ा जाना है।	**मुझे** अल्मोड़ा जाना है।
वह वही लड़का है जो कल मिला था।	**यह** वही लड़का है जो कल मिला था।
गीता आई और कहा।	गीता आई और **उसने** कहा।
यह **उन्हें** समझ में नहीं आएगा।	यह **उनकी** समझ में नहीं आएगा।
यह **जो** कलम है गोपाल की है।	यह कलम गोपाल की है।
यह मेरा भाई है **यह** मेरे साथ रहता है।	यह मेरा भाई है **जो** मेरे साथ रहता है।
यह **उन्हें** समझ में नहीं आएगा।	यह **उनकी** समझ में नहीं आएगा।

विशेषण सम्बन्धी

अशुद्ध	शुद्ध
अधिकांश लोगों का यही हाल है।	**अधिकतर** लोगों का यही हाल है।
आकाश बहुत **ऊँचा** है।	आकाश बहुत **विशाल** है।
सभी लोग **अपना** काम करें।	सभी लोग **अपना-अपना** काम करें।
किसी **और** लड़के को बुलाओ।	किसी **दूसरे** लड़के को बुलाओ।
निरपराधी को दण्ड देना पाप है।	**निरपराध** को दण्ड देना पाप है।
यह **हमारा वाला** घर है।	यह हमारा घर है।
मेरे घर **सुपुत्री** का जन्म हुआ है।	मेरे घर **पुत्री** का जन्म हुआ है।
निराला की दशा **गम्भीर** थी।	निराला की दशा **चिन्ताजनक** थी।
नीरज की **सौभाग्यवती** कन्या का विवाह कल होगा।	नीरज की **सौभाग्यकांक्षिणी** कन्या का विवाह कल होगा।
रमा ने उस दृश्य का सुन्दर चित्रण **उपस्थित** किया।	रमा ने उस दृश्य का सुन्दर चित्रण किया।
छोटी-छोटी बालक स्कूल जा रहे हैं।	**छोटे-छोटे** बालक स्कूल जा रहे हैं।
मन्त्री जी की **चिन्ताजनक** मुद्रा देखकर मैं बहुत प्रभावित हुआ।	मन्त्री जी की **गम्भीर** मुद्रा देखकर मैं बहुत प्रभावित हुआ।
उसे बहुत **वजन** दुःख हुआ।	उसे बहुत **भारी** दुःख हुआ।

अशुद्ध	शुद्ध
आपकी कविता **श्रेष्ठतम** है।	आपकी कविता **श्रेष्ठ** है।
यहाँ **कोई एक भी व्यक्ति** नहीं है।	यहाँ कोई व्यक्ति नहीं है।
पठित समाज में अंधविश्वास नहीं है।	**शिक्षित समाज** में अंधविश्वास नहीं है।

क्रिया सम्बन्धी

अशुद्ध	शुद्ध
क्या **यह सम्भव हो सकता है**?	क्या **यह सम्भव** है?
मैं इसका कारण **दे सकता** हूँ।	मैं इसका कारण **बता सकता** हूँ।
वहाँ अकस्मात् **अट्टहास हो उठा**।	वहाँ अकस्मात् **अट्टहास हुआ**।
तुम चार बजे तक मेरी **प्रतीक्षा देखना**।	तुम चार बजे तक मेरी **प्रतीक्षा करना**।
इस कथन **का** स्पष्टीकरण **करने** की आवश्यकता है।	इस कथन **के** स्पष्टीकरण की आवश्यकता है।
पुस्तक मेज पर **डाल दो**।	पुस्तक मेज पर **रख दो**।
मैंने बहुत **परिश्रम उठाकर** धन कमाया है।	मैंने बहुत **परिश्रम करके** धन कमाया है।
वह डरकर **दौड़ खड़ा हुआ**।	वह डरकर **भाग खड़ा हुआ**।
उसने नहाकर **भोजन खाया**।	उसने नहाकर **भोजन किया**।
आप इन्हें इतना परेशान क्यों **बना** रहे हैं?	आप इन्हें इतना परेशान क्यों **कर** रहे हैं?

क्रिया-विशेषण सम्बन्धी

अशुद्ध	शुद्ध
यह पुस्तक **विद्वत्तापूर्ण** लिखी गई है।	यह पुस्तक **विद्वत्तापूर्वक** लिखी गई है।
यह कार्य आपके स्वभाव के **अनुरूप** है।	यह कार्य आपके स्वभाव के **अनुकूल** है।
आपकी आज्ञा के **अनुकूल** कार्य होगा।	आपकी आज्ञा के **अनुसार** कार्य होगा।
आप इस कार्य को **सरलतापूर्ण** कर सकता हैं।	आप इस कार्य को **सरलता से** कर सकते हैं।
आपसे मिलकर **महानतम्** प्रसन्नता हुई।	आपसे मिलकर **अत्यन्त** प्रसन्नता हुई।

अव्यय सम्बन्धी

अशुद्ध	शुद्ध
यह पाप है या कि पुण्य।	यह पाप है **या** पुण्य अथवा यह पाप है कि पुण्य।
सीता **तथा** गीता और राधा एक साथ पढ़ती हैं।	सीता, गीता और राधा एक साथ पढ़ती हैं।
शिक्षक ने छात्रों से कहा कि भारत उनका देश है।	शिक्षक ने छात्रों से कहा कि भारत **हमारा** देश है।
यदि वह आता तब मैं जाता।	यदि वह आता **तो** मैं जाता।
वह आ जाए तो **कैसी रहेगी**।	वह आ आए तो **कैसा रहेगा**।
जब मैं पढ़ता हूँ **जभी** तुम आ जाते हो।	जब मैं पढ़ता हूँ **तभी** तुम आ जाते हो।
ज्यों ही मैं स्टेशन पहुँचा **वैसे ही** गाड़ी चल दी।	ज्यों ही मैं स्टेशन पहुँचा **त्यों ही** गाड़ी चल दी।

पदक्रम-सम्बन्धी

अशुद्ध	शुद्ध
कई बैंक के कर्मचारियों ने प्रदर्शन किया।	बैंक के कई कर्मचारियों ने प्रदर्शन किया।
कुंभ के मेले में चार दिल्ली के व्यक्ति भी थे।	कुंभ के मेले में दिल्ली के चार व्यक्ति भी थे।
मंत्री जी ने मुख्य अतिथि को **एक फूलों की माला** पहनाई।	मंत्री जी ने मुख्य अतिथि को फूलों की एक माला पहनाई।

अभ्यास प्रश्न

1. शब्द सम्बन्धी अशुद्धियाँ कैसे उत्पन्न होती हैं?
(a) वाक्य निर्माण सम्बन्धी नियमों के अनुपालन से
(b) शब्द निर्माण सम्बन्धी नियमों के अनुपालन से
(c) अर्थ निर्माण सम्बन्धी नियमों के अनुपालन से
(d) ये सभी

2. शब्द सम्बन्धी अशुद्धियों में किस प्रकार की अशुद्धियाँ आती हैं?
(a) वर्तनी सम्बन्धी (b) सन्धि सम्बन्धी
(c) व्यंजन सम्बन्धी (d) ये सभी

3. शब्द सम्बन्धी अशुद्धियों में किस प्रकार की अशुद्धियाँ नहीं आती?
(a) उपसर्ग सम्बन्धी (b) अनुस्वार सम्बन्धी
(c) चन्द्र-बिन्दु सम्बन्धी (d) अर्थ सम्बन्धी

4. शुद्ध शब्द का चयन कीजिए
(a) आधुनिक (b) कूआँ (c) अनूकुल (d) साधूवाद

5. 'वहिष्कार' शब्द का शुद्ध रूप क्या होगा?
(a) वहीष्कार (b) बहिष्कार
(c) बहीपकार (d) इनमें से कोई नहीं

6. 'श्रृंगार' का शुद्ध रूप लिखिए।
(a) श्रिंगार (b) श्रृगार
(c) शृंगार (d) इनमें से कोई नहीं

7. अर्थ सम्बन्धी अशुद्धि का क्या कारण है?
(a) अर्थ की अज्ञानता के कारण गलत स्थान पर प्रयोग
(b) शब्द की अज्ञानता के कारण गलत स्थान पर प्रयोग
(c) भाव की अज्ञानता के कारण गलत स्थान पर प्रयोग
(d) उपरोक्त में से कोई नहीं

8. 'अध्यापक ने विद्यार्थी को 'बेफालतू' में बात सुना दी। रेखांकित शब्द में किस प्रकार की अशुद्धि हैं?
(a) शब्द सम्बन्धी (b) अर्थ सम्बन्धी
(c) भाव सम्बन्धी (d) इनमें से कोई नहीं

9. "मैंने नानाजी के आदेश का पालन नहीं किया" यहाँ 'आदेश' शब्द में किस प्रकार की अशुद्धि है?
(a) शब्द सम्बन्धी (b) अर्थ सम्बन्धी
(c) वाक्य सम्बन्धी (d) ये सभी

10. सही शब्द का चयन कीजिए
(a) आमिश (b) बिधि (c) भाग्यमान (d) प्रत्यूष

11. निम्नांकित में शुद्ध वाक्य छाँटिए
(a) रेखा ने भोजन कर ली है। (b) रेखा भोजन कर ली है।
(c) रेखा भोजन कर ली। (d) रेखा ने भोजन किया है।
(e) रेखा ने भोजन किया है।

12. सही वाक्य है
(a) सीता ने अपनी सहेलियों को बुलाई।
(b) सीता ने अपनी सहेलियों को बुलाई।
(c) सीता ने अपनी सहेलियों को बुलाए।
(d) सीता ने अपनी सहेलियों को बुलाया।

13. निम्नलिखित प्रश्नों में दिए गए वाक्यों में से शुद्ध वाक्य का चयन कीजिए।
(a) वह एक विद्वान् महिला थी
(b) वह एक महिला विद्वान् थी
(c) वह एक विदुषी महिला थी
(d) एक विदुषी महिला थी वह

14. (a) वह सप्रमाण सहित अपनी बात बताएगा
(b) वह प्रमाण सहित अपनी बात बताएगा
(c) वह सप्रमाण के साथ अपनी बात बताएगा
(d) वह प्रमाण के सहित अपनी बात बताएगा

निर्देश (प्र.सं. 15-18) प्रश्नों में चार वाक्यों में तीन त्रुटिपूर्ण हैं। त्रुटिरहित वाक्य छाँटकर उसे चिह्नित करें।

15. (a) एक गीतों की पुस्तक ला दीजिए।
(b) एक गीत की पुस्तक ला दीजिए।
(c) गीतों की एक पुस्तक ला दीजिए।
(d) गीतों की एक पुस्तकें ला दीजिए।

16. (a) मैं पूरी रात में जागता रहा (b) मैं सारी रात जागता रहा
(c) मैं सारी रात भर जागता रहा (d) मैं पूरी रात भर जागता रहा

17. (a) जब तक मैं न आऊँ उस समय तब तुम पढ़ते रहना
(b) जब तक मैं नहीं आऊँ तब तक तुम पढ़ते रहना
(c) जब तक मैं नहीं आऊँ उस समय तक तुम पढ़ते रहना
(d) जब तक मैं न आऊँ तब तक तुम पढ़ते रहना

18. (a) यह काम मैं आसानीपूर्वक कर सकता हूँ
(b) यह काम मैं आसानी के साथ कर सकता हूँ
(c) यह काम मैं आसानी सहित कर सकता हूँ
(d) यह काम मैं आसानी से कर सकता हूँ

निर्देश (प्र.सं. 19-24) निम्नलिखित प्रश्नों में कौन-सा वाक्य शुद्ध है?

19. (a) वह सब लोग भले हैं।
(b) भीड़ मे चार जयपुर के व्यक्ति थे।
(c) मनुष्य ईश्वर की उत्कृष्टतम कृति है।
(d) वह सारे गुप्त रहस्य प्रकट कर देगा।

20. (a) राम को अनुत्तीर्ण होने की आशंका है
(b) राम को अनुत्तीर्ण होने का शक है।
(c) जंगल में प्रातःकाल के समय बहुत सुहावना दृश्य होता है।
(d) मेरे से मत पूछो।

21. (a) बन्दूक एक उपयोगी अस्त्र है।
(b) यह मेरा पुस्तक है।
(c) इन्हें एक पुत्र है।
(d) भारत में अनेकों जातियाँ हैं।

22. (a) रागिनी अपने आप चली गई।
(b) रागिनी खुद चली गई।
(c) रागिनी अपने से ही चली गई।
(d) रागिनी आपके आप चली गई।

23. (a) आपने आपके घर जाएँ। (b) आप ही आपके घर जाएँ। (c) आप अपने घर जाएँ। (d) आप आपकी घर जाएँ।

24. शुद्ध वाक्य छाँटिए
(a) नेताजी को आज वहाँ जाना है।
(b) नेताजी ने आज वहाँ जाना है।
(c) आज वहाँ नेताजी ने जाना है।
(d) वहाँ आज नेताजी ने जाना है।

निर्देश (प्र.सं. 25-27) प्रश्नों में दिए गए वाक्यों में से शुद्ध वाक्य का चयन कीजिए।

25. (a) मैंने तेरे को बोला था। (b) मैंने तुमको कहा था। (c) मैंने तुमसे कहा था। (d) मैंने तेरे से कहा था।

26. (a) आज बेहद गर्मी है। (b) आज बेशुमार गर्मी है। (c) आज अधिक गरमी है। (d) आज अनाधिक गरमी है।

27. (a) मैं मेरा काम करता हूँ
(b) मैं मेरी काम करता हूँ
(c) मैं अपुन का काम करता हूँ
(d) मैं अपना काम करता हूँ

निर्देश (प्र.सं. 28-32) दिए गए प्रश्नों में चार विकल्पों में से शुद्ध वाक्य का चयन कीजिए।

28. (a) फल बच्चे को काटकर खिलाओ
(b) बच्चे को काटकर फल खिलाओ
(c) बच्चे को फल काटकर खिलाओ
(d) काटकर फल बच्चे को खिलाओ

29. (a) बैल और बकरी घास चरती हैं।
(b) बैल और बकरी घास चरते हैं।
(c) बैल और बकरी घास चरता है।
(d) बैल और बकरी घास चरती है।

30. (a) 'रामचरितमानस' एक धार्मिक ग्रंथ है।
(b) 'राम चरितमानस' एक धार्मिक ग्रंथ है।
(c) 'राम चरित मानस' एक धार्मिक ग्रंथ है।
(d) 'रामचरित मानस' एक धार्मिक ग्रंथ है।

31. (a) कृपया आज का अवकाश देने की कृपा करें।
(b) आज का अवकाश कृपया देने की कृपा करें।
(c) आज का अवकाश देने की कृपा करें।
(d) आज का कृपया अवकाश देने की कृपा करें।

32. (a) भारत में अनेक जाति हैं।
(b) भारत में अनेकों जाति हैं।
(c) भारत में अनेक जातियाँ हैं।
(d) भारत में अनेकों जातियाँ हैं।

निर्देश (प्र.सं. 33-35) निम्नलिखित वाक्यों के जिस अंश में त्रुटि है उसका चयन कीजिए।

33. बुरा-से-बुरा व्यक्ति भी सम्मान और प्रशंसा पाना चाहता है
(a) सम्मान और प्रशंसा
(b) बुरा-से-बुरा व्यक्ति भी
(c) कोई त्रुटि नहीं
(d) पाना चाहता है

34. शीर्षक को चयन करते समय अवतरण में निहित भावों और विचारों की परख कर लेनी चाहिए।
(a) अवतरण में निहित
(b) कोई त्रुटि नहीं
(c) भावों और विचारों की परखकर लेनी चाहिए
(d) शीर्षक को चयन करते समय

35. खुले हुए भोजन पर मक्खियाँ हर क्षण भिनभिनाती हुई रहती हैं।
(a) भिनभिनाती हुई रहती हैं (b) खुले हुए भोजन पर (c) कोई त्रुटि नहीं (d) मक्खियाँ हर क्षण

निर्देश (प्र.सं. 36-38) निम्नलिखित प्रश्नों में दिए गए वाक्यों में से शुद्ध वाक्य का चयन कीजिए।

36. (a) हमारे को दिल्ली जाना है। (b) हमें दिल्ली आना है। (c) हमें दिल्ली में जाना है। (d) हमने दिल्ली जाना है।

37. (a) ड्राइवर मीरा को कार को चलाना सिखा रहा है।
(b) ड्राइवर मीरा को कार चलाना सीख रहा है।
(c) ड्राइवर मीरा के लिए कार चलाना सिखा रहा है।
(d) ड्राइवर मीरा को कार चलाना सिखा रहा है।

38. (a) इतनी रात बीते आप कहाँ से आ रहे हैं?
(b) इतनी रात बीता आप कहाँ से आ रहे हैं?
(c) इतनी रात बीता आप कहाँ से आ रहें हैं?
(d) इतनी रात हुआ आप कहाँ से आ रहे हैं?

निर्देश (प्र.सं. 39-41) निम्नलिखित वाक्यों के जिस भाग में त्रुटि है उसका चयन कीजिए।

39. शीला/अस्वस्थ होने के लिए/आज विद्यालय नहीं गई/कोई त्रुटि नहीं
(a) शीला (b) अस्वस्थ होने के लिए (c) आज विद्यालय नहीं गई (d) कोई त्रुटि नहीं

40. सड़क में/बारिश का पानी/भर गया है। कोई त्रुटि नहीं
(a) सड़क में (b) बारिश का पानी (c) भर गया है। (d) कोई त्रुटि नहीं

41. आकाश में/बादल/गरजा रहे हैं/कोई त्रुटि नहीं
(a) आकाश में (b) बादल (c) गरजा रहे हैं (d) कोई त्रुटि नहीं

निर्देश (प्र.सं. 42-43) निम्नलिखित वाक्य के जिस भाग में त्रुटि है उसका चयन कीजिए।

42. विद्यालय में/जलपान को/उत्तम प्रबन्ध है/कोई त्रुटि नहीं।
(a) विद्यालय में (b) जलपान को (c) उत्तम प्रबन्ध है (d) कोई त्रुटि नहीं है

43. मुझे/रेलगाड़ी में यात्रा करना/अच्छी लगती है/कोई त्रुटि नहीं।
(a) मुझे (b) रेलगाड़ी में यात्रा करना (c) अच्छी लगती है (d) कोई त्रुटि नहीं

44. कौन-सा वाक्य अशुद्ध है?
(a) साहित्य और जीवन का अभिन्न सम्बन्ध है
(b) श्रीकृष्ण के अनेकों नाम हैं
(c) हमारे शिक्षक प्रश्न करते हैं?
(d) यह काम आप पर निर्भर है?

45. मैं तुम्हारे घर आया, किन्तु तुम मिले नहीं थे। अशुद्ध वाक्य का शुद्ध रूप बतलाइए।
(a) मैं तुम्हारे घर आया; पर तुम थे नहीं
(b) मैं तुम्हारे घर गया कि तुम नहीं मिले
(c) मैं तुम्हारे घर आया; और तुम, वहाँ नहीं थे
(d) मैं तुम्हारे घर गया; पर तुम वहाँ नहीं थे

निर्देश (प्र.सं. 46-50) निम्नलिखित प्रश्नों में वाक्य के अशुद्ध भाग का चयन कीजिए

46. (a) मैं आज सुबह आपके (b) घर गया था
(c) किन्तु तुम घर (d) पर नहीं मिले

47. (a) कल जो आदमी आपने (b) बुलाया था
(c) वह आज (d) आ गया है

48. (a) तुमने अपनी (b) स्वेच्छा से
(c) यह काम किया है (d) कोई त्रुटि नहीं

49. (a) तुलसीदास ने (b) अवधी भाषा में
(c) अनेकों ग्रंथ (d) लिखे

50. (a) समय का (b) सदुपयोग द्वारा
(c) मनुष्य देवता (d) बन जाता है

51. सही रूप है
(a) पिताजी मुझे कुछ रुपये दिए।
(b) पिताजी ने मुझे कुछ रुपया दिए।
(c) पिताजी ने मुझे कुछ रुपये दिए।
(d) पिताजी ने मुझे कुछ रुपया दिए।

52. सही रूप है
(a) उनके पास बहुत सोने हैं। (b) उनके पास बहुत सोना हैं।
(c) उनके पास बहुत सोना है। (d) उनके पास बहुत सोने है।

53. शुद्ध वाक्य छाँटिए
(a) आज रविवार का दिन है।
(b) कल रविवार का दिन था।
(c) रविवार का दिन बहुत मजेदार होता है।
(d) रविवार को हम दिन में सिनेमा देखते हैं।

54. शुद्ध वाक्य छाँटिए
(a) पिछले सोमवार को स्कूल बन्द है।
(b) पिछले सोमवार को स्कूल बन्द रहेगा।
(c) पिछले सोमार को स्कूल बन्द होना है।
(d) पिछले सोमवार को स्कूल बन्द था।

55. इस वाक्य के अशुद्ध भाग का चयन कीजिए
(a) तुष्टीकरण करने की
(b) नीति अपना कर
(c) न तो व्यक्ति आगे बढ़ सकता है
(d) और न राष्ट्र आगे बढ़ सकता है

56. 'मैं इतना मीठा चाय नहीं पी सकता' इस वाक्य में दोष है
(a) अन्विति का (b) पदक्रम का
(c) क्रिया का (d) सर्वनाम का

57. 'मैने यह कुर्सी सौ रुपये की खरीदी है' इस वाक्य में दोष है
(a) विशेषण का (b) क्रिया का
(c) परसर्ग का (d) क्रियाविशेषण का

58. इस वाक्य के अशुद्ध भाग का चयन कीजिए
(a) 'जो स्त्री अपनी (b) नौकरी को परिवार से
(c) अधिक महत्त्व देती है (d) वह विवाह नहीं करती

59. शुद्ध वाक्य छाँटिए
(a) लहराते खेत हरे-भरे (b) हरे-भरे लहराते खेत
(c) खेत हरे-भरे लहराते (d) हरे लहराते खेत भरे

60. शुद्ध वाक्य छाँटिए
(a) उसकी आयु तीस वर्ष है इस समय
(b) इस समय उसकी अवस्था तीस वर्ष है
(c) तीस वर्ष की अवस्था है इस समय उसकी
(d) इस समय तीस वर्ष की अवस्था है उसकी

61. शुद्ध वाक्य का चयन कीजिए।
(a) मध्यकालीन युग में कलाओं की बहुत उन्नति हुई।
(b) साहब ने किसी को अन्दर न जाने दिया जाए।
(c) इस मोहन की आयु 20 वर्ष है।
(d) वे चाहे भले ही न आएँ, पर तुम्हें आना होगा।

62. शुद्ध वाक्य का चयन कीजिए।
(a) इस ग्रन्थ का निर्माण तुलसीदास ने किया।
(b) समाज की वर्तमान दिशा चिन्ताजनक है।
(c) मैंने तरह-तरह के रेशम के कपड़े पसन्द किए।
(d) तुम्हारी दृष्टि तुम्हारी पुस्तक पर होनी चाहिए।

63. शुद्ध वाक्य का चयन कीजिए।
(a) माता-पिता की शुश्रूषा करनी चाहिए।
(b) तुफान आने का सन्देह है।
(c) अनेक निरपराध दण्ड के भागी हुए।
(d) इसके मात्र दो कारण हो सकते हैं।

उत्तरमाला

1.	(d)	2.	(d)	3.	(a)	4.	(a)	5.	(b)	6.	(c)	7.	(c)	8.	(c)	9.	(b)	10.	(d)
11.	(d)	12.	(d)	13.	(c)	14.	(b)	15.	(c)	16.	(b)	17.	(d)	18.	(d)	19.	(d)	20.	(a)
21.	(a)	22.	(a)	23.	(c)	24.	(a)	25.	(c)	26.	(a)	27.	(d)	28.	(c)	29.	(b)	30.	(a)
31.	(b)	32.	(b)	33.	(c)	34.	(c)	35.	(a)	36.	(a)	37.	(a)	38.	(b)	39.	(c)	40.	(d)
41.	(c)	42.	(a)	43.	(b)	44.	(d)	45.	(c)	46.	(c)	47.	(b)	48.	(b)	49.	(b)	50.	(c)
51.	(c)	52.	(b)	53.	(d)	54.	(b)	55.	(b)	56.	(b)	57.	(d)	58.	(b)	59.	(b)	60.	(c)
61.	(a)	62.	(a)	63.	(d)														

अध्याय 05

वाक्य रचना एवं वाक्य भेद (वाक्य का रूपान्तर)

भाषा हमारे भावों-विचारों की अभिव्यक्ति का माध्यम है। भाषा की रचना वर्णों, शब्दों और वाक्यों से होती है। दूसरे शब्दों में-वर्णों से शब्द, शब्दों से वाक्य और वाक्यों से भाषा का निर्माण हुआ है। इस प्रकार वाक्य शब्दों के समूह का नाम है, लेकिन सभी प्रकार के शब्दों को एक स्थान पर रखकर वाक्य नहीं बना सकते हैं।

वाक्य की परिभाषा

शब्दों का वह व्यवस्थित रूप जिसमें एक पूर्ण अर्थ की प्रतीति होती है, वाक्य कहलाता है। आचार्य विश्वनाथ ने अपने 'साहित्यदर्पण' में लिखा है

''वाक्यं स्यात् योग्यताकांक्षासक्तियुक्तः पदोच्चयः।''

अर्थात् योग्यता, आकांक्षा, आसक्ति से युक्त पद समूह को वाक्य कहते हैं।

वाक्य के तत्त्व

वाक्य के तत्त्व निम्न हैं

1. **सार्थकता** सार्थकता वाक्य का प्रमुख गुण है। इसके लिए आवश्यक है कि वाक्य में सार्थक शब्दों का ही प्रयोग हो, तभी वाक्य भावाभिव्यक्ति के लिए सक्षम होगा; जैसे—**राम रोटी पीता है।**

   यहाँ 'रोटी पीना' सार्थकता का बोध नहीं कराता, क्योंकि रोटी खाई जाती है। सार्थकता की दृष्टि से यह वाक्य अशुद्ध माना जाएगा।

   सार्थकता की दृष्टि से सही वाक्य होगा—**राम रोटी खाता है।**

   इस वाक्य को पढ़ते ही पाठक के मस्तिष्क में वाक्य की सार्थकता उपलब्ध हो जाती है। कहने का आशय है कि वाक्य का यह तत्त्व वाक्य रचना की दृष्टि से अनिवार्य है। इसके अभाव में अर्थ का अनर्थ सम्भव है।

2. **क्रम** क्रम से तात्पर्य है—पदक्रम। सार्थक शब्दों को भाषा के नियमों के अनुरूप क्रम में रखना चाहिए। वाक्य में शब्दों के अनुकूल क्रम के अभाव में अर्थ का अनर्थ हो जाता है; जैसे—**नाव में नदी है।**

   *इस वाक्य में सभी शब्द सार्थक हैं, फिर भी क्रम के अभाव में वाक्य गलत है। सही क्रम करने पर **नदी में नाव है** वाक्य बन जाता है, जो शुद्ध है।*

3. **योग्यता** वाक्य में सार्थक शब्दों के भाषानुकूल क्रमबद्ध होने के साथ-साथ उसमें योग्यता अनिवार्य तत्त्व है। प्रसंग के अनुकूल वाक्य में भावों का बोध कराने वाली योग्यता या क्षमता होनी चाहिए। इसके अभाव में वाक्य अशुद्ध हो जाता है; जैसे—**हिरण उड़ता है।**

   *यहाँ पर **हिरण** और **उड़ने** की परस्पर योग्यता नहीं है, अतः यह वाक्य अशुद्ध है। यहाँ पर **उड़ता** के स्थान पर **चलता** या **दौड़ता** लिखें तो वाक्य शुद्ध हो जाएगा।*

4. **आकांक्षा** आकांक्षा का अर्थ है—श्रोता की जिज्ञासा। वाक्य भाव की दृष्टि से इतना पूर्ण होना चाहिए कि भाव को समझने के लिए कुछ जानने की इच्छा या आवश्यकता न हो, दूसरे शब्दों में, किसी ऐसे शब्द या समूह की कमी न हो जिसके बिना अर्थ स्पष्ट न होता हो।

   उदाहरण के लिए कोई व्यक्ति हमारे सामने आए और हम केवल उससे 'तुम' कहें तो वह कुछ भी नहीं समझ पाएगा। यदि कहें कि अमुक कार्य करो तो वह पूरी बात समझ जाएगा। इस प्रकार वाक्य का आकांक्षा तत्त्व अनिवार्य है।

5. **आसक्ति** आसक्ति का अर्थ है—समीपता। एक पद सुनने के बाद उच्चारित अन्य पदों के सुनने के समय में सम्बन्ध, आसक्ति कहलाता है।

   यदि उपरोक्त सभी बातों की दृष्टि से वाक्य सही हो, लेकिन किसी वाक्य का एक शब्द आज, एक कल और एक परसों कहा जाए तो उसे वाक्य नहीं कहा जाएगा। अतएव वाक्य के शब्दों के उच्चारण में समीपता होनी चाहिए। दूसरे शब्दों में, पूरे वाक्य को एक साथ कहा जाना चाहिए।

6. **अन्वय** अन्वय का अर्थ है कि पदों में व्याकरण की दृष्टि से लिंग, पुरुष, वचन, कारक आदि का सामंजस्य होना चाहिए। अन्वय के अभाव में भी वाक्य अशुद्ध हो जाता है। अतः अन्वय भी वाक्य का महत्त्वपूर्ण तत्त्व है; जैसे—**नेताजी का लड़का का हाथ में बन्दूक था।**

   *इस वाक्य में भाव तो स्पष्ट है लेकिन व्याकरणिक सामंजस्य नहीं है। अतः यह वाक्य अशुद्ध है। यदि इसे **नेताजी के लड़के के हाथ में बन्दूक थी,** कहें तो वाक्य व्याकरणिक दृष्टि से शुद्ध होगा।*

वाक्य के अंग

वाक्य के अंग निम्न प्रकार हैं

1. **उद्देश्य** वाक्य में जिसके बारे में कुछ बताया जाता है, उसे उद्देश्य कहते हैं; जैसे
   - **राम** खेलता है। (राम-उद्देश्य)
   - **श्याम** दौड़ता है। (श्याम-उद्देश्य)

   उपरोक्त वाक्यों में **राम** और **श्याम** के विषय में बताया गया है। अत: **राम** और **श्याम** यहाँ उद्देश्य रूप में प्रयुक्त हुए हैं।
2. **विधेय** वाक्य में उद्देश्य के बारे में जो कुछ कहा जाता है, उसे विधेय कहते हैं; जैसे
   - बच्चे **फल खाते हैं**। (फल खाते हैं-विधेय)
   - राहुल **क्रिकेट मैच देख रहा है**। (क्रिकेट मैच देख रहा है-विधेय)

   उपरोक्त वाक्यों में **फल खाते हैं** और **क्रिकेट मैच देख रहा है** वाक्यांश क्रमश: **बच्चे** तथा **राहुल** के बारे में कहे गए हैं। अत: स्थूलांकित वाक्यांश विधेय रूप में प्रयुक्त हुए हैं।

वाक्यों का वर्गीकरण

वाक्यों का वर्गीकरण दो आधारों पर किया गया है

1. रचना के आधार पर

रचना के आधार पर वाक्य तीन प्रकार के होते हैं

(i) **सरल वाक्य** वे वाक्य जिनमें एक उद्देश्य तथा एक विधेय हो। सरल या साधारण वाक्य कहलाते हैं।

जैसे—**श्याम खाता है**। इस वाक्य में एक ही कर्ता (उद्देश्य) तथा एक ही क्रिया (विधेय) है। अत: यह वाक्य सरल या साधारण वाक्य है।

(ii) **मिश्र वाक्य** वे वाक्य, जिनमें एक साधारण वाक्य हो तथा उसके अधीन या आश्रित दूसरा उपवाक्य हो, मिश्र वाक्य कहलाते हैं।

जैसे—**श्याम ने लिखा है कि वह कल आ रहा है।** वाक्य में **श्याम ने लिखा है**—प्रधान उपवाक्य, **वह कल आ रहा है** आश्रित उपवाक्य है तथा दोनों समुच्चयबोधक अव्यय 'कि' से जुड़े हैं, अत: यह मिश्र वाक्य है।

(iii) **संयुक्त वाक्य** वे वाक्य, जिनमें एक से अधिक प्रधान उपवाक्य हों (चाहे वह मिश्र वाक्य हों या साधारण वाक्य) और वे संयोजक अव्ययों द्वारा जुड़े हों, संयुक्त वाक्य कहलाते हैं।

जैसे—**वह लखनऊ गया और शाल ले आया**। इस वाक्य में दोनों ही प्रधान उपवाक्य हैं तथा **और** संयोजक द्वारा जुड़े हैं। अत: यह संयुक्त वाक्य है।

रचना के आधार पर वाक्य के भेद एवं उनकी पहचान नीचे दी गई तालिकानुसार समझी जा सकती है।

वाक्य के भेद	पहचान	उदाहरण
सरल वाक्य	एक उद्देश्य + एक विधेय = सरल वाक्य	सूर्योदय (उद्देश्य) होने पर कुहासा जाता रहा। (विधेय) — **सरल वाक्य**
मिश्र वाक्य	प्रधान उपवाक्य + आश्रित उपवाक्य = मिश्र वाक्य **मिलाने वाले शब्द** (कि, जो वह, जितना ... उतना,) (जैसे... वैसे..., जब... तब... ,) (जहाँ... वहाँ... अगर, यदि आदि)	जैसे ही सूर्योदय हुआ (प्रधान उपवाक्य) वैसे ही कुहासा जाता रहा। (आश्रित उपवाक्य) जैसे - - - वैसे (प्रधान उपवाक्य और आश्रित उपवाक्य को मिलाने वाले शब्द)
संयुक्त वाक्य	सरल वाक्य + सरल वाक्य = संयुक्त वाक्य **जोड़ने वाले शब्द** (और, एवं, तथा, या, अथवा, इसलिए, फिर, भी, किंतु, परन्तु, लेकिन, पर, अत:, तो, नहीं तो आदि।)	सूर्योदय हुआ (**सरल वाक्य**) और (**योजक शब्द**) कुहासा जाता रहा। (**सरल वाक्य**)

2. अर्थ के आधार पर

अर्थ के आधार पर वाक्य आठ प्रकार के होते हैं

(i) **विधिवाचक वाक्य** वे वाक्य जिनसे किसी बात या कार्य के होने का बोध होता है, विधिवाचक वाक्य कहलाते हैं; जैसे—
- श्याम आया।
- तुम लोग जा रहे हो।

(ii) **निषेधवाचक वाक्य** वे वाक्य, जिनसे किसी बात या कार्य के न होने अथवा इनकार किए जाने का बोध होता है, निषेधवाचक वाक्य कहलाते हैं; जैसे—
- राम नहीं पढ़ता है।
- मैं यह कार्य नहीं करूँगा आदि।

(iii) **आज्ञावाचक वाक्य** वे वाक्य, जिनसे किसी प्रकार की आज्ञा का बोध होता है, आज्ञावाचक वाक्य कहलाते हैं; जैसे—
- श्याम पानी लाओ।
- यहीं बैठकर पढ़ो आदि।

(iv) **विस्मयवाचक वाक्य** वे वाक्य जिनसे किसी प्रकार का विस्मय, हर्ष, दु:ख, आश्चर्य आदि का बोध होता है, विस्मयवाचक वाक्य कहलाते हैं; जैसे—
- अरे! वह उत्तीर्ण हो गया।
- अहा! कितना सुन्दर दृश्य है आदि।

(v) **सन्देहवाचक वाक्य** वे वाक्य, जिनसे किसी प्रकार के सन्देह या भ्रम का बोध होता है, सन्देहवाचक वाक्य कहलाते हैं; जैसे—
- वह अब जा चुका होगा।
- महेश पढ़ा-लिखा है या नहीं आदि।

(vi) **इच्छावाचक वाक्य** वे वाक्य, जिनसे किसी प्रकार की इच्छा या कामना का बोध होता है, इच्छावाचक वाक्य कहलाते हैं; जैसे—
- ईश्वर आपकी यात्रा सफल करे।
- आप जीवन में उन्नति करें।
- आपका भविष्य उज्ज्वल हो आदि।

(vii) **संकेतवाचक वाक्य** वे वाक्य, जिनसे किसी प्रकार के संकेत या इशारे का बोध होता है, संकेतवाचक वाक्य कहलाते हैं; जैसे—
- जो परिश्रम करेगा वह सफल होगा।
- अगर वर्षा होगी तो फसल भी अच्छी होगी आदि।

(viii) **प्रश्नवाचक वाक्य** वे वाक्य, जिनसे किसी प्रश्न के पूछे जाने का बोध होता है, प्रश्नवाचक वाक्य कहलाते हैं; जैसे—
- आपका क्या नाम है?
- तुम किस कक्षा में पढ़ते हो? आदि।

उपवाक्य

जिन क्रियायुक्त पदों से आंशिक भाव व्यक्त होता है, उन्हें उपवाक्य कहते हैं; जैसे

- यदि वह कहता
- यदि मैं पढ़ता
- यद्यपि वह अस्वस्थ था आदि।

उपवाक्य के भेद

उपवाक्य के दो भेद होते हैं जो निम्न हैं

1. प्रधान उपवाक्य

जो उपवाक्य पूरे वाक्य से पृथक् भी लिखा जाए तथा जिसका अर्थ किसी दूसरे पर आश्रित न हो, उसे **प्रधान उपवाक्य** कहते हैं।

2. आश्रित उपवाक्य

आश्रित उपवाक्य प्रधान उपवाक्य के बिना पूरा अर्थ नहीं दे सकता। यह स्वतन्त्र लिखा भी नहीं जा सकता; जैसे—**यदि सोहन आ जाए, तो मैं उसके साथ चलूँ**। यहाँ **यदि सोहन आ जाए**-आश्रित उपवाक्य है तथा **मैं उसके साथ चलूँ**-प्रधान उपवाक्य है।

आश्रित उपवाक्यों को पहचानना अत्यन्त सरल है। जो उपवाक्य कि, जिससे कि, ताकि, ज्यों ही, जितना, ज्यों, क्योंकि, चूँकि, यद्यपि, यदि, जब तक, जब, जहाँ तक, जहाँ, जिधर, चाहे, मानो, कितना भी आदि शब्दों से आरम्भ होते हैं वे आश्रित उपवाक्य हैं। इसके विपरीत, जो उपवाक्य इन शब्दों से आरम्भ नहीं होते वे प्रधान उपवाक्य हैं।

आश्रित उपवाक्य तीन प्रकार के होते हैं। जिनकी पहचान निम्न प्रकार से की जा सकती है

(i) **संज्ञा उपवाक्य** संज्ञा उपवाक्य का प्रारम्भ **कि** से होता है।

(ii) **विशेषण उपवाक्य** विशेषण उपवाक्य का प्रारम्भ **जो** अथवा इसके किसी रूप (जिसे, जिसको, जिसने, जिनको आदि) से होता है।

(iii) **क्रिया विशेषण उपवाक्य** क्रिया-विशेषण उपवाक्य का प्रारम्भ 'जब', 'जहाँ', 'जैसे' आदि से होता है।

वाक्यों का रूपान्तरण

किसी वाक्य में अर्थ परिवर्तन किए बिना उसकी संरचना में परिवर्तन की प्रक्रिया वाक्यों का रूपान्तरण कहलाती है। एक प्रकार के वाक्य को दूसरे प्रकार के वाक्यों में बदलना वाक्य परिवर्तन या वाक्य रचनान्तरण कहलाता है।

वाक्य परिवर्तन की प्रक्रिया में इस बात का विशेष ध्यान रखना चाहिए कि वाक्य का केवल प्रकार बदला जाए, उसका अर्थ या काल आदि नहीं।

वाक्य परिवर्तन करते समय ध्यान रखने योग्य बातें

वाक्य परिवर्तन करते समय निम्नलिखित बातें ध्यान रखनी चाहिए

- केवल वाक्य रचना बदलनी चाहिए, अर्थ नहीं।
- सरल वाक्यों को मिश्र या संयुक्त वाक्य बनाते समय कुछ शब्द या सम्बन्धबोधक अव्यय अथवा योजक आदि से जोड़ना।
  जैसे– क्योंकि, कि, और, इसलिए, तब आदि।
- संयुक्त/मिश्र वाक्यों को सरल वाक्यों में बदलते समय योजक शब्दों या सम्बन्धबोधक अव्ययों का लोप करना।

सरल वाक्य से मिश्र वाक्य में परिवर्तन

- लड़के ने अपना दोष मान लिया। *(सरल वाक्य)*
  लड़के ने माना कि दोष उसका है। *(मिश्र वाक्य)*
- राम मुझसे घर आने को कहता है। *(सरल वाक्य)*
  राम मुझसे कहता है कि मेरे घर आओ। *(मिश्र वाक्य)*
- मैं तुम्हारे साथ खेलना चाहता हूँ। *(सरल वाक्य)*
  मैं चाहता हूँ कि तुम्हारे साथ खेलूँ। *(मिश्र वाक्य)*
- आप अपनी समस्या बताएँ। *(सरल वाक्य)*
  आप बताएँ कि आपकी समस्या क्या है? *(मिश्र वाक्य)*
- मुझे पुरस्कार मिलने की आशा है। *(सरल वाक्य)*
  आशा है कि मुझे पुरस्कार मिलेगा। *(मिश्र वाक्य)*
- महेश सेना में भर्ती होने योग्य नहीं है। *(सरल वाक्य)*
  महेश इस योग्य नहीं है कि सेना में भर्ती हो सके। *(मिश्र वाक्य)*
- राम के आने पर मोहन जाएगा। *(सरल वाक्य)*
  जब राम जाएगा, तब मोहन आएगा। *(मिश्र वाक्य)*
- मेरे बैठने की जगह कहाँ है? *(सरल वाक्य)*
  वह जगह कहाँ है, जहाँ मैं बैठूँ? *(मिश्र वाक्य)*
- मैं तुम्हारे साथ व्यापार करना चाहता हूँ। *(सरल वाक्य)*
  मैं चाहता हूँ कि तुम्हारे साथ व्यापार करूँ। *(मिश्र वाक्य)*
- श्याम ने आगरा जाने के लिए टिकट लिया। *(सरल वाक्य)*
  श्याम ने टिकट लिया, ताकि वह आगरा जा सके। *(मिश्र वाक्य)*
- मैंने एक घायल हिरन देखा। *(सरल वाक्य)*
  मैंने एक हिरण देखा, जो घायल था। *(मिश्र वाक्य)*
- मुझे उस कर्मचारी की कर्तव्यनिष्ठा पर सन्देह है। *(सरल वाक्य)*
  मुझे सन्देह है कि वह कर्मचारी कर्तव्यनिष्ठ है। *(मिश्र वाक्य)*
- बुद्धिमान व्यक्ति किसी से झगड़ा नहीं करता है। *(सरल वाक्य)*
  जो व्यक्ति बुद्धिमान है, वह किसी से झगड़ा नहीं करता है। *(मिश्र वाक्य)*
- यह किसी बहुत बुरे आदमी का काम है। *(सरल वाक्य)*
  वह कोई बुरा आदमी है, जिसने यह काम किया है। *(मिश्र वाक्य)*
- न्यायाधीश ने कैदी को हाज़िर करने का आदेश दिया। *(सरल वाक्य)*
  न्यायाधीश ने आदेश दिया कि कैदी हाज़िर किया जाए। *(मिश्र वाक्य)*

सरल वाक्य से संयुक्त वाक्य में परिवर्तन

- पैसा साध्य न होकर साधन है। *(सरल वाक्य)*
  पैसा साध्य नहीं है, किन्तु साधन है। *(संयुक्त वाक्य)*
- अपने गुणों के कारण उसका सब जगह आदर-सत्कार होता था। *(सरल वाक्य)*
  उसमें गुण थे इसलिए उसका सब जगह आदर-सत्कार होता था। *(संयुक्त वाक्य)*
- दोनों में से कोई काम पूरा नहीं हुआ। *(सरल वाक्य)*
  न एक काम पूरा हुआ न दूसरा। *(संयुक्त वाक्य)*

- पंगु होने के कारण वह घोड़े पर नहीं चढ़ सकता। *(सरल वाक्य)*
  वह पंगु है इसलिए घोड़े पर नहीं चढ़ सकता। *(संयुक्त वाक्य)*
- परिश्रम करके सफलता प्राप्त करो। *(सरल वाक्य)*
  परिश्रम करो और सफलता प्राप्त करो। *(संयुक्त वाक्य)*
- रमेश दण्ड के भय से झूठ बोलता रहा। *(सरल वाक्य)*
  रमेश को दण्ड का भय था, इसलिए वह झूठ बोलता रहा। *(संयुक्त वाक्य)*
- वह खाना खाकर सो गया। *(सरल वाक्य)*
  उसने खाना खाया और सो गया। *(संयुक्त वाक्य)*
- उसने गलत काम करके अपयश कमाया। *(सरल वाक्य)*
  उसने गलत काम किया और अपयश कमाया। *(संयुक्त वाक्य)*

संयुक्त वाक्य से सरल वाक्य में परिवर्तन

- सूर्योदय हुआ और कुहासा जाता रहा। *(संयुक्त वाक्य)*
  सूर्योदय होने पर कुहासा जाता रहा। *(सरल वाक्य)*
- जल्दी चलो, नहीं तो पकड़े जाओगे। *(संयुक्त वाक्य)*
  जल्दी न चलने पर पकड़े जाओगे। *(सरल वाक्य)*
- वह धनी है पर लोग ऐसा नहीं समझते। *(संयुक्त वाक्य)*
  लोग उसे धनी नहीं समझते। *(सरल वाक्य)*
- वह अमीर है फिर भी सुखी नहीं है। *(संयुक्त वाक्य)*
  वह अमीर होने पर भी सुखी नहीं है। *(सरल वाक्य)*
- बाँस और बाँसुरी दोनों नहीं रहेंगे। *(संयुक्त वाक्य)*
  न रहेगा बाँस न बजेगी बाँसुरी। *(सरल वाक्य)*
- राजकुमार ने भाई को मार डाला और स्वयं राजा बन गया। *(संयुक्त वाक्य)*
  भाई को मारकर राजकुमार राजा बन गया। *(सरल वाक्य)*

मिश्र वाक्य से सरल वाक्य में परिवर्तन

- ज्यों ही मैं वहाँ पहुँचा, त्यों ही घण्टा बजा। *(मिश्र वाक्य)*
  मेरे वहाँ पहुँचते ही घण्टा बजा। *(सरल वाक्य)*
- यदि पानी न बरसा, तो सूखा पड़ जाएगा। *(मिश्र वाक्य)*
  पानी न बरसने पर सूखा पड़ जाएगा। *(सरल वाक्य)*
- उसने कहा कि मैं निर्दोष हूँ। *(मिश्र वाक्य)*
  उसने अपने को निर्दोष बताया। *(सरल वाक्य)*
- यह निश्चित नहीं है कि वह कब आएगा? *(मिश्र वाक्य)*
  उसके आने का समय निश्चित नहीं है। *(सरल वाक्य)*
- जब तुम लौटकर आओगे, तब मैं जाऊँगा। *(मिश्र वाक्य)*
  तुम्हारे लौटकर आने पर, मैं जाऊँगा। *(सरल वाक्य)*
- जहाँ राम रहता है, वहीं श्याम भी रहता है। *(मिश्र वाक्य)*
  राम और श्याम साथ ही रहते हैं। *(सरल वाक्य)*
- आशा है कि वह साफ बच जाएगा। *(मिश्र वाक्य)*
  उसके साफ बच जाने की आशा है। *(सरल वाक्य)*

मिश्र वाक्य से संयुक्त वाक्य में परिवर्तन

- वह उस स्कूल में पढ़ा, जो उसके गाँव के निकट था। *(मिश्र वाक्य)*
  वह स्कूल में पढ़ा और वह स्कूल उसके गाँव के निकट था। *(संयुक्त वाक्य)*
- मुझे वह पुस्तक मिल गई है, जो खो गई थी। *(मिश्र वाक्य)*
  वह पुस्तक खो गई थी, परन्तु मुझे मिल गई है। *(संयुक्त वाक्य)*
- जैसे ही उसे तार मिला, वह घर से चल पड़ा। *(मिश्र वाक्य)*
  उसे तार मिला और वह तुरन्त घर से चल पड़ा। *(संयुक्त वाक्य)*
- काम समाप्त हो जाए, तो जा सकते हो। *(मिश्र वाक्य)*
  काम समाप्त करो और जाओ। *(संयुक्त वाक्य)*
- मुझे विश्वास है कि दोष तुम्हारा है। *(मिश्र वाक्य)*
  दोष तुम्हारा है और इसका मुझे विश्वास है। *(संयुक्त वाक्य)*
- आश्चर्य है कि वह हार गया। *(मिश्र वाक्य)*
  वह हार गया, परन्तु यह आश्चर्य है। *(संयुक्त वाक्य)*
- जैसा बोओगे, वैसा काटोगे। *(मिश्र वाक्य)*
  जो जैसा बोएगा, वैसा ही काटेगा। *(संयुक्त वाक्य)*

संयुक्त वाक्य से मिश्र वाक्य में परिवर्तन

- काम पूरा कर डालो, नहीं तो जुर्माना होगा। *(संयुक्त वाक्य)*
  यदि काम पूरा नहीं करोगे, तो जुर्माना होगा। *(मिश्र वाक्य)*
- इस समय सर्दी है, इसलिए कोट पहन लो। *(संयुक्त वाक्य)*
  क्योंकि इस समय सर्दी है, इसलिए कोट पहन लो। *(मिश्र वाक्य)*
- वह मरणासन्न था, इसलिए मैंने उसे क्षमा कर दिया। *(संयुक्त वाक्य)*
  मैंने उसे क्षमा कर दिया, क्योंकि वह मरणासन्न था। *(मिश्र वाक्य)*
- वक्त निकल जाता है, पर बात याद रहती है। *(संयुक्त वाक्य)*
  भले ही वक्त निकल जाता है, फिर भी बात याद रहती है। *(मिश्र वाक्य)*
- जल्दी तैयार हो जाओ, नहीं तो बस चली जाएगी। *(संयुक्त वाक्य)*
  यदि जल्दी तैयार नहीं होओगे, तो बस चली जाएगी। *(मिश्र वाक्य)*
- इसकी तलाशी लो और घड़ी मिल जाएगी। *(संयुक्त वाक्य)*
  यदि इसकी तलाशी लोगे, तो घड़ी मिल जाएगी। *(मिश्र वाक्य)*
- सुरेश या तो स्वयं आएगा या तार भेजेगा। *(संयुक्त वाक्य)*
  यदि सुरेश स्वयं न आया तो तार भेजेगा। *(मिश्र वाक्य)*

विधानवाचक वाक्य से निषेधवाचक वाक्य में परिवर्तन

- यह प्रस्ताव सभी को मान्य है। *(विधानवाचक वाक्य)*
  इस प्रस्ताव के विरोधाभास में कोई नहीं है। *(निषेधवाचक वाक्य)*
- तुम असफल हो जाओगे। *(विधानवाचक वाक्य)*
  तुम सफल नहीं हो पाओगे। *(निषेधवाचक वाक्य)*
- शेरशाह सूरी एक बहादुर बादशाह था। *(विधानवाचक वाक्य)*
  शेरशाह सूरी से बहादुर कोई बादशाह नहीं था। *(निषेधवाचक वाक्य)*
- रमेश सुरेश से बड़ा है। *(विधानवाचक वाक्य)*
  रमेश सुरेश से छोटा नहीं है। *(निषेधवाचक वाक्य)*

- शेर गुफा के अन्दर रहता है। *(विधानवाचक वाक्य)*
  शेर गुफा के बाहर नहीं रहता है। *(निषेधवाचक वाक्य)*
- मुझे सन्देह हुआ कि यह पत्र आपने लिखा। *(विधानवाचक वाक्य)*
  मुझे विश्वास नहीं हुआ कि यह पत्र आपने लिखा। *(निषेधवाचक वाक्य)*
- मुगल शासकों में अकबर श्रेष्ठ था। *(विधानवाचक वाक्य)*
  मुगल शासकों में अकबर से बढ़कर कोई नहीं था। *(निषेधवाचक वाक्य)*

8. निश्चयवाचक वाक्य से प्रश्नवाचक वाक्य में परिवर्तन

- आपका भाई यहाँ नहीं है। *(निश्चयवाचक)*
  आपका भाई कहाँ है? *(प्रश्नवाचक)*
- किसी पर भरोसा नहीं किया जा सकता। *(निश्चयवाचक)*
  किस पर भरोसा किया जाए? *(प्रश्नवाचक)*
- गांधीजी का नाम सबने सुन रखा है। *(निश्चयवाचक)*
  गांधीजी का नाम किसने नहीं सुना? *(प्रश्नवाचक)*
- तुम्हारी पुस्तक मेरे पास नहीं है। *(निश्चयवाचक)*
  तुम्हारी पुस्तक मेरे पास कहाँ है? *(प्रश्नवाचक)*
- तुम किसी न किसी तरह उत्तीर्ण हो गए। *(निश्चयवाचक)*
  तुम कैसे उत्तीर्ण हो गए? *(प्रश्नवाचक)*
- अब तुम बिलकुल स्वस्थ हो गए हो। *(निश्चयवाचक)*
  क्या तुम अब बिलकुल स्वस्थ हो गए हो? *(प्रश्नवाचक)*
- यह एक अनुकरणीय उदाहरण है। *(निश्चयवाचक)*
  क्या यह अनुकरणीय उदाहरण नहीं है? *(प्रश्नवाचक)*

9. विस्मयादिबोधक वाक्य से विधानवाचक वाक्य में परिवर्तन

- वाह! कितना सुन्दर नगर है! *(विस्मयादिबोधक)*
  बहुत ही सुन्दर नगर है! *(विधानवाचक वाक्य)*
- काश! मैं जवान होता। *(विस्मयादिबोधक)*
  मैं चाहता हूँ कि मैं जवान होता। *(विधानवाचक वाक्य)*
- अरे! तुम फेल हो गए। *(विस्मयादिबोधक)*
  मुझे तुम्हारे फेल होने से आश्चर्य हो रहा है। *(विधानवाचक वाक्य)*
- ओ हो! तुम खूब आए। *(विस्मयादिबोधक)*
  मुझे तुम्हारे आगमन से अपार खुशी है। *(विधानवाचक वाक्य)*
- कितना क्रूर! *(विस्मयादिबोधक)*
  वह अत्यन्त क्रूर है। *(विधानवाचक वाक्य)*
- क्या! मैं भूल कर रहा हूँ! *(विस्मयादिबोधक)*
  मैं तो भूल नहीं कर रहा। *(विधानवाचक वाक्य)*
- हाँ हाँ! सब ठीक है। *(विस्मयादिबोधक)*
  मैं अपनी बात का अनुमोदन करता हूँ। *(विधानवाचक वाक्य)*

अभ्यास प्रश्न

1. वाक्यों का वर्गीकरण कितने आधारों पर किया गया है?
(a) दो (b) तीन (c) चार (d) पाँच

2. जिन वाक्यों में एक उद्देश्य तथा एक ही विधेय होता है, उसे कहते हैं
(a) एकल वाक्य (b) सरल वाक्य
(c) मिश्र वाक्य (d) संयुक्त वाक्य

3. मिश्र वाक्य कहते हैं
(a) जिनमें एक कर्ता और एक ही क्रिया होती है
(b) जिनमें एक से अधिक प्रधान उपवाक्य हों और वे संयोजक अव्यय द्वारा जुड़े हों
(c) जिनमें एक साधारण वाक्य तथा उसके अधीन दूसरा उपवाक्य हो
(d) उपरोक्त में से कोई नहीं

4. जिन वाक्यों में एक-से-अधिक प्रधान उपवाक्य हों और वे संयोजक अव्यय द्वारा जुड़े हों, उसे कहते हैं
(a) विधिवाचक (b) सरल वाक्य
(c) मिश्र वाक्य (d) संयुक्त वाक्य

5. वाक्य के गुणों में सम्मिलित नहीं है
(a) लयबद्धता (b) सार्थकता
(c) क्रमबद्धता (d) आकांक्षा

6. 'नाव में नदी है'—इस वाक्य में किस वाक्य गुण का अभाव है?
(a) आकांक्षा (b) क्रम
(c) योग्यता (d) आसक्ति

7. वाक्य गुण 'आकांक्षा' का अर्थ है
(a) भावबोध की क्षमता (b) सार्थकता
(c) श्रोता की जिज्ञासा (d) व्याकरणानुकूल

8. वाक्य गुण 'आसक्ति' का अर्थ है
(a) व्याकरणानुकूल (b) क्रमबद्धता
(c) योग्यता (d) समीपता

9. अर्थ के आधार पर वाक्य कितने प्रकार के होते हैं?
(a) आठ (b) दस (c) तीन (d) चार

10. जिन वाक्यों से किसी कार्य या बात करने का बोध होता है, उन्हें कहते हैं
(a) आज्ञावाचक (b) विधानवाचक
(c) इच्छावाचक (d) संकेतवाचक

11. जिन वाक्यों से किसी बात या कार्य न होने का बोध होता है, उन्हें कहते हैं
(a) आज्ञावाचक (b) विस्मयवाचक
(c) निषेधवाचक (d) संकेतवाचक

12. 'श्याम स्कूल जाओ'-वाक्य है
(a) विधानवाचक (b) निषेधवाचक
(c) संकेतवाचक (d) आज्ञावाचक

13. जिस वाक्य से आश्चर्य का बोध हो, उसे कहेंगे
(a) विस्मयवाचक (विस्मयादिबोधक)
(b) सन्देहवाचक
(c) इच्छावाचक
(d) प्रश्नवाचक

14. 'अहा! कितना सुन्दर दृश्य है'—वाक्य किस प्रकार का है?
(a) निषेधवाचक (b) विस्मयवाचक
(c) इच्छावाचक (d) आज्ञावाचक

15. 'रमेश पढ़ा-लिखा है या नहीं'—वाक्य है
(a) विधानवाचक (b) इच्छावाचक
(c) सन्देहवाचक (d) आज्ञावाचक

16. जिन वाक्यों से किसी प्रकार की इच्छा या कामना का बोध होता है, उसे कहते हैं
(a) संकेतवाचक (b) सन्देहवाचक (c) विधानवाचक (d) इच्छावाचक

17. 'आपका भविष्य उज्ज्वल हो'—वाक्य है
(a) इच्छावाचक (b) आज्ञावाचक
(c) विधानवाचक (d) संकेतवाचक

18. 'जो पढ़ेगा वह उत्तीर्ण होगा'—वाक्य है
(a) सन्देहवाचक (b) संकेतवाचक
(c) आज्ञावाचक (d) विधानवाचक

19. निम्न में से कौन-सा वाक्य मिश्र वाक्य नहीं है?
(a) मैंने एक पुस्तक खरीदी जो नई है।
(b) यह वही बच्चा है जिसे बैल ने मारा।
(c) एक विज्ञान गोष्ठी हुई जिसमें अनेक वक्ता बोले।
(d) वह परिश्रमी ही नहीं वरन् ईमानदार भी है।

20. सरल वाक्य है।
(a) उसके आने का समय निश्चित नहीं है।
(b) मुझे बताओ कि तुम कहाँ रहते हो।
(c) वह घर पर मिलेगा, तो मैं अवश्य बात करूँगा।
(d) उपरोक्त में से कोई नहीं

21. इनमें से मिश्र वाक्य कौन है?
(a) यौवन चरित्र निर्माण का समय है।
(b) जो लोग स्वस्थ रहते हैं, उन्हें वैद्य के पास नहीं जाना पड़ता।
(c) करो या मरो।
(d) उपरोक्त में से कोई नहीं

22. संयुक्त वाक्य पहचानिए
(a) उत्तर देने का यह ढंग ठीक नहीं है
(b) उसे गर्व है कि वह उच्चकुल में पैदा हुआ
(c) दवा लो और बुखार कम हो जाएगा
(d) उपरोक्त सभी

23. इनमें से विधानवाचक वाक्य कौन है?
(a) यह एक अनुकरणीय उदाहरण नहीं है।
(b) इस बात से किसी को इनकार नहीं है।
(c) मुझे कौन वोट नहीं देगा?
(d) यह बात सभी को स्वीकार्य है।

24. 'शायद' में भी वाक्य है
(a) सन्देहवाचक (b) संकेतवाचक
(c) इच्छार्थक (d) विधानवाचक

25. वाक्य के घटक या अंग होते हैं
(a) उद्‌देश्य और विधेय (b) कर्ता और क्रिया
(c) कर्म और क्रिया (d) कर्म और विशेषण

26. भाववाच्य वाला वाक्य इनमें से कौन-सा है?
(a) मालती खाना खाती है (b) रमेश खाना खा सकता है
(c) हिमेश से दौड़ा नहीं जाता (d) रक्षा दौड़ नहीं सकती

27. निम्नलिखित में से क्रिया-विशेषण उपवाक्य है
(a) मेरे पास एक गुड़िया है जो नाचती है
(b) मेरी इच्छा है कि मैं एक उपन्यास लिखूँ
(c) जब बारिश हो रही थी तब मैं घर में था
(d) कविता ने कहा कि सुनीता ने शादी कर ली

28. हाथी जंगल में रहते हैं—यह वाक्य है
(a) विधानवाचक (b) अनिश्चयवाचक
(c) निषेधवाचक (d) प्रश्नवाचक

29. वह हार गया परन्तु यह आश्चर्य है—यह वाक्य है
(a) मिश्र वाक्य (b) सरल वाक्य
(c) संयुक्त वाक्य (d) इनमें से कोई नहीं

30. निम्नलिखित में से इच्छार्थक वाक्य है
(a) सौरभ को बुलाओ (b) तुम्हारा मंगल हो
(c) तुमने सुना होगा (d) आज विद्यालय में अवकाश है

31. मैं आपसे सहमत नहीं हूँ—वाक्य है
(a) विधानवाचक (b) इच्छावाचक (c) सन्देहवाचक (d) निषेधवाचक

32. जो परिश्रम करेगा, वह सफल होगा–वाक्य है
(a) संकेतवाचक (b) सन्देहवाचक
(c) विधानवाचक (d) विस्मयवाचक

33. आपके अवकाश का क्या हुआ? कैसा वाक्य है?
(a) सन्देहवाचक (b) प्रश्नवाचक
(c) इच्छावाचक (d) विधिवाचक

34. राकेश आया होगा—वाक्य है
(a) विस्मयवाचक (b) इच्छावाचक
(c) सन्देहवाचक (d) संकेतवाचक

35. "जो गरीबों की सहायता करते हैं वे धर्मात्मा होते हैं"—वाक्य है
(a) सरल वाक्य (b) मिश्र वाक्य
(c) संयुक्त वाक्य (d) इनमें से कोई नहीं

36. विस्मयवाचक वाक्य का चयन कीजिए
(a) मधुर भाषण वाणी का तप है
(b) कटु वचन मन को आहत करता है
(c) छिः! कितनी गन्दी बात है
(d) गन्दगी सदैव हानिकारक है

37. आज्ञावाचक वाक्य को चिह्नित कीजिए
(a) उसने दरवाजा खोला
(b) उसके द्वारा दरवाजा खोला गया
(c) जल्दी दरवाजा खोलो
(d) क्या वह दरवाजा खोल पाएगा?

38. मिश्र वाक्य को चिह्नित कीजिए
(a) आपने ऐसा क्यों किया?
(b) उसने कहा कि आज छुट्टी हो जाएगी।
(c) वाह! आप एम.पी. हो गए।
(d) बालक आया और मेरे पास बैठ गया।

39. संकेतवाचक वाक्य चुनिए
(a) ईश्वर सर्वशक्तिमान है।
(b) ईश्वर का वास प्रत्येक हृदय में है।
(c) ईश्वर करे आप जल्दी स्वस्थ हो जाएँ।
(d) ईश्वर की माया कहीं धूप कहीं छाया।

40. मयंक सुन्दर है, वह हँसमुख भी है—इस वाक्य का सरल वाक्य में रूपान्तर होगा
(a) मयंक सुन्दर है तथा हँसमुख भी है।
(b) मयंक सुन्दर है, लेकिन हँसमुख है।
(c) मयंक सुन्दर और हँसमुख है।
(d) मयंक सुन्दर भी है और हँसमुख भी।

41. छात्रों ने परिश्रम किया, वे उत्तीर्ण हो गए—इस वाक्य का 'मिश्र वाक्य' में रूपान्तरण होगा
(a) छात्रों ने परिश्रम किया और उत्तीर्ण हो गए।
(b) परिश्रम करने वाले छात्र उत्तीर्ण हो गए।
(c) जिन छात्रों ने परिश्रम किया वे उत्तीर्ण हो गए।
(d) छात्र परिश्रम करके उत्तीर्ण हो गए।

42. ''वह लाचार है, क्योंकि वह अन्धा है।'' इस वाक्य में कौन-सा अव्यय है?
(a) संकेतवाचक
(b) कारणवाचक
(c) परिणामवाचक
(d) सम्बन्धवाचक

उत्तरमाला

1.	(a)	2.	(b)	3.	(c)	4.	(d)	5.	(a)	6.	(b)	7.	(c)	8.	(d)	9.	(a)	10.	(b)
11.	(c)	12.	(d)	13.	(a)	14.	(b)	15.	(c)	16.	(d)	17.	(a)	18.	(b)	19.	(d)	20.	(a)
21.	(b)	22.	(c)	23.	(d)	24.	(a)	25.	(a)	26.	(c)	27.	(c)	28.	(a)	29.	(c)	30.	(b)
31.	(d)	32.	(a)	33.	(b)	34.	(c)	35.	(b)	36.	(c)	37.	(c)	38.	(b)	39.	(c)	40.	(c)
41.	(c)	42.	(b)																

अध्याय 06

विराम-चिह्न

विराम का अर्थ है—रुकना या ठहरना। वक्ता अपने भावों व विचारों को व्यक्त करते समय वाक्य के अन्त में या कभी-कभी बीच में ही साँस लेने के लिए रुकता है, इसे ही विराम कहते हैं। इस प्रकार की रुकावट या विराम साँस लेने के अतिरिक्त अर्थ की स्पष्टता के लिए भी आवश्यक है।

लिखने में रुकावट या विराम के स्थानों को जिन चिह्नों द्वारा प्रकट किया जाता है, उन्हें विराम-चिह्न कहते हैं। इनके प्रयोग से वक्ता के अभिप्राय में अधिक स्पष्टता का बोध होता है। इनके अनुचित प्रयोग से अर्थ का अनर्थ भी हो जाता है; जैसे—

''कल रात एक नवयुवक मेरे पास पैरों में मोजे और जूते, सिर पर टोपी, हाथ में छड़ी, मुँह में सिगार और कुत्ता पीछे-पीछे लिए आया''।

''कल रात एक नवयुवक मेरे पास, पैरों में मोजे और जूते सिर पर, टोपी हाथ में, छड़ी मुँह में, सिगार और कुत्ता पीछे-पीछे लिए आया।''

विराम-चिह्नों के बदलने से वाक्य का अर्थ भी बदल जाता है; जैसे—

- उसे रोको मत, जाने दो।

  उसे रोको, मत जाने दो।

उन्नीसवीं शताब्दी में पूर्वार्द्ध तक हिन्दी तथा अन्य भारतीय भाषाओं में विराम-चिह्नों के रूप में एक पाई (।) दो पाई (।।) का प्रयोग होता था। कलकत्ता में फोर्ट विलियम कॉलेज की स्थापना के बाद अंग्रेज़ों के सम्पर्क में आने के कारण उन्नीसवीं शताब्दी के अन्त तक अंग्रेज़ी के ही बहुत से विराम-चिह्न हिन्दी में आ गए। बीसवीं शताब्दी के आरम्भ से हिन्दी में विरामादि चिह्नों का व्यवस्थित प्रयोग होने लगा और आज हिन्दी व्याकरण में उन्हें पूर्ण मान्यता प्राप्त है।

हिन्दी में निम्नलिखित विराम-चिह्नों का प्रयोग होता है

नाम	चिह्न
पूर्ण विराम-चिह्न (Sign of full-stop)	।
अर्द्ध विराम-चिह्न (Sign of semi-colon)	;
अल्प विराम-चिह्न (Sign of comma)	,
प्रश्नवाचक चिह्न (Sign of interrogation)	?
विस्मयादिबोधक चिह्न (Sign of exclamation)	!
उद्धरण चिह्न (Sign of inverted commas)	(" ") (" ")
निर्देशक या रेखिका चिह्न (Sign of dash)	—
विवरण चिह्न (Sign of colon dash)	:–
अपूर्ण विराम-चिह्न (Sign of colon)	:
योजक विराम-चिह्न (Sign of hyphen)	-
कोष्ठक (Brackets)	() {} []
संक्षेपसूचक चिह्न (Sign of abbreviation)	o/,/.
लोपसूचक चिह्न (Sign of elimination)	+ × + × + /..../----
प्रतिशत चिह्न (Sign of percentage)	%
समानतासूचक चिह्न (Sign of equality)	=
तारक चिह्न/पाद-टिप्पणी चिह्न (Sign of foot note)	*
त्रुटि चिह्न (Sign of error; indicator)	^

विराम-चिह्नों का प्रयोग

नीचे दिए गए विराम-चिह्नों का प्रयोग हिन्दी भाषा में निम्न प्रकार किया जाता है—

पूर्ण विराम का प्रयोग (।)

पूर्ण विराम का अर्थ है भली-भाँति ठहरना। सामान्यत: पूर्ण विराम का प्रयोग निम्नलिखित स्थितियों में होता है

(i) प्रश्नवाचक और विस्मयादिबोधक वाक्यों को छोड़कर शेष सभी वाक्यों के अन्त में पूर्ण विराम का प्रयोग होता है; जैसे—

- यह पुस्तक अच्छी है।
- गीता खेलती है।
- बालक लिखता है।

(ii) किसी व्यक्ति या वस्तु का सजीव वर्णन करते समय वाक्यांशों के अन्त में भी पूर्ण विराम का प्रयोग होता है; जैसे—

- गोरा बदन।
  स्फूर्तिमय काया।
  मदमाते नेत्र।
  भोली चितवन।
  चपल अल्हड़ गति।

(iii) प्राचीन भाषा के पद्यों में अर्द्धाली के पश्चात् पूर्ण विराम का प्रयोग होता है; जैसे—

- परहित सरिस धरम नहिं भाई।
  परपीड़ा सम नहिं अधमाई।।

अर्द्ध विराम का प्रयोग (;)

अर्द्ध विराम का अर्थ है—आधा विराम। जहाँ पूर्ण विराम की तुलना में कम रुकना होता है, वहाँ अर्द्ध विराम का प्रयोग होता है। सामान्यत: अर्द्ध विराम का प्रयोग निम्नलिखित स्थितियों में होता है

(i) जहाँ संयुक्त वाक्यों के मुख्य उपवाक्यों में परस्पर विशेष सम्बन्ध नहीं होता है, वहाँ अर्द्ध विराम द्वारा उन्हें अलग किया जाता है; जैसे—

- उसने अपने माल को बचाने के लिए अनेक उपाय किए; परन्तु वे सब निष्फल हुए।

(ii) मिश्र वाक्यों में प्रधान वाक्य के साथ पार्थक्य प्रकट करने के लिए अर्द्ध विराम का प्रयोग किया जाता है; जैसे—

- जब मेरे पास रुपये होंगे; तब मैं आपकी सहायता करूँगा।

(iii) अनेक उपाधियों को एक साथ लिखने में, उनमें पार्थक्य प्रकट करने के लिए इसका प्रयोग होता है; जैसे—

- डॉ. अशोक जायसवाल, एम.ए.; पी.एच.डी.; डी.लिट्.।

अल्प विराम का प्रयोग (,)

अल्प विराम का अर्थ है—न्यून ठहराव। वाक्य में जहाँ बहुत ही कम ठहराव होता है, वहाँ अल्प विराम का प्रयोग होता है। इस चिह्न का प्रयोग सर्वाधिक होता है। सामान्यत: अल्प विराम का प्रयोग निम्नलिखित स्थितियों में होता है

(i) जहाँ एक तरह के कई शब्द, वाक्यांश या वाक्य एक साथ आते हैं, तो उनके बीच अल्प विराम का प्रयोग होता है; जैसे—

- रमेश, सुरेश, महेश और वीरेन्द्र घूमने गए।

(ii) जहाँ भावातिरेक के कारण शब्दों की पुनरावृत्ति होती है, वहाँ अल्प विराम का प्रयोग होता है; जैसे—

- सुनो, सुनो, ध्यान से सुनो, कोई गा रहा है।

(iii) सम्बोधन के समय जिसे सम्बोधित किया जाता है, उसके बाद अल्प विराम का प्रयोग होता है; जैसे—

- वीरेन्द्र, तुम यहीं ठहरो।

(iv) जब हाँ अथवा नहीं को शेष वाक्य से पृथक् किया जाता है, तो उसके बाद अल्प विराम का प्रयोग होता है; जैसे—

- हाँ, मैं कविता करूँगा।

(v) पर, परन्तु, इसलिए, अत:, क्योंकि, बल्कि, तथापि, जिससे आदि के पूर्व अल्प विराम का प्रयोग होता है; जैसे—

- वह विद्यालय न जा सका, क्योंकि अस्वस्थ था।

(vi) उद्धरण से पूर्व अल्प विराम का प्रयोग होता है; जैसे—

- राम ने श्याम से कहा, "अपना काम करो।"

(vii) यह, वह, तब, तो, और, अब, आदि के लोप होने पर वाक्य में अल्प विराम का प्रयोग होता है; जैसे—

- जब जाना ही है, जाओ।

(viii) बस, वस्तुत:, अच्छा, वास्तव में आदि से आरम्भ होने वाले वाक्यों में इनके पश्चात् अल्प विराम का प्रयोग होता है; जैसे—

- वास्तव में, मनोबल सफलता की कुंजी है।

(ix) तारीख के साथ महीने का नाम लिखने के बाद तथा सन्, संवत् के पूर्व अल्प विराम का प्रयोग किया जाता है; जैसे—

- 2 अक्टूबर, सन् 1869 ई. को गांधी जी का जन्म हुआ।

(x) अंकों को लिखते समय भी अल्प विराम का प्रयोग किया जाता है; जैसे (—) 5, 6, 7, 8, 10, 20, 30, 40, 50, 60, 70, 80, 90, 100, 1000 आदि।

प्रश्नवाचक चिह्न का प्रयोग (?)

जब किसी वाक्य में प्रश्नात्मक भाव हो, उसके अन्त में प्रश्नवाचक चिह्न (?) लगाया जाता है। प्रश्नवाचक चिह्न का प्रयोग निम्नलिखित स्थितियों में होता है

(i) प्रश्नवाचक चिह्न का प्रयोग प्रश्नवाचक वाक्यों के अन्त में किया जाता है; जैसे—

- तुम्हारा क्या नाम है?

(ii) प्रश्नवाचक चिह्न का प्रयोग अनिश्चय की स्थिति में किया जाता है; जैसे—

- आप सम्भवत: दिल्ली के निवासी हैं?

(iii) व्यंग्य करने की स्थिति में भी प्रश्नवाचक चिह्न का प्रयोग होता है; जैसे—

- घूसखोरी नौकरशाही की सबसे बड़ी देन है, है न?

(iv) जहाँ शुद्ध-अशुद्ध का सन्देह उत्पन्न हो, तो उस पर या उसकी बगल में कोष्ठक लगाकर उसके अन्तर्गत प्रश्नवाचक चिह्न लगा दिया जाता है; जैसे—

- हिन्दी की पहली कहानी 'ग्यारह वर्ष का समय' (?) मानी जाती है।

ऐसे वाक्य जिनमें प्रश्नवाचक चिह्न का प्रयोग नहीं होता

अप्रत्यक्ष कथन वाले प्रश्नवाचक वाक्यों के अन्त में प्रश्नवाचक चिह्न नहीं लगाया जाता; जैसे–

मैं यह नहीं जानता कि मैं क्या चाहता हूँ।

जिन वाक्यों में प्रश्न आज्ञा के रूप में हों, उन वाक्यों में प्रश्नवाचक चिह्न नहीं लगाया जाता है; जैसे–

मुम्बई की राजधानी बताओ।

विस्मयादिबोधक चिह्न का प्रयोग (!)

आश्चर्य, करुणा, घृणा, भय, विवाद, विस्मय आदि भावों की अभिव्यक्ति के लिए विस्मयादिबोधक चिह्न का प्रयोग होता है। इसका प्रयोग निम्नलिखित स्थितियों में होता है

(i) विस्मयादिबोधक चिह्न का प्रयोग हर्ष, घृणा, आश्चर्य आदि भावों को व्यक्त करने वाले शब्दों के साथ होता है; जैसे—

- अरे! वह अनुत्तीर्ण हो गया।
- वाह! तुम धन्य हो।

(ii) विनय, व्यंग्य, उपहास इत्यादि के व्यक्त करने वाले वाक्यों के अन्त में पूर्ण विराम के स्थान पर विस्मयादिबोधक चिह्न का प्रयोग होता है; जैसे—

- आप तो हरिश्चन्द्र हैं! (व्यंग्य)
- हे भगवान! दया करो! (विनय)
- वाह! वाह! फिर साइकिल चलाइए ! (उपहास)

उद्धरण चिह्न का प्रयोग ('....') ("....")

उद्धरण चिह्न दो प्रकार के होते हैं—इकहरे चिह्न ('....') और दोहरे चिह्न ("....") उद्धरण चिह्नों का प्रयोग निम्नलिखित स्थितियों में होता है—

(i) किसी लेख, कविता और पुस्तक इत्यादि का शीर्षक लिखने में इकहरे उद्धरण चिह्न का प्रयोग होता है; जैसे—

- मैंने तुलसीदास जी का 'रामचरितमानस' पढ़ा है।

(ii) जब किसी शब्द की विशिष्टता अथवा विलगता सूचित करनी होती है, तो इकहरे उद्धरण चिह्न का प्रयोग होता है; जैसे—

- ख़ाना का अर्थ 'घर' होता है।

(iii) उद्धरण के अन्तर्गत कोई दूसरा उद्धरण होने पर इकहरे उद्धरण चिह्न का प्रयोग होता है; जैसे—

- डॉ. वर्मा ने कहा है, "निराला जी की कविता 'वह तोड़ती पत्थर' बड़ी मार्मिक है।"

(iv) जब किसी कथन को जैसा का तैसा उद्धत करना होता है, तब दोहरे उद्धरण चिह्न का प्रयोग होता है; जैसे—

सरदार पूर्णसिंह का कथन है—

- "हल चलाने वाले और भेड़ चराने वाले स्वभाव से ही साधु होते हैं।"

निर्देशक या रेखिका का प्रयोग (—)

किसी विषय-विचार अथवा विभाग के मन्तव्य को सुस्पष्ट करने के लिए निर्देशक चिह्न या रेखिका चिह्न का प्रयोग किया जाता है। निर्देशक या रेखिका का प्रयोग निम्नलिखित स्थितियों में होता है—

(i) जब किसी कथन को जैसा का तैसा उद्धत करना होता है, तब उससे पहले रेखिका का प्रयोग किया जाता है; जैसे—

- तुलसी ने कहा है—"परहित सरिस धरम नहिं भाई।"

(ii) विवरण प्रस्तुत करने के पहले निर्देशक (रेखिका) का प्रयोग किया जाता है; जैसे—

- रचना के आधार पर शब्द तीन प्रकार के होते हैं—रूढ़, यौगिक और योगरूढ़।

(iii) जैसे, यथा और उदाहरण आदि शब्दों के बाद रेखिका का प्रयोग होता है; जैसे—

- सस्कृति को 'स' ध्वनि फ़ारसी में 'ह' हो जाती है; जैसे—असुर > अहुर।

(iv) वाक्य में टूटे हुए विचारों को जोड़ने के लिए रेखिका का प्रयोग होता है; जैसे—

- आज ऐसा लग रहा है—मैं घर पहुँच गया हूँ।

(v) किसी कविता या अन्य रचना के अन्त में रचनाकार का नाम देने से पूर्व रेखिका का प्रयोग होता है; जैसे—

- शायद समझ नहीं पाओ तुम, मैं कितना मज़बूर हूँ।
  मन है पास तुम्हारे लेकिन, रहता इतनी दूर हूँ।

–ओंकार नाथ वर्मा

(vi) संवादों को लिखने के लिए निर्देशक चिह्न का प्रयोग किया जाता है; जैसे—

- सुरेश — क्या तुम स्कूल आओगे?
- रमेश — हाँ।

विवरण चिह्न का प्रयोग (:—)

सामान्यत: विवरण चिह्न का प्रयोग निर्देशक चिह्न की भाँति ही होता है। विशेष रूप से जब किसी विवरण को प्रारम्भ करना होता है अथवा किसी कथन को विस्तार देना होता है, तब विवरण चिह्न का प्रयोग किया जाता है; जैसे—

(i) निम्नलिखित विषयों में किसी एक पर निबन्ध लिखिए :-

(क) साहित्य और समाज (ख) भाषा और व्याकरण (ग) देशाटन (घ) विज्ञान वरदान है या अभिशाप (ङ) नई कविता।

(ii) जयशंकर प्रसाद ने कहा है:—'जीवन विश्व की सम्पत्ति है।'

(iii) किसी वस्तु का सविस्तार वर्णन करने में विवरण चिह्न का प्रयोग होता है; जैसे:— इस देश में कई बड़ी-बड़ी नदियाँ हैं; जैसे:— गंगा, सिंधु, यमुना, गोदावरी आदि।

अपूर्ण विराम का प्रयोग (:)

अपूर्ण विराम चिह्न विसर्ग की तरह दो बिन्दुओं के रूप में होता है, इसलिए कभी-कभी विसर्ग का भ्रम होता है, फलत: इसका प्रयोग कम होता है। अपूर्ण विराम का स्वतन्त्र प्रयोग किसी शीर्षक को उसी के आगे स्पष्ट करने में होता है; जैसे—

- कामायनी : एक अध्ययन।
- विज्ञान : वरदान या अभिशाप

योजक चिह्न का प्रयोग (-)

योजक चिह्न का प्रयोग निम्नलिखित परिस्थितियों में किया जाता है

(i) दो विलोम शब्दों के बीच योजक चिह्न का प्रयोग होता है; जैसे—

- रात-दिन, यश-अपयश, आना-जाना।

(ii) द्वन्द्व समास के बीच योजक चिह्न का प्रयोग होता है; जैसे—

- माता-पिता, भाई-बहन, गुरु-शिष्य।

(iii) दो समानार्थी शब्दों की पुनरुक्ति के बीच में भी इसका प्रयोग होता है; जैसे—घर-घर, रात-रात, दूर-दूर।

(iv) जब विशेषण पदों का प्रयोग संज्ञा के अर्थ में होता है; जैसे—

- भूखा-प्यासा, थका-माँदा, लूला-लँगड़ा

(v) गुणवाचक विशेषण के साथ यदि सा, सी का संयोग हो, तो उनके बीच योजक-चिह्न का प्रयोग होता है; जैसे—

- छोटा-सा घर, नन्ही-सी बच्ची, बड़ा-सा कष्ट।

(vi) दो प्रथम-द्वितीय प्रेरणार्थक के योग के बीच भी योजक चिह्न का प्रयोग होता है; जैसे—

- करना-करवाना, जीतना-जितवाना, पीना-पिलवाना, खाना-खिलवाना, मरना-मरवाना।

कोष्ठक का प्रयोग ( ), { }, [ ]

कोष्ठकों का प्रयोग निम्नलिखित स्थितियों में होता है

(i) जब किसी भाव या शब्द की व्याख्या करना चाहते हैं, किन्तु उस अंश को मूल वाक्य से अलग ही रखना चाहते हैं, तो कोष्ठक का प्रयोग किया जाता है; जैसे—

- उन दिनों मैं सेठ जयदयाल हाईस्कूल (अब इण्टर कॉलेज) में हिन्दी अध्यापक था।

(ii) नाटक या एकांकी में निर्देश के लिए कोष्ठक का प्रयोग होता है; जैसे—
- (राजा का प्रवेश)
- (पटाक्षेप)

(iii) किसी वर्ग के उपवर्गों को लिखते समय वर्णों या संख्याओं को कोष्ठक में लिखा जाता है; जैसे—
- (क)(ख)
- (1) (2)
- (i) (ii)

(iv) प्राय: बड़े [ ] और मझोले { } कोष्ठकों का उपयोग गणित के कोष्ठक वाले सवालों को हल करने के लिए किया जाता है।

संक्षेपसूचक चिह्न का प्रयोग (o,.)

संक्षेपसूचक चिह्न का प्रयोग किसी नाम या शब्द के संक्षिप्त रूप के साथ होता है; जैसे—डॉक्टर के लिए (डॉ.), प्रोफेसर या प्रोपराइटर के लिए (प्रो.), पंडित के लिए (पं.), मास्टर ऑफ आर्ट्स के लिए (एम.ए.) और डॉ. ऑफ फिलॉसफी के लिए (पी-एच.डी.) आदि।

(शून्य अधिक स्थान घेरता है, अत: इसके स्थान पर बिन्दु (.) का भी प्रयोग किया जाता है।)

लोप सूचक चिह्न का प्रयोग (××××/..../----)

जब किसी अवतरण का पूरा उद्धरण न देकर कुछ अंश छोड़ दिया जाता है, तब लोप सूचक चिह्न का प्रयोग किया जाता है; जैसे—
- सच-सरासर-सच, आज देश का हर नेता ...... है।
- नेताओं की वज्र XXXX से देश का हर नागरिक त्रस्त है। मेरा यदि वश होता तो मैं इन सबको----।

प्रतिशत चिह्न का प्रयोग (%)

सौ (100) संख्या के अन्तर्गत, जिस संख्या को प्रदर्शित करना होता है, उसके आगे प्रतिशत चिह्न का प्रयोग किया जाता है; जैसे—
- सभा में 25% स्त्रियाँ थीं।
- 30% छूट के साथ पुस्तक की 50 प्रतियाँ भेज दें।

समानतासूचक/तुल्यतासूचक चिह्न का प्रयोग (=)

किसी शब्द का अर्थ अथवा भाषा के व्याकरणिक विश्लेषण में समानता सूचक चिह्न का प्रयोग किया जाता है; जैसे—
- कृतघ्न = उपकार न मानने वाला।
- तप: + वन = तपोवन।
- पुन: + जन्म = पुनर्जन्म।
- क्षिति = पृथ्वी

तारक/पाद चिह्न का प्रयोग (*)

इस चिह्न का प्रयोग किसी विषय के बारे में विशेष सूचना या निर्देश देना हो, तो ऊपर तारक चिह्न लगा दिया जाता है और फिर पृष्ठ के अधोभाग में रेखा के नीचे तारक चिह्न लगाकर उसका विवरण दिया जाता है, जिसे पाद-टिप्पणी (Foo Note) कहा जाता है; जैसे—
- रामचरितमानस * हमारे देश में अत्यन्त लोकप्रिय ग्रन्थ है।

** रामचरितमानस से हमारा तात्पर्य तुलसीदास विरचित राम-कथा पर आधारित महाकाव्य से है।*

त्रुटि चिह्न (^)

अक्षर, पद, पद्यांश या वाक्य के छूट जाने पर छूटे अंश को उस वाक्य के ऊपर लिखने हेतु वाक्य के अंश के नीचे त्रुटि चिह्न का प्रयोग किया जाता है; जैसे—
- राम ने खाना ^(नहीं) खाया।

अभ्यास प्रश्न

1. नीचे लिखे वाक्यों में से किसमें विराम-चिह्नों का सही प्रयोग हुआ है?
(a) हाँ, मैं सच कहता हूँ बाबूजी। माँ बीमार है। इसलिए मैं नहीं गया।
(b) हाँ मैं सच कहता हूँ। बाबूजी, माँ बीमार है। इसलिए मैं नहीं गया।
(c) हाँ, मैं सच कहता हूँ, बाबू जी, माँ बीमार है, इसलिए मैं नहीं गया।
(d) हाँ, मैं सच कहता हूँ, बाबू जी। माँ बीमार है इसलिए मैं नहीं गया।

2. विरामादि चिह्नों की दृष्टि से कौन-सा वाक्य शुद्ध है?
(a) पिता ने पुत्र से कहा–देर हो रही है, कब आओगे
(b) पिता ने पुत्र से कहा–देर हो रही है, कब आओगे?
(c) पिता ने पुत्र से कहा–''देर हो रही है, कब आओगे?''
(d) पिता ने पुत्र से कहा, ''देर हो रही है कब आओगे।

3. जहाँ वाक्य की गति अन्तिम रूप ले ले, विचार के तार एकदम टूट जाएँ, वहाँ किस चिह्न का प्रयोग किया जाता है?
(a) योजक (b) उद्धरण चिह्न
(c) अल्प विराम (d) पूर्ण विराम

4. किस वाक्य में विरामादि चिह्नों का सही प्रयोग हुआ है?
(a) आप मुझे नहीं जानते! महीने में मैं दो दिन ही व्यस्त रहता हूँ।
(b) आप, मुझे नहीं जानते? महीने में मैं, दो दिन ही व्यस्त रहता हूँ
(c) आप मुझे, नहीं जानते, महीने में मैं! दो दिन ही व्यस्त रहता हूँ
(d) आप मुझे नहीं, जानते; महीने में मैं दो दिन ही व्यस्त रहता हूँ?

5. किस वाक्य में विरामादि चिह्नों का सही प्रयोग हुआ है?
(a) मैं मनुष्य में, मानवता देखना चाहता हूँ। उसे देवता बनाने की मेरी इच्छा नहीं।
(b) मैं मनुष्य में मानवता देखना चाहता हूँ। उसे देवता बनाने की, मेरी इच्छा नहीं।
(c) मैं मनुष्य में मानवता, देखना चाहता हूँ। उसे देवता बनाने की मेरी इच्छा नहीं।
(d) मैं, मनुष्य में मानवता देखना चाहता हूँ। उसे देवता बनाने की मेरी इच्छा नहीं।

6. पूर्ण विराम के स्थान पर एक अन्य चिह्न भी प्रचलित है, वह है
(a) अल्प विराम (b) योजक चिह्न
(c) फुलस्टॉप (d) विवरण चिह्न

7. जब से हिन्दी में अन्तर्राष्ट्रीय अंकों 1, 2, 3, 4, 5, 6, 7, 8, 9, 0 का प्रयोग आरम्भ हुआ, तब से '।' के स्थान पर किसका प्रयोग होने लगा है?
(a) अर्द्ध विराम (b) अल्प विराम
(c) विस्मयादिबोधक (d) फुलस्टॉप

8. प्रश्नवाचक तथा विस्मयादिबोधक को छोड़कर सभी वाक्यों के अन्त में प्रयुक्त होता है
(a) पूर्ण विराम (b) अर्द्ध विराम
(c) उद्धरण चिह्न (d) विवरण चिह्न

9. किस वाक्य में विराम-चिह्नों का सही प्रयोग हुआ है?
(a) राम, मोहन, घर, पर्वत; संज्ञाएँ। यह, वह, तुम, मैं; सर्वनाम। लिखना, गाना, दौड़ना; क्रियाएँ।
(b) राम, मोहन, घर, पर्वत संज्ञाएँ; यह, वह, तुम, मैं सर्वनाम; लिखना, गाना, दौड़ना क्रियाएँ
(c) राम-मोहन, घर-पर्वत संज्ञाएँ! यह-वह-तुम-मैं सर्वनाम! लिखना-गाना-दौड़ना संज्ञाएँ।
(d) राम मोहन घर पर्वत संज्ञाएँ। यह वह तुम मैं सर्वनाम। लिखना, गाना, दौड़ना क्रियाएँ।

10. जहाँ पूर्ण विराम की अपेक्षा कम रुकना अपेक्षित हो, वहाँ ……… चिह्न का प्रयोग किया जाता है।
(a) अर्द्ध विराम (b) अल्प विराम
(c) संक्षेप चिह्न (d) कोष्ठक

11. ऐसे उपवाक्यों के बीच जो परस्पर सम्बद्ध होने पर भी स्वतन्त्र वाक्य प्रतीत होते हैं, वहाँ किस चिह्न का प्रयोग होता है?
(a) पूर्ण विराम (b) अर्द्ध विराम
(c) अल्प विराम (d) निर्देश चिह्न

12. जहाँ पर अल्प विराम के प्रयोग से भ्रान्ति होने की सम्भावना हो, वहाँ पर किस चिह्न का प्रयोग अनिवार्य हो जाता है?
(a) अर्द्ध विराम (b) विस्मयादिबोधक
(c) प्रश्नवाचक (d) योजक

13. वाक्य में जहाँ अर्द्ध विराम की अपेक्षा कम रुकना पड़ता हो, वहाँ प्रयुक्त होता है
(a) पूर्ण विराम (b) अल्प विराम
(c) अर्द्ध विराम (d) ये सभी

14. पूर्ण विराम के बाद सर्वाधिक प्रयुक्त होने वाला विराम-चिह्न है
(a) विस्मयादिबोधक (b) प्रश्नवाचक
(c) अल्प विराम (d) अर्द्ध विराम

15. वाक्य में जहाँ सबसे कम रुकना पड़ता हो, वहाँ प्रयुक्त होता है
(a) विवरण निर्देश (b) निर्देश चिह्न
(c) अर्द्ध विराम (d) अल्प विराम

16. एक ही वाक्य या वाक्यांश में एक ही तरह के पद, शब्द, पदबन्ध या वाक्यांश एकसाथ आने पर ……… लगाया जाता है।
(a) अल्प विराम (b) अर्द्ध विराम
(c) पूर्ण विराम (d) विस्मयादिबोधक

17. निषेधसूचक 'नहीं' और स्वीकारसूचक 'हाँ' के बाद कुछ लिखना हो, तो कौन-सा चिह्न प्रयुक्त किया जाएगा?
(a) पूर्ण विराम (b) अल्प विराम
(c) अर्द्ध विराम (d) इनमें से कोई नहीं

18. समुच्चयबोधक अव्यय का लोप होने पर प्रयुक्त होता है
(a) पूर्ण विराम (b) अर्द्ध विराम
(c) अल्प विराम (d) अविराम

निर्देश (प्र.सं. 19 से 23 तक) *प्रत्येक प्रश्न में जिस विकल्प में विराम-चिह्नों का सही प्रयोग हुआ है, उसका चयन कीजिए।*

19. (a) कह सकते हैं कि वाक्य, अनुशासित शब्दों की व्यवस्थित कड़ी है।
(b) कह सकते हैं, ''कि वाक्य अनुशासित शब्दों की कड़ी है!''
(c) कह सकते हैं कि; वाक्य अनुशासित शब्दों की कड़ी है।
(d) कह सकते हैं–कि वाक्य अनुशासित शब्दों-की-कड़ी है।

20. (a) घर जाकर, उसने नहाया। कपड़े धोए। और सारे घर की सफाई की।
(b) घर जाकर उसने नहाया, कपड़े धोए और सारे घर की सफाई की।
(c) घर जाकर उसने–नहाया–कपड़े–धोए और, सारे घर की सफाई की।
(d) घर, जाकर, उसने नहाया; कपड़े धोए और सारे घर की सफाई की

21. (a) राम की पत्नी दोनों बच्चे और नौकर घूमने गए हैं।
(b) राम की पत्नी : दोनों बच्चे : और नौकर घूमने गए हैं।
(c) राम की पत्नी, दोनों बच्चे और नौकर घूमने गए हैं।
(d) राम, की पत्नी दोनों, बच्चे और नौकर, घूमने गए हैं।

22. (a) जीना, मरना, सुख, दु:ख, हानि, लाभ और होनी, अनहोनी लगे ही रहते हैं।
(b) जीना मरना; सुख दु:ख; हानि लाभ और होनी, अनहोनी; लगे ही रहते हैं।
(c) जीना मरना, सुख दु:ख, हानि-लाभ और होनी, अनहोनी लगे ही रहते हैं।
(d) जीना-मरना, सुख-दु:ख, हानि-लाभ और होनी, अनहोनी लगे ही रहते हैं।

23. (a) नहीं, यह मुझसे न होगा। (b) नहीं यह, मुझसे न होगा।
(c) नहीं! यह मुझसे न होगा? (d) नहीं! यह मुझसे न होगा

24. एक व्यक्ति से प्रश्न किए जाने पर उत्तर नहीं मिलता या गलत उत्तर मिलता है, तो दूसरे से प्रश्न किए जाने पर वाक्यांश में कौन-सा चिह्न लगाया जाता है?
(a) प्रश्नवाचक (b) विस्मयवाचक
(c) पूर्ण विराम (d) अर्द्ध विराम

25. विनय, व्यंग्य, उपहास को व्यक्त करने के लिए किस विराम-चिह्न का प्रयोग किया जाता है?
(a) प्रश्नवाचक (b) विस्मयादिबोधक
(c) पूर्ण विराम (d) अल्प विराम

26. दो विपरीतार्थक शब्दों के बीच किस चिह्न का प्रयोग होता है?
(a) योजक (b) विस्मयादि
(c) अल्प विराम (d) अर्द्ध विराम

27. जब दो शब्दों में एक सार्थक और दूसरा निरर्थक हो तब वहाँ लगाया जाता है
(a) उद्धरण चिह्न
(b) योजक चिह्न
(c) प्रश्नवाचक चिह्न
(d) विस्मयादिसूचक चिह्न

28. जब दो संयुक्त क्रियाएँ एकसाथ प्रयुक्त हों तो कौन-सा चिह्न लगाया जाता है?
(a) अल्प विराम (b) पूर्ण विराम
(c) योजक (d) इनमें से कोई नहीं

29. किस वाक्य में विराम-चिह्न का गलत प्रयोग हुआ है?
(a) बुद्ध ने घर-घर जाकर उपदेश दिए
(b) उसके पास कपड़ा-लत्ता कुछ है भी या नहीं
(c) विराम-चिह्नों का प्रयोग सही नहीं हुआ है
(d) पिता-पुत्र में झगड़ा हो गया

30. निम्न में से कौन-सा विराम-चिह्न अंग्रेज़ी भाषा में प्रचलित नहीं है?
(a) ; (b) ,
(c) ! (d) ।

उत्तरमाला

1.	(c)	2.	(c)	3.	(d)	4.	(a)	5.	(b)	6.	(c)	7.	(d)	8.	(a)	9.	(b)	10.	(a)
11.	(b)	12.	(a)	13.	(b)	14.	(c)	15.	(d)	16.	(a)	17.	(b)	18.	(c)	19.	(a)	20.	(b)
21.	(c)	22.	(d)	23.	(a)	24.	(c)	25.	(b)	26.	(a)	27.	(b)	28.	(c)	29.	(c)	30.	(d)

अध्याय 07

हिन्दी की अर्थव्यवस्था

पर्यायवाची शब्द

पर्यायवाची शब्द का अर्थ हैसमान अर्थ वाले शब्द। पर्यायवाची शब्द किसी भी भाषा की सबलता की बहुता को दर्शाता है। जिस भाषा में जितने अधिक पर्यायवाची शब्द होंगे, वह उतनी ही सबल व सशक्त भाषा होगी। इस दृष्टि से संस्कृत सर्वाधिक सम्पन्न भाषा है। भाषा में पर्यायवाची शब्दों के प्रयोग से पूर्ण अभिव्यक्ति की क्षमता आती है।

पर्याय का अर्थ है—समान। अत: समान अर्थ व्यक्त करने वाले शब्दों को पर्यायवाची शब्द (Synonym Words) कहते हैं। इन्हें प्रतिशब्द या समानार्थक शब्द भी कहा जाता है। व्यवहार में पर्याय या पर्यायवाची शब्द ही अधिक प्रचलित हैं। विद्यार्थियों के अध्ययन हेतु पर्यायवाची शब्दों की सूची प्रस्तुत है

शब्द	पर्यायवाची शब्द
	(अ)
अंक	संख्या, गिनती, क्रमांक, निशान, चिह्न, छाप।
अंकुर	कोंपल, अँखुवा, कल्ला, नवोद्भिद्, कलिका, गाभ।
अंकुश	प्रतिबन्ध, रोक, दबाव, रुकावट, नियन्त्रण।
अंग	अवयव, अंश, काया, हिस्सा, भाग, खण्ड, उपांश, घटक, टुकड़ा, तन, कलेवर, शरीर, देह।
अग्नि	आग, अनल, पावक, जातवेद, कृशानु, वैश्वानर, हुताशन, रोहिताश्व, वायुसखा, हव्यवाहन, दहन, अरुण।
अंचल	पल्लू, छोर, क्षेत्र, अंत, प्रदेश, आँचल, किनारा।
अचानक	अकस्मात, अनायास, एकाएक, दैवयोग।
अटल	अडिग, स्थिर, पक्का, दृढ़, अचल, निश्चल, गिरि, शैल, नग।
अठखेली	कौतुक, क्रीड़ा, खेल-कूद, चुलबुलापन, उछल-कूद, हँसी-मज़ाक।
अमृत	अमिय, पीयूष, अमी, मधु, सोम, सुधा, सुरभोग, जीवनोदक, शुभा।
अयोग्य	अनर्ह, योग्यताहीन, नालायक, नाकाबिल।
अभिप्राय	प्रयोजन, आशय, तात्पर्य, मतलब, अर्थ, मंतव्य, मंशा, उद्देश्य, विचार।
अर्जुन	भारत, गुडाकेश, पार्थ, सहस्रार्जुन, धनंजय।
अवज्ञा	अनादर, तिरस्कार, अवमानना, अपमान, अवहेलना, तौहीन।
अश्व	घोड़ा, तुरंग, हय, बाजि, सैन्धव, घोटक, बछेड़ा, रविसुत, अर्दा।
असुर	रजनीचर, निशाचर, दानव, दैत्य, राक्षस, दनुज, यातुधान, तमीचर।
अवरोध	रुकावट, विघ्न, व्यवधान, अड़ंगा।
अतिथि	मेहमान, पहुना, अभ्यागत, रिश्तेदार, नातेदार, आगन्तुक।
अतीत	पूर्वकाल, भूतकाल, विगत, गत।
अनाज	अन्न, शस्य, धान्य, गल्ला, खाद्यान्न।
अनाड़ी	अनजान, अनभिज्ञ, अज्ञानी, अकुशल, अदक्ष, अपटु, मूर्ख, अल्पज्ञ, नौसिखिया।
अनार	सुनील, वल्कफल, मणिबीज, बीदाना, दाड़िम, रामबीज, शुकप्रिय।
अनिष्ट	बुरा, अपकार, अहित, नुकसान, हानि, अमंगल।
अनुकम्पा	दया, कृपा, करम, मेहरबानी।
अनुपम	सुन्दर, अतुल, अपूर्व, अद्वितीय, अनोखा, अप्रतिम, अद्भुत, अनूठा, विलक्षण, विचित्र।
अनुसरण	नकल, अनुकृत, अनुगमन।
अपमान	अनादर, उपेक्षा, निरादर, बेइज़्ज़ती, अवज्ञा, तिरस्कार, अवमान।
अप्सरा	परी, देवकन्या, अरुणप्रिया, सुखवनिता, देवांगना, दिव्यांगना, देवबाला।
अभय	निडर, साहसी, निर्भीक, निर्भय, निश्चिन्त।
अभिजात	कुलीन, सुजात, खानदानी, उच्च, पूज्य, श्रेष्ठ।
अभिज्ञ	जानकार, विज्ञ, परिचित, ज्ञाता।
अभिमान	गौरव, गर्व, नाज, घमंड, दर्प, स्वाभिमान, अस्मिता, अहं, अहंकार, अहमिका, मान, मिथ्याभिमान, दभ।
अभियोग	दोषारोपण, कसूर, अपराध, गलती, आक्षेप, आरोप, दोषारोपण, इल्ज़ाम।
अभिलाषा	कामना, मनोरथ, इच्छा, आकांक्षा, ईहा, ईप्सा, चाह, लालसा, मनोकामना।
अभ्यास	रियाज़, पुनरावृत्ति, दोहराना, मश्क।
अमर	मृत्युंजय, अविनाशी, अनश्वर, अक्षर, अक्षय।
अमीर	धनी, धनाढ्य, सम्पन्न, धनवान, पैसेवाला।
अनन्त	असंख्य, अपरिमित, अगणित, बेशुमार।
अनभिज्ञ	अज्ञानी, मूर्ख, मूढ़, अबोध, नासमझ, अल्पज्ञ, अदक्ष, अपटु, अकुशल, अनजान।
अगुआ	अग्रणी, सरदार, मुखिया, प्रधान, नायक।
अधर	रदच्छद, रदपुट, होंठ, ओष्ठ, लब।
अध्यापक	आचार्य, शिक्षक, गुरु, व्याख्याता, अवबोधक, अनुदेशक।
अंधकार	तम, तिमिर, ध्वान्त, अँधियारा, तिमिस्रा।

शब्द	पर्यायवाची शब्द
अनुरूप	अनुकूल, संगत, अनुसार, मुआफिक।
अन्तःपुर	रनिवास, भोगपुर, जनानखाना।
अदृश्य	अन्तर्ध्यान, तिरोहित, ओझल, लुप्त, गायब।
अकाल	भुखमरी, कुकाल, दुष्काल, दुर्भिक्ष।
अशुद्ध	दूषित, गंदा, अपवित्र, अशुचि, नापाक।
असभ्य	अभद्र, अविनीत, अशिष्ट, गँवार, उजड्ड।
अधम	नीच, निकृष्ट, पतित।
अपकीर्ति	अपयश, बदनामी, निंदा, अकीर्ति।
अध्ययन	अनुशीलन, पारायण, पठनपाठन, पढ़ना।
अनुरोध	अभ्यर्थना, प्रार्थना, विनती, याचना, निवेदन।
अखण्ड	पूर्ण, समस्त, सम्पूर्ण, अविभक्त, समूचा, पूरा।
अपराधी	मुजरिम, दोषी, कसूरवार, सदोष।
अधीन	आश्रित, मातहत, निर्भर, पराश्रित, पराधीन।
अनुचित	नाजायज़, गैरवाजिब, बेजा, अनुपयुक्त, अयुत।
अन्वेषण	अनुसन्धान, गवेषण, खोज, जाँच, शोध।
अमूल्य	अनमोल, बहुमूल्य, मूल्यवान, बेशकीमती।
अज	ब्रह्मा, ईश्वर, दशरथ के जनक, बकरा।
अंधा	नेत्रहीन, सूरदास, अंध, चक्षुविहीन, प्रज्ञाचक्षु।
अनुवाद	भाषांतर, उल्था, तर्जुमा।
अरण्य	जंगल, कान्तार, विपिन, वन, कानन।
अवनति	अपकर्ष, गिराव, गिरावट, घटाव, ह्रास।
अश्लील	अभद्र, अधिभ्रष्ट, निर्लज्ज बेशर्म, असभ्य।
(आ)	
आकुल	व्यग्र, बेचैन, क्षुब्ध, बेकल।
आकृति	आकार, चेहरा-मोहरा, नैन-नक्श, डील-डौल।
आदर्श	प्रतिरूप, प्रतिमान, मानक, नमूना।
आलसी	निठल्ला, बैठा-ठाला, ठलुआ, सुस्त, निकम्मा, काहिल।
आयुष्मान्	चिरायु, दीर्घायु, शतायु, दीर्घजीवी, चिरंजीव।
आज्ञा	आदेश, निदेश, फ़रमान, हुक्म, अनुमति, मंजूरी, स्वीकृति, सहमति, इजाज़त।
आश्रय	सहारा, आधार, भरोसा, अवलम्ब, प्रश्रय।
आख्यान	कहानी, वृत्तांत, कथा, किस्सा, इतिवृत्त।
आधुनिक	अर्वाचीन, नूतन, नव्य, वर्तमानकालीन, नवीन, अधुनातन।
आवेग	तेज़ी, स्फूर्ति, जोश, त्वरा, तीव्र, फुरती, चपलता।
आलोचना	समीक्षा, टीका, टिप्पणी, नुक्ताचीनी, समालोचना।
आरम्भ	श्रीगणेश, शुरुआत, सूत्रपात, प्रारम्भ, उपक्रम।
आवश्यक	अनिवार्य, अपरिहार्य, ज़रूरी, बाध्यकारी।
आदि	पहला, प्रथम, आरम्भिक, आदिम।
आपत्ति	विपदा, मुसीबत, आपदा, विपत्ति।
आकाश	नभ, अम्बर, अन्तरिक्ष, आसमान, व्योम, गगन, दिव, द्यौ, पुष्कर, शून्य।
आचरण	चाल-चलन, चरित्र, व्यवहार, आदत, बर्ताव, सदाचार, शिष्टाचार।
आडम्बर	पाखण्ड, ढकोसला, ढोंग, प्रपंच, दिखावा।
आँख	अक्षि, नैन, नेत्र, लोचन, दृग, चक्षु, ईक्षण, विलोचन, प्रेक्षण, दृष्टि।
आँगन	प्रांगण, बगड़, बाखर, अजिर, अँगना, सहन।
आम	रसाल, आम्र, फलराज, पिकबन्धु, सहकार, अमृतफल, मधुरासव, अंब।
आनन्द	आमोद, प्रमोद, विनोद, उल्लास, प्रसन्नता, सुख, हर्ष, आह्लाद।
आशा	उम्मीद, तवक्को, आस।
आशीर्वाद	आशीष, दुआ, शुभाशीष, शुभकामना, आशीर्वचन, मंगलकामना।
आश्चर्य	अचम्भा, अचरज, विस्मय, हैरानी, ताज्जुब।
आहार	भोजन, खुराक, खाना, भक्ष्य, भोज्य।
आस्था	विश्वास, श्रद्धा, मान, कदर, महत्त्व, आदर।
आँसू	अश्रु, नेत्रनीर, नयनजल, नेत्रवारि, नयननीर।
(इ)	
इन्दिरा	लक्ष्मी, रमा, श्री, कमला।
इच्छा	लालसा, कामना, चाह, मनोरथ, ईहा, ईप्सा, आकांक्षा, अभिलाषा, मनोकामना।
इन्द्र	महेन्द्र, सुरेन्द्र, सुरेश, पुरन्दर, देवराज, मघवा, पाकरिपु, पाकशासन, पुरहूत।
इन्द्राणी	शची, इन्द्रवधू, महेन्द्री, इन्द्रा, पौलोमी, शतावरी, पुलोमजा।
इनकार	अस्वीकृति, निषेध, मनाही, प्रत्याख्यान।
इच्छुक	अभिलाषी, लालायित, उत्कण्ठित, आतुर।
इशारा	संकेत, इंगित, निर्देश।
इन्द्रधनुष	सुरचाप, इन्द्रधनु, शक्रचाप, सप्तवर्णधनु।
इन्द्रपुरी	देवलोक, अमरावती, इन्द्रलोक, देवेन्द्रपुरी, सुरपुर।
(ई)	
ईख	गन्ना, ऊख, रसडंड, रसाल, पेंड़ी, रसद।
ईमानदार	सच्चा, निष्कपट, सत्यनिष्ठ, सत्यपरायण।
ईश्वर	परमात्मा, परमेश्वर, ईश, ओम, ब्रह्म, अलख, अनादि, अज, अगोचर, जगदीश।
ईर्ष्या	मत्सर, डाह, जलन, कुढ़न, द्वेष, स्पर्द्धा।
(उ)	
उचित	ठीक, सम्यक्, सही, उपयुक्त, वाजिब।
उत्कर्ष	उन्नति, उत्थान, अभ्युदय, उन्मेष।
उत्पात	दंगा, उपद्रव, फ़साद, हुड़दंग, गड़बड़, उधम।
उत्सव	समारोह, आयोजन, पर्व, त्योहार, मंगलकार्य, जलसा।
उत्साह	जोश, उमंग, हौसला, उत्तेजना।
उत्सुक	आतुर, उत्कण्ठित, व्यग्र, उत्कर्ण, रुचि, रुझान।
उदार	उदात्त, सहृदय, महामना, महाशय, दरियादिल।
उदाहरण	मिसाल, नमूना, दृष्टान्त, निदर्शन, उद्धरण।
उद्देश्य	प्रयोजन, ध्येय, लक्ष्य, निमित्त, मकसद, हेतु।
उद्यत	तैयार, प्रस्तुत, तत्पर।
उन्मूलन	निरसन, अन्त, उत्सादन।
उपकार	(i) परोपकार, अच्छाई, भलाई, नेकी। (ii) हित, उद्धार, कल्याण।
उपस्थित	विद्यमान, हाज़िर, प्रस्तुत।
उत्कृष्ट	उत्तम, श्रेष्ठ, प्रकृष्ट, प्रवर।
उपमा	तुलना, मिलान, सादृश्य, समानता।
उपासना	पूजा, आराधना, अर्चना, सेवा।
उद्यम	परिश्रम, पुरुषार्थ, श्रम, मेहनत।
उजाला	प्रकाश, आलोक, प्रभा, ज्योति।
उपाय	युक्ति, ढंग, तरकीब, तरीका, यत्न, जुगत।
उपयुक्त	उचित, ठीक, वाज़िब, मुनासिब, वाँछनीय।
उल्टा	प्रतिकूल, विलोम, विपरीत, विरुद्ध।

शब्द	पर्यायवाची शब्द
उजाड़	निर्जन, वीरान, सुनसान, बियावान।
उग्र	तेज़, प्रबल, प्रचण्ड।
उन्नति	प्रगति, तरक्की, विकास, उत्थान, बढ़ोतरी, उठान, उत्क्रमण, चढ़ाव, आरोह।
उपवास	निराहार, व्रत, अनशन, फाँका, लंघन।
उपेक्षा	उदासीनता, विरक्ति, अनासक्ति, विराग, उदासीन, उल्लंघन।
उपहार	भेंट, सौगात, तोहफ़ा।
उपालम्भ	उलाहना, शिकवा, शिकायत, गिला।
उल्लू	उलूक, लक्ष्मीवाहन, कौशिक।
	(ऊ)
ऊँचा	उच्च, शीर्षस्थ, उन्नत, उत्तुंग।
ऊर्जा	ओज, स्फूर्ति, शक्ति।
ऊसर	अनुर्वर, सस्यहीन, अनुपजाऊ, बंजर, रेत, रेह।
ऊष्मा	उष्णता, तपन, ताप, गर्मी।
ऊँट	लम्बोष्ठ, महाग्रीव, क्रमेलक, उष्ट्र।
ऊँघ	तंद्रा, ऊँचाई, झपकी, अर्द्धनिद्रा, अलसाई।
	(ऋ)
ऋषि	मुनि, मनीषी, महात्मा, साधु, सन्त, संन्यासी, मन्त्रदृष्टा।
ऋद्धि	बढ़ती, बढ़ोतरी, वृद्धि, सम्पन्नता, समृद्धि।
	(ए)
एकता	एका, सहमति, एकत्व, मेल-जोल, समानता, एकरूपता, एकसूत्रता, ऐक्य, अभिन्नता।
एहसान	आभार, कृतज्ञता, अनुग्रह।
एकांत	सुनसान, शून्य, सूना, निर्जन, विजन।
एकाएक	अकस्मात, अचानक, सहसा, एकदम।
	(ऐ)
ऐश	विलास, ऐयाशी, सुख-चैन।
ऐश्वर्य	वैभव, प्रभुता, सम्पन्नता, समृद्धि, सम्पदा।
ऐच्छिक	स्वेच्छाकृत, वैकल्पिक, अख्तियारी।
ऐब	खोट, दोष, बुराई, अवगुण, कलंक, खामी, कमी, त्रुटि।
	(ओ)
ओज	दम, ज़ोर, पराक्रम, बल, शक्ति, ताकत।
ओझल	अन्तर्ध्यान, तिरोहित, अदृश्य, लुप्त, गायब।
ओस	तुषार, हिमकण, हिमसीकर, हिमबिन्दु, तुहिनकण।
ओंठ	होंठ, अधर, ओष्ठ, दन्तच्छद, रदनच्छद, लब।
	(औ)
और	(i) अन्य, दूसरा, इतर, भिन्न (ii) अधिक, ज्यादा (iii) एवं, तथा।
औषधि	दवा, दवाई, भेषज, औषध।
	(क)
कपड़ा	चीर, वस्त्र, वसन, अम्बर, पट, पोशाक चैल, दुकूल।
कमल	सरोज, सरोरुह, जलज, पंकज, नीरज, वारिज, अम्बुज, अम्बोज, अब्ज, सतदल, अरविन्द, कुवलय, अम्भोरूह, राजीव, नलिन, पद्म, तामरस, पुण्डरीक, सरसिज, कंज।
कर्ण	अंगराज, सूर्यसुत, अर्कनन्दन, राधेय, सूतपुत्र, रविसुत, आदित्यनन्दन।

शब्द	पर्यायवाची शब्द
कली	मुकुल, जालक, ताम्रपल्लव, कलिका, कुडमल, कोरक, नवपल्लव, अँखुवा, कोंपल, गुंचा।
कल्पवृक्ष	कल्पतरु, कल्पशाल, कल्पद्रुम, कल्पपादप, कल्पविटप।
कन्या	कुमारिका, बालिका, किशोरी, बाला।
कठिन	दुर्बोध, जटिल, दुरूह।
कंगाल	निर्धन, गरीब, अकिंचन, दरिद्र।
कमज़ोर	दुर्बल, निर्बल, अशक्त, क्षीण।
कुटिल	छली, कपटी, धोखेबाज़, चालबाज़।
काक	काग, काण, वायस, पिशुन, करठ, कौआ।
कुत्ता	कुक्कर, श्वान, शुनक, कूकुर।
कबूतर	कपोत, रक्तलोचन, हारीत, पारावत।
कृत्रिम	अवास्तविक, नकली, झूठा, दिखावटी, बनावटी।
कल्याण	मंगल, योगक्षेम, शुभ, हित, भलाई, उपकार।
कूल	किनारा, तट, तीर।
कृषक	किसान, काश्तकार, हलधर, जोतकार, खेतिहर।
क्लिष्ट	दुरूह, संकुल, कठिन, दु:साध्य।
कौशल	कला, हुनर, फ़न, योग्यता, कुशलता।
कर्म	कार्य, कृत्य, क्रिया, काम, काज।
कंदरा	गुहा, गुफा, खोह, दरी।
कथन	विचार, वक्तव्य, मत, बयान।
कटाक्ष	आक्षेप, व्यंग्य, ताना, छींटाकशी।
कुरूप	भद्दा, बेडौल, बदसूरत, असुन्दर।
कलंक	दोष, दाग, धब्बा, लांछन, कलुषता।
कोमल	मृदुल, सुकुमार, नाजुक, नरम, सौम्य, मुलायम।
किरण	रश्मि, केतु, अंशु, कर, मरीचि, मखूख, प्रभा, अर्चि, पुंज।
कसक	पीड़ा, दर्द, टीस, दु:ख।
कोयल	कोकिल, श्यामा, पिक, मदनशलाका।
कायरता	भीरुता, अपौरुष, पामरता, साहसहीनता।
कंटक	काँटा, शूल, खार।
कामदेव	मनोज, कन्दर्प, आत्मभू, अनंग, अतनु, काम, मकरकेतु, पुष्पचाप, स्मर, मन्मथ।
कार्तिकेय	कुमार, पार्वतीनन्दन, शरभव, स्कन्ध, षडानन, गुह, मयूरवाहन, शिवसुत, षड्वदन।
कटु	कठोर, कड़वा, तीखा, तेज़, तीक्ष्ण, चरपरा, कर्कश, रूखा, रुक्ष, परुष, कड़ा, सख्त।
किला	दुर्ग, कोट, गढ़, शिविर।
किंचित	(i) कतिपय, कुछ एक, कई एक (ii) कुछ, अल्प, ज़रा।
किताब	पुस्तक, ग्रंथ, पोथी।
किनारा	(i) तट, मुहाना, तीर, पुलिन, कूल। (ii) अंचल, छोर, सिरा, पर्यन्त।
कीमत	मूल्य, दाम, लागत।
कुबेर	राजराज, किन्नरेश, धनाधिप, धनेश, यक्षराज, धनद।
कुमुदनी	नलिनी, कैरव, कुमुद, इन्दुकमल, चन्द्रप्रिया।
कृष्ण	नन्दनन्दन, मधुसूदन, जनार्दन, माधव, मुरारि, कन्हैया, द्वारकाधीश, गोपाल, केशव, नन्दकुमार, नन्दकिशोर, बिहारी।
कृतज्ञ	आभारी, उपकृत, अनुगृहीत, ऋणी, कृतार्थ, एहसानमंद।
केला	रम्भा, कदली, वारण, अशुमत्फला, भानुफल, काष्ठीला।
क्रोध	गुस्सा, अमर्ष, रोष, कोप, आक्रोश, ताव।
करुणा	दया, तरस, रहम, आत्मीयभाव।

शब्द	पर्यायवाची शब्द
	(ख)
खग	पक्षी, चिड़िया, पखेरू, द्विज, पंछी, विहंग, शकुनि।
खंजन	नीलकण्ठ, सारंग, कलकण्ठ।
खंड	अंश, भाग, हिस्सा, टुकड़ा।
खल	शठ, दुष्ट, धूर्त, दुर्जन, कुटिल, नालायक, अधम।
खूबसूरत	सुन्दर, सुरम्य, मनोज्ञ, रूपवान, सौरम्य, रमणीक।
खून	रुधिर, लहू, रक्त, शोणित।
खम्भा	खम्भ, स्तूप, स्तम्भ।
खतरा	अंदेशा, भय, डर, आशंका।
खत	चिट्ठी, पत्र, पत्री, पाती।
खामोश	नीरव, शान्त, चुप, मौन।
खीझ	झुँझलाहट, झल्लाहट, खीझना, चिढ़ना।
	(ग)
गरुड़	खगेश्वर, सुपर्ण, वैतनेय, नागान्तक।
गौरव	मान, सम्मान, महत्त्व, बड़प्पन।
गम्भीर	गहरा, अथाह, अतल।
गाँव	ग्राम, मौजा, पुरवा, बस्ती, देहात।
गृह	घर, सदन, भवन, धाम, निकेतन, आलय, मकान, गेह, शाला।
गुफा	गुहा, कन्दरा, विवर, गह्वर।
गीदड़	शृगाल, सियार, जम्बुक।
गुप्त	निभृत, अप्रकट, गूढ़, अज्ञात, परोक्ष।
गति	हाल, दशा, अवस्था, स्थिति, चाल, रफ़्तार।
गंगा	भागीरथी, देवसरिता, मंदाकिनी, विष्णुपदी, त्रिपथगा, देवापगा, जाह्नवी, देवनदी, ध्रुवनन्दा, सुरसरि, पापछालिका।
गणेश	लम्बोदर, मूषकवाहन, भवानीनन्दन, विनायक, गजानन, मोदकप्रिय, जगवन्द्य, हेरम्ब, एकदन्त, गजवदन, विघ्ननाशक।
गज	हस्ती, सिंधुर, मातंग, कुम्भी, नाग, हाथी, वितुण्ड, कुंजर, करी, द्विप।
गधा	गदहा, खर, धूसर, गर्दभ, चक्रीवाहन, रासभ, लम्बकर्ण, बैशाखनन्दन, बेसर।
गाय	धेनु, सुरभि, माता, कल्याणी, पयस्विनी, गौ।
गुलाब	सुमना, शतपत्र, स्थलकमल, पाटल, वृन्तपुष्प।
गुनाह	गलती, अधर्म, पाप, अपराध, खता, त्रुटि, कुकर्म।
	(घ)
घड़ा	कलश, घट, कुम्भ, गागर, निप, गगरी, कुटा।
घी	घृत, हवि, अमृतसार।
घाटा	हानि, नुकसान, टोटा।
घन	जलधर, वारिद, अंबुधर, बादल, मेघ, अम्बुद, पयोद, नीरद।
घृणा	जुगुप्सा, अरुचि, घिन, बीभत्स।
घुमक्कड़	रमता, सैलानी, पर्यटक, घुमन्तू, विचरण शील, यायावर।
घिनौना	घृण्य, घृणास्पद, बीभत्स, गंदा, घृणित।
	(च)
चंदन	मंगल्य, मलयज, श्रीखण्ड।
चाँदी	रजत, रूपा, रौप्य, रूपक।
चरित्र	आचार, सदाचार, शील, आचरण।
चिन्ता	फ़िक्र, सोच, ऊहापोह।
चौकीदार	आरक्षी, पहरेदार, प्रहरी, गारद, गश्तकार।
चोटी	शृंग, तुंग, शिखर, परकोटि।
चक्र	पहिया, चाक, चक्का।
चिकित्सा	उपचार, इलाज, दवादारू।

शब्द	पर्यायवाची शब्द
चतुर	कुशल, नागर, प्रवीण, दक्ष, निपुण, योग्य, होशियार, चालाक, सयाना, विज्ञ।
चन्द्र	सोम, राकेश, रजनीश, राकापति, चाँद, निशाकर, हिमांशु, मयंक, सुधांशु, मृगांक, चन्द्रमा, कला-निधि, ओषधीश।
चाँदनी	चन्द्रिका, ज्योत्स्ना, कौमुदी, कुमुदकला, जुन्हाई, अमृतवर्षिणी, चन्द्रातप, चन्द्रमरीचि।
चपला	विद्युत्, बिजली, चंचला, दामिनी, तड़ित।
चश्मा	ऐनक, उपनेत्र, सहनेत्र, उपनयन।
चाटुकारी	खुशामद, चापलूसी, मिथ्या प्रशंसा, चिरौरी, चमचागीरी।
चिह्न	प्रतीक, निशान, लक्षण, पहचान, संकेत।
चोर	रजनीचर, दस्यु, साहसिक, कभिज, खनक, मोषक, तस्कर।
	(छ)
छात्र	विद्यार्थी, शिक्षार्थी, शिष्य।
छाया	साया, प्रतिबिम्ब, परछाई, छाँव।
छल	प्रपंच, झाँसा, फ़रेब, कपट।
छटा	आभा, कांति, चमक, सौन्दर्य, सुन्दरता।
छानबीन	जाँच-पड़ताल, पूछताछ, जाँच, तहकीकात।
छेद	छिद्र, सूराख, रंध्र।
छली	ठग, छद्मी, कपटी, कैतव, धूर्त, मायावी।
छाती	उर, वक्ष, वक्षःस्थल, हृदय, मन, सीना।
	(ज)
जननी	माँ, माता, माई, मइया, अम्बा, अम्मा।
जीव	प्राणी, देहधारी, जीवधारी।
जिज्ञासा	उत्सुकता, उत्कंठा, कुतूहल।
जंग	युद्ध, रण, समर, लड़ाई, संग्राम।
जग	दुनिया, संसार, विश्व, भुवन, मृत्युलोक।
जल	सलिल, उदक, तोय, अम्बु, पानी, नीर, वारि, पय, अमृत, जीवक, रस, अप।
जहाज़	जलयान, वायुयान, विमान, पोत, जलवाहन।
जानकी	जनकसुता, वैदेही, मैथिली, सीता, रामप्रिया, जनकदुलारी, जनकनन्दिनी।
जुटाना	बटोरना, संग्रह करना, जुगाड़ करना, एकत्र करना, जमा करना, संचय करना।
जोश	आवेश, साहस, उत्साह, उमंग, हौसला।
जीभ	जिह्वा, रसना, रसज्ञा, चंचला।
जमुना	सूर्यतनया, सूर्यसुता, कालिंदी, अर्कजा, कृष्णा।
ज्योति	प्रभा, प्रकाश, लौ, अग्निशिखा, आलोक।
	(झ)
झंडा	ध्वजा, केतु, पताका, निसान।
झरना	सोता, स्रोत, उत्स, निर्झर, जलप्रपात, प्रस्रवण, प्रपात।
झुकाव	रुझान, प्रवृत्ति, प्रवणता, उन्मुखता।
झकोर	हवा का झोंका, झटका, झोंक, बयार।
झूठ	मिथ्या, मृषा, अनृत, असत, असत्य।
	(ट)
टीका	भाष्य, वृत्ति, विवृति, व्याख्या, भाषांतरण।
टक्कर	भिड़ंत, संघट्ट, समाघात, ठोकर।
टोल	समूह, मण्डली, जत्था, झुण्ड, चटसाल, पाठशाला।
टीस	साल, कसक, शूल, शूक्त, चसक, दर्द, पीड़ा।
टेढ़ा	(i) बंक, कुटिल, तिरछा, वक्र (ii) कठिन, पेचीदा, मुश्किल, दुर्गम।
टंच	सूम, कृपण, कंजूस, निष्ठुर।

शब्द	पर्यायवाची शब्द
	(ठ)
ठंड	शीत, ठिठुरन, सर्दी, जाड़ा, ठंडक।
ठेस	आघात, चोट, ठोकर, धक्का।
ठौर	ठिकाना, स्थल, जगह।
ठग	जालसाज, प्रवंचक, वंचक, प्रतारक।
ठाठ	आडम्बर, सजावट, वैभव।
ठिठोली	मज़ाक, उपहास, फ़बती, व्यंग्य, व्यंग्योक्ति।
ठगी	प्रतारणा, वंचना, मायाजाल, फ़रेब, जालसाज़।
	(ड)
डगर	बाट, मार्ग, राह, रास्ता, पथ, पंथ।
डर	त्रास, भीति, दहशत, आतंक, भय, खौफ़।
डेरा	पड़ाव, खेमा, शिविर।
डोर	डोरी, रज्जु, तांत, रस्सी, पगहा, तन्तु।
डकैत	डाकू, लुटेरा, बटमार।
डायरी	दैनिकी, दैनन्दिनी, रोज़नामचा।
	(ढ)
ढीठ	धृष्ट, प्रगल्भ, अविनीत, गुस्ताख।
ढोंग	स्वाँग, पाखण्ड, कपट, छल।
ढंग	पद्धति, विधि, तरीका, रीति, प्रणाली, करीना।
ढाढ़स	आश्वासन, तसल्ली, दिलासा, धीरज, सांत्वना।
ढोंगी	पाखण्डी, बगुला-भगत, रंगासियार, कपटी, छली।
	(त)
तन	शरीर, काया, जिस्म, देह, वपु।
तपस्या	साधना, तप, योग, अनुष्ठान।
तरंग	हिलोर, लहर, ऊर्मि, मौज, वीचि।
तरु	वृक्ष, पेड़, विटप, पादप, द्रुम, दरख्त।
तलवार	असि, ख़डग, सिरोही, चन्द्रहास, कृपाण, शमशीर, करवाल, करौली, तेग।
तम	अंधकार, ध्वान्त, तिमिर, अँधेरा, तमसा।
तरुणी	युवती, मनोज्ञा, सुंदरी, यौवनवक्षी, प्रमदा, रमणी।
तारा	नखत, उड्डगण, नक्षत्र, तारक।
तम्बू	डेरा, खेमा, शिविर।
तस्वीर	चित्र, फोटो, प्रतिबिम्ब, प्रतिकृति, आकृति।
तालाब	जलाशय, सरोवर, ताल, सर, तड़ाग, जलधर, सरसी, पद्माकर, पुष्कर।
तारीफ़	बड़ाई, प्रशंसा, सराहना, प्रशस्ति, गुणगान।
तीर	नाराच, बाण, शिलीमुख, शर, सायक।
तोता	सुवा, शुक, दाडिमप्रिय, कीर, सुग्गा, रक्ततुंड।
तत्पर	तैयार, कटिबद्ध, उद्यत, सन्नद्ध।
तन्मय	मग्न, तल्लीन, लीन, ध्यानमग्न।
तालमेल	समन्वय, संगति, सामंजस्य।
तरकारी	शाक, सब्जी, भाजी।
तूफ़ान	झंझावात, अंधड़, आँधी, प्रभंजन।
त्रुटि	अशुद्धि, भूल-चूक, गलती।
	(थ)
थकान	क्लान्ति, श्रान्ति, थकावट, थकन।
थोड़ा	कम, ज़रा, अल्प, स्वल्प, न्यून।
थाह	अन्त, छोर, सिरा, सीना।
थोथा	पोला, खाली, खोखला, रिक्त, छूछा।
थल	धरती, ज़मीन, पृथ्वी, भूतल, भूमि।

शब्द	पर्यायवाची शब्द
	(द)
दर्पण	शीशा, आइना, मुकुर, आरसी।
दास	चाकर, नौकर, सेवक, परिचारक, परिचर, किंकर, गुलाम, अनुचर।
दुःख	क्लेश, खेद, पीड़ा, यातना, विषाद, यन्त्रणा, क्षोभ, कष्ट।
दूध	पय, दुग्ध, स्तन्य, क्षीर, अमृत।
देवता	सुर, आदित्य, अमर, देव, वसु।
दोस्त	सखा, मित्र, स्नेही, अन्तरंग, हितैषी, सहचर।
द्रोपदी	श्यामा, पाँचाली, कृष्णा, सैरन्ध्री, याज्ञसेनी, द्रुपदसुता, नित्ययौवना।
दासी	बाँदी, सेविका, किंकरी, परिचारिका।
दीपक	आदित्य, दीप, प्रदीप, दीया।
दुर्गा	सिंहवाहिनी, कालिका, अजा, भवानी, चण्डिका, कल्याणी, सुभद्रा, चामुण्डा।
दिव्य	अलौकिक, स्वर्गिक, लोकातीत, लोकोत्तर।
दीपावली	दीवाली, दीपमाला, दीपोत्सव, दीपमालिका।
दामिनी	बिजली, चपला, तड़ित, पीत-प्रभा, चंचला, विजय, विद्युत्, सौदामिनी।
देह	तन, रपु, शरीर, घट, काया, गात, कलेवर, तनु, मूर्ति।
दुर्लभ	अलम्भ, नायाब, विरल, दुष्प्राप्य।
दर्शन	भेंट, साक्षात्कार, मुलाकात।
दंगा	उपद्रव, फ़साद, उत्पात, उधम।
द्वेष	बैर, शत्रुता, दुश्मनी, खार, ईर्ष्या, जलन, डाह, मात्सर्य।
दरवाज़ा	किवाड़, पल्ला, कपाट, द्वार।
दाई	धाया, धात्री, अम्मा, सेविका।
देवालय	देवमन्दिर, देवस्थान, मन्दिर।
दृढ़	पुष्ट, मज़बूत, पक्का, तगड़ा।
दुर्गम	अगम्य, विकट, कठिन, दुस्तर।
द्विज	ब्राह्मण, ब्रह्मज्ञानी, वेदविद्, पण्डित, विप्र।
दिनांक	तारीख, तिथि, मिति।
	(ध)
धनुष	चाप, धनु, शरासन, पिनाक, कोदण्ड, कमान, विशिखासन।
धीरज	धीरता, धीरत्व, धैर्य, धारण, धृति।
धरती	धरा, धरणी, पृथ्वी, क्षिति, वसुधा, अवनी, मेदिनी।
धवल	श्वेत, सफ़ेद, उजला।
धुंध	कुहरा, नीहार, कुहासा।
ध्वस्त	नष्ट, भ्रष्ट, भग्न, खण्डित।
धूल	रज, खेहट, मिट्टी, गर्द, धूलि।
ध्रुव	दृढ़, अटल, स्थिर, निश्चित।
धंधा	रोज़गार, व्यापार, कारोबार, व्यवसाय।
धनुर्धर	धन्वी, तीरंदाज़, धनुषधारी, निषंगी।
धाक	रोब, दबदबा, धौंस।
धक्का	टक्कर, रेला, झोंका।
	(न)
नदी	सरिता, दरिया, अपगा, तटिनी, सलिला, स्रोतस्विनी, कल्लोलिनी, प्रवाहिणी।
नमक	लवण, लोन, रामरस, नोन।
नया	नवीन, नव्य, नूतन, आधुनिक, अभिनव, अर्वाचीन, नव, ताज़ा।
नाश	(i) समाप्ति, अवसान (ii) विनाश, संहार, ध्वंस, नष्ट-भ्रष्ट।
नित्य	हमेशा, रोज़, सनातन, सर्वदा, सदा, सदैव, चिरंतन, शाश्वत।
नियम	विधि, तरीका, विधान, ढंग, कानून, रीति।
नीलकमल	इंदीवर, नीलाम्बुज, नीलसरोज, उत्पल, असितकमल, कुवलय, सौगन्धित।
नौका	तरिणी, डोंगी, नाव, जलयान, नैया, तरी।

शब्द	पर्यायवाची शब्द
नारी	स्त्री, महिला, रमणी, वनिता, वामा, अबला, औरत।
निन्दा	अपयश, बदनामी, बुराई, बदगोई।
नैसर्गिक	प्राकृतिक, स्वाभाविक, वास्तविक।
नरेश	नरेन्द्र, राजा, नरपति, भूपति, भूपाल।
निष्पक्ष	उदासीन, अलग, निरपेक्ष, तटस्थ।
नियति	भाग्य, प्रारब्ध, विधि, भावी, दैव्य, होनी।
नक्षत्र	तारा, सितारा, खद्योत, तारक।
नाग	सर्प, विषधर, भुजंग, व्याल, फणी, फणधर, उरग।
नग	भूधर, पहाड़, पर्वत, शैल, गिरि।
नरक	यमपुर, यमलोक, जहन्नुम, दौजख।
निधि	कोष, खज़ाना, भण्डार।
नग्न	नंगा, दिगम्बर, निर्वस्त्र, अनावृत।
नीरस	रसहीन, फीका, सूखा, स्वादहीन।
नीरव	मौन, चुप, शान्त, खामोश, निःशब्द।
निरर्थक	बेमानी, बेकार, अर्थहीन, व्यर्थ।
निष्ठा	श्रद्धा, आस्था, विश्वास।
निर्णय	निष्कर्ष, फ़ैसला, परिणाम।
निष्ठुर	निर्दय, निर्मम, बेदर्द, बेरहम।

(प)

शब्द	पर्यायवाची शब्द
पत्थर	पाहन, प्रस्तर, संग, अश्म, पाषाण।
पति	स्वामी, कान्त, भर्तार, बल्लभ, भर्ता, ईश।
पत्नी	दुलहिन, अर्धांगिनी, गृहिणी, त्रिया, दारा, जोरू, गृहलक्ष्मी, सहधर्मिणी, सहचरी, जाया।
पथिक	राही, बटाऊ, पंथी, मुसाफ़िर, बटोही।
पण्डित	विद्वान्, सुधी, ज्ञानी, धीर, कोविद, प्राज्ञ।
परशुराम	भृगुसुत, जामदग्न्य, भार्गव, परशुधर, भृगुनन्दन, रेणुकातनय।
पर्वत	पहाड़, अचल, शैल, नग, भूधर, मेरू, महीधर, गिरि।
पवन	समीर, अनिल, मारुत, वात, पवमान, वायु, बयार।
पवित्र	पुनीत, पावन, शुद्ध, शुचि, साफ़, स्वच्छ।
पार्वती	भवानी, अम्बिका, गौरी, अभया, गिरिजा, उमा, सती, शिवप्रिया।
पिता	जनक, बाप, तात, गुरु, फ़ादर, वालिद।
पुत्र	तनय, आत्मज, सुत, लड़का, बेटा, औरस, पूत।
परिणय	शादी, विवाह, पाणिग्रहण।
पूज्य	आराध्य, अर्चनीय, उपास्य, वंद्य, वंदनीय, पूजनीय।
पुत्री	तनया, आत्मजा, सुता, लड़की, बेटी, दुहिता।
पृथ्वी	वसुधा, वसुन्धरा, मेदिनी, मही, भू, भूमि, इला, उर्वी, ज़मीन, क्षिति, धरती, धात्री।
प्रकाश	चमक, ज्योति, द्युति, दीप्ति, तेज, आलोक।
प्रभात	सवेरा, सुबह, विहान, प्रातःकाल, भोर, ऊषाकाल।
प्रथा	प्रचलन, चलन, रीति–रिवाज, परम्परा, परिपाटी, रूढ़ि।
प्रलय	कयामत, विप्लव, कल्पान्त, गज़ब।
प्रसिद्ध	मशहूर, नामी, ख्यात, नामवर, विख्यात, प्रख्यात, यशस्वी, मकबूल।
प्रार्थना	विनय, विनती, निवेदन, अनुरोध, स्तुति, अभ्यर्थना, अर्चना, अनुनय।
प्रिया	प्रियतमा, प्रेयसी, सजनी, दिलरुबा, प्यारी।
प्रेम	प्रीति, स्नेह, दुलार, लाड़-प्यार, ममता, अनुराग, प्रणय।
पैर	पाँव, पाद, चरण, गोड़, पग, पद, पगु, टाँग।
प्रभा	छवि, दीप्ति, द्युति, आभा।
पंथ	राह, डगर, पथ, मार्ग।
परतन्त्र	पराधीन, परवश, पराश्रित।
परिवार	कुल, घराना, कुटुम्ब, कुनबा।
परछाई	प्रतिच्छाया, साया, प्रतिबिम्ब, छाया, छवि।

शब्द	पर्यायवाची शब्द
पक्षी	विहग, निहंग, खग, अण्डज़, शकुन्त।
पल	क्षण, लम्हा, दम।
पश्चात्ताप	अनुताप, पछतावा, ग्लानि, संताप।
पाश	जालबंधन, फंदा, बंधन, जकड़न।
पराग	रंज, पुष्परज, कुसुमरज, पुष्पधूलि।
परिवर्तन	क्रांति, हेर-फेर, बदलाव, तब्दीली।
पड़ोसी	हमसाया, प्रतिवासी, प्रतिवेशी।
पुरातन	प्राचीन, पूर्वकालीन, पुराना।
पूजा	आराधना, अर्चना, उपासना।
प्रकांड	अतिशय, विपुल, अधिक, भारी।
प्रज्ञा	बुद्धि, ज्ञान, मेधा, प्रतिभा।
प्रचण्ड	भीषण, उग्र, भयंकर।
प्रणय	स्नेह, अनुराग, प्रीति, अनुरक्ति।
प्रताप	प्रभाव, धाक, बोलबाला, इकबाल।
प्रतिज्ञा	प्रण, वचन, वायदा।
प्रेक्षागार	नाट्यशाला, रंगशाला, अभिनयशाला, प्रेक्षागृह।
प्रौढ़	अधेड़, प्रबुद्ध।
पल्लव	किसलय, घर्ण, पत्ती, पात, कोपल, फुनगी।
पांडुलिपि	हस्तलिपी, मसौदा, पांडुलेख।

(फ)

शब्द	पर्यायवाची शब्द
फणी	सर्प, साँप, फणधर, नाग, उरग।
फ़ौरन	तत्काल, तत्क्षण, तुरन्त।
फूल	सुमन, कुसुम, गुल, प्रसून, पुष्प, पुहुप, मंजरी, लतांत।
फौज़	सेना, लश्कर, पल्टन, वाहिनी, सैन्य।
फणीन्द्र	शेषनाग, वासुकी, उरगाधिपति, सर्पराज, नागराज।

(ब)

शब्द	पर्यायवाची शब्द
बलराम	हलधर, बलवीर, रेवतीरमण, बलभद्र, हली, श्यामबन्धु।
बाग	उपवन, वाटिका, उद्यान, निकुंज, फुलवाड़ी, बगीचा।
बन्दर	कपि, वानर, मर्कट, शाखामृग, कीश।
बट्टा	घाटा, हानि, टोटा, नुकसान।
बलिदान	कुर्बानी, आत्मोत्सर्ग, जीवनदान।
बंजर	ऊसर, परती, अनुपजाऊ, अनुर्वर।
बिछोह	वियोग, जुदाई, बिछोड़ा, विप्रलंभ।
बियावान	निर्जन, सूनसान, वीरान, उजाड़।
बंक	टेढ़ा, तिर्यक्, तिरछा, वक्र।
बहुत	ज़्यादा, प्रचुर, प्रभूत, विपुल, इफ़रात, अधिक।
बुद्धि	प्रज्ञा, मेधा, जेहन, समझ, अकल, गति।
ब्रह्मा	विधि, चतुरानन, कमलासन, विधाता, विरंचि, पितामह, अज, प्रजापति, स्वयंभू।
बादल	मेघ, पयोधर, नीरद, वारिद, अम्बुद, बलाहक, जलधर, घन, जीमूत।
बाल	केश, अलक, कुन्तल, रोम, शिरोरुह, चिकुर।
बिजली	तड़ित, दामिनी, विद्युत, सौदामिनी, चंचला, बीजुरी।
बसंत	ऋतुराज, ऋतुपति, मधुमास, कुसुमाकर, माधव।
बाण	तीर, तोमर, विशिख, शिलीमुख, नाराच, शर, इषु।
बारिश	पावस, वृष्टि, वर्षा, बरसात, मेह, बरखा।
बालिका	बाला, कन्या, बच्ची, लड़की, किशोरी।

(भ)

शब्द	पर्यायवाची शब्द
भगवान	परमेश्वर, परमात्मा, सर्वेश्वर, प्रभु, ईश्वर।
भगिनी	दीदी, जीजी, बहिन।
भारती	सरस्वती, ब्राह्मी, विद्या देवी, शारदा, वीणावादिनी।

शब्द	पर्यायवाची शब्द
भाल	ललाट, मस्तक, माथा, कपाल।
भरोसा	सहारा, अवलम्ब, आश्रय, प्रश्रय।
भास्कर	चमकीला, आभामय, दीप्तिमान, प्रकाशवान।
भुगतान	भरपाई, अदायगी, बेबाकी।
भोला	सीधा, सरल, निष्कपट, निश्छल।
भूखां	बुभुक्षित, क्षुधातुर, क्षुधालु, क्षुधार्त।
भँवरा	भ्रमर, भृंग, मधुकर, मधुप, अलि, द्विरेफ।
भाई	अग्रज, अनुज, सहोदर, तात, भइया, बन्धु।
भाँड	विदूषक, मसखरा, जोकर।
भिक्षुक	भिखमंगा, भिखारी, याचक।
	(म)
मछली	मीन, मत्स्य, सफरी, झष, जलजीवन।
मज़ाक	दिल्लगी, उपहास, हँसी, मखौल, मसखरी, व्यंग्य, छींटाकशी।
मदिरा	शराब, हाला, आसव, मद्य, सुरा।
महादेव	शंकर, शंभू, शिव, पशुपति, चन्द्रशेखर, महेश्वर, भूतेश, आशुतोष, गिरीश।
मक्खन	नवनीत, दधिसार, माखन, लौनी।
मंगनी	वाग्दान, फलदान, सगाई।
मनीषी	पण्डित, विचारक, ज्ञानी, विद्वान्।
मुँह	मुख, आनन, बदन।
मित्र	सखा, दोस्त, सहचर, सुहृद।
माँ	मातु, माता, मातृ, मातरि, मैया, महतारी, अम्ब, जननी, जनयित्री, जन्मदात्री।
मेघ	धराधर, घन, जलचर, वारिद, जीमूत, बादल, नीरद, पयोधर, जगलीवन, अम्बुद।
मैना	सारिका, चित्रलोचना, कलहप्रिया।
मंथन	बिलोना, विलोड़न, आलोड़न।
महक	परिमल, वास, सुवास, खुशबू, सुगंध, सौरभ।
मृत्यु	देहावसान, देहान्त, पंचतत्वलीन, निधन, मौत, इंतकाल।
माँझी	मल्लाह, नाविक, केवट।
माया	छल, छलना, प्रपंच, प्रतारणा।
माधुरी	माधुर्य, मिठास, मधुरता।
मानव	मनुज, मनुष्य, मानुष, नर, इंसान।
मोती	सीपिज, मौक्तिक, मुक्ता, शशिप्रभा।
मेंढ़क	दादुर, दर्दुर, मण्डूक, वर्षाप्रिय, भेक।
मोर	मयूर, नीलकण्ठ, शिखी, केकी, कलापी।
मोक्ष	मुक्ति, निर्वाण, कैवल्य, परमधाम, परमपद, अपवर्ग, सद्गति।
मंदिर	देवालय, देवस्थान, देवगृह, ईशगृह।
मधु	शहद, बसंत-ऋतु, भुसुमासव, मकरंद, पुष्पासव।
	(य)
यम	सूर्यपुत्र, धर्मराज, श्राद्धदेव, कीनाश, शमन, दण्डधर, यमुनाभ्राता।
यत्न	प्रयत्न, चेष्टा, उद्यम।
यामिनी	निशा, रजनी, राका, विभावरी।
योग्य	कुशल, सक्षम, कार्यक्षम, काबिल।
यात्रा	भ्रमण, देशाटन, पर्यटन, सफ़र, घूमना।
याद	सुधि, स्मृति, ख्याल, स्मरण।
यंत्र	औज़ार, कल, मशीन।
यती	संन्यासी, वीतरागी, वैरागी।
युद्ध	रण, जंग, समर, लड़ाई, संग्राम।
याचिका	आवेदन-पत्र, अभ्यर्थना, प्रार्थना-पत्र।

शब्द	पर्यायवाची शब्द
	(र)
रक्त	खून, लहू, रुधिर, शोणित, लोहित, रोहित।
राधा	ब्रजरानी, हरिप्रिया, राधिका, वृषभानुजा।
रानी	राज्ञी, महिषी, राजपत्नी।
रावण	लंकेश, दशानन, दशकंठ, दशकंधर, लंकाधिपति, दैत्येन्द्र।
राज्यपाल	प्रान्तपति, सूबेदार, गवर्नर।
राय	मत, सलाह, सम्मति, मंत्रणा, परामर्श।
रूढ़ि	प्रथा, दस्तूर, रस्म।
रक्षा	बचाव, संरक्षण, हिफ़ाजत, देखरेख।
रमा	कमला, इन्दिरा, लक्ष्मी, हरिप्रिया, समुद्रजा, चंचला, क्षीरोदतनया, पद्मा, श्री, भार्गवी।
रसना	जीभ, जबान, रसेन्द्रिय, जिह्वा, रसीका।
रविवार	इतवार, आदित्य-वार, सूर्यवार, रविवासर।
राजा	नरेन्द्र, नरेश, नृप, भूपाल, राव, भूप, महीप, नरपति, सम्राट।
रामचन्द्र	रघुवर, रघुनाथ, सीतापति, कौशल्यानन्दन, अमिताभ, राघव, रघुराज, अवधेश।
रात	रैन, रजनी, निशा, विभावरी, यामिनी, तमी, तमस्विनी, शर्वरी, विभा, क्षपा, रात्रि।
रिपु	बैरी, दुश्मन, विपक्षी, विरोधी, प्रतिवादी, अमित्र, शत्रु।
रोना	विलाप, रोदन, रुदन, क्रंदन, विलपन।
	(ल)
लक्ष्मण	अनंत, लखन, सौमित्र।
लग्न	संलग्न, सम्बद्ध, संयुक्त।
लज्जा	शर्म, हया, लाज, व्रीडा।
लहर	लहरी, हिलोर, तरंग, उर्मि।
लालसा	तृष्णा, अभिलाषा, लिप्सा, लालच।
लगातार	सतत, निरन्तर, अजस्र, अनवरत।
लता	बेल, वल्लरी, लतिका, प्रतान, वीरुध।
लघु	थोड़ा, न्यून, हल्का, छोटा।
लक्ष्मी	श्री, कमला, रमा, पद्मा, हरिप्रिया, क्षीरोद, इन्दिरा, समुद्रजा।
	(व)
वर्षा	बरसात, मेह, बारिश, पावस, चौमास।
वक्ष	सीना, छाती, वक्षस्थल, उदरस्थल।
वन	अरण्य, अटवी, कानन, विपिन।
वस्त्र	परिधान, पट, चीर, वसन, कपड़ा, पोशाक, अम्बर।
विकार	विकृति, दोष, बुराई, बिगाड़।
विष	गरल, माहुर, हलाहल, कालकूट, ज़हर।
विरुद	प्रशस्ति, कीर्ति, यशोगान, गुणगान।
विविध	नाना, प्रकीर्ण, विभिन्न।
विभोर	मस्त, मुग्ध, मग्न, लीन।
विप्र	भूदेव, ब्राह्मण, महीसुर, पुरोहित, पण्डित।
विभा	प्रभा, आभा, कांति, शोभा।
विशारद	पण्डित, ज्ञानी, विशेषज्ञ, सुधी।
विलास	आनन्द, भोग, सन्तुष्टि, वासना।
व्यसन	लत, वान, टेक, आसक्ति।
वृक्ष	द्रुम, पादप, तरु, विटप।
विवाद	अनबन, झगड़ा, तकरार, बखेरा।
वंक	टेढ़ा, वक्र, कुटिल।
विपरीत	उलटा, प्रतिकूल, खिलाफ़, विरुद्ध।
व्रण	घाव, फोड़ा, ज़ख्म, नासूर।

शब्द	पर्यायवाची शब्द
वेश्या	गणिका, वारांगना, पतुरिया, रंडी, तवायफ़।
वसन्त	मधुमास, ऋतुराज, माधव, कुसुमाकर, कामसखा, मधुऋतु।
विद्या	ज्ञान, शिक्षा, गुण, इल्म, सरस्वती।
विधि	शैली, तरीका, नियम, रीति, पद्धति, प्रणाली, चाल।
विमल	स्वच्छ, निर्मल, पवित्र, पावन, विशुद्ध।
विष्णु	नारायण, केशव, गोविन्द, माधव, जनार्दन, विशम्भर, मुकुन्द, लक्ष्मीपति, कमलापति।
(श)	
शपथ	कसम, प्रतिज्ञा, सौगन्ध, हलफ़, सौं।
शहद	मधु, मकरंद, पुष्परस, पुष्पासव।
शब्द	ध्वनि, नाद, आश्व, घोष, रव, मुखर।
शरण	संश्रय, आश्रय, त्राण, रक्षा।
शिष्ट	शालीन, भद्र, संभ्रान्त, सौम्य, सज्जन, सभ्य।
शेर	सिंह, नाहर, केहरि, वनराज, केशरी, मृगेन्द, शार्दूल, व्याघ्र।
शिरा	नाड़ी, धमनी, नस।
शुभ	मंगल, कल्याणकारी, शुभंकर।
शिक्षा	नसीहत, सीख, तालीम, प्रशिक्षण, उपदेश, शिक्षण, ज्ञान।
श्वेत	सफ़ेद, धवल, शुक्ल, उजला, सित।
शंकर	शिव, उमापति, शम्भू, भोलेनाथ, त्रिपुरारि, महेश, देवाधिदेव, कैलाशपति, आशुतोष।
शाश्वत	सर्वकालिक, अक्षय, सनातन, नित्य।
शिकारी	आखेटक, लुब्धक, बहेलिया, अहेरी, व्याध।
श्मशान	मरघट, मसान, दाहस्थल।
(ष)	
षड्यंत्र	साज़िश, दुरभिसंधि, अभिसंधि, कुचक्र।
(स)	
सब	अखिल, सम्पूर्ण, सकल, सर्व, समस्त, समग्र, निखिल।
संकल्प	वृत, दृढ़ निश्चय, प्रतिज्ञा, प्रण।
संग्रह	संकलन, संचय, जमाव।
संन्यासी	बैरागी, दंडी, विरत, परिव्राजक।
सजग	सतर्क, चौकस, चौकन्ना, सावधान।
संहार	अन्त, नाश, समाप्ति, ध्वंस।
समसामयिक	समकालिक, समकालीन, समवयस्क, वर्तमान।
समीक्षा	विवेचना, मीमांसा, आलोचना, निरूपण।
समुद्र	नदीश, वारीश, रत्नाकर, उदधि, पारावार।
सखी	सहेली, सहचरी, सैरंध्री।
सज्जन	भद्र, साधु, पुंगव, सभ्य, कुलीन।
संसार	विश्व, दुनिया, जग, जगत्, इहलोक।
समाप्ति	इतिश्री, इति, अंत, समापन।
सार	रस, सत्त, निचोड़, सत्त्व।
स्तन	पयोधर, छाती, कुच, उरस, उरोज।
सुन्दरी	ललिता, सुनेत्रा, सुनयना, विलासिनी, कामिनी।
सूची	अनुक्रम, अनुक्रमणिका, तालिका, फेहरिस्त, सारणी।

शब्द	पर्यायवाची शब्द
स्वर्ण	सुवर्ण, सोना, कनक, हिरण्य, हेम।
स्वर्ग	सुरलोक, द्युलोक, बैकुंठ, परलोक, दिव।
स्वच्छन्द	निरंकुश, स्वतन्त्र, निर्बंध।
स्वावलम्बन	आत्माश्रय, आत्मनिर्भरता, स्वाश्रय।
स्नेह	प्रेम, प्रीति, अनुराग, प्यार, मोहब्बत, इश्क।
समुद्र	सागर, रत्नाकर, पयोधि, नदीश, सिन्धु, जलधि, पारावार, वारीश, अर्णव, अब्धि।
सरस्वती	भारती, शारदा, वीणापाणि, गिरा, वाणी, महाश्वेता, श्री, भाष, वाक्, हंसवाहिनी, ज्ञानदायिनी।
सूर्य	सूरज, दिनकर, दिवाकर, भास्कर, रवि, नारायण, सविता, कमलबन्धु, आदित्य, प्रभाकर, मार्तण्ड।
सम्पूर्ण	पूर्ण, समग्र, सारा, पूरा, मुकम्मल।
सर्प	भुजंग, अहि, विषधर, व्याल, फणी, उरग, साँप, नाग, अहि।
सुरपुर	सुलोक, स्वर्गलोक, हरिधाम, अमरपुर, देवराज्य, स्वर्ग।
सेठ	महाजन, सूदखोर, साहूकार, ब्याजजीवी, पूँजीपति, मालदार, धनवान, धनी, ताल्लुकदार।
संध्या	निशारंभ, दिनावसान, दिनांत, सायंकाल, गोधूलि, साँझ।
स्तुति	प्रार्थना, पूजा, आराधना, अर्चना।
(ह)	
हंस	मुक्तमुक, मराल, सरस्वतीवाहन।
हँसी	स्मिति, मुस्कान, हास्य।
हित	कल्याण, भलाई, भला, उपकार।
हक	अधिकार, स्वत्व, दावा, फर्ज, उचित पक्ष।
हिमालय	हिमगिरि, हिमाद्रि, गिरिराज, शैलेन्द्र।
हनुमान्	पवनसुत, महावीर, आंजनेय, कपीश, बजरंगी, मारुतिनन्दन, बजरंग।
हाथ	कर, हस्त, पाणि, भुजा, बाहु, भुजाग्र।
हाथी	गज, कुंजर, वितुण्ड, मतंग, नाग, द्विरद।
हार	(i) पराजय, पराभव, शिकस्त, मात। (ii) माला, कंठहार, मोहनमाला, अंकमालिका।
हिम	तुषार, तुहिन, नीहार, बर्फ़।
हिरन	मृग, हरिण, कुरंग, सारंग।
होशियार	समझदार, पटु, चतुर, बुद्धिमान, विवेकशील।
हेम	स्वर्ण, सोना, कंचन।
हरि	बंदर, इन्द्र, विष्णु, चंद्र, सिंह।
(क्ष)	
क्षेत्र	प्रदेश, इलाका, भू-भाग, भूखण्ड।
क्षणभंगुर	अस्थिर, अनित्य, नश्वर, क्षणिक।
क्षय	तपेदिक, यक्ष्मा, राजरोग।
क्षुब्ध	व्याकुल, विकल, उद्विग्न।
क्षमता	शक्ति, सामर्थ्य, बल, ताकत।
क्षीण	दुर्बल, कमज़ोर, बलहीन, कृश

विलोम शब्द

'विलोम' शब्द का अर्थ है—उल्टा या विपरीत। अत: किसी शब्द का उल्टा अर्थ व्यक्त करने वाला शब्द विलोमार्थक शब्द कहलाता है। विलोम शब्द का अंग्रेज़ी पर्याय 'Antonyms' होता है। विलोमार्थक शब्दों को विपर्यायवाची, प्रतिलोमार्थक और विलोम शब्द भी कहते हैं।

'विलोम' शब्द का अर्थ है- उल्टा या विपरीत। अत: किसी शब्द का उल्टा अर्थ व्यक्त करने वाला शब्द विलोमार्थक शब्द कहलाता है। विलोम शब्द का अंग्रेजी पर्याय 'Antonyms' होता है। विलोमार्थक शब्दों को विपर्यायवाची, प्रतिलोमार्थक और विलोम शब्द भी कहते हैं।

भाषा में भावों-विचारों की स्पष्टता के लिए विलोम शब्द का ज्ञान उपयोगी होता है; जैसे—अवरोह शब्द का 'पतन', 'नीचे गिरना' की अपेक्षा आरोह शब्द अर्थात् उल्टा कहने से अर्थ की प्रतीति और भी स्पष्टता से हो जाती है। इस प्रकार विलोम शब्दों के प्रयोग से भाषा में अभिव्यक्ति शक्ति बढ़ जाती है। विद्यार्थियों के अध्ययन हेतु विलोमार्थक शब्दों की सूची प्रस्तुत है

शब्द	विलोम	शब्द	विलोम
	(अ)		
अंत	आदि	अकंटक	कंटकित
अंतरंग	बहिरंग	अक्षत	विक्षत
अंतर्द्वन्द्व	बहिर्द्वन्द्व	अक्षम	सक्षम
अंतर्मुखी	बहिर्मुखी	अदृश्य	दृश्य
अंदर	बाहर	अस्तित्व	अनस्तित्व
अंधकार	प्रकाश	अर्हता	अनर्हता
अकर्मक	सकर्मक	अभिमुख	प्रतिमुख
अकाल	सुकाल	अभिप्रेत	अनभिप्रेत
अग्र	पश्च	अधिमूल्यन	अवमूल्यन
अगला	पिछला	अवर	प्रवर
अच्छा	बुरा	अवनति	उन्नति
अधम	उत्तम	अर्पण	ग्रहण
अध्यवसाय	अनध्यवसाय	अभिज्ञ	अनभिज्ञ
अधोमुखी	ऊर्ध्वमुखी	अनागत	विगत
अधोगामी	ऊर्ध्वगामी	अधिकृत	अनधिकृत
अति	अल्प	अथाह	छिछला
अथ	इति	अनाथ	सनाथ
अनुकूल	प्रतिकूल	अविचल	विचल
अर्पण	ग्रहण	अविस्मरणीय	विस्मरणीय
अनिवार्य	वैकल्पिक	अनुराग	विराग
अच्युत	च्युत	अग्रज	अनुज
अस्त	उदय	अवनि	अम्बर
अवनत	उन्नत	अस्त्रीकरण	निरस्त्रीकरण
अनुलोम	प्रतिलोम/विलोम	अवलम्ब	निरालम्ब
अमित	परिमित	अद्यत	अनुद्यत
अपकार	उपकार	अनुक्रिया	प्रतिक्रिया
अस्थिर	स्थिर	अपशकुन	शकुन
आरोह	अवरोह	अचल	चल
अपचय	उपचय	अनायास	सायास

शब्द	विलोम	शब्द	विलोम
अभिशाप	वरदान	अध: पतन	उत्थान
अपव्यय	मितव्यय	अतिथि	अतिथेय
अनन्त	अन्त	अल्पायु	दीर्घायु
अधूरा	पूरा	अस्तित्व	अनस्तित्व
अल्पसंख्यक	बहुसंख्यक	अपना	पराया
अल्पज्ञ	बहुज्ञ	अपेक्षा	उपेक्षा
अशक्त	सशक्त	अत्यधिक	स्वल्प
असीम	ससीम	अनुरक्ति	विरक्ति
अपराध	निरपराध	अर्जन	वर्जन
अभिसरण	अपसरण	अवकाश	अनवकाश
अवाक्	सवाक्	अक्षर	क्षर
अग्नि	जल	अमर	मर्त्य
अहिंसा	हिंसा	अर्थ	अनर्थ
अर्वाचीन	प्राचीन	अगम	सुगम
अल्पमत	बहुमत	अमृत	विष
अपमान	सम्मान	अभ्यास	अनभ्यास
अज्ञ	विज्ञ	अमावस्या	पूर्णिमा
अलभ्य	लभ्य	अनुग्रह	विग्रह
अच्छा	बुरा	अन्वय	अनन्वय
अधुनातन	पुरातन	अधिक	कम
अशन	अनशन	अक्रूर	क्रूर
असम्भव	सम्भव	अतिवृष्टि	अनावृष्टि
अभ्यस्त	अनभ्यस्त	अल्प	प्रचुर
अनुमत	अननुमत	अमीर	गरीब
		(आ)	
आकाश	पाताल	आकर्षण	विकर्षण
आहार	निराहार	आक्रमण	प्रतिरक्षण
आगत	अनागत	आस्तिक	नास्तिक
आगामी	विगत	आत्मीय	अनात्मीय
आचार	अनाचार	आत्मविश्वास	आत्मसंशय
आदर	अनादर/निरादर	आलोक	तिमिर
आतुर	अनातुर	आवश्यक	अनावश्यक
आश्रित	अनाश्रित	आरोही	अवरोही
आध्यात्मिक	भौतिक	आय	व्यय
आविर्भाव	तिरोभाव	आयात	निर्यात
आदृत	अनादृत	आत्यन्तिक	परिमित
उत्साह	निरुत्साह	आशंका	विश्वास
आरोहण	अवरोहण	आघात	अनाघात
आग्रह	दुराग्रह	आह्वान	विसर्जन
आधार	निराधार	आकीर्ण	विकीर्ण
आग	पानी	आकस्मिक	सामयिक
आशा	निराशा	आमिष	निरामिष
आशावादी	निराशावादी	आनन्दमय	विषादपूर्ण

शब्द	विलोम	शब्द	विलोम
आशीष	अभिशाप	आभ्यन्तर	बाह्य
आगमन	प्रस्थान	आर्ष	अनार्ष
आकुंचन	प्रसारण	आराध्य	दुराध्य
आसक्त	अनासक्त	आवर्तक	अनावर्तक/विवर्तक
आहत	अनाहत	आद्य	अन्त्य
आस्था	अनास्था	आरम्भ	अन्त
आरूढ़	अनारूढ़	आहूत	अनाहूत
आज़ादी	गुलामी	आमन्त्रित	अनामन्त्रित
आदि	अन्त	आहार्य	अनाहार्य
आवृत्त	अनावृत्त	आडम्बर	सादगी
आश्चर्य	अनाश्चर्य	आर्य	अनार्य
आर्द्र	शुष्क	आज्ञा	अवज्ञा
आरम्भ	अन्त	आदान	प्रदान
आकलन	विकलन	आदर्श	यथार्थ
आदरणीय	निरादरणीय	आस्तिक	नास्तिक

(इ)

शब्द	विलोम	शब्द	विलोम
इच्छुक	अनिच्छुक	इज्जत	बेइज्जत
इष्ट	अनिष्ट	इधर	उधर
इच्छा	अनिच्छा	इहलोक	परलोक
इति	अथ	इतिश्री	श्री गणेश

(ई)

शब्द	विलोम	शब्द	विलोम
ईहा	अनीहा	ईश	अनीश
ईश्वर	अनीश्वर	ईप्सित	अनीप्सित
ईमानदार	बेईमान	ईडा	निन्दा

(उ)

शब्द	विलोम	शब्द	विलोम
उत्तम	अधम	उच्च	निम्न
उदय	अस्त	उपयुक्त	अनुपयुक्त
उपमान	व्यतिरेक	उपादेय	अनुपादेय
उत्तर	दक्षिण	उल्लास	विषाद
उत्थान	पतन	उन्मुख	विमुख
उद्घाटन	समापन	उज्ज्वल	धूमिल
उत्पत्ति	विनाश	उचित	अनुचित
उन्नयन	पलायन	उस्ताद	चेला
उर्वरा	बंजर	उत्कृष्ट	निकृष्ट
उचित	अनुचित	उत्तीर्ण	अनुत्तीर्ण
उक्त	अनुक्त	उन्मत्त	अनुन्मत्त
उत्तीर्ण	अनुत्तीर्ण	उद्भव	अवसान
उद्गम	विलय	उदात्त	अनुदात्त
उद्धत	विनत	उच्छिष्ट	अनुच्छिष्ट
उषा	संध्या	उदित	अस्त
उदार	अनुदार/कृपण	उद्वेग	निरुद्वेग
उष्ण	शीतल	उत्तेजन	प्रशमन
उपमेय	अनुपमेय	उपसर्ग	प्रत्यय
उत्कर्ष	अपकर्ष	उपस्थित	अनुपस्थित
उन्मूलन	रोपण	उल्लंघन	अनुल्लंघन
उधार	नकद	उपार्जित	अनुपार्जित
उग्र	सौम्य	उदग्र	अनुदग्र
उदयाचल	अस्ताचल	उन्नत	अवनत
उद्यमी	निरुद्यम	उत्तरार्द्ध	पूर्वार्द्ध
उपयोग	अनुपयोग	उन्मीलन	निमीलन

(ऊ)

शब्द	विलोम	शब्द	विलोम
ऊष्मा	शीतलता	ऊँच	नीच
ऊर्ध्व	अधो	ऊधम	विनय

(ऋ)

शब्द	विलोम	शब्द	विलोम
ऋजु	वक्र	ऋण	धन
ऋत	अनृत	ऋद्धि	विपन्न

(ए)

शब्द	विलोम	शब्द	विलोम
एकत्र	विकीर्ण	एकाधिकार	सर्वाधिकार
एक	अनेक	एकेश्वरवाद	बहुदेववाद
एड़ी	चोटी	एकार्थक	अनेकार्थक
एकाग्र	चंचल	एकाग्रचित्त	अन्यमनस्क
एकता	अनेकता	एषणा	अनैषणा
एकांगी	अनेकांगी	एकल	समूह
एकपक्षीय	बहुपक्षीय	एकमुखी	बहुमुखी

(ऐ)

शब्द	विलोम	शब्द	विलोम
ऐहिक	पारलौकिक	ऐन्द्री	इन्द्र
ऐतिहासिक	अनैतिहासिक	ऐच्छिक	अनैच्छिक
ऐक्य	अनैक्य	ऐश्वर्य	अनेश्वर्य

(ओ)

शब्द	विलोम	शब्द	विलोम
ओजस्वी	निस्तेज	ओछा	गम्भीर
ओतप्रोत	विहीन	ओह	वाह

(औ)

शब्द	विलोम	शब्द	विलोम
औरत	मर्द	औरस	दत्तक
औपचारिक	अनौपचारिक	औषधि	अनौषधि
औचित्य	अनौचित्य	औदार्य	अनौदार्य
औदित्य	अनौदित्य		

(क)

शब्द	विलोम	शब्द	विलोम
कर्कश	सुशील	कापुरुष	पुरुषार्थी
कलंकित	निष्कलंक	कसूर	बेकसूर
कनिष्ठ	ज्येष्ठ	कानूनी	गैरकानूनी
काट्य	अकाट्य	कोलाहल	शान्ति
क्रय	विक्रय	कामी	ब्रह्मचारी
कुटिल	सरल	कुंठित	अकुंठित
कर्मठ	निकम्मा	कुपथ	सुपथ
कुरूप	सुरूप	कल्पनातीत	कल्पनीय
कृष्ण	शुक्ल	कुव्यवस्था	सुव्यवस्था
काल	अकाल	कुलीन	अकुलीन
कुशल	अकुशल	कमी	बाहुल्य

शब्द	विलोम	शब्द	विलोम
कृतज्ञ	अकृतज्ञ/कृतघ्न	कार्य	अकार्य
कृपा	अकृपा/कोप	करुण	निष्ठुर/निस्करुण/अकरुण
कृत	अकृत	कटु	मधुर
कृपण	उदार/दानी	कड़ा	मुलायम
कुफल	सुफल	कपट	निष्कपट
कृश	पुष्ट	कलयुग	सतयुग
कुख्यात	विख्यात	कपूत	सपूत
कुबुद्धि	सुबुद्धि	कोमल	कठोर
कुकृति	सुकृति	कर्मण्य	अकर्मण्य
कुलटा	पतिव्रता	कर्षण	विकर्षण
क्रम	व्यतिक्रम	कुलदीप	कुलांगर
कड़वा	मीठा	कुसुम	वज्र
कीर्ति	अपकीर्ति	कृत्रिम	प्राकृत
क्रोध	क्षमा	कारण	अकारण
कल्याण	अकल्याण	क्रूर	सदय/अक्रूर
कायर	साहसी		

(ख)

शब्द	विलोम	शब्द	विलोम
खण्डन	मण्डन	खाली	भरा
खिलना	मुरझाना	खुशकिस्मत	बदकिस्मत
खगोल	भूगोल	खुशमिज़ाज	बदमिज़ाज
खरीदना	बेचना	खूबसूरत	बदसूरत
खुश	नाखुश	खास	आम
खुला	बन्द	खीझना	रीझना
खल	साधु/सज्जन	ख्यात	कुख्यात
खाद्य	अखाद्य	खेचर	भूचर
खर्च	आमदनी	खरा	खोटा
खेद	प्रसन्नता		

(ग)

शब्द	विलोम	शब्द	विलोम
गणतन्त्र	राजतन्त्र	गहन	विरल
गुप्त	प्रकट	गम्भीर	अगम्भीर
गर्म	तण्डा	गगन	पृथ्वी
गहरा	छिछला/उथला	ग्रहण	त्याग
गति	अवरोध	गुनाहगार	बेगुनाह
गद्य	पद्य	गम्य	अगम्य
गृही	त्यागी/संन्यासी	गीला	सूखा
गृहीत	त्यक्त	ग्राम्य	नागर
ग्राम	नगर	ग्रस्त	मुक्त
गोरी	साँवली	ग्रथित	विकीर्ण
गाढ़ा	पतला	गुरु	लघु
गौरव	लाघव	गुण	दोष
गृहस्थ	संन्यासी	गुरुत्व	लघुत्व
गरल	सुधा	गूढ़	प्रकट/अगूढ़
गरिमा	लघिमा	गीत	अगीत
गत	आगत	गेय	अगेय
गौरक्षक	गौभक्षक	गोचर	अगोचर
गमन	आगमन		

(घ)

शब्द	विलोम	शब्द	विलोम
घर	बाहर	घृणा	प्रेम
घटना	बढ़ना	घाटा	लाभ
घटाना	बढ़ाना	घना	विरल
घटक	समुदाय	घना	छितरा
घात	प्रतिघात	घटित	अघटित
घोषित	अघोषित	घरेलू	बाहरी
घोष	अघोष		

(च)

शब्द	विलोम	शब्द	विलोम
चर	अचर	चंड	शांत
चतुर	मूढ़	चेतन	अचेतन
चढ़ाव	उतार	चिकना	खुरदरा
चल	अचल	चाहा	अनचाहा
चर्चित	अचर्चित	चैन	बेचैन
चाटुकार	स्वाभिमानी	चिन्तित	निश्चिन्त
चारु	अचारु	चिरायु	अल्पायु
चित्र	विचित्र	चिरंतन	नश्वर
चिर	अचिर	चिरस्थायी	अल्पस्थायी
चोर	साधु	चपल	स्थिर
चंचु	अयशस्वी	चेष्टा	निश्चेष्टा

(छ)

शब्द	विलोम	शब्द	विलोम
छल	निश्छल	छूत	अछूत
छली	निश्छली	छोटा	बड़ा
छादन	प्रकाशन	छोरा	छोरी
छाया	आतप	छुटकारा	बन्धन
छात्र	छात्रा	छाँह	धूप
छिन्न	संलग्न/युक्त	छरहरा	थुलथुल

(ज)

शब्द	विलोम	शब्द	विलोम
जड़	चेतन	जाति	विजाति
जटिल	सरल	जाड़ा	गर्मी
जन्म	मृत्यु	जीवन	मरण
जंगम	स्थावर	जागरण	शयन/निद्रा
जय	पराजय	जागना	सोना
जाति	विजाति	ज्येष्ठ	कनिष्ठ
जागृत	सुषुप्त	ज्वार	भाटा
जीत	हार	ज्योति	तम
जड़ता	चेतनता	जेय	अज्ञेय
जल	थल/स्थल/निर्जल	जीर्ण	अजीर्ण
जवानी	बुढ़ापा	जातीय	विजातीय
जर्जत	अक्षत	जालिम	रहमदिल
जननी	जनक	जाली	असली
जोड़	घटाव	जागर	अनवधानता

(झ)

शब्द	विलोम	शब्द	विलोम
झगड़ा	शान्ति	झूठ	सच
झंकृत	निस्तब्ध	झोपड़ी	महल

शब्द	विलोम	शब्द	विलोम
झंझा	तूफान	झकझकाहट	धुंधला
झंझट	निश्चितता		
		(ट)	
टल	अटल	टीका	भाष्य
टकसाली	सामान्य	टूटना	जुड़ना
		(ठ)	
ठहरना	जाना	ठीक	गलत
ठण्डा	गर्म	ठोस	तरल
ठाठ	सादगी	ठौर	कुठौर
		(ड)	
डर	निडर	डाल	पत्ती
डाह	सद्भाव	डिम्भ	निराडम्बर
डिम्ब	अक्षोभ		
		(ढ)	
ढंग	कुढंग/बेढंग	ढाढस	त्रास/निरुत्साह
ढरना	रुकना	ढाल	तलवार
ढालू	समतल	ढीठ	विनम्र
		(त)	
तरल	ठोस	तप्त	शीतल
तरुण	वृद्ध	तृषा	तृप्ति
तट	मझधार	ताजा	बासी
तल	अतल	तीक्ष्ण	कुंठित
तन्द्रा	जागरण	तीव्र	मन्द
तृष्णा	वितृष्णा	तुलनीय	अतुलनीय
तर्कपूर्ण	कुतर्कपूर्ण	तुच्छ	महान्
तृप्त	अतृप्त	तेज	धीमा
त्यक्त	गृहीत	तेजस्वी	निस्तेज
तामसिक	सात्विक	तुकान्त	अतुकान्त
तितिक्षा	असहिष्णुता	त्वरि	मंथर
तिमिर	प्रकाश		
		(थ)	
थकावट	स्फूर्ति	थोक	फुटकर/खुदरा
थोड़ा	बहुत	थिर	गतिवान
		(द)	
दयालु	निर्दयी	दुराचारी	सदाचारी
दृश्य	अदृश्य	दुर्गति	सुगति
दृढ़	अदृढ़	दुश्कर	सुकर
दक्षिण	उत्तर	द्वैत	अद्वैत
दरिद्र	सम्पन्न	दुर्लभ	सुलभ
दानी	कृपण	द्वेष	सद्भावना
दिवा	रात्रि	देशभक्त	देशद्रोही
दीर्घायु	अल्पायु	दुष्प्रभाव	सुप्राप्य
दुर्बल	सबल	दाखिल	खारिज
देनदार	लेनदार	दीर्घ	ह्रस्व/लघु

शब्द	विलोम	शब्द	विलोम
दण्ड	पुरस्कार	दुराचार	सदाचार
दैत्य	देव	देह	विदेह
दाता	सूम	देव	दानव
द्वन्द्व	निर्द्वन्द्व	देय	अदेय
दुर्जन	सज्जन	देन	लेन
दुष्ट	भला	देर	सवेर/जल्दी
दूषित	स्वच्छ	दक्ष	अदक्ष
दिव्य	अदिव्य	दक्षिण	वाम
दास	स्वामी	दुःशील	सुशील
		(ध)	
धरा	गगन	ध्रुव	अस्थिर
धवल	श्याम	धैर्य	अधैर्य
धनी	निर्धन	धनात्मक	ऋणात्मक
धर्म	अधर्म	धीर	अधीर
ध्वंस	निर्माण	धृष्ट	विनीत या विनम्र
धीरता	अधीरता		
		(न)	
नकद	उधार	न्याय	अन्याय
नश्वर	अनश्वर	न्यून	अधिक
नख	शिख	नागरिक	ग्रामीण
नवीन	प्राचीन	नर	नारी
नया	पुराना	निर्गुण	सगुण
निषिद्ध	विहित	निराशा	आशा
निश्चल	चंचल	निरोगी	रोगी
निकट	दूर	निःशुल्क	सशुल्क
निरर्थक	सार्थक	निर्दोष	सदोष
निष्काम	सकाम	नूतन	पुरातन
निर्मल	मलिन	निर्माण	विनाश
नत	उन्नत	निडर	कायर
निरक्षर	साक्षर	निर्धनता	धनाढ्यता
निरामिष	सामिष	निन्दा	स्तुति
नियमित	अनियमित	निश्चित	अनिश्चित
नियन्त्रित	अनियन्त्रित	नित्य	अनित्य
निर्भीक	भयभीत	निर्दय	सदय
निर्लज्ज	सलज्ज	नीरुजता	रुग्णता
निष्ठा	अनिष्ठा	नेकी	बदी
न्यायी	अन्यायी	नैतिक	अनैतिक
नीति	अनीति	नैसर्गिक	अनैसर्गिक
निर्दिष्ट	अनिर्दिष्ट	नमकहलाल	नमकहराम
नीरस	सरस		
		(प)	
पण्डित	मूर्ख	परुष	कोमल
परिचित	अपरिचित	परतन्त्र	स्वतन्त्र
प्रकट	गुप्त/अप्रकट	परिश्रम	विश्राम
प्रवेश	निकास	पारितोष	दण्ड
परमार्थ	स्वार्थ	परा	अपरा

शब्द	विलोम	शब्द	विलोम
पक्षपाती	निष्पक्ष	पेय	अपेय
पसन्द	नापसन्द	पूरा	अधूरा
प्रसारण	संकुचन	पैना	भोथरा
प्रफुल्ल	म्लान	पूर्ववर्ती	परवर्ती
प्रगति	प्रतिगमन	परिहार्य	अपरिहार्य
पक्का	कच्चा	पटु	अपटु
परोक्ष	प्रत्यक्ष/अपरोक्ष	पतन	उत्थान
प्रोत्साहित	हतोत्साहित	परिष्कृत	अपरिष्कृत
प्रधान	गौण	पार्थिव	अपार्थिव
प्रशंसा	निन्दा	पाक	नापाक
प्रत्यय	अप्रत्यय	पाप	पुण्य
प्रभु	भृत्य	प्रगल्भ	अप्रगल्भ
पवित्र	अपवित्र	प्रतिष्ठा	अप्रतिष्ठा
पुरोगामी	पश्चगामी	प्रायः	बहुधा
परिमित	अपरिमित	प्रीति	द्वेष
परिणत	अपरिणत	प्रौढ़	अप्रौढ़
पूर्ण	अपूर्ण	प्रतिपन्न	अप्रतिपन्न
पाच्य	अपाच्य	प्राकृतिक	अप्राकृतिक
पठित	अपठित	पक्ष	विपक्ष
परिग्रही	अपरिग्रही	पात्र	कुपात्र
पोषित	अपोषित	प्राचीन	आधुनिक
पृथक्	संयुक्त	पावन	अपावन
प्रजातन्त्र	राजतन्त्र	पाठ्य	अपाठ्य
पदोन्नत	पदावनत	पालक	घातक
प्रवेश	निर्गम	पारदर्शक	अपारदर्शक
प्रकाश	अन्धकार	पिता	माता
प्रतीची	प्राची	पूर्व	पश्चिम
प्रगतिशील	अप्रगतिशील	पौष्टिक	अपौष्टिक
प्रावैगिक	स्थैतिक	पूर्व (पहला)	उत्तर (बाद का)
प्रशस्त	अप्रशस्त	पूर्णिमा	अमावस्या
प्रशिक्षित	अप्रशिक्षित	पौरस्त्य	पाश्चात्य
प्रलय	सृष्टि	परितुष्ट	कुंठित
प्रच्छन्न	अप्रच्छन्न	प्रज्ञा	अविवेक
प्रकृत	अप्रकृत	प्रत्याशित	अप्रत्याशित
प्रतिबद्ध	अप्रतिबद्ध	पतझड़	बसन्त

(फ)

शब्द	विलोम	शब्द	विलोम
फल	अफल	फूल	काँटा
फैलना	सिकुड़ना	फुल्ल	म्लान
फ़ायदा	नुकसान	फ़िरना	स्थिर
फ़ज़ीहत	इज़्ज़त	फलदायक	निष्फल

(ब)

शब्द	विलोम	शब्द	विलोम
बलवान	बलहीन	बन्धन	मोक्ष/मुक्ति
बलिष्ठ	दुर्बल	वृहत	लघु
बचपन	यौवन	बहिष्कार	स्वीकार
बड़ा	छोटा	बहिरंग	अन्तरंग
बहुत	थोड़ा	बंध्या	स्वीकार
बढ़िया	घटिया	बोध्य	अबोध्य
बर्बर	सभ्य	बेडौल	सुडौल
बहुतायत	कमी	बिम्ब	प्रतिबिम्ब
बेमेल	संगत	बुढ़ापा	जवानी
बाधित	अबाधित	बुद्धिमान	मूर्ख
बन्धुत्व	शत्रुत्व	बुराई	भलाई
बाढ़	सूखा	बोध	अबोध
बाहर	भीतर	बिहान	आज

(भ)

शब्द	विलोम	शब्द	विलोम
भगवान	भगवती	भोला	चालाक
भय	साहस	भीषण	सौम्य
भव्य	अभव्य	भग्न	अभग्न
भद्र	अभद्र	भंगुर	अभंगुर
भक्ष्य	अभक्ष्य	भोग्य	अभोग्य
भंजक	योजक	भक्त	अभक्त
भारी	हल्का	भलाई	बुराई
भाग्य	दुर्भाग्य	भिन्न	अभिन्न
भाव	अभाव	भूत	भविष्य
भयभीत	निर्भय	भूगोल	खगोल
भ्रान्त	निर्भ्रान्त	भोगी	योगी
भूषण	दूषण	भोज्य	अभोज्य
भावी	अतीत	भौतिक	आध्यात्मिक
भला	बुरा	भाई	बहन
भेद	अभेद		

(म)

शब्द	विलोम	शब्द	विलोम
महात्मा	दुरात्मा	मनुज	दनुज
मन्द	त्वरित	मौखिक	लिखित
मधु	तिक्त/कटु	मित	अपरिमित
ममता	निर्ममता	मुसीबत	आराम
मानव	दानव	मुख	पृष्ठ/प्रतिमुख
मानवीय	अमानवीय	मार्जित	अमार्जित
मानवता	दानवता/नृशंसता	मूढ़	ज्ञानी
मालिक	नौकर	मिलन	विरह/बिछोह
महीन	मोटा	मृदुल	कठोर
मत	विमत	मिथ्या	सत्य
मसृण	रुक्ष	मैत्री	अमैत्री
मेहमान	मेज़बान	मिश्रित	अमिश्रित
मितव्ययिता	अमितव्ययिता	मूर्त	अमूर्त
मीठा	कड़वा	मित्र	शत्रु
मुदित	खिन्न	मूल	निर्मूल
मूक	वाचाल	मूल्यवान	मूल्यहीन
महायोगी	महाभोगी	मौन	मुखर
मान	अपमान	मोक्ष	बन्धन
मिट	अमिट	मरहूम	जीवित
महल	झोपड़ी		

शब्द	विलोम	शब्द	विलोम
		(य)	
यश	अपयश	योग्यता	अयोग्यता
यथार्थ	कल्पना/आदर्श	यौवन	बुढ़ापा
याद	भूल	योग्य	अयोग्य
युद्ध	शान्ति	योग	भोग/वियोग
योगी	भोगी	याचक	अयाचक
यंत्रणा	सुख	यत	असंयत
		(र)	
रत	विरत	रूढ़िबद्ध	रूढ़िमुक्त
रक्षक	भक्षक	रूक्ष	मृदु
रचना	ध्वंस	रौद्र	अरौद्र
राग	विराग	रद्द	बहाल
राजा/राव	रंक/प्रजा	खाली	भरा
राक्षस	देवता	रुदन	हास्य
रहमदिल	बेरहम	रोगी	निरोगी
राजतन्त्र	जनतन्त्र	राहत	प्रकोप
रागी	विरागी	रिक्त	सिक्त
रात	दिन	रूप	कुरूप
रूढ़िवादी	स्वच्छन्दतावादी	रुचि	अरुचि
रंगीन	रंगहीन		
		(ल)	
लक्ष्य	अलक्ष्य	लौकिक	पारलौकिक
लघु	दीर्घ/गुरु	लौह	अलौह
लचीला	कठोर	लाघव	गौरव
लम्बाई	चौड़ाई	लुप्त	व्यक्त/प्रकट
लाभ	हानि	लोहित	अलोहित
लिप्त	निर्लिप्त	लापरवाह	सावधान
लिखित	मौखिक	लुभावना	घिनौना
लेन	देन	लक्षित	अलक्षित
लोक	परलोक	लोकातीत	साधारण
लोलुप	अनासक्त		
		(व)	
वर्तमान	भूत	विश्लेषण	संश्लेषण
व्यस्त	अव्यस्त	व्यास	समास
व्यक्तिगत	सार्वभौम	वनस्थल	मरुस्थल
वाद	प्रतिवाद	विरत	निरत
विकारी	अविकारी	विशालकाय	क्षीणकाय
विजय	पराजय	विदग्ध	अविदग्ध
विकास	ह्रास	विचारित	अविचारित
विराट/विशाल	क्षुद्र	विबुध	अविबुध
विशेष	साधारण/सामान्य	विकृत	अविकृत
विनत	उद्दण्ड	वसन्त	पतझड़
विभव	पराभव	विकल	अविकल
वर	वधू	विद्यमान	अविद्यमान
विधवा	सधवा/सुहागिन	वर्ण्य	अवर्ण्य
विपन्न	सम्पन्न	विभक्त	अविभक्त

शब्द	विलोम	शब्द	विलोम
विदाई	स्वागत	विहित	अविहित
व्यष्टि	समष्टि	वैदिक	अवैदिक
विचलित	अविचलित	विश्वसनीय	अविश्वसनीय
विज्ञ	अविज्ञ	विलम्ब	अविलम्ब
विपद	सपद	विनीत	धृष्ट
विरल	सुलभ	विस्तारण	संक्षेपण
व्याप्त	अव्याप्त	विश्वास	अविश्वास
व्यग्र	अव्यग्र	विस्मरण	स्मरण
वैमनस्य	सौमनस्य	विषाद	हर्ष
विश्वस्त	अविश्वस्त	विशिष्ट	सामान्य
विस्तीर्ण	अविस्तीर्ण	वीर	कायर
व्यवहृत	अव्यवहृत	विहित	निषेध
वन	मरु	विद्वान्	मूर्ख
वृद्ध	बालक	वेदना	परमानन्द
विदेशी	स्वदेशी	विनम्र	उच्छृंखल
		(श), (ष)	
शकुन	अपशकुन	शयन	जागरण
शब्द	निःशब्द	शान्ति	अशान्ति
शक्ति	क्षीणता	शासक	शासित
शरण	अशरण	शालीन	धृष्ट
शत्रुता	मित्रता	शिख	नख
शस्त्र	अस्त्र	शोषक	पोषक
शिष्ट	अशिष्ट	शोभनीय	अशोभनीय
शिक्षित	अशिक्षित	शाश्वत	क्षणिक
शिक्षा	अशिक्षा	शाप	वरदान
शीर्ष/शिखर	तल	श्लील	अश्लील
शिष्य	गुरु	शर्मदार	बेशर्म
शीतल	उष्ण	शुष्क	आर्द्र
शुभ	अशुभ	शूर	भीरु
शुद्धि	अशुद्धि	श्वास	उच्छ्वास
शुक्ल	कृष्ण	शोहरत	बदनामी
शुल्क	निःशुल्क	शोधित	अशोधित
शुचि	अशुचि	शंक	निशंक
शेष	अशेष	शील	अशील
शोभन	अशोभन	शक्त	अशक्त
		(स)	
सभ्य	असभ्य	स्वामी	सेवक
सम्पन्न	विपन्न	स्वार्थी	परार्थी
सत्कार	तिरस्कार	स्पष्ट	अस्पष्ट
सबल	दुर्बल	संकल्प	विकल्प
समावेश	अनावेश	स्वजाति	विजाति
सनाथ	अनाथ	स्वीकृति	अस्वीकृति
सनातनी	प्रगतिवादी	सामयिक	असामयिक
ससीम	असीम	सामिष	निरामिष
सदाचार	दुराचार	साहस	भय
सरल	कठिन	सात्विक	तामसिक
सवर्ण	असवर्ण	साक्षर	निरक्षर

शब्द	विलोम	शब्द	विलोम
समूल	निर्मूल	साहचर्य	पृथक्करण
सत्य	झूठ/असत्य	सन्निविष्टन	निस्तारण
स्थिर	चंचल	सातत्य	असातत्य
सित	असित	सहयोगी	प्रतियोगी
संगत	असंगत	स्वदेश	विदेश
संपद्	विपद्	सज्जन	दुर्जन
संकोच	निःसंकोच	सत्कर्म	दुष्कर्म
संयोग	वियोग	स्थावर	जंगम
संश्लिष्ट	विश्लिष्ट	सगुण	निर्गुण
सन्त	असन्त	सृजन	विनाश
सन्धि	विग्रह	सत्	असत
सपूत	कपूत	स्थूल	सूक्ष्म
सक्षम	अक्षम	स्वदेशी	विदेशी
सुकृति	कुकृति	सुनाम	दुर्नाम
सुदूर	निकट	सुमुख	दुर्मुख
सुमार्ग	कुमार्ग	सेवित	असेवित
सुपथ	कुपथ	स्तब्ध	अस्तब्ध
सुन्दर	कुरूप	सुसाध्य	दुःसाध्य
सुपात्र	कुपात्र	सुगम	दुर्गम
सुशील	दुःशील	सुसंगति	कुसंगति
सुगन्ध	दुर्गन्ध	स्खलित	अस्खलित
सुधा	गरल	स्थिरचित्त	अस्थिरचित्त
सूक्ष्म	स्थूल	सुसमय	कुसमय
सुलभ	दुर्लभ	सुलक्षण	कुलक्षण
सौम्य	उग्र	सुकाल	दुष्काल
सचेत	अचेत	सुगति	दुर्गति
सजल	निर्जल	सुधार्य	असुधार्य
सुरीति	कुरीति	सैद्धान्तिक	असैद्धान्तिक
स्पृश्य	अस्पृश्य	स्मरणीय	विस्मरणीय
सुबोध	दुर्बोध	स्वाभाविक	अस्वाभाविक
सौभाग्य	दुर्भाग्य	स्वार्थ	परमार्थ
सुमति	कुमति	सुखान्त	दुखान्त
सुर	असुर	सुफल	कुफल
सुप्रबन्ध	कुप्रबन्ध	स्याह	सफेद
समावेशन	अनावेशन	स्निग्ध	अस्निग्ध
स्वर्ग	नरक	स्थैर्य	अस्थैर्य
सन्तोष	असन्तोष	स्वावलम्बी	परावलम्बी
सरस	नीरस	स्पर्द्धा	सहयोग
सहित	रहित	सुधीर	अधीर
		(ह)	
हर्ष	विषाद	हमदर्द	बेदर्द
हमारा	तुम्हारा	हत	अहत
हँसना	रोना	हिंसा	अहिंसा
ह्रस्व	दीर्घ	हास	रुदन
हित	अहित	ह्रास	वृद्धि
हेय	ग्राह्य	हार	जीत
होनी	अनहोनी	हानि	लाभ

शब्द	विलोम	शब्द	विलोम
		(क्ष)	
क्षर	अक्षर	क्षति	लाभ
क्षमा	दण्ड	क्षुद्र	महत्
क्षणिक	शाश्वत	क्षुब्द	शान्त
क्षय	अक्षय	क्षोभ	प्रसन्नता
क्षीण	स्वस्थ	क्षम्य	अक्षम्य
		(त्र)	
त्रिकोण	षट्कोण	त्रिकुटी	भृकुटी
		(ज्ञ)	
ज्ञान	अज्ञान	ज्ञानी	मूढ़/मूर्ख
ज्ञेय	अज्ञेय	ज्ञात	अज्ञात
		(श्र)	
श्राप	आशीर्वाद	श्रोता	वक्ता
श्रद्धा	अश्रद्धा	श्रवण	दर्शन
श्रीमान	श्रीमती	श्रांत	प्रसन्न
शृंखला	विशृंखला	श्रव्य	दृश्य

एकार्थक शब्द

एकार्थक (समान अर्थ) प्रतीत होने वाले शब्दों को एकार्थक शब्द कहते हैं। बहुत से शब्द ऐसे है, जिनका अर्थ देखने और सुनने में एक-सा लगता है परन्तु वे समानार्थी नहीं होते हैं। ध्यान से देखने पर पता लगता है कि उनमें कुछ अन्तर भी है।

	शब्द	अर्थ
1.	अपराध	सामाजिक एवं सरकारी कानून का उल्लंघन।
	पाप	नैतिक एवं धार्मिक नियमों को तोड़ना।
2.	अमूल्य	जो चीज मूल्य देकर भी प्राप्त न हो सके।
	बहुमूल्य	जिस चीज का बहुत मूल्य देना पड़ा।
3.	अस्त्र	जो हथियार हाथ से फेंककर चलाया जाए; जैसे-बाण।
	शस्त्र	जो हथियार हाथ में पकड़े-पकड़े चलाया जाए; जैसे-कृपाण।
4.	आज्ञा	बड़ों का छोटों को कुछ करने के लिए आदेश।
	अनुमति	प्रार्थना करने पर बड़ों द्वारा दी गई सहमति।
5.	मंत्रणा	गोपनीय रूप से परामर्श करना।
	परामर्श	पूर्णतया किसी विषय पर विचार-विमर्श कर मत प्रकट करना।
6.	स्वागत	किसी के आगमन पर सम्मान।
	अभिनन्दन	अपने से बड़ों का विधिवत् सम्मान।
7.	अहंकार	अपने गुणों पर घमण्ड करना।
	अभिमान	अपने को बड़ा और दूसरे को छोटा समझना।
	दम्भ	अयोग्य होते हुए भी अभिमान करना।
8.	महिला	कुंलीन घराने की स्त्री।
	पत्नी	अपनी विवाहित स्त्री
	स्त्री	नारी जाति की बोधक।
9.	अलौकिक	जो इस जगत में कठिनाई से प्राप्त हो। (लोकोत्तर)
	अस्वाभाविक	जो मानव स्वभाव के विपरीत हो।
	असाधारण	सांसारिक होकर भी अधिकता से न मिले। (विशेष)
10.	आनन्द	खुशी का स्थायी और गम्भीर भाव।
	आह्लाद	क्षणिक एवं तीव्र आनन्द।
	उल्लास	सुख-प्राप्ति की अल्पकालिक क्रिया। (उमंग)

	शब्द	अर्थ
	प्रसन्नता	साधारण आनन्द का भाव।
11.	ईर्ष्या	दूसरे की उन्नति को सहन न कर सकना।
	डाह	ईर्ष्यायुक्त जलन।
	द्वेष	शत्रुता का भाव।
	स्पर्धा	दूसरों की उन्नति देखकर स्वयं उन्नति करने का प्रयास करना।
12.	अनुनय	किसी बात पर सहमत होने की प्रार्थना।
	विनय	अनुशासन एवं शिष्टतापूर्ण निवेदन।
	आवेदन	योग्यतानुसार किसी पद के लिए कथन द्वारा प्रस्तुत होना।
	प्रार्थना	किसी कार्य-सिद्धि के लिए विनम्रतापूर्ण कथन।
13.	इच्छा	किसी वस्तु को चाहना।
	उत्कण्ठा	प्रतीक्षायुक्त प्राप्ति की तीव्र इच्छा।
	आशा	प्राप्ति की सम्भावना के साथ इच्छा का समन्वय।
	स्पृहा	उत्कृष्ठ इच्छा।
14.	सुन्दर	आकर्षक वस्तु।
	चारु	पवित्र और सुन्दर वस्तु।
	रुचिर	सुरुचि जाग्रत करने वाली सुन्दर वस्तु।
	मनोहर	मन को लुभाने वाली वस्तु।
15.	मित्र	समवयस्क, जो अपने प्रति प्यार रखता हो।
	सखा	साथ रहने वाला समवयस्क।
	सगा	आत्मीयता रखने वाला।
	सुहृदय	सुन्दर हृदय वाला, जिसका व्यवहार अच्छा हो।
16.	अन्तःकरण	मन, चित्त, बुद्धि और अहंकार की समष्टि।
	चित्त	स्मृति, विस्मृति, स्वप्न आदि गुणधारी चित्त।
	मन	सुख-दुःख की अनुभूति करने वाला।
17.	नमस्ते	बड़े और छोटे सभी के लिए अभिवादन का प्रचलित शब्द है।
	नमस्कार	समान अवस्था वालों को अभिवादन।
	प्रणाम	अपने से बड़ों को अभिवादन।
	अभिवादन	सम्माननीय व्यक्ति को हाथ जोड़ना।
18.	अनुज	छोटा भाई।
	अग्रज	बड़ा भाई।
	भाई	छोटे-बड़े दोनों के लिए।

अनेकार्थक शब्द

अनेकार्थक शब्द का अर्थ है—अनेक अर्थ वाला, अर्थात् जिन शब्दों से एक से अधिक अर्थ-बोध होता है, उन्हें अनेकार्थक (Homonyms) कहते हैं।

हिन्दी साहित्य में अनेकार्थी शब्दों का प्रयोग अधिकतर काव्य में ही मिलता है। काव्य के रसास्वादन के लिए इनका ज्ञान आवश्यक है। इन्हीं शब्दों द्वारा कवियों ने यमक और श्लेष अलंकारों का भरपूर प्रयोग किया है। विद्यार्थियों के अध्ययन हेतु अनेकार्थक शब्दों की सूची प्रस्तुत है

शब्द	अनेकार्थक शब्द
अंक	गिनती के अंक, गोद, भाग्य, चिह्न, रूपक के दस भेदों में से एक, नाटक का अध्याय।
अंकोर	दोपहरी, रिश्वत, भेंट, गोद, कलेवा।
अंग	शरीर, टुकड़ा, अवयव, भेद, पक्ष, सहायक, भाग, हिस्सा।
अक्रूर	कृष्ण के चाचा, मित्र, कोमल स्वभाव वाला।
अचल	अटल, पहाड़, निश्चल, स्थिर, वृक्ष, पार्वती।
अज	बकरा, दशरथ के पिता, अजन्मा, शिव, ब्रह्मा, मेषराशि, जीव, आत्मा, कामदेव।
अजया	बकरी, भाँग, विजया।
अच्युत	स्थिर, विष्णु, कृष्ण, अपतित।
अक्षर	वर्ण, ईश्वर, आत्मा, स्थिर, शिव, विष्णु, अविनाशी।
अधर	होंठ, आकाश, अनाधार, नीच, बुरा, चंचल।
अदिति	पृथ्वी, प्रकृति, देवताओं की माता, रक्षा, देवलोक, वाणी।
अमृत	जल, दूध, अमर, अन्न, सुधा, पारा, प्रिय, सुन्दर, आत्मा, शिव, घी, धन।
अब्ज	कपूर, अरब की संख्या, कमल, चन्द्रमा, शंख।
अब्द	बादल, वर्षा, मेघ, आकाश, साल।
अपेक्षा	आशा, आवश्यकता, इच्छा, आकांक्षा, लालच, अनुरोध, भरोसा, तुलना।
अनन्त	अन्तहीन, शेषनाग, लक्ष्मण, आकाश, विष्णु।
अरस	आकाश, नीरस, आलस्य, महल, रसशून्य, अनाड़ी, सुस्ती, बेस्वाद।
अरुण	सूर्य का सारथी, लाल, सूर्य, गरुड़, तड़का, सिन्दूर, केसर।
अन्तर	फ़र्क, भीतर, अन्तरिक्ष, समय, व्यवधान।
अपवाद	किसी नियम के विपरीत, कलंक, निन्दा, विरोध, आदेश, आज्ञा।
अतिथि	मेहमान, अग्नि, अपरिचित, संन्यासी, आगन्तुक, अभ्यागत।
अर्क	सूर्य, सत्त्व, ताँबा, बिजली की चमक, स्फटिक, मदार, क्वाथ (काढ़ा) रविवार।
अर्थ	धन, प्रयोजन, तात्पर्य, कारण, लिए, अभिप्राय, निमित्त, फल, वस्तु, प्रकार।
अलि	सखी, भ्रमर, कोयल, बिच्छू, मदिरा, कौआ, कोयल, सहेली, पंक्ति, बाँध, सेतु।
अवि	सूर्य, पहाड़, पर्वत, आक, भेड़, मेष, वायु, कम्बल।
अहि	दुष्ट, सूर्य, साँप, राहु, पृथ्वी, जल, बादल।
आम	सामान्य, एक फल, मामूली, अपक्व, आँव, कच्चा, आम्र।
आत्मज	पुत्र, कामदेव, बेटा।
आन	दूसरा, क्षण, शपथ, टेक, सीमा, बनावट, लज्जा, प्रतिज्ञा, विचार।
आतुर	उत्सुक, उतावला, रोगी, कमज़ोर, दुःखी, आहत, पीड़ित, व्यग्र, व्याकुल।
आराम	विश्राम, वाटिका, एक प्रकार का दण्डक वृत्त, फुलवाड़ी।
आसुग	मन, वायु, वाण।
इतर	अन्य, नीच, चरस, अन्त्यज, अवशेष, बाकी, साधारण, दूसरा।
इन्दु	गणित में एक की संख्या, चन्द्रमा, कपूर।
उरु	जाँघ, विशाल, श्रेष्ठ, विस्तीर्ण, अधिक मूल्यवान, जाँच।
उर्मी	लहर, पीड़ा, तरंग, प्रकाश, वेग, भंग, भ्रान्ति, भूल।
ऐन	कस्तूरी, घर, पूर्ण, आँख, उपयुक्त, ठीक।
ओस	गीला, गोद, धरोहर, बहाना, जिमीकन्द।
कंज	कमल, सिर के बाल, अमृत, ब्रह्म, केश।
कनक	सोना, धतूरा, गेहूँ, आटा, खजूर, नागकेसर, पलास।
कर	हाथ, टैक्स, सूँड, किरण, ओला, विषय, छल, युक्ति, काम।
कल	मशीन, चैन, आने वाला कल, बीता हुआ कल, शान्ति, सुन्दर।
कन्द	जड़, मिश्री, बादल, समूह, सूरन, गाँठ, शोथ।
कटाक्ष	आक्षेप, तिरछी चितवन, व्यंग्य।
कर्ण	कान, कुन्ती का पुत्र, समकोण त्रिभुज के सामने की भुजा।
काम	कार्य, इच्छा, कामना, अनुराग, चार पुरुषार्थों में एक पुरुषार्थ काम।
काल	समय, शत्रु, यमराज, अवसर, अकाल।
कुशल	चतुर, क्षेम (खैरियत), योग्य, कुश लाने वाला।

अभ्यास प्रश्न

निर्देश (प्र.सं. 1-2) *प्रश्नों में दिए गए शब्द के समानार्थक शब्द का चयन उसके नीचे दिए गए विकल्पों में से कीजिए।*

1. विप्र
(a) निर्धन (b) धनी (c) ब्राह्मण (d) सैनिक

2. आविर्भाव
(a) मृत्यु (b) मोक्ष (c) वानप्रस्थ (d) उत्पत्ति

3. निम्नलिखित में पर्यायवाची शब्द है
(a) अचिर, अचर (b) राधारमण, कंसनिकन्दन
(c) अम्बुज, अम्बुधि (d) नीरद, नीरज

4. कौन-सा विकल्प वैचारिक अन्तर के समानार्थी शब्दों का है?
(a) देखना, घूरना (b) बेहद, असीम
(c) जल, नीर (d) सौन्दर्य, खूबसूरती

5. 'नौका' शब्द का पर्याय बताइए।
(a) तिया (b) तरंगिणी (c) तरी (d) तरणिजा

6. 'घर' के लिए यह पर्यायवाची नहीं है
(a) गृह (b) ग्रह (c) आलय (d) निलय

7. 'पवन' का पर्यायवाची शब्द है
(a) मिलना (b) पूजना (c) समीर (d) आदर

8. 'खर' का पर्यायवाची शब्द है
(a) खरगोश (b) शशक (c) मूर्ख (d) गधा

9. अनिल पर्यायवाची है
(a) पवन का (b) चक्रवात का
(c) पावस का (d) अनल का

10. 'प्रसून' शब्द का पर्यायवाची है।
(a) वृक्ष (b) पुष्प (c) चन्द्रमा (d) अग्नि

11. 'कानन' शब्द का पर्यायवाची नहीं है
(a) जंगल (b) अरण्य
(c) विपिन (d) इनमें से कोई नहीं

12. 'नियति' शब्द का समानार्थी शब्द है
(a) चरित्र (b) स्वभाव (c) भाग्य (d) कर्म

निर्देश (प्र.सं. 13-15) *प्रश्नों में दिए गए शब्दों के पर्याय (समानार्थक शब्द) के लिए चार-चार विकल्प दिए गए हैं; उचित विकल्प चुनिए।*

13. स्वच्छ
(a) निर्मल (b) पंकिल (c) नीरज (d) नीरद

14. ग्रीष्म
(a) गर्मी (b) वर्षा (c) तपन (d) पावक

15. शाश्वत
(a) आंशिक (b) साकार (c) चिरंतन (d) लौकिक

निर्देश (प्र.सं. 16-18) *प्रश्नों में दिए गए शब्दों के पर्याय (समानार्थक शब्द) के लिए विकल्प दिए गए हैं; उन विकल्पों में से सही विकल्प का चयन कीजिए।*

16. सुगंध
(a) इत्र (b) सौरभ (c) चंदन (d) केसर

17. जंगल
(a) बहिन (b) द्रुमदल (c) कानन (d) कुसुम

18. बादल
(a) पयोधि (b) अंबुज (c) अंबुधि (d) पयोद

19. 'व्यवहार' और 'मत' शब्दों के सही पर्याय हैं
(a) 'आचार' और 'विचार' (b) आचरण और सिद्धान्त
(c) विचार और राय (d) बरताव और निर्णय

20. निम्न विकल्पों में से जो 'चतुर' शब्द का समानार्थी नहीं है वह छाँटिए।
(a) नागर (b) पटु (c) देवप्रिय (d) दक्ष

21. पर्यायवाची शब्द का कौन-सा युग्म सही नहीं है?
(a) वसुमती-धरती (b) वाजि-सिंह
(c) मरीचि-किरण (d) वह्नि-आग

22. सुधाकर शब्द किसका पर्यायवाची है?
(a) सिन्धु (b) जलाशय (c) चन्द्रमा (d) बादल

23. 'अद्भुत' शब्द का समानार्थी नहीं है
(a) अद्वितीय (b) आश्चर्यजनक (c) भयानक (d) अपूर्व

24. 'पापी' शब्द का समानार्थी शब्द है
(a) पामर (b) निर्दयी (c) कुत्सित (d) अधम पाव की

25. 'फूल' शब्द का समानार्थी नहीं है
(a) पुष्प (b) सरोज (c) प्रसून (d) मंजरी

26. 'मृषा' किस शब्द का पर्याय है?
(a) मिथ्या (b) मृत्यु (c) मुक्ति (d) मित्र

27. 'अरविन्द' शब्द का पर्यायवाची है।
(a) केवड़ा (b) कमल (c) गुलाब (d) कचवृक्ष

28. 'अरण्य' का पर्यायवाची है
(a) कानन (b) देवदारु (c) अकेला (d) हरियाली

29. 'असुर' का समानार्थी है
(a) पापी (b) भूत (c) राक्षस (d) उद्दंड

30. 'आनन्द' का पर्यायवाची है
(a) सहकार (b) स्पृहा (c) प्रमाद (d) प्रमोद

31. 'इन्द्र' का पर्यायवाची है
(a) पुरन्दर (b) महेश (c) महीसुर (d) देवासुर

32. 'चपला' का समानार्थी है
(a) ज्वाला (b) कंजूस (c) भामिनी (d) दामिनी

33. 'जीभ' का पर्याय है
(a) वचन (b) रसना (c) ध्वनि (d) जीव

34. 'तरंग' किसका पर्यायवाची है?
(a) क्षीण (b) काया (c) ऊर्मि (d) प्रतिकृति

शब्द	अनेकार्थक शब्द
कृष्ण	भगवान कृष्ण, काला, वेदव्यास।
केतु	एक ग्रह, ध्वजा, पुच्छल तारा, ज्ञान, प्रकाश।
कौशिक	विश्वामित्र, इन्द्र, सपेरा, उल्लू, नेवला।
खग	पक्षी, वाण, गन्धर्व, सूर्य, ग्रह, चन्द्रमा, देवता, वायु।
खर	गधा, दुष्ट, तिनका, गर्दभ, खच्चर, कौआ, रावण के भाई का नाम।
खल	दवा कूटने का पात्र, धतूरा, दुष्ट।
गण	समूह, छन्दों में तीन वर्णों का समूह, शिव के अनुचर।
गति	चाल, मोक्ष, हालत, गमन, परिणाम, ज्ञान, प्रमाण, मुक्ति, कर्मफल, दशा।
गुरु	शिक्षक, बड़ा, माता-पिता, भारी, छन्द में दीर्घ, मात्रा।
गोपाल	गाय पालने वाला, कृष्ण, ग्वाला, किसी लड़के का नाम।
गौतम	गौतम बुद्ध, द्रोणाचार्य का साला, भारद्वाज।
गौतमी	हल्दी, गोदावरी नदी, गोरोचन, गौतम ऋषि की पत्नी, अहिल्या, दुर्गा
घट	शरीर, घड़ा, कम, कलश, जलपात्र, पिण्ड, मन, हृदय, न्यून।
घन	हथौड़ा, बादल, बड़ा, मेघ, समूह, विस्तार, अभ्रक।
घुटना	कष्ट सहना, साँस लेने में कठिनाई, पाँव का मध्य भाग।
चक्र	कुम्हार का चाक, विष्णु का अस्त्र, पहिया, वायु का भँवर, दल।
चक्री	विष्णु, कुम्हार, गाँव का पुरोहित, चकवा पक्षी, कौआ।
चपला	चंचल स्त्री, लक्ष्मी, बिजली, मदिरा, जीभ, भाँग।
चर	विचरण करने वाला, पशुओं के चरने का स्थान, जासूस।
चाप	धनुष, दबाव, परिधि का एक भाग, धनु राशि।
चारा	पशुओं का भोजन, उपाय, आचरण, घास, जिस वस्तु को बंसी में लगाकर मछली फँसाई जाती है।
छन्द	काव्य, बहाना, छल, मत, युक्ति, रंग-ढंग, अभिप्राय, कविता।
छाजन	छप्पर, वस्त्र, अपरस, खपरैल की छवाई, आच्छादन।
जड़	मूल, मूर्ख, हठी, अचेतन, स्तब्ध, चेष्टाहीन, मूक, गूँगा।
जर	जल, जड़, ज्वर, जरा, वृद्धावस्था।
जलज	कमल, शंख, सीप, मोती, सेवार, मछली, चंद्रमा
जालक	झरोखा, जाल, घोंसला, गवाक्ष।
जीव	जन्तु, जीविका, बृहस्पति, जीवात्मा।
जीवन	जिन्दगी, वायु, जल, वृत्ति, प्राणधारण, पानी, घी, मज्जा, परमात्मा, पुत्र
जोड़	योग, मेल, गाँठ, समानता, एक ही तरह की दो वस्तुएँ।
जया	पार्वती, दुर्गा, हरी दूब, पताका, त्रयोदशी, ध्वजा, हरड़।
टीका	तिलक, व्याख्या, चेचक आदि का टीका, धब्बा, फलदान
ठाकुर	जाति विशेष, भगवान, स्वामी, नाई, बड़ा
ढाल	रक्षक, उतार, धातुओं की ढलाई, ढलुवाँ भूमि, ढार, प्रकार, रीति, ढंग।
तक्षक	विश्वकर्मा, बढ़ई, सूत्रधार, सर्प विशेष।
तारा	बृहस्पति की स्त्री, नक्षत्र, बालि की स्त्री, आँख के बीच की काली पुतली।
ताल	संगीत का ताल, झील, तालाब, ताड़ का वृक्ष।
तीर	बाण, नदी का किनारा, किनारा, तट, समीप।
तात	पूज्य, पिता, गुरु, मित्र, भाई।
द्रोण	द्रोणाचार्य, कौआ, दोना, नाव, मानव रहित विमान।
दहर	छोटा भाई, कुण्ड, नरक, छछून्दर, चूहा, बालक।
दिवा	दिन, दीपक, दिवस, बाईस अक्षरों का एक वर्ण वृत्त।
धन	जोड़, स्त्री, सम्पत्ति, लाभ, द्रव्य, पूँजी, चौपायों का समूह।
धर्म	सम्प्रदाय, स्वभाव, कर्त्तव्य, प्रकृति।
धारा	सन्तान, सेना, नियम, पानी का झरना, धार, झुण्ड।

शब्द	अनेकार्थक शब्द
नाक	स्वर्ग, इज्जत, एक फल, नासिका, अन्तरिक्ष, आकार, मान, प्रतिष्ठा।
नाग	सर्प, हाथी, बादल, नागवल्ली, एक पर्वत।
नागर	चतुर, नागरमोथा, नागरिक, सोंठ, पौर, सभ्य व्यक्ति, नारंगी।
निशाचर	राक्षस, चोर, उल्लू, सियार, सर्प, बिल्ली, प्रेत, भूत, महादेव।
पत्र	पत्ता, चिट्ठी, पन्ना, आवरण।
पानी	इज्जत, जल, चमक, शस्त्र की धार।
फल	परिणाम, लाभ, सन्तान, खाने वाला फल, हल।
बलि	पितरों को दिया गया भोग, एक राजा, उपहार, न्यौछावर, बलिहारी।
बहार	वसन्त, एक राग, आनन्द।
बल	शक्ति, सेना, बलराम, पार्श्व, बगल, लपेट, ऐंठन, सिकुड़न, अन्तर।
बिम्ब	छाया, चन्द्रमण्डल, बाँबी, घेरा, सूर्य।
भा	चमक, शोभा, बिजली, किरण, प्रभा, कान्ति, प्रकाश, दीप्ति
भाव	विचार, अभिप्राय, मनोविकार, दर, श्रद्धा, अस्तित्व, सारांश।
भूत	प्रेत, पंचभूत, बीता हुआ समय, मृत शरीर, तत्त्व, सत्य।
मधु	शहद, वसन्त, पराग, चैत्रमास, ऋतु, शराब।
माधव	वसन्त ऋतु, विष्णु, बैसाख महीना, श्रीकृष्ण
मद	नशा, मस्ती, हाथी के मस्तक का स्राव, गर्व, कस्तूरी, अभिमान।
मुद्रा	सिक्का, छापा, आकृति, कुण्डल, चिह्न, अँगूठी।
मूल	पूँजी, एक नक्षत्र, जड़, कन्द, आरम्भ, पास, समीप।
रंग	सातों रंग, आनन्द, विलास, नाटक का प्रदर्शन, शोभा, सौंदर्य, प्रेम, राग
रम्भा	वेश्या, एक अप्सरा, केला, कदली, गौरी, उत्तर दिशा।
रक्त	खून, केशर, लाल, कुंकुम, ताँबा, कमल, सिन्दूर, रुधिर।
रसाल	ईख, आम, मीठा, रसीला, कटहल, गेहूँ, अमलबेंत।
राशि	समूह, मेष-वृष आदि 12 राशियाँ, ढेर, पुंज, समुच्चय।
वंग	राँग, कपास, बंगाल प्रान्त।
वर्ण	रंग, अक्षर, चतुर्वर्ण्य, भेद, रूप।
वन	वाटिका, जंगल, पानी, भवन, काठ का पात्र
विधि	रीति, भाग्य विधाता, ईश्वर, कार्यक्रम, योजना, प्रकार, कानून, संगति।
वृत्त	गोल-घेरा, हाल, चरित्र।
विहंग	पक्षी, वाण, बादल, विमान, सूर्य, चन्द्रमा, देवता।
शर	सरकण्डा, बाण, तीर, नरकट, जल, पाँच की संख्या, रूस।
शरभ	ऊँट, एक मृग, टिड्डी, सिंह, हाथी का बच्चा, विष्णु।
सरि	समता, माला, नदी, सरिता, बराबरी, सदृश।
सारंग	हिरन, बादल, पानी, मोर, शंख, पपीहा, हाथी, सिंह, राजहंस, भ्रमर, कपूर, कामदेव, कोयल, धनुष, मधुमक्खी, कमल, भूषण।
सार	रस, रक्षा, जुआ, लाभ, उत्तम, पत्नी का भाई, तलवार, तत्त्व।
सिता	चाँदी, चमेली, चाँदनी, शकर, गोरोचन, सफेद दूब।
सूर	वीर, अन्धा, एक कवि, सूर्य, अर्क, मदार, आचार्य, पण्डित।
सूत	बढ़ई, धागा, पौराणिक, सारथी, सूत्रकार, सूर्य, पारा।
सैन	सेना, संकेत, बाजपक्षी, इंगित, लक्षण, चिह्न।
हरि	विष्णु, इन्द्र, बन्दर, हवा, सर्प, सिंह, आग, कामदेव, हंस, मेंढक, चाँद, हरा रंग।
हीन	नीचा, तुच्छ, कम, रहित, छोड़ा हुआ, अल्प, निष्कपट, बुरा, शून्य।
हेम	सोना, तुषार, इज्जत, पीला रंग।
हंस	आत्मा, योगी, श्वेत, घोड़ा, सूर्य, सरोवर का पक्षी।
क्षेत्र	शरीर, तीर्थ, गृह, प्रकृति, खेल, स्त्री।

35. 'दास' किसका पर्यायवाची है?
(a) किन्नर (b) सेवक
(c) नायक (d) इनमें से कोई नहीं

36. 'माहवार' किसका पर्यायवाची है?
(a) महावर (b) मंगलवार (c) प्रतिमाह (d) महावत

37. 'शिव' का पर्यायवाची है
(a) शिवालय (b) रुद्र (c) रुद्राक्ष (d) हरि

38. 'सिवा' शब्द का पर्यायवाची है
(a) शंकर (b) अतिरेक (c) रिश्तेदार (d) अलावा

39. 'सूरज' किसका पर्यायवाची है?
(a) अंशुमाली (b) आदित्य (c) भास्कर (d) ये सभी

40. 'हिरण्य' पर्यायवाची है
(a) कुरंग (b) सारंग (c) कंचन (d) केशरी

निर्देश (प्र.सं. 41- 65 तक) *निम्नलिखित प्रश्नों में प्रत्येक शब्द के साथ चार विकल्प दिए गए हैं। इनमें से तीन पर्यायवाची हैं और एक शब्द पर्यायवाची नहीं है। जो पर्यायवाची नहीं है, उसका चयन कीजिए।*

41. 'अग्नि'
(a) अनिल (b) पावक (c) कृशानु (d) वैश्वानर

42. 'अमृत'
(a) सोम (b) हेम (c) पीयूष (d) अमिय

43. 'अहि'
(a) उरग (b) सरीसृप (c) पवनाश (d) सिंधुर

44. 'आकाश'
(a) व्योम (b) श्रान्ति (c) दिव (d) पुष्कर

45. 'इंदिरा'
(a) श्री (b) कमला (c) पद्मा (d) भारती

46. 'कमल'
(a) नीरधि (b) पंकज (c) सरोज (d) पुण्डरीक

47. 'कर्ण'
(a) सूतपुत्र (b) धनंजय (c) राधेय (d) अंगराज

48. 'कल्पद्रुम'
(a) पारिजात (b) हरिचंदन (c) बोधिवृक्ष (d) कल्पवृक्ष

49. 'खामोश'
(a) शान्त (b) मौन (c) नीरव (d) नीरस

50. 'चाँदनी'
(a) चन्द्रातप (b) कौमुदी (c) ज्योत्स्ना (d) मयंक

51. 'जिज्ञासा'
(a) वृत्तिका (b) उत्कंठा (c) उत्सुकता (d) कुतूहल

52. 'झरना'
(a) उत्स (b) स्तोत्र (c) स्रोत (d) निर्झर

53. 'तोष'
(a) तुष्टि (b) तृप्ति (c) तृष्णा (d) संतोष

54. 'थकान'
(a) श्रान्ति (b) विश्रांति (c) क्लान्ति (d) थकावट

55. 'दर्पण'
(a) आरसी (b) आइना (c) दर्शन (d) मुकुर

56. 'निन्दा'
(a) बुराई (b) भर्त्सना (c) दोषारोपण (d) विमर्श

57. 'पृथ्वी'
(a) भारती (b) क्षिति (c) वसुधा (d) धरा

58. 'ब्रह्मा'
(a) प्रजापति (b) विधि (c) स्वयंभू (d) पंचानन

59. 'महादेव'
(a) हरि (b) शिव (c) नीलकंठ (d) आशुतोष

60. 'रात्रि'
(a) यामिनी (b) शर्वरी (c) उर्वशी (d) विभावरी

61. 'समुद्र'
(a) पयोधि (b) जलद (c) जलधि (d) वारिधि

62. 'सरस्वती'
(a) वीणापाणि (b) महाश्वेता (c) पद्मा (d) भारती

63. 'सूर्य'
(a) प्रभाकर (b) निशाकर (c) दिनकर (d) दिनेश

64. 'सुन्दर'
(a) चारु (b) ललाम (c) मंजुल (d) मंजूषा

65. 'हिमालय'
(a) गिरिजेश (b) गिरिराज (c) नगराज (d) हिमाद्रि

66. 'शांति' शब्द का समानार्थी नहीं है
(a) चुप्पी (b) मौन (c) नीरवता (d) आकाश

67. निम्नलिखित में से किस एक विकल्प में सभी शब्द पर्यायवाची नहीं हैं?
(a) प्रदीप, दीपक, दिवाली, दीया
(b) अन्य, इतर, गैर, पराया
(c) असि, खंजर, तेग, शमशीर
(d) गृहिणी, दारा, पत्नी, अर्धांगिनी

68. निम्नलिखित में से किस एक विकल्प में सभी शब्द पर्यायवाची हैं
(a) औषध, दवा, भेषज, वैद्य
(b) अलौकिक, लोकोत्तर, पीयूष, दिव्य
(c) जलाशय, सरोवर, पुष्कर, तड़ाग
(d) रीति, पद्धति, त्रास, प्रणाली

69. निम्नलिखित में से किस वर्ग में सभी शब्द पर्याय नहीं हैं?
(a) अचल, नग, गिरि, भूधर
(b) अभर, सुर, कैवल्य, देव
(c) सरिता, तटिनी, तरंगिणी, सलिला
(d) कृपाण, असि, करवाल, चंद्रहास

70. मृगेन्द्र का पर्याय है
(a) अहि (b) कुरंग
(c) हय (d) शार्दूल

71. निम्नांकित शब्दों में से 'सरस्वती' का पर्याय है
(a) पद्मा (b) गिरा
(c) शैलजा (d) अर्कजा

72. कौन-सा शब्द 'भ्रमर' का पर्यायवाची नहीं है?
(a) षट्पद (b) मधुकर (c) अलि (d) प्रभाकर

73. 'पन्नग' का समानार्थी शब्द है?
(a) उरग (b) पिक (c) पिनाक (d) केशरी

74. कौन-सा शब्द 'गंगा' का पर्यायवाची नहीं है?
(a) त्रिपथगा (b) अमरतरंगिनी
(c) पुष्पधन्वा (d) विष्णुपदी

75. 'लक्ष्मी' का पर्यायवाची शब्द है
(a) श्री (b) पुष्पासव (c) राज्ञी (d) महीसुर

निर्देश (प्र.सं. 76-77) *निम्नलिखित शब्दों के पर्यायवाची शब्द चुनिए।*

76. समुद्र
(a) अर्णव (b) विश्वंभर (c) उदक (d) त्रुंग

77. सौदामनी
(a) द्वारा (b) विद्युत (c) गंगोत्री (d) व्यापारी

78. दिए हुए शब्दों में भिन्न अर्थ वाला शब्द है
(a) तुरंग (b) मृगेन्द्र (c) मृगराज (d) व्याघ्र

79. हिमांशु का पर्यायवाची शब्द है
(a) कलकंठ (b) कपीश्वर (c) उत्कृष्ट (d) रत्नाकार

80. जाह्नवी का पर्यायवाची शब्द है
(a) संसार (b) जानने वाली (c) सुरसरि (d) जहन्नुम

निर्देश *विभिन्न प्रतियोगी परीक्षाओं में वस्तुनिष्ठपरक प्रश्नों में जिस शब्द का विलोम पूछना होता है उसे ऊपर मोटे (काले) अक्षरों में अंकित किया जाता है। उसके नीचे विलोम शब्द चुनने के लिए चार विकल्प दिए जाते हैं। प्रतियोगी परीक्षाओं को ध्यान में रखकर अभ्यासार्थ हेतु कुछ वस्तुनिष्ठ प्रश्न यहाँ दिए गए हैं।*

81. 'अधः' शब्द के साथ प्रयुक्त 'उपरि' शब्द किस प्रकार की शब्द कोटि में आएगा?
(a) पर्याय (b) अनेकार्थी (c) अनाधिक (d) विलोम

82. 'कृपा' किस शब्द का विलोम है?
(a) कोप (b) कटु (c) क्रोध (d) क्रूर

निर्देश (प्र.सं. *83-84*) *में दिए गए विलोम शब्द का चयन उसके नीचे दिए गए विकल्पों में से कीजिए।*

83. अनुरक्ति
(a) आसक्ति (b) विरक्ति (c) उक्ति (d) विज्ञप्ति

84. स्वप्न
(a) निद्रा (b) जागरण (c) ध्यान (d) मनन

निर्देश (प्र. सं. 85-87) *में दिए गए शब्दों का उपयुक्त विलोम बताने के लिए चार-चार विकल्प प्रस्तावित हैं। उचित विकल्प का चयन कीजिए।*

85. यौवन
(a) जरा (b) पराजय (c) मृत्यु (d) जीत

86. यथार्थ
(a) उड़ान (b) कल्पना (c) स्वप्न (d) विचार

87. प्रतिवादी
(a) विपक्षी (b) आरोपी (c) संवादी (d) वादी

88. 'सूक्ष्म' शब्द का विलोम है
(a) सूक्ष्म (b) सूक्ष्महीन (c) स्थूल (d) अस्थूल

89. 'सुस्ती' का विलोम है
(a) तन्दरुस्ती (b) चुस्ती (c) ताज़गी (d) सुस्तीविहीन

90. 'मिथ्या' का विलोम शब्द कौन-सा है?
(a) आडम्बर (b) धुंधला (c) दिखाना (d) सत्य

91. 'अथ' का विलोम शब्द है
(a) अन्त (b) इति (c) अर्थ (d) अघ

92. 'शोषक' शब्द का विलोम चुनिए
(a) शोषित (b) पोषक (c) पोसक (d) पोषित

93. 'हर्ष' शब्द के लिए चार विकल्प दिए गए हैं। सही विलोम शब्द का चयन कीजिए
(a) खेद (b) वेदना (c) दुःख (d) विषाद

निर्देश (प्र.सं. 94-96) *निम्नलिखित में दिए गए शब्द के विलोम के लिए चार-चार विकल्प प्रस्तावित हैं। उचित विकल्प का चयन कीजिए।*

94. अविश्वास
(a) श्वास (b) विश्वास (c) सन्तोष (d) उच्छवास

95. उदय
(a) अस्त (b) लाल (c) भासित (d) बलिष्ठ

96. पुण्य
(a) दोष (b) असंगति (c) पाप (d) पीड़ा

97. 'साक्षर' शब्द का विलोम क्या है?
(a) अशिक्षित (b) अनपढ़ (c) सुरक्षर (d) निरक्षर

98. 'उद्धत' शब्द का विलोम क्या है?
(a) विनय (b) अवनति (c) अनुदार (d) विनीत

99. 'आरोह' का विलोम शब्द है
(a) अवरोह (b) क्रमबद्ध (c) क्रमानुसार (d) लगातार

100. निम्न में से कौन-सा शब्द 'बुराई' का विलोम है?
(a) अच्छाई (b) बढ़िया (c) सुन्दर (d) समाप्ति

101. निम्नलिखित विकल्पों में से 'कृश' का विलोम शब्द चुनिए
(a) हृष्ट-पुष्ट (b) केश (c) भव (d) विटप

102. 'अल्पज्ञ' का विलोम दिए गए विकल्पों में से चुनिए
(a) अभिज्ञ (b) अवज्ञ (c) कृतज्ञ (d) सर्वज्ञ

103. 'अंतरंग' का विलोम शब्द है
(a) बाहरी (b) बहिरंग (c) ऊपरी (d) बाह्य

104. 'अक्षत' का विलोम है
(a) क्षति (b) चावल (c) विक्षत (d) पूर्ण

105. निम्नलिखित अनुलोम-विलोम युग्मों में से कोई एक युग्म सही नहीं है
(a) अन्तरंग-बहिरंग (b) उचित-अनुचित
(c) सुख-कष्ट (d) सुसाध्य-दुःसाध्य

106. 'अनादर' का विलोम शब्द है
(a) मान (b) सम्मान (c) आदर (d) सत्कार

107. 'अभिज्ञ' का विलोम शब्द है
(a) अज्ञ (b) नज्ञ (c) प्रज्ञ (d) चतुर

108. 'आस्था' का विलोम शब्द है
(a) अनास्था (b) अविश्वास (c) वैमनस्यता (d) अन्धविश्वास

109. 'इष्ट' का विलोम शब्द है
(a) विरोधी (b) अनिष्ट (c) प्रतिद्वन्द्वी (d) शत्रु

110. 'उद्घाटन' का विलोम शब्द है
(a) समाप्ति (b) लोकार्पण (c) विमोचन (d) समापन

111. 'एक' का विलोम शब्द है
(a) दो (b) अधिक (c) बहुत (d) अनेक

112. 'ऐश्वर्य' का विलोम शब्द है
(a) अनेश्वर्य (b) वैभव (c) विलासिता (d) दरिद्रता

113. 'ऋजु' का विलोम शब्द है
(a) सीधा (b) सरल (c) तिर्यक् (d) वक्र

114. 'वारुण' का विलोम शब्द है
(a) कृतघ्न (b) कृथित (c) शीलवान (d) निष्ठुर

115. 'कृतज्ञ' का विलोम शब्द है
(a) कृतघ्न (b) कृतार्थ (c) निन्दक (d) प्रत्युपकार

116. कृत्रिम का विलोम शब्द है
(a) सहज (b) असली (c) प्राकृतिक (d) निर्मित

117. 'छिन्न' का विलोम शब्द है
(a) भिन्न (b) अभिन्न (c) प्रक्षिप्त (d) संलग्न

118. 'जंगम' का विलोम शब्द है
(a) स्थावर (b) प्रवाह (c) सबल (d) दुर्बल

119. 'नैसर्गिक' का विलोम शब्द है
(a) समानार्थक (b) कृत्रिम
(c) चमत्कार (d) इनमें से कोई नहीं

120. 'भोला' का विलोम है
(a) चालाक (b) तेजस्वी (c) बुद्धिमान (d) चंचल

121. 'यथार्थ' का विलोम शब्द है
(a) कृत्रिम (b) आदर्श (c) उचित (d) अनुचित

122. 'विग्रह' का विलोम शब्द है
(a) सन्धि (b) अविग्रह (c) आग्रह (d) ग्रहण

123. 'संकीर्ण' का विलोम शब्द है
(a) संक्षेप (b) विस्तार (c) विकीर्ण (d) विस्तीर्ण

124. 'साधु' का विलोम शब्द है
(a) साधुनी (b) संन्यासिन (c) साध्वी (d) असाधु

125. 'आपेक्ष' का विलोम शब्द है
(a) असापेक्ष (b) निष्पक्ष (c) निरपेक्ष (d) सापेक्ष

126. 'अपेक्षा' का विलोम शब्द है
(a) निन्दा (b) अनुपेक्षा (c) उपेक्षा (d) तिरस्कार

127. 'सुलटाना' शब्द का विलोम शब्द है
(a) निपटाना (b) मिटाना (c) पलटाना (d) उलझाना

128. 'सृष्टि' का विलोम शब्द है
(a) विनाश (b) विध्वंस (c) प्रलय (d) सृजन।

129. 'राजा' का विलोम शब्द है
(a) प्रजा (b) रानी (c) सेनापति (d) रंक

130. निम्नलिखित में से कौन-सा विलोम शब्द युग्म गलत है?
(a) इष्ट-अनिष्ट (b) छली-निश्छल
(c) उत्कर्ष-निष्कर्ष (d) सानुनासिक-निरनुनासिक

131. निम्नलिखित में से सही विलोम शब्द-युग्म कौन-सा है?
(a) पाठ्य-सुपाठ्य (b) नत-अवनत
(c) शिष्ट-विशिष्ट (d) संश्लिष्ट-विश्लिष्ट

132. विलोम शब्द का कौन-सा युग्म सही नहीं है?
(a) निष्पक्ष-पक्षधर (b) तिक्त-मधुर
(c) कल्पित-स्वप्निल (d) अकिंचन-सम्पन्न

निर्देश *(प्र.सं. 133-143) में दिए विलोम शब्द का चयन उसके नीचे दिए गए विकल्पों में से कीजिए।*

133. **गोचर**
(a) अगोचर (b) उभयचर (c) जलचर (d) नभचर

134. **ज्योतिर्मय**
(a) प्रकाशमय (b) तमोमय (c) विभावरी (d) शर्वरी

135. **ऋजु**
(a) सीधा (b) सरल (c) तिर्यक (d) वक्र

136. **क्षमा**
(a) बुरा (b) अनहित (c) दण्ड (d) प्रताड़न

137. **खेचर**
(a) भूचर (b) जलचर (c) परिचर (d) नभचर

138. **गम्भीर**
(a) शरारती (b) उत्पाती (c) वाचाल (d) सतर्क

139. **अनादर**
(a) मान (b) सम्मान (c) आदर (d) सत्कार

140. **धरा**
(a) क्षिति (b) इला (c) गगन (d) अन्तरिक्ष

141. **इष्ट**
(a) विरोधी (b) अनिष्ट (c) प्रतिद्वन्द्वी (c) शत्रु

142. **कर्षण**
(a) आकर्षण (b) विकर्षण (c) प्रक्षेपण (d) फेंकना

143. **खण्डन**
(a) एकीकरण (b) प्रस्फुटन (c) विघटन (d) मण्डन

निर्देश *(प्र.सं. 144-149) में दिए विलोम शब्द का चयन उसके नीचे दिए गए विकल्पों में से कीजिए।*

144. **ओजस्वी**
(a) कायर (b) निस्तेज (c) भीरु (d) आलसी

145. **परमार्थ**
(a) स्वार्थ (b) स्वहित
(c) स्वलाभ (d) इनमें से कोई नहीं

146. **लघु**
(a) बड़ा (b) भारी (c) गुरु (d) वजन

147. जड़
(a) चेतन (b) प्राकृतिक (c) डाली (d) टहनी

148. क्रिया
(a) अनुक्रिया (b) प्रक्रिया
(c) प्रतिक्रिया (d) क्रिया-कर्म

149. प्रत्यक्ष
(a) पीछे (b) ओझल
(c) परोक्ष (d) नेपथ्य

150. 'कौटिल्य' का विलोम शब्द है
(a) मृदुलता (b) आर्तव
(c) मार्दव (d) आर्जव

151. 'अवनि' का विलोम शब्द है
(a) धरा (b) शशांक
(c) अम्बर (d) सितारा

152. 'अभिनन्दन' का अर्थ है
(a) किसी के आगमन पर सम्मान
(b) अपने से बड़ों का विधिवत् सम्मान
(c) अपने से छोटों का सम्मान
(d) किसी के आने पर प्रसन्न होना।

153. 'शस्त्र' का अर्थ है
(a) जो हथियार हाथ में फेंककर चलाया जाए
(b) जो हथियार हाथ से पकड़कर चलाया जाए
(c) जो एक हाथ से चलाया जाए
(d) 'a' तथा 'b' दोनों

154. 'विनय' का अर्थ है
(a) किसकी बात पर सहमत होने की प्रार्थना
(b) किसी बात पर असहमत होना
(c) अनुशासन एवं शिष्टतापूर्ण निवेदन
(d) उपरोक्त में से कोई नहीं

155. 'ईर्ष्या' का अर्थ है
(a) शत्रुता का भाव (b) ईर्ष्यायुक्त जलन
(c) दूसरों की उन्नति देखकर स्वयं उन्नति करने का प्रयास
(d) दूसरों की उन्नति को सहन न कर सकना

156. 'उल्लास' का अर्थ है
(a) सुख-प्राप्ति की अल्पकालिक क्रिया
(b) साधारण आनन्द का भाव
(c) खुशी का स्थायी और गम्भीर भाव
(d) क्षणिक एवं तीव्र आनन्द

157. 'आशा' का अर्थ है
(a) किसी वस्तु को चाहना
(b) प्रतीक्षायुक्त प्राप्ति की तीव्र इच्छा
(c) प्राप्ति की सम्भावना के साथ इच्छा का समन्वय
(d) उपरोक्त में से कोई नहीं

158. परामर्श का अर्थ है
(a) सलाह देना
(b) पूर्णतया किसी विषय पर विचार-विमर्श कर मत प्रकट करना
(c) पूर्णतया नकार जाना
(d) गोपनीय रूप से परामर्श करना

निर्देश (प्र. सं. 159-194) *सभी प्रश्नों में दिए गए शब्दों के अर्थ विकल्पों में दिए गए हैं। इनमें से कोई एक विकल्प गलत है। आपको गलत विकल्प अर्थात् जो सम्बन्धित शब्द का अर्थ नहीं है, का चयन कर चिह्नित करना है।*

159. अंक
(a) दैनन्दिनी (b) गोद (c) भाग्य (d) संख्या

160. अक्षर
(a) वर्ण (b) अक्षत (c) आत्मा (d) स्थिर

161. अज
(a) अजन्मा (b) बकरा (c) संन्यासी (d) मेष राशि

162. अधर
(a) आकाश (b) अनाधार (c) होंठ (d) पाताल

163. अपेक्षा
(a) निराशा (b) आशा
(c) आवश्यकता (d) इच्छा

164. अमृत
(a) अमर (b) अनमोल (c) दूध (d) जल

165. अर्क
(a) सत्त्व (b) सूर्य (c) बुध (d) ताँबा

166. अर्थ
(a) कारण (b) प्रयोजन (c) धन (d) अन्न

167. अलि
(a) रूपसी (b) सखी (c) बिच्छू (d) भ्रमर

168. आम
(a) सामान्य (b) अप्रचलित
(c) व्यापक (d) एक फल का नाम

169. इतर
(a) अन्य (b) चरस (c) ऊँच (d) नीच

170. उत्तर
(a) बाद में (b) श्रेष्ठ (c) उत्तर दिशा (d) प्रश्न

171. कनक
(a) बिच्छू (b) आटा (c) धतूरा (d) सोना

172. कुशल
(a) क्षेम (b) क्षमा (c) चतुर (d) योग्य

173. खग
(a) वाण (b) पक्षी (c) मृग (d) गन्धर्व

174. खर
(a) दुष्ट (b) तिनका (c) गधा (d) शृगाल

175. गुरु
(a) उत्कोच (b) छन्द में दीर्घ (c) माता-पिता (d) शिक्षक

176. गोपाल
(a) ग्वाला (b) बटुक (c) कृष्ण (d) गाय पालने वाला

177. गोली
(a) दवा की टिकिया (b) कारतूस
(c) धोखेबाज (d) खेल में गोल रक्षक

178. गौतम
(a) महात्मा बुद्ध (b) भारद्वाज
(c) द्रोणाचार्य का साला (d) महावीर

179. गौतमी
(a) वृद्धा स्त्री (b) हल्दी
(c) गोरोचन (d) गोदावरी नदी

180. घुटना
(a) कष्ट सहना (b) सहनशीलता
(c) पाँव का मध्य भाग (d) साँस लेने में कठिनाई

181. चपला
(a) लक्ष्मी (b) बिजली (c) महिला (d) चंचल स्त्री

182. छन्द
(a) छल (b) बहाना (c) काव्य (d) उपाय

183. जीव
(a) निर्जीव (b) जी (c) प्राणी (d) बृहस्पति

184. जीवन
(a) वायु (b) कर्त्तव्य (c) प्राण (d) जिन्दगी

185. जलज
(a) कमल (b) शंख (c) कपोत (d) मछली

186. टीका
(a) तिलक (b) फलदान (c) व्याख्या (d) आडम्बर

187. ठाकुर
(a) सेवक (b) स्वामी (c) भगवान (d) जाति विशेष

188. तक्षक
(a) बढ़ई (b) शिलान्यास (c) विश्वकर्मा (d) सूत्रधार

189. द्विज
(a) पक्षी (b) दाँत (c) गौना (d) ब्राह्मण

190. धन
(a) सम्पत्ति (b) जोड़ (c) स्त्री (d) नरेश

191. धर्म
(a) अध्ययन (b) स्वभाव (c) प्रकृति (d) कर्तव्य

192. निशाचर
(a) उल्लू (b) हाथी (c) चोर (d) राक्षस

193. पानी
(a) चमक (b) इज्जत (c) संजीवनी (d) जल

194. पास
(a) निकट (b) उत्तीर्ण (c) पसन्द (d) पीतक

195. निम्नलिखित अनेकार्थी शब्द का दूसरा अर्थ बताइए
अज-अजन्मा
(a) निर्भीक (b) आजीवन (c) ईश्वर (d) आजन्म

निर्देश (प्र.सं. 196-198) *निम्न प्रश्नों में अनेकार्थी शब्द दिए गए हैं। एक अर्थ शब्द के साथ ही लिखा है, दूसरा अर्थ बताइए।*

196. कनक-धतूरा
(a) सोना (b) प्रसाद (c) कसौटी (d) आभूषण

197. प्रमत्त-स्वेच्छाचारी
(a) उत्कृष्ट (b) उन्मत्त (c) प्रपीड़ित (d) परितप्त

198. अनेकार्थी शब्दों का कौन-सा युग्म सही नहीं है?
(a) नाना – अनेक, माँ के पिता
(b) अयन – दिशा, वन
(c) सैंधव – नमक, घोड़ा
(d) नाक – स्वर्ग, नासिव

उत्तरमाला

1	(c)	2	(d)	3	(b)	4	(a)	5	(c)	6	(b)	7	(c)	8	(d)	9	(a)	10	(b)
11	(d)	12	(c)	13	(a)	14	(a)	15	(c)	16	(b)	17	(c)	18	(d)	19	(a)	20	(c)
21	(b)	22	(c)	23	(c)	24	(b)	25	(d)	26	(a)	27	(b)	28	(a)	29	(c)	30	(d)
31	(a)	32	(d)	33	(b)	34	(c)	35	(b)	36	(c)	37	(b)	38	(d)	39	(d)	40	(c)
41	(a)	42	(b)	43	(d)	44	(b)	45	(d)	46	(a)	47	(b)	48	(c)	49	(d)	50	(d)
51	(a)	52	(b)	53	(c)	54	(b)	55	(c)	56	(d)	57	(a)	58	(d)	59	(a)	60	(c)
61	(b)	62	(c)	63	(b)	64	(d)	65	(a)	66	(d)	67	(a)	68	(c)	69	(b)	70	(d)
71	(b)	72	(d)	73	(a)	74	(c)	75	(a)	76	(a)	77	(b)	78	(b)	79	(b)	80	(c)
81	(d)	82	(a)	83	(b)	84	(b)	85	(a)	86	(b)	87	(d)	88	(c)	89	(b)	90	(d)
91	(b)	92	(b)	93	(d)	94	(b)	95	(a)	96	(c)	97	(d)	98	(d)	99	(a)	100	(a)
101	(a)	102	(d)	103	(b)	104	(c)	105	(c)	106	(c)	107	(a)	108	(a)	109	(b)	110	(d)
111	(d)	112	(a)	113	(d)	114	(d)	115	(a)	116	(c)	117	(d)	118	(a)	119	(b)	120	(a)
121	(b)	122	(a)	123	(d)	124	(d)	125	(c)	126	(c)	127	(c)	128	(c)	129	(d)	130	(c)
131	(b)	132	(c)	133	(a)	134	(b)	135	(d)	136	(c)	137	(a)	138	(c)	139	(c)	140	(c)
141	(b)	142	(b)	143	(d)	144	(b)	145	(a)	146	(c)	147	(a)	148	(c)	149	(c)	150	(c)
151	(c)	152	(b)	153	(b)	154	(c)	155	(d)	156	(a)	157	(c)	158	(b)	159	(a)	160	(b)
161	(c)	162	(d)	163	(a)	164	(b)	165	(c)	166	(d)	167	(a)	168	(b)	169	(c)	170	(d)
171	(a)	172	(b)	173	(c)	174	(d)	175	(a)	176	(b)	177	(c)	178	(d)	179	(a)	180	(b)
181	(c)	182	(d)	183	(a)	184	(b)	185	(c)	186	(d)	187	(a)	188	(b)	189	(c)	190	(d)
191	(a)	192	(b)	193	(c)	194	(d)	195	(c)	196	(a)	197	(b)	198	(b)				

अध्याय 08

अनेक के लिए एक शब्द

अपठित गद्यांश से सम्बन्धित सारांश, भावार्थ, आशय, मुख्यार्थ और संक्षेपण के लिए इन शब्दों का ज्ञान बहूपयोगी होता है, क्योंकि इन्हें हल करने के लिए संक्षिप्तता पर विशेष बल दिया जाता है। वाक्यांशों के लिए एक शब्द सूत्रात्मक या समास शैली पर आधारित होते हैं। कुशल वक्ता और लेखक के लिए इन शब्दों का ज्ञान वरदान स्वरूप सिद्ध होता है, क्योंकि कम-से-कम शब्दों से अधिक-से-अधिक भावाभिव्यक्ति प्रतिभा का प्रतीक है। छात्रों के अध्ययन की सुविधा के लिए वाक्यांशों के लिए शब्द-तालिका प्रस्तुत है

वाक्यांश	एक शब्द
(अ)	
हाथी हाँकने का लोहे का डण्डेदार हुक	अंकुश
जिसको गोद में स्थान मिला हो	अंकस्थ
गोद में सोने वाली स्त्री	अंकशायिनी
जम्हाई के साथ अंग को तानना	अँगड़ाई
शरीर के किसी अवयव का टूटना	अंगभंग
अण्डे से उत्पन्न होने वाला	अण्डज
गुरु के समीप रहने वाला विद्यार्थी	अंतेवासी
महल का भीतरी भाग	अंत:पुर
जिसका जन्म अन्त्य (छोटी) जाति में हुआ हो	अंत्यज
जो कहा न जा सके	अकथनीय
न करने योग्य	अकरणीय
जिस क्रिया का कर्म न हो	अकर्मक
जो बात न कही गई हो	अकथित
जो दण्ड पाने योग्य न हो	अदण्डनीय
जो न जाना गया हो	अज्ञात
वह रोग जिसका ठीक होना कठिन हो	असाध्य
अन्य माता से पैदा हुआ भाई	अन्योदर/सौतेला
जो अभियोग लगाए/जो शिकायत करे	अभियोगी
जो दूसरे के बलबूते पर हो	अपरबल
जो बिना ढका हो	अनावृत
जो दूसरों से सम्बन्धित न हो	अनन्य
जो व्यवहार में न लाया गया हो	अव्यवहृत
पूरे जीवन में	आजीवन
जो पान करने योग्य नहीं है	अपेय
आवश्यकता से अधिक धन का ग्रहण न करना	अपरिग्रह
आवश्यकता या उचित मात्रा से अधिक खर्च करने वाला	अपव्ययी
जिसका अस्तित्व अल्पकाल तक रहे	अल्पकालिक
जिसके पास कुछ न हो	अकिंचन
मल्लयुद्ध का स्थान	अखाड़ा
जो खाने योग्य न हो	अखाद्य
पूर्व और दक्षिण का कोना	अग्निकोण

वाक्यांश	एक शब्द
आगे का विचार करने वाला	अग्रसोची
बड़ा भाई (जिसका जन्म पहले हुआ हो)	अग्रज
जिस पर अभियोग लगाया गया हो	अभियुक्त
जिस व्यक्ति का कोई अंग टूटा या खराब हो	अपंग
जिसका जन्म बाद में हुआ हो	अनुज
जिसका खण्डन न किया जा सके	अखण्डनीय
जो गिना न जा सके	अगणित
जिसकी गिनती प्रमुख व्यक्तियों में हो	अग्रणी
जिसका ज्ञान इन्द्रियों द्वारा न हो	अगोचर/इन्द्रियातीत
जिसकी चिन्ता न हो	अचिन्त्य
जो छुआ न गया हो	अछूता
जो जीता न जा सके	अजेय
जिसका कभी जन्म न हो	अजन्मा
जिसका कोई शत्रु उत्पन्न न हुआ हो	अजातशत्रु
जिसकी समता न हो सके या जिसकी तौल न हो सके	अतुल
सीमा का अनुचित उल्लंघन	अतिक्रमण
जिसके आने की तिथि ज्ञात न हो	अतिथि
आवश्यकता से अधिक वर्षा	अतिवृष्टि
किसी बात को बढ़ा-चढ़ाकर कहना	अतिशयोक्ति
जो बीत चुका हो	अतीत
जिसका अनुभव इन्द्रियों द्वारा न किया जा सके	अतीन्द्रिय
जो कभी दिखाई न देता हो	अदृश्य
जिसके जोड़ या बराबरी का कोई न हो	अद्वितीय
जो देखा न गया हो (भाग्य)	अदृष्ट
अधिकार में आया हुआ	अधिकृत
विशेष आदेश जो किसी निश्चित अवधि तक लागू हो	अध्यादेश
पढ़ाने-लिखाने का कार्य	अध्यापन
वह स्त्री जिसका पति दूसरा विवाह कर ले	अध्यूढ़ा
जिसका कहीं अन्त न होता हो	अनन्त
जो जाना न गया हो	अनवगत
जिसका कोई मालिक न हो	अन्ना
जिस पर आक्रमण न किया गया हो	अनाक्रान्त

वाक्यांश	एक शब्द
जो नियमानुकूल न हो	अनियमित
जिस पर कोई रोक-टोक न हो	अनियन्त्रित
प्रत्येक पदार्थ को क्षणिक और नश्वर मानने वाला सिद्धान्त	अनित्यवादी
जिसका जवाब न दिया गया हो	अनिस्तीर्ण
जो वचन या वाणी से न कहा जा सके	अनिर्वचनीय
जो रुका हुआ न हो	अनिरुद्ध
जिसका अन्य उपाय न हो	अनन्योपाय
जिस बच्चे के माँ-बाप न हों	अनाथ
जिसे बुलाया न गया हो	अनाहूत
बिना पलक गिराए	अनिमेष
जिसका निवारण न किया जा सके	अनिवार्य
जिसकी समानता न प्रकट की जा सके	अनुपम
जिसका अनुभव किया गया हो	अनुभूत
परम्परा से चली आई हुई बात या कथा	अनुश्रुति
जिस पर अनुग्रह किया गया हो	अनुगृहीत
जो अनुकरण योग्य हो	अनुकरणीय
जो नया न हो	अनूतन
किसी पुरुष से प्रेम करने वाली अविवाहित स्त्री	अनूढ़ा
जो किसी वस्तु या व्यक्ति के प्रति आसक्त हो	अनुरक्त
जिसका मन दूसरी ओर हो	अन्यमनस्क
जो किसी की देख-रेख में न हो	अनेर
जिसे पढ़ा न जा सके	अपठनीय
जिसे पढ़ा न गया हो	अपठित
जिसके फलस्वरूप अपमान होता हो	अपमानजनक
दोपहर के बाद का समय	अपराह्न
देवलोक या इन्द्रपुरी की नर्तकी	अप्सरा
जो ढीठ न हो	अप्रगल्भ
बिगड़ा हुआ शब्द	अपभ्रंश
जिसका विवाह न हुआ हो	अपरिणीत
जिसकी नाप-तौल न हो सके	अपरिमेय
साधारण या व्यापक नियम के विरुद्ध वस्तुएँ	अपवाद
जिसके बिना काम न चल सके	अपरिहार्य
जिसकी आशा न की जा सकती हो	अप्रत्याशित
जिसे पराजित न किया जा सके	अपराजेय
जो पहले न रहा हो	अपूर्व
जिसके टुकड़े न हो सकें	अखण्डनीय
जो प्रमाण से सिद्ध न हो सके	अप्रमेय
जो कपड़ा न पहना गया हो	अप्रहत
जो प्रमाण देने योग्य न हो	अप्रमाण्य
जो समझा न जा सके	अबोध
जिस पर मत दे दिया गया हो	अभिमत
जो अभियोग लगाए या शिकायत करे	अभियोगी
जो पहले न घटित हुआ हो	अभूतपूर्व
जो भेदा न जा सके	अभेद्य
न मरने वाला	अमर
जिसे मारना उचित न हो	अवध्य
जो बाँटा न गया हो	अविभक्त
सम्पूर्ण लक्ष्य पर लक्षण का घटित न होना	अव्याप्ति
जिसकी संख्या सीमित न हो	असंख्य
सौ करोड़ की संख्या	अरब

वाक्यांश	एक शब्द
जो इस लोक का न हो	अलौकिक
कम जानने वाला	अल्पज्ञ
कम बोलने वाला	अल्पभाषी/मितभाषी
अवश्य होने वाला	अवश्यम्भावी
बिना वेतन का	अवैतनिक
जो शोक करने के योग्य न हो	अशोच्य
एक-एक अक्षर तक	अक्षरशः
जो संविधान के अनुकूल न हो	असंवैधानिक.
जो बराबर न हो	असम
जो कुछ न जानता हो	अज्ञ
जो परिणय सूत्र में न बँधा हो	अपरिणीत
जो स्त्री सूर्य भी नहीं देख पाती	असूर्यपश्या
अहंकारपूर्वक अपने को सबसे बढ़कर समझना	अहंमन्यता
जिसका चिन्तन न किया जा सके	अचिन्त्य
जिसमें प्रतिभा का अभाव हो	अप्रतिभा
जिसका जवाब न दिया गया हो	अनिस्तीर्ण

(आ)

वाक्यांश	एक शब्द
अचानक होने वाला	आकस्मिक
भगवान के सहारे अनिश्चित आय	आकाशवृत्ति
जिस पर आक्रमण हो	आक्रान्त
वह नायिका जिसका पति परदेश से लौटा हो	आगतपतिका
जो इधर-उधर से घूमता-फिरता आ जाए	आगन्तुक
जो सूँघने योग्य हो	आघ्रेय
जो अपने आचरण से पवित्र है	आचारपूत
दूसरों के सुख के लिए आत्मसुख को त्यागना	आत्मोत्सर्ग
अपने प्राण अपने आप लेने वाला	आत्मघाती/आत्महन्ता
वह स्त्री जिसका पति आने वाला हो	आगमिस्यत्पतिका
स्वयं पर अभिमान करना	आत्माभिमान
अत्याचार करने वाला	आततायी
अतिथि की सेवा करने वाला	आतिथेयी
अतिथि की सेवा	आतिथ्य
जो जन्म लेते ही गिर या मर गया हो	आदण्डपात
आदर्शमूलक भावना को प्रश्रय देने वाला मत	आदर्शवाद
किसी मत का सर्वप्रथम प्रवर्तन करने वाला	आदि प्रवर्तक
आदि से अन्त तक	आद्यान्त
देवता अथवा भूतादि के द्वारा होने वाला दुःख	आधिदैविक
जीवों या शरीरधारियों के द्वारा प्राप्त दुःख	आधिभौतिक
नवीन बनाने की क्रिया	आधुनिकीकरण
आत्मा से सम्बन्ध रखने वाला	आध्यात्मिक
जिसका अहंकार चूर्ण हो गया हो	आन्तगर्व
परम्परा से सुना हुआ	आनुश्राविक
जो किसी वंश में बराबर होता आया हो	आनुवंशिक
जिसकी समस्त कामनाएँ पूरी हो गई हों	आप्तकाम
सिर से पैर तक	आपादमस्तक
ऐसा व्रत जो मरने पर ही समाप्त हो	आमरणव्रत
जड़ से चोटी तक	आमूलचूल
देश में विदेश से माल आने की क्रिया	आयात
रुपये-पैसे से सम्बन्ध रखने वाला	आर्थिक
आलोचना करने वाला	आलोचक
जन्म लेना और मरना	आवागमन

वाक्यांश	एक शब्द
ईश्वर, धर्मग्रन्थ आदि में विश्वास करने वाला	आस्तिक
वह कवि जो तत्क्षण कविता कर सके	आशुकवि
आशा से परे	आशातीत
जो आशा करता हो	आशावादी
लिखने की वह कला जो बोलने के साथ ही (तीव्रगति से) लिखी जाती है	आशुलिपि
(इ)	
इतिहास को जानने वाला	इतिहासज्ञ; इतिहासवेत्ता
इन्द्र को जीतने वाला	इन्द्रजीत
इन्द्रियों को वश में रखने वाला	इन्द्रियजीत
जिसकी आकांक्षा हो	इष्ट
केवल इसी लोक से सम्बन्धित	इहलौकिक
(ई)	
जिस वस्तु को चाहा गया हो	ईप्सित
जो दूसरों से ईर्ष्या करता हो	ईर्ष्यालु
पूरब और उत्तर के बीच की दिशा	ईशान
(उ)	
सूरज के निकलने से पूर्व का काल	उषाकाल
जिसने ऋण चुका दिया हो	उऋण
सबसे ऊँचा	उच्चतम
ऊपर से नीचे लाना	उतारना/अवरोहण
जो पास हो गया हो	उत्तीर्ण
छाती के बल चलने वाला	उदक (सर्प)
जिसकी वृत्ति उदार हो	उदारचेता
ऊपर कहा गया	उपरोक्त/उपर्युक्त
पर्वत के पास की भूमि	उपत्यका
जिसका उपकार किया गया हो	उपकृत
सूर्य जिस स्थान से निकलता है	उदयाचल
जिसके दाँत न जन्मे हों	उदन्त
जिसके विषय में लिखना आवश्यक हो	उल्लेखनीय
जिस भूमि में बहुत अन्न पैदा होता हो	उर्वरा
(ऊ)	
ऊपर की ओर जाने वाला	ऊर्ध्वगामी
ऊँचे स्वर से उच्चारण किया गया	ऊर्ध्वोच्चारित
जिस भूमि में कुछ न पैदा होता हो	ऊसर
(औ)	
विवाहित स्त्री से उत्पन्न पुत्र	औरस
जो केवल कहने सुनने के लिए हो	औपचारिक
(क)	
वह कथा जो जन साधारण में प्रचलित हो	किंवदन्ती
काँटों या बाधाओं से भरा हुआ	कंटकाकीर्ण
जो कहा गया है	कथित
जो फूल अभी खिला न हो	कली
कर्म करने वाला	कर्मठ
जिसे यह न सूझ पड़े कि अब क्या करना चाहिए और क्या नहीं करना चाहिए	किंकर्त्तव्यविमूढ़
जिसकी उत्पत्ति स्वभावगत न हो	कृत्रिम

वाक्यांश	एक शब्द
जिस लड़की का विवाह न हुआ हो	कुमारी
तीक्ष्ण बुद्धि वाला व्यक्ति	कुशाग्रबुद्धि
जो अच्छे कुल में उत्पन्न हुआ हो	कुलीन
जिसे बाहरी जगत् का ज्ञान न हो	कूपमण्डूक
अहसान मानने वाला	कृतज्ञ
अहसान न मानने वाला	कृतघ्न
किसी की कृपा से परम सन्तुष्ट	कृतार्थ
जो अपने काम से जी चुराता है	कामचोर
केन्द्र से दूर जाने की प्रवृत्ति रखने वाला	केन्द्रापसारी
केन्द्र की ओर उन्मुख होने वाला	केन्द्राभिमुख
जो पाप-पुण्य से रहित हो	केवलात्मा
सुन्दर बड़े बालों वाली स्त्री	केशिनी
किसी वस्तु या बात के विषय में जानने की प्रबल इच्छा	कौतूहल/जिज्ञासा
कष्ट सहन करने वाला	कष्ट-सहिष्णु
अँधेरी रातों वाला पखवारा	कृष्णपक्ष
पद, वय आदि के विचारों से अन्य की अपेक्षा छोटा	कनिष्ठ
(ख)	
सूर्य या चन्द्र के समस्त मण्डल से ढक जाने वाला ग्रहण	खग्रास
खाने योग्य पदार्थ	खाद्य
आकाश में चलने वाला	खेचर/नभचर
(ग)	
बहुत गप्पे हाँकने वाला	गपोड़िया
जो शीघ्र न पचे	गरिष्ठ
गणित का ज्ञाता	गणितज्ञ
वह नाटक जिसमें गीत अधिक हों	गीतरूपक
गाँव में रहने वाला	ग्रामीण
जो छिपाने के योग्य हो	गोपनीय
गायों के रहने का स्थान	गौशाला/गोष्ठ
परम्पराओं (रूढ़ियों) के अनुसार चलने वाला	गतानुगतिका/रूढ़िवादी
रात और संध्या के बीच की बेला	गोधूलि
हाथी का बच्चा	गजशावक/कलभ
(घ)	
घृणा करने योग्य	घृणास्पद
जिसकी घोषणा की गई हो	घोषित
(च)	
चन्द्र है चूड़ा पर जिसके	चन्द्रचूड़
जो चक्र धारण करता है	चक्रधर
जिसके हाथ में चक्र सुदर्शन है	चक्रपाणि
वह काव्य जिसमें पद्य एवं गद्य मिश्रित हो	चम्पू
ऐसा वस्त्र जो पुराना एवं फटा हुआ हो	चिरकुट
जो चर्चा का विषय हो	चर्चित
स्वार्थवश किसी का गुणगान करने वाला/चापलूसी करने वाला	चाटुकार
जिसकी चार भुजाएँ हों	चतुर्भुज
किसी वस्तु का चौथा भाग	चतुर्थांश
किसी को सावधान करने के लिए कही जाने वाली बात	चेतावनी
महीने के किसी पक्ष की चौथी तिथि	चतुर्थी/चौथ
अधिक दिनों तक जीने वाला	चिरंजीवी
बहुत दिनों तक रहने वाला	चिरस्थायी

वाक्यांश	एक शब्द
(छ)	
जो हर समय दूसरों की बुराइयाँ खोजते हैं	छिद्रान्वेषी
सेना के ठहरने का स्थान	छावनी
अचानक किया जाने वाला हमला	छापा
किसी को दोषारोपण करके छेड़ना	छींटाकशी
(ज)	
जिसकी इन्द्रियाँ वश में हों	जितेन्द्रिय
पेट की अग्नि	जठरानल
जल में रहने वाले जन्तु	जलचर
जल में जन्म लेने वाला/जल में पैदा होने वाला	जलज
जानने की इच्छा वाला	जिज्ञासु
जीतने की इच्छा	जिगीषु
(झ)	
बिखरे हुए बड़े-बड़े बालों वाला	झबरा
(त)	
तैरने, तरने या पार होने की इच्छा	तितीर्षा
अपने काम में निष्ठा से लगा हुआ	तत्पर
गुटों से अलग रहने वाला	तटस्थ
तत्त्व जानने वाला	तत्त्वविद्
त्याग करने योग्य	त्याज्य
(थ)	
थाने का प्रधान अधिकारी	थानेदार
(द)	
स्वामी के स्नेह से रहित स्त्री	दुर्भगा
जिसको पकड़ने में दिक्कतों का सामना करना पड़े	दुरभिग्रह
अनुचित बातों के लिए आग्रह	दुराग्रह
किसी काम को चित्त लगाकर करने वाला	दत्तचित्त
जो दो बार जन्म लेता हो	द्विज
जिसे कठिनता से धारण किया जा सके	दुर्वह
जिसका दमन करना कठिन हो	दुर्दम्य
वह व्यक्ति जो अपने ऋणों को चुकता करने में असमर्थ हो गया हो	दिवालिया
स्त्री और पुरुष का जोड़ा	दम्पति
गोद लिया हुआ पुत्र	दत्तक
जिसे दबाया या सताया गया हो	दलित
जंगल की आग	दावानल
संकीर्ण (संकुचित) विचारों वाला व्यक्ति	दकियानूसी
जहाँ जाना कठिन हो	दुर्गम
जिसे करना कठिन हो	दुष्कर
बहुत दूर की बात सोचने वाला/देखने वाला	दूरदर्शी
वह रोग जिसमें सूर्य की तेज किरणों के कारण दिन में बहुत कम दिखाई देता हो।	दिनौंधी
(ध)	
यात्रियों के ठहरने के लिए धर्मार्थ बना हुआ घर	धर्मशाला
धारण करने वाला	धारक
धर्म में आस्था रखने वाला	धर्मात्मा

वाक्यांश	एक शब्द
मछली पकड़ने/बेचने वाली जाति	धीवर
बहुत प्रचण्ड, चंचल और अपने गुणों का अपने आप वर्णन करने वाला नायक	धीरोद्धत
(न)	
जो ममत्व से रहित हो	निर्मम
जिस पर कोई कलंक न लगा हो	निष्कलंक
चन्द्रमास के किसी पक्ष की नौवीं तिथि	नवमी
हाल की ब्याही स्त्री	नवोढ़ा
निशा (रात्रि) में विचरण करने वाला	निशाचर
जिसमें तेज न हो	निस्तेज
हाल ही में उत्पन्न हुआ बालक	नवजात
जिसे किसी बात की स्पृहा (आकांक्षा) न हो	निःस्पृह
जहाँ किसी बात का डर या खतरा न हो	निरापद
जो नष्ट होने वाला हो	नश्वर
जो ईश्वर पर विश्वास न करता हो	नास्तिक
तथ्यों के आधार पर दोषारोपण	निन्दा
जिसके मन में भय न हो	निर्भीक
जिसका कोई आकार न हो	निराकार
(प)	
पशु के ढंग का	पाश्विक
पूर्ण रूप से फूला, पका या पचा हुआ	परिपक्व
वह जो प्रार्थना करता है	प्रार्थी
जिसकी प्रतारणा की गई हो	प्रतारित
प्रश्न के रूप में पूछे जाने योग्य	प्रष्टव्य
इतिहास के पूर्व काल से सम्बन्धित	प्रागैतिहासिक
अगुआ बनकर मार्ग दिखाने वाला	पथ-प्रदर्शक
परलोक से सम्बन्धित	पारलौकिक
ऐसी बुद्धि वाला जो किसी बात का हल तुरन्त निकाल सके	प्रत्युत्पन्नमति
ऐसा लेख अथवा कहानियाँ जो हास्यरस से पूर्ण हों	प्रहसन
वह भावना जिसमें प्रतिकार की गन्ध हो	प्रतिचिकीर्षा
उत्तर पाने पर दिया हुआ उत्तर	प्रत्युत्तर
मार्ग-दर्शन कराने वाला	पथ-प्रदर्शक/मार्गदर्शक
जो दूसरों के अधीन हो	पराधीन
जो आँख के सागने न हो	गरोक्ष
सामान्य विचार-विमर्श	परामर्श
जिसके पार देखा जा सके	पारदर्शी
जिसका कारण पृथ्वी है या जो पृथ्वी से सम्बद्ध है	पार्थिव
जो प्रतिकूल पक्ष का है	प्रतिपक्षी
दोष या पाप मिटाने के लिए शास्त्रानुकूल कर्म या कृत्य	प्रायश्चित्त
पाने की इच्छा वाला	पिपासु
कुत्ते का बच्चा	पिल्ला
जो बात बार-बार कही जाए	पुनरुक्ति
उपकार के बदले किया गया उपकार	प्रत्युपकार
दोपहर से पहले का समय	पूर्वाह्न
किसी आदमी के निधन की वार्षिक तिथि	पुण्यतिथि
प्रकाश में लाने योग्य	प्रकाश्य
जो कहीं जाकर लौट आया हो	प्रत्यागत
वह कथन जिसका उत्तर देना पड़े	प्रहेलिका (पहेली)
किए हुए परिश्रम के बदले मिलने वाला धन	पारिश्रमिक

वाक्यांश	एक शब्द
(फ)	
फल की आकांक्षा वाला	फलासक्त
केवल फल खाकर जीवन व्यतीत करने वाला	फलाहारी
(ब)	
रात्रि के चार बजे का समय	ब्रह्ममुहूर्त
बहुत से लोगों की मिलकर एक राय	बहुमत
अत्यधिक मूल्यवान वस्तु	बहुमूल्य
बहुत-सी भाषाओं को जानने वाला	बहुभाषाविद्
जो बालकों के लिए उपयोगी हो	बालोपयोगी
जिसकी जीविका बुद्धि के माध्यम से चलती हो	बुद्धिजीवी
(भ)	
किसी गूढ़ विषय की वृहत टीका	भाष्य
टूटे-फूटे पदार्थ के बचे टुकड़े	भग्नावशेष
भय उत्पन्न करने वाला	भयानक
वर्तमान से पूर्व का	भूतपूर्व
भूगोल से सम्बन्ध रखने वाला	भौगोलिक
(म)	
किसी विषय का गंभीर मनन और विचार करने वाला	मीमांसक
मन के मलिन होने की स्थिति या भाव	मनोमालिन्य
मन के दुर्बल होने की स्थिति या भाव	मनोदौर्बल्य
वह दानी जो खुले हाथ दान करे	मुक्तहस्त
मृत्यु की इच्छा	मुमूर्षा
मधुर बोलने वाला	मृदुभाषी
मत के अनुसार चलने वाला	मतानुयायी
झूठ बोलने वाला	मिथ्यावादी/मिथ्याभाषी
जो फूल आधा खिला हो	मुकुल
मछली के समान जिसकी आँखें हों	मीनाक्षी
हिरण की आँख के समान आँखों वाली	मृगनयनी
थोड़ा और नपा-तुला भोजन करने वाला	मिताहारी
जिसके हृदय को चोट पहुँची हो	मर्माहत
वह व्यक्ति जो मार्क्स की विचारधारा को मानता हो	मार्क्सवादी
(य)	
अपने युग का बहुत बड़ा व्यक्ति	युगपुरुष
लड़ाई लड़ने की उत्सुकता	युयुत्सा
यश ही जिसका धन हो	यशस्वी
यन्त्र से सम्बन्धित	यान्त्रिक
जहाँ तक सम्भव हो	यथासम्भव
शक्ति के अनुसार	यथाशक्ति
जो कोई वस्तु या भिक्षा माँगता हो	याचक
(र)	
जिससे रोंगटे खड़े हो जाएँ	रोमांचित
वह काव्य जिसका अभिनय हो सके	रूपक
खून से रंगा हुआ या लथ-पथ	रक्त-रंजित
वह रोग जिसमें रात को दिखाई नहीं देता	रतौंधी
राष्ट्र का प्रधान	राष्ट्रपति

वाक्यांश	एक शब्द
(ल)	
वह व्यक्ति जो लोहे को पीटकर अपना गुजारा करता है	लोहार
वह व्यक्ति जो लकड़ियाँ काटकर अपना रोजगार करता है	लकड़हारा
लम्बे या मोटे उदर (पेट) वाला	लम्बोदर
लुभाया या ललचाया हुआ	लुब्ध
जो भूमि का लेखा-जोखा रखता हो	लेखपाल
जो लोक या संसार में न हो	लोकोत्तर
जनसाधारण के गीत	लोकगीत
(व)	
कन्या का विवाह कर देने का वचन देने की रस्म	वाग्दान
जिससे हिलोरें पैदा की जा सकें	विलोड़नीय
जिसे जीत लिया गया हो	विजित
जो किसी विकार से ग्रस्त हो	विकृत
भले-बुरे की पहचान का ज्ञान	विवेक
जो पत्नी को अपने साथ न रखे हो	विपत्नीक
जिसका वर्णन न हो सके	वर्णनातीत
जो दूसरे को वाणी से देने को कह चुका हो	वाग्दत्त
जिसके हाथ में वज्र हो	वज्रपाणि
जो बहुत और व्यर्थ बोलता हो	वाचाल
अनुचित यौन सम्बन्ध रखने वाला	व्यभिचारी
सौतेली माँ	विमाता
विपत्ति उत्पन्न करने वाला	विपत्तिजनक
जो विश्वास करने योग्य हो	विश्वसनीय
जिसका विद्या से विशेष अनुराग हो	विद्याव्यसनी
(श)	
शिव की उपासना करने वाला	शैव
जिसे शास्त्रों की अच्छी जानकारी हो	शास्त्रज्ञ
शक्ति की आराधना करने वाला	शाक्त
तरकारी और फलों का भोजन करने वाला	शाकाहारी
शरण में आया हुआ	शरणागत
शत्रु का हनन करने वाला	शत्रुघ्न
जो शरण का इच्छुक हो	शरणार्थी
सदैव रहने वाला	शाश्वत
(स)	
सावधान रहने वाला व्यक्ति	सतर्क
चोरी के लिए मकान की दीवार में किया गया बड़ा-सा छेद	सेंध
अपने ही पति की अनुरागिनी स्त्री	स्वकीया
जो अपने आप उत्पन्न हुआ हो	स्वयंभू
इच्छानुसार अपना पति चुनने वाली कन्या	स्वयंवरा
जो किसी दूसरे की जगह पर आया हो	स्थानापन्न
अलग-अलग अवयवों को एक में जोड़ना	संश्लेषण
जो स्पष्ट किया हुआ हो	स्पष्टीकृत
वह व्यक्ति जिसके सिद्धान्त हों	सिद्धान्तवादी
जिसको एक स्थान से दूसरे पर न ले जाया जा सके	स्थावर
जो स्त्री के वशीभूत या उसके स्वभाव का हो	स्त्रैण
जो स्वयं उत्पन्न हुआ हो	स्वयंभू
वे वस्तुएँ जो एक प्रकृति की हों	सजातीय

वाक्यांश	एक शब्द
छूत या संसर्ग से फैलने वाला रोग	संक्रामक
जो पढ़ना-लिखना जानता हो	साक्षर
सबसे सम्बन्ध रखने वाला	सार्वजनिक
जो सारी पृथ्वी से सम्बन्धित हो	सार्वभौमिक
सिंह का बच्चा	सिंहशावक
सेना का संचालक	सेनापति
पसीने से युक्त	स्वेदित
अपना प्रयोजन सिद्ध करने वाला	स्वार्थी
अपने भरोसे रहने वाला	स्वावलम्बी
(ह)	
जिसे देख-सुनकर हृदय फटता हो	हृदयविदारक
किसी व्यक्ति द्वारा हलफ शपथ के साथ लिखा हुआ न्यायालय में प्रस्तुत पत्र	हलफ़नामा
हाथ की चतुराई	हस्तलाघव
वह सामग्री जो हवन के लिए हो	हवि

वाक्यांश	एक शब्द
किसी वस्तु को दूसरे के हाथों देना	हस्तान्तरित
हाथ की कारीगरी	हस्तकौशल
भलाई की इच्छा रखने वाला	हितैषी
(क्ष)	
जिसका हाथ बहुत तेज़ चलता हो	क्षिप्रहस्त
जिसका कुछ क्षणों में ही नाश हो जाए	क्षणभंगुर
जो क्षमा पाने योग्य हो	क्षम्य
क्षमा करने वाला व्यक्ति	क्षमाशील
भूख से व्याकुल	क्षुधातुर
(त्र)	
छुटकारा दिलाने वाला	त्राता
वह स्थान जो दोनों भृकुटियों के मध्य में होता है	त्रिकुटी
तीन कालों को देखने वाला	त्रिकालदर्शी
तीनों कालों को जानने वाला	त्रिकालज्ञ
जो तीन माह में एक बार हो	त्रैमासिक

अभ्यास प्रश्न

निर्देश (प्र.सं. 1-6) *निम्न प्रश्नों में दिए गए वाक्यों के लिए एक शब्द का चयन कीजिए।*

1. जो पहले कभी न हुआ हो
(a) अद्भुत (b) अभूतपूर्व
(c) अनुपम (d) इनमें से कोई नहीं

2. जो सब कुछ जानता हो
(a) सर्वज्ञ (b) अज्ञ (c) विशेषज्ञ (d) कृतज्ञ

3. जिसकी गर्दन सुन्दर हो
(a) सुदर्शन (b) सुगर्दन (c) सुग्रीव (d) सुगद

4. बिना घर का
(a) अनाथ (b) अनिकेत (c) अनाहत (d) अनिग्रह

5. जिसे बुलाया न गया हो
(a) अनाहूत (b) अनबोला
(c) अतिथि (d) अभ्यागत

6. जो आँखों के सामने न हो
(a) प्रत्यक्ष (b) अप्रत्यक्ष
(c) अद्रष्टव्य (d) अपरोक्ष

7. जो हर समय अपना मतलब साधता हो उसे क्या कहा जाता है?
(a) स्वारथी (b) मतलबी
(c) परमार्थी (d) स्वार्थी

8. जो कम बोलता हो
(a) अल्पभाषी (b) मितव्ययी
(c) प्रत्युत्पन्नमति (d) वाचाल

9. किसी के उपकार की उपेक्षा करनेवाला
(a) कृतज्ञ (b) कृतघ्न
(c) अजातशत्रु (d) दूरदर्शी

निर्देश (प्र.सं. 10-12) *दिए गए प्रत्येक वाक्यांश के लिए एक शब्द दीजिए। इसके लिए चार-चार विकल्प दिए गए हैं।*

10. समुद्र में लगने वाली आग
(a) जठराग्नि (b) वगग्नि
(c) दावग्नि (d) वड़वाग्नि

11. मन को आनन्दित करने वाला
(a) प्रिय (b) श्रेयस्
(c) मनोरंजन (d) मोहित

12. जिसको प्राप्त न किया जा सके
(a) अलभ्य (b) दुर्लभ्य
(c) दुष्कर (d) दुष्प्राप्य

13. राकेश <u>बहुत मेहनत करने वाला</u> लड़का है। रेखांकित अंश के लिए एक शब्द बताइए
(a) परिश्रमी (b) संघर्षरत
(c) श्रमिक (d) श्रमवान

14. किस वाक्यांश के लिए दिया हुआ एक शब्द सही नहीं है?
(a) जिस स्त्री को कोई संतान न हो – बाँझ
(b) जो बहुत बोलता हो – मितभाषी
(c) क्रम के अनुसार – यथाक्रम
(d) जो स्मरण रखने योग्य है – स्मरणीय

निर्देश (प्र.सं. 15-20) *दिए गए प्रत्येक वाक्यांश के लिए शब्द दीजिए। इसके लिए चार-चार विकल्प दिए गए हैं। उचित विकल्प का चुनाव कीजिए।*

15. तेज चलने वाला
(a) गतिशील (b) चुस्त
(c) कर्मठ (d) द्रुतगामी

16. बिना स्वार्थ के कार्य करने वाला
(a) सहायक (b) निस्वार्थी
(c) पुण्यात्मा (d) हितैषी

17. किसी की सहायता करने वाला
(a) सहकार (b) सहायक (c) सहृदय (d) सहचर

18. जिसका निवारण करना कठिन हो
(a) अनिवार्य (b) अपरिहार्य
(c) दुर्निवार (d) अवश्यम्भावी

19. आशा जगाने वाला
(a) आशाजनक (b) आशातीत
(c) आशानुगत (d) आशीष

20. जो सबके लिए हो
(a) सार्वजनिक (b) सार्वभौमिक
(c) सार्वकालिक (d) सार्वदेशिक

निर्देश (प्र.सं. 21-26) *निम्नलिखित प्रश्नों में दिए गए वाक्यों के लिए एक शब्द चुनिए।*

21. पर्वत की तलहटी
(a) बेसिन (b) घाटी (c) उपत्यका (d) द्रोण

22. कंजूसी से धन व्यय करने वाला
(a) मसृण (b) मितव्ययी
(c) अल्पव्ययी (d) कृपण

23. 'वीर पुत्र को जन्म देने वाली स्त्री' के लिए एक शब्द है
(a) वसुन्धरा (b) माते
(c) वीरप्रसू (d) इनमें से कोई नहीं

24. जो सबसे आगे रहता हो उसको .... कहते हैं।
(a) अग्रणी (b) अनादि
(c) अनुकरणीय (d) अवैध

25. 'जो अपने प्रति किए गए उपकार को न माने' प्रस्तुत कथन के लिए एक शब्द कौन-सा है?
(a) किंकर्तव्यविमूढ़ (b) कृतघ्न
(c) कृतकार्य (d) कृपण

26. 'अगोचर' शब्द किस वाक्य खण्ड के लिए प्रयुक्त होता है?
(a) जो इन्द्रियों द्वारा न जाना जा सके
(b) जो कल्पना से परे हो
(c) जिसकी आशा न की गई हो
(d) जिसके पार देखा न जा सके

निर्देश (प्र.सं. 27-29) *इन प्रश्नों में दिए गए प्रत्येक वाक्य खण्ड के अर्थ को एक शब्द में व्यक्त करने वाला शब्द दिए गए विकल्पों में से चुनिए।*

27. रंगमंच पर पर्दे के पीछे का स्थान
(a) पृष्ठमंच (b) दर्शकदीर्घा
(c) नाट्यस्थल (d) नेपथ्य

28. जिसके सिर पर चन्द्रमा हो
(a) चन्द्रवदन (b) चन्द्रहास
(c) चन्द्रशेखर (d) सिरमौर

29. फेंक कर चलाया जाने वाला हथियार
(a) प्रक्षिप्त (b) प्रक्लेदित
(c) शस्त्र (d) अस्त्र

निर्देश (प्र.सं. 30-34) *वाक्यांशों के लिए दिए गए विकल्पों में से प्रयुक्त शब्द का चयन कीजिए।*

30. जिसकी आशा न की गई हो
(a) प्रतिआशा (b) अप्रत्याशित
(c) आशातीत (d) अप्रतिआशा

31. पृथ्वी के तीनों ओर पानी वाला स्थान
(a) द्वीप (b) प्रायद्वीप
(c) महाद्वीप (d) इनमें से कोई नहीं

32. जिसके पास कुछ भी न हो
(a) गरीब (b) अकिंचन
(c) दरिद्र (d) विनीत

33. विशिष्ट अवसर पर विशिष्ट लोगों के समक्ष दिया गया विद्वत्तापूर्ण भाषण
(a) सम्भाषण (b) अभिभाषण (c) अपभाषण (d) अनुभाषण

34. आदि से अन्त तक
(a) आद्योपान्त (b) आदि (c) दिगन्त (d) अन्तिम

निर्देश (प्र.सं. 35-37) *इन प्रश्नों में दिए गए वाक्यांश के अर्थ को व्यक्त करने वाला सही शब्द दिए गए विकल्पों में से चुनिए।*

35. बिना प्रयास/परिश्रम के
(a) आकस्मिक (b) अप्रत्याशित
(c) अनायास (d) अचानक

36. जानने की इच्छा रखने वाला
(a) उत्साही (b) जिज्ञासु
(c) तत्पर (d) जिज्ञासा

37. दूसरों की बात सहन करने वाला
(a) कृपालु (b) सहिष्णु (c) उदार (d) तटस्थ

38. 'शक्तिशाली दयालु शान्त-धीर और योद्धा नायक' के लिए एक शब्द है
(a) धीरललित (b) धीरोद्धत
(c) धीरोदात्त (d) इनमें से कोई नहीं

39. 'जो प्रमाण से सिद्ध न हो सके' के लिए एक शब्द है
(a) अप्रमाणित (b) अप्रमेय
(c) अपरिमित (d) अनप्रमाणित

40. 'वन में लगने वाली आग' वाक्यांश के लिए एक शब्द है
(a) बड़वाग्नि (b) दावाग्नि
(c) विरहाग्नि (d) जहराग्नि

41. 'वह नायिका जो अपने पति के परदेश में होने के कारण दुःखी हो' वह है
(a) प्रोषितपतिका (b) वियोगिनी
(c) विरहविदग्धा (d) खण्डिता

42. 'मोक्ष की कामना करने वाला' वाक्यांश के लिए एक शब्द है
(a) मोक्षकामी (b) मौक्तिक
(c) मुमुक्षु (d) मुमुक्षी

43. 'इन्द्रियों को जीत लिया हो जिसने' के लिए एक शब्द है
(a) इन्द्रियाधिपति (b) जितेन्द्रिय
(c) जीतेन्द्रिय (d) इन्द्र

44. 'जिसका उपचार न हो सके' के लिए एक शब्द है
(a) दु:साध्य (b) असाध्य
(c) श्रमसाध्य (d) साधनहीन

निर्देश *निम्नलिखित प्रश्नों में वाक्यांशों/अनेक शब्दों के स्थान पर एक शब्द के लिए चार-चार विकल्प दिए गए हैं। इनमें से कोई एक विकल्प सही है, आपको सही विकल्प चुनना है, वही आपका उत्तर होगा।*

45. ईश्वर को नहीं मानने वाला
(a) आस्तिक (b) अधर्मी
(c) दुराचारी (d) नास्तिक

46. ईश्वर में विश्वास करने वाला
(a) आस्तिक (b) नास्तिक
(c) भक्त (d) इनमें से कोई नहीं

47. पेट की अग्नि
(a) दावाग्नि (b) बड़वाग्नि
(c) जठराग्नि (d) मन्दाग्नि

48. दिशाएँ ही जिनके वस्त्र हैं
(a) विश्वम्भर (b) दिक्पाल
(c) पैगम्बर (d) दिगम्बर

49. 'गुरु के समीप रहने वाला विद्यार्थी'
(a) अन्तेवासी (b) अन्त:पुर
(c) वज्रवटुक (d) ब्रह्मचारी

50. बहुत-सी भाषाओं को जानने वाला
(a) बहुभाषाविद् (b) बहुभाषाभाषी
(c) बहुश्रुत (d) बहुदर्शी

51. जो वाणी द्वारा व्यक्त न किया जा सके
(a) स्वानुभूति (b) रहस्य
(c) अनिर्वचनीय (d) इनमें से कोई नहीं

52. पूरब और उत्तर के बीच की दिशा
(a) अग्निकोण (b) उदीची (c) प्राची (d) ईशान

53. जिसका जन्म उच्च कुल में हुआ हो
(a) सेठ (b) धनी (c) वैभवशाली (d) कुलीन

54. जिसका जन्म कन्या के गर्भ से हुआ हो
(a) कन्यापुत्र (b) कानीन (c) अवैधपुत्र (d) कुमारीसुत

55. हवन में जलाने वाली लकड़ी
(a) हवन सामग्री (b) वनकाष्ठ (c) शुष्ककाष्ठ (d) समिधा

56. सत्, रज् व तम् से परे
(a) गुणातीत (b) गूढ़ोक्ति (c) गुढ़ोत्तर (d) गवेषण

57. आधी रात का समय
(a) शर्वरी (b) विभावरी (c) निशा (d) निशीथ

58. कमल से युक्त जलाशय
(a) सरोवर (b) शतदल (c) नीरज (d) पद्माकर

59. 'जिसका अनुभव किया गया हो'
(a) अनुभवी (b) अनुभूत
(c) अनुभवयोग्य (d) अनुभाव्य

60. 'जिसकी पहले आशा नहीं की गई'
(a) अकल्पित (b) अकल्पनीय
(c) अप्रत्याशित (d) आशातीत

61. 'किसी भी पक्ष का समर्थन नहीं करने वाला'
(a) निरापद (b) निष्पक्ष (c) तटस्थ (d) दत्तचित्त

62. 'युयुत्सु' का अर्थ है
(a) युद्ध में अमर होने वाला (b) युद्ध की इच्छा
(c) युद्ध की इच्छा रखने वाला (d) दूसरों को रुलाने वाला

63. 'जिसमें अपमान का भाव हो, वह हँसी' क्या कहलाती है?
(a) हास (b) परिहास
(c) व्यंग्य (d) उपहास

64. 'अच्छाई और बुराई को पहचानने का गुण' कहलाता है
(a) ज्ञान (b) परिज्ञान
(c) विवेक (d) विद्वत्ता

उत्तरमाला

1.	(b)	2.	(a)	3.	(c)	4.	(b)	5.	(a)	6.	(b)	7.	(b)	8.	(a)	9.	(b)	10.	(d)
11.	(c)	12.	(a)	13.	(a)	14.	(b)	15.	(d)	16.	(b)	17.	(b)	18.	(c)	19.	(a)	20.	(a)
21.	(c)	22.	(b)	23.	(c)	24.	(a)	25.	(b)	26.	(a)	27.	(d)	28.	(c)	29.	(a)	30.	(b)
31.	(b)	32.	(b)	33.	(a)	34.	(a)	35.	(c)	36.	(b)	37.	(b)	38.	(c)	39.	(b)	40.	(b)
41.	(a)	42.	(c)	43.	(b)	44.	(b)	45.	(d)	46.	(a)	47.	(c)	48.	(d)	49.	(a)	50.	(a)
51.	(c)	52.	(d)	53.	(d)	54.	(b)	55.	(d)	56.	(a)	57.	(d)	58.	(d)	59.	(b)	60.	(c)
61.	(c)	62.	(c)	63.	(d)	64.	(c)												

अध्याय 09

मुहावरे एवं लोकोक्तियाँ

'मुहावरा' उस वाक्यांश को कहते हैं, जो अपने साधारण अर्थ की अपेक्षा किसी विशेष अर्थ को प्रकट करता है।

कुछ महत्त्वपूर्ण मुहावरे, उनके अर्थ एवं वाक्य प्रयोग

'अक्ल' सम्बन्धी मुहावरे

1. अक्ल के पीछे लाठी लिए फिरना *(मूर्खतापूर्ण कार्य करना)* तुम तो सदैव अक्ल के पीछे लाठी लिए फिरते हो।
2. अक्ल घास चरने जाना *(कुछ न सोचना)* तुम दूसरों के झगड़ों में बेवजह पड़ते हो, लगता है तुम्हारी अक्ल घास चरने गई है।
3. अक्ल पर पत्थर पड़ना *(बुद्धि भ्रष्ट होना)* राजेश की अक्ल पर पत्थर पड़ गया था, जो उसने पढ़ाई बीच में ही छोड़ दी।
4. अक्ल का दुश्मन *(मूर्ख)* राकेश को तुम ही समझाओ, वह तो अक्ल का दुश्मन बनता जा रहा है।

'आँख' सम्बन्धी मुहावरे

5. आँख का तारा *(अत्यन्त प्यारा)* मेरा पुत्र मेरी आँखों का तारा है।
6. आँखें चार होना *(दृष्टि का मिलना)* कर्जदारों से आँखें चार होते ही विजय वहाँ से चुपचाप भाग निकला।
7. आँखों से गिरना *(मान घटना)* कायर व्यक्ति सबकी आँखों से गिर जाता है।
8. आँख में धूल झोंकना *(धोखा देना)* झूठ बोलकर माता-पिता की आँखों में धूल झोंकना गलत बात है।
9. आँख दिखाना *(धमकाना)* मेहमानों के सामने आयुष के चिल्लाने पर माँ ने उसे आँख दिखाई।

'कान' सम्बन्धी मुहावरे

10. कान में तेल डालना *(ध्यान न देना)* सीरीन तो कानों में तेल डालकर बैठी है, फिर उसे कौन समझा सकता है।
11. कान काटना *(दूसरों से अच्छा काम करना)* हरीश केवल आठ वर्ष का है, किन्तु गाने में अच्छे-अच्छों के कान काटता है।
12. कानों-कान खबर न होना *(गुप्त रहना)* मुख्यमंत्री शहर में आए, किन्तु किसी को कानों-कान खबर भी न हुई।
13. कान पर जूँ न रेंगना *(कोई असर न होना)* माँ-बाप के समझाने पर भी रमेश के कान पर जूँ न रेंगी।

'नाक' सम्बन्धी मुहावरे

14. नाक रगड़ना *(खुशामद करना)* उसकी तो हर एक के सामने नाक रगड़ने की आदत है।
15. नाक कटना *(प्रतिष्ठा या मर्यादा नष्ट होना)* तुम्हारे बुरे कार्यों के कारण इस परिवार की तो नाक ही कट गई।
16. नाक रख लेना *(इज्जत बचाना)* मेरे पुत्र ने हाईस्कूल परीक्षा में अच्छे अंक प्राप्त करके परिवार की नाक रख ली।
17. नाक का बाल होना *(अतिप्रिय)* राम अपने भाइयों की नाक का बाल है।

'दाँत' सम्बन्धी मुहावरे

18. दाँत खट्टे करना *(हरा देना)*
    रामजेठमलानी ने बहस में अपने प्रतिपक्षी के दाँत खट्टे कर दिए।
19. दाँतों तले अँगुली दबाना *(आश्चर्यचकित होना)*
    सैनिकों के साहसिक कारनामों को देखकर लोग दाँतों तले अँगुली दबा लेते हैं।
20. दाँत पीसना *(अत्यधिक क्रोध दिखाना)*
    उसे गरीब समझकर क्यों दाँत पीस रहे हो।

'सिर' सम्बन्धी मुहावरे

21. सिर पीटना *(पछताना)*
    अब सिर पीटने से क्या लाभ, जो होना था सो हो गया।
22. सिर नीचा होना *(शर्मिन्दा होना)*
    जीवन में कोई ऐसा काम मत करना, जिससे सिर नीचा हो जाए।
23. सिर की बाजी लगाना *(मौत से न डरना)*
    देश की स्वतन्त्रता के लिए स्वतन्त्रता सेनानियों ने सिर की बाजी लगा दी थी।
24. सिर ऊँचा करके चलना *(स्वाभिमान से जीना)*
    आदर्श जीवन जीने वाले व्यक्ति सदैव सिर ऊँचा करके चलते हैं।
25. सिर मुड़ाते ही ओले पड़ना *(किसी काम के शुरू में ही परेशानी आना)*
    नौकरी के पहले ही दिन देर से पहुँचने पर बॉस ने आधे दिन की सेलरी काट ली, इसे कहते हैं सिर मुड़ाते ही ओले पड़ना।

'मुँह' सम्बन्धी मुहावरे

26. मुँह सी लेना *(चुप हो जाना)*
अपनी दादी की जली-कटी सुनकर उसने तो अपना मुँह सी लिया था।
27. मुँह पर कालिख पोतना *(कलंक लगाना)*
अजय के बुरे कर्मों ने परिवार के मुँह पर कालिख ही पोत दी।
28. मुँह तोड़ जवाब देना *(कड़ा उत्तर देना)*
आतंकवादियों को मार गिराकर सैनिकों ने आतंकवादियों को मुँह तोड़ जवाब दिया।
29. मुँह में पानी भर आना *(लालच करना)*
पेड़ पर पके आम देखकर हरि के मुँह में पानी भर आया।

'गर्दन' सम्बन्धी मुहावरे

30. गर्दन झुकना *(लज्जित होना)*
चुनाव में भारी मतों से हारने पर रामेश्वर की गर्दन झुक गई।
31. गर्दन पर सवार होना *(पीछे पड़ना)*
मैंने तुम्हारा क्या बिगाड़ा है, जो तुम मेरी गर्दन पर सवार हो रहे हो।
32. गर्दन पर छुरी फेरना *(अत्याचार करना)*
उससे बचकर रहना, पता नहीं कब वह गर्दन पर छुरी फेर दे।
33. गर्दन फँसाना *(चक्कर में पड़ना)*
गलत लोगों का साथ देकर राम ने अपनी गर्दन फँसा ली है।

'हाथ' सम्बन्धी मुहावरे

34. हाथ मलना *(पछताना)*
चुनाव में बुरी तरह हारने पर श्रीमती राजो देवी हाथ मलती रह गईं।
35. हाथ-पाँव मारना *(अन्तिम शक्ति भर उपाय)*
खूब हाथ-पाँव मारने पर भी तुम मकान नहीं बनवा पाए।
36. हाथों के तोते उड़ना *(दुःख से हैरान होना)*
जेब में अपना कीमती मोबाइल न पाकर उसके हाथों के तोते उड़ गए।
37. हाथ साफ करना *(चोरी करना)*
उसने तो मेरी नई मोटर साइकिल पर हाथ साफ कर दिया।

'अँगुली' सम्बन्धी मुहावरे

38. अँगुली पकड़ते-पकड़ते पहुँचा पकड़ना *(थोड़ा प्राप्त करने पर अधिक अधिकार जगाना)*
पहले कौशिक कभी-कभी बाइक माँगकर ले जाता था, किन्तु अब उसने अँगुली पकड़ते-पकड़ते पहुँचा ही पकड़ लिया है।
39. अँगुली उठाना *(दोष दिखाना)*
मेरे चरित्र पर आज तक कोई भी अँगुली नहीं उठा सका।
40. अँगुली पर नचाना *(संकेत पर कार्य कराना)*
जमींदार, किसानों को अपनी अँगुली पर नचाते हैं।
41. पाँचों अँगुलियाँ घी में होना *(लाभ-ही-लाभ होना)*
युद्ध के अवसर पर जमाखोरों की पाँचों अँगुलियाँ घी में होती हैं।

'कलेजा' सम्बन्धी मुहावरे

42. कलेजा ठण्डा होना *(सन्तुष्ट एवं शान्त होना)*
पाण्डवों के युद्ध जीतने पर श्रीकृष्ण के कलेजे को ठण्डक पहुँची।
43. कलेजे पर पत्थर रखना *(दिल मजबूत करना)*
पारिवारिक सदस्य की मृत्यु को लोग कलेजे पर पत्थर रखकर ही सहन कर पाते हैं।
44. कलेजे पर साँप लोटना *(ईर्ष्या से हृदय जलना)*
पड़ोसी का मकान बनता देख श्यामलाल के कलेजे पर साँप लोटने लगा।
45. कलेजा मुँह को आना *(घबरा जाना)*
सड़क दुर्घटना को देखकर सुमन का कलेजा मुँह को आ गया।
46. कलेजा छलनी होना *(बहुत दुःख होना)*
पड़ोसी के दुर्व्यवहार को देखकर तो उसका कलेजा छलनी हो गया।

'खून' सम्बन्धी मुहावरे

47. खून खौलना *(क्रोध आना)*
दुकानदार की खुलेआम बेईमानी देखकर श्याम का खून खौल गया।
48. खून का प्यासा होना *(प्राण लेने को तत्पर)*
राम और श्याम के आपसी झगड़े इतने बढ़ गए कि वो एक-दूसरे के खून के प्यासे हो गए।
49. खून का घूँट पीना *(क्रोध को दबाना)*
जरूरत के समय दोस्त के मदद करने से इनकार करने पर दिलशाद खून का घूँट पीकर रह गया।
50. खून-पसीना एक करना *(कठिन परिश्रम करना)*
परीक्षा में अच्छे अंक प्राप्त करने के लिए सुनीता ने खून-पसीना एक कर दिया।

'पानी' सम्बन्धी मुहावरे

51. पानी रखना *(मर्यादा की रक्षा करना)*
परीक्षा की तैयारी कराकर तुमने अन्तिम समय में मेरा पानी रख लिया।
52. पानी-पानी हो जाना *(बहुत शर्मिन्दा होना)*
जब 'कालू' मोबाइल चुराते पकड़ा गया तो वह शर्म से पानी-पानी हो गया।
53. पानी फेर देना *(मेहनत बेकार जाना)*
मेरा मित्र मेरे सारे करे-कराए पर पानी फेर गया।
54. पानी में आग लगाना *(चुगली करना)*
गोमती पानी में आग लगाकर रमा और सुधा की दोस्ती दुश्मनी में बदल गई।
55. पानी पी-पी कर कोसना *(बहुत बुरा-भला कहना)*
अगर हिमांशु को मेरा कोई भी परिचित मिलता है, तो वह मुझे पानी पी-पी कर कोसता है।

'हवा' सम्बन्धी मुहावरे

56. हवाई किले बनाना *(ऊँची कल्पना करना)*
रहीम वार्ड मेम्बर का चुनाव हार गया, परन्तु अब वह 'एमपी' चुनाव के लिए हवाई किले बना रहा है।
57. हवा निकलना *(बहुत डरना)*
बड़े बहादुर बन रहे थे, अखिलेश के मुख्यमन्त्री बनते ही तुम्हारी हवा क्यों निकल गई है?
58. हवा हो जाना *(तेज दौड़ना)*
राधा और प्रतिभा देखते ही देखते हवा हो गईं।
59. हवा लगना *(असर में होना)*
अरे! आजकल के लड़कों को ऐसी हवा लगी है कि पढ़ते ही नहीं।

'अपना' सम्बन्धी मुहावरे

60. अपना घर समझना *(संकोच न करना)*
प्रिय पुत्रवधू! तुम्हें इस घर को अपना घर समझकर ही रहना है।
61. अपना उल्लू सीधा करना *(स्वार्थ पूरा करना)*
आजकल अपना उल्लू सीधा करने वाला व्यक्ति ही समझदार माना जाता है।
62. अपना राग अलापना *(अपनी बात कहना)*
कुछ व्यक्ति अपने स्वार्थवश अपना ही राग अलापते रहते हैं।
63. अपना-सा मुँह लेकर रह जाना *(लज्जित होना)*
वास्तविकता का पता चलने पर वह अपना-सा मुँह लेकर रह गया।
64. अपने पैरों पर आप कुल्हाड़ी मारना *(अपनी हानि स्वयं करना)*
बैंक की नौकरी छोड़कर तुमने अपने पैरों पर आप कुल्हाड़ी मार ली है।
65. अपने मुँह मिया मिट्ठू बनना *(अपनी प्रशंसा स्वयं करना)*
रमेश तो ऐसी-ऐसी बातें करके अपने मुँह मिया मिट्ठू बनता रहता है।

'आसमान' सम्बन्धी मुहावरे

66. आसमान टूट पड़ना *(अचानक मुसीबत आना)*
माता जी की मृत्यु के उपरान्त रमेश की तीनों पुत्रियों पर आसमान टूट पड़ा है।
67. आसमान सिर पर उठाना *(बहुत अधिक उपद्रव मचाना)*
रमेश और सुरेश की शैतानियों ने आसमान सिर पर उठाया हुआ है।
68. आसमान से बातें करना *(बहुत बढ़-चढ़कर बोलना)*
एक चपरासी का पुत्र होते हुए भी हरीश अपने साथियों के बीच आसमान से बातें करता है।
69. आसमान पर दिमाग होना *(अहंकारी होना)*
उच्च पद प्राप्त होते ही रहीम का दिमाग आसमान पर हो गया है।
70. आसमान पर चढ़ा देना *(अधिक प्रशंसा करके ऊपर उठाना)*
बातों-ही-बातों में मोहन ने सुरेश को आसमान पर चढ़ा दिया।

'रंग' सम्बन्धी मुहावरे

71. रंग उतरना *(रौनक खत्म होना)*
चुनाव में हारने के कारण प्रत्याशी के चेहरे का रंग उतर गया।
72. रंग जमाना *(धाक जमाना)*
अमिताभ बच्चन ने आज भी फिल्मी क्षेत्र में अपना रंग जमा रखा है।
73. रंग में भंग पड़ना *(आनन्द में विघ्न होना)*
दीवाली पर मोहन के एक्सीडेण्ट ने रंग में भंग डाल दिया।
74. रंग में रँगना *(अनुसरण करना)*
आजकल सभी युवा आधुनिक युग के फैशन के रंग में रँग रहे हैं।

'प्राण' सम्बन्धी मुहावरे

75. प्राण फूँकना *(जीवन प्रदान करना)*
महात्मा गांधी ने अहिंसा द्वारा स्वतन्त्रता आन्दोलन में लोगों के अन्दर प्राण फूँक दिए।
76. प्राण हथेली पर लेना *(जीवन संकट मे डालना)*
आतंकवादियों को पकड़ पाना कोई आसान काम नहीं है, क्योंकि वे सदैव प्राण हथेली पर लेकर चलते हैं।
77. प्राणों की बाजी लगाना *(बलिदान के लिए तत्पर रहना)*
वीर पुरुष सदैव अपने देश के मान-सम्मान लिए अपने प्राणों की बाजी लगा देते हैं।

'बात' सम्बन्धी मुहावरे

78. बात बनना *(काम बनना)*
यदि आप नगरपालिका अध्यक्ष से मेरी सिफारिश कर दें, तो मेरी बात बन जाएगी।
79. बात बनाना *(गप्प मारना)*
मुझे वास्तविक रूप से कार्य करने में आनन्द आता है, बातें बनाने में नहीं।
80. बात की बात *(चर्चा या प्रसंग के कारण किसी बात का कहा जाना)*
बात की बात से ही अनेकों बातों की उत्पत्ति होती है।
81. बात जमना *(समझ में आना)*
मुझे पुत्री की शादी की बात वाराणसी से जमी लग रही है।
82. बात बिगड़ना *(काम बिगड़ना)*
तुम दोनों के झगड़े के कारण बनी बनाई बात बिगड़ गई है।।

'अंक' सम्बन्धी मुहावरे

83. एक और एक ग्यारह होना *(संगठन से शक्ति बढ़ जाना)*
आतंकवाद से लड़ने के लिए सभी देशवासियों को एक और एक ग्यारह होना पड़ेगा।
84. दो-दो हाथ करना *(युद्ध करना, लड़ना)*
पाकिस्तान से दो-दो हाथ किए बिना कश्मीर समस्या सुलझ नहीं सकती।
85. तीन तेरह होना *(बिखर जाना)*
श्यामू का कितना बड़ा परिवार था, पर अब तो सब तीन तेरह हो गया।
86. चार चाँद लगना *(सुन्दरता बढ़ना)*
नए फर्नीचर ने घर की शोभा में चार चाँद लगा दिए हैं।
87. छठी का दूध याद आना *(अत्यधिक कठिन या कष्टप्रद होना)*
अंग्रेजी का प्रश्न-पत्र देखते ही मुझे छठी का दूध याद आ गया।
88. आठ-आठ आँसू रोना *(पछतावे में रोना)*
मेरा मित्र जब से माता-पिता से अलग हुआ है, तब से वह आठ-आठ आँसू रोता है।
89. नौ दो ग्यारह होना *(भाग जाना)*
बिल्ली को देखकर चूहे नौ दो ग्यारह हो गए।

अन्य मुहावरे

1. अन्धेरी रात बीतना *(संकट समाप्त होना)*
कष्टमय रूपी अन्धेरी रात बीतने के पश्चात् सुखद प्रातःकाल होना निश्चित है।
2. आस्तीन का साँप *(विश्वासघाती होना)*
कल तक मैं जिसे अपना विश्वास-पात्र मित्र समझता था, आज मैंने जाना कि वह तो आस्तीन का साँप है।
3. अँगूठा दिखाना *(समय पर इनकार करना)*
रवि ने सहायता का वादा किया था, पर आज उसने अँगूठा दिखा दिया।
4. अन्धे की लाठी *(एकमात्र सहारा)*
रमेश अपने बूढ़े माता-पिता की अन्धे की लाठी है।

5. अन्धे के हाथ बटेर लगना *(बिना प्रयास के लाभ मिलना)*
लॉटरी क्या लगी, रमेश घमण्डी हो गया है। क्यों न हो, अन्धे के हाथ बटेर जो लगी है।
6. आकाश-पाताल एक करना *(अत्यधिक प्रयास करना)*
पुलिस ने चोरों को पकड़ने के लिए आकाश-पाताल एक कर दिया।
7. आटे-दाल का भाव मालूम होना *(किसी कार्य की महत्ता का ज्ञान होना)*
जब तुम अपनी मेहनत से पैसा कमाओगे, तब तुम्हें आटे-दाल का भाव मालूम होगा।
8. आनन-फानन में *(बिना किसी देर के)*
मोहन ने आनन-फानन में गृह-कार्य समाप्त कर दिया।
9. अमृत बरसाना *(सुखदायी होना)*
सन्तों की वाणी से अमृत बरसता है।
10. ओखली में सिर देना *(जान बूझकर मुसीबत मोल लेना)*
रमेश से दोस्ती करके तुमने ओखली में सिर दे दिया।
11. ईद का चाँद होना *(बहुत समय बाद दिखना)*
रमेश तुम तो आजकल ईद के चाँद हो गए हो।
12. ईंट-से-ईंट बजाना *(नष्ट करना)*
भारतीय जवानों ने आतंकवादियों की ईंट-से-ईंट बजा दी।
13. उल्टी गंगा बहाना *(उल्टा काम करना, नियम विरुद्ध काम करना)*
इतने बड़े विद्वान् को धर्मशास्त्र की बात बताना क्या उल्टी गंगा बहाना नहीं है!
14. एक अनार सौ बीमार *(एक ही वस्तु के अनेक इच्छुक)*
बेरोजगारी के इस दौर में एक पद के लिए सैकड़ों आवेदन आते हैं, इसी को कहते हैं 'एक अनार सौ बीमार'।
15. काठ का उल्लू *(मूर्ख)*
आज के युग में कम्प्यूटर और अंग्रेजी न जानने वाले काठ के उल्लू समान हैं।
16. कलम घिसना *(बेकार की मेहनत)*
अगर परीक्षा में अव्वल न आए तो तुम्हारा पढ़ना-लिखना कलम घिसने के बराबर है।
17. कलम तोड़ना *(प्रभावपूर्ण लेखन करना)*
जयशंकर प्रसाद ने कामायनी लिखते समय कलम तोड़ दी थी।
18. काला अक्षर भैंस बराबर *(अनपढ़ होना)*
अभावों से ग्रस्त रहने के कारण दिशा स्कूल नहीं जा सकी। यही कारण है कि उसके लिए 'काला अक्षर भैंस बराबर' है।
19. कटी पतंग होना *(लक्ष्यहीन होना)*
सही मार्गदर्शन के अभाव में मनुष्य का जीवन कटी पतंग के समान हो जाता है।
20. कागजी घोड़े दौड़ाना *(केवल लिखा-पढ़ी करते रहना)*
नौकरी चाहिए तो पहले अच्छी पढ़ाई करो। घर बैठे कागजी घोड़े दौड़ाने से कोई बात नहीं बनने वाली।
21. कलई खुलना *(भेद प्रकट होना)*
व्यक्ति अपने बुरे कार्यों को कितना भी छिपाने की कोशिश क्यों न करे, आखिर एक न एक दिन तो कलई खुलकर ही रहती है।
22. किस्मत ठोंकना *(भाग्य को दोष देना)*
अत्यधिक ओलावृष्टि के कारण किसानों ने अपनी किस्मत ठोंक ली।
23. कोल्हू का बैल बनना *(दिन-रात काम करना)*
गरीब व्यक्ति हमेशा कोल्हू के बैल की तरह काम करते हैं।
24. करवटें बदलना *(चिन्ता के कारण नींद न आना)*
राहुल का दसवीं कक्षा का रिजल्ट अच्छा न होने के कारण वह रात भर करवटें बदलता रहा।
25. कूप मण्डूक होना *(सीमित ज्ञान होना)*
उसकी किसी बात में तर्क नहीं होता, क्योंकि वह कूप मण्डूक बना रह गया है।
26. खेत रहना *(युद्ध में मारा जाना)*
किसी भी देश में जब भी युद्ध होता है, हजारों वीर खेत रहते हैं।
27. खटाई में पड़ना *(संशय में हो जाना)*
उनकी बातें सुन मैं तो खटाई में पड़ गया।
28. खाट खड़ी करना *(परेशान कर देना)*
रमेश ने आज विधायक जी की खाट खड़ी कर दी।
29. खोपड़ी गंजी करना *(अत्यधिक पिटाई करना)*
भीड़ ने चोरों की खोपड़ी गंजी कर दी।
30. खाक छानना *(बेकार इधर-उधर भटकना)*
युवाओं को रोज़गार न मिलने पर वह खाक छानते फिर रहे हैं।
31. खिल्ली उड़ाना *(मजाक बनाना)*
कक्षा में राहुल के अंक कम आने पर सभी छात्र उसकी खिल्ली उड़ाने लगे।
32. गड़े मुर्दे उखाड़ना *(दबी बात को फिर से उभारना)*
जो कुछ हुआ उसे भूल जाओ, गड़े मुर्दे उखाड़ने का क्या फायदा।
33. गले का हार होना *(अत्यधिक प्रिय होना)*
ये दोनों मित्र एक-दूसरे के गले का हार हैं।
34. गागर में सागर भरना *(थोड़े शब्दों में अधिक कहना)*
प्रेमचन्द ने अपनी कहानियों में यथार्थ चित्रण करके गागर में सागर भरने का कार्य किया है।
35. गुड़ गोबर करना *(बना बनाया काम बिगाड़ देना)*
इतना अच्छा खेल चल रहा था, मीनाक्षी ने सब गुड़ गोबर कर दिया।
36. गुदड़ी का लाल *(सामान्य स्तर के परिवार में असाधारण व्यक्ति का उत्पन्न होना)*
लाल बहादुर शास्त्री जैसे गुदड़ी के लाल ने भारत-भूमि पर जन्म लेकर इसे कृतार्थ किया है।
37. घी के दीये जलाना *(अप्रत्याशित लाभ पर प्रसन्नता)*
भगवान श्रीराम के अयोध्या वापस लौटने की खुशी में अयोध्यावासियों ने घी के दीये जलाए।
38. घड़ों पानी पड़ना *(लज्जित होना)*
पिता के सामने अपनी करतूतों का काला चिट्ठा खुलने पर रवि पर घड़ों पानी पड़ गया।
39. घर का दीपक बुझना *(वंश का नाश होना)*
राधा के इकलौते बेटे की मृत्यु होने से घर का दीपक बुझ गया।

40. घोड़े बेचकर सोना *(निश्चिन्त होना)*
परीक्षा समाप्त होते ही रमेश घोड़े बेचकर सो गया।
41. चूड़ियाँ पहनना *(कायरता दिखाना)*
देश की रक्षा न कर पाने से तो अच्छा है कि कायर युवा चूड़ियाँ पहनकर घर बैठें।
42. चपत लगाना *(चोट पहुँचाना)*
सुनार ने रवि को दस हजार रुपये की चपत लगा दी।
43. चाँदी काटना *(अधिक लाभ प्राप्त करना)*
जब से सुधीर की सरकारी नौकरी लगी है, तब से वह चाँदी काट रहा है।
44. चिकना घड़ा होना *(निर्लज्ज होना)*
एक ही कक्षा में तीन बार अनुत्तीर्ण होने के पश्चात् वह चिकना घड़ा हो गया है।
45. चूना लगाना *(धोखा देना)*
ठग ने रीना को चूना लगा दिया और जब उसे पता लगा, तो बहुत देर हो चुकी थी।
46. चोली-दामन का साथ *(अत्यधिक घनिष्ठ सम्बन्ध)*
मोहन और राहुल का बचपन से चोली-दामन का साथ है।
47. छक्के छुड़ाना *(परास्त करना)*
भारत ने विश्वकप क्रिकेट के पहले ही मैच में पाकिस्तान के छक्के छुड़ा दिए।
48. जले पर नमक छिड़कना *(दु:खी व्यक्ति को और दु:ख देना)*
रमेश सड़क पर गिरकर चोट से ग्रसित था, तभी सुरेश उस पर हँसकर जले पर नमक छिड़कने लगा।
49. जीभ चलाना *(अधिक बोलना)*
नेताओं को भाषण देने में बहुत अधिक जीभ चलानी पड़ती है।
50. झाँसे में आना *(धोखे में आ जाना)*
पहले मैं उसकी वास्तविकता नहीं जानता था, पर अब झाँसे में नहीं आऊँगा।
51. टेढ़ी खीर होना *(कठिन काम)*
रमेश को सही रास्ते पर लाना टेढ़ी खीर है।
52. टस-से-मस न होना *(विचलित न होना)*
रमेश अपने काम में इतना लीन था कि भूकम्प के झटकों के बाद भी वह टस-से-मस नहीं हुआ।
53. टूट पड़ना *(अचानक हमला करना)*
उसकी बहन की शादी में हम सभी मित्र खाने पर टूट पड़े।
54. टका-सा जवाब देना *(साफ इनकार कर देना)*
उच्च वर्ग के लोग काम पूरा हो जाने पर गरीब मजदूरों को टका-सा जवाब दे देते हैं।
55. टीका-टिप्पणी करना *(दूसरों के दोष गिनाना)*
स्वयं की गलती होने पर भी राहुल अपने मित्र पर टीका-टिप्पणी करना नहीं छोड़ रहा था।
56. ठगा-सा रह जाना *(चकित रह जाना)*
राजीव का परीक्षा परिणाम देखकर उसके पिताजी ठगे-से रह गए।
57. श्रीगणेश करना *(कार्य प्रारम्भ करना)*
तुम शादी के कार्यों का श्रीगणेश कब कर रहे हो?
58. डींगें मारना *(बढ़ा-चढ़ाकर अपनी प्रशंसा करना)*
रोहन अपने मित्रों को रोज़ कक्षा में प्रथम आने की डींगें मारता रहता है।
59. तलवे चाटना *(खुशामद करना)*
कामचोर रमेश अपने अधिकारी के सदैव तलवे चाटता है।
60. तिल का ताड़ करना *(छोटी बात को बढ़ा-चढ़ाकर कहना)*
छोटी-सी बात का तुमने तिल का ताड़ बना दिया।
61. तारे गिनना *(रात में नींद न आना)*
परीक्षा परिणाम के इन्तजार में सोनू रातभर तारे गिनता रहा।
62. तूती बोलना *(अधिकार और प्रभाव होना)*
स्वतन्त्रता-प्राप्ति से पहले भारत में भी अंग्रेजों की तूती बोलती थी।
63. दूध की मक्खी होना *(निष्कासित व्यक्ति)*
सोनू सेठ ने अपने नौकर टोनू को घर से दूध की मक्खी की तरह निकाल दिया।
64. दो नावों पर पैर रखना *(एक साथ दो काम करना)*
या तो परीक्षा की तैयारी कर लो या फिर व्यापार, क्योंकि दो नावों पर पैर रखना अच्छी बात नहीं होती।
65. दूध का दूध पानी का पानी होना *(उचित न्याय करना)*
अपराधी का अपराध सिद्ध होने पर दूध का दूध पानी का पानी हो गया।
66. पौ बारह होना *(अत्यधिक लाभ होना)*
सोने के व्यापार में उमा के पौ बारह हो गए हैं।
67. पेट में दाढ़ी होना *(कम उम्र में अधिक जानना)*
पाँच वर्षीय मोहन ऐसी-ऐसी बातें करता था कि सभी लोग कहने लगे कि इसके तो पेट में दाढ़ी है।
68. पापड़ बेलना *(कष्ट झेलना)*
हरि को अपने पुत्र की नौकरी के लिए पापड़ बेलने पड़े।
69. पीठ दिखाना *(डरकर भाग जाना)*
शत्रु हमेशा पीठ दिखाकर भाग जाते हैं।
70. पीठ ठोंकना *(शाबाशी देना)*
खेल प्रतियोगिता में प्रथम आने पर प्रधानाचार्य जी ने मेरी पीठ ठोंकी।
71. पत्थर की लकीर *(अमिट बात)*
एकलव्य के लिए गुरु की बात पत्थर की लकीर होती थी।
72. पर्दा उठाना *(सार्वजनिक कर देना)*
गुप्ता जी के नया घर लेने की बात से आज पर्दा उठ गया।
73. फूला न समाना *(बहुत खुश होना)*
खेल प्रतियोगिता में प्रथम पुरस्कार पाकर मोहन फूला न समाया।
74. बगुलाभगत होना *(निरा पाखण्डी)*
आजकल अनेक लोग भगवा (गेरूआ) वस्त्र धारण कर बगुलाभगत बन बैठे हैं।
75. बाल बाँका न होना *(कुछ भी हानि न होना)*
सच्चे आदमी पर कितने ही झूठे आरोप क्यों न लगाए जाएँ, उसका बाल भी बाँका नहीं होता।
76. बाल की खाल निकालना *(बहुत छानबीन करना)*
रमेश हर बात में बाल की खाल निकालने लगता है, जिस कारण लोग उसे पसन्द नहीं करते।
77. बिजली गिरना *(मुसीबत आ जाना)*
भूकम्प के कारण अनेक लोगों की मृत्यु से देश में बिजली गिर गई।

78. बेड़ियाँ कट जाना *(स्वतन्त्रता प्राप्त होना)*
15 अगस्त, 1947 को देशवासियों की वर्षों पुरानी दास्ता की बेड़ियाँ कट गईं।
79. भूत सवार होना *(किसी बात की धुन लग जाना)*
वह नई गाड़ी खरीद कर ही रहेगा, क्योंकि उस पर गाड़ी खरीदने का भूत सवार हो गया है।
80. मुट्‌ठी गरम करना *(रिश्वत देना)*
आजकल सभी लोग अपना काम पूरा करवाने के लिए अधिकारियों की मुट्‌ठी गरम करते हैं।
81. लुटिया डुबोना *(काम बिगाड़ना)*
शेयर बाज़ार ने इस बार बड़े-बड़ों की लुटिया डुबो दी।
82. लोहे के चने चबाना *(अत्यधिक कठिन कार्य करना)*
आज के युग में सरकारी नौकरी पाना लोहे के चने चबाने के बराबर है।
83. लकीर का फकीर होना *(पुरानी मान्यताओं को सर्वोपरि मानना)*
वर्तमान के साथ चलना चाहिए, लकीर का फकीर नहीं बनना चाहिए।
84. लम्बी-चौड़ी हाँकना *(व्यर्थ की बातें बनाना)*
आजकल नेता वर्ग जनता को ठगने के लिए लम्बी-चौड़ी हाँकते हैं।
85. लाल-पीला होना *(क्रोधित होना)*
परीक्षा में अच्छे अंक न आने पर श्याम के पिताजी लाल-पीले हो गए।
86. शंका का निवारण करना *(सन्देह दूर करना)*
कल की सभा में सभी लोगों की शंका का निवारण किया जाएगा।
87. सफेद झूठ *(बिलकुल झूठ)*
उसके पी.सी.एस. में चयन होने का समाचार सफेद झूठ है।
88. सूरत आँखों में फिरना *(सदैव याद रहना)* कुछ लोगों की सूरतें उनकी उत्कृष्ट जीवन पद्धति के कारण सभी की आँखों में फिरती रहती हैं।
89. सीधे मुँह बात न करना *(घमण्ड दिखाना)*
जब से उसे नौकरी में उच्च पद प्राप्त हुआ है, वह किसी से भी सीधे मुँह बात नहीं करता।
90. हिरन हो जाना *(दूर भाग जाना)*
पुलिस को देखकर चोर हिरन हो गया।
91. हाथ-पाँव फूलना *(डर से घबरा जाना)*
घर का ताला टूटा देखकर गुप्ता जी के हाथ-पाँव फूल गए।

लोकोक्तियाँ या कहावत

लोकोक्ति का अर्थ है—'लोक में प्रचलित उक्ति' अर्थात् वह उक्ति, जो लोक में प्रचलित होती है, लोकोक्ति कहलाती है।

मुहावरे व लोकोक्तियों में अन्तर

मुहावरे व लोकोक्तियों में निम्नलिखित अन्तर हैं

- मुहावरा वाक्य का अंश होता है, जबकि लोकोक्ति वाक्य होती है।
- वाक्य में प्रयोग होने पर मुहावरे का रूप बदल जाता है, जबकि लोकोक्ति यथावत रहती है।
- अर्थ की दृष्टि से मुहावरा अपूर्ण होता है, जबकि लोकोक्ति पूर्ण होती है।
- मुहावरे का आशय सरल होता है, लोकोक्ति में कठिन।
- मुहावरा वाक्य नहीं होता, इसलिए इसमें उद्‌देश्य-विधेय नहीं रहते हैं। लोकोक्ति में उद्‌देश्य-विधेय दोनों होते हैं।
- मुहावरे में प्रत्यक्ष जगत का किया व्यवहार लक्षित होता है। लोकोक्ति में भूतकाल की अनुभूति व सिद्धान्त रहते हैं।

कुछ महत्त्वपूर्ण लोकोक्तियों के अर्थ एवं वाक्य प्रयोग

1. अन्धेर नगरी चौपट राजा *(मूर्ख राजा के राज्य में अन्याय होना)*
हमारे समाज में गरीब को दिन-रात मेहनत करके भी उतना नहीं मिलता, जितना अमीर को बिना कुछ करे ही मिल जाता है, इसलिए यह उक्ति 'अन्धेर नगरी चौपट राजा' इस समाज के लिए बिलकुल उचित है।
2. अब पछताए होत क्या जब चिड़िया चुग गई खेत *(नुकसान हो जाने के बाद पछताना बेकार है)*
परीक्षा में असफल होने के बाद रोने से कोई फायदा नहीं, परिश्रम पहले किया होता, तो अब पछताना नहीं पड़ता। सही ही कहा गया है कि "अब पछताए होत क्या जब चिड़िया चुग गई खेत।"
3. अन्धों में काना सरदार *(मूर्खों में एक व्यक्ति का थोड़ा समझदार होना)*
अंकुर अपने परिवार में अकेला था, जिसने 10वीं पास की थी। बाकी सभी उसके परिवार में अनपढ़ थे, इसलिए अंकुर को उसके परिवार में विद्वान् समझा जाता था। ठीक ही कहा है 'अन्धों में काना ही सरदार' होता है।
4. अशर्फ़ियाँ लूटे और कोयलों पर मुहर *(मूल्यवान वस्तु की अपेक्षा तुच्छ वस्तु का ध्यान)*
उस लेखक की पुस्तक गुणवत्ता की दृष्टि से उत्कृष्ट है, किन्तु आवरण-पृष्ठ के रंग-संयोजन ने पुस्तक के आकर्षण को नष्ट कर दिया है। इसे ही कहते हैं, 'अशर्फ़ियाँ लूटे और कोयलों पर मुहर।'
5. अपना पैसा खोटा तो परखने वाले का क्या दोष *(अपने ही लोग बुरे हों तो पराये व्यक्तियों को क्या दोष दिया जाए)*
इंजीनियर के बेटे को चेन लुटेरे के रूप में देखकर पड़ोसी हतप्रभ रह गए, साथ ही कहा गया है 'अपना पैसा खोटा तो परखने वाले का क्या दोष।'
6. अपनी गली में कुत्ता भी शेर होता है *(अपने घर में कमजोर व्यक्ति भी ताकतवर दिखायी पड़ता है।)*
मैं अकेला तुम्हारे मोहल्ले में आ गया हूँ, तो अनाप-शनाप बोले जा रहे हो। अपनी गली में कुत्ता भी शेर होता है।
7. अंगूर खट्टे हैं *(वस्तु न मिलने पर उसमें दोष निकालना)*
जब दीपक एस.एस.सी. की परीक्षा में कई बार असफल हो गया, तो वह कहने लगा कि मुझे तो यह नौकरी ही पसन्द नहीं है। यहाँ यह कहावत सही है कि 'अंगूर खट्टे हैं।'
8. अन्धे के आगे रोए, अपने नैना खोए *(हृदयहीन के सामने रोना व्यर्थ है)*
एक गरीब किसान अपने बेटे के इलाज के लिए जब अपने मालिक के पास कुछ पैसे लेने जाता है, तो वह उसकी एक नहीं सुनता। इसीलिए सही ही कहा गया है कि 'अन्धे के आगे रोए, अपने नैना खोए।'

9. अन्त बुरे का बुरा *(बुरा कार्य करने वाले व्यक्ति का अन्त भी बुरा ही होता है)*
सारी ज़िन्दगी चोरी करके करोड़ों रुपये कमाए, परन्तु अन्त में पुलिस के चंगुल में फँस ही गया और जेल जाना पड़ा। इसीलिए कहा गया है कि 'अन्त बुरे का बुरा।'
10. अन्त भला सो सब भला *(परिणाम अच्छा होने पर कार्य का अच्छा समझा जाना)*
शेयर खरीदना जोखिम का काम था, किन्तु इसमें मिले लाभ ने 'अन्त भला सो सब भला' उक्ति को सत्य सिद्ध कर दिया।
11. अन्धा क्या चाहे दो आँखें *(उपयोगी वस्तुओं का मिल जाना)*
एक भिखारी दो दिन से भूखा था, तभी उसने मन्दिर में भण्डारा होता देखा तो उसे लगा मानो 'अन्धे को दो आँखें' मिल गई हों।
12. अन्धी पीसे कुत्ता खाए *(किसी के परिश्रम को व्यर्थ करना)*
बेचारी बुढ़िया की सारी कमाई उसके पोते ने शराब और जुए में उड़ा दी यह तो वही बात हुई, 'अन्धी पीसे कुत्ता खाए।'
13. अक्ल बड़ी या भैंस *(शारीरिक शक्ति की अपेक्षा बौद्धिक शक्ति अधिक बड़ी होती है)*
शारीरिक रूप से सक्षम होने के बावजूद भी श्याम मोहन से शतरंज में हार गया, इसी को कहते हैं 'अक्ल बड़ी या भैंस।'
14. अपना हाथ जगन्नाथ *(अपना कार्य स्वयं करना ही श्रेष्ठ होता है)*
परिवार में इतने सदस्य होने पर भी राधा अपना सारा काम स्वयं करती है, वह कहती है कि 'अपना हाथ जगन्नाथ।'
15. अकेला-चना भाड़ नहीं फोड़ सकता *(अकेला व्यक्ति सीमित कार्य ही कर सकता है)*
20 आदमियों के परिवार का भरण-पोषण अकेला श्याम के वश की बात नहीं है। अत: कह सकते हैं कि 'अकेला चना भाड़ नहीं फोड़ सकता।'
16. अपनी-अपनी डफली, अपना-अपना राग *(अपनी इच्छानुसार कार्य करना)*
रवि के घर का कोई भी सदस्य किसी की बात नहीं मानता। सभी 'अपनी-अपनी डफली, अपना-अपना राग' अलापते हैं।
17. आम के आम गुठलियों के दाम *(दोहरा लाभ)*
लेखन कार्य से धन तथा यश तो मिलता ही है, साथ ही मानसिक स्तर भी बढ़ता है, इसी को कहते हैं 'आम के आम गुठलियों के दाम।'
18. आँख का अन्धा नाम नयन सुख *(नाम के विपरीत काम)*
नाम तो है, 'राजा' और माँगता है भीख, यह तो वही कहावत हुई कि 'आँख का अन्धा नाम नयन सुख'।
19. आ बैल मुझे मार *(जान-बूझ कर परेशानी को आमन्त्रण देना)*
रवि और श्याम की लड़ाई तो पहले से ही थी, तुमने उन्हें क्यों छेड़ा, बेवजह ही परेशानी को आमन्त्रण दे दिया। तुम पर यह उक्ति सही लागू होती है—'आ बैल मुझे मार।'
20. आसमान से गिरा खजूर में अटका *(एक आपत्ति के बाद दूसरी आपत्ति का आ जाना)*
राहुल ने बड़े परिश्रम के साथ आई आई टी आई की तैयारी की, लेकिन वह इण्टर की परीक्षा में ही अनुत्तीर्ण हो गया। इसे कहते हैं आसमान से गिरा खजूर में अटका।
21. आप भला तो जग भला *(अच्छे को सभी अच्छे लगते हैं)*
मोहन तुम अपना काम सही ढंग से करो और उसी में मन लगाओ, क्योंकि 'आप भला तो जग भला'।
22. आधी तज सारी को धाय, आधी मिले न सारी पाय *(लालच के कारण सब कुछ समाप्त हो जाता है)*
दीनानाथ अपनी सरकारी नौकरी छोड़कर निजी संस्थान में मैनेजर बनने की लालसा में गए थे, किन्तु वहाँ वे सफल नहीं रहे। ठीक ही तो कहा है, आधी तज सारी को धाय, आधी मिले न सारी पाय।
23. आम खाने हैं या पेड़ गिनने हैं *(अपने काम से मतलब रखना)*
पहले आप दवा खाइए। यह दवा किस काम की है, के चक्कर में मत पड़िए, क्योंकि 'आम खाने से मतलब रखो पेड़ गिनने' से क्या लाभ।
24. आई मौज फकीर की दिया झोपड़ा फूँक *(मनमौजी व्यक्ति द्वारा लाभ-हानि का विचार किए बिना काम करना)*
लॉटरी लगने की आशा में लॉटरी लगने से पहले ही मोहन ने कार खरीद ली, इसी को कहते हैं 'आई मौज फकीर की दिया झोपड़ा फूँक।'
25. आगे नाथ न पीछे पगहा *(कोई सगा-सम्बन्धी न होने पर निश्चिन्त होना)*
लालची लोग सदैव इस बात पर गर्व महसूस करते हैं कि मेरे तो 'आगे नाथ न पीछे पगहा।'
26. आए थे हरि भजन को ओटन लगे कपास *(किसी महान् स्तर के कार्य को करने का लक्ष्य बनाकर भी निम्न स्तर के काम में लग जाना)*
रवि को ऑफिस में फाइल पकड़ाते देख मोहन कहता है, तुम तो 'आए थे हरि भजन को ओटन लगे कपास', अर्थात् अफसर बनने आए थे, चपरासी कैसे बन गए?
27. इधर कुआँ उधर खाई *(हर ओर मुसीबत)*
ऑफिस से घर जाते वक्त एक पागल कुत्ता पीछे पड़ गया, जैसे-तैसे उससे बचते हुए मैं पेड़ पर चढ़ गया, परन्तु वहाँ बन्दर पीछे पड़ गया। इस परिस्थिति को कहते हैं 'इधर कुआँ उधर खाई'।
28. उल्टे बाँस बरेली *(विपरीत कार्य)*
लाला जी आगरा आए तो दोस्तों के लिए टूंडला स्टेशन से पेठा खरीदने लगे, मैंने कहा 'उल्टे बाँस बरेली' क्यों ले जा रहे हो, आगरा तो पेठे की मण्डी है।
29. उतर गई लोई तो क्या करेगा कोई *(निर्लज्ज बन जाने पर किसी की चिन्ता न करना)*
राजू एक बार जेल क्या गया कि उसे तो अब जेल जाने में कोई शर्म महसूस नहीं होती, इसी उक्ति को कहते हैं, 'उतर गई लोई तो क्या करेगा कोई।'
30. ऊँट के मुँह में जीरा *(आवश्यकता से कम प्राप्त होना)*
बीस रोटी खाने वाले रामू के लिए तुम्हारी दो रोटी 'ऊँट के मुँह में जीरे' के समान है।
31. ऊधौ का लेना न माधो का देना *(स्पष्ट व्यवहार करना)*
एक व्यवहारकुशल व्यक्ति सभी के साथ अच्छा व्यवहार करता है, इसी आचरण को कहते हैं 'ऊधौ का लेना न माधो का देना।'

32. उल्टा चोर कोतवाल को डाँटे *(दोषी व्यक्ति निर्दोष पर दोष लगाए)*
अध्यापिका ने बच्चों को ठीक से पढ़ाया नहीं था और ऊपर से वह बच्चों को डाँट रही हैं। इसी को कहते हैं 'उल्टा चोर कोतवाल को डाँटे'।

33. एक हाथ से ताली नहीं बजती *(झगड़ा एक ओर से नहीं होता)*
सुनीता ने मोनू को गाली दी, तभी मोनू ने उसे थप्पड़ मारा। याद रखो कि 'एक हाथ से ताली नहीं बजती।'

34. एक पंथ दो काज *(एक काम से दोहरा लाभ)*
मीठा बोलने से सभी खुश तो होते ही हैं, साथ ही सारे काम भी सध जाते हैं। यह तो वही बात हुई 'एक पंथ दो काज।'

35. एक तो करेला दूजा नीम चढ़ा *(बुरे व्यक्ति में बुरी संगति से अवगुणों में वृद्धि होना)*
जिन दोस्तों की वजह से पंकज को चोरी की लत लगी थी, उन्हीं के साथ स्कूल में दाखिला दिला दिया। अब तो यह वैसा ही हो गया कि 'एक तो करेला दूजा नीम चढ़ा।'

36. एक तो चोरी दूसरे सीना-जोरी *(अपराध करके उलटा रौब दिखाना)*
जब एक नेता अपराध करता हुआ पकड़ा गया तब भी वह रौब दिखाने से बाज नहीं आया। यह तो वही बात हुई कि 'एक तो चोरी दूसरे सीना-जोरी।'

37. एक चुप सौ को हराए *(चुप रहने वाला अच्छा होता है)*
जब कोई दुष्ट बेकार बातें किए जा रहा हो तो चुप रहने में ही फायदा है, क्योंकि 'एक चुप सौ को हराए।'

38. एक मछली सारे तालाब को गन्दा कर देती है *(एक के बुरा होने से पूरे समूह पर दोष लगता है)*
यदि किसी कक्षा में एक बच्चा नकल करता पकड़ा गया, तो उस कक्षा के सभी बच्चों को शक की निगाह से देखा जाता है अर्थात् 'एक मछली सारे तालाब को गन्दा कर देती है।'

39. एक तन्दुरुस्ती हजार नियामत *(स्वास्थ्य का अच्छा रहना सभी सम्पत्तियों में श्रेष्ठ होता है)*
लोग चाहे कितना भी धनार्जन क्यों न कर लें, लेकिन जब तक उनका स्वास्थ्य ठीक न हो, तब तक उस धनार्जन का कोई लाभ नहीं। तभी तो कहा जाता है 'एक तन्दुरुस्ती हजार नियामत।'

40. एक म्यान में दो तलवारें नहीं समा सकतीं *(एक पद या वस्तु पर दो व्यक्तियों का अधिकार नहीं हो सकता)*
एक पत्नी के रहते हुए गोविन्द प्रसाद ने दूसरा विवाह कर लिया, अब समस्या यह थी कि 'एक म्यान में दो तलवार नहीं समा सकतीं।'

41. एक थाली के चट्टे-बट्टे *(एक जैसे दुर्गणों वाले)*
यहाँ सबके चेहरे तो अलग-अलग हैं, लेकिन स्वभाव से सभी दुष्ट प्रवृत्ति के ही हैं। तभी कहा जाता है सभी "एक थाँली के चट्टे-बट्टे हैं।"

42. काला अक्षर भैंस बराबर *(बिलकुल अनपढ़)*
पवन को किताब देने से क्या लाभ? उसके लिए तो 'काला अक्षर भैंस बराबर' है।

43. कहाँ राजा भोज कहाँ गंगू तेली *(दो असमान वस्तुओं की तुलना करना)*
प्रेमचन्द की कहानियों की तुलना आज के कहानीकारों से करना तो वही बात हो गई 'कहाँ राजा भोज कहाँ गंगू तेली।'

44. कंगाली में आटा गीला *(विपत्ति पर विपत्ति आना)*
मोहन को कोई काम नहीं मिल रहा था, उधर उसकी माता की तबियत भी अचानक खराब होने से उसका खर्चा और बढ़ गया। इसी को कहते हैं 'कंगाली में आटा गीला।'

45. कहने से कुम्हार गधे पर नहीं बैठता *(हठी मनुष्य दूसरे के कहने से काम नहीं करते हैं)*
सोनू दो दिन से भूखा था, परन्तु जब उसे मोहन ने खाना खाने के लिए कहा तो उसने इनकार कर दिया। यह कहावत यहाँ बिलकुल सही सिद्ध होती है कि 'कहने से कुम्हार गधे पर नहीं बैठता।'

46. कोयले की दलाली में हाथ काले *(बुरी संगति में कलंक लगता है)*
बुरी संगति में पड़कर बुरे काम करने से लोक में निन्दा ही नहीं, दण्ड भी भुगतना पड़ता है, 'कोयले की दलाली में मुँह तो काला होना निश्चित ही रहता है।'

47. काठ की हाँडी एक ही बार चढ़ती है *(कपटपूर्ण व्यवहार बार-बार सफल नहीं होता)*
दो हजार रुपये देकर ही पछता रहा हूँ, दोबारा तुम्हारे बहकावे में नहीं आ सकता, क्योंकि 'काठ की हाँडी एक ही बार चढ़ती है।'

48. कभी गाड़ी नाव पर कभी नाव गाड़ी पर *(संयोगवश कभी कोई किसी के काम आता है, तो कभी कोई दूसरे के)*
आवश्यकता पड़ने पर पड़ोसी ही पड़ोसियों के काम आता है। इसी को कहते हैं कि समय परिवर्तनशील होता है 'कभी गाड़ी नाव पर कभी नाव गाड़ी पर।'

49. कभी घी घना, कभी मुट्ठी भर चना, कभी वह भी मना *(परिस्थितियाँ बदलते रहने पर जो कुछ मिले, उसी से सन्तुष्ट रहना चाहिए)*
मनुष्य को हर हाल में सन्तुष्ट रहना चाहिए, क्योंकि अकसर 'कभी घी घना, कभी मुट्ठी भर चना, कभी वह भी मना' वाली स्थिति मनुष्य के सामने आती रहती है।

50. कागा चला हंस की चाल *(अयोग्य व्यक्ति का योग्य बनने का प्रयत्न करना)*
अनपढ़ व्यक्ति का संस्कृत का विद्वान् बनने का प्रयास करना 'कागा चला हंस की चाल' कहावत को चरितार्थ करने के बराबर है।

51. कहीं की ईंट कहीं का रोड़ा, भानुमती ने कुनबा जोड़ा *(इधर-उधर की सामग्री एकत्र करके कोई रचना करना)*
आजकल शोधार्थी शोध प्रबन्ध क्या लिखते हैं—इधर-उधर की सामग्री जोड़कर 'कहीं की ईंट कहीं का रोड़ा, भानुमती ने कुनबा जोड़ा' वाली उक्ति सार्थक कर देते हैं।

52. खोदा पहाड़ निकली चुहिया *(प्रयत्न अधिक परन्तु लाभ कम)*
हजारों रुपये लगाकर दुकान खोली, पर मुनाफा हुआ न के बराबर। इसे कहते हैं कि 'खोदा पहाड़ निकली चुहिया।'

53. खरी मजूरी चोखा काम *(उचित मजदूरी देने से ही काम अच्छा होता है)*
यदि किसी प्रकाशक को पुस्तक तैयार करानी है, तो उचित पारिश्रमिक देना होगा। तभी 'खरी मजूरी चोखा काम' वाली कहावत चरितार्थ हो पाएगी।

54. खरबूजे को देखकर खरबूजा रंग बदलता है *(संगति का असर पड़ना)*
शिवम तो बहुत होशियार बच्चा था, परन्तु जब से रवि की संगत में पड़ा है, तब से किताब को हाथ भी नहीं लगाता। इसी को कहते हैं, 'खरबूजे को देखकर खरबूजा रंग बदलता' है।

55. खग ही जाने खग की भाषा *(जो जिस संगति में रहता है, वह उसका पूरा रहस्य जानता है।)*
तुम्हें श्याम में हमेशा दोष ही दिखाई देता है, वास्तविकता तो उसके मित्रों से पूछो, क्योंकि 'खग ही जाने खग की भाषा।'

56. खिसियानी बिल्ली खम्भा नोंचे *(लज्जित होकर क्रोध प्रकट करना)*
तुम्हें मोहन ने विपरीत बातें कहीं, उससे तो तुमने कुछ न कहा अब तुम मुझे उसका उत्तर देने के लिए कह रहे हो, यह तो वही बात हुई 'खिसियानी बिल्ली खम्भा नोंचे।'

57. गुड़ खाए, गुलगुलों से परहेज *(बनावटी या दिखावटी चीज़ों का त्याग करना)*
वर्मा जी ने कह रखा था कि वह प्याज नहीं खाते हैं, परन्तु उन्होंने प्याज का डोसा बड़े चाव के साथ खा लिया, बराबर में बैठे हुए टण्डन जी ने कह दिया—वाह, वर्मा जी, 'गुड़ खाए, गुलगुलों से परहेज।'

58. गुड़ न दे गुड़ जैसी बात तो करे *(किसी को कुछ ने दें तो भी प्रेम-व्यवहार की बात तो करें)*
कुछ लोग इतने बदजुबान होते हैं कि किसी से सीधे मुँह बात नहीं करते, जबकि उनसे कोई कुछ माँगता नहीं। सच ही कहा गया है—'गुड़ न दे गुड़ जैसी बात तो करे।'

59. गेहूँ के साथ घुन भी पिसता है *(अपराधी के संग निरपराधी भी मारा जाता है)*
निरपराधी सोनू बाइक चोरी के इल्जाम में पकड़ा गया, क्योंकि बाइक चोरी करने वाले उसके दोस्त थे और वह उनके साथ घूमता-फिरता था, इसीलिए कहा जाता है कि 'गेहूँ के साथ घुन भी पिसता है।'

60. घर का भेदी लंका ढाए *(आपसी फूट का भयंकर परिणाम निकलना)*
सत्तारूढ़ पार्टी के कुछ नेता विपक्ष में जा मिले और सरकार गिरा दी। इसे ही कहते हैं 'घर का भेदी लंका ढाए।'

61. घर की मुर्गी दाल बराबर *(अपने घर के गुणी व्यक्ति का सम्मान न करना)*
जब मुझे बीरबल साहनी पुरस्कार प्राप्त हुआ था, तब घर के लोगों में ऐसा उत्साह नहीं देखा गया, जैसा दिखना चाहिए। सच ही कहा, 'घर की मुर्गी दाल बराबर।'

62. घर में नहीं दाने, अम्मा चली भुनाने *(झूठी शान दिखाना)*
मोहन अपने मित्र से कहता है कि मैं एक कार लेने की सोच रहा हूँ। तुम सबको भी उसमें घुमाऊँगा। तभी श्याम कहता है कि 'घर में नहीं दाने, अम्मा चली भुनाने।'

63. घर का जोगी जोगड़ा, आन गाँव का सिद्ध *(गुणवान व्यक्ति की अपने घर में प्रशंसा नहीं होती)*
रमेश के चाचा जी बहुत बड़े विद्वान् हैं। बाहर वाले उनके चरण छूते हैं, परन्तु घरवाले उन्हें कुछ समझते ही नहीं। वे दूसरे गाँव के बाबा की सेवा करके यही सिद्ध करते हैं 'घर का जोगी जोगड़ा आन गाँव का सिद्ध।'

64. घोड़ा घास से दोस्ती करेगा तो खाएगा क्या *(मज़दूरी माँगने में संकोच करना व्यर्थ है)*
रवि का गिफ्ट सेण्टर था, तभी उसका दोस्त गिफ्ट लेने आया। उसने ₹ 500 की गुड़िया ली, तो रवि ने पैसे लेने से मना कर दिया। तब उसके दोस्त ने कहा, 'घोड़ा घास से दोस्ती करेगा तो खाएगा क्या।'

65. चलती का नाम गाड़ी *(प्रभावशाली की बात सब मानते हैं)*
जीवन में यदि ठहराव आ गया तो जीवन जीने का मकसद अधूरा बनकर रह जाता है, क्योंकि 'चलती का नाम गाड़ी' है।

66. चमड़ी जाए पर दमड़ी न जाए *(अत्यधिक कंजूस)*
सेठ करोड़ीमल से कुछ भी प्राप्त करने की आशा मत रखना, क्योंकि वे एक पैसा भी खर्च नहीं करना चाहते। ऐसे लोगों के लिए ही तो कहा गया है—'चमड़ी जाए पर दमड़ी न जाए।'

67. चिराग तले अँधेरा *(गुणों में दोष मिलना)*
एक ईमानदार पुलिस वाले का बेटा रिश्वत लेता पकड़ा गया, यह तो वही बात हुई—'चिराग तले अँधेरा।'

68. चिकने मुँह को सब चूमते हैं *(सामर्थ्यवान के सभी साथी हैं)*
चुनाव जीतने के बाद से सभी रवीश बाबू की इज्जत करने लगे हैं, ठीक उसी तरह जिस तरह 'चिकने मुँह को सब चूमते हैं।'

69. चूहे का जाया बिल ही खोदता है *(जातिगत स्वभाव नहीं छूटता)*
इतने पढ़ने-लिखने के बाद भी नाई का बेटा घर-घर जाकर बाल-दाढ़ी बनाता रहता है। सच ही तो है, 'चूहे का जाया बिल ही खोदता है।'

70. चार दिन की चाँदनी, फिर अँधेरी रात *(सुख के दिन सदा नहीं रहते)*
धन के मद में चूर होकर यह नहीं भूलना चाहिए कि 'चार दिन की चाँदनी, फिर अँधेरी रात।'

71. चोर की दाढ़ी में तिनका *(अपराधी सदैव सशंकित रहता है)*
अपराधी-प्रवृत्ति वाले व्यक्ति के मन में हमेशा एक खटका बना रहता है, मानो 'चोर की दाढ़ी में तिनका' हो।

72. चोर-चोर मौसेरे भाई *(बुरे व्यक्तियों में जल्दी ही मेल हो जाता है)*
मोहन और राहुल दोनों चोरी करते हैं, इसलिए उनमें मित्रता हो गई। इसलिए कहा गया है 'चोर-चोर मौसेरे भाई।'

73. जब तक साँस तब तक आस *(अन्तिम समय तक निराश नहीं होना चाहिए)*
राजू की तबीयत खराब होने से उसकी हालत बहुत गम्भीर है, परन्तु 'जब तक साँस है तब तक आस है।'

74. जाको राखे साइयाँ, मार सकिहै न कोय *(जिसका ईश्वर रक्षक है, उसका कोई भी कुछ नहीं बिगाड़ सकता)*
कार दुर्घटना में जय की कार चकनाचूर हो गई, लेकिन उसे खरोंच भी नहीं आई, कबीरदास जी ने सही ही कहा है कि 'जाको राखे साइयाँ, मार सकिहै न कोय।'

75. जितने मुँह उतनी बात *(जितने व्यक्ति उतनी तरह की बातें)*
रवि एक विधवा लड़की से विवाह करने की बात सोच ही रहा था कि घर का ही प्रत्येक सदस्य तरह-तरह की बातें बनाने लगा। तब रवि की माँ ने कहा, 'जितने मुँह उतनी बात' तुम अपने मन की करो।

76. जिसकी लाठी उसकी भैंस *(अधिकार शक्तिशाली का ही होता है)*
समाज में जिसका राज होता है, उसी की सत्ता चलती है अर्थात् 'जिसकी लाठी उसकी भैंस।'

77. जैसा देश वैसा भेष *(परिस्थिति के अनुसार स्वयं को बदलना)*
'जैसा देश वैसा भेष' रखने वाला व्यक्ति ही आज के संसार में प्रगति कर सकता है।

78. जैसी करनी वैसी भरनी *(जैसा काम वैसा फल)*
कुसंगति में पड़कर परिणाम भी तुम्हें ही भुगतना पड़ेगा। सुना ही होगा 'जैसी करनी वैसी भरनी।'

79. जो गरजते हैं, वे बरसते नहीं *(जो डींग मारते हैं, वे काम नहीं करते)*
नेता लोग चुनाव से पहले जनता से बड़े-बड़े वादे करते हैं, लेकिन चुनाव जीतने के बाद जनता की तरफ पलट कर भी नहीं देखते। इन पर यह कहावत सही लागू होती है 'जो गरजते हैं, वे बरसते नहीं।'

80. डूबते को तिनके का सहारा *(घोर संकट में थोड़ी-सी मदद ही काफी होती है)*
एक लड़का अस्पताल में मौत से जूझ रहा था, तभी उसके पड़ोसियों ने आकर उसकी मदद की, क्योंकि उस समय उसको मदद की अति आवश्यकता थी, इसलिए कह सकते हैं कि 'डूबते को तिनके का सहारा' काफी होता है।

81. थोथा चना बाजे घना *(अल्पज्ञ व्यक्ति अधिक बातें करता है)*
राम खुद तो ज्यादा पढ़ा-लिखा है नहीं, लेकिन शिक्षण पद्धति की आलोचना करने से बाज नहीं आता। इसे ही कहते हैं—'थोथा चना बाजे घना।'

82. दूध का दूध-पानी का पानी *(सही न्याय करना)*
चोरी का अपराध सिद्ध होते ही जज ने चोर को सजा देकर दूध का दूध पानी का पानी कर दिया।

83. दोनों हाथों में लड्डू *(सब ओर लाभ ही लाभ)*
आजकल तो नीलम के 'दोनों हाथों में लड्डू' हैं। अच्छी नौकरी भी मिल गई और विवाह भी तय हो गया।

84. दूर के ढोल सुहावने *(दूर से प्रत्येक वस्तु मनोहारी लगती है)*
सभी समझते हैं कि फिल्मी दुनिया के लोग बहुत खुश और सुखी हैं, परन्तु तुमने तो सुना ही होगा कि 'दूर के ढोल सुहावने होते हैं।'

85. दूध का जला छाछ भी फूँक-फूँक कर पीता है *(एक बार धोखा खाने के पश्चात् आदमी सावधान हो जाता है)*
व्यापार में एक बार भारी नुकसान हो जाने के बाद गुप्ता जी अब सोच-विचार कर कदम उठाते हैं, क्योंकि 'दूध का जला छाछ भी फूँक-फूँक कर पीता है।'

86. धोबी का कुत्ता न घर का न घाट का *(कहीं का भी न रहना)*
आई. ए. एस. ऑफिसर बनने के लोभ में कंचन ने अध्यापिका पद भी त्याग दिया, किन्तु वह आई. ए. एस. आफिसर भी नहीं बन पाई। उसकी तो वही दशा हो गई 'धोबी का कुत्ता न घर का न घाट का।'

87. न नौ मन तेल होगा न राधा नाचेगी *(बहाने बनाना)*
कर्जदारों के पैसा वापिस माँगने पर सौरभ ने कहा कि वह लॉटरी लगते ही उनका पैसा वापिस कर देगा। तब सभी लेनदारों ने कहा कि 'न नौ मन तेल होगा न राधा नाचेगी।'

88. नाच न जाने आँगन टेढ़ा *(काम न आने पर बहाने करना)*
रीना हमेशा अपनी खाना बनाने की कला की तारीफ करती रहती थी, परन्तु जब कल उसे खाना बनाने के लिए कहा गया, तो बोली कि मसाले पूरे नहीं हैं। इसे ही कहते हैं 'नाच न जाने आँगन टेढ़ा।'

89. पराधीन सपनेहुँ सुख नाहिं *(पराधीनता में कभी सुख प्राप्त नहीं होता)*
ब्रिटिश सत्ता के अधीन रहने पर कभी भारतीयों को सुख का अनुभव नहीं हुआ, क्योंकि 'पराधीन सपनेहुँ सुख नाहिं।'

90. दूसरों पर उपदेश कुशल बहुतेरे *(दूसरों को उपदेश देने वाले बहुत होते हैं, पर स्वयं उन नियमों का पालन करने वाले कम)*
रोहन सभी को ट्रैफिक के नियमों का पालन करने के लिए कहता है, परन्तु स्वयं उन नियमों का पालन नहीं करता। इसलिए कहा गया है 'पर उपदेश कुशल बहुतेरे।'

91. बीरबल की खिचड़ी *(अत्यधिक विलम्ब से कार्य होना)*
आजकल सरकार द्वारा अपने वादों को पूरा किया जाना 'बीरबल की खिचड़ी' के समान है।

92. बन्दर क्या जाने अदरक का स्वाद (मूर्ख गुणों की परख क्या जाने)
जो संस्कृत साहित्य की उपेक्षा करते हैं, उन्हें क्या पता, इसे पढ़ने से कितना ज्ञान प्राप्त होता है। यह तो वही बात हो गई 'बन्दर क्या जाने अदरक का स्वाद।'

93. मान न मान मैं तेरा मेहमान *(जबरदस्ती में किसी के गले पड़ना)*
कुछ लोग दूसरों के काम में हस्तक्षेप करते रहते हैं। वे लोग 'मान न मान मैं तेरा मेहमान' वाली कहावत को चरितार्थ करते हैं।

94. मेरी बिल्ली मुझी को म्याऊँ *(आश्रयदाता को आँखें दिखाना)*
जब रवि को रहने के लिए घर नहीं मिल रहा था, तो मैंने उसे अपने घर में रहने के लिए जगह दी, परन्तु वह तो मेरे ही परिवार को भला-बुरा कह रहा है। इस पर यह उक्ति ठीक बैठती है, 'मेरी बिल्ली मुझी को म्याऊँ।'

95. यथा नाम तथा गुण *(जैसा नाम उसी के अनुरूप गुण)*
राधा ने अपने स्वभाव से परिवार के सभी सदस्यों का दिल जीत लिया, इसलिए सभी ने स्वीकार किया 'यथा नाम तथा गुण।'

96. रस्सी जल गई, बल नहीं गया *(अहित होने पर भी घमण्ड समाप्त नहीं हुआ)*
मन्त्री जी को सज़ा होने पर भी उन्होंने दूसरों पर रोब झाड़ना नहीं छोड़ा। इसलिए कहा जाता है 'रस्सी जल गई पर बल नहीं गया।'

97. लातों के भूत बातों से नहीं मानते *(दुष्ट पर समझाने-बुझाने का असर नहीं होता)*
जेबकतरे को दो हाथ पड़ेंगे, तभी अपना अपराध कबूल करेगा, क्योंकि 'लातों के भूत बातों से नहीं मानते।'

98. साँप भी मरे और लाठी भी न टूटे *(बिना हानि के काम सिद्ध हो जाए)*
कर्ज़दारों से अपना पैसा बड़े प्रेम से निकलवाना चाहिए, ताकि तुम्हारा पैसा भी तुम्हें वापस मिल जाए और लड़ाई भी न हो अर्थात् 'साँप भी मरे और लाठी भी न टूटे।'

99. होनहार बिरवान के होत चिकने पात *(बड़प्पन के लक्षण बचपन में ही प्रकट हो जाते हैं)*
बचपन से ही रानी लक्ष्मीबाई के स्वभाव में वीरता थी। ठीक ही तो है 'होनहार बिरवान के होत चिकने पात।'

100. हाथी के दाँत खाने के और दिखाने के और *(बाहर से कुछ, भीतर से कुछ)*
आजकल के नेताओं व मन्त्रियों पर यही कहावत सही बैठती है कि 'हाथी के दाँत खाने के और दिखाने के और।'

अभ्यास प्रश्न

1. 'हाथ कंगन को आरसी क्या' का सही अर्थ दिए गए विकल्पों में से चुनिए
(a) गुणी को आडम्बर की जरूरत नहीं
(b) धनी के लिए पैसे का महत्त्व नहीं
(c) प्रत्यक्ष के लिए प्रमाण की आवश्यकता नहीं
(d) बलवान को सहयोगी की जरूरत नहीं

2. 'देशी मुर्गी विलायती बोल' कहावत/लोकोक्ति का सही अर्थ दिए गए विकल्पों में से चुनिए
(a) कम कीमत में अच्छी वस्तु (b) उम्मीद से बढ़कर
(c) बेमेल बातों का मेल (d) अनोखी चीज़ देखना

3. 'एक तो करेला दूजे नीम चढ़ा' लोकोक्ति/कहावत का अर्थ सही विकल्पों में से चुनिए
(a) दोगुनी फायदेमन्द वस्तु (b) अत्यन्त स्वास्थ्यवर्द्धक चीज
(c) बुरे के साथ और बुरे का मेल (d) समान गुण वाले दो साथी

4. 'न सावन सूखे न भादो हरे' कहावत का अर्थ है
(a) सदैव एक सी मानसिक स्थिति में होना
(b) सदैव सुखी रहना
(c) सदैव प्रसन्न रहना
(d) सुख-दुःख का भेद न जानना

5. 'पानी पी-पीकर कोसना'
(a) स्वार्थ की बात करना
(b) पानी पीकर अमंगल चाहना
(c) हँसी उड़ाना
(d) हर घड़ी दूसरे का अमंगल चाहना

6. 'हृदय सम्राट' लोकोक्ति का अर्थ है
(a) मनमौजी व्यक्ति (b) शक्तिशाली व्यक्ति
(c) उदार हृदय वाला व्यक्ति (d) अत्यन्त प्रिय

7. 'अशर्फियाँ लुटें : कोयलों पर मुहर' इस कहावत का अर्थ क्या है?
(a) मूल्यवान वस्तु की अपेक्षा तुच्छ वस्तु का ध्यान
(b) छोटी वस्तु की सुरक्षा में अधिक व्यय
(c) सम्पूर्ण लाभ स्वयं उठाना
(d) आय से अधिक व्यय

8. तुलसीदास का कथन 'ढोल, गँवार, शूद्र, पशु, नारी, ये सब ताड़न के अधिकारी' किस लोकोक्ति का समर्थन करता है?
(a) आमी, नींबू, बनिया। चापें तें रस देय
(b) बाँमन कुकुर, नाऊ। आप जाति देखि गुर्राऊ
(c) ऊँचजाति बतिअवले। नीचजाति लतिअवले
(d) तीन कनौजिया तेरह चूल्हा

9. 'जूते चाटना' मुहावरे का अर्थ है
(a) खुशामद करना
(b) इधर-उधर घूमना
(c) घूस देना
(d) जूतों को चमकदार बनाना

10. 'ऊँट के मुँह में जीरा' लोकोक्ति का अर्थ है
(a) बहुत बड़े प्राणी को भोजन बनाना
(b) बहुत अधिक खाने वाले को बहुत कम देना
(c) जानवर को दवाई देना
(d) बड़े प्राणी को सांत्वना देना

11. कौन-सा अर्थ सही नहीं है?
(a) छठी का दूध याद आना–बचपन का लाड़-प्यार याद आना
(b) आस्तीन का साँप होना–समीप का विश्वासघाती होना
(c) त्रिशंकु होना–कोई काम करते हुए बीच में ही अटक जाना
(d) खून सफेद हो जाना–दया-ममता न रह जाना

12. कौन-सा अर्थ सही है?
(a) छाती पर साँप लोटना–ईर्ष्या करना
(b) बालू से तेल निकालना–नई तकनीक का प्रयोग करना
(c) हाथों के तोते उड़ जाना–पिंजरे से तोते का निकल जाना
(d) हाथ-पाँव फूल जाना–मोटा हो जाना

13. 'खेत रहना' का अर्थ है
(a) शहीद हो जाना
(b) खेत में ही रुक जाना
(c) खेत गिरवी रख देना
(d) क्षेत्र में निवास करना

14. 'रंग में भंग होना' से अभिप्राय है
(a) रंगों में भंग मिल जाना (b) रंग का डिब्बा बिखर जाना
(c) उल्लास में विघ्न पड़ना (d) रंगीन तस्वीर खराब हो जाना

15. 'गड़े मुर्दे उखाड़ना' से अभिप्राय है
(a) व्यर्थ श्रम करना (b) कब्रिस्तान में शरारत करना
(c) अन्तिम संस्कार करना (d) पुरानी बातों को दुहराना

16. किसी के सामने .... मेरी आदत नहीं है।
(a) हाथ फैलाना (b) अंगारों पर पैर रखना
(c) नाकों चने चबाना (d) पत्थर की लकीर खींचना

17. 'भीगी बिल्ली होना' से अभिप्राय है
(a) भीग जाना (b) बिल्ली की आवाज निकालना
(c) डर जाना (d) सर्दी लग जाना

18. कौन मुहावरा नहीं है?
(a) लाल-पीला होना (b) सब्ज बाग दिखाना
(c) पीला मुँह करना (d) हरा ही हरा सूझना

19. काफी समय बाद जब सलमा मीनू से मिली, तो उसने सलमा से कहा, अब तो तुम कभी-कभी दिखाई देती हो।
उपरोक्त वाक्य के रेखांकित पद-बन्ध के लिए कौन-सा मुहावरा उपयुक्त है?
(a) गुदड़ी का लाल होना
(b) चींटी के पर निकलना
(c) अँगुली पर नाचना
(d) ईद का चाँद होना

20. तुम क्यों उसके काम में अड़चन डालते रहते हो?
उपरोक्त वाक्य के रेखांकित पद-बन्ध के लिए उपयुक्त मुहावरा कौन-सा होगा?
(a) जले पर नमक छिड़कना (b) पापड़ बेलना
(c) टाँग अड़ाना (d) मुँह की खाना

21. भाई! ध्यान रखें, झगड़ा कभी एक ही तरफ से नहीं होता।
ऊपर दिए गए वाक्य के रेखांकित पद-बन्ध के लिए उपयुक्त मुहावरा कौन-सा होगा?
(a) एक म्यान में दो तलवारें नहीं समातीं
(b) एक करेला दूसरा नीम चढ़ा
(c) ताली एक हाथ से नहीं बजती
(d) एक हाथ लेना दूजे हाथ देना

22. 'कार्य करने के बाद उसके बारे में जाँच करना' अर्थ वाली कहावत है
(a) साँप निकलने पर लकीर पीटते रहना
(b) पानी पीकर जाति पूछना
(c) अब पछताए होत क्या जब चिड़िया चुग गई खेत
(d) उपरोक्त सभी

23. 'शक्तिशाली की विजय' अर्थ वाली लोकोक्ति है
(a) एकता में बल है
(b) अपना हाथ जगन्नाथ
(c) जिसकी लाठी उसकी भैंस
(d) जाको राखे साईंयाँ मार सके ना कोय

24. निम्नलिखित में मुहावरा कौन-सा नहीं है?
(a) जिसकी लाठी उसकी भैंस (b) ऊधौ का लेना न माधो का देना
(c) सूरज को दीपक दिखाना (d) अन्धा क्या चाहे दो आँखें

25. 'अन्धे के हाथ बटेर लगना' लोकोक्ति का अर्थ है
(a) घोर अन्धकार में कोई चीज मिल जाना
(b) जुए के खेल में जीत हो जाना
(c) अपात्र को सफलता या सम्मान मिल जाना
(d) रास्ते में पड़ी बहुमूल्य वस्तु पा जाना

26. 'चाहने वाले की इच्छा सर्वोपरि होती है' के लिए उपयुक्त लोकोक्ति है
(a) अपना हाथ जगन्नाथ (b) पिया चाहे सो सुहागिन
(c) जहाँ चाह वहाँ राह (d) बिंध गया सो मोती

27. 'कागज काले करना' मुहावरे का अर्थ है
(a) कागज बदलना (b) ज्यादा लिखना
(c) व्यर्थ लिखना (d) किताब लिखना

28. 'अनजान सुजान, सदा कल्यान' लोकोक्ति का भावार्थ है
(a) अनजान और सुजान के साथ सदैव लाभ मिलता है
(b) भोला-भाला ज्ञानी कल्याणकारक होता है
(c) मूर्ख और ज्ञानी दोनों मजे में रहते हैं
(d) मूर्ख स्वयं को ज्ञानी समझकर नुकसान कराता है

29. 'नाक का बाल होना' मुहावरे का अर्थ है
(a) अधिक समीप होना (b) कष्ट देना
(c) अधिक प्रिय होना (d) पालतू होना

30. स्थिति में परिवर्तन न होने के भाव को व्यक्त करने वाली सही कहावत है
(a) जस दूल्हा तस बनी बराता
(b) न सुख में मोटे न दुःख में दुबले
(c) न गरजे न बरसे वही धूप की धूप
(d) वही ढाक के तीन पात

31. 'यह प्रेम का पन्थ कराल महा' के लिए सही लोकोक्ति है
(a) अरु नेह सों नातो बड़ावतो है (b) मन ही मन में उर भावनी है
(c) तलवार की धार पै धावनो है (d) दुखदाई औ घोर सतावनी है

32. 'घाट-घाट का पानी पीना' मुहावरे का अर्थ है
(a) विभिन्न नदियों का जल पीना
(b) एक नदी के विभिन्न घाटों का पानी पीना
(c) एक स्थान पर न रहना
(d) देश-विदेश का व्यापक अनुभव होना

33. 'आगे कुआँ पीछे खाई' का अर्थ है
(a) चारों तरफ जल ही जल होना
(b) रास्ते का बन्द होना
(c) दोनों ओर मुसीबत होना
(d) बीच से निकल भागना

34. 'एक मुँह दो बात' मुहावरे का अर्थ है
(a) अत्यधिक बातें करना
(b) बहुत कम बोलना
(c) अपनी बात से पलट जाना
(d) बात बनाना

उत्तरमाला

1.	(a)	2.	(d)	3.	(c)	4.	(a)	5.	(d)	6.	(c)	7.	(a)	8.	(c)	9.	(a)	10.	(b)
11.	(a)	12.	(a)	13.	(a)	14.	(c)	15.	(d)	16.	(a)	17.	(c)	18.	(c)	19.	(d)	20.	(c)
21.	(c)	22.	(b)	23.	(c)	24.	(c)	25.	(c)	26.	(b)	27.	(c)	28.	(c)	29.	(c)	30.	(d)
31.	(c)	32.	(d)	33.	(c)	34.	(c)												

अध्याय 10

अपठित गद्यांश

बोध-शक्ति के अन्तर्गत गद्यांशों पर आधारित प्रश्न पूछे जाते हैं। ऐसे गद्यांश प्राय: जो पाठ्य-पुस्तकों से सम्बन्धित नहीं होते। इनके द्वारा परीक्षार्थियों की बौद्धिक क्षमता और भाषा-दक्षता का परीक्षण किया जाता है। साथ ही इन अपठित गद्यांशों से उनकी तर्क क्षमता, संवेदनशीलता और स्वतन्त्र अध्ययनशीलता की भी जाँच की जाती है। लगभग सभी प्रतियोगी परीक्षाओं में अपठित गद्यांशों पर आधारित प्रश्न पूछे जाते हैं। प्रत्येक प्रश्न के उत्तर में चार विकल्प दिए गए होते हैं। अनेक बार विकल्प भ्रम उत्पन्न करने वाले और अत्यन्त निकटस्थ होते हैं। परीक्षार्थी को एकाग्रता और धैर्यपूर्वक सर्वाधिक उपयुक्त विकल्प का चयन करना होता है।

गद्यांश 1

चुनाव पूर्व सर्वेक्षण एवं एक्जिट पोल का लोकतन्त्र में क्या महत्त्व है ? यह प्रश्न विचारणीय है। लोकतन्त्र रूपी वृक्ष जनता द्वारा रोपा और सींचा जाता है, इसके पल्लवन एवं पुष्पन में मीडिया की विशेष भूमिका होती है। भारत एक लोकतान्त्रिक राष्ट्र है। लोकतान्त्रिक राष्ट्र में नागरिकों को विशिष्ट अधिकार और स्वतन्त्रताएँ प्राप्त होती हैं। भारतीय संविधान ने भी अनुच्छेद 19 (i) के अन्तर्गत नागरिकों को अभिव्यक्ति की स्वतन्त्रता प्रदान की है, लेकिन जनता के व्यापक हित पर प्रतिकूल प्रभाव डालने वाली स्वतन्त्रता बाधित भी की जानी चाहिए।

भारत जैसे अल्पशिक्षित देश में इस प्रकार के सर्वेक्षण अनुचित हैं। देश की आम जनता पर मीडिया द्वारा किए जाने वाले चुनाव पूर्व सर्वेक्षण और चुनाव के तुरन्त पश्चात् किए जाने वाले एक्जिट पोल का भ्रामक प्रभाव पड़ता है। वह विजयी होती पार्टी की ओर झुक जाती है। आज भी सामान्य लोगों के बीच ये आम धारणा है कि हम अपना वोट खराब नहीं करेंगे, जीतते प्रत्याशी को ही वोट देंगे।

वर्तमान में बाजारवाद अपने उत्कर्ष पर है और मीडिया इसके दुष्प्रभाव से अनछुआ नहीं है। यह कहना अतिशयोक्ति न होगी कि आज मीडिया भी अधिकाधिक संख्या में प्रसार और धन पाने को बुभुक्षित है। मीडिया सत्ताधारी और मजबूत राजनीतिक दलों के प्रभाव में भी रहता है। ये दल धन के बल पर लोक रुझान को अपने पक्ष में दिखाने में सफल हो जाते हैं और सम्पूर्ण चुनाव प्रक्रिया को ही धता बता देते हैं। इस प्रकार सत्ता एवं धन इन सर्वेक्षणों को प्रभावित करते हैं। इन्हें दूध का धुला नहीं कहा जा सकता। भारत जैसे लोकतान्त्रिक राष्ट्र में जहाँ जनता निर्वाचन प्रक्रिया के माध्यम से अपना मत अभिव्यक्त करती है, वहाँ इन सर्वेक्षणों के औचित्य-अनौचित्य पर विचार किया जाना चाहिए।

न्यायालय को यदि संविधान के अनुसार चलने की बाध्यता है, तो संसद को संविधान में संशोधन करने की शक्ति प्राप्त है। वह अपने अधिकारों का प्रयोग करके कोई सार्थक प्रयास कर सकती है।

1. प्रतिकूल प्रभाव डालने वाली स्वतन्त्रता क्यों बाधित होनी चाहिए?
(a) श्रेष्ठ लोकतन्त्र की स्थापना हेतु (b) वोट के सही उपयोग हेतु
(c) साफ-सुथरी चुनाव प्रक्रिया हेतु (d) लोकहित को सर्वोपरि रखने हेतु

2. लेखक ने 'दूध का धुला न होना' किसे कहा है?
(a) मीडिया से सम्बन्धित लोगों को
(b) चुनाव पूर्व सर्वेक्षण एवं एक्जिट पोल को
(c) सत्ताधारी और बड़े राजनीतिक दलों को
(d) संसद और न्यायालय को

3. "सम्पूर्ण चुनाव प्रक्रिया को ही धता बता देते हैं।" इस कथन का भाव है
(a) विश्लेषणात्मक (b) प्रतिक्रियात्मक
(c) उपहासात्मक (d) सकारात्मक

4. गद्यांश से निष्कर्ष निकलता है कि
(a) निर्वाचन में मीडिया की भूमिका संदिग्ध रहती है
(b) भारत में चुनाव पूर्व सर्वेक्षण निरर्थक हैं
(c) चुनाव पूर्व सर्वेक्षण एवं एक्जिट पोल प्रतिबन्धित हों
(d) मीडिया धन से प्रभावित होता है

5. उपरोक्त गद्यांश का उपयुक्त शीर्षक बताइए
(a) चुनाव पूर्व सर्वेक्षण
(b) चुनाव पूर्व सर्वेक्षण एवं एक्जिट पोल
(c) चुनाव प्रक्रिया
(d) लोकतन्त्र और चुनाव सर्वेक्षण

गद्यांश 2

शिक्षा जीवन के सर्वांगीण विकास हेतु अनिवार्य है। शिक्षा के बिना मनुष्य विवेकशील और शिष्ट नहीं बन सकता। विवेक से मनुष्य में सही और गलत का चयन करने की क्षमता उत्पन्न होती है। विवेक से ही मनुष्य के भीतर उसके चहुँ ओर नित्य प्रति होते घटनाक्रमों के प्रति एक छिद्रान्वेषी दृष्टिकोण उत्पन्न होता है। शिक्षा ही मानव को मानव के प्रति मानवीय भावनाओं से पोषित करती है।

शिक्षा से मनुष्य अपने परिवेश के प्रति जाग्रत होकर कर्त्तव्याभिमुख हो जाता है। 'स्व' से 'पर' की ओर अग्रसर होने लगता है। निर्बल की सहायता करना, दुखियों के दुःख दूर करने का प्रयास करना, दूसरों के दुःख से दुःखी हो जाना और दूसरों के सुख से स्वयं सुख का अनुभव करना जैसी बातें एक शिक्षित मानव में सरलता से देखने को मिल जाती हैं।

इतिहास, साहित्य, राजनीतिशास्त्र, समाजशास्त्र, दर्शनशास्त्र इत्यादि पढ़कर विद्यार्थी विद्वान् ही नहीं बनता वरन् उसमें एक विशिष्ट जीवन दृष्टि, रचनात्मकता और परिपक्वता का सृजन भी होता है। शिक्षित सामाजिक परिवेश में व्यक्ति अशिक्षित सामाजिक परिवेश की तुलना में सदैव ही उच्च स्तर पर जीवन यापन करता है।

परन्तु आज शिक्षा का अर्थ बदल रहा है। शिक्षा भौतिक आकांक्षा की चेरी बनती जा रही है। व्यावसायिक शिक्षा के अंधानुकरण में छात्र सैद्धान्तिक शिक्षा से दूर होते जा रहे हैं। रूस की क्रान्ति, फ्रांस की क्रान्ति, अमेरिकी क्रान्ति, समाजवाद, पूँजीवाद, राजनीतिक व्यवस्था, सांस्कृतिक मूल्यों आदि की सामान्य जानकारी भी व्यावसायिक शिक्षा ग्रहण करने वाले छात्रों को नहीं है। यह शिक्षा का विशुद्ध रोजगारकरण है। शिक्षा के प्रति इस प्रकार का संकुचित दृष्टिकोण अपनाकर विवेकशील नागरिकों का निर्माण नहीं किया जा सकता।

भारत जैसे विकासशील देश में शिक्षा रोजगार का साधन न होकर साध्य हो गई है। इस कुप्रवृत्ति पर अंकुश लगाना अनिवार्य है। जहाँ मानविकी के छात्रों को पत्रकारिता, साहित्य-सृजन, विज्ञापन, जनसम्पर्क इत्यादि कोर्स भी कराए जाने चाहिए ताकि उन्हें रोजगार के लिए न भटकना पड़े वहीं व्यावसायिक कोर्स करने वाले छात्रों को मानविकी के विषय; जैसे—इतिहास, साहित्य, राजनीतिशास्त्र व दर्शन आदि का थोड़ा बहुत अध्ययन अवश्य कराना चाहिए ताकि समाज को विवेकशील नागरिक प्राप्त होते रहें, तभी समाज में सन्तुलन बना रह सकेगा।

1. छिद्रान्वेषी दृष्टिकोण से लेखक का क्या तात्पर्य है?
(a) समन्वय की भावना उत्पन्न होना
(b) उपयुक्त और अनुपयुक्त का बोध होना
(c) मानवीयता का विकास होना
(d) विवेकशीलता का विकास होना

2. "शिक्षा ही मानव को मानव के प्रति मानवीय भावनाओं से पोषित करती है।" इस कथन के लिए उपयुक्त विकल्प चुनिए
(a) कटुता
(b) सहृदयता की भावना का विकास
(c) विनम्रता की भावना का विकास
(d) घृणा की भावना का विकास

3. शिक्षा से मनुष्य 'स्व' से 'पर' की ओर अभिगमन करने लगता है, क्यों?
(a) शिक्षा मनुष्य को संवेदनशील बनाती है
(b) शिक्षा से मनुष्य में सेवा भाव उत्पन्न होता है
(c) शिक्षा मनुष्य को कर्त्तव्यपरायण बनाती है
(d) शिक्षा मनुष्य में मानवीय भाव भरती है

4. वर्तमान शिक्षा भौतिक आकांक्षा की चेरी किस प्रकार बन गई है?
(a) शिक्षा के मात्र व्यावसायिक पक्ष को देखा जा रहा है
(b) शिक्षा को मात्र सैद्धान्तिक बनाकर रख दिया गया है
(c) शिक्षा रचनात्मकता और परिपक्वता की सर्जक बन गई है
(d) शिक्षा को मात्र रोजगार से सम्बद्ध कर दिया गया है

5. उपरोक्त गद्यांश का उपयुक्त शीर्षक क्या होगा?
(a) शिक्षा
(b) शिक्षा का जीवन में महत्त्व
(c) शिक्षा का बदलता स्वरूप
(d) सैद्धान्तिक व व्यावसायिक शिक्षा

गद्यांश 3

पुरुषार्थ दार्शनिक विषय है, पर दर्शन का जीवन से घनिष्ठ सम्बन्ध है। वह थोड़े-से विद्यार्थियों का पाठ्य विषय मात्र नहीं है। प्रत्येक समाज को एक दार्शनिक मत स्वीकार करना होता है। उसी के आधार पर उसकी राजनीतिक, सामाजिक और कौटुम्बिक व्यवस्था का व्यूह खड़ा होता है। जो समाज अपने वैयक्तिक और सामूहिक जीवन को केवल प्रतीयमान उपयोगिता के आधार पर चलाना चाहेगा उसको बड़ी कठिनाइयों का सामना करना पड़ेगा।

एक विभाग के आदर्श दूसरे विभाग के आदर्श से टकराएँगे। जो बात एक क्षेत्र में ठीक जँचेगी वही दूसरे क्षेत्र में अनुचित कहलाएगी और मनुष्य के लिए अपना कर्त्तव्य स्थिर करना कठिन हो जाएगा। इसका तमाशा आज दीख पड़ रहा है। चोरी करना बुरा है, पर पराये देश का शोषण करना बुरा नहीं।

झूठ बोलना बुरा है, पर राजनैतिक क्षेत्र में सच बोलने पर अड़े रहना मूर्खता है। घरवालों के साथ, देशवासियों के साथ और परदेशियों के साथ बर्ताव करने के लिए अलग-अलग आचारावलियाँ बन गई हैं। इससे विवेकशील मनुष्य को कष्ट होता है।

1. सामाजिक व्यवस्था को चलाने के लिए आवश्यकता होती है
(a) आचार संहिता बनाने की
(b) विशेष दर्शन बनाने की
(c) विरोधाभासों को दूर करने की
(d) एक सफल रणनीति बनाने की

2. समाज के लिए दर्शन महत्त्वपूर्ण है, क्योंकि
(a) इससे समाज की व्यवस्था संचालित होती है
(b) इससे सामाजिक जीवन की उपयोगिता में वृद्धि होती है
(c) यह समाज को सही दृष्टि प्रदान करता है
(d) इससे राजनीति की रणनीति निर्धारित होती है

3. समाज में जीवन प्रतीयमान उपयोगिता के आधार पर नहीं चल सकता, क्योंकि
(a) सभी व्यक्तियों का जीवन दर्शन भिन्न होता है
(b) आचार संहिताएँ सभी के लिए अलग-अलग हैं
(c) एक ही बात भिन्न-भिन्न क्षेत्रों में उचित या अनुचित हो सकती है
(d) सभी मनुष्य विवेकशील नहीं होते

4. विवेकशील मनुष्य को कष्ट पहुँचाने वाले विरोधाभास हैं
(a) सभी व्यक्तियों पर एक ही दर्शन थोपने का प्रयास
(b) परिवार, देश और विदेशी लोगों लिए पृथक् आचार संहिता
(c) समाज विशेष के लिए नैतिक मूल्य और नियमों का निर्धारण
(d) दर्शन के अनुसार राजनीतिक, सामाजिक तथा पारिवारिक-व्यवस्था का निर्धारण

5. गद्यांश का उपयुक्त शीर्षक है
(a) समाज और दर्शन
(b) दर्शन और सामाजिक आचरण
(c) दर्शन और सामाजिक व्यवस्था
(d) समाज में दर्शन का महत्त्व

गद्यांश 4

सौन्दर्य की परख अनेक प्रकार से की जाती है। बाह्य सौन्दर्य की परख समझना तथा उसकी अभिव्यक्ति करना सरल है। जब रूप के साथ चरित्र का भी स्पर्श हो जाता है तब उसमें रसास्वादन की अनुभूति भी होती है। एक वस्तु सुन्दर तथा मनोहर कही जा सकती है, परन्तु सुन्दर वस्तु केवल इन्द्रियों को सन्तुष्ट करती है, जबकि मनोरम वस्तु चित्त को भी आनन्दित करती है। इस दृष्टि से कवि जयदेव का वसन्त चित्रण सुन्दर है तथा कालिदास का प्रकृति वर्णन मनोहर है, क्योंकि उसमें चरित्र की प्रधानता है। 'सुन्दर' शब्द संकीर्ण है, जबकि 'मनोहर' व्यापक तथा विस्तृत है। साहित्य में साधारण वस्तु भी विशेष प्रतीत होती है तथा उसे मनोहर कहते हैं।

1. सौन्दर्य की परख की जाती है
(a) आनन्द की मात्रा के आधार पर
(b) इन्द्रियों की सन्तुष्टि के आधार पर
(c) रूप के आधार पर
(d) मनोहरता के आधार पर

2. रसास्वादन की अनुभूति का बोध होता है
(a) चरित्र स्पर्शी रूप से (b) चित्त के आनन्द से
(c) सौन्दर्य अभिव्यक्ति से (d) इन्द्रिय सुख मात्र से

3. कवि जयदेव का 'वसन्त चित्रण' सुन्दर है, पर मनोहर नहीं, क्योंकि
(a) यह इन्द्रिय सुखदायक है
(b) इसमें केवल सौन्दर्य वर्णन है
(c) यह चित्त को आनन्दित नहीं करता
(d) इसमें अनुभूति नहीं है

4. कालिदास के प्रकृति वर्णन का आधार है
(a) उसकी प्रकृति/अभिव्यक्ति (b) उसकी चरित्र प्रमुखता
(c) उसकी मनोहरता (d) उसका सौन्दर्य

5. ऊपर दिए गए गद्यांश का उपयुक्त शीर्षक है
(a) साहित्य और सौन्दर्य (b) अभिव्यक्ति की अनुभूति
(c) सुन्दरता बनाम मनोहरता (d) सुन्दरता की संकीर्णता

गद्यांश 5

विज्ञान शब्द की परिभाषा और क्षेत्र तथा इसकी प्रौद्योगिकी से भिन्नता के विषय में स्पष्ट ज्ञान होना आवश्यक है। कुछ शक्तिशाली व्यक्तियों में, जिनके पास मानव जाति के भविष्य की चाबी है, शायद विज्ञान ही सिर्फ एक महत्त्वपूर्ण अनुपम स्थिति में बिना किसी आपत्ति के सबके द्वारा स्वीकार किया जाने वाला विषय है।

आज विज्ञान से हमारा अर्थ हमारे विश्व और उसके परिवेश के मूल ज्ञान से, इसके सभी क्षेत्रों में ज्ञान की नियन्त्रित और नियमित खोज से है। परन्तु इस ज्ञान का प्रयोग जरूरी नहीं कि सार्वजनिक प्रयोजनों के लिए किया जाए। प्रौद्योगिकी में हम उन अनगिनत विधियों का उल्लेख करते हैं जिनसे विज्ञान को मानव सेवा के लिए प्रयुक्त किया जा सके। दोनों में स्पष्ट अन्तर बताने के लिए आणविक विज्ञान और प्रौद्योगिकी के वर्तमान सर्वाधिक लोकप्रिय क्षेत्रों से उदाहरण दिए जा सकते हैं। यह 'विज्ञान' है जिसमें भारी धात्विक तत्त्व यूरेनियम के नाभिक से अलग या विखण्डित हुए अंशों की प्रकृति और संख्या का मापन होता है। यह प्रौद्योगिकी है जिसमें इस वैज्ञानिक 'ज्ञान' का प्रयोग बिजली बनाने के लिए परमाणु बिजलीघर की रूप-रेखा या उसे बनाने में किया जाता है। यह भी प्रौद्योगिकी है जो नैतिक रंग ले लेती है और नैतिकता तथा अनैतिकता को अंकित करती है। विज्ञान तटस्थ या अनैतिक है और कभी भी नैतिक आचार या मानवीय कल्याण का विरोध नहीं कर सकता, यद्यपि एक वैज्ञानिक और तकनीशियन एक मानव होने के नाते इसका विरोध कर सकते हैं।

1. उपरोक्त गद्यांश किस प्रकार का है?
(a) आलंकारिक (b) वृत्तात्मक
(c) वर्णनात्मक (d) व्याख्यात्मक

2. लेखक प्रयत्न कर रहा है
(a) विज्ञान की तरफ अच्छे व्यवहार के समर्थन का
(b) हम विज्ञान को लोगों की भलाई के लिए प्रयोग करते हैं, के सुझाव का
(c) भौतिक विज्ञान की अपेक्षा नैतिक विज्ञान के अध्ययन का
(d) विज्ञान और तकनीकी के बीच भेद का

3. लेखक के अनुसार विज्ञान
(a) ही सिर्फ एक शक्ति है, जो मानव जाति के भविष्य को निर्धारित करती है
(b) मानवीय भाग्य को निर्धारित करने वाली कुछ शक्तियों में से एक है
(c) भविष्य में मानव कल्याण का केवल यही एक साधन होगा
(d) मनुष्य की प्रगति के रास्ते में आने वाली बहुत-सी बाधाओं में से एक है

4. यूरेनियम के केन्द्र के विखण्डन का अध्ययन क्या हो सकता है?
(a) आधुनिक तकनीकी के एक उदाहरण का विचार
(b) विद्युत के सिद्धान्तों के प्रयोग का विचार
(c) किसी भी नैतिक उलझाव के न होने का विचार
(d) सभी मनुष्यों की भलाई के लिए महत्त्वपूर्ण होने का विचार

गद्यांश 6

राष्ट्रीय भावना के अभ्युदय एवं विकास के लिए भाषा भी एक प्रमुख तत्त्व है। मानव समुदाय अपनी संवेदनाओं, भावनाओं एवं विचारों की अभिव्यक्ति हेतु भाषा का साधन अपरिहार्यतः अपनाता है। इसके अतिरिक्त उसके पास कोई विकल्प नहीं है। दिव्य ईश्वरीय आनन्दानुभूति के सम्बन्ध में भले ही कबीर ने 'गूंगे केरी शर्करा' उक्ति का प्रयोग किया था पर, इससे उनका लक्ष्य शब्द-रूपी भाषा के महत्त्व को नकारना नहीं था। प्रत्युत उन्होंने भाषा को 'बहता नीर' कहकर भाषा की गरिमा प्रतिपादित की थी। विद्वानों की मान्यता है कि किसी एक राष्ट्र के भू-भाग की भौगोलिक विविधताएँ तथा उसके पर्वत, सागर, सरिताओं आदि की बाधाएँ उस राष्ट्र के निवासियों के परस्पर मिलने-जुलने में अवरोधक सिद्ध हो सकती हैं। उसी प्रकार भाषागत विभिन्नता से भी उनके पारस्परिक सम्बन्धों में निर्बाधता नहीं रह पाती। आधुनिक विज्ञान के युग में यातायात एवं संचार के साधनों की प्रगति से भौगोलिक बाधाएँ अब पहले की तरह बाधित नहीं करतीं। इसी प्रकार यदि राष्ट्र की एक सम्पर्क भाषा का विकास हो जाए तो पारस्परिक सम्बन्धों के गतिरोध बहुत सीमा तक समाप्त हो सकते हैं। मानव-समुदाय को जीवित, जाग्रत एवं जीवन्त शरीर की संज्ञा दी जा सकती है, उसका अपना एक निश्चित व्यक्तित्व होता है। भाषा अभिव्यक्ति के माध्यम से इस व्यक्तित्व को साकार करती है। उसके अमूर्त मानसिक वैचारिक स्वरूप को गूर्त एवं बिम्बात्मक रूप प्रदान करती है। मनुष्यों के विविध समुदाय हैं। उनकी विविध भावनाएँ हैं, विचारधाराएँ हैं, संकल्प एवं आदर्श हैं। उन्हें भाषा ही अभिव्यक्त करने में सक्षम होती है। साहित्य, शास्त्र, गीत-संगीत, आदि में मानव-समुदाय अपने आदर्शों, संकल्पनाओं, अवधारणाओं एवं विशिष्टताओं को वाणी देता है। पर क्या भाषा के अभाव में काव्य, साहित्य, संगीत आदि का

अस्तित्व सम्भव है। वस्तुतः ज्ञानराशि एवं भावराशि का अपार संचित कोश जिसे साहित्य का अभिधान दिया जाता है, शब्द रूपी ही तो है। अतः इस सम्बन्ध में वहम की किंचित गुंजाइश नहीं है कि भाषा ही एक ऐसा साधन है जिससे मनुष्य एक-दूसरे के निकट आ सकते हैं। उनमें परस्पर घनिष्ठता स्थापित हो सकती है। यही कारण है कि एक भाषा बोलने और समझने वाले लोग परस्पर एकानुभूति रखते हैं। उनके विचारों में ऐक्य रहता है। अतः राष्ट्रीय भावना के विकास के लिए भाषा-तत्त्व परम आवश्यक है।

1. उपरोक्त गद्यांश का सर्वाधिक उपयुक्त शीर्षक है
(a) व्यक्तित्व विकास और भाषा (b) भाषा बहता नीर
(c) राष्ट्रीयता और भाषा-तत्त्व (d) साहित्य और भाषा-तत्त्व

2. भाव एवं विचार-विनिमय का सक्षम साधन है
(a) काव्य साहित्य (b) प्रतीक एवं संकेत
(c) शब्दरूपी भाषा (d) ललित कलाएँ

3. 'गूंगे केरी शर्करा' से कबीर का अभिप्रेत है कि ब्रह्मानन्द की अनुभूति
(a) मौनव्रत से प्राप्त होती है (b) अनिर्वचनीय होती है
(c) अभिव्यक्ति के लिए कसमसाती है (d) अत्यन्त मधुर होती है

4. मनुष्य के पास अपने भावों, विचारों, आदर्शों आदि को सुरक्षित रखने के सशक्त माध्यम हैं
(a) व्यक्तित्व एवं चरित्र (b) साहित्यशास्त्र एवं संगीत
(c) भाषा और शैली (d) साहित्य और कला

5. भाषा-तत्त्व के अभाव में अस्तित्व सम्भव नहीं है
(a) मानवीय संवेदनाओं का (b) मानवीय आदर्शों का
(c) मानव रचित साहित्य का (d) मानव व्यक्तित्व का

गद्यांश 7

बाल श्रम ने भारतमाता के दैदीप्यमान मस्तक को मलिनतापूर्ण बना दिया है। उद्योगों और विभिन्न कल-कारखानों में हाड़तोड़ परिश्रम करते बच्चों को देख मानवता रो पड़ती है। भट्टियों पर काम करते हुए मालिकों के लिए अपने शरीर का होम करने वाले मासूम आँख, नाक एवं फेफड़ों की गम्भीर बीमारियों के शिकार हो रहे हैं। इनकी नियति ही ऐसी है कि मनुष्य जीवन के चक्र का अहम भाग जवानी इनके लिए नहीं बना है। ये तो सीधे ही वृद्धावस्था को प्राप्त करते हैं। कथित मालिकों की झिड़कियाँ और गाहे-बगाहे मार झेलते इन बालक-बालिकाओं का जीवन देखकर प्रतीत होता है कि सृष्टा ने अत्यधिक क्रूरता से इनका भाग्य रचा है। नियोक्ताओं के लिए बाल श्रम का उपयोग निरापद है। इसके माध्यम से वे अनुचित लाभ उठाकर अपना पथ कंटकविहीन कर लेते हैं। बाल श्रम रूपी असुर के बन्धन में जकड़ी बालिकाओं और किशोरियों की स्थिति और भी भयानक है। माता-पिता की दारिद्रय-मुक्ति हेतु भागीरथी प्रयास करती बालिकाएँ स्वयं एक सर्वभोग्या जलधारा के रूप में प्रवाहमान हैं। जिन्हें जब चाहे ठेकेदार और नियोक्ता पी डालते हैं और अभिभावक विवशतावश चूँ तक नहीं कर पाते। यौनाचार का जो घिनौना चेहरा आज सम्पूर्ण समाज में दिखाई दे रहा है उसके पीछे बाल श्रम की अभिवृद्धि भी प्रमुख रूप से उत्तरदायी है। सिंगापुर, थाइलैण्ड, मलेशिया, इण्डोनेशिया, नेपाल जैसे देशों में पर्यटन के बहाने मौजमस्ती करने आए लोग दस-बारह वर्ष की वय वाली लड़कियों की माँग करते हैं ताकि वे एड्स से बचे रहें। दलालों के लिए यह सौदा फायदे का होता है। वे बाल श्रम में लगी लड़कियों और उनके मजबूर माता-पिता को अपना शिकार बनाते हैं और देह व्यापार के गहरे गर्त में धकेल देते हैं।

1. ''भारतमाता के दैदीप्यमान मस्तक को मलिनतापूर्ण बना दिया है'' इस कथन में कौन-सा अलंकार अभिव्यक्त हो रहा है?
(a) वक्रोक्ति अलंकार
(b) मानवीकरण अलंकार
(c) अन्योक्ति अलंकार
(d) पुनरुक्तिप्रकाश अलंकार

2. ''सृष्टा ने अत्यधिक क्रूरता से इनके भाग्य को रचा है'' यह कथन इस सन्दर्भ में प्रयुक्त हुआ है
(a) माता-पिता ने बच्चों को बाल श्रम के लिए विवश किया है
(b) निर्माण क्षेत्रों के लोगों ने बाल श्रमिकों को बढ़ावा दिया है
(c) भाग्य दोष के कारण बच्चों को बाल श्रमिक बनना पड़ा है
(d) क्रूर नियोक्ता बाल श्रमिकों के भाग्य का अंश गटक जाते हैं

3. ''नियोक्ताओं के लिए बाल श्रम का उपयोग निरापद है।'' इस वाक्य से क्या अभिप्राय है?
(a) बाल श्रमिकों के यौन शोषण में सुविधा
(b) श्रम के सर्वांग शोषण की सुविधा
(c) बाल श्रमिक हानि नहीं पहुँचाते
(d) बाल श्रमिक कम मजदूरी पर मिल जाते हैं

4. ''बालिकाएँ स्वयं एक सर्वभोग्या जलधारा के रूप में प्रवाहमान हैं।'' यह कथन किस तथ्य को रेखांकित कर रहा है?
(a) देश की बालिकाएँ नदियों के समान पवित्र हैं
(b) बालिकाएँ दरिद्रतावश घर-घर जाकर काम करती हैं
(c) बाल यौनाचार ने समाज रूपी सरिता को सर्वभोग्या बना डाला है
(d) बाल श्रम से बालिकाओं के यौन शोषण की प्रवृत्ति बढ़ रही है

5. उपर्युक्त गद्यांश का उपयुक्त शीर्षक होगा
(a) बालश्रम और समाज (b) बालश्रम
(c) बाल शोषण (d) बाल यौन शोषण

गद्यांश 8

विकास के उच्च शिखर पर पताका फहराते हुए आज हम विज्ञान के उत्कर्ष काल में जी रहे हैं। परन्तु ये कैसी विडम्बना है कि मैला उठाने की सर्वाधिक घृणित प्रथा आज भी हमारे समाज में विद्यमान है। घर-घर मैला साफ करते नर-नारियों के प्रति हमारा समाज संवेदनशील न हो, ऐसा नहीं है। हमारी संवेदनाएँ या तो तीव्रता से उठती नहीं या स्वार्थ के आवरण में आवृत होकर घुट-घुट कर मर जाती हैं। बड़ी नालियों-नालों में नंगे बदन सफाई करते इंसान देखकर अपने सभ्य होने पर हमें लज्जा क्यों नहीं आती ? सड़क पर गाड़ियों, ठेलों और कमर पर मैला उठाते नर-नारियों को देखकर हम शर्म से धरती में क्यों नहीं गड़ जाते ? सीवर टैंकों की सफाई के समय जहरीली गैसों के प्रभाव से असमय ही काल-कवलित हो जाने वाले युवकों की माताओं का कारुणिक रुदन का श्रवण हम क्यों नहीं कर पाते?

प्रतिकूल मौसमी दशाओं की मार झेलती, दुधमुँहे शिशुओं को रोता-बिलखता छोड़ घर-घर मैला उठाने वाली नारियाँ भोर होते ही निकल पड़ती हैं। हमारे लिए जो निकृष्ट और घृणित कर्म है, उनके लिए वही एक सत्कर्म है। हम देवत्व का मिथ्यावरण लपेटे घंटों और शंख ध्वनियों के बीच पुरोहिती का राग अलापते हैं और उन्हें तिरस्कृत कर पास भी नहीं फटकने देते। गंदगी उठाने वाले इस वन्दनीय समाज की सेवा से हम कभी उऋण नहीं हो सकते। यह तिरस्कार नहीं वन्दना के पात्र हैं। इस कुप्रथा को समूल उखाड़ फेंकने के लिए सामूहिक प्रयास अपरिहार्य है।

1. आधुनिक काल की सर्वाधिक प्रमुख विडम्बना क्या है?
(a) हम विज्ञान के उत्कर्ष काल में जी रहे हैं
(b) हमारे भीतर दया के भाव का लोप हो गया है
(c) हमारे समाज में मैला उठाने की प्रथा विद्यमान है
(d) मैला उठाने वालों के प्रति हम संवेदनशून्य हैं

2. "हमारी संवेदनाएँ या तो तीव्रता से उठती नहीं या स्वार्थ के आवरण से आवृत होकर घुट-घुट कर मर जाती हैं।" इस कथन से कौन-सा आशय मेल खाता है?
(a) हम स्वार्थ साधने में रत हैं
(b) स्वार्थपरता के कारण संवेदनाएँ व्यक्त नहीं करते
(c) संवेदनाएँ व्यक्त करने में घुटन अनुभव होती है
(d) संवेदनाएँ क्षीणता के कारण मुखर नहीं हो पातीं

3. लेखक ने हमें सभ्य होने पर भी लज्जाहीन क्यों कहा है?
(a) हमारे समाज में आज भी मैला ढोने की प्रथा है
(b) हमने मैला ढोने वालों को तिरस्कृत कर रखा है
(c) विज्ञान के उत्कर्ष काल में भी मैला ढोने की प्रथा प्रचलित है
(d) हम जहरीली गैसों से मृत युवकों की माताओं का करुण क्रन्दन नहीं सुनते

4. "हमारे लिए जो निकृष्ट और घृणित कर्म है, उनके लिए वही एक सत्कर्म है।" इस कथन में सत्कर्म से क्या अभिप्राय है?
(a) भीख माँगना
(b) पुरोहिती का राग अलापने का कार्य
(c) शोषित और तिरस्कृत लोगों को मुक्ति दिलाने का कार्य
(d) मैला उठाने का कार्य

5. गद्यांश में 'पुरोहिती का राग अलापने वाले' कहकर लेखक ने किस भाव को प्रकट किया है?
(a) उपहासात्मक भाव (b) उपदेशात्मक भाव
(c) व्यंग्यात्मक भाव (d) विचारात्मक भाव

गद्यांश 9

वर्तमान भोगवादी व्यवस्था में प्रत्येक वस्तु को 'उपभोग' की कसौटी पर कसा जा रहा है। इसके चलते नारी देह एक प्रमुख 'उपभोग्य' वस्तु बन गई है। यही कारण है कि आज वेश्यावृत्ति ने चकलाघरों से बाहर निकलकर संभ्रान्त कही जाने वाली कालोनियों तक अपने पाँव पसार लिए हैं। आज पढ़ी-लिखी लड़कियाँ भी कालगर्ल और सेक्स-वर्कर के रूप में कार्य कर रही हैं। यह सामाजिक अधोगति का स्पष्ट संकेत है। इतना ही नहीं वेश्यावृत्ति से एड्स जैसी लाइलाज बीमारी के भी भयावह स्थिति में पहुँचने का संकट सामने खड़ा है।

वेश्यावृत्ति को बढ़ावा देने में दृश्य एवं प्रचार माध्यमों की खासी भूमिका है। आज टेलीविजन और फिल्मों में नारी और पुरुष देह को उत्तेजक रूप में दर्शाया जा रहा है। इसका प्रमुख दुष्प्रभाव यह है कि समाज में कम वय में ही विपरीत लिंग के प्रति आकर्षण बढ़ा है जो युवाओं की यौनाकांक्षाएँ जाग्रत कर उन्हें उनकी पूर्ति हेतु उद्वेलित किए रहता है। यही उद्वेलन उन्हें अन्ततः वेश्यागमन हेतु प्रेरित करता है।

यौनाकांक्षा को तृप्त करने के लिए जब साठ या उससे अधिक वर्ष के लोग वेश्याओं के पास जाते हैं तब समाज के समक्ष एक प्रश्नचिह्न अंकित हो जाता है। आज यह प्रश्न सबके सम्मुख खड़ा है कि लड़कियाँ वेश्यावृत्ति के अन्धकूप में किस प्रकार आ गिरती हैं। वास्तविक स्थिति यह है कि इस धन्धे में धकेली गई अधिकांश लड़कियाँ 'सर्वहारा' वर्ग से ही होती हैं और उन्हें वेश्यावृत्ति के लिए मजबूर होना पड़ता है। परन्तु यह भी सत्य है कि शहरों की शिक्षित लड़कियाँ भी शानो-शौकत और शार्टकट रास्ते से धन कमाने की लालसा से इस कार्य में संलग्न हो जाती हैं। यह तथ्य सामने आ चुका है कि गरीबी के कारण वेश्यावृत्ति करने पर विवश लड़कियाँ समाज के प्रति तिरस्कृत दृष्टिकोण रखती हैं। उनके स्थानों पर वे 'सेक्स-वर्कर' का दर्जा पाने के लिए संघर्षरत हैं। चाहे जिस दृष्टि से देखा जाए वेश्यावृत्ति सभ्य समाज के माथे पर कलंक है। एक उत्तरदायी राज्य की स्थापना होने पर ही इसे समाप्त किया जा सकता है।

1. 'उपभोग की कसौटी' से लेखक का क्या तात्पर्य है?
(a) नारी आज भोग्या के रूप में प्रदर्शित की जा रही है
(b) वेश्यागामी नारी का उपभोग कर रहे हैं
(c) उपयोगिता और अनुपयोगिता का निर्धारण
(d) नारी के विभिन्न उपयोगों का निर्धारण

2. 'सेक्स-वर्कर' किसे कहा गया है?
(a) वेश्यावृत्ति से जुड़े दलालों को
(b) वेश्यावृत्ति करने वाली स्त्रियों को
(c) सम्भ्रान्त कही जाने वाली वेश्याओं को
(d) वेश्यावृत्ति को बढ़ावा देने वाले लोगों को

3. युवा वेश्यागमन हेतु क्यों प्रेरित होते हैं?
(a) दृश्य एवं प्रचार माध्यमों के उत्तेजक प्रदर्शनों के कारण
(b) विपरीत लिंग के आकर्षण के कारण
(c) यौनाकांक्षाओं की पूर्ति हेतु
(d) वेश्यागमन हेतु उठे उद्वेलन के कारण

4. 'सर्वहारा' वर्ग से क्या अभिप्राय है?
(a) जीवनयापन हेतु कोई भी रास्ता अपनाने का
(b) सभी लोगों के लिए कार्य करने वाले लोग
(c) सभी प्रकार का आहार ग्रहण करने वाले लोग
(d) आर्थिक रूप से दुर्बल लोग

5. उपरोक्त गद्यांश का उपयुक्त शीर्षक हो सकता है
(a) वेश्यावृत्ति (b) वेश्यावृत्ति और मीडिया
(c) वेश्यावृत्ति और समाज (d) वेश्यावृत्ति के स्वरूप

गद्यांश 10

पाश्चात्य सभ्यता एवं संस्कृति में बहुत-सी अच्छी बातें होते हुए भी वह मूलतः अधिकार प्रधान, भोग प्रधान है, उसमें अपने सुख की प्रवृत्ति प्रधान है। इसलिए यहाँ प्रधान जोर शरीर-सुख-भोग तथा उसके निमित्त अगणित साधन जुटाने की ओर है; जबकि भारतीय संस्कृति अनेक बुराइयों के होते हुए भी मुख्यतः धर्म प्रधान, कर्त्तव्य प्रधान, त्याग और तपस्या प्रवृत्ति-मूलक संस्कृति है। विश्व-मानव या विश्व-मानवता एवं संस्कृति का निर्माण तभी सम्भव है जब मनुष्य अपने शरीर का विचार इस सीमा तक न करे कि उस प्रयत्न में वह आत्मा, वह प्राण ज्योति ही तिरोहित हो जाए जिससे मानव, मानव है। स्पष्टतः भारतीय संस्कृति में, अहिंसक जीवन निर्माण की, दूसरों के लिए जीने की सम्भावनाएँ अधिक होने से गाँधी जी की श्रद्धा थी कि भारतीय संस्कृति ही हमारे जीवन का दीप है और वही विश्व-संस्कृति या विश्व-मानवता की आधारशिला बन सकती है।

1. पाश्चात्य संस्कृति के सम्बन्ध में सत्य है
(a) वह भौतिकवादी संस्कृति है
(b) वह शारीरिक सुख प्रदाता संस्कृति है
(c) वह भारतीय संस्कृति से उत्प्रेरित है
(d) वह यथार्थवादी संस्कृति है

2. इनमें से कौन-सा कथन सत्य है?
(a) पाश्चात्य संस्कृति पूर्णतः निवृत्ति-मूलक है
(b) पाश्चात्य एवं भारतीय संस्कृति में गुण-दोष विद्यमान हैं
(c) पाश्चात्य संस्कृति प्रवृत्ति एवं निवृत्ति मूलक का मिश्रण है
(d) भारतीय संस्कृति स्वार्थ एवं परार्थ भाव का मिश्रण है

3. मानव, मानव नहीं रह जाता जब
(a) वह पाश्चात्य संस्कृति अपनाता है
(b) वह मानवीय भोगवादिता को नकार देता है
(c) उसके भीतर भोगवादिता अत्यधिक बढ़ जाती है
(d) वह विश्व मानवता के विचार को त्याग देता है

4. परदुःखकातरता से सम्बन्धित कथन है
(a) अहिंसक प्रवृत्ति और दूसरों के लिए जीना
(b) धर्म, कर्त्तव्य, त्याग एवं विश्व मानवता
(c) आत्मा एवं प्राण ज्योति का उत्कर्ष
(d) परोपकार हेतु सुख-साधन जुटाना

5. उपरोक्त गद्यांश का सर्वाधिक उपयुक्त शीर्षक है
(a) पाश्चात्य एवं भारतीय संस्कृति
(b) भारतीय संस्कृति
(c) भारतीय संस्कृति, मानवीय संस्कृति
(d) भारतीय संस्कृति, सर्वश्रेष्ठ संस्कृति

गद्यांश 11

वैज्ञानिक प्रयोग की सफलता ने मनुष्य की बुद्धि का अपूर्व विकास कर दिया है। द्वितीय महायुद्ध में एटम बम की शक्ति ने कुछ क्षणों में ही जापान की अजेय शक्ति को पराजित कर दिया। इस शक्ति की युद्धकालीन सफलता ने अमेरिका, रूस, ब्रिटेन, फ्रांस आदि सभी देशों को ऐसे शस्त्रास्त्रो के निर्माण की प्रेरणा दी कि सभी भयंकर और सर्वविनाशकारी शस्त्र बनाने लगे। अब सेना को पराजित करने तथा शत्रु देश पर पैदल सेना द्वारा आक्रमण करने के लिए शस्त्र निर्माण के स्थान पर देश के विनाश करने की दिशा में शस्त्रास्त्र बनने लगे हैं। इन हथियारों का प्रयोग होने पर शत्रु देशों की अधिकांश जनता और सम्पत्ति थोड़े समय में ही नष्ट की जा सकेगी। चूँकि ऐसे शस्त्रास्त्र प्रायः सभी स्वतन्त्र देशों के संग्रहालयों में कुछ-न-कुछ आ गये हैं। अतः युद्ध की स्थिति में उनका प्रयोग भी अनिवार्य हो जाएगा, जिससे बड़ी जनसंख्या प्रभावित हो सकती है। इसीलिए निःशस्त्रीकरण की योजनाएँ बन रही हैं। शस्त्रास्त्रों के निर्माण की जो प्रक्रिया अपनायी गई, उसी के कारण आज इतने उन्नत शस्त्रास्त्र बन गए हैं, जिनके प्रयोग से व्यापक विनाश आसन्न दिखाई पड़ता है। अब भी परीक्षणों की रोकथाम तथा बने शस्त्रों का प्रयोग रोकने के मार्ग खोजे जा रहे हैं। इन प्रयासों के मूल में एक भयंकर आतंक और विश्व-विनाश का भय कार्य कर रहा है।

1. इस गद्यांश का मूल कथ्य क्या है?
(a) आतंक और सर्वनाश का भय
(b) विश्व में शस्त्रास्त्रों की होड़
(c) द्वितीय विश्वयुद्ध की विभीषिका
(d) निःशस्त्रीकरण और विश्व शान्ति

2. भयंकर विनाशकारी आधुनिक शस्त्रास्त्रों को बनाने की प्रेरणा किसने दी?
(a) अमेरिका ने
(b) अमेरिका की विजय ने
(c) जापान पर गिराये गए 'अणु-बम' ने
(d) बड़े देशों की पारस्परिक प्रतिस्पर्द्धा ने

3. एटमबम की अपार शक्ति का प्रथम अनुभव कैसे हुआ?
(a) जापान में हुई भयंकर विनाशलीला से
(b) जापान की अजेय शक्ति की पराजय से
(c) अमेरिका, रूस, ब्रिटेन और फ्रांस की प्रतिस्पर्द्धा से
(d) अमेरिका की विजय से

4. बड़े-बड़े देश आधुनिक विनाशकारी शस्त्रास्त्र क्यों बना रहे हैं?
(a) अपनी-अपनी सेनाओं में कमी करने के उद्देश्य से
(b) अपने संसाधनों का प्रयोग करने के उद्देश्य से
(c) अपना-अपना सामरिक व्यापार बढ़ाने के उद्देश्य से
(d) पारस्परिक भय के कारण

5. आधुनिक युद्ध भयंकर व विनाशकारी होते हैं, क्योंकि
(a) दोनों देशों के शस्त्रास्त्र इन युद्धों में समाप्त हो जाते हैं
(b) अधिकांश जनता और उनकी सम्पत्ति नष्ट हो जाती है
(c) दोनों देशों में महामारी और भुखमरी फैल जाती है
(d) दोनों देशों की सेनाएँ इन युद्धों में मारी जाती हैं

उत्तरमाला

गद्यांश 1	1.	(d)	2.	(a)	3.	(c)	4.	(c)	5.	(b)
गद्यांश 2	1.	(d)	2.	(a)	3.	(c)	4.	(c)	5.	(b)
गद्यांश 3	1.	(b)	2.	(a)	3.	(c)	4.	(b)	5.	(c)
गद्यांश 4	1.	(d)	2.	(a)	3.	(c)	4.	(c)	5.	(b)
गद्यांश 5	1.	(d)	2.	(a)	3.	(c)	4.	(c)	5.	(b)
गद्यांश 6	1.	(d)	2.	(a)	3.	(c)	4.	(c)	5.	(b)
गद्यांश 7	1.	(d)	2.	(a)	3.	(c)	4.	(c)	5.	(b)
गद्यांश 8	1.	(d)	2.	(a)	3.	(c)	4.	(c)	5.	(b)
गद्यांश 9	1.	(d)	2.	(a)	3.	(c)	4.	(c)	5.	(b)
गद्यांश 10	1.	(d)	2.	(a)	3.	(c)	4.	(c)	5.	(b)
गद्यांश 11	1.	(d)	2.	(a)	3.	(c)	4.	(c)	5.	(b)

अध्याय 11

संक्षेपण

संक्षेपण की परिभाषा

किसी गद्य-खण्ड अनुच्छेद, निबन्ध, कहानी में व्यक्त विचारों और भावों को अत्यन्त सुगठित एवं आकर्षक रूप में कम-से-कम शब्दों में लिखना संक्षेपण कहलाता है। इसमें अप्रासंगिक, असम्बद्ध, अनावश्यक बातों का त्याग और सभी अनिवार्य उपयोगी तथा मूल तथ्यों का प्रवाहपूर्ण संक्षिप्त संकलन होता है। संक्षेपण एक कला तथा स्वत: पूर्ण रचना है। उसे पढ़ लेने के बाद मूल सन्दर्भ को पढ़ने की कोई आवश्यकता नहीं रह जाती। इसमें कम-से-कम शब्दों में अधिक-से-अधिक विचारों तथा तथ्यों को प्रस्तुत किया जाता है।

संक्षेपण के गुण

संक्षेपण के निम्नलिखित गुण हैं

- **पूर्णता** 'पूर्णता' संक्षेपण का एक महत्त्वपूर्ण गुण है। संक्षेपण करते समय इस बात का ध्यान रखना चाहिए कि उसमें कहीं कोई महत्त्वपूर्ण बात छूट तो नहीं गई है।
- **संक्षिप्तता** 'संक्षिप्तता' संक्षेपण का एक प्रधान गुण है। सामान्यत: संक्षेपण को मूल का तृतीयांश होना चाहिए, किन्तु इस बात का ध्यान अवश्य रखा जाना चाहिए कि मूल की कोई भी आवश्यक बात छूटने न पाए।
- **स्पष्टता** 'संक्षेपण' लिखते समय हमें स्पष्टता का पूर्ण रूप से ध्यान रखना चाहिए। संक्षेपक को यह बात ध्यान रखनी चाहिए कि संक्षेपण के पाठक के सामने मूल सन्दर्भ नहीं होता। इसलिए उसमें जो कुछ लिखा जाए, वह बिलकुल स्पष्ट हो।
- **भाषा की सरलता** संक्षेपण लिखते समय सरल भाषा का प्रयोग करना चाहिए। जो कुछ भी लिखा जाए, वह साफ-साफ हो उसमें किसी तरह का चमत्कार या घुमाव-फिराव लाने की कोशिश न की जाए।
- **शुद्धता** संक्षेपण में 'शुद्धता' पर भी विशेष ध्यान दिया जाना चाहिए। 'शुद्धता' से तात्पर्य उन तथ्यों तथा विषयों से है, जो मूल सन्दर्भ में ही है।

  प्रवाह और क्रमबद्धता संक्षेपण में प्रवाह और क्रमबद्धता का भी विशेष ध्यान रखना चाहिए। इसका भाव क्रमबद्ध हो तथा भाषा महत्त्वपूर्ण हो। क्रम और प्रवाह के सन्तुलन से ही संक्षेपण का स्वरूप निखरता है।

संक्षेपण के भेद

संक्षेपण के दो प्रकार हैं

(i) प्रवाह या धाराप्रवाह संक्षेपण

(ii) सारिणी या तालिका संक्षेपण

अन्तत: कहा जा सकता है कि संक्षेपण लेखक को भाषा में निष्णात होना चाहिए साथ ही उसमें तथ्यों को परखने तथा उनका सही विवेचन करने की दक्षता भी होनी चाहिए। संक्षेपण लेखक व्याकरणाचार्य नहीं भी हो, लेकिन उसे व्यावहारिक भाषा का ज्ञान अवश्य होना चाहिए।

अभ्यास प्रश्न

1. गद्य-खण्ड में व्यक्त विचारों को कम-से-कम शब्दों में लिखना, क्या कहलाता है?
(a) पल्लवन (b) संक्षेपण
(c) शब्द भण्डार (d) इनमें से कोई नहीं

2. संक्षेपण में सर्वथा किन बातों का त्याग किया जाता है?
(a) अप्रासंगिक (b) असम्बद्ध
(c) अनावश्यक (d) ये सभी

3. संक्षेपण पढ़ लेने के बाद किसे पढ़ने की आवश्यकता नहीं होती
(a) सार (b) विचारों को
(c) मूल सन्दर्भ (d) इनमें से कोई नहीं

4. संक्षेपण के कितने गुण हैं?
(a) चार (b) पाँच (c) तीन (d) छः

5. संक्षेपण का प्रधान गुण कौन-सा है?
(a) संक्षिप्तता (b) पूर्णता
(c) स्पष्टता (d) इनमें से कोई नहीं

6. संक्षेपण का कौन-सा गुण है?
(a) शुद्धता (b) प्रवाह और क्रमबद्धता
(c) स्पष्टता (d) ये सभी

7. संक्षेपण का गुण नहीं है
(a) क्लिष्टता (b) पूर्णता
(c) संक्षिप्तता (d) स्पष्टता

8. संक्षेपण के पाठक के समक्ष क्या नहीं होता?
(a) मूल सन्दर्भ (b) सार
(c) संक्षेपण (d) इनमें से कोई नहीं

9. संक्षेपण की भाषा
(a) चमत्कारपूर्ण (b) आलंकारिक
(c) सरल व सहज (d) ये सभी

10. संक्षेपण के कितने भेद हैं?
(a) एक (b) दो
(c) तीन (d) चार

उत्तरमाला

1.	*(b)*	2.	*(d)*	3.	*(c)*	4.	*(d)*	5.	*(a)*	6.	*(d)*	7.	*(a)*	8.	*(a)*	9.	*(c)*	10.	*(b)*

अध्याय 12

निबन्ध

निबंध : अर्थ व परिभाषा

निबंध 'नि' और 'बंध' दो शब्दों के मेल से बना है जिसका अर्थ है—अच्छी तरह नियमों से बँधा हुआ। निबंध गद्य साहित्य की एक विधा है। 'निबंध' अंग्रेज़ी के 'Essay' का पर्याय माना जाता है। निबंध छोटा एवं विस्तृत दोनों प्रकार का हो सकता है। किसी भी विषय पर लिखी गई वह रचना, जिसमें विषय-वस्तु से संबंधित विचारों को विस्तृत एवं क्रमबद्ध रूप में इस तरह प्रकट किया गया हो, जिससे उस विषय से संबंधित सारगर्भित जानकारी प्राप्त हो, निबंध कहलाती है।

निबंध के अंग

निबंध लेखन के तीन भाग या अंग होते हैं, जो निम्न हैं

1. **भूमिका अथवा प्रस्तावना** भूमिका अथवा प्रस्तावना निबंध का महत्त्वपूर्ण भाग है। इसके अंतर्गत विषय-वस्तु का परिचय दिया जाता है, जिससे पाठक को निबंध के अगले भागों को समझने में आसानी होती है।
2. **मध्य भाग अथवा विषय का विस्तार** इस भाग के अंतर्गत विषय से संबंधित सामग्री क्रमबद्ध रूप में आती है। इसे ही निबंध का शरीर अथवा मूल भाग कहते हैं।
3. **उपसंहार अथवा निष्कर्ष** निबंध का अंतिम भाग 'उपसंहार', 'निष्कर्ष' अथवा 'समापन' कहलाता है। इस भाग के अंतर्गत निबंध का सार दिया जाता है।

निबंध के प्रकार

निबंध को रूप, शैली एवं विषय-वस्तु के आधार पर निम्न प्रकारों में वर्गीकृत किया जाता है

(i) **वर्णनात्मक निबंध** वर्णनात्मक निबंधों के अंतर्गत स्थान, व्यक्ति-विशेष, ऋतु-विशेष आदि से संबंधित निबंध आते हैं।

(ii) **विचारात्मक निबंध** विचारात्मक निबंधों के अंतर्गत विभिन्न विषयों पर पक्ष-विपक्ष, सकारात्मक-नकारात्मक आदि विचार प्रस्तुत किए जाते हैं। विज्ञान, आतंकवाद आदि निबंध इस श्रेणी में आते हैं।

(iii) **भावात्मक निबंध** कुछ विषय ऐसे होते हैं, जिनमें भावों की प्रधानता होती है। सूक्ति, लोकोक्ति आदि पर लिखे गए निबंध इस श्रेणी के अंतर्गत आते हैं; जैसे—परहित सरिस धरम नहीं भाई, साँच बराबर तप नहीं, झूठ बराबर पाप आदि।

(iv) **व्याख्यात्मक/विश्लेषणात्मक निबंध** इस प्रकर के निबंधों के अंतर्गत तथ्यों के आधार पर विषयों का विश्लेषण अथवा विवरण (व्याख्या) दिया जाता है तथा उस पर समाधान अथवा सुझाव प्रस्तुत किया जाता है; जैसे—अर्थव्यवस्था, अंतर्राष्ट्रीय संबंध आदि से संबंधित निबंध।

निबंध लेखन करने हेतु चरणबद्ध तरीका

एक श्रेष्ठ निबंध लेखन करने हेतु निम्नलिखित चरणों को अपनाया जाना आवश्यक है

1. **दिए गए शीर्षक का अध्ययन** निबंध लेखन का सर्वप्रथम चरण शीर्षक का गंभीरतापूर्वक अध्ययन किया जाना चाहिए।
2. **संकेत बिंदुओं को समझना** परीक्षा में पूछे गए निबंध से संबंधित संकेत बिंदुओं का ध्यानपूर्वक अध्ययन करके उनका उचित प्रयोग निबंध में करना चाहिए।
3. **निबंध का प्रारूप अथवा रूपरेखा तैयार करना** निबंध लेखन करने से पहले रूपरेखा का निर्धारण करना चाहिए, उसके बाद निबंध की शुरुआत करनी चाहिए।
4. **क्रमबद्धता** निबंध लिखने में विषय-केंद्रित होकर विषय-वस्तु को क्रम में प्रस्तुत किया जाना चाहिए, जिससे विचारों में बिखराव नहीं आता।
5. **शब्द चयन एवं भाषा शैली** अच्छे निबंध की विशेषता होती है, उसमें प्रयुक्त शब्दों एवं भाषा का प्रयोग करना। निबंध लिखते समय शब्दों का चुनाव एवं भाषा शुद्ध होनी चाहिए।
6. **शब्द सीमा** परीक्षा में पूछे गए निबंध लेखन का महत्त्वपूर्ण चरण शब्द सीमा (200-250) का पालन करना होता है। निबंध ज़्यादा छोटा या ज़्यादा बड़ा नहीं होना चाहिए।
7. **मुहावरे एवं सूक्तियों का प्रयोग** मुहावरे, सूक्तियों एवं महापुरुषों के कथनों का प्रयोग आवश्यकतानुसार ही निबंध में किया जाना चाहिए।
8. **उपसंहार अथवा निष्कर्ष** निबंध का अंतिम चरण उपसंहार है। निबंध का अंत उपयुक्त सार द्वारा किया जाना चाहिए।

निबंध लेखन के लिए ध्यान रखनें योग्य आवश्यक बातें

- निबंध को उचित प्रकार अनुच्छेदों में बाँटकर विषय-वस्तु को छोटे-छोटे वाक्यों व सरल शब्दों में लिखना चाहिए।
- वर्तनी की दृष्टि से शुद्ध शब्दों का एवं उचित स्थानों पर विराम चिह्नों का प्रयोग करना चाहिए।
- क्लिष्ट शब्दों का प्रयोग न कर सरल भाषा का प्रयोग किया जाना चाहिए।
- इस बात का ध्यान रखा जाना चाहिए कि जो संकेत बिंदु परीक्षा में दिए गए हैं उनका पालन उचित प्रकार किया जा रहा है, या नहीं।
- निबंध में प्रयोग किए जा रहे शब्दों में सजीवता, सहजता का गुण होना चाहिए।
- समय सीमा का ध्यान रखना अति आवश्यक है।
- निबंध लेखन में लंबी कहानियों एवं विवरण से बचना चाहिए।
- अधिक लंबे वाक्यों का प्रयोग नहीं किया जाना चाहिए।
- उचित स्थान पर संदर्भों एवं कथनों का प्रयोग करना चाहिए। अप्रासंगिक संदर्भों के प्रयोग से बचना चाहिए।

निबंध में प्रयुक्त होने वाले विशिष्ट पद या वाक्य

विभिन्न निबंधों के अंतर्गत विविध सूक्तियों, लोकोक्तियों, श्लोकों, महापुरुषों के कथनों आदि का प्रयोग करके भाषा एवं भाव को प्रभावी बनाने का प्रयास किया जाना चाहिए। विद्यार्थियों की सुविधा के लिए यहाँ कुछ प्रचलित सूक्तियाँ, लोकोक्तियाँ, श्लोक और महापुरुषों के वचन प्रस्तुत किए जा रहे हैं, जिन्हें उद्धृत कर विद्यार्थी निबंध लेखन को श्रेष्ठ बना सकते हैं

सूक्तियाँ

- आवश्यकता आविष्कार की जननी है
- पर उपदेश कुशल बहुतेरे
- मन के हारे हार है, मन के जीते जीत
- साहित्य समाज का दर्पण है
- वही मनुष्य है, जो मनुष्य के लिए मरे
- हानि-लाभ, जीवन-मरण, यश-अपयश विधि हाथ
- महत्त्वाकांक्षा का मोती निष्ठुरता की सीपी में पलता है
- पराधीन सपनेहुँ सुख नाहिं
- विद्या धन सर्व धनं प्रधानम् अर्थात् विद्या धन सभी धनों में प्रधान है
- वह हृदय नहीं पत्थर है, जिसमें स्वदेश का प्यार नहीं
- साँच बराबर तप नहीं, झूठ बराबर पाप
- जहाँ सुमति तहँ संपति नाना
- मनुष्य अपने भाग्य का निर्माता स्वयं है

लोकोक्तियाँ

- अपनी-अपनी ढपली, अपना-अपना राग
- अंधा बाँटे रेवड़ी, फिर-फिर अपने को देय
- अजगर करे न चाकरी पंछी करे न काम
- अंत भला तो सब भला
- अंधेर नगरी चौपट राजा, टके सेर भाजी टके सेर खाजा
- कोयले की दलाली में हाथ काले
- अब पछताय होत क्या जब चिड़िया चुग गई खेत
- आँख कारख जौहरी जाने

प्रमुख निबन्धकार व उनके निबन्ध

निबन्धकार	निबन्ध
भारतेन्दु हरिश्चन्द्र	भारत वर्षोन्नति कैसे हो सकती है, बादशाह दर्पण, लेवी प्राण लेवी, पाँचवें पैगम्बर, अंग्रेज स्रोत, कश्मीर कुसुम, काल चक्र, स्वर्ग में विचार सभा
महावीर प्रसाद द्विवेदी	महाकवि माघ का प्रभात वर्णन, कवि कर्त्तव्य, साँची के पुराने स्तूप, अतीत स्मृति, कालिदास की निरंकुशता
सरदार पूर्ण सिंह	सच्ची वीरता, पवित्रता, आचरण की सभ्यता, मजदूरी और प्रेम, कन्यादान, अमेरिका का मस्त योगी वाल्ट व्हिटमैन
बाबू श्यामसुन्दर दास	भारतीय साहित्य की विशेषताएँ, समाज और साहित्य, कर्त्तव्य और सभ्यता, हमारे साहित्योदय की प्राचीन कथा, जाति-पाँत, कौम, भिक्षावृत्ति, सुगृहिणी, हाकिम व उनकी हिकमत, हिन्दुस्तान का रईस,
बालकृष्ण भट्ट	राजभक्ति व देशभक्ति अंग्रेजी शिक्षा व प्रकाश, महिला स्वातन्त्रय, हुक्का स्तवन, ढ़ोल के भीतर पोल
आचार्य रामचन्द्र शुक्ल	श्रद्धा, भक्ति और ग्लानि, करुणा, उत्साह, कविता क्या है, साधारणीकरण और व्यक्ति वैचित्रवाद, काव्य में रहस्यवाद, ईर्ष्या, लोभ व प्रीति, काव्य में लोकमंगल की साधना, भारतेन्दु हरिश्चन्द्र, तुलसी का भक्ति मार्ग, मानस की धर्म भूमि, काव्य में अभिव्यंजनावाद
डॉ. सम्पूर्णानन्द	समाजवाद, शिक्षा का उद्देश्य, आर्यों का आदि देश, भारत के देशी राज्य, अधूरी क्रान्ति
आचार्य हजारी प्रसाद द्विवेदी	कुटज, शिरीष के फल, भारतीय संस्कृति की देन, काव्यकला, कविता का भविष्य, नई समस्याएँ, आम फिर बौरा गए, अशोक के फूल, वसन्त आ गया, अवतारवाद, धर्म साधना का साहित्य, हिन्दी भक्ति साहित्य, हमारी संस्कृति और साहित्य, सम्बन्ध
जैनेन्द्र कुमार	भाग्य और पुरुषार्थ, साहित्य का श्रेय और प्रेय, ये और वे प्रगति और परम्परा, संस्कृति और साहित्य
डॉ. रामविलास शर्मा	प्रगतिशील साहित्य की समस्याएँ, स्वाधीनता और राष्ट्रीय साहित्य
श्रीमती महादेवी वर्मा	काव्यकला, छायावाद, रहस्यवाद, यथार्थ और आदर्श, हमारी शृंखला की कड़ियाँ, युद्ध और नारी, नारीत्व का अभिशाप, जीने की कला, हमारा देश और राष्ट्रवाद, साहित्य और साहित्यकार
डॉ. नगेन्द्र	हिन्दी उपन्यास, ब्रज भाषा का गद्य, राष्ट्रीय संकट और साहित्य, स्वतन्त्रता के पश्चात् हिन्दी आलोचना, आधुनिक हिन्दी काव्य के आलोचन
हरिशंकर परसाई	इण्टरव्यू, डिप्टी कलक्टर, सदाचार का ताबीज, विकलांग श्रद्धा का दौर, वैष्णव की फिसलन, निन्दा रस
विद्यानिवास मिश्र	आँगन के पंछी, ये विपथगाएँ, आम्र मंजरी, मैंने सिल पहुँचाई, विवाह धूम, विश्वविद्यालय और न्यायालय, हिन्दी का विभाजन, सादृश्य विधान, प्रलय की छाया, परिधि और प्रयोजन, नई पीढ़ी की बेचैनी
बाबू गुलाबराय	ठलुवा क्लब, मेरी असफलताएँ, मन की बातें, मेरे निबन्ध, फिर निराशा क्यों,
शान्तिप्रिय द्विवेदी	संचारिणी, युग व साहित्य, धरातल आधान, सामयिकी, साकल्य
पाण्डेय बेचन शर्मा	बुढ़ापा, गाली निबन्ध
नन्ददुलारे वाजपेयी	जयशंकर प्रसाद, नया साहित्य नए प्रश्न
रामधारीसिंह 'दिनकर'	अर्द्धनारीश्वर, रेती के फूल, हमारी सांस्कृतिक एकता, मिट्टी की ओर, पन्त और मैथिलीशरण, राष्ट्रभाषा और राष्ट्रीय साहित्य
देवेन्द्र सत्यार्थी	धरती गाती है, एक युग एक प्रतीक, रेखाएँ बोल उठीं
बनारसीदास चतुर्वेदी	साहित्य और जीवन, हमारे आराध्य
धर्मवीर भारती	ठेले पर हिमालय, कहानी अनकही
केदारनाथ अग्रवाल	समय-समय पर

अभ्यास प्रश्न

1. निबन्ध का अर्थ है
(a) पूर्णतः बन्धन से मुक्त (b) अच्छी तरह नियमों में बँधा हुआ
(c) पूर्णतः बंधन में बँधा हुआ (d) इनमें से कोई नहीं

2. निबंध के अंग हैं
(a) भूमिका (b) उपसंहार (c) मध्य भाग (d) ये सभी

3. निबंध का शरीर या मूल भाग कहा जाता है।
(a) निष्कर्ष (b) मध्य भाग
(c) भूमिका (d) इनमें से कोई नहीं

4. निबंध का सार दिया जाता है
(a) मध्य भाग में (b) भूमिका में
(c) निष्कर्ष में (d) इन सभी में

5. निबंध को वर्गीकृत किया जाता है
(a) रूप के आधार पर (b) विषय-वस्तु के आधार पर
(c) शैली के आधार पर (d) उपर्युक्त सभी के आधार पर

6. भारतेन्दुयुगीन निबन्धों की समय सीमा क्या है?
(a) 1800-1850 ई. (b) 1850-1900 ई.
(c) 1873-1900 ई. (d) इनमें से कोई नहीं

7. 'भारतवर्षोन्नति कैसे हो सकती है' के लेखक कौन हैं?
(a) बालकृष्ण भट्ट (b) भारतेन्दु
(c) जयशंकर प्रसाद (d) इनमें से कोई नहीं

8. 'लेवीप्राण लेवी' निबन्ध के निबन्धकार कौन हैं?
(a) प्रतापनारायण मिश्र (b) भारतेन्दु
(c) बालकृष्ण भट्ट (d) इनमें से कोई नहीं

9. 'अंग्रेज स्तोत' के लेखक कौन हैं?
(a) आचार्य हजारीप्रसाद द्विवेदी (b) सरदार पूर्ण सिंह
(c) बालकृष्ण भट्ट (d) भारतेन्दु

10. निम्न में से कौन-सा एक भारतेन्दुयुगीन निबन्धकार हैं?
(a) राधाचरण गोस्वामी (b) महावीर प्रसाद द्विवेदी
(c) पूर्णसिंह (d) चन्द्रधर शर्मा गुलेरी

11. निम्नलिखित में से कौन-सा एक भारतेन्दुयुगीन निबन्धकार नहीं है?
(a) बद्रीनारायण चौधरी (b) अम्बिकादत्त व्यास
(c) भारतेन्दु हरिश्चन्द्र (d) माधव प्रसाद मिश्र

12. 'ब्राह्मण' पत्रिका का सम्पादन कार्य किसने किया?
(a) पण्डित प्रतापनारायण मिश्र (b) बद्रीनारायण चौधरी
(c) बालमुकुन्द (d) इनमें से कोई नहीं

13. बद्रीनारायण प्रेमघनं किस पत्रिका के सम्पादक थे?
(a) सरस्वती (b) आनन्द कादम्बिनी
(c) योजना (d) ब्राह्मण

14. 'शिवशम्भू का चिट्ठा' किसके द्वारा लिखा गया है?
(a) बालमुकुन्द (b) राधाचरण गोस्वामी
(c) बद्रीनारायण प्रेमघन (d) इनमें से कोई नहीं

15. गोदान पर करारा प्रहार करने वाले निबन्धकार कौन हैं?
(a) राधाचरण गोस्वामी (b) पण्डित प्रतापनारायण मिश्र
(c) बालकृष्ण भट्ट (d) भारतेन्दु

16. द्विवेदी युग का नामकरण किस लेखक के नाम पर है?
(a) हजारी प्रसाद द्विवेदी (b) महावीर प्रसाद द्विवेदी
(c) आचार्य रामचन्द्र शुक्ल (d) इनमें से कोई नहीं

17. 'सरस्वती' पत्रिका का सम्पादन कार्य किसने किया?
(a) हजारी प्रसाद द्विवेदी (b) महावीर प्रसाद द्विवेदी
(c) आचार्य शुक्ल (d) इनमें से कोई नहीं

18. द्विवेदी जी ने सरस्वती पत्रिका का सम्पादन कार्य कब सँभाला?
(a) 1900 ई. (b) 1901 ई.
(c) 1902 ई. (d) 1903 ई.

19. बेकन के निबन्धों का अनुवाद कार्य किसने किया ?
(a) आचार्य महावीर प्रसाद द्विवेदी (b) श्यामदास गुप्ता
(c) आचार्य शुक्ल (d) उपरोक्त में से कोई नहीं

20. द्विवेदीयुगीन लेखक हैं
(a) मिश्रबन्धु (b) राधाचरण गोस्वामी
(c) बाबू गुलाबराय (d) बालमुकुन्द गुप्त

21. निम्नलिखित में से कौन-सा लेखक द्विवेदी युगीन नहीं है?
(a) माधव प्रसाद मिश्र (b) चन्द्रधर शर्मा गुलेरी
(c) गोविन्द नारायण मिश्र (d) पदुमलाल पुन्नालाल बख्शी

22. 'कर्त्तव्य और सभ्यता' के लेखक हैं
(a) बाबू श्यामसुन्दर दास (b) पण्डित पद्मसिंह
(c) चन्द्रधर शर्मा गुलेरी (d) इनमें से कोई नहीं

23. 'गोबर गणेश संहिता' के लेखक इनमें से कौन हैं?
(a) चन्द्रधर शर्मा (b) सरदार पूर्ण सिंह
(c) बाबू श्यामसुन्दर दास (d) गोविन्द नारायण मिश्र

24. 'मजदूरी और प्रेम' के लेखक कौन हैं?
(a) सरदार पूर्ण सिंह (b) चन्द्रधर शर्मा गुलेरी
(c) बद्रीनारायण चौधरी (d) इनमें से कोई नहीं

25. 'हिन्दी प्रदीप' पत्रिका के सम्पादक कौन थे?
(a) पण्डित प्रतापनारायण मिश्र (b) आचार्य शुक्ल
(c) हजारी प्रसाद द्विवेदी (d) इनमें से कोई नहीं

26. 'अमेरिका का मस्त योगी वाल्ट व्हिटमैन' के लेखक कौन हैं?
(a) पण्डित पद्म सिंह (b) गोविन्द नारायण मिश्र
(c) सरदार पूर्ण सिंह (d) इनमें से कोई नहीं

उत्तरमाला

1.	(b)	2.	(d)	3.	(b)	4.	(c)	5.	(d)	6.	(c)	7.	(b)	8.	(b)	9.	(d)	10.	(a)
11.	(d)	12.	(a)	13.	(b)	14.	(a)	15.	(a)	16.	(b)	17.	(c)	18.	(d)	19.	(a)	20.	(a)
21.	(d)	22.	(a)	23.	(a)	24.	(a)	25.	(d)	26.	(c)								

अध्याय 13

पत्र लेखन

पत्र लेखन एक आवश्यक कौशल है। अपने विचारों एवं भावों की अभिव्यक्ति के लिए पत्र-लेखन का प्रयोग किया जाता है। अपने सगे-संबंधियों, पदाधिकारियों, मित्रों, संपादकों आदि से जोड़ने की कला पत्र लेखन कहलाती है। पत्र लेखन हमारे जीवन का महत्त्वपूर्ण अंग है, जो लोगों को समाज से जोड़कर रखता है।

पत्र के अंग

पत्र को जिस क्रम में लिखा जाता है, वे पत्र के अंग कहलाते हैं। सामान्यत: किसी भी पत्र में निम्नलिखित अंग होते हैं

शीर्षक या प्रारंभ

पत्र में सर्वप्रथम शीर्षक के रूप में पत्र लिखने वाले का नाम व पता लिखा जाता है। तत्पश्चात् पत्र लिखने की तिथि का उल्लेख किया जाता है। परीक्षा में पूछे गए औपचारिक एवं अनौपचारिक पत्र में नाम का उल्लेख न होने पर परीक्षा भवन लिखा जाता है। यह सब पत्र के बाएँ ओर सबसे ऊपर लिखा जाता है। औपचारिक पत्रों के अंतर्गत विषय का उल्लेख सीमित शब्दों में स्पष्ट रूप से किया जाता है। अनौपचारिक पत्रों में इसका उल्लेख नहीं होता।

संबोधन का उल्लेख

पत्र में संबोधन का महत्त्वपूर्ण स्थान होता है। औपचारिक पत्र के अंतर्गत 'मान्यवर', 'महोदय' आदि सूचक शब्दों का प्रयोग किया जाता है तथा अनौपचारिक पत्र के अंतर्गत 'पूजनीय', 'स्नेहमयी' 'प्रिय' आदि सूचक शब्दों का प्रयोग किया जाता है।

अभिवादन अथवा शिष्टाचार संबंधी शब्दों का उल्लेख

पत्र में संबोधन के अनुरूप ही अभिवादन या शिष्टाचार संबंधी शब्दों का प्रयोग किया जाता है। इसका प्रयोग अनौपचारिक पत्रों में बड़ों के लिए प्रणाम, नमस्कार, सादर चरण-स्पर्श तथा छोटों के लिए आशीर्वाद, शुभाशीष, चिरंजीव रहो आदि शब्द-सूचक का प्रयोग किया जाता है। औपचारिक पत्रों में इसका प्रयोग नहीं किया जाता।

विषय-वस्तु

विषय-वस्तु पत्र लेखन का महत्त्वपूर्ण अंग है। इसे पत्र का मुख्य भाग भी कहते हैं। इस भाग में अपने भावों एवं विचारों को प्रकट किया जाता है।

समाप्ति अथवा अंत

पत्र के अंत में अपने विषय में लिखते हुए पत्र को समाप्त किया जाता है। औपचारिक पत्र में धन्यवाद लिखते हुए 'भवदीय', 'प्रार्थी', 'आज्ञाकारी' आदि शब्द-सूचक का प्रयोग किया जाता है तथा अनौपचारिक पत्र में 'प्यारा', 'स्नेहाकांक्षी', 'हितैषी', 'शुभाकांक्षी' इत्यादि शब्दों का प्रयोग किया जाता है। औपचारिक व अनौपचारिक दोनों पत्रों के अंत में यदि परीक्षा में, पूछे गए पत्र में नाम व पता का उल्लेख न किया गया हो, तब वहाँ क. ख. ग. का प्रयोग किया जाता है।

पत्र लिखने के लिए ध्यान देने योग्य बातें

- पत्र लिखते समय लिखने वाले तथा पत्र प्राप्त करने वाले का नाम व पता, दिनांक के साथ लिखा जाना चाहिए।
- पत्र का विषय स्पष्ट होना चाहिए तथा अनावश्यक बातों को पत्र में नहीं लिखना चाहिए।
- पत्र लिखते समय क्रमबद्धता का विशेष ध्यान दिया जाना चाहिए।
- पत्र का आकार संक्षिप्त होना चाहिए तथा विषय के अनुकूल होना चाहिए। कम शब्दों में अधिक बात कहने की कोशिश करनी चाहिए।
- पत्र की भाषा सरल, सामान्य, मधुर एवं आदर सूचक एवं शुद्ध होनी चाहिए।
- पत्र अधूरा नहीं होना चाहिए अर्थात् पत्र को इस प्रकार समाप्त किया जाना चाहिए कि पत्र का संदेश स्पष्ट हो सके।

पत्र के प्रकार

पत्र के सामान्यत: दो प्रकार होते हैं

1. औपचारिक पत्र (Formal Letters)
2. अनौपचारिक पत्र (Informal Letters)

1. औपचारिक पत्र

प्रधानाचार्य, पदाधिकारियों, व्यापारियों, ग्राहकों, पुस्तक विक्रेता, संपादक आदि को लिखे गए पत्र 'औपचारिक पत्र' कहलाते हैं। औपचारिक पत्र उन लोगों को लिखे जाते हैं, जिनसे हमारा निजी या पारिवारिक संबंध नहीं होता है।

औपचारिक पत्रों को निम्नलिखित वर्ग में विभाजित किया जा सकता है।

I. आवेदन पत्र/प्रार्थना-पत्र
II. कार्यालयी पत्र
III. संपादकीय पत्र
IV. शिकायती पत्र
V. व्यावसायिक पत्र

औपचारिक पत्र के संबोधन, अभिवादन तथा अभिनिवेदन

पत्र के प्रकार	पत्र पाने वाले	संबोधन	अभिवादन	अभिनिवेदन
आवेदन-पत्र/ प्रार्थना-पत्र	प्रधानाचार्य, संबंधित अधिकारी	महोदय, महोदया, मान्यवर	–	आपका, कृपाकांक्षी, भवदीय
कार्यालयी पत्र	संबंधित अधिकारी	मान्यवर, महोदय	–	भवदीय, विनीत
संपादकीय पत्र	संपादक	महोदय, महोदया	–	भवदीय/ भवदीया, प्रार्थी
शिकायती पत्र	संबंधित अधिकारी	महोदय, महोदया	–	भवदीय, भवदीया, प्रार्थी
व्यावसायिक पत्र	पुस्तक विक्रेता, बैंक प्रबंधक, व्यावसायिक संस्था	श्रीमान, महोदय	–	भवदीय, आपका

I. प्रार्थना-पत्र/आवेदन-पत्र

प्रार्थना-पत्र/आवेदन-पत्र विद्यालय के प्रधानाचार्य, संस्थाओं के प्रधान (प्रमुख) इत्यादि को लिखा जाता है। इसमें शालीन भाषा तथा शिष्ट शैली का प्रयोग किया जाता है। इन पत्रों में अभिवादन का अभाव होता है।

1 दुर्घटनाग्रस्त हो जाने पर अवकाश हेतु प्रधानाचार्य जी को प्रार्थना-पत्र लिखिए।

परीक्षा भवन
दिल्ली।

दिनांक 16 मार्च, 20XX

सेवा में,
प्रधानाचार्य महोदय,
सरोजिनी स्मृति विद्यालय,
मोदीनगर।

विषय अवकाश हेतु प्रार्थना-पत्र।

महोदय,

विनम्र निवेदन है कि मैं आपके विद्यालय में दसवीं 'अ' का विद्यार्थी हूँ। कल मैं घर के किसी काम से बाहर गया था। आते समय बस से गिर जाने के कारण मेरे पैर में काफ़ी चोट लगी है और मैं चल पाने की स्थिति में नहीं हूँ।

वास्तव में, मेरे दाएँ पैर की हड्डी टूट गई है और उस पर प्लास्टर चढ़ा दिया गया है। डॉक्टर का कहना है कि यह प्लास्टर कम-से-कम तीन सप्ताह के बाद खुलेगा। अतः आपसे प्रार्थना है कि विद्यालय आने में मेरी असमर्थता को देखते हुए मुझे एक महीने का चिकित्सा हेतु अवकाश प्रदान किया जाए। इसके लिए मैं आपका सदैव आभारी रहूँगा।

सधन्यवाद।

आपका आज्ञाकारी शिष्य
क. ख. ग.
कक्षा-दसवीं 'अ'

2 छात्रों के लिए अधिक खेल-सामग्री उपलब्ध कराने का अनुरोध करते हुए अपने विद्यालय के प्रधानाचार्य महोदय को प्रार्थना पत्र लिखिए।

परीक्षा भवन
दिल्ली।

दिनांक 12 अप्रैल, 20XX

सेवा में,
प्रधानाचार्य महोदय,
राजकीय प्रतिभा विकास विद्यालय,
सिविल लाइन्स,
दिल्ली।

विषय अधिक खेल-सामग्री उपलब्ध कराने हेतु।

महोदय,

विनम्र निवेदन यह है कि मैं आपके विद्यालय का दसवीं 'अ' का विद्यार्थी हूँ। हमारे विद्यालय में खेल का मैदान तो काफ़ी बड़ा एवं आकर्षक है, किंतु खेल-सामग्री छात्रों के अनुपात में अत्यंत कम है। खेल के पीरियड (समय) में छात्र खेल नहीं पाते यहाँ तक कि खेल प्रतियोगिता की तैयारी करने के दौरान भी इस समस्या का सामना करना पड़ता है, जिसके कारण खेल का स्तर नीचे गिरता जा रहा है। हमारे विद्यालय में काफ़ी समय से कोई खेल का नया सामान नहीं खरीदा गया है, विद्यार्थियों को टूटे-फूटे सामान से ही खेलना पड़ता है। यह स्थिति अत्यंत चिंताजनक है।

अतः आपसे विनम्र निवेदन है कि विद्यालय में अधिक खेल-सामग्री उपलब्ध कराने की कृपा करें, जिससे छात्र पढ़ाई के साथ-साथ खेल में जीतकर विद्यालय का नाम ऊँचा करें।

धन्यवाद सहित।

आपका आज्ञाकारी शिष्य
क. ख. ग.
दसवीं 'अ'

3 विद्यालय में एक संगीत-सम्मेलन करने की अनुमति देने हेतु अपने प्रधानाचार्य से अनुरोध कीजिए।

परीक्षा भवन
दिल्ली।

दिनांक 15 नवम्बर, 20XX

सेवा में,
प्रधानाचार्य जी,
संस्कृति कन्या विद्यालय
दिल्ली।

विषय विद्यालय में संगीत सम्मेलन करवाने की अनुमति लेने हेतु।

महोदय,

मैं विकास कुमार कक्षा बारहवीं का छात्र व विद्यालय की सांस्कृतिक कार्यक्रम आयोजन समिति का सदस्य हूँ। महोदय, हमारी समिति विद्यालय में एक संगीत-सम्मेलन का आयोजन करना चाहती है। आयोजन समिति चाहती है कि इस सम्मेलन में विभिन्न क्षेत्रीय एवं राज्य स्तरीय सम्मानित व्यक्तियों को भी आमंत्रित किया जाए, साथ ही एक अंतर्विद्यालयी नृत्य एवं गायन प्रतियोगिता का भी आयोजन किया जाए, जिसके द्वारा विद्यालय की युवा प्रतिभाओं को भी अपनी प्रतिभा दिखाने का अवसर प्राप्त होगा।

महोदय, हमारा आपसे अनुरोध है कि विद्यालय की सांस्कृतिक कार्यक्रम आयोजन समिति को विद्यालय में संगीत सम्मेलन आयोजित करवाने की अनुमति दी जाए, जिससे वे एक उच्च कोटि का कार्यक्रम प्रस्तुत कर सकें। अतः हमें आशा ही नहीं, बल्कि पूर्ण विश्वास है कि आप समिति को कार्यक्रम करने की अनुमति अवश्य देंगे।

सधन्यवाद सहित।

आपका आज्ञाकारी शिष्य

विकास कुमार

कक्षा–बारहवीं

II. शिकायती पत्र

किसी विशेष कार्य, समस्या अथवा घटना की शिकायत करते हुए, संबंधित अधिकारी को लिखा गया पत्र 'शिकायती पत्र' कहलाता है। इसका स्वरूप प्रार्थना-पत्र की तरह ही होता है। इसकी भाषा शालीन होनी चाहिए।

1 **आपके मोहल्ले में आए दिन चोरियाँ हो रही हैं। उनकी रोकथाम के लिए थानाध्यक्ष को गश्त बढ़ाने हेतु पत्र लिखिए।**

अथवा

आपके मोहल्ले में विगत एक माह से चोरी की वारदातें होती आ रही हैं। थानाध्यक्ष महोदय को कई पत्र लिखने पर भी कोई सुधार नहीं हुआ है। अतः अपने ज़िले के पुलिस अधीक्षक/आयुक्त महोदय को पत्र लिखकर तुरंत कार्यवाही करने हेतु प्रार्थना कीजिए।

परीक्षा भवन

दिल्ली।

दिनांक 14 मार्च, 20XX

सेवा में,

श्रीमान थानाध्यक्ष महोदय,

सिविल लाइंस,

मुरादाबाद।

विषय मोहल्ले में अपराधों की रोकथाम हेतु।

महोदय,

मुझे बहुत ही खेद के साथ लिखने के लिए विवश होना पड़ रहा है कि पिछले एक माह से हमारे क्षेत्र में अपराधों की संख्या में एकाएक तेज़ी आ गई है। चोरी की घटनाएँ अत्यधिक बढ़ गई हैं, हर दिन कार, स्कूटर चोरी हो रहे हैं। हमारे क्षेत्र के कई घरों में चोरी की घटनाएँ हो चुकी हैं। दिन-दहाड़े चलते हुए राहगीरों को लूटा जा रहा है तथा विरोध करने पर गोली तक मार दी जाती है। पिछले ही सप्ताह एक 60 वर्ष के बुज़ुर्ग से उनकी पेंशन के दो हज़ार रुपये लूटकर उन्हें बुरी तरह घायल कर दिया गया। महिलाओं के गले से चेन खींचने और पर्स आदि छीनकर भागने की घटनाएँ तो आम हो गई हैं। इन सबसे हमारे क्षेत्र में बुरी तरह भय व्याप्त हो गया है। आपसे विनम्र निवेदन है कि विषय की गंभीरता को देखते हुए मोहल्ले के निवासियों के लिए पर्याप्त सुरक्षा का प्रबंध करें और इस क्षेत्र में पुलिस की गश्त बढ़वाने की कृपा करें, ताकि बढ़ते हुए अपराधों पर रोक लगाई जा सके।

धन्यवाद सहित।

प्रार्थी

क. ख. ग.

2 **अपने क्षेत्र की नालियों तथा सड़कों आदि की समुचित सफ़ाई न होने पर स्वास्थ्य अधिकारी को एक शिकायती पत्र लिखिए।**

परीक्षा भवन

दिल्ली।

दिनांक 13 मई, 20XX

सेवा में,

स्वास्थ्य अधिकारी,

नगर निगम,

गाज़ियाबाद।

विषय मोहल्ले की नाली और सड़कों आदि की सफ़ाई के संबंध में।

महोदय,

इस पत्र के माध्यम से मैं आपका ध्यान अपने क्षेत्र की सफ़ाई व्यवस्था की ओर आकर्षित करना चाहता हूँ। हमारा क्षेत्र एक घनी आबादी वाला क्षेत्र है। यहाँ की नालियों की गहराई का स्तर सारे क्षेत्र में एक-सा नहीं है, जिसके कारण नालियाँ अकसर भरी रहती हैं। इतने बड़े क्षेत्र के लिए मात्र एक सफ़ाई कर्मचारी है और वह भी प्रतिदिन नहीं आता। कई बार तो वह तीन-तीन दिन तक नहीं आता। मुख्य कूड़ेदान की संख्या भी एक ही है। घरों की सफ़ाई करने वाले घर के कूड़े को मुख्य कूड़ेदान में डाल देते हैं, जिससे वह ऊपर तक गंदगी से भर जाता है।

इससे बीमारी फैलने का भी खतरा हो रहा है। कुछ ही दिनों में वर्षा का समय भी आने वाला है। यदि यही हाल रहा तो हमारे क्षेत्र में गंभीर बीमारी फैल जाएगी, जिसके शिकार बच्चे और बूढ़े अधिक संख्या में होंगे।

आपसे विनम्र निवेदन है कि समस्या की गंभीरता को देखते हुए एक बार स्वयं हमारे क्षेत्र का निरीक्षण करने का कष्ट करें, ताकि पत्र में लिखी सारी बातों की सत्यता को जाँचा जा सके। निरीक्षण तथा उचित कदम की प्रतीक्षा में।

सधन्यवाद।

प्रार्थी

क. ख. ग.

3 **आपके क्षेत्र में अनधिकृत मकान बनाए जा रहे हैं, जिससे आपको तथा आपके पड़ोसियों को बहुत असुविधा हो रही है। इस समस्या की रोकथाम के लिए जिला अधिकारी को पत्र लिखिए।**

परीक्षा भवन

दिल्ली।

दिनांक 16 नवंबर, 20XX

सेवा में,

जिला अधिकारी

सिविल लाइंस

दिल्ली।

विषय अनधिकृत मकान बनाने से उत्पन्न समस्याओं के समाधान हेतु।

महोदय,

मेरा नाम अमित गर्ग है, मैं तिलक नगर दिल्ली का निवासी हूँ। महोदय हमारे क्षेत्र में कुछ लोग अनधिकृत रूप से अपने-अपने मकान बना रहे हैं। इन लोगों द्वारा मकान बनाते समय पड़ोसियों की सुविधाओं का बिल्कुल भी ध्यान नहीं रखा जाता।

मकान बनाने में उपयोग होने वाली सामग्री गलियों में अस्त-व्यस्त स्थिति में पड़ी रहती है, जिससे आने-जाने वाले लोगों को असुविधा होती हैं। साथ ही मकान बनाते समय धूल के कण उड़ते रहते हैं, जिससे लोगों को साँस लेने संबंधी परेशानियों का भी सामना करना पड़ रहा है। अनधिकृत रूप से मकान बनाने की शिकायत नगर निगम व क्षेत्रीय पुलिस अधिकारियों से भी की जा चुकी है, लेकिन उनकी ओर से कोई उचित कारवाई नहीं की गई है।

अतः सभी क्षेत्रवासियों का आपसे निवेदन है कि इस समस्या के समाधान हेतु उचित कार्यवाही करते हुए तत्काल अनधिकृत रूप से मकान बनाने वालों के खिलाफ दिशा-निर्देश जारी किए जाएँ

धन्यवाद।

भवदीय

क. ख. ग.

III. संपादकीय पत्र

संपादक के नाम लिखे जाने वाले पत्र को 'संपादकीय पत्र' कहा जाता है। ऐसे पत्र एक विशिष्ट शैली में लिखे जाते हैं। इस पत्र में कुछ भाग संपादक को संबोधित होता है, जबकि मुख्य विषय-वस्तु 'जन सामान्य' को लक्षित कर लिखी जाती है।

1 **किसी प्रतिष्ठित दैनिक समाचार-पत्र के संपादक को पत्र लिखकर चुनाव के दिनों में कार्यकर्ताओं द्वारा घरों, विद्यालयों और मार्गदर्शक चित्रों आदि पर बेतहाशा पोस्टर लगाने के कारण इससे लोगों को होने वाली असुविधा की ओर ध्यान आकृष्ट कीजिए।**

परीक्षा भवन

दिल्ली।

दिनांक 15 फरवरी, 20XX

सेवा में,

संपादक महोदय,

दैनिक जागरण, मेरठ

विषय पोस्टर लगाने के कारण होने वाली असुविधा हेतु।

मान्यवर,

मैं आपके लोकप्रिय दैनिक समाचार-पत्र के माध्यम से चुनाव के दिनों में पोस्टरों से उत्पन्न होने वाली समस्या की ओर प्रशासनिक अधिकारियों, राजनीतिक दलों तथा जनता का ध्यान आकर्षित करना चाहता हूँ।

चुनाव के दिनों में विभिन्न राजनीतिक दल अपने-अपने उम्मीदवार के पक्ष में जनमत तैयार करने के लिए तरह-तरह के पोस्टरों, होर्डिंग्स आदि को घरों की दीवारों, दरवाज़ों, खिड़कियों, विद्यालयों, चौराहों, विज्ञापन बोर्डों, सार्वजनिक अस्पतालों के मुख्य द्वारों तथा मार्गदर्शक चित्रों पर चिपका देते हैं। जिसके कारण आम जनता को बहुत अधिक असुविधा का सामना करना पड़ता है। चुनाव आयोग, पुलिस विभाग तथा संबंधित नगर निगम के अधिकारियों से मेरी यह अपील है कि सभी को मिल-जुलकर इस समस्या का समाधान खोजना चाहिए।

मुझे आशा ही नहीं पूरा विश्वास है कि आम जनता के हित में सभी राजनीतिक दल, चुनाव आयोग तथा नगर निगम अपने कर्तव्यों का सावधानीपूर्वक निर्वाह करेंगे तथा ऐसा कोई भी कार्य नहीं करेंगे, जो जनता के लिए असुविधाजनक हो।

धन्यवाद।

भवदीय

क. ख. ग.

2 **समाचार-पत्रों में विज्ञापनों की भरमार को कम करने और समसामयिक विषयों पर लेखन की आवश्यकता को दर्शाते हुए किसी दैनिक समाचार-पत्र के संपादक को पत्र लिखिए।**

परीक्षा भवन
दिल्ली।

दिनांक 17 अप्रैल, 20XX

सेवा में,
संपादक महोदय,
नवभारत टाइम्स,
नई दिल्ली।

विषय विज्ञापनों की भरमार कम करने एवं समसामयिक विषयों पर लेखन करने हेतु।

मैं इस पत्र के माध्यम से आपका ध्यान समाचार-पत्रों में छपने वाले विज्ञापनों की ओर आकर्षित करना चाहती हूँ। आजकल समाचार पत्रों में विज्ञापनों की भरमार रहती है, जिसके कारण समाज में घटित हो रही घटनाओं एवं समसामयिक विषयों के संदर्भ में जानकारी नहीं मिल पाती।

इसके अतिरिक्त कुछ विज्ञापन तो भ्रामक होते हैं, जिन्हें पढ़कर लोग खासकर युवा पीढ़ी गुमराह होती है।

समाचार-पत्रों में दिन-प्रतिदिन की नित्य नवीन घटनाओं को प्रकाशित किया जाना चाहिए, जिससे पाठक वर्ग अधिक से अधिक जानकारी ग्रहण कर सकें एवं विज्ञापन विशेषकर भ्रामक विज्ञापनों से बच सकें।

अतः आपसे अनुरोध है कि इस विषय पर गंभीरतापूर्वक विचार करके उचित कदम उठाएँ। विज्ञापनों की भरमार को कम करके केवल उन्हीं विज्ञापनों को समाचार-पत्र में प्रकाशित किया जाए जो विश्वसनीय हों।

धन्यवाद।
भवदीया
क. ख. ग.

3 **विद्यालयों में योग-शिक्षा का महत्त्व बताते हुए किसी समाचार-पत्र के संपादक को पत्र लिखिए।**

परीक्षा भवन
दिल्ली।

दिनांक 17 नवंबर, 20XX

सेवा में,
संपादक महोदय,
हिंदुस्तान,
दिल्ली।

विषय विद्यालय में योग-शिक्षा का महत्त्व बताने हेतु।

महोदय,

मैं सुरेंद्र खत्री, पंजाबी बाग, दिल्ली का निवासी हूँ। मैं आपके प्रतिष्ठित दैनिक समाचार-पत्र हिंदुस्तान के माध्यम से विद्यालयों में योग शिक्षा के महत्त्व के प्रति विद्यालय प्रबंधकों, प्रधानाचार्यों, अध्यापकों, अभिभावकों व विद्यार्थियों को अवगत कराना चाहता हूँ।

महोदय, योग व्यक्ति को अनुशासित व स्वस्थ रहने में अत्यंत महत्त्वपूर्ण भूमिका निभाता है। अनुशासन व स्वास्थ्य एक विद्यार्थी के उज्ज्वल भविष्य के लिए अत्यंत आवश्यक है। वर्तमान समय में अत्यधिक व्यस्त जीवन शैली के कारण लोगों में मधुमेह, उच्च रक्तचाप, तनाव, इत्यादि रोगों को न चाहते हुए भी अपना साथी बना लिया है, योग मनुष्य को इन रोगों से मुक्ति दिलाने का महत्त्वपूर्ण साधन है। वर्तमान समय में युवा वर्ग भी इन समस्याओं से अछूता नहीं है, इसलिए आवश्यकता है कि युवाओं को विद्यालय में योग की शिक्षा देकर उन्हें इन समस्याओं से बचने का उपाय बताया जाए।

अतः मुझे आशा ही नहीं पूर्ण विश्वास है कि आप विद्यार्थियों के हित में इस पत्र को अपने समाचार-पत्र में अवश्य प्रकाशित करेंगे।

धन्यवाद।
भवदीय
सुरेंद्र खत्री

IV. व्यावसायिक पत्र

व्यावसायिक संबंधों को सुनिश्चित करने के लिए जो पत्र लिखे जाते हैं, 'उन्हें व्यावसायिक पत्र' कहा जाता है। ऐसे पत्रों की भाषा स्पष्ट तथा आकर्षक होनी चाहिए, जिससे बातें पूर्णतः स्पष्टता के साथ संप्रेषित हो सकें। व्यावसायिक पत्रों में सामान मँगवाने, उसकी जानकारी, शिकायतें तथा शिकायतों के निवारण जैसे विषय होते हैं।

1 **आपने एक ऑनलाइन शॉपिंग कंपनी के माध्यम से कुछ सामान खरीदा, लेकिन तय राशि के भुगतान के बाद भी आपको अपना सामान नहीं मिला। कंपनी प्रबंधक से इसकी शिकायत करते हुए पत्र लिखिए।**

परीक्षा भवन
दिल्ली।

दिनांक 14 मार्च, 20XX

सेवा में,
प्रबंधक महोदय
ऑनलाइन सेवा कंपनी,
दिल्ली।

विषय खरीदे गए सामान की डिलीवरी न होने हेतु।

महोदय,

मुझे बहुत खेद के साथ आपको यह सूचित करना पड़ रहा है कि मैंने एक सप्ताह पूर्व आपकी वेबसाइट के माध्यम से ऑनलाइन खरीदारी की थी और तय राशि का भुगतान भी कर दिया था, लेकिन अब तक मुझे मेरा सामान नहीं मिला है। मैंने कई बार टेलीफ़ोन आदि के द्वारा आपकी कंपनी के अधिकारियों से संपर्क करने का प्रयास किया, परंतु सफलता न मिली। इसलिए मुझे विवश होकर आपको यह पत्र लिखना पड़ा।

मेरे द्वारा ऑर्डर किए गए सामान का विवरण निम्न है

सामान	संख्या
सैमसंग गैलेक्सी ग्रैंड	2
सोफा सैट	1
डबल बैड	1

आपसे अनुरोध है कि बिना विलंब किए मेरे ऑर्डर के अनुसार सामान पहुँचाने का प्रबंध करें।

धन्यवाद सहित।

भवदीय

क. ख. ग.

2 **आपको कुछ पुस्तकों की आवश्यकता है, जो बाज़ार में उपलब्ध नहीं हैं। इस संदर्भ में प्रकाशक को पत्र लिखकर वीपीपी द्वारा पुस्तकें भेजने के लिए निवेदन कीजिए।**

परीक्षा भवन
दिल्ली।

दिनांक 25 अप्रैल, 20XX

सेवा में,
प्रबंधक महोदय,
अ. ब. स प्रकाशन, मेरठ।

विषय वीपीपी द्वारा पुस्तकें भेजने हेतु।

महोदय,
मैं राजकीय प्रतिभा विकास विद्यालय, दिल्ली का दसवीं कक्षा का विद्यार्थी हूँ। मुझे निम्न पुस्तकों की शीघ्र आवश्यकता है। अतः आपसे अनुरोध है कि ये पुस्तकें यथाशीघ्र वीपीपी द्वारा भेजने का कष्ट करें। कृपया उचित शुल्क लगाकर बिल भी संलग्न कर दें।

पुस्तकें	प्रतियाँ
1. हिंदी व्याकरण	2 प्रति
2. हिंदी गद्य	2 प्रति
3. काव्य चंद्रिका	2 प्रति

आपसे अनुरोध है कि बिना विलंब किए वीपीपी द्वारा पुस्तकें पहुँचाने की कृपा करें।

धन्यवाद सहित।

भवदीया

क. ख. ग.

3 **आप अजय जैन, गर्ग एंड सन्स कंपनी के मालिक हैं। उपभोक्ता द्वारा मँगवाए गए सामान की सूचना देते हुए उपभोक्ता को सामान की सूचना दीजिए।**

बैनारा उद्योग लि.
आगरा।

दिनांक 18 नवंबर, 20XX

सेवा में,
गर्ग-एंड सन्स कम्पनी
दिल्ली।

महोदय,

आपको सूचित करते हुए हमें हर्ष हो रहा है कि हमने आपकी आकस्मिकता को पूरा करते हुए आपकी माँग के अनुसार एस.एस. सागर द्वारा बॉल बेयरिंग आपके पते पर भेज दी है। यह सामान लकड़ी की 15 पेटियों में पैक किया गया है।

आपके सामान का बीमा हमारे शिपिंग एजेंट मैकमोहन एंड ब्रदर्स कंपनी, कोलाबा, मुंबई द्वारा कराया गया है।

इस पत्र के साथ हम ₹ 15000 का बिल संलग्न कर रहे हैं, जिसका भुगतान आपको 90 दिनों के भीतर करना होगा। आशा है आपका सामान समय पर एवं सुरक्षित पहुँच जाएगा।

धन्यवाद सहित।

भवदीय

अजय जैन
बैनारा उद्योग लि.

V. कार्यालयी पत्र

विभिन्न सरकारी कार्यालयों में पत्र के माध्यम से कार्य संपादित होते हैं। ऐसे पत्रों को 'कार्यालयी पत्र' कहा जाता है। इन पत्रों में शालीनता तथा शिष्ट भाषा का प्रयोग किया जाता है।

1 **किसी महत्त्वपूर्ण पत्र के प्राप्त न होने की शिकायत करते हुए अपने क्षेत्र के पोस्ट मास्टर को पत्र लिखिए।**

परीक्षा भवन
दिल्ली।

दिनांक 17 अप्रैल, 20XX

सेवा में,
डाकपाल महोदय,
केंद्रीय डाकघर, गोल मार्केट,
नई दिल्ली।

विषय डाक की अनुचित एवं अनियमित व्यवस्था के संदर्भ में।

महोदय,
इस पत्र के माध्यम से मैं आपका ध्यान इस ओर आकर्षित करना चाहता हूँ कि हमारे क्षेत्र 'गोल मार्केट' के निवासियों को पिछले कुछ दिनों से डाक नियमित रूप से नहीं मिल रही है।

डाकिया या तो डाक देता ही नहीं या फिर वह कहीं भी फेंककर चला जाता है। जहाँ-तहाँ डाक फेंक देने से कोई भी बच्चा या व्यक्ति उसका दुरुपयोग करता है या फाड़कर फेंक देता है, जिससे डाक प्राप्त करने वाले व्यक्ति को भारी नुकसान होता है।

डाकिया के आने का कोई निश्चित समय भी नहीं है और वह ठीक से बात भी नहीं करता। उसकी लापरवाही के कारण क्षेत्र के लोगों को अत्यधिक नुकसान हो रहा है, जिसकी क्षतिपूर्ति होनी असंभव है। अतः आपसे निवेदन है कि इस क्षेत्र के डाकिए को आप उचित निर्देश दें, ताकि वह नियमित एवं व्यवस्थित तरीके से डाक का वितरण करे।

धन्यवाद।
भवदीय
क. ख. ग.

2 समस्त औपचारिकताएँ पूर्ण करने के बाद भी अभी तक आपको अपना 'पहचान पत्र' नहीं मिला है। इस समस्या के समाधान हेतु संबंधित अधिकारी को पत्र लिखिए।

परीक्षा भवन
दिल्ली।

दिनांक 25 फरवरी, 20XX

सेवा में,
निदेशक महोदय,
कश्मीरी गेट
दिल्ली।

विषय आधार पहचान पत्र न मिलने के संदर्भ में।

मान्यवर,

मैं पुरानी दिल्ली क्षेत्र का निवासी हूँ। मैं तीन महीने पूर्व ही संबंधित कार्यालय में 'आधार पहचान पत्र' से जुड़ी सारी औपचारिकताएँ पूर्ण कर चुका हूँ, परंतु अभी तक मुझे मेरा आधार कार्ड प्राप्त नहीं हुआ है। इस संबंध में मैं कई बार संबंधित कार्यालय के अधिकारियों से बात कर चुका हूँ, परंतु उनके द्वारा बार-बार आश्वासन दिए जाने के बाद भी मेरी समस्या का हल नहीं हो पाया है। आधार पहचान पत्र समय पर न मिलने के कारण मुझे और मेरे परिवार को जन-कल्याण संबंधी कई सरकारी योजनाओं के लाभ से वंचित होना पड़ रहा है। मुझे आधार पहचान पत्र की अत्यंत आवश्यकता है। अतः आपसे निवेदन है कि स्थिति की गंभीरता को समझते हुए मुझे मेरा आधार पहचान पत्र शीघ्रता से दिलवाने का कष्ट करें।

सधन्यवाद।

भवदीय
क. ख. ग.

3. डाक विभाग के अधिकारी को डाकघर में जमा धनराशि पर मिलने वाले ब्याज दर में वृद्धि करने हेतु पत्र लिखिए।

परीक्षा भवन
दिल्ली।

दिनांक 20 नवंबर, 20XX

सेवा में,
निदेशक महोदय,
डाक विभाग,
दिल्ली।

विषय ब्याज दरों में वृद्धि करने हेतु।

महोदय,

भारत की लगभग 65% जनता गाँवों में रहती है। गाँवों में अधिकतर किसान एवं मजदूर रहते हैं। अब लगभग सभी गाँवों में डाकघर खुल चुके हैं। पहले से ही गाँव के लोग डाकघर में विश्वास रखते हैं। महँगाई चरम सीमा पर पहुँच चुकी है। पेट्रोल, डीजल की कीमतें दिनों-दिन बढ़ रही हैं, बैंक की ब्याज दरों में लगातार बढ़ोतरी, लोन में बढ़ोतरी, तो फिर डाकघरों की ब्याज दरों में बढ़ोतरी क्यों नहीं जाती।

गाँव के लोग डाकघरों में पैसा जमा करते हैं। डाकघर की ब्याज दरें कई वर्षों से पुरानी दरों पर ही पड़ी हुई हैं। अब डाक विभाग को इस ओर ध्यान देते हुए गरीब जनता की भलाई के लिए डाकघरों की ब्याज दरों में बढ़ोतरी करनी चाहिए।

अतः मुझे आशा है कि आप इस ओर ध्यान देते हुए शीघ्रातिशीघ्र कोई विशेष कदम अवश्य उठाएँगे।

धन्यवाद।

भवदीय
क.ख.ग.

2. अनौपचारिक पत्र

सगे-संबंधियों, मित्रों, रिश्तेदारों, परिचितों आदि को लिखे गए पत्र 'अनौपचारिक पत्र' कहलाते हैं। इन्हें व्यक्तिगत पत्र भी कहा जाता है। इस प्रकार के पत्रों में व्यक्ति से संबंधित सुख-दु:ख, हर्ष, उत्साह आदि का वर्णन किया जाता है। अनौपचारिक पत्रों की भाषा आत्मीय व हृदय को स्पर्श करने वाली होती है।

अनौपचारिक पत्रों में आने वाले संबोधन, अभिवादन तथा अभिनिवेदन

पत्र पाने वाले के साथ संबंध	संबोधन	अभिवादन	अभिनिवेदन
अपने से बड़े संबंधी (माता, पिता, बड़ा भाई, बड़ी बहन, शिक्षक इत्यादि)	पूजनीया (माता), पूज्य (पिता), आदरणीय, पूजनीय, आदरणीया (माता, बहन)	चरण-स्पर्श, सादर प्रणाम	आज्ञाकारी, स्नेहाकांक्षी, प्यारा इत्यादि
अपने से छोटे संबंधी (छोटा भाई, छोटी बहन, पुत्र, पुत्री, भतीजा, भतीजी इत्यादि)	चिरंजीवी, प्रिय, केवल नाम	शुभाशीर्वाद, प्रसन्न रहो	शुभेच्छु, शुभाकांक्षी, हितैषी इत्यादि
मित्र, सहपाठी	प्रिय, मित्रवर, केवल नाम	सप्रेम नमस्कार, नमस्ते	तुम्हारा सहृदय, मित्र इत्यादि
विदेशी पत्र-मित्र	प्रिय, मित्र	नमस्ते	आपका, आपका मित्र
अपरिचित पुरुष	महाशय, श्रीमान (नाम), महोदय	नमस्ते, नमस्कार	भवदीय, भवदीया, हितैषी
अपरिचित महिला	महाशया, श्रीमती (नाम), महोदया	नमस्ते, नमस्कार	भवदीय, हितैषी

अनौपचारिक पत्रों के उदाहरण

1 रास्ते में गुम हो गए एयर बैग को एक अपरिचित व्यक्ति द्वारा लौटाने पर धन्यवाद पत्र लिखिए।

परीक्षा भवन
दिल्ली।

दिनांक 19 अप्रैल, 20XX

महोदय,
सादर नमस्कार!

मेरा आपसे परिचय नहीं है। आप भी मुझे नहीं जानते। मेरे और आपके बीच केवल एक ही संबंध है–एक भले और कृतज्ञ इंसान का। मैं आपके द्वारा भिजवाए गए अपने एयर बैग को पाकर हृदय से कृतज्ञ हूँ। मैं रेलगाड़ी में भूले हुए एयर बैग के कारण बहुत परेशान था। मेरे कई अति आवश्यक कागज़ात; *जैसे*–सर्टिफिकेट, मकान के कागज़ात, कुछ ऊनी कपड़े तथा तीन हज़ार रुपये उस बैग में थे। मैंने इस बैग को पाने के लिए बहुत प्रयास किए। मेरे प्रयासों का कुछ फल न मिलता देखकर मैं निराश हो चुका था। इस निराशा के कारण मैं न जाने कितनी बार दुनिया की बेइमानी को कोस चुका था। मुझे ऐसा प्रतीत हो रहा था कि मानो इस दुनिया में मक्कारी, ठगी, चोरी और झूठ का ही बोलबाला है। आपने मेरा एयर बैग अपने नौकर के हाथों भेजकर मेरी सारी निराशा को आशा में बदल दिया।

आपकी ईमानदारी ने सचमुच मुझे नया विश्वास दिया है। आप विश्वास रखिए, जीवन में अगर कभी आपकी किसी भी परेशानी में काम आने का अवसर मिला, तो मैं उस अवसर को नहीं छोड़ूँगा। मैंने अपने बैग की पूरी तरह से जाँच कर ली है। सभी वस्तुएँ अपने स्थान पर हैं। आपका हृदय से धन्यवाद!

धन्यवाद।
भवदीय
क. ख. ग.

2 कुछ ही समय पूर्व संपन्न हुए विधानसभा चुनावों में आपके मामाजी द्वारा चुनाव जीतने पर क्षेत्र के मतदाताओं की अपेक्षाओं पर खरा उतरने की कामना करते हुए उन्हें बधाई पत्र लिखिए।

परीक्षा भवन
दिल्ली।

दिनांक 22 मार्च, 20XX

पूज्य मामाजी,
सादर प्रणाम!

विधानसभा का चुनाव जीतने पर मेरी ओर से बहुत-बहुत बधाई। आपने विधानसभा का चुनाव पहली बार जीता है। आप अपने क्षेत्र के सम्माननीय व्यक्ति बन गए हैं। इससे न केवल आपका ही सम्मान बढ़ा है, बल्कि हमें भी उतना ही सम्मान मिला है। पूज्य मामाजी, विधायक बनने से आपको न केवल सम्मान मिला है, बल्कि इस क्षेत्र के लोगों क़ी आकांक्षाओं पर खरा उतरने की ज़िम्मेदारी भी आप पर आ गई है।

आपने अपने प्रतिद्वंद्वी उम्मीदवार को पचास हज़ार से अधिक वोटों से पराजित किया है। इससे आपको यह समझ लेना चाहिए कि क्षेत्र की जनता ने आप पर बहुत अधिक विश्वास किया है। आपको उस विश्वास को बनाए रखना है। मैं ईश्वर से प्रार्थना करता हूँ कि इस कसौटी पर आप खरे उतरें और अपने क्षेत्रवासियों का दिल अपने कार्य और व्यवहार से जीत लें।

आपका भांजा
क. ख. ग.

3 **गुड़गाँव से आपके मित्र नरेंद्र ने आपको अपनी बहन की शादी पर आमंत्रित किया है, आप परीक्षाओं में व्यस्त होने के कारण जाने में असमर्थ हैं। अपनी असमर्थता व्यक्त करते हुए नरेंद्र को एक बधाई पत्र लिखें।**

परीक्षा भवन
दिल्ली।

दिनांक 07 मार्च, 20XX

प्रिय मित्र नरेंद्र,
नमस्कार!

आशा है कि तुम स्वस्थ होगे और घर पर शादी की तैयारियाँ सुचारु रूप से चल रही होंगी। यह मेरे लिए अत्यंत हर्ष का विषय है कि तुमने मुझे अपनी बहन की शादी में आमंत्रित कर अपने परिवार की खुशियों में शामिल होने का अवसर दिया, लेकिन मुझे अत्यंत खेद के साथ यह कहना पड़ रहा है कि इस खुशी के अवसर पर मैं उपस्थित नहीं हो सकूँगा। इस समय मैं एक प्रतियोगी परीक्षा की तैयारी में व्यस्त हूँ और शादी वाले दिन ही मुझे परीक्षा में सम्मिलित होना है। अतः मित्र शादी में न आ सकने पर मैं तुमसे माफ़ी माँगता हूँ।

मैं भले ही आ न पाऊँ, लेकिन इस पत्र के माध्यम से दीदी के लिए शुभकामनाएँ भेज रहा हूँ। मेरी ओर से उन्हें विवाह की बहुत-बहुत बधाई। उनका नया सफ़र सुहावना हो और उन्हें अपने जीवनसाथी का भरपूर सहयोग मिले, ईश्वर से मेरी यही प्रार्थना है।

परीक्षा समाप्त होने के बाद मैं शीघ्र ही मिलने आऊँगा।

तुम्हारा मित्र
क. ख. ग.

4 **आपके पिताजी के दुर्घटनाग्रस्त हो जाने पर आपके मित्र संभव ने आपकी बहुत सहायता की तथा आपको स्थिति का सामना करने का हौंसला दिया, उसे धन्यवाद देते हुए एक पत्र लिखिए।**

परीक्षा भवन
दिल्ली।

दिनांक 12 अप्रैल, 20XX

प्रिय मित्र संभव,
सप्रेम नमस्कार!

कल ही तुम्हारा पत्र मिला। पत्र पढ़कर पता चला कि तुम पिताजी के स्वास्थ्य को लेकर बहुत चिंतित हो। मित्र, पिताजी का स्वास्थ्य अब पहले से बेहतर है और वे धीरे-धीरे दुर्घटना के प्रभाव से उबर रहे हैं। अकस्मात ही सड़क दुर्घटना में पिताजी को गंभीर चोट लगने से मेरे और मेरे परिवार के ऊपर विपत्तियों का पहाड़ ही टूट पड़ा था। उस समय तुमने मेरे साथ अस्पताल में रुककर मेरी बहुत सहायता की और मुझे इस मुश्किल वक्त का सामना करने की हिम्मत दी।

तुम्हारे साथ के कारण ही मैं पिताजी की उचित देखभाल कर सका। इस विपत्ति के समय साथ देकर तुमने यह सिद्ध कर दिया कि तुम मेरे सच्चे मित्र हो। मैं हृदय से तुम्हारा आभार प्रकट करता हूँ और तुम्हारा धन्यवाद करता हूँ। भविष्य में यदि मैं तुम्हारे कुछ काम आ सकूँ, तो मुझे बड़ी खुशी होगी।

घर पर सभी बड़ों को मेरा प्रणाम।

तुम्हारा मित्र
क. ख. ग.

5 **अपने विद्यालय में हुए संगीत समारोह पर टिप्पणी करते हुए माँ को पत्र लिखिए।**

परीक्षा भवन
दिल्ली।

दिनांक 20 नवंबर, 20XX

पूज्य माता जी,
सादर प्रणाम!

आप कैसी हैं? आशा करता हूँ आप स्वस्थ ही होंगी। मैं भी यहाँ कुशल-मंगल से हूँ। माता जी अभी 14 नवंबर, 2017 को हमारे विद्यालय में बाल दिवस के उपलक्ष में संगीत समारोह का आयोजन किया गया था, जिसमें विभिन्न कक्षाओं के छात्रों ने नृत्य एवं गायन शैली में अपनी-अपनी प्रस्तुतियाँ प्रदान की। इस संगीत समारोह में मैंने भी प्रतिभाग लिया था और पंडित जवाहरलाल नेहरू जी ऊपर रचित एक संगीतबद्ध कविता का पाठ किया था। हमारी कक्षा के ही एक छात्र मुकेश को पंजाबी लोकनृत्य भांगड़ा की सुंदर प्रस्तुति करने के कारण प्रथम पुरस्कार, उस दिन की मुख्य अतिथि सोनल मानसिंह के हाथों प्राप्त हुआ। उनके अतिरिक्त लोक गायिका मालिनी अवस्थी, नरेंद्र सिंह नेगी आदि भी उस दिन वहाँ उपस्थित थे। संगीत समारोह का वह दिन मेरे जीवन का बहुत यादगार दिन बन गया है।

संगीत समारोह की अन्य बहुत-सी बातें मैं आपको घर आने पर बताऊँगा। आप अपने स्वास्थ्य का ध्यान रखना।

आपका पुत्र
प्रकाश

अभ्यास प्रश्न

1. पत्र मुख्यत: कितने प्रकार के होते हैं?
(a) दो (b) तीन
(c) चार (d) इनमें से कोई नहीं

2. पत्र को लिखने का क्रम कहलाता है
(a) पत्र के प्रकार
(b) पत्र के अंग
(c) पत्र के शीर्षक
(d) पत्र का विवरण

3. पत्र में सर्वप्रथम लिखा जाता है।
(a) पत्र लिखने वाले का नाम व पता
(b) पत्र पाने वाले का नाम व पता
(c) तिथि व स्थान
(d) उपरोक्त में से कोई नहीं

4. पत्र का मुख्य भाग कहा जाता है
(a) पते को (b) विषय-वस्तु को
(c) हस्ताक्षर को (d) संबोधन को

5. औपचारिक पत्र लिखे जाते हैं
(a) प्रधानाचार्य को (b) व्यापारियों को
(c) पदाधिकारियों को (d) इन सभी को

6. अनौपचारिक पत्र लिखे जाते हैं
(a) विभागाध्यक्ष को
(b) केवल मित्रों को
(c) सगे सम्बन्धियों, मित्रों, परिचितों को
(d) उपरोक्त में से कोई नहीं

7. औपचारिक पत्र में पते के बाद किसका उल्लेख होता है
(a) विषय (b) तिथि (c) हस्ताक्षर (d) संबोधन

8. सम्पादकीय पत्र मुख्यत: किसको लिखा जाता है?
(a) किसी समाचार पत्र के सम्पादक को
(b) किसी संस्थान के सम्पादक को
(c) किसी सरकारी अधिकारी को
(d) उपरोक्त में से कोई नहीं

9. औपाचारिक पत्रों में मुख्यत: किस सम्बोधन का प्रयोग किया जाता है?
(a) महोदय, मान्यवर (b) प्रिय मित्र
(c) 'a' व 'b' दोनों (d) इनमें से कोई नहीं

10. पत्र की भाषा कैसी होनी चाहिए?
(a) सरल, सामान्य व मधुर (b) कठिन व मधुर
(c) 'a' व 'b' दोनों (d) इनमें से कोई नहीं

उत्तरमाला

1.	(a)	2.	(b)	3.	(a)	4.	(b)	5.	(d)	6.	(c)	7.	(a)	8.	(a)	9.	(a)	10.	(a)

अध्याय 14

प्रमुख लेखक/कवि और उनकी कृतियाँ

लेखक और उनकी कृतियाँ

रचनाएँ	सम्बद्ध लेखक
कंकड़ स्रोत	भारतेन्दु हरिश्चन्द्र
हमारा कर्त्तव्य और युगधर्म	प्रतापनारायण मिश्र
आचरण की सभ्यता	सरदार पूर्णसिंह
चिन्तामणि	रामचन्द्र शुक्ल
ठलुआ क्लब, नर से नारायण	बाबू गुलाबराय
पाव भर आटा	वियोगी हरि
साहित्य देवता	माखनलाल चतुर्वेदी
कुछ विचार	प्रेमचन्द
कुछ बिखरे पन्ने, क्या लिखूँ, पंचपात्र, प्रबन्ध पारिजात	पदुमलाल पुन्नालाल बख्शी
इतिहास साक्षी है, खून की छींटे	भगवतशरण उपाध्याय
कल्पलता, कुटज, अशोक के फूल	हजारी प्रसाद द्विवेदी
विवेचनात्मक गद्य, शृंखला की कड़ियाँ	महादेवी वर्मा
गाँव सुखी हम सुखी, गीता प्रवचन	विनोबा भावे
गेहूँ और गुलाब	रामवृक्ष बेनीपुरी
अर्द्धनारीश्वर, उजली आग	रामधारी सिंह 'दिनकर'
अथाह सागर, अनन्त आकाश	जयप्रकाश भारती
कहनी-अनकहनी, ठेले पर हिमालय	धर्मवीर भारती
जीवन का काव्य, सर्वोदय	काका कालेलकर
सर्वोदय की बुनियाद	हरिभाऊ उपाध्याय
दृष्टिकोण, दक्षिण भारत की एक झलक	विनयमोहन शर्मा
गाँधीजी की देन	डॉ. राजेन्द्र प्रसाद
साहित्य	डॉ. राजेन्द्र प्रसाद
रानी केतकी की कहानी	इंशाअल्ला खाँ
राजा भोज का सपना	राज शिवप्रसाद सितारे 'हिन्द'
इन्दुमती	किशोरीलाल गोस्वामी
ग्यारह वर्ष का समय	रामचन्द्र शुक्ल
उसने कहा था	चन्द्रधर शर्मा 'गुलेरी'

रचनाएँ	सम्बद्ध लेखक
झलमला	पदुमलाल पुन्नालाल बख्शी
प्रेमांजलि, पूस की रात, पंचपरमेश्वर	प्रेमचन्द
आँधी, आकाशद्वीप, इन्द्रजाल	जयशंकर प्रसाद
चाँद और टूटे हुए लोग	धर्मवीर भारती
परीक्षा गुरु	लाला श्रीनिवासदास
चन्द्रकान्ता, चन्द्रकान्ता सन्तति, भूतनाथ	देवकीनन्दन खत्री
सेवासदन, निर्मला, गोदान, कर्मभूमि	प्रेमचन्द
तितली	जयशंकर प्रसाद
त्यागपत्र	जैनेन्द्र
बाणभट्ट की आत्मकथा, पुनर्नवा, अनामदास का पोथा, चारुचन्द्र लेख	हजारी प्रसाद द्विवेदी
मृगनयनी	वृन्दावनलाल वर्मा
चित्रलेखा	भगवतीचरण वर्मा
सूरज का सातवाँ घोड़ा, गुनाहों का देवता	धर्मवीर भारती
पतितों के देश में	रामवृक्ष बेनीपुरी
शेखर : एक जीवनी	अज्ञेय
गिरती दीवारें	उपेन्द्रनाथ 'अश्क'
नहुष	गोपालचन्द्र गिरिधरदास
अन्धेर नगरी, सत्य हरिश्चन्द्र	भारतेन्दु हरिश्चन्द्र
कलिकौतुक, भारत-दुर्दशा, हठी हम्मीर	प्रतापनारायण मिश्र
छद्मयोगिनी, वीर हरदौल	वियोगी हरि
एक घूँट, चन्द्रगुप्त, अजातशत्रु, ध्रुवस्वामिनी, स्कन्दगुप्त	जयशंकर प्रसाद
कर्बला, प्रेम की वेदी, संग्राम	प्रेमचन्द
अन्धायुग, नदी प्यासी थी	धर्मवीर भारती
कुल्ली भाट	सूर्यकान्त त्रिपाठी 'निराला'
लहरों के राजहंस, आषाढ़ का एक दिन	मोहन राकेश
अम्बपाली	रामवृक्ष बेनीपुरी

रचनाएँ	सम्बद्ध लेखक
कुछ फीचर कुछ एकांकी	भगवतशरण उपाध्याय
पृथ्वीराज की आँखें, दीपदान	डॉ. रामकुमार शर्मा
नीली झील	धर्मवीर भारती
भोर का तारा	जगदीशचन्द्र माथुर
आवारा मसीहा	विष्णु प्रभाकर
कलम का सिपाही	अमृतराय
गुरुनानक देव	हजारीप्रसाद द्विवेदी
लोकमान्य तिलक, विज्ञान की विभूतियाँ, हमारे गौरव के प्रतीक	जयप्रकाश भारती
मेरी असफलताएँ	गुलाबराय
नीड़ का निर्माण फिर, क्या भूलूँ क्या याद करूँ	हरिवंशराय बच्चन
आत्मकथा	डॉ. राजेन्द्र प्रसाद
अपनी खबर	पाण्डेय बेचन शर्मा 'उग्र'
अतीत के चलचित्र, मेरा परिवार	महादेवी वर्मा
माटी की मूरतें	रामवृक्ष बेनीपुरी
स्मृति की रेखाएँ, पथ के साथी	महादेवी वर्मा
सन् बयालीस के संस्मरण	श्रीराम शर्मा
लोकमाता	काका कालेलकर
बापू के आश्रम में, पुण्य स्मरण	हरिभाऊ उपाध्याय
जंजीरें और दीवारें	रामवृक्ष बेनीपुरी
उस पार के पड़ोसी, हिमालय-प्रवास	काका कालेलकर
कलकत्ता से पीकिंग, सागर की लहरों पर	भगवतशरण उपाध्याय
पैरों में पंख बाँधकर	रामवृक्ष बेनीपुरी
मेरी यूरोप यात्रा	डॉ. राजेन्द्र प्रसाद
रेती के फूल	रामधारी सिंह 'दिनकर'
अथाह सागर, अनन्त आकाश	जयप्रकाश भारती
अध्ययन और आस्वाद, हिन्दी-काव्य-विमर्श	गुलाबराय
फोर्ट विलियम कॉलेज, हिन्दी साहित्य का इतिहास	लक्ष्मीसागर वार्ष्णेय
इतिहास के पन्नों पर	भगवतशरण उपाध्याय
कबीर, नाथ सम्प्रदाय, हिन्दी साहित्य की भूमिका	हजारीप्रसाद द्विवेदी
कवि प्रसाद का आँसू व अन्य कृतियाँ	विनयमोहन शर्मा
त्रिवेणी, रस-मीमांसा	रामचन्द्र शुक्ल
निराला की साहित्य-साधना	डॉ. रामविलास शर्मा
रूपक-रहस्य, साहित्यलोचन	श्यामसुन्दर दास
विश्व-साहित्य	पदुमलाल पुन्नालाल बख्शी
सेवाग्राम की डायरी	श्रीराम शर्मा
मेरी कॉलेज डायरी	धीरेन्द्र वर्मा
मोहन राकेश की डायरी	मोहन राकेश
साधना संग्रह	राय कृष्णदास
तरंगिणी-संग्रह	वियोगी हरि
भगवान महावीर : एक इण्टरव्यू	लक्ष्मीचन्द्र जैन
चैखव : एक इण्टरव्यू	राजेन्द्र यादव
माधुरी, हंस, मर्यादा	प्रेमचन्द
नागरी प्रचारिणी पत्रिका	श्यामसुन्दर दास
हरिजन सेवक	वियोगी हरि

कवि और उनकी कृतियाँ (आदिकाल)

कवि का नाम	काव्य-ग्रन्थ का नाम
अब्दुल रहमान	सन्देश वाहक
केदारभट्ट	जयचन्द्र प्रकाश
चन्दबरदाई	पृथ्वीराजरासो
दलपति	खुमाण रासो
नरपति नाल्ह	बीसलदेवरासो
नल्ल सिंह	विजयपाल रासो
विद्यापति	कीर्तिलता
सारंगधर	हम्मीर रासो
शालिभद्र सूरि	भरतेश्वर बाहुबली रास
जगनिक	परमालरासो (आल्हाखण्ड)
	(भक्तिकाल)
मधुकर भट्ट	जयमयंक जस-चन्द्रिका
उस्मान	चित्रावली
कबीरदास	बीजक
कासिमशाह	हंस-जवाहिर
कुतुबन	मृगावती
तुलसीदास	श्रीरामचरितमानस, विनय पत्रिका, कवितावली, गीतावली, दोहावली, रामज्ञाप्रश्न, जानकीमंगल, वैराग्य सन्दीपनी, पार्वती मंगल, श्रीकृष्ण गीतावली,
नरोत्तमदास	सुदामा चरित, ध्रुव चरित, विचारमाला
नूर मुहम्मद	अनुराग बाँसुरी, इन्द्रावती
मलिक मुहम्मद जायसी	पद्मावत, अखरावट, आखिरी कलाम
रसखान	सुजान रसखान, प्रेम वाटिका
नन्दनदास	रूपमंजरी
	(रीतिकाल)
चिन्तामणि	कवि कल्प तरु, शृंगार मंजरी, पिंगल
केशवदास	रामचन्द्रिका, रसिक प्रिया, कवि प्रिया, नखशिख, रतनबावनी, वीर सिंहदेव चरित, जहाँगीर जस चन्द्रिका, विज्ञान गीता
गणपति	माधवानल कामरुन्दला
देव	भाव-विलास, रस विलास, देव-चरित
पद्माकर	हिम्मत बहादुर बिरुदावली, जयसिंह बिरुदावली, गंगा लहरी, जगत विनोद

कवि का नाम	काव्य-ग्रन्थ का नाम
भूषण	शिवराज भूषण, शिवा बावनी, छत्रसाल दशक
बिहारीलाल	बिहारी सतसई
मतिराम	मतिराम सतसई, अलंकार पंचाशिका, रसराज, ललित ललाम
मानसिंह 'द्विजदेव'	शृंगार बत्तीसी, शृंगार लतिका
(आधुनिक काल)	
अयोध्यासिंह उपाध्याय 'हरिऔध'	प्रिय प्रवास, वैदेही वनवास, पारिजात, प्रेमाम्बु वारिधि, प्रेम प्रपंच, प्रेम-प्रश्रवण, प्रेमाम्बु प्रवाह, रस कलश, चोखे चौपदे, चुभते चौपदे, रुक्मिणी-परिणय, प्रद्युम्न-विजय
जगन्नाथ दास 'रत्नाकर'	शृंगार लहरी, गंगा लहरी, विष्णु लहरी, गंगावतरण, उद्धव शतक
बदरी नारायण चौधरी 'प्रेमघन'	प्रेमघन सर्वस्व
बालकृष्ण शर्मा 'नवीन'	उर्मिला, प्राणार्पण, कुंकुम, रश्मिरेख, अपलक, देश प्रेम, क्वासि, हमविषपाई जन्म के
महावीर प्रसाद द्विवेदी	काव्य मंजूषा, सुमन
माखनलाल चतुर्वेदी	हिम की रानी, हिम तरंगिनी, माता, युग चरण, समर्पण, वेणु लो गूँजे धरा
श्रीधर पाठक	कश्मीर-सुषमा, स्वर्गीय-वीणा, वनाष्टक, जगत् सच्चाई सार, भारत गीत, हेमन्त, मनोविनोद
सुभद्रा कुमारी चौहान	मुकुल, त्रिधारा
महादेवी वर्मा	नीहार, नीरजा, सांध्य-गीत, दीप शिखा, यामा, रश्मि, सप्तपर्णा

कवि का नाम	काव्य-ग्रन्थ का नाम
सुमित्रानन्दन पन्त	वीणा, पल्लव, रश्मिबन्ध, गुँजन, युगान्त, युगवाणी, ग्राम्या, उत्तरा, लोकायतन, कला और बूढ़ा चाँद, स्वर्णधूलि, ग्रन्थि, चिदम्बरा, स्वर्ण किरण, युगान्तर, शिल्पी, सौवर्ण, वाणी, किरण वीणा, पल्लविनी, आधुनिक कवि, समाधिता, गीत-हंस, पतझर : एक भाव क्रान्ति, गन्ध वीथि, सत्यकाम
गिरिजा कुमार माथुर	धूप के धान, नाश और निर्माण, छाया मत छूना, मंजीर, भीतर नदी की यात्रा, साक्षी रहे वर्तमान, पृथ्वी कल्प, शिलाखण्ड चमकीले
भवानी प्रसाद मिश्र	गीत फरोश, खुशबू के शिलालेख, चकित है दुःख, अँधेरी कविताएँ, बुनी हुई रस्सी, फसलें और फूल, सम्प्रति
धर्मवीर भारती	सात गीतवर्ष, कनुप्रिया, अन्धा युग, ठण्डा लोहा
रामकुमार वर्मा	अंजली, अभिशाप, रूपराशि, जौहर, एकलव्य, उत्तरायण, तुलसीदास, चित्ररेखा, चन्द्रकिरण, रत्न राशि, संकेत, आकाश गंगा
रामधारी सिंह 'दिनकर'	रेणुका, हुँकार, कुरुक्षेत्र, उर्वशी, रश्मिरथी, रसवन्ती, सामधेनी, हरि को हरिनाम, द्वन्द्वगीत, धूप और धुआँ, इतिहास के आँसू, नील कुसुम
रामनरेश त्रिपाठी	पथिक, मिलन, स्वप्न, मानसी, ग्राम्य गीत
वियोगी हरि	प्रेम-पथिक, प्रेम-शतक, प्रेमांजलि, वीर सतसई
शिवमंगल सिंह 'सुमन'	जीवन के गान, प्रलय सृजन, विश्वास बढ़ता ही गया, हिल्लोल, पर आँखे भरी नहीं, विन्ध्य हिमालय, मिट्टी की बारात
सच्चिदानन्द हीरानन्द वात्स्यायन 'अज्ञेय'	आँगन के पार द्वार, तार सप्तक, सुनहरे शैवाल, हरी घास पर, क्षण भर, इन्द्रधनुष रौंदे हुए ये, भग्नदूत, चिन्ता, इत्यलम्, बावरा अहेरी, अरी ओ करुणा प्रभामय, कितनी नावों में कितनी बार, सागर मुद्रा, महावृक्ष के नीचे, नदी के बाँक पर छाया, पूर्वा

अभ्यास प्रश्न

1. 'जयमयंक-जस-चन्द्रिका' के रचयिता का नाम है
(a) भट्ट केदार (b) नरपति नाल्ह
(c) नल्ल सिंह (d) मधुकर कवि

2. चन्दबरदाई किसके दरबारी कवि थे?
(a) महाराज हम्मीर के (b) महाराज बीसलदेव के
(c) महाराणा प्रताप के (d) महाराज पृथ्वीराज चौहान के

3. 'पृथ्वीराज रासो' किस कवि की रचना है?
(a) चन्दबरदाई (b) जगनिक
(c) मुल्ला दाऊद (d) इनमें से कोई नहीं

4. कवि जगनिक की रचना का नाम है
(a) खुमानरासो (b) मृगावती
(c) आल्हखण्ड (d) पद्मावती

5. आदिकालीन काव्यधारा में उपलब्ध नहीं है
(a) जैन साहित्य (b) सिद्ध साहित्य
(c) सिख साहित्य (d) नाथ साहित्य

6. साधना की चार अवस्थाओं—शरीअत, तरीकत, मारीफ़त और हकीकत का सम्बन्ध है
(a) ज्ञानमार्गी साधना से (b) सूफी साधना से
(c) इस्लाम-धर्म साधना से (d) रीतिमुक्त काव्य से

7. जायसी किस धारा के कवि हैं?
(a) ज्ञानमार्गी काव्यधारा (b) प्रेमाख्यानक काव्यधारा
(c) नाथपंथी काव्यधारा (d) रासक काव्यधारा

8. 'पद्मावत' काव्य के रचनाकार का नाम है
(a) अमीर खुसरो (b) अब्दुल रहमान
(c) मुहम्मद इकबाल (d) मलिक मुहम्मद जायसी

9. प्रेमाख्यान काव्य परम्परा (सूफी कवियों) का मुख्य दर्शन है
(a) तसव्वुफ (b) हनफी (c) अहले हदीस (d) अहमदिया

10. 'चन्दायन' किस कवि की रचना है?
(a) मलिक मुहम्मद जायसी (b) कुतुबन
(c) मंझन (d) मुल्ला दाऊद

11. निम्नलिखित रचनाओं को कवियों के साथ सुमेलित कीजिए

A. मृगावती	1. जायसी
B. मधुमालती	2. मुल्ला दाऊद
C. चन्दायन	3. उसमान
D. अखरावट	4. कुतुबन
	5. मंझन

कूट

	A	B	C	D		A	B	C	D
(a)	2	3	5	4	(b)	3	2	1	4
(c)	4	5	2	1	(d)	1	2	3	4

12. निम्नलिखित निर्गुण कवियों का सही कालक्रम कौन-सा है?
(a) दादू, कबीर, सुन्दरदास, मलूकदास
(b) मलूकदास, सुन्दरदास, कबीर, दादू
(c) सुन्दरदास, मलूकदास, दादू, कबीर
(d) कबीर, दादू, सुन्दरदास, मलूकदास

13. निम्नलिखित पंक्तियों और कवियों को सुमेलित कीजिए

A. नैया बिच नदिया डूबति जाय	1. रहीम
B. अजगर करै न चाकरी पंछी करे न काम	2. कबीर
C. गुरु सुआ जेइ पन्थ देखावा	3. खुसरो
D. तबलग ही जीबो भलो देबौ होय न धीम	4. जायसी
	5. मलूकदास

कूट

	A	B	C	D		A	B	C	D
(a)	5	1	2	3	(b)	2	5	4	1
(c)	2	3	5	1	(d)	2	1	5	4

14. 'बीसलदेव रासो' के रचयिता हैं
(a) जगनिक (b) नरपति नाल्ह
(c) चन्दवरदाई (d) शारंगधर

15. 'अनुराग बाँसुरी' किसकी रचना है?
(a) रहीम (b) रसखान (c) नूर मुहम्मद (d) छीतस्वामी

16. इनमें से कौन-सा कवि अष्टछाप का नहीं है?
(a) सूरदास (b) कुम्भनदास (c) नन्ददास (d) रैदास

17. हिन्दी साहित्य के आदिकाल का 'अभिनव जयदेव' किसे कहा जाता है?
(a) चन्दबरदाई (b) विद्यापति (c) पुष्पदन्त (d) जगनिक

18. सुमेलित कीजिए

A. मृगावती	1. शेखनबी
B. मधुमालती	2. जायसी
C. आखिरी कलाम	3. मंझन
D. अनुराग बाँसुरी	4. कुतुबन
	5. नूर मोहम्मद

कूट

	A	B	C	D		A	B	C	D
(a)	1	5	3	2	(b)	2	5	4	1
(c)	3	1	5	4	(d)	4	3	2	5

19. इनमें से कौन 'अलवार' महिला सन्त है?
(a) आन्डाल (b) अक्कामाशी
(c) सहजोबाई (d) मीराबाई

20. तुलसीकृत कृष्ण-काव्य कौन-सा है?
(a) कृष्णायन (b) कृष्णचरित
(c) कृष्ण-चन्द्रिका (d) कृष्णगीतावली

21. मध्वाचार्य किस सम्प्रदाय के संस्थापक हैं?
(a) द्वैत (b) अद्वैत (c) शुद्धाद्वैत (d) विशिष्टाद्वैत

22. इनमें से कौन वैष्णव भक्ति का आचार्य नहीं है?
(a) बल्लभाचार्य (b) मध्वाचार्य (c) शंकराचार्य (d) रामानुजाचार्य

23. 'बरवै नायिका भेद' का रचनाकर कौन है?
(a) रहीम (b) रसखान (c) रसलीन (d) बिहारी

24. इनमें से किस कवि ने लक्षणग्रन्थ नहीं लिखा?
(a) देव (b) भूषण (c) पद्माकर (d) बिहारी

25. 'मैथिल कोकिल' किसे कहा जाता है?
(a) विद्यापति (b) अमीर खुसरो (c) चन्दबरदाई (d) हेमचन्द्र

26. कबीर किस काव्यधारा के कवि हैं?
(a) ज्ञानमार्गी (b) प्रेममार्गी (c) कृष्णमार्गी (d) राममार्गी

27. किसके भक्तिपरक गीतों का संकलन 'अभंग' नाम से प्रसिद्ध है?
(a) नामदेव (b) कबीरदास (c) मीरा (d) शंकरदेव

28. 'भारत-भारती' काव्य के रचयिता का नाम है
(a) मैथिलीशरण गुप्त (b) नागार्जुन
(c) जयशंकर प्रसाद (d) दिनकर

29. 'कवि सम्राट' किसे कहा जाता है?
(a) अयोध्यासिंह उपाध्याय 'हरिऔध' (b) मैथिलीशरण गुप्त
(c) सूर्यकान्त त्रिपाठी निराला (d) जयशंकर प्रसाद

30. निम्नलिखित में से कौन-सी रचना तुलसीदास की नहीं है?
(a) जानकी मंगल (b) रस विलास
(c) रामाज्ञा प्रश्न (d) पार्वती मंगल

31. 'रामचरितमानस' की शैली है
(a) मुक्तक शैली (b) प्रबन्ध शैली
(c) वर्णात्मक शैली (d) परिमार्जित शैली

32. 'साहित्य लहरी' की विषयवस्तु क्या है?
(a) नायिका भेद (b) अवतार लीला
(c) निर्गुण का खण्डन (d) नीति

33. निम्नलिखित में कौन-सा युग्म असंगत है?
(a) बरवै रामायण–तुलसीदास (b) बरवै नायिका भेद–रहीम
(c) कृष्ण गीतावली–सूरदास (d) विज्ञान गीता–केशवदास

34. जायसी कृत 'पद्मावत' है
(a) पुराणकाव्य (b) धर्मकाव्य (c) रूपककाव्य (d) चम्पूकाव्य

35. अष्टछाप के कवियों में प्रथम नियुक्त कीर्तनकार कवि कौन है?
(a) नन्ददास (b) कृष्णदास (c) सूरदास (d) कुम्भनदास

36. इनमें से कौन-सी रचना केशवदास की नहीं है?
(a) रामचन्द्रिका (b) कविप्रिया (c) ललितललाम (d) रसिकप्रिया

37. इनमें से कौन-सी रचना अवधी की नहीं है?
(a) रामचरितमानस (b) पद्मावत
(c) विनय पत्रिका (d) चन्दायन

38. 'प्लाट का मोर्चा' रिपोर्ताज के लेखक का नाम है
(a) रांगेय राघव (b) फणीश्वरनाथ रेणु
(c) शमशेर बहादुर सिंह (d) रामवृक्ष बेनीपुरी

39. 'कसाईबाड़ा' कहानी के लेखक हैं
(a) शिवमूर्ति (b) सतीश जमाली
(c) अखिलेश (d) मंजूर एहतेशाम

40. 'अरे यायावर रहेगा याद' किस विधा की रचना है?
(a) काव्य (b) यात्रा-वृत्तान्त
(c) जीवनी (d) डायरी

41. 'संवेदनात्मक ज्ञान' और 'संवेदनात्मक संवेदन' सूत्र के प्रयोक्ता हैं
(a) रमेश कुन्तल मेघ (b) विजय देवनारायण साही
(c) गजानन माधव मुक्तिबोध (d) मनोहर श्याम जोशी

42. 'मुक्तछन्द' के प्रणेता हैं
(a) निराला (b) नागार्जुन
(c) जयशंकर प्रसाद (d) महादेवी वर्मा

43. इनमें से कौन-सा उपन्यास जीवनीपरक है?
(a) खंजननयन (b) मृगनयनी
(c) आपका बन्टी (d) कलिकथा वाया बाईपास

44. 'संसद से सड़क तक' के रचनाकार हैं
(a) मुक्तिबोध (b) धूमिल
(c) सर्वेश्वर (d) लीलस्वर जगूड़ी

45. 'हानूश' नाटक के रचनाकार हैं
(a) कुसुम कुमार (b) रमेश बख्शी
(c) भीष्म साहनी (d) मोहन राकेश

46. निम्नांकित में कौन कथाकार नहीं हैं?
(a) कृष्णा सोबती (b) ममता कालिया
(c) निर्मला जैन (d) मृणाल पाण्डेय

47. 'कबीर वाणी के डिक्टेटर थे' यह अभिमत किस आलोचक का है?
(a) डॉ. रामकुमार वर्मा (b) डॉ. परशुराम चतुर्वेदी
(c) डॉ. हजारी प्रसाद द्विवेदी (d) आचार्य रामचन्द्र शुक्ल

48. निबन्ध संग्रह 'शब्दिता' के निबन्धकार हैं
(a) विवेकी राय (b) निर्मल वर्मा
(c) धर्मवीर भारती (d) विद्यानिवास मिश्र

49. रीतिकाल का वह कवि जो अपनी मात्र एक कृति से हिन्दी साहित्य में अमर हो गया
(a) रहीम (b) मतिराम (c) बिहारी (d) देव

50. 'पहल' का सम्पादक कौन है?
(a) राजेन्द्र यादव (b) रवीन्द कालिया
(c) ज्ञानरंजन (d) विश्वनाथ तिवारी

51. 'कुटज' के लेखक कौन हैं?
(a) हजारी प्रसाद द्विवेदी (b) रामचन्द्र शुक्ल
(c) कुबेरनाथ राय (d) विद्यानिवास मिश्र

52. निम्नलिखित रचनाओं का कालक्रमानुसार सही अनुक्रम कौन-सा है?
(a) अन्धेर नगरी, अन्धा युग, संसद से सड़क तक, मगध
(b) मगध, संसद से सड़क तक, अन्धेर नगरी, अन्धा युग
(c) अन्धेर नगरी, मगध, संसद से सड़क तक, अन्धा युग
(d) अन्धा युग, अन्धेर नगरी, मगध, संसद से सड़क तक

53. निम्नलिखित नाटकों का रचनाकाल की दृष्टि से सही अनुक्रम कौन-सा है?
(a) लहरों के राजहंस, सिन्दूर की होली, आठवाँ सर्ग, ध्रुवस्वामिनी
(b) सिन्दूर की होली, ध्रुवस्वामिनी, लहरों के राजहंस, आठवाँ सर्ग
(c) ध्रुवस्वामिनी, सिन्दूर की होली, लहरों के राजहंस, आठवाँ सर्ग
(d) आठवाँ सर्ग, लहरों के राजहंस, ध्रुवस्वामिनी, सिन्दूर की होली

54. 'अन्धा युग' किसकी रचना है?
(a) नरेश मेहता (b) मोहन राकेश
(c) दुष्यन्त कुमार (d) धर्मवीर भारती

55. निम्नलिखित उपन्यासों का रचनाकाल की दृष्टि से सही अनुक्रम है
(a) त्यागपत्र, सेवासदन, मैला आँचल, आधा गाँव
(b) आधा गाँव, मैला आँचल, सेवासदन, त्यागपत्र
(c) सेवासदन, त्यागपत्र, आधा गाँव, मैला आँचल
(d) सेवासदन, त्यागपत्र, मैला आँचल, आधा गाँव

56. 'सखि वे मुझसे कहकर जाते' किस कवि की काव्य पंक्ति है
(a) सियाराम शरण गुप्त (b) मैथिलीशरण गुप्त
(c) अयोध्यासिंह उपाध्याय 'हरिऔध' (d) जगदीश गुप्त

57. निम्नलिखित रचनाओं में कौन-सा यात्रावृत्त है?
(a) चीड़ों पर चाँदनी (b) भूले-बिसरे चित्र
(c) अपनी खबर (d) पथ के साथी

58. 'नया ज्ञानोदय' पत्रिका के सम्पादक कौन हैं?
(a) मृणाल पाण्डेय (b) रवीन्द्र कालिया
(c) प्रभाकर श्रोत्रिय (d) ज्ञानरंजन

59. अज्ञेय की कौन-सी रचना यात्रा पर आधारित है?
(a) एक बूँद सहसा उछली (b) आत्मनेपद
(c) बावरा अहेरी (d) जयदोल

60. 'हिन्दी प्रदीप' के सम्पादक थे
(a) भारतेन्दु हरिश्चन्द्र (b) बालकृष्ण भट्ट
(c) बद्रीनारायण चौधरी 'प्रेमघन' (d) राधाकृष्ण दास

61. 'शेरसिंह का शस्त्र समर्पण' के रचनाकार हैं
(a) सूर्यकान्त त्रिपाठी निराला (b) रामधारी सिंह दिनकर
(c) सुभद्रा कुमारी चौहान (d) जयशंकर प्रसाद

62. 'कवि कुछ ऐसी तान सुनाओ जिससे उथल-पुथल मच जाए'—किसकी पंक्ति है?
(a) बालकृष्ण शर्मा 'नवीन' (b) रामनरेश त्रिपाठी
(c) माखनलाल चतुर्वेदी (d) सोहनलाल द्विवेदी

63. 'हरिजन गाथा' किसकी रचना है?
(a) धूमिल (b) नागार्जुन
(c) लीलाधर जंगूड़ी (d) आलोक धन्वा

64. 'ताजमहल का टेंडर' किसका नाटक है?
(a) अजय शुक्ल (b) स्वदेश दीपक
(c) सुशील कुमार सिंह (d) विभु कुमार

65. इनमें से कौन-सी रचना कृष्णा सोबती की है?
(a) विजन (b) आवां
(c) जिन्दगीनामा (d) चितकोबरा

66. निम्नलिखित में से कौन-सा युग्म संगत है?

(a) आह! वेदना मिली विदाई – जयशंकर प्रसाद
(b) सखिवे मुझसे कहकर जाते – महादेवी वर्मा
(c) एक बार बस और नाच तू श्यामा – सुमित्रानन्दन पन्त
(d) दुःख सबको माँजता है – निराला

67. निम्नलिखित में से कौन-सा युग्म असंगत है?

(a) तिरस्कृत – मोहनदास नैमिष राय
(b) अन्या से अनन्या – प्रभा खेतान
(c) जूठन – ओमप्रकाश वाल्मीकि
(d) हादसे – रमणिका गुप्ता

68. निम्नलिखित काव्य पंक्तियों को उनके रचनाकारों के साथ सुमेलित कीजिए—

A.	सजनि मधुर निजत्व दे कैसे मिलूँ अभिमानी मैं	1.	जयशंकर प्रसाद
B.	प्रिय के हाथ लगाए जागी ऐसी मैं सो गई अभागी	2.	सुमित्रानन्दन पन्त
C.	तू अब तक सोई है आली आँखों में भरे विहाग री	3.	सूर्यकान्त त्रिपाठी निराला
D.	कौन तुम रूपसि कौन व्योम से उतर रही चुपचाप	4.	महादेवी वर्मा
		5.	विद्यावती कोकिल

कूट

	A	B	C	D		A	B	C	D
(a)	5	3	2	1	(b)	4	3	1	2
(c)	1	2	3	5	(d)	5	2	1	3

69. 'बादल राग' कविता के रचयिता हैं

(a) सुमित्रानन्दन पन्त (b) महादेवी वर्मा
(c) रामधारी सिंह दिनकर (d) निराला

70. केशव कहि न जाइ का कहिए।
देखत तव रचना विचित्र अति, समुझि मनहि मन रहिए।—किस कवि की पंक्तियाँ हैं?

(a) केशवदास (b) तुलसीदास
(c) सूरदास (d) नन्ददास

71. 'कोर्ट मार्शल' नाटक समाज की किस समस्या पर आधारित है?

(a) जातिवाद (b) नारी शोषण
(c) युद्ध की समस्या (d) साम्प्रदायिकता

72. 'विजयदेव नारायण साही' की कविताएँ किस सप्तक में संगृहीत हैं?

(a) तीसरा सप्तक (b) चौथा सप्तक (c) तारसप्तक (d) दूसरा सप्तक

73. 'छायावाद का पतन' किसका ग्रन्थ है?

(a) नामवर सिंह (b) विजयदेव नारायण साही
(c) डॉ. देवराज (d) देवराज उपाध्याय

74. ''देसिल बयना सब जन मिट्ठा''—किसका कथन है?

(a) तुलसीदास (b) सूरदास (c) कबीरदास (d) विद्यापति

75. 'आधुनिक काल में गद्य का आविर्भाव सबसे प्रधान घटना है'—यह कथन किसका है?

(a) महावीर प्रसाद द्विवेदी (b) रामचन्द्र शुक्ल
(c) रामविलास शर्मा (d) नन्द दुलारे बाजपेयी

76. 'हालावाद' के प्रवर्तक का नाम है

(a) नरेन्द्र शर्मा (b) रामेश्वर शुक्ल 'अंचल'
(c) जगदीश गुप्त (d) हरिवंश राय बच्चन

77. 'तुम विद्युत बन आओ पाहुन, मेरे नयनों पर पग धर-धर'—पंक्ति है

(a) महादेवी वर्मा की (b) मीरा की
(c) नरेश मेहता की (d) लीलाधर जंगूड़ी की

78. 'कवियों की उर्मिला विषयक उदासीनता'—निबन्ध के लेखक हैं

(a) हजारी प्रसाद द्विवेदी (b) बालकृष्ण भट्ट
(c) महावीर प्रसाद द्विवेदी (d) भारतेन्दु

79. 'अधिकार सुख कितना मादक किन्तु सारहीन है'—पंक्ति प्रसाद के किस नाटक से है?

(a) ध्रुवस्वामिनी (b) अजातशत्रु
(c) चन्द्रगुप्त (d) स्कन्दगुप्त

80. निम्नलिखित पत्रिकाओं का सही अनुक्रम बताइए

(a) सरस्वती, हंस, कविवचन सुधा, इन्दु
(b) कविवचन सुधा, सरस्वती, इन्दु, हंस
(c) इन्दु, सरस्वती, हंस, कविवचन सुधा
(d) हंस, सरस्वती, कविवचन सुधा, इन्दु

उत्तरमाला

1.	(d)	2.	(d)	3.	(a)	4.	(c)	5.	(c)	6.	(b)	7.	(b)	8.	(d)	9.	(a)	10.	(d)
11.	(c)	12.	(d)	13.	(b)	14.	(b)	15.	(c)	16.	(d)	17.	(b)	18.	(d)	19.	(a)	20.	(d)
21.	(a)	22.	(c)	23.	(a)	24.	(d)	25.	(a)	26.	(a)	27.	(a)	28.	(a)	29.	(a)	30.	(b)
31.	(b)	32.	(a)	33.	(c)	34.	(c)	35.	(c)	36.	(c)	37.	(c)	38.	(c)	39.	(a)	40.	(b)
41.	(c)	42.	(a)	43.	(a)	44.	(b)	45.	(c)	46.	(c)	47.	(c)	48.	(c)	49.	(c)	50.	(c)
51.	(a)	52.	(a)	53.	(c)	54.	(d)	55.	(d)	56.	(b)	57.	(a)	58.	(b)	59.	(a)	60.	(b)
61.	(d)	62.	(a)	63.	(b)	64.	(a)	65.	(c)	66.	(a)	67.	(a)	68.	(b)	69.	(d)	70.	(b)
71.	(a)	72.	(a)	73.	(d)	74.	(d)	75.	(b)	76.	(d)	77.	(a)	78.	(c)	79.	(d)	80.	(b)

'ब' हिन्दी
साहित्य

अध्याय 01

हिन्दी काव्य और उसका विकास

काव्य साहित्य का परिचय

पद्य (काव्य) भावों विचारों की कलात्मक अनुभूति है। मस्तिष्क की अपेक्षा हृदयगत भावों का सौन्दर्य चित्रण पद्य में वर्णित होता है। पद्य द्वारा सौन्दर्य का आनन्द प्राप्त किया जाता है। पद्य, छन्दबद्ध, तुक, लय, संगीतात्मकता के साथ रागात्मक मनोभावों की भौतिक अभिव्यंजना है। काव्य (पद्य) का स्वरूप काल्पनिक मनोभावों से अछूता नहीं रह सकता इसलिए कवि वास्तविक घटनाओं के साथ अपने काल्पनिक मनोभावों को शब्दों में बाँधकर दूसरों के समक्ष रखता है। मूलत: मानव ही काव्य का विषय है। जब कवि पशु-पक्षी तथा प्रकृति का वर्णन करता है, तब भी वह मानवीय-भावनाओं का ही वर्णन करता है। काव्य का विषय व्यक्ति या समाज के जीवन का कोई भी पक्ष हो सकता है।

काव्य में आन्तरिक दृष्टिकोण अधिक भावुक तथा सूक्ष्म सांकेतिक भावों का वेग तीव्र होता है। काव्य-शास्त्र के गुणों अर्थात् छन्द, अलंकार, शब्द-शक्ति इत्यादि का सम्मिश्रण पद्य में अति आवश्यक है अन्यथा कविता नीरस बन जाती है। पद्य में अतिशयोक्ति का भी प्रयोग किया जाता है, जिससे भाव की अति में वृद्धि होती है, परन्तु कभी-कभी अतिशयोक्तिपूर्ण वर्णन कविता को उबाऊ व व्यर्थ कर सकता है।

काव्य के सौन्दर्य-तत्त्व

कविता में सौन्दर्य-तत्त्वों का महत्त्वपूर्ण योगदान होता है, जिसके माध्यम से कविता के भावों व विचारों को ग्रहण करना सरल हो जाता है। कविता के सौन्दर्य-तत्त्वों से आनन्द की अनुभूति होती है। ये सौन्दर्य-तत्त्व इस प्रकार है

(i) भाव सौन्दर्य

प्रेम, क्रोध, हर्षोल्लास, करुणा आदि विभिन्न भावों का मर्मस्पर्शी वर्णन ही भाव सौन्दर्य है। इन भावों को ही काव्य शास्त्रियों ने 'रस' कहा है। भरतमुनि ने रस को काव्य की 'आत्मा' कहा है। हिन्दी साहित्य में नौ रसों की गणना की गई है—शृंगार, वीर, हास्य, करुण, रौद्र, शान्त, भयानक, अद्‌भुत तथा वीभत्स। इनके अतिरिक्त वात्सल्य तथा भक्ति को भी रस माना गया है।

विचार सौन्दर्य

विचारों की गरिमा से काव्य प्रेरणादायक बनता है। नैतिक-मूल्यों के कारण ही कबीर, रहीम, तुलसी के दोहे तथा गिरधर की नीतिपरक कुण्डलिया साहित्य में अमर हैं। ये काव्य मानव-जीवन के लिए व्यावहारिक शिक्षा, ज्ञान, अनुभव तथा प्रेरणा के स्रोत हैं। गुप्तजी की कविता में राष्ट्रीयता तथा देशप्रेम, दिनकर के काव्य में सत्य, अहिंसा, मानवीय मूल्य, प्रसाद की कविता में प्रकृति-चित्रण में लिप्त राष्ट्रीयता, गौरवान्वित संस्कृति के अतीत के रूप में विचारों का सौन्दर्य देखने को मिलता है। आधुनिक काल के आरम्भ से लेकर आज तक की कविता विचार सौन्दर्य से परिपूर्ण हैं।

(ii) नाद सौन्दर्य

काव्य छन्दोबद्ध रचना होने के कारण नाद सौन्दर्य को व्यक्त करता है। छन्दों द्वारा काव्य में लय, तुक, गति और प्रवाह का सम्मिश्रण होता है। वर्णों तथा शब्दों के सार्थक विन्यास से कविता में नाद सौन्दर्य का निर्माण होता है, जिससे श्रोता व पाठक को आनन्द की अनुभूति होती है। वर्णों की बार-बार आवृत्ति (अनुप्रास) तथा भिन्न अर्थ वाले एक ही शब्दों का बार-बार प्रयोग (यमक) काव्य में नाद सौन्दर्य को व्यक्त करता है; जैसे—

"क्षत्रिय! सुनो अब तो कुमश की कालिमा को मेट दो।
निज देश को जीवन सहित तन-मन तथा धन भेंट दो।।
वैश्यो! सुनो व्यापार सारा मिट चुका है देश का।
सब धन विदेशी हर रहे हैं, पार है क्या कलेश का।।"

(iii) अप्रस्तुत योजना का सौन्दर्य

काव्य-रचना में कवि अपने भावों को अधिक मर्मस्पर्शी व हृदयग्राही बनाने के लिए प्रकृति के उपमान तथा अप्रस्तुत योजना का सहारा लेता है। सादृश्य विधान के साथ-साथ दृश्य-बिम्ब तथा प्रतीकों को अपने काव्य में निरूपित कर काव्य-सौन्दर्य को व्यंजित करता है। ये काव्य सौन्र्य इस प्रकार हैं

(क) रूप-साम्य

करतल परस्पर शोक से, उनके स्वयं घर्षित हुए,
तब विस्फुटित होते हुए, भुजदण्ड यों दर्शित हुए।
दो पद्म शुण्डों में लिए, दो शुण्ड वाला गज कहीं,
मर्दन करे उनको परस्पर, तो मिले उपमा कहीं।।

शुण्ड और भुजदण्ड की प्रचण्डता और करतल अरुण तथा कोमल है, यह प्रभाव आकारों के समान होने से ही उत्पन्न हुआ है।

(ख) धर्म-साम्य

नवप्रभा परमोज्ज्वल लीक-सी गतिमती कुटिला फणिनी समा।
दमकती दुरती घन अंक में विपुल केलि कला खनि दामिनी।।

फणिनी (सर्पिणी) और दामिनी दोनों का धर्म कुटिल स्वभाव है, दोनों ही भयावह स्थिति को व्यक्त करती हैं।

(ग) प्रभाव-साम्य

प्रिय पति वह मेरा प्राण प्यारा कहाँ है?
दुःख जलनिधि डूबी का सहारा कहाँ है?
लख मुख जिसका मैं आज लौं जी सकी हूँ,
वह हृदय हमारा नेत्र तारा कहाँ है?

यशोदा की विकलता के भाव को व्यक्त करने के लिए कवि ने कृष्ण को यशोदा का सहारा, प्राण प्यारा, नेत्र तारा, हृदय हमारा कहा है।

काव्य के भेद

काव्य के मुख्यतः दो भेद हैं—श्रव्य काव्य और दृश्य काव्य।

1. श्रव्य काव्य

जिस काव्य का आनन्द सुनकर ग्रहण किया जाता है, उसे श्रव्य काव्य कहा जाता है।

श्रव्य काव्य के दो भेद होते हैं

(i) प्रबन्ध काव्य

प्रबन्ध काव्य के अन्तर्गत महाकाव्य, खण्डकाव्य और आख्यानक गीतियाँ आती हैं, जिनका वर्णन निम्नलिखित है

महाकाव्य

प्राचीन विद्वानों के मतानुसार, जिस काव्य में सम्पूर्ण जीवन के घटनाक्रम का चित्रण किया जाता है, उसे **महाकाव्य** कहा जाता है। इसकी कथा इतिहास में प्रसिद्ध होती है, इसका नायक उदात्त और महान् चरित्रवाला होता है। महाकाव्य में वीर, शृंगार और शान्त रस में से कोई एक रस प्रधान होता है तथा शेष रस गौण रूप में रहते हैं। महाकाव्य सर्गों में बद्ध होता है तथा इसमें कम-से-कम आठ सर्ग होते हैं। महाकाव्य में धारावाहिकता तथा हृदय को भाव-विभोर करने वाले मार्मिक प्रसंगों का होना आवश्यक है।

वर्तमान समय में महाकाव्यों के स्वरूप में परिवर्तन हुए हैं। अब इतिहास के स्थान पर इसके विषय मानव-जीवन की कोई भी घटना या कोई भी समस्या हो सकती है। महान् पुरुष का नायक के रूप में होना आवश्यक नहीं है। उनकी जगह समाज का कोई भी व्यक्ति नायक हो सकता है, लेकिन उस पात्र में योग्यता होनी आवश्यक है। हिन्दी साहित्य के कुछ प्रसिद्ध महाकाव्य 'रामचरितमानस', 'पद्मावत', 'प्रियप्रवास', साकेत', 'कामायनी', 'लोकायतन', 'उर्वशी' आदि हैं।

खण्ड-काव्य

जिस काव्य में जीवन के व्यापक चित्रण के स्थान पर उसके किसी एक पक्ष अथवा घटना का संक्षिप्त चित्रण होता है, खण्ड-काव्य कहलाता है। संक्षिप्त रूप होने के बाद भी यह महाकाव्य का लघु रूप अथवा एक सर्ग नहीं है। खण्ड-काव्य में पूर्णता होती है अर्थात् यह काव्य अपने आप में पूर्ण होता है और सम्पूर्ण रचना में प्रायः एक ही छन्द का प्रयोग होता है। हिन्दी-साहित्य के कुछ प्रसिद्ध खण्ड-काव्य—'पंचवटी', 'जयद्रथ-वध', 'नहुष', 'सुदामा-चरित', 'पथिक', 'गंगावतरण', 'हल्दीघाटी' और 'तुमुल' आदि हैं।

आख्यानक गीतियाँ

'आख्यानक गीतियाँ' महाकाव्य और खण्ड-काव्य से भिन्न पद्यबद्ध कथाएँ होती हैं। इन आख्यानक गीतियों में वीरता, साहस, पराक्रम, बलिदान, प्रेम और करुणा आदि के प्रेरक घटना-चित्रों से कथा कही जाती है। गीतात्मकता और नाटकीयता इसकी विशेषताएँ होती हैं तथा इसकी भाषा सरल, स्पष्ट और रोचक होती है। हिन्दी साहित्य में प्रसिद्ध आख्यानक गीतियाँ हैं—'झाँसी की रानी', 'रंग में भंग' तथा 'विकट-भट' आदि।

(ii) मुक्तक काव्य

मुक्तक काव्य की प्रकृति महाकाव्य और खण्ड-काव्य से भिन्न प्रकार की होती है। इसमें एक अनुभूति, एक भाव या कल्पना का चित्रण होता है। इसमें महाकाव्य या खण्ड-काव्य के जैसी धारावाहिकता नहीं होती, परन्तु इसका वर्ण्य-विषय अपने में पूर्ण होता है। प्रत्येक छन्द स्वतन्त्र होता है। छन्द की प्रतिबद्धता नहीं होती है। मुक्तक काव्य के कुछ उदाहरण हैं—बिहारी और रहीम के दोहे तथा सूर और मीरा के पद। मुक्तक काव्य के दो भेद होते हैं

(क) गेय मुक्तक

इसे गीति या प्रगीति काव्य भी कहते हैं। यह अंग्रेजी भाषा के 'लिरिक' का समानार्थी है। इस काव्य में भाव-प्रवणता, आत्माभिव्यक्ति, सौन्दर्यमयी कल्पना, संक्षिप्तता तथा संगीतात्मकता प्रमुख होती है।

(ख) पाठ्य मुक्तक

पाठ्य मुक्तक में विषय की प्रधानता होती है। इसमें किसी प्रसंग के आधार पर भावानुभूति का चित्रण होता है या किसी विचार या रीति का वर्णन भी हो सकता है। इस कोटि के काव्य के कुछ उदाहरण हैं—कबीर, तुलसी तथा रहीम के भक्ति एवं नीति के दोहे तथा बिहारी, मतिराम एवं देव आदि की रचनाएँ।

2. दृश्य काव्य

जो अभिनय के माध्यम से देखा व सुना जाता है, वह दृश्य काव्य है; जैसे—नाटक।

काव्य के गुण

काव्य में आन्तरिक सौन्दर्य तथा रस के प्रभाव एवं उत्कर्ष के लिए स्थायी रूप से विद्यमान मानवोचित भाव और धर्म या तत्त्व को काव्य गुण या शब्द गुण कहते हैं। यह काव्य में उसी प्रकार विद्यमान होता है, जैसे फूल में सुगन्ध। अर्थात् काव्य की शोभा करने वाले या रस को प्रकाशित करने वाले तत्त्व या विशेषता का नाम ही गुण है। काव्य गुण मुख्य रूप से तीन प्रकार के होते हैं

1. माधुर्य गुण

किसी काव्य को पढ़ने या सुनने से हृदय में मधुरता का संचार होता है, वहाँ माधुर्य गुण होता है। यह गुण विशेष रूप से शृंगार, शान्त एवं करुण रस में पाया जाता है।

इस प्रकार कर्ण प्रिय, आर्द्रता, समासरहितता, चित की द्रवणशीलता और प्रसन्नताकारक काव्य माधुर्य गुण युक्त काव्य होता है।

बसों मोरे नैनन में नंदलाल
मोहनी मूरत सांवरी सूरत नैना बने बिसाल।

उदाहरण 2. कंकन किंकिन नूपुर धुनि सुनि।
कहत लखन सन राम हृदय गुनि।।

2. ओज गुण

ओज का शाब्दिक अर्थ है तेज, प्रताप और दीप्ति।

जिस काव्य को पढ़ने या सुनने से हृदय में ओज, उमंग और उत्साह का संचार होता है, उसे ओज गुण प्रधान काव्य कहा जाता है।

यह गुण मुख्य रूप से वीर, वीभत्स, रौद्र और भयानक रस में पाया जाता है।

उदाहरण 1. बुंदेले हर बोलों के मुख से हमने सुनी कहानी थी।
खूब लड़ी मर्दानी वह तो झाँसी वाली रानी थी।

उदाहरण 2. हिमाद्रि तुंग शृंग से प्रबुद्ध शुद्ध भारती।
स्वयं प्रभा, समुज्जवला स्वतन्त्रता पुकारती।

3. प्रसाद गुण

प्रसाद का शाब्दिकार्थ है-निर्मलता, प्रसन्नता।

जिस काव्य को पढ़ने या सुनने से हृदय या मन खिल जाए, हृदयगत शान्ति का बोध हो, उसे प्रसाद गुण कहते हैं। इस गुण से युक्त काव्य सरल, सुबोध एवं सुग्राह्य होता है। जैसे अग्नि सूखे ईंधन में तत्काल व्याप्त हो जाती है, वैसे ही प्रसाद गुण युक्त रचना भी चित्त में तुरन्त समा जाती है।

यह सभी रसों में पाया जा सकता है।

उदाहरण 1. जीवन भर आतप सह वसुधा पर छाया करता है।
तुच्छ पत्र की भी स्वकर्म में कैसी तत्परता है।

उदाहरण 2. हे प्रभो ज्ञान दाता! ज्ञान हमको दीजिए।
शीघ्र सारे दुर्गुणों को दूर हमसे कीजिए।

हिन्दी साहित्य का काल विभाजन

हिन्दी साहित्य के इतिहास के सन्दर्भ में आचार्य रामचन्द्र शुक्ल के शब्दों में—"प्रत्येक देश का साहित्य वहाँ की जनता की चित्तवृत्ति का संचित प्रतिबिम्ब होता है, तब यह निश्चित है कि जनता की चित्तवृत्ति के परिवर्तन के साथ-साथ साहित्य के स्वरूप में भी परिवर्तन होता चला जाता है। आदि से अन्त का इन्हीं चित्तवृत्तियों की परम्परा को परखते हुए साहित्य परम्परा के साथ उनका सामंजस्य दिखाना ही 'साहित्य का इतिहास' कहलाता है।"

जनता की चित्तवृत्ति बहुत कुछ राजनीतिक, सामाजिक, साम्प्रदायिक तथा धार्मिक परिस्थिति के अनुसार होती है। आचार्य रामचन्द्र शुक्ल की उपरोक्त पंक्तियों के आधार पर यह निष्कर्ष निकलता है कि हिन्दी पद्य साहित्य के विकास के इतिहास को विशेष समय में लोगों की रुचि विशेष के संचार और पोषण के अनुसार इसका विभाजन करना उचित है।

हिन्दी साहित्य के विद्वानों ने हिन्दी साहित्य के विकास के इतिहास को मुख्यत: चार भागों में विभाजित किया है। विभाजन का यह आधार युग विशेष की साहित्यिक रचनाओं और उनके कवियों की प्रवृत्तियों के आधार पर किया गया है। हिन्दी साहित्य के इतिहास का काल विभाजन निम्नवत् है

काल विभाजन

	काल	अवधि
1.	आदिकाल (वीरगाथा काल)	1000 से 1350 ई० तक
2.	भक्तिकाल (पूर्व मध्यकाल)	1350 से 1650 ई० तक
3.	रीतिकाल (उत्तर मध्यकाल)	1650 से 1850 ई० तक
4.	आधुनिक काल (गद्यकाल)	1850 से अब तक

1. आदिकाल (वीरगाथा काल) (1000 से 1350 ई. तक)

हिन्दी पद्य के प्रथम उत्थान काल को आदिकाल कहा जाता है। इसके नाम को लेकर विद्वानों में विभिन्न मत हैं, जिनका वर्णन निम्नलिखित है—

1. वीरगाथाकाल - आचार्य रामचन्द्र शुक्ल
2. आदिकाल - आचार्य हजारी प्रसाद द्विवेदी
3. चारण काल - डॉ. रामकुमार वर्मा
4. बीजवपन काल - आचार्य महावीर प्रसाद द्विवेदी
5. सिद्ध सामंत काल - राहुल सांकृत्यायन
6. आरंभिक काल - मिश्र बन्धु
7. प्रारंभिक काल - डॉ. गणपति चन्द्र गुप्त

देश छोटी-छोटी रियासतों में विभक्त था। इन रियासतों के शासक आपस में लड़ते रहते थे तथा एक-दूसरे को नीचा दिखाने की कोशिश में लगे रहते थे। देश की स्थिति शान्तिपूर्ण नहीं थी। देश में सामूहिक राष्ट्रीय भावना का अभाव था। कवि अपने आश्रयदाता राजा को प्रसन्न करने में लगे रहते थे। फलस्वरूप तत्कालीन रचनाओं में सामूहिक राष्ट्रीय भावना का अभाव, कल्पना की प्रचुरता, युद्धों का सुन्दर वर्णन, आश्रयदाताओं की प्रशंसा आदि प्रवृत्तियाँ देखने को मिलती हैं, इस काल की कविता का मुख्य विषय वीरों की वीरता का वर्णन या उनका यशोगान था।

इस प्रकार आदिकाल की वीरगाथाएँ दो रूपों में मिलती हैं

(i) प्रबन्ध काव्य (साहित्यिक ग्रन्थ)

साहित्यिक प्रबन्ध के रूप में प्राच्य प्राचीन ग्रन्थ 'पृथ्वीराज रासो' है। इस प्रबन्ध काव्य के कवि 'चन्दबरदाई' हैं। 'चन्दबरदाई' हिन्दी के प्रथम महाकवि हैं और इनका 'पृथ्वीराज रासो' हिन्दी का प्रथम महाकाव्य है।

(ii) वीर काव्य

वीर काव्य के रूप में उपलब्ध सबसे प्राचीन ग्रन्थ 'बीसलदेव रासो' है, जिसके कवि नरपति नाल्ह हैं। इस ग्रन्थ में समयानुसार भाषा के परिवर्तन का आभास मिलता है। सौ वर्षों से लोगों में गाए जाने के कारण इस काव्य की भाषा अपने मूल रूप में नहीं मिलती। जगनिक रचित 'परमाल रासो' इन वीर गीतों में सर्वाधिक प्रसिद्ध काव्य है। इस काव्य में जगनिक ने महोवा के दो प्रसिद्ध वीरों—'आल्हा' तथा 'उदल' (उदय सिंह) का विस्तृत रूप से वर्णन किया है।

यह काव्य 'आल्हा खण्ड' के नाम से प्रसिद्ध है। इस काव्य की सुरक्षा जनता के कण्ठस्थीकरण के द्वारा हुई। आल्हा के गीतों के समुच्चय, आल्हा खण्ड कहलाते हैं, जो आज भी उत्तर भारत के गाँवों में वर्षा ऋतु के समय ढोल की थाप के साथ गाया जाता है।

'रासो' शब्द की व्युत्पत्ति के सम्बन्ध में 'आचार्य हजारी प्रसाद द्विवेदी' जी का मत सर्वाधिक समीचीन है। उन्होंने संस्कृत के 'रासक' शब्द से इसे व्युत्पन्न माना है। उनके अनुसार 'रासक' एक छन्द भी है और काव्य भेद भी। आदिकाल में रचित वीरगाथाओं में चारण कवियों ने 'रासक' शब्द का प्रयोग चरित-काव्यों के लिए किया है। साथ ही यह भी उल्लेखनीय है कि अपभ्रंश में 29 मात्राओं का एक छन्द प्रचलित रहा है, जिसे 'रास' या 'रासा' कहते थे।

रास काव्य उन रचनाओं को कहा जाता था, जिनमें रासक छन्द की प्रधानता रहती थी। आगे चलकर रास काव्य ऐसी रचनाओं को कहने लगे जिनमें किसी भी गेय छन्द का प्रयोग किया गया हो। प्रारम्भ में 'रास' छन्द केवल प्रेमपरक रचनाओं में प्रयुक्त किए गए, परन्तु बाद में वीर रस युक्त रचनाएँ भी इसी छन्द में लिखी जाने लगीं।

'रासो' शब्द की व्युत्पत्ति इस प्रकार है

रासक > रासअ > रासा > रासो

कुछ लोग 'रासो' का सम्बन्ध 'रहस्य' से बतलाते हैं तथा कुछ रसायण से। अत: हो सकता है कि 'रसायण' ही कालक्रम में 'रासो' हो गया हो।

'रासो' ग्रन्थ की भाषा डिंगल है। यह वीर काव्यों की भाषा के रूप में उपयुक्त है। भावों की अभिव्यक्ति के लिए इसमें संस्कृत, प्राकृत, अपभ्रंश, अरबी, फारसी, पंजाबी, ब्रज आदि भाषाओं के शब्द मिलते हैं। यह रासो काव्य पूर्ण रूप से हृदय को स्पर्श करने की क्षमता रखता है।

इन ग्रन्थों में विविध छन्दों का प्रयोग किया गया है; जैसे—दोहा, सोरठा, त्रोटक, तोमर, चौपाई, गाथा, आर्या, सट्टक, रोला, छप्पय, कुण्डलिया आदि। इन काव्यों में रसोत्कर्ष की अपूर्ण शक्ति है। इस काल के काव्यों में शृंगार रस तथा भक्ति रस में रचनाएँ रची गईं, किन्तु प्रमुखता वीर रस की ही रही। इस काल के प्रमुख कवि तथा उनकी रचनाएँ निम्नलिखित हैं

क्र.सं.	कवि	रचनाएँ	रचनाओं के रूप
1.	दलपति विजय	खुमान रासो	प्रबन्ध काव्य
2.	चन्दबरदाई	पृथ्वीराज रासो	प्रबन्ध काव्य
3.	शारंगधर	हमीर रासो	प्रबन्ध काव्य
4.	नल्ल सिंह	विजयपाल रासो	प्रबन्ध काव्य
5.	जगनिक	परमाल रासो (आल्हा खण्ड)	वीर काव्य
6.	नरपति नाल्ह	बीसलदेव रासो	वीर काव्य
7.	केदार भट्ट	जयचन्द्र प्रकाश	वीर काव्य
8.	मधुकर	जयमयंक जसचन्द्रिका	वीर काव्य

इस युग के अन्य प्रसिद्ध कवि विद्यापति, अब्दुर्रहमान, कुशललाभ आदि हैं।

प्रवृत्तियाँ

इस काल की प्रमुख प्रवृत्तियाँ सामूहिक राष्ट्रीय भावना का अभाव, युद्धों का सुन्दर सजीव वर्णन, आश्रयदाताओं की प्रशंसा, वीर रस एवं शृंगार रस की काव्य में प्रधानता तथा कल्पना की प्रचुरता है।

2. भक्तिकाल (पूर्व मध्यकाल) (1350 से 1650 ई. तक)

आदिकाल के समाप्त होने तक देश की राजनैतिक और सामाजिक परिस्थितियों में काफी परिवर्तन हो गया था। देश में मुसलमानों का साम्राज्य प्रतिष्ठित हो गया था। **आचार्य रामचन्द्र शुक्ल** के अनुसार, "देश में मुसलमानों का राज्य प्रतिष्ठित हो जाने पर हिन्दू जनता के हृदय में गौरव, गर्व और उत्साह के लिए वह अवकाश न रह गया। अपने पौरुष से हताश जाति के लिए भगवान की शक्ति और करुणा की ओर ध्यान ले जाने के अतिरिक्त दूसरा मार्ग ही क्या था।"

इसके विपरीत आचार्य हजारीप्रसाद द्विवेदी का मानना था कि "मुसलमानों के अत्याचार से यदि भक्ति की भावधारा को उमड़ना था तो पहले उसे सिन्ध में और फिर उसे उत्तर भारत में प्रकट होना चाहिए था, पर हुई दक्षिण में।" इस परिवर्तित समन्वयात्मक, राजनैतिक और सामाजिक परिस्थिति में लोगों के मन में पवित्र भक्ति-भावना का उदय हुआ, जिसके फलस्वरूप 14वीं शताब्दी के उत्तरार्द्ध में कई कवियों ने भक्ति-काव्यों की रचना की। भक्ति-रस में रचित रचनाओं के आधार पर इस काल का नाम 'भक्तिकाल' पड़ा।

भक्तिकाल में उपासना के आधार पर इसे दो धाराओं एवं इन धाराओं को उपधाराओं में विभक्त किया गया, जो निम्नांकित हैं

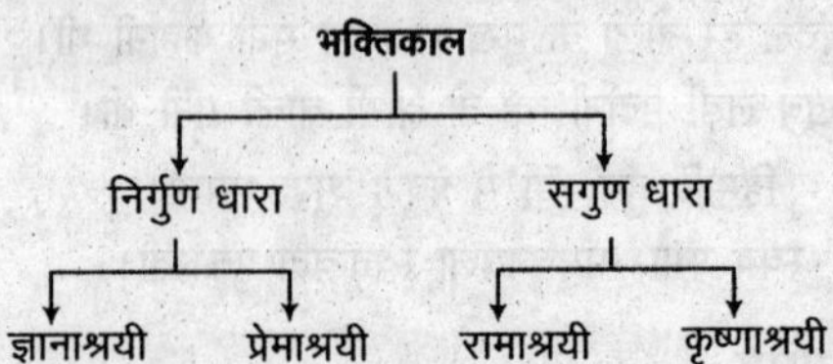

(i) निर्गुण धारा

निर्गुण धारा के कवि ब्रह्म के निराकार स्वरूप के उपासक थे। वे ईश्वर को गुणरहित नहीं, गुणातीत मानते हैं और उससे अनेक प्रकार के सम्बन्ध; जैसे—माता-पिता, प्रिय, गुरु आदि का सम्बन्ध स्थापित करते हैं। निर्गुण धारा को पुन: दो धाराओं में विभक्त किया गया।

ज्ञानाश्रयी काव्यधारा

ज्ञानाश्रयी काव्यधारा में ज्ञान का आश्रय लेकर ब्रह्म की उपासना की जाती है। ज्ञानाश्रयी धारा के कवि परम सत्ता को मानवीय भावना के आलम्बन के रूप में देखते हैं, किन्तु लीलावाद एवं अवतारवाद में विश्वास नहीं करते। वे भगवत-प्रेम को मानव जीवन की सार्थकता मानते हैं। ज्ञान मार्ग को वे ईश्वर प्राप्ति का एकमात्र साधन मानते हैं। ज्ञानाश्रयी कवियों में प्रमुख कवि कबीरदास हैं। इन्होंने ज्ञान का आश्रय लिया तथा ब्रह्म के निराकार स्वरूप की उपासना की। इनकी रचनाओं में माया, जीव, ब्रह्म, तत्त्वमसि त्रिकुटी, छ: रिपु आदि शब्द मिलते हैं। कबीर के अतिरिक्त अन्य प्रसिद्ध सन्त कवि रैदास (रविदास), नानक, दादूदयाल, मलूकदास, धर्मदास और सुन्दरदास हैं। इन कवियों ने साधना के सहज मार्ग को अपनाया तथा जाति-पाँति, तीर्थ-व्रत आदि का विरोध किया।

ज्ञानाश्रयी धारा के प्रमुख कवि कबीर ने ज्ञान-मार्ग और प्रेम-तत्त्व दोनों का आश्रय लिया। कबीर वाणी के संग्रह बीजक के तीन भागों 'रमैनी', 'सबद' और 'साखी' में वेदान्त-तत्त्व, हिन्दू-मुसलमानों को बाह्याडंबर पर फटकार, संसार की अनित्यता, हृदय की शुद्धि, प्रेमसाधना की कठिनता, माया की प्रबलता, मूर्तिपूजा का विरोध, तीर्थाटन आदि की असारता, हज, नमाज़, व्रत, आराधना आदि का वर्णन है।

कबीर की भाँति रैदास (रविदास) भी रामानन्द के शिष्य थे। कबीर के पदों की भाषा सधुक्कड़ी अर्थात् राजस्थानी, पंजाबी मिश्रित खड़ी बोली है। भक्तिकाल के कवियों की रचनाओं में साहित्यिक सौन्दर्य कम ही है, परन्तु भाव की दृष्टि से वे अत्यन्त समृद्ध तथा प्रभावोत्पादक हैं।

प्रेमाश्रयी काव्यधारा

प्रेमाश्रयी काव्यधारा में प्रेम का आश्रय लेकर ईश्वर के निराकार रूप की उपासना की गई। यह निर्गुण भक्तिधारा की दूसरी उपधारा प्रेमाश्रयी काव्यधारा है, जिसमें कविता की रचना के आधार में अनूठी अन्योक्तियों द्वारा ईश्वर प्रेम की व्यंजना प्रचलित थी। सूफी मुसलमान कवियों ने इस शाखा को पल्लवित किया। इन कवियों ने ब्रह्म को सर्वव्यापी प्रियतम माना और हृदय से उद्‌गार का प्रदर्शन करने की प्रथा शुरू की। इन्होंने कहीं ब्रह्म को पति माना और कहीं स्वामी। प्रेम का आश्रय करने वाली इस धारा के कवियों ने लोक प्रचलित हिन्दू राजकुमारों तथा राजकुमारियों की प्रेम-गाथाओं को अपने काव्य की पृष्ठभूमि बनाया।

इन गाथाओं में उन्होंने फारसी की मसनवी शैली को अत्यन्त सुन्दरतापूर्वक प्रस्तुत किया। इनकी कविताएँ दोहा और चौपाई में हैं। इन सूफी कवियों के काव्य की विशेषता है—प्रेम की पीर, विरह वेदना की तीव्रता, कथा की रोचकता और कल्पना तथा इतिहास का समन्वय आदि।

प्रेमाश्रयी शाखा के कवि और उनकी रचनाएँ निम्नलिखित हैं

कवि	रचना	कवि	रचना
1. मलिक मुहम्मद जायसी	पद्मावत	5. शेखनबी	ज्ञानदीप
2. कुतुबन	मृगावती	6. कासिम शाह	हंस जवाहिर
3. मंझन	मधुमालती	7. नूर मोहम्मद	इन्द्रावती
4. उस्मान	चित्रावली		

प्रेमाश्रयी काव्यधारा के मुख्य कवि मलिक मुहम्मद जायसी हैं। इनका काव्य ग्रन्थ पद्मावत (आख्यान काव्य) हिन्दी साहित्य के सर्वोत्तम ग्रन्थों में से एक है। इस परम्परा का यह एक सुप्रसिद्ध ग्रन्थ है। इसके कथानक में इतिहास तथा कल्पना का मिश्रण है। चित्तौड़ की रानी पद्मिनी या पद्मावती तथा राजा रत्नसेन की कथा का इसमें प्रस्तुतिकरण है। इसमें कवि ने लौकिक आख्यान के द्वारा अलौकिक प्रेम की व्यंजना की है। इस काव्य की भाषा अवधी है। प्रसिद्ध विद्वान् आचार्य रामचन्द्र शुक्ल ने 'पद्मावत' और 'जायसी' की प्रशंसा करते हुए कहा है कि अवधी की खालिस एवं बेमेल मिठास के लिए 'पद्मावत' हमेशा याद किया जाएगा।

(ii) सगुण धारा

ब्रह्म की व्यावहारिक सगुण सत्ता की भक्ति का सम्यक् प्रसार इस धारा में हुआ। स्वामी रामानुजाचार्य ने सम्पूर्ण विश्व के सारे प्राणियों को ब्रह्म का ही अंश माना। इसके अन्तर्गत ईश्वर की अवतार-भावना तथा उनके साकार रूप की उपासना की गई। सगुण धारा को उसकी विशेषताओं के आधार पर दो उपधाराओं में विभक्त किया गया है।

रामाश्रयी काव्यधारा

इस धारा में श्रीराम की अवतार रूप में उपासना की गई है। स्वामी रामानन्द जी की शिष्य परम्परा में देश के बड़े भाग में राम-भक्ति की ज्योति प्रज्वलित हो चुकी थी। यहीं से सगुण भक्ति धारा की रामाश्रयी उपधारा का विकास हुआ। रामाश्रयी काव्यधारा के कवियों ने राम की उपासना दास्य भाव से की। उनका मत था कि भगवान राम ने लोक-कल्याण के लिए इस सृष्टि पर जन्म लिया है। वे परब्रह्म स्वरूप हैं। रामानन्द जी की शिष्य परम्परा में गोस्वामी तुलसीदास का प्रादुर्भाव हुआ। वे इस धारा के कवियों में प्रतिनिधि (प्रमुख) कवि थे। उन्होंने मर्यादा पुरुषोत्तम श्रीराम का शक्तिशील सौन्दर्य समन्वित रूप 'रामचरितमानस' महाकाव्य में प्रस्तुत किया।

तुलसीदास के द्वारा स्थापित महान् लोक-आदर्श और रामराज्य की कल्पना सिर्फ भारतीय समाज को ही नहीं अपितु सम्पूर्ण विश्व को एक बड़ी देन है। इस महाकाव्य की भाषा अवधी है। इस ग्रन्थ में जायसी द्वारा अपनाई गई दोहा-चौपाई शैली का परिष्कृत और परिमार्जित साहित्यिक रूप दृष्टिगोचर होता है। 'रामचरितमानस' की कथा का मूल स्रोत वाल्मीकि द्वारा रचित 'रामायण' है। यह ग्रन्थ रचना-कौशल प्रबन्ध-पटुता, भाव-प्रवणता, रस, रीति, अलंकार, छन्द आदि सभी दृष्टियों से एक उत्कृष्ट काव्य कृति है। 'लोक-मंगल' की कामना के उद्देश्य से तुलसीदास ने इस काव्य की रचना की। उन्होंने मर्यादा पुरुषोत्तम भगवान श्रीराम के लोक-संग्रही चरित्र को काव्य का विषय बनाया तथा भारतीय संस्कृति, समाज और साहित्य को शक्ति प्रदान की। सगुण भक्ति धारा के प्रमुख नायक कवि तुलसीदास थे। इनके अतिरिक्त नाभादास, केशवदास, प्राणचन्द चौहान, हृदय राम इत्यादि राम भक्ति शाखा के प्रमुख कवि हैं।

कृष्णाश्रयी काव्यधारा

सगुण भक्ति धारा की द्वितीय उपधारा कृष्णाश्रयी धारा है। इस भक्ति धारा के कवियों ने श्रीकृष्ण को पूर्ण ब्रह्म के रूप में प्रतिष्ठित किया। आचार्य वल्लभाचार्य कृष्ण भक्ति के प्रवर्तक थे। उन्हें श्रीकृष्ण की जन्मभूमि 'मथुरा' में निवास करने का सौभाग्य प्राप्त हुआ। कृष्ण भक्ति साहित्य प्रधानतः भगवान के लोकरंजक रूप को उजागर करता है। कृष्ण भक्त कवियों ने कृष्ण को परब्रह्म ईश्वर का साकार रूप मानते हुए उनकी उपासना की है। कवियों ने उनकी उपासना वात्सल्य, संख्य, माधुर्य एवं दास्य भाव से की है। कृष्ण भक्त कवियों ने कृष्ण की आराधना लोक-मंगलकारी के रूप में की है, जो अपनी लीलाओं से समस्त समाज का कल्याण करते रहते हैं।

उन्होंने गोवर्धन पर्वत पर श्रीनाथ जी का एक विशाल मन्दिर भी बनवाया। कृष्ण भक्तिधारा के सर्वोत्कृष्ट कवि सूरदास हैं। उन्होंने कृष्णलीला के मधुर पदों की रचना की और उन्हें गाकर प्रेम और संगीत की ऐसी धारा प्रवाहित की, जिसमें डूबकर जनता का हृदय आनन्दमग्न और प्रेम से परिपूर्ण हो गया। सूरदास के द्वारा रचित 'सूरसागर' हिन्दी साहित्य की अक्षय निधि है।'साहित्य-लहरी' और 'सूरसारावली' भी इनकी रचनाएँ हैं। 'सूरसागर' काव्य में सवा लाख पद थे, लेकिन वर्तमान में लगभग दस हजार पद ही उपलब्ध हैं। इन पदों में विनय, बाल-लीला, गोचारण, गोपी-प्रेम, भ्रमरगीत आदि में अत्यन्त सूक्ष्म भावों का चित्रण किया गया है।

कृष्ण भक्त कवियों में सूरदास के अतिरिक्त नन्ददास, परमानन्द दास, कृष्णदास, कुम्भनदास, चतुर्भुजदास, छीतस्वामी तथा गोविन्दस्वामी आदि अन्य प्रमुख कवि हैं। आठ कवियों के इस समुदाय को अष्टछाप के नाम से जाना जाता है। अन्य कृष्ण-भक्त कवियों में मीराबाई और रसखान विशेष रूप से उल्लेखनीय हैं। रसखान कवि का मूल नाम सैयद इब्राहिम था। उन्होंने 'सुजान रसखान' तथा 'प्रेमवाटिका' की रचना ब्रजभाषा में की। भक्तिकाल की साहित्यिक देन-भक्ति काल के प्रतिनिधि (प्रमुख) कवियों में कबीरदास, तुलसीदास, सूरदास और जायसी प्रमुख हैं। इन कवियों के अन्तःकरण से उद्‌गारित दिव्य वाणी देश के कोने-कोने में अनुगुंजित हुई थी। यह काल हिन्दी-साहित्य का उत्कर्ष काल माना जाता है।

सन्त कवियों ने अपने सन्देश अत्यन्त स्पष्टता और निर्भीकता से जनसाधारण के समक्ष प्रस्तुत किए, ऐसा सर्वोत्कृष्ट साहित्य विशेष देश या काल का नहीं होता, बल्कि वह सार्वभौमिक एवं सार्वकालिक होता है। भाव तथा कला पक्ष का सर्वोत्कृष्ट रूप भक्तिकाल के काव्यों में परिलक्षित होता है।

इसी कारण से इस काल को हिन्दी साहित्य का 'स्वर्ण युग' माना जाता है। भक्ति काल की सामान्य प्रवृत्तियाँ हैं—ईश्वर में सहज विश्वास, उसकी दीनवत्सलता, नाम-स्मरण की महत्ता, अहंकार का त्याग, जाति-पाँति का विद्रोह, धर्मों के बाह्याडम्बरों का सशक्त विरोध, लोक-मंगल की भावना, सन्त जीवन का आदर्श, सरलता, निःस्पृहता, परोपकार तथा प्रेम-महिमा आदि।

3. रीतिकाल (उत्तर मध्यकाल) (1650 से 1850 ई. तक)

16वीं-17वीं शताब्दी तक हमारे देश में मुगल साम्राज्य प्रतिष्ठित हो चुका था। वह वैभव और समृद्धि के उच्च शिखर पर विराजमान था। जनसाधारण में सुख शान्ति व्याप्त थी। इन परिस्थितियों के चलते राधा-कृष्ण अब भक्ति स्वरूपी न होकर नायक-नायिका के रूप में परिवर्तित हो गए तथा श्रृंगार के आलम्बन बन गए। कवियों का ध्यान साहित्य-शास्त्र की ओर केन्द्रित हो गया। कवियों ने अपनी रचनाओं में रस, अलंकार, छन्द, नायक और नायिका सम्बन्धी प्रेम- प्रसंगों को प्रमुखता देना आरम्भ कर दिया। ऐसी रचनाओं को रीति ग्रन्थ या लक्षण ग्रन्थ कहा जाने लगा। इस काल में रीति ग्रन्थों की रचना अधिक हुई, इसलिए इस काल को 'रीतिकाल' कहा गया। रीतिकाल में मुख्य रूप से श्रृंगारिक काव्य और लक्षण-ग्रन्थों की रचना हुई। इस काल का काव्य दरबारी संस्कृति का प्रतीक है। रीति के नामकरण के सम्बन्ध में भी आदिकाल की भाँति विद्वानों में मतभेद दिखाई देते हैं। रीतिकाल के लिए जो नाम दिए गए हैं वे निम्नलिखित हैं—

1. अलंकृत काल - मिश्र बन्धु
2. श्रृंगार काल - विश्वनाथ प्रसाद मिश्र
3. रीतिकाल - आचार्य रामचन्द्र शुक्ल

रीतिकाल में तीन प्रकार की साहित्यिक उपधाराएँ दिखाई देती हैं जिनका वर्णन निम्नलिखित है

1. रीतिबद्ध

रीतिबद्ध कवि वे कवि हैं, जिन्होंने अलंकार, रसवादी, श्रृंगारिक व राजाओं की प्रशस्ति से परिपूर्ण 'रीति' ग्रन्थों की रचना की तथा साहित्यिक रूढ़ियों व बन्धनों का अनुसरण किया। इस काव्यधारा के प्रमुख कवि हैं—चिन्तामणि, मतिराम, देव, पद्माकर, केशवदास, भूषण, जसवन्त सिंह आदि।

2. रीतिमुक्त

रीतिमुक्त काव्यधारा के कवियों ने रीति के बन्धनों से मुक्त होकर काव्य की रचना की। इन्होंने लक्षण ग्रन्थों के अतिरिक्त भक्ति, नीति एवं हृदय की स्वतन्त्र वृत्तियों के आधार पर काव्य सृजन किया। इसके प्रमुख कवि हैं—घनानन्द, बोधा, आलम, ठाकुर, गिरिधर तथा वृन्द आदि।

3. रीतिसिद्ध

इस काव्यधारा में कवियों ने लक्षण या रीतिग्रन्थ नहीं लिखे, किन्तु रचना करते समय लक्षणों का ध्यान अवश्य रखा है। वे रीति में पारंगत थे। इसके प्रमुख कवि हैं—बिहारी।

इस काल के प्रमुख कवि और उनकी रचनाएँ निम्नलिखित हैं

	कवि	रचनाएँ
1.	केशव	रामचन्द्रिका, कविप्रिया
2.	भूषण	शिवराज भूषण, शिवा बावनी, छत्रसाल दशक
3.	मतिराम	रसराज, ललित-ललाम
4.	बिहारी	सतसई
5.	पद्माकर	पद्माभरण, जगद् विनोद, गंगा लहरी
6.	देव	'देव शतक', भाव विलास

रीतिकाल की साहित्यिक देन

इस काल में ब्रजभाषा, काव्यभाषा के रूप में पूर्णत: प्रतिष्ठित हो गई तथा काव्य में अर्थगौरव, चमत्कार, लाक्षणिकता, सूक्ष्म भावाभिव्यंजना आदि की दृष्टि से यह पूर्णरूपेण एक समर्थ भाषा बन गई। घनानन्द का काव्य लाक्षणिकता की दृष्टि से साहित्य में अद्वितीय माना गया।

रीतिकाल की प्रमुख प्रवृत्तियाँ

रीति ग्रन्थों का निर्माण, श्रृंगार-रस की प्रमुखता, काव्य भाषा के रूप में ब्रजभाषा की प्रतिष्ठा और व्यापक प्रसार, सवैया और दोहा छन्दों का प्रचुर-प्रयोग, प्रकृति का उद्दीपन रूप में चित्रण, आश्रयदाताओं की प्रशंसा, कलापक्ष की प्रधानता आदि इस काल की प्रमुख प्रवृत्तियाँ हैं।

4. आधुनिक काल (1850 ई. से अब तक)

हिन्दी साहित्य के इतिहास के आधुनिक काल का आरम्भ अधिकतर विद्वानों ने 19वीं शताब्दी से माना है। आधुनिक काल को गद्यकाल, नवीन विकास काल, पुनर्जागरण काल आदि नामों से भी जाना जाता है। हिन्दी काव्य के आधुनिक काल को क्रमश: भारतेन्दु युग, द्विवेदी युग, छायावादी युग, प्रगतिवादी युग तथा प्रयोगवादी व नई कविता के युगों में विभाजित किया गया है।

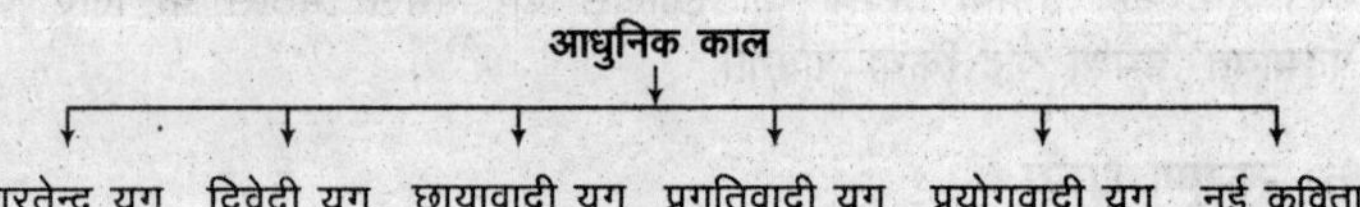

भारतेन्दु युग (1850 से 1900 ई.तक)

भारतेन्दु हरिश्चन्द्र को आधुनिक हिन्दी साहित्य का जन्मदाता माना जाता है। हिन्दी साहित्य में राष्ट्रीय-भावना के दर्शन सर्वप्रथम भारतेन्दु जी की रचनाओं में मिलते हैं। रीतिकाल में कवियों के राजाश्रय में रहने के कारण जन-जीवन का सम्बन्ध हिन्दी-साहित्य से टूट चुका था। भारतेन्दु युग में कवियों ने जन-भावना को पुन: जाग्रत किया। यद्यपि इस युग में हिन्दी गद्य की भाषा खड़ी बोली बन चुकी थी, किन्तु काव्य के क्षेत्र में मुख्यत: ब्रजभाषा की ही प्रधानता बनी रही।

गद्य के क्षेत्र में नाटक, उपन्यास, कहानी, निबन्ध और आलोचना आदि विधाओं का विकास हुआ, जिससे काव्य के क्षेत्र में स्वदेश-प्रेम, समाज-सुधार तथा प्रकृति-चित्रण आदि का समावेश हुआ। इसके मुख्य कारण थे—भारत में अंग्रेजी शासन का प्रादुर्भाव, मध्यकालीन रूढ़ियों से मुक्ति, पश्चिम से आती हुई नवीन सांस्कृतिक चेतना, नए आधुनिक विचार आदि।

द्विवेदी युग (1900 से 1918 ई. तक)

हिन्दी साहित्य में द्विवेदी जी के अवतरण के बाद मुख्य परिवर्तन था खड़ी बोली के आन्दोलन का तीव्र होना। द्विवेदी जी से प्रेरित कई तरुण कवियों ने ब्रजभाषा की जगह खड़ी बोली में काव्य-रचना प्रारम्भ कर दी। खड़ी बोली में काव्य-रचना करने वाले कवियों में श्रीधर पाठक, मैथिलीशरण गुप्त, अयोध्या सिंह उपाध्याय हरिऔध, मुकुटधर पाण्डेय, लोचन प्रसाद पाण्डेय, रामनरेश त्रिपाठी, रामचरित्र उपाध्याय थे।

मैथिलीशरण गुप्त ने 'साकेत', हरिऔध ने 'प्रियप्रवास' तथा गुप्त जी ने भी अनेक खण्डकाव्यों की रचना इसी युग में की थी। इस युग की कविता इतिवृत्तात्मक (घटनाप्रधान, विवरणात्मक) तथा वर्णन प्रधान थी। आचार्य महावीर प्रसाद द्विवेदी ने खड़ी बोली को समृद्ध और गतिशील बनाया। खड़ी बोली को गद्य और पद्य दोनों विधाओं के रूप में अपनाए जाने का श्रेय द्विवेदी जी को ही जाता है। इसी कारण इस युग को 'द्विवेदी युग' कहते हैं।

छायावादी युग (1918 से 1936 ई. तक)

प्रकृति एवं ब्रह्म के प्रति रहस्यमय सूक्ष्म भावों का अतिशय और भावुकतापूर्ण प्रतीकात्मक चित्रण करने वाले काव्य को छायावादी काव्य कहते हैं। तत्कालीन विदेशी शासन के अत्याचारों, नैतिकता की कठोरता से जकड़े हुए नियमों तथा आर्थिक कष्टों से उत्पन्न कवियों की उद्विग्नता और असन्तोष उन्हें वर्तमान से दूर किसी काल्पनिक संसार में जाने के लिए प्रेरित करने लगा।

छायावादी युग के सम्बन्ध में यह कहा जा सकता है कि छायावादी युग द्विवेदी युग की इतिवृत्तात्मकता की प्रतिक्रिया थी। छायावाद के प्रमुख कवि प्रसाद, पन्त, निराला और महादेवी वर्मा हैं। इन्हें छायावाद के चार प्रमुख आधार स्तम्भ माना गया। माखनलाल चतुर्वेदी की 'हिमकिरीटनी' तथा जयशंकर प्रसाद की 'कामायनी' और बालकृष्ण शर्मा नवीन का 'उर्मिला' महाकाव्य इस युग की प्रसिद्ध रचनाएँ हैं।

छायावादी युग में वैयक्तिक अनुभूति एवं भावुकता के साथ-साथ चिन्तन की भी प्रधानता परिलक्षित होती है। इस युग में जीवन के चिन्तन और समस्याओं पर भी कवियों ने अपने विचार प्रकट किए हैं। मानवतावाद एवं स्वदेश प्रेम की भावना भी इस काल के काव्यों में मिलती है। छायावादी युग में मुक्तक काव्यों की प्रधानता रही जो गेय और संगीतात्मक है। निराला और महादेवी के काव्य में गीति का सुन्दर विधान (प्रयोग) है। इस युग में रामकुमार वर्मा के गीत भी लोकप्रिय हुए हैं।

छायावादी कवियों ने चित्रमयी कल्पना तथा लाक्षणिक प्रतीकात्मक शैली को अपनाया। ऐसी शैली का प्रयोग करके उन्होंने कविता को सजीव और सरस बना दिया। काव्य में भावानुकूल छन्दों के प्रयोग मिलते हैं, जिससे इन कवियों की मौलिकता प्रदर्शित होती है। छायावादी काव्य में अलंकारों के प्रयोग में भी नवीनता परिलक्षित है। कविताओं में मानवीकरण तथा विशेषण विपर्यय जैसे नए अलंकारों का प्रयोग परिलक्षित हुआ है। इस युग में खड़ी बोली को सँवारा गया, उसमें ब्रजभाषा जैसी रोचकता, सरलता तथा अभिव्यंजना शक्ति को भी बढ़ाया गया, साथ ही प्रकृति एवं ब्रह्म के प्रति रहस्यमय सूक्ष्म भावों का अतिशय भावुकतापूर्ण प्रतीकात्मक चित्रण किया गया।

प्रगतिवादी युग (1936 से 1943 ई. तक)

प्रगतिवादी कवियों ने भौतिकवादी दर्शन को अपने काव्य का आधार बनाया था। 1936 ई. से प्रगतिवादी युग का आरम्भ हुआ। उस समय राजनीतिक क्षेत्र में फासिज़्म तथा आर्थिक क्षेत्र में पूँजीवाद का प्रभाव बढ़ रहा था। सामाजिक क्षेत्र में कुरीतियों, रूढ़ियों और अन्धविश्वासों के आधिक्य से जनता त्रस्त थी। साहित्यिक क्षेत्र में काव्य जनता से दूर हो रहा था। उसमें वैयक्तिकता की वृद्धि हो रही थी। इन्हीं परिस्थितियों में प्रगतिवादी युग का प्रादुर्भाव हुआ।

प्रगतिवादी कवियों ने छायावाद की सूक्ष्मता और कल्पना की अतिशयता के प्रति विद्रोह किया। वे पुन: हिन्दी साहित्य के कवि भारतेन्दु युग की तरह वास्तविकता की ओर लौटे। कविता का आधार कार्लमार्क्स का साम्यवाद बना व रोटी, कपड़ा और मकान की समस्या तथा मजदूरों-किसानों की दयनीय दशा का चित्रण काव्यों में किया जाने लगा। कवियों ने पूँजीवाद के विरुद्ध आवाज़ उठाई तथा सीधी-सादी अनलंकृत भाषा में भावों को व्यक्त किया।

प्रगतिवादी कवियों में प्रमुख कवि हैं—नरेंद्र शर्मा, रामविलास शर्मा, शिवमंगल सिंह 'सुमन', नागार्जुन, केदारनाथ अग्रवाल, रांगेय राघव, त्रिलोचन आदि। इन कवियों में से कुछ कवियों की कविताओं में सामाजिक क्रान्ति का स्वर अधिक मुखर है। इन्होंने रीतिकालीन कवियों की तरह काव्य में छन्द के बन्धन को स्वीकार नहीं किया।

प्रयोगवादी युग (1943 से 1949 ई. तक)

1943 ई. में अज्ञेय जी के नेतृत्व में सात कवियों ने हिन्दी-पद्य में छन्द, शैली, भाषा एवं भाव से सम्बन्धित नए प्रयोगों का आरम्भ किया। इसलिए इस युग को 'प्रयोगवादी कविता' या 'प्रयोगवादी काव्यधारा' कहा गया। 1943 ई० में अज्ञेय द्वारा सम्पादित एवं प्रकाशित 'तारसप्तक' संकलन से काव्य में प्रयोगवाद का आरम्भ हुआ। 1943 ई. में प्रकाशित प्रथम 'तारसप्तक' में जिन सात कवियों की रचनाएँ थीं, उन कवियों को अज्ञेय ने 'राहों का अन्वेषी' कहा। उन सात कवियों में—अज्ञेय, गजानन माधव 'मुक्तिबोध', नेमिचन्द्र जैन, भारत भूषण अग्रवाल, प्रभाकर माचवे, गिरिजाकुमार माथुर तथा रामविलास शर्मा थे।

1951 ई. में प्रकाशित द्वितीय तारसप्तक में भवानी प्रसाद मिश्र, शकुन्तला माथुर, हरिनारायण व्यास, शमशेर बहादुर सिंह, नरेश मेहता, रघुवीर सहाय तथा धर्मवीर भारती की रचनाएँ प्रकाशित हुईं। 1959 ई. में तृतीय तारसप्तक प्रकाशित हुआ, जिसमें प्रताप नारायण त्रिपाठी, कीर्ति चौधरी, मदन वात्स्यायन, केदारनाथ सिंह, कुँवर नारायण, विजयदेव नारायण साही तथा सर्वेश्वर दयाल सक्सेना को सम्मिलित किया गया। प्रयोगवाद के समर्थन में कुछ पत्र-पत्रिकाएँ भी प्रकाशित होने लगीं। कुछ प्रयोगवादी कवियों के अपने कविता-संग्रह भी प्रकाशित हुए।

अज्ञेय द्वारा रचित 'हरी घास पर क्षण भर', 'सुनहरे शैवाल', 'इन्द्रधनुष रौंदे हुए थे', 'आँगन के पार द्वार', भवानी प्रसाद मिश्र द्वारा रचित 'गीत फरोश', 'खुशबू के शिलालेख, गिरिजा माथुर की 'धूप के धान', 'शिला पंख चमकीले' तथा धर्मवीर भारती का 'ठण्डा लोहा' और 'कनुप्रिया' आदि प्रसिद्ध थे।

प्रयोगवादी कविता ने हिन्दी काव्य को एक नई सशक्त भाषा प्रदान की तथा इस धारा के आगमन ने हिन्दी साहित्य की अभिव्यंजना शक्ति में भी वृद्धि की। इन कवियों ने भाषा और शिल्प के क्षेत्र में नए प्रयोग किए। उन्होंने साहित्यिक हिन्दी के साथ अंग्रेजी, उर्दू, बांग्ला तथा अन्य आंचलिक भाषा के शब्दों के प्रयोग भी किए। इनकी बिम्ब-योजना तथा नवीन उपमानों का प्रयोग जैसे—लालटेन-से नयन-दीप, हड्डी के रंगवाला बादल, मजदूरिन-सी रात आदि इस युग के काव्य की विशेषता है।

नई कविता (1950 ई. से निरन्तर)

नयी कविता युग का सम्बन्ध 'नई कविता' पत्रिका से है, जिसका प्रकाशन जगदीश गुप्त और रामस्वरूप चतुर्वेदी के सम्पादन में 1954 ई० में हुआ। नई कविता आधुनिक वैचारिक रचनाशीलता का प्रतिमान बनकर उभरी, जिसमें

कविता ही नहीं वरन् उस पूरे रचना युग की प्रवृत्तियाँ प्रकट होती हैं। नई कविता में समग्र मनुष्य की बात ही नहीं कही गई, वरन् मनुष्य के समग्र अनुभव खण्डों को संयोजित किया गया है। यहाँ केवल वीर और शृंगार जैसे रसों में जीवन सीमित नहीं रह गया, बल्कि छोटे-छोटे समझे जाने वाले अनुभव कणों की प्रासंगिकता पहचानी गई। इसमें साधारण चरित्र के वैशिष्ट्य को नहीं, उसके साधारण जीवन को ही रेखांकित करने का प्रयत्न है, वहीं शिल्प के दृष्टिकोण से इसमें नवीन उपमान, प्रतीकात्मकता, बिम्बात्मकता एवं भाषा के नए प्रयोग का रुझान दिखाई पड़ता है। 'नई कविता' युग के प्रमुख रचनाकारों में रघुवीर सहाय, भारत भूषण अग्रवाल, सर्वेश्वर दयाल सक्सेना, लक्ष्मीकांत वर्मा इत्यादि हैं।

प्रमुख कवि और उनके काव्य-ग्रन्थ

क्र.सं.	काव्य-ग्रन्थ का नाम	कवि का नाम	काल
1.	पृथ्वीराज रासो	चन्दबरदाई	आदिकाल
2.	खुमाण रासो	दलपति विजय	आदिकाल
3.	बीसलदेव रासो	नरपति नाल्ह	आदिकाल
4.	परमाल रासो	जगनिक	आदिकाल
5.	बीजक	कबीर	भक्तिकाल
6.	पद्मावत	मलिक मुहम्मद जायसी	भक्तिकाल
7.	मृगावती	कुतुबन	भक्तिकाल
8.	इन्द्रावती	नूर मुहम्मद	भक्तिकाल
9.	सूरसागर	सूरदास	भक्तिकाल
10.	सुजान रसखान	रसखान	भक्तिकाल
11.	रामचरितमानस	गोस्वामी तुलसीदास	भक्तिकाल
12.	रामचन्द्रिका, कवि प्रिया	केशवदास	रीतिकाल
13.	शिवराज भूषण, शिवा बावनी	भूषण	रीतिकाल
14.	रस राज, ललित ललाम	मतिराम	रीतिकाल
15.	बिहारी सतसई	बिहारी	रीतिकाल
16.	देवशतक, भाव विलास	देव	रीतिकाल
17.	प्रेम माधुरी, प्रेम सरोवर	भारतेन्दु हरिश्चन्द्र	आधुनिककाल (भारतेन्दु युग)
18.	मयंक महिमा, हार्दिक हर्षादर्श	बदरीनारायण चौधरी 'प्रेमधन'	आधुनिककाल (भारतेन्दु युग)
19.	प्रेम पुष्पावली, मन की लहर	प्रताप नारायण मिश्र	भारतेन्दु युग
20.	श्यामा सरोजिनी, ऋतु संहार	जगमोहन सिंह	भारतेन्दु युग
21.	पावस पचासा, सुरवि सतसई	अम्बिकादत्त व्यास	भारतेन्दु युग
22.	प्रिय प्रवास, रस कलश	अयोध्या सिंह उपाध्याय 'हरिऔध'	आधुनिक काल (द्विवेदी युग)
23.	प्रेम पचीसी, करुणा कादम्बिनी	गया प्रसाद शुक्ल 'सनेही'	द्विवेदी युग
24.	मिलन, पथिक	रामनरेश त्रिपाठी	द्विवेदी युग
25.	हिम किरीटिनी, हिम तरंगिनी	माखनलाल चतुर्वेदी	द्विवेदी युग
26.	उर्मिला, कुंकुम	बालकृष्ण शर्मा 'नवीन'	द्विवेदी युग
27.	कश्मीर सुषमा, भारत गीत	श्रीधर पाठक	द्विवेदी युग
28.	कानन कुसुम, प्रेम बंधन	मुकुटधर पांडेय	द्विवेदी युग
29.	उद्धव-शतक, गंगावतरण	जगन्नाथ दास 'रत्नाकर'	द्विवेदी युग
30.	कामायनी, झरना	जयशंकर प्रसाद	छायावादी युग
31.	अनामिका, गीतिका	सूर्यकांत त्रिपाठी 'निराला'	छायावादी युग
32.	पल्लव, ग्रंथि	सुमित्रानंदन पंत	छायावादी युग
33.	नीहार, रश्मि	महादेवी वर्मा	छायावादी युग
34.	रेणुका, हुंकार	रामधारी सिंह 'दिनकर'	छायावादी युग
35.	निशा निमन्त्रण, मधुकलश	हरिवंशराय बच्चन	छायावादी युग
36.	अपराजिता, किरणबेला	रामेश्वर शुक्ल 'अंचल'	छायावादी युग
37.	द्रोपदी, प्रभातफेरी	नरेन्द्र शर्मा	छायावादी युग
38.	प्यासी पथराई आँखें, युगधारा	नागार्जुन	प्रगतिवादी युग
39.	नींद के बादल, युग की गंगा	केदारनाथ अग्रवाल	प्रगतिवादी युग
40.	प्रलय सृजन, जीवन के गान	शिवमंगल सिंह 'सुमन'	प्रगतिवादी युग
41.	धरती, मिट्टी की बारात	त्रिलोचन	प्रगतिवादी युग
42.	बावरा अहेरी, हरी घास पर क्षण भर	अज्ञेय	प्रयोगवाद
43.	चाँद का मुँह टेढ़ा है, भूरी-भूरी खाक धूल	मुक्तिबोध	प्रयोगवाद
44.	गीत फरोश, कमल के फूल	भवानीप्रसाद मिश्र	प्रयोगवाद
45.	कनुप्रिया, ठण्डा लोहा	धर्मवीर भारती	प्रयोगवाद
46.	चुका भी नहीं हूँ मैं, इतने पास अपने	शमशेर बहादुर सिंह	प्रयोगवाद
47.	चक्रव्यूह, आत्मजयी	कुँवर नारायण	प्रयोगवाद
48.	सीढ़ियों पर धूप में, आत्महत्या के विरुद्ध	रघुवीर सहाय	नई कविता
49.	दिनारम्भ, माया दर्पण	श्रीकांत वर्मा	नई कविता
50.	अतुकांत, तीसरा पक्ष	लक्ष्मीकांत वर्मा	नई कविता
51.	संसद से सड़क तक	धूमिल	नई कविता

अभ्यास प्रश्न

1. हिन्दी के प्रथम कवि के रूप में मान्य हैं
(a) शबरपा (b) चन्द (c) लुईपा (d) सरहपा

2. 'पृथ्वीराज रासो' में प्रधानता है
(a) शृंगार रस की (b) वीर रस की
(c) शान्त रस की (d) हास्य रस की

3. 'दोहाकोश' के रचनाकार हैं
(a) शबरपा (b) लुईपा
(c) सरहपा (d) कण्हपा

4. 'परमाल रासो' किस काल की रचना है?
(a) आदिकाल (b) भक्तिकाल
(c) रीतिकाल (d) आधुनिककाल

5. निम्नलिखित में से 'पृथ्वीराज रासो' के रचनाकार कौन हैं?
(a) जायसी (b) मंझन
(c) कुतुबन (d) चन्दबरदाई

6. इनमें से हिन्दी का प्राचीनतम महाकाव्य कौन-सा है?
(a) श्रीरामचरितमानस (b) पद्मावत
(c) पृथ्वीराज रासो (d) प्रियप्रवास

7. वीरगाथाकाल की प्रमुख प्रवृत्तियों में से निम्नलिखित कौन-सी प्रवृत्ति सही नहीं है?
(a) युद्धों का सजीव वर्णन (b) राष्ट्रीयता की भावना
(c) आश्रयदाताओं की प्रशंसा (d) कल्पना की प्रचुरता

8. 'रेवतगिरि रास' के रचयिता हैं
(a) दलपति विजय (b) जिनधर्म सूरि
(c) विजयसेन सूरि (d) मुनि जिन विजय

9. 'परमाल रासो' के रचयिता हैं
(a) नरपति नाल्ह (b) दलपति विजय
(c) भट्टकेदार (d) जगनिक

10. 'अमीर खुसरो' कवि हैं
(a) आदिकाल के (b) भक्तिकाल के
(c) रीतिकाल के (d) आधुनिककाल के

11. मुकरियाँ रचना है
(a) मधुकर कवि की (b) कुशल राय की
(c) अमीर खुसरो की (d) भट्ट केदार की

12. वीरगाथा-काल की विशेषता है
(a) नारी रूप-सौन्दर्य चित्रण (b) प्रकृति-चित्रण
(c) युद्धों का सजीव चित्रण (d) मुक्तक काव्य

13. आदिकाल का ग्रन्थ नहीं है
(a) कीर्तिलता (b) बीसलदेव रासो
(c) आल्हखण्ड (d) पद्मावत

14. 'जयमयंक-जस-चन्द्रिका' के रचयिता हैं
(a) भट्ट केदार (b) नरपति नाल्ह
(c) मधुकर कवि (d) विद्यापति

15. 'आल्हखण्ड' का दूसरा नाम है
(a) बीसलदेव रासो (b) परमाल रासो
(c) खुमान रासो (d) हम्मीर रासो

16. आदिकाल का एक अन्य नाम है
(a) स्वर्ण-युग (b) सिद्ध-सामन्तकाल
(c) शृंगारकाल (d) भक्तिकाल

17. 'जयचन्द प्रकाश' किसकी रचना है?
(a) चन्दबरदाई (b) नरपति नाल्ह
(c) भट्ट केदार (d) विद्यापति

18. 'खुमान रासो' किसकी रचना है?
(a) जगनिक (b) नरपति नाल्ह
(c) दलपति विजय (d) भट्ट केदार

19. वीरगाथाकाल के कवि हैं
(a) भूषण (b) बिहारीलाल
(c) केशव (d) चन्दबरदाई

20. 'बुद्धि रास' के रचयिता हैं
(a) आसगु (b) सारमूर्ति
(c) शालिभद्र सूरि (d) जिनधर्म सूरि

21. 'बीसलदेव रासो' के रचयिता हैं
(a) देवसेन (b) नरपति नाल्ह
(c) विजयसेन सूरि (d) जिनदत्त सूरि

22. 'आदिकाल' के रचनाकार हैं
(a) नरपति नाल्ह
(b) अयोध्यासिंह उपाध्याय 'हरिऔध'
(c) केशवदास
(d) नाभादास

23. हिन्दी साहित्य के आदिकाल के लिए 'बीजवजन काल' नाम दिया है
(a) रामचन्द्र शुक्ल ने (b) महावीर प्रसाद द्विवेदी ने
(c) रामकुमार वर्मा ने (d) हजारीप्रसाद द्विवेदी ने

24. विद्यापति के पदों में कहीं-कहीं पुट है
(a) शृंगार का (b) भक्ति का
(c) नीति का (d) प्रशस्ति का

25. आदिकाल का वीरगाथा काल नामकरण किया
(a) हजारी प्रसाद द्विवेदी ने
(b) डॉ. रामकुमार वर्मा ने
(c) आचार्य रामचन्द्र शुक्ल ने
(d) मिश्रबन्धु ने

26. अमीर खुसरो की चर्चा निम्नलिखित में से किसमें है?
(a) राउल वेल (b) खालिक बारी
(c) पाहुण दोहा (d) भविष्यत् कहा

27. हिन्दी की प्रथम रचना है
(a) दोहाकोश (b) श्रावकाचार
(c) पृथ्वीराज रासो (d) भरतेश्वर-बाहुबली रासो

28. हिन्दी का प्रथम महाकाव्य है
(a) खुमान रासो (b) साहित्य लहरी
(c) पृथ्वीराज रासो (d) साकेत

29. निम्नलिखित में से कौन-सा ग्रन्थ आदिकाल का है?
(a) रामचरितमानस (b) पद्मावत
(c) पृथ्वीराज रासो (d) कामायनी

30. "हिन्दी साहित्य के हजार वर्षों में कबीर जैसा व्यक्तित्व लेकर कोई लेखक उत्पन्न नहीं हुआ।" यह कथन है
(a) रामचन्द्र शुक्ल का (b) डॉ. रामकुमार वर्मा का
(c) डॉ. नगेन्द्र का (d) हजारीप्रसाद द्विवेदी का

31. आदिकाल की रचना है
(a) अखरावट (b) खुमान रासो (c) छत्रसाल-दशक (d) दीपशिखा

32. हिन्दी का आदिकाव्य है
(a) पृथ्वीराज रासो (b) कवित्त रत्नाकर
(c) रामचन्द्रिका (d) साखी

33. "भाषा पर कबीर का जबरदस्त अधिकार था। वे वाणी के डिक्टेटर थे।" प्रस्तुत कथन निम्नांकित लेखकों में से किस लेखक का है?
(a) नन्ददुलारे वाजपेयी (b) रामचन्द्र शुक्ल
(c) हजारीप्रसाद द्विवेदी (d) रामविलास शर्मा

34. हिन्दी-साहित्य के आदिकाल की रचना नहीं है
(a) पृथ्वीराज रासो (b) परमाल रासो
(c) पद्मावत (d) विद्यापति पदावली

35. मैथिलीशरण गुप्त आधुनिककाल के किस युग से सम्बन्धित हैं?
(a) शुक्ल युग (b) द्विवेदी युग
(c) छायावादी युग (d) छायावादोत्तर युग

36. निम्नलिखित में से कौन भक्तिकाल का महाकाव्य है?
(a) साकेत (b) श्रीरामचरितमानस
(c) कामायनी (d) पृथ्वीराज रासो

37. रामचन्द्र शुक्ल ने 'मध्यकाल' का समय माना है
(a) संवत् 1050 से 1700 तक
(b) संवत् 1218 से 1800 तक
(c) संवत् 1375 से 1700 तक
(d) संवत् 1100 से 1900 तक

38. निम्नलिखित में से कौन-सी कृति (ग्रन्थ) रीतिकाल में लिखी गई है?
(a) साकेत (b) विनयपत्रिका
(c) बिहारी सतसई (d) पृथ्वीराज रासो

39. निम्नलिखित में से कौन प्रेमाश्रयी शाखा के कवि नहीं हैं?
(a) जायसी
(b) सूरदास/चन्दबरदाई/बिहारीलाल
(c) मंझन
(d) कुतुबन

40. महाकवि भूषण की रचना है
(a) रेणुका (b) चिदम्बरा
(c) दीपशिखा (d) छत्रसाल-दशक

उत्तरमाला

1.	(d)	2.	(b)	3.	(c)	4.	(a)	5.	(d)	6.	(c)	7.	(b)	8.	(c)	9.	(d)	10.	(b)
11.	(c)	12.	(c)	13.	(d)	14.	(c)	15.	(b)	16.	(b)	17.	(c)	18.	(c)	19.	(d)	20.	(c)
21.	(b)	22.	(c)	23.	(b)	24.	(b)	25.	(c)	26.	(b)	27.	(c)	28.	(c)	29.	(c)	30.	(d)
31.	(b)	32.	(a)	33.	(c)	34.	(c)	35.	(b)	36.	(b)	37.	(c)	38.	(c)	39.	(b)	40.	(d)

अध्याय 02

हिन्दी गद्य और उसका विकास

गद्य साहित्य का परिचय

प्रकृति ने मानव को अभिव्यक्ति की आश्चर्यजनक क्षमता प्रदान की है। भाषा के माध्यम से वह स्वयं के विचारों, भावों, अनुभूतियों आदि को दो प्रकार से गद्य तथा पद्य में व्यक्त करता है। भावना-प्रवण हृदय और विचार-केन्द्रित मस्तिष्क अभिव्यक्ति के गद्य रूप तथा पद्य रूप में सृजन के मुख्य कारक तत्त्व हैं।

मस्तिष्क और हृदय की न्यूनाधिक क्रियात्मकता के परिणामस्वरूप ही अभिव्यक्ति के इन दो रूपों को हम गद्य साहित्य और पद्य साहित्य कहते हैं। गद्य के माध्यम से अपने भावों और विचारों को सहज और प्राकृतिक रूप में प्रकट किया जा सकता है और उसका छन्दोबद्ध रूप, जिसमें क्रमबद्ध ताल और गति के प्रबन्ध की कलापूर्ण अभिव्यक्ति रागात्मक मनोभावों के साथ उपस्थित हो वह पद्य या काव्य कहलाता है। गद्य साहित्य का विवेचन मुख्यत: हमारी ज्ञान-वृत्ति पर आधारित होता है, परन्तु काव्य का विवेचन संवेदनशीलता पर।

गद्य विकास का इतिहास

गद्य का प्रथम विकास सामान्य बोलचाल की भाषा के रूप में होता है। इतिहास, दर्शन तथा विभिन्न ज्ञान-विज्ञान की अभिव्यक्ति के माध्यम के रूप में जिस भाषा का प्रयोग होता है, उसे गद्य की मध्यम स्थिति माना जा सकता है।

साहित्य में जिस गद्य रूप का प्रयोग होता, उसे अभिव्यंजना सौष्ठव आदि की दृष्टि से श्रेष्ठ मानना चाहिए। लेखकों और कवियों को अपने विचारों, भावों आदि को व्यक्त करने के लिए अपनी भाषा की सृष्टि तथा भाषा-शैली भी विकसित करनी पड़ती है।

भाषा-रूपों के विकास की दृष्टि से गद्य के तीन वर्ग उपलब्ध हैं

1. विज्ञान, सौन्दर्यशास्त्र, आलोचना, दर्शन विधि आदि के लिए विवेचनात्मक।
2. ललित निबन्ध, गद्य-गीत, नाटक आदि के लिए भावात्मक।
3. इतिहास, जीवनी यात्रा आदि के लिए वर्णनात्मक।

गद्यकार का प्रमुख दायित्व वक्तव्य का पूर्ण यथातथ्य और प्रभावशाली सम्प्रेषण करना होता है। अपने विचारों या भावों को सहज, सरल, सामान्य भाषा में विशेष प्रयोग सहित सम्प्रेषित करना गद्य का प्रमुख लक्ष्य होता है। इसमें वक्ता को काव्य भाषा की भाँति भंगिमा, लय, तुक, वक्रता, अलंकृति, जितेन्द्रिय, प्रवाह आदि लाने के लिए विशेष प्रयत्न नहीं करना पड़ता। गद्य में बोधवृत्ति की प्रधानता होती है, न कि संवेदनशीलता की। अतएव वर्णन, कथा, विचार-वक्रता, व्याख्या, अनुसन्धान के लिए यह सर्वाधिक उपयुक्त एवं योग्य माध्यम है।

ज्ञान-विज्ञान की सम्पन्नता के साथ ही गद्य की उपादेयता और उपयोगिता में वृद्धि होती जा रही है। गद्य का एकछत्र प्रभाव इतिहास, भूगोल, राजनीतिशास्त्र, धर्म, दर्शन और सम्पूर्ण विज्ञान के क्षेत्र में ही नहीं, किन्तु नाटक, कथा-साहित्य आदि में स्थापित हो चुका है। वर्तमान युग महाकाव्यों का युग न होकर उपन्यासों का युग है। भारतेन्दु युग से ही उन्नत मात्रा में गद्य-साहित्य पढ़ा और लिखा जाने लगा। हमारा साहित्य अधिकांशत: गद्य में ही लिखा जा रहा है।

गद्य की भाषा काव्य की अपेक्षा अधिक सत्यतापूर्ण, व्याकरण-सम्मत और व्यवस्थित होती है। आन्तरिक रूप से काव्य अतिरिक्त भावुकतापूर्ण, लघु, सांकेतिक और जटिल होता है। काव्य में गद्य की अपेक्षा उक्ति-वैचित्र्य और अलंकरण की प्रवृत्ति भी अधिक होती है। पद्य की अपेक्षा गद्य का विवरण विस्तृत होता है।

ज्ञान-विज्ञान से लेकर कथा-साहित्य, नाटक आदि के प्रकाशन का माध्यम सामान्य व्यवहार की भाषा गद्य है, जबकि छन्द, लय, संगीत, तुक, मात्रा उन्मेषपूर्ण भाषा आदि से परिपूर्ण तथा मानव के रागों और विरागों के सम्प्रेषण तक सीमित भाषा पद्य है। अत: गद्य का ज्ञान-विज्ञान, संसार तथा व्यवहार का प्रकृत-क्षेत्र नितान्त विस्तृत है। पद्य का उपयोग विचारात्मक, वर्णनीय तथा मीमांसा (परीक्षण) आदि क्रियात्मक कार्यों के लिए होता है।

गद्य में विविध विधाओं की रचना भावतत्त्व व विचारतत्त्व के मेल-जोल तथा विषय-वैविध्य के आधार पर हुई है। साहित्य का मुख्य अभिप्रेत है— 'सम्प्रेषणीयता'। अत: साहित्यकारों ने निबन्ध, आलोचना, कहानी, नाटक, रिपोर्ताज, यात्रावृत्तान्त आदि के ज्ञान को सम्प्रेषण के उद्देश्य से ही जन्म दिया था। इस प्रकार हिन्दी गद्य-साहित्य के अत्यधिक विकास का मुख्य कारण निरन्तर नवीन विधाओं का जन्म व विकास है।

हिन्दी-गद्य का आविर्भाव

हिन्दी-गद्य की उत्पत्ति 19वीं शताब्दी के नवजागरण काल में हुई। उस समय हमारा देश मध्यकालीन रूढ़ियों से मुक्त हो रहा था तथा पश्चिम से आती हुई नवीन सांस्कृतिक चेतना को अपना रहा था। हमारे सामाजिक जीवन को प्रत्यक्ष रूप से आधुनिक विचार, नवीन शिक्षा-पद्धति और नए वैज्ञानिक आविष्कार प्रभावित कर रहे थे। अत: साहित्य में भी उनका प्रभाव प्रदर्शित होना स्वाभाविक था।

हिन्दी-गद्य के प्राचीनतम प्रयोग राजस्थानी व ब्रजभाषा में प्राप्त होते हैं। 10वीं शताब्दी के दान-पत्रों, पट्टे-परवानों, टीकाओं व अनुवाद-ग्रन्थों में हमें राजस्थानी-गद्य की झलक देखने को मिलती है। ब्रजभाषा के गद्य का प्रारम्भ सम्वत् 1400 वि. के करीब हुआ था। कृष्ण-भक्ति धारा के कवियों तथा भक्तों ने इसके विकास और उन्नति में असामान्य योगदान दिया।

17वीं शताब्दी तक की लिखी हुई रचनाएँ—गोस्वामी विट्ठलनाथ का **शृंगार-रस-मण्डन**, बैकुण्ठमणि शुक्ल के **अगहन-माहात्म्य** और **वैशाख-माहात्म्य**, गोकुलनाथ के **चौरासी वैष्णवन की वार्ता** और **दो सौ बावन वैष्णवन की वार्ता**, नाभादास का **अष्टयाम** तथा लल्लूलाल कृत **माधव विलास** आदि विशेष रूप से कथनीय है। प्राचीनतम् उपलब्ध ग्रन्थ ज्योतिरीश्वर ठाकुर कृत **वर्णरत्नाकर** है तथा गीतिकार विद्यापति ने अपनी दो गद्य रचनाओं **कीर्तिलता** एवं **कीर्तिपताका** द्वारा ज्योतिरीश्वर की गद्य परम्परा में अग्रिम कदम बढ़ाए। राजस्थानी की भाँति मैथिली भाषा में भी गद्य साहित्य की परम्परा उपलब्ध होती है तथा इन्हीं के साथ टीकाओं की परम्परा भी चलती रही।

आचार्य रामचन्द्र शुक्ल अपभ्रंश काव्यों से खड़ी बोली का उद्गम मानते हुए कहते हैं—"भोज के समय से लेकर हम्मीर देव के समय तक अपभ्रंश काव्यों की जो परम्परा चलती रही, उसके भीतर खड़ी बोली के प्राचीन रूप की भी झलक अनेक पद्यों में मिलती है।"

खड़ी बोली गद्य का विकास

खड़ी बोली का उद्भव शौरसेनी अपभ्रंश के उत्तरी रूप से हुआ। इसका क्षेत्र देहरादून का मैदानी भाग, दिल्ली, मेरठ, रामपुर, मुरादाबाद है। खड़ी बोली गद्य का विकास मुख्य रूप से निम्नलिखित युगों में हुआ—

1. भारतेन्दु पूर्व युग	— 13वीं शताब्दी के मध्य से 1868 ई. तक
2. भारतेन्दु युग	— 1868 से 1900 ई. तक
3. द्विवेदी युग	— 1900 से 1922 ई. तक
4. शुक्ल युग (छायावादी युग)	— 1919 से 1938 ई. तक
5. शुक्लोत्तर युग (छायावादोत्तर युग)	— 1938 से 1947 ई. तक
6. स्वातन्त्र्योत्तर युग	— 1947 ई. से अब तक

1. भारतेन्दु पूर्व युग

- खड़ी बोली गद्य के प्रथम दर्शन अकबर के दरबारी कवि 'गंग' द्वारा रचित 'चन्द छन्द बरनन की महिमा' (1570) नामक ग्रन्थ में होते हैं।
- रामप्रसाद निरंजनी ने 'भाषा-योग वाशिष्ठ' नामक रचना खड़ी बोली में लिखी, जिसे खड़ी बोली का 'प्रथम गद्य ग्रन्थ' कहा जाता है।
- हिन्दी के विकास में सर्वप्रथम **फोर्ट विलियम कॉलेज** कलकत्ता का योगदान रहा है। इसके आचार्य **जॉन गिलक्राइस्ट** ने भारतीय भाषाओं का अध्ययन किया। ईस्ट इण्डिया कम्पनी के प्रशासकों को हिन्दी सिखाने के लिए उन्होंने एक **व्याकरण** और एक **शब्दकोश** की रचना की।
- गिलक्राइस्ट की देख-रेख में अनेक पुस्तकों के अनुवाद और मौलिक रचनाएँ भी प्रकाशित हुईं। इसी सन्दर्भ में इंशाअल्ला खाँ, लल्लूलाल, सदल मिश्र और सदासुखलाल का योगदान अविस्मरणीय है।
- इंशाअल्ला खाँ ने **रानी केतकी की कहानी** ठेठ बोलचाल की भाषा में लिखी। लल्लूलाल की 14 रचनाएँ बताई जाती हैं। **प्रेमसागर** उनकी प्रसिद्ध कृति है। सदल मिश्र ने **नासिकेतोपाख्यान** (1803 ई.), **अध्यात्मरामायण** और **रामचरित्र** की रचना की। सदासुखलाल ने अपने सहयोगियों की तुलना में कम लिखा है। **सुखसागर** इनकी प्रसिद्ध रचना है।
- खड़ी बोली के विकास में ईसाई धर्म-प्रचारकों ने भी पूर्णरूप से सहयोग दिया। 'बाइबिल' का प्रचार करने के लिए ईसाई मिशनरियों ने खड़ी बोली गद्य में इसका भाषान्तर करवाया और स्वयं के धर्म का संचार किया।
- 1813 ई. में 'विलफोर्स एक्ट' पास होने के पश्चात् इन्हें स्वयं के धर्म के संचार की अनुमति मिल गई, तब से ईसाइयों ने अपने धर्म का यथेष्ठ संचार किया। इन्होंने एक ओर मुफ्त में ईसाई धर्म की पुस्तकें व पैम्फलेट लोगों में वितरित किए तो दूसरी ओर छोटे-छोटे मिशन खोलने प्रारम्भ कर दिए।
- 1817 ई. में **कलकत्ता बुक सोसायटी** और 1833 ई. के लगभग **आगरा स्कूल बुक सोसायटी** की स्थापना हुई। इससे विभिन्न विषयों की पुस्तकों का प्रकाशन हुआ।
- हिन्दी के विकास में पत्र-पत्रिकाओं का महत्त्वपूर्ण योगदान रहा है। भारतेन्दु पूर्व काल में हिन्दी का पहला समाचार-पत्र **उदन्त मार्तण्ड** (1826 ई.) कलकत्ता से प्रकाशित हुआ। 1828 ई. में कलकत्ता से **बंगदूत** का प्रकाशन आरम्भ हुआ, जिसे 1829 ई. में सरकार ने बन्द करवा दिया।
- **राजा शिवप्रसाद सितारे 'हिन्द'** ने **बनारस अखबार** (1844 ई.) का प्रकाशन आरम्भ किया। इसकी भाषा **हिन्दुस्तानी** थी। इसकी उर्दू शैली के विरोध में **सुधाकर** पत्र का प्रकाशन आरम्भ हुआ। इसी क्रम में कलकत्ता से **समाचार सुधावर्षण** (1854 ई.) नामक दैनिक का प्रकाशन आरम्भ हुआ। पंजाब से नवीनचन्द्र राय ने **ज्ञान-प्रकाशिनी** पत्रिका निकाली।
- राजा शिवप्रसाद 'सितारे हिन्द' ने विद्यालयों के लिए अनेक पाठ्य-पुस्तकों की रचना करके हिन्दी के विकास और प्रचार में योगदान दिया।
- **राजा लक्ष्मण सिंह** ने 1861 ई. में आगरा से **प्रजाहितैषी** नामक समाचार-पत्र प्रकाशित किया। इन्होंने संस्कृतगर्भित शुद्ध हिन्दी का प्रचार-प्रसार किया।
- 'राजा लक्ष्मण सिंह' ने 'शकुन्तला नाटक' का अनुवाद संस्कृत से **खड़ी बोली** में किया।

2. भारतेन्दु युग

- भारतेन्दु को **आधुनिकता का प्रवर्तक साहित्यकार** माना जाता है। इन्होंने हिन्दी की विभिन्न विधाओं में साहित्य सृजन किया। 1850 ई. से 1900 ई. तक की अवधि को भारतेन्दु युग कहते हैं।
- भारतेन्दु ने राजा शिवप्रसाद 'सितारे हिन्द' की अरबी, फारसी प्रधान हिन्दी और राजा लक्ष्मण सिंह की संस्कृतनिष्ठ हिन्दी के बीच का मार्ग निकाला। हिन्दी खड़ी बोली के विकास में भारतेन्दु जी का योगदान **हरिश्चन्द्र मैगज़ीन** (1873 ई.), **हरिश्चन्द्र चन्द्रिका** और **बालाबोधिनी** (1874 ई.) पत्रिकाओं के निबन्धों में द्रष्टव्य है।

- **भारतेन्दु मण्डल** के रचनाकारों का मूलस्वर **नवजागरण** है। इसके प्रमुख रचनाकार हैं—भारतेन्दु हरिश्चन्द्र, पं. प्रताप नारायण मिश्र, बदरी नारायण चौधरी 'प्रेमघन', बालकृष्ण भट्ट, अम्बिका दत्त व्यास, राधाचरण गोस्वामी, ठा. जगमोहन सिंह, लाला श्रीनिवासदास, सुधाकर द्विवेदी, राधाकृष्ण आदि।
- हिन्दी के विकास में **काशीनागरी प्रचारिणी सभा** (1893 ई.) और **इण्डियन प्रेस प्रयाग** का योगदान अत्यन्त महत्त्वपूर्ण है।
- नागरी प्रचारिणी सभा की प्रेरणा से **इण्डियन प्रेस प्रयाग** द्वारा जून, 1900 में **सरस्वती पत्रिका** का प्रकाशन आरम्भ हुआ। इसके प्रथम सम्पादक **चिन्तामणि घोष** थे।

3. द्विवेदी युग

- पं. महावीर प्रसाद द्विवेदी 1903 ई. में **सरस्वती पत्रिका** के सम्पादक नियुक्त हुए। सरस्वती पत्रिका को **बीसवीं शताब्दी के आरम्भिक चरण का विश्वकोश** कहा गया है।
- 1900 से 1920 ई. तक की अवधि को द्विवेदी युग कहा जाता है। इस युग को **डॉ. नगेन्द्र** ने **जागरण सुधार काल** कहा है।
- पं. महावीर प्रसाद द्विवेदी ने सरल और शुद्ध भाषा के प्रयोग पर विशेष बल दिया। वे लेखकों/कवियों की रचनाओं की वर्तनी और व्याकरण सम्बन्धी त्रुटियों को स्वयं संशोधित कर देते थे और उन्हें शुद्ध लिखने हेतु प्रेरित करते थे।
- द्विवेदी युग के प्रमुख कवि—मैथिलीशरण गुप्त, रामचरित उपाध्याय, अयोध्यासिंह उपाध्याय 'हरिऔध', नाथूराम शर्मा 'शंकर', सियारामशरण गुप्त, महावीर प्रसाद द्विवेदी, जगन्नाथदास रत्नाकर, राय देवी प्रसाद पूर्ण, गया प्रसाद शुक्ल 'सनेही', रामनरेश त्रिपाठी, बालकृष्ण शर्मा 'नवीन' इत्यादि हैं।

4. शुक्ल युग (छायावादी युग)

- 1919 से 1938 ई. तक के काल को हिन्दी गद्य साहित्य में 'छायावादी युग' कहा जाता है तथा द्विवेदी युग के पश्चात् साहित्य में कलात्मकता एवं भावुकता को व्यक्त करने की क्षमता छायावादी युग के गद्य से प्रकट होती है।
- विचारों, आदर्शों एवं आध्यात्मिक रहस्यवाद को प्रतीकों के द्वारा छायाभिव्यक्ति देने के कारण इस युग को छायावादी युग के नाम से पुकारा जाता है।
- छायावादी कवियों ने अपनी विशिष्ट प्रतिभा और रचनात्मक शक्ति से उसके लाक्षणिक, अलंकृत, प्रतीकात्मक और वक्रतापूर्ण रूप का आविर्भाव किया।
- प्रसाद, निराला, पन्त, महादेवी वर्मा, दिनकर आदि ने अपने काव्य-ग्रन्थों की भूमिकाओं व स्वातन्त्र्य लेखों से नवीन मनोहर गद्य का रूप प्रदर्शित किया। इसी युग में वियोगी हरि, राय कृष्णदास और माखनलाल चतुर्वेदी के भावुकता से परिपूर्ण गद्य के भी दर्शन हुए।
- इतिहास-लेखन और समालोचना में आचार्य रामचन्द्र शुक्ल के वृहत योगदान के बाद **आलोचना** के क्षेत्र में नन्ददुलारे वाजपेयी, विश्वनाथ प्रसाद मिश्र, हजारीप्रसाद द्विवेदी, डॉ. नगेन्द्र और डॉ. रामविलास शर्मा तथा **इतिहास-लेखन** के लिए डॉ. रामकुमार वर्मा, डॉ. लक्ष्मी सागर वार्ष्णेय, डॉ. गणपतिचन्द्र गुप्त, डॉ. मोहन अवस्थी आदि के नाम उल्लेखनीय हैं।
- इस युग में हिन्दी गद्य साहित्य की चेतना ने सम्पूर्ण सृष्टि, सम्पूर्ण ब्रह्माण्ड को चैतन्य रूप में प्रकाशित किया।

5. शुक्लोत्तर युग (प्रगतिवादी युग)

- 1938 ई. के पश्चात् हिन्दी गद्य साहित्य के समय को शुक्लोत्तर युग कहा जाता है। इस युग का हिन्दी गद्य काल्पनिक संसार से उतरकर यथार्थ की भूमि पर आ गया।
- इसमें भावुकतापूर्ण अभिव्यक्ति का स्थान कान्तियुक्त एवं भड़कीले कवित्वमय वचनों ने लिया। इसमें भोगे हुए यथार्थ, मानव जीवन की पारिवारिक एवं सामाजिक समस्या, राजनीति, दुराचार, मानवीय भावों, विश्व-बन्धुत्व की भावना आदि का चित्रण होने लगा।
- इस युग के गद्य साहित्य की अभिव्यंजना-शक्ति अधिक परिष्कृत हुई तथा साहित्यिक रचनाओं एवं कृतियों की प्रचुरता भी इसी युग में सबसे अधिक रही।
- **डॉ. रामविलास शर्मा**, **शिवदानसिंह चौहान**, **प्रकाशचन्द्र गुप्त** आदि इसी युग के रचनाकार हैं।
- रेखाचित्र और संस्मरण रचनाकारों में **पद्मसिंह शर्मा**, **महादेवी वर्मा**, **बनारसीदास चतुर्वेदी**, **रामवृक्ष बेनीपुरी** और **कन्हैयालाल मिश्र 'प्रभाकर'** प्रमुख रूप से कथनीय हैं।
- इस युग में तनिक उत्कृष्ट साहित्यिक जीवन-चरित्र और आत्मकथाएँ भी प्रकाशित हुई हैं। इनमें डॉ. रामविलास शर्मा की **निराला की साहित्य-साधना** और अमृतराय की **कलम का सिपाही** उन्नत रचनाएँ हैं।
- आत्मकथाओं में डॉ. राजेन्द्र प्रसाद की आत्मकथा के पश्चात् **पाण्डेय बेचन शर्मा 'उग्र'** की 'अपनी खबर' और बच्चन की **क्या भूलूँ क्या याद करूँ** व **नीड़ का निर्माण फिर** आदि रचनाएँ लोकप्रिय हुई हैं।
- इस युग में विभिन्न उपन्यासकारों के भी दर्शन हुए, जिनमें प्रमुख—यशपाल (**झूठा सच**, **दिव्या**), नागार्जुन (**नई पौध**, **रतिनाथ की चाची**) आदि उल्लेखनीय हैं।

6. स्वातन्त्र्योत्तर युग

- विष्णु प्रभाकर, उपेन्द्रनाथ 'अश्क', धर्मवीर भारती, जगदीशचन्द्र माथुर, लक्ष्मीनारायण लाल, मोहन राकेश इस काल के विशिष्ट हिन्दी नाटककार हैं। निबन्धों के क्षेत्र में नव शैलियों, विषयों एवं रूपों का प्रसार हुआ तथा सांस्कृतिक, वैयक्तिक एवं सामयिक विषयों पर दार्शनिक, भावात्मक, विचारात्मक, हास्य-व्यंग्यात्मक और समीक्षात्मक निबन्धों की रचना हुई।
- विद्यानिवास मिश्र, रामवृक्ष बेनीपुरी, हजारी प्रसाद द्विवेदी, जैनेन्द्र, अज्ञेय, वासुदेवशरण अग्रवाल, महादेवी वर्मा तथा हरिशंकर परसाई के नाम इस युग में विशेष रूप से कथनीय हैं।
- कथा-साहित्य के क्षेत्र में मार्क्स के समाजवाद तथा फ्रॉयड के मनोविश्लेषणवाद का विशिष्ट सामर्थ्य इस काल में प्रदर्शित होता है। आज की पीढ़ी के जीवन के संघर्ष, आशाएँ, आकांक्षाएँ, कुण्ठाएँ, विद्रोह तथा नव-जीवन के मूल्यों की खोज इस युग के उपन्यासों व कहानियों के प्रमुख विषय हैं। परन्तु, **शेखर : एक जीवनी**, **बहती गंगा**, **सूरज का सातवाँ घोड़ा** ऐसे ही गुणों से परिपूर्ण उपन्यास हैं।
- **धर्मवीर भारती**, **मन्नू भण्डारी**, **यशपाल**, **जैनेन्द्र**, **अज्ञेय**, **भगवतीचरण वर्मा**, **अमृतलाल नागर** आदि इस युग के विशिष्ट उपन्यासकार एवं कहानीकार हैं। इनका नाम इस युग के पथ पर सर्वोपरि उल्लेखनीय है।

- वर्तमान में कहानी, उपन्यास, नाटक, निबन्ध आदि के अतिरिक्त रिपोर्ताज, डायरी, फैण्टेसी, रेडियो-रूपक आदि अनेक नवीन विधाओं के द्वारा उन्नत साहित्य की रचना हो रही है।
- इसके अतिरिक्त विभिन्न विश्वविद्यालयों में प्रति वर्ष जो शोध-प्रबन्ध प्रकाशित हो रहे हैं, उनके द्वारा वैज्ञानिक विवेचन, विश्लेषण एवं मूल्यांकन के लिए हिन्दी गद्य का रूप विकसित हो रहा है। आधुनिक युग में हिन्दी नाटक व रंगमंच जीवन की सत्यता से संयुक्त होकर नवीन दिशा की ओर अग्रसर हुआ है।

गद्य की विविध विधाएँ

हिन्दी-गद्य-साहित्य के उद्भव से लेकर वर्तमान तक गद्य के क्षेत्र में अनेक विधाओं का प्रसार हुआ। हिन्दी गद्य की विधाओं का वर्गीकरण दो श्रेणियों में किया जा सकता है

प्रथम श्रेणी इनमें कहानी, निबन्ध, नाटक, एकांकी एवं उपन्यास विधाओं का विकास भूतकाल से देखने को मिलता है।

द्वितीय श्रेणी अप्रधान या प्रकीर्ण विधाओं की है। इन नव गद्य-विधाओं में आत्मकथा, यात्रावृत्त, जीवनी, गद्य-काव्य, संस्मरण, रेखाचित्र, रिपोर्ताज, डायरी, भेंटवार्ता, पत्र-साहित्य आदि का उल्लेख किया जा सकता है।

इन सभी विधाओं का संक्षिप्त परिचय इस प्रकार है :

निबन्ध

यह एक सूक्ष्म आकार की ऐसी रचना है, जिसमें सामान्य गद्य की तुलना में रोचक, सजीव तथा अर्थपूर्ण गद्य का विकास होता है। इसकी शैली में पूर्ण रूप से कलात्मकता के गुण विद्यमान होते हैं। विभिन्न आलोचकों ने निबन्ध को 'गद्य की कसौटी' कहा है। गद्य की नव-विधाओं में निबन्ध सर्वाधिक महत्त्वपूर्ण एवं विकसित विधा है।

निबन्ध स्वावलम्बी होता है तथा इसमें स्नेह-सम्बन्ध और भावमयता के साथ-साथ विचारों की अभिव्यक्ति होती है। विषय तथा शैली के आधार पर यह चार प्रकार के होते हैं

1. **विचारात्मक निबन्ध** इस प्रकार के निबन्धों में तर्कपूर्ण मूल्यांकन, विश्लेषण एवं छानबीन का आधिपत्य होता है तथा विषय भी मुख्यतया दार्शनिक, मनोवैज्ञानिक, शास्त्रीय, विवेचनात्मक आदि होते हैं।
2. **भावात्मक निबन्ध** इन निबन्धों में अनुराग तथा हृदय तत्त्वों की प्रधानता होती है। इसका मुख्य उद्देश्य पाठक की बुद्धि की अपेक्षा उसके हृदय को प्रभावित करना होता है।
3. **वर्णनात्मक निबन्ध** इन निबन्धों में किसी भी वर्णनीय वस्तु, स्थान, व्यक्ति, दृश्य आदि का अवलोकन के आधार पर ललित, सरस तथा मधुर रूप में वर्णन होता है।
4. **विवरणात्मक निबन्ध** इन निबन्धों में आख्यानात्मकता का गुण समाहित होता है तथा विषय-वस्तु के प्रत्येक पक्ष को सुसम्बद्ध तीक्ष्ण, हृदयग्राही तथा वर्गीकृत पहलू में प्रस्तुत किया जाता है।

कहानी

कहानी का उद्देश्य किसी घटना, व्यक्ति विशेष, भाव, संवेदना आदि की **संवेदनशील** अभिव्यंजना करना होता है। यह आधुनिक साहित्यिक रचना की **सर्वाधिक लोकप्रिय** रचना है। इसका शीर्षक रमणीय तथा तीक्ष्ण होता है और कहानी के मूलभाव अथवा संवेदना की व्यंजना करने में सक्षम होता है। इसका आरम्भ तथा अन्त कलात्मक तथा प्रभावात्मक होता है। इसका कथानक संगठित और क्रमबद्ध रहता है। इसमें जीवन के विभिन्न भावों, विचारों तथा रूपों को मार्मिक तथा सौन्दर्यपूर्ण चित्र के माध्यम से प्रस्तुत किया जाता है। यद्यपि इसका प्रमुख उद्देश्य मनोरंजन होता है, तथापि यह विशेष संवेदना, भाव एवं प्रभाव की कलायुक्त व्यंजना भी प्रकट करता है।

उपन्यास

किसी विशाल विषय के पात्रों के चरित्र-चित्रण, घटनाक्रमों, संवाद एवं निश्चित उद्देश्य को प्रयोजन में संग्रहित की जाने वाली गद्य-रचना 'उपन्यास' कहलाती है। उपन्यास में कहानी तो है ही, साथ ही संयोग आने पर वह काव्य की भाँति भावुकता और संवेदना जाग्रत कर पाठकों को मग्न करता है। श्रीनिवास द्वारा संयोजित 'परीक्षा गुरु' हिन्दी का प्रथम मौलिक उपन्यास है।

नाटक

रंगमंच पर अभिनय के माध्यम से प्रकट करने की दृष्टि से रचित एक से अधिक अंकों वाली गद्य-रचना 'नाटक' कहलाती है। नाटक शब्द की उत्पत्ति 'नट' धातु से हुई है, जिसका अर्थ 'सम्बन्धित सात्विक भावों का प्रदर्शन' है। नट से अभिनीत होने के कारण यह 'नाटक' कहलाता है।

भारतेन्दु ने अंग्रेजी, संस्कृत और बांग्ला भाषा के नाटकों का प्रचण्ड अध्ययन किया था। अत: उन्होंने जिन नाटकों की रचना की उनमें राजनैतिक, सामाजिक, पौराणिक और प्रेम प्रधान सभी प्रकार के नाटक थे।

इस युग के अन्य नाटककारों में 'उदयशंकर भट्ट', 'सेठ गोविन्ददास', 'माखनलाल चतुर्वेदी', 'पं. गोविन्दवल्लभ', 'हरिकृष्ण 'प्रेमी' और 'रामकुमार वर्मा' आदि नाटककारों के नाम उल्लेखनीय हैं।

एकांकी

एकांकी एक अंक के नाटक को कहा जाता है अर्थात् एकांकी नाटक के उस रूप को कहते हैं, जिसमें एक ही अंक में पूरा नाटक समाप्त हो जाता है। एकांकी में नाटक के सभी तत्त्व होते हैं, साथ ही उसके रचना-विधान तथा अन्य तत्त्वों में थोड़ी ऐसी विशेषताएँ भी समाहित होती हैं, जिनके कारणवश रचनाकारों ने एकांकी को साहित्य की एक स्वतन्त्र रचना स्वीकार कर लिया है। जयशंकर प्रसाद के 'एक घूँट' को हिन्दी का प्रथम एकांकी माना जाता है।

जीवनी

किसी महापुरुष या प्रसिद्ध व्यक्ति के जीवन की प्रमुख घटनाओं, उसके क्रिया-कलापों तथा अन्य विशेषताओं का गम्भीरता से व्यवस्थित रूप में वर्णन, **जीवनी** कहलाती है। इसमें व्यक्ति-विशेष के जीवन की छोटी-बड़ी बात का वर्णन इस प्रकार किया जाता है कि पाठक केवल उसके अतरंगी जीवन से सुपरिचित ही नहीं होता, अपितु उसके साथ तादात्म्य प्रमाणित कर लेता है।

जीवनीकार जीवनी में उन निर्माण-स्थानों पर ओज प्रकट करता है, जिनके माध्यम से पाठक प्रेरणा ग्रहणकर, अपना जीवन अतिरिक्त प्रगतिशील बनाने में सक्षम हो सके। जीवनी का सत्यता पर आधारित होने के साथ-साथ उसका प्रामाणिक होना भी अनिवार्य है।

आत्मकथा

जब कोई लेखक अपने जीवन की प्रमुख घटनाओं और अपने गुण-दोषों का विवेचन तटस्थ भाव से लिखता है, तो उसे आत्मकथा कहते हैं। इसका रचनाकार स्वयं अपने जीवन की विभिन्न घटनाओं और परिस्थितियों को पाठकों के समक्ष मैत्री-गुण के साथ रखता है। यह संस्मरणात्मक होती है। इसमें लेखक अपने जीवन की महत्त्वपूर्ण ऐतिहासिक तथा सामाजिक घटनाओं पर स्वयं की प्रतिक्रिया प्रकट करता है। साहित्यिक आत्मकथाओं में हरिवंशराय 'बच्चन' और पाण्डेय बेचन शर्मा 'उग्र' की रचनाएँ विशिष्ट मानी गई हैं।

रेखाचित्र

जिस गद्य-रचना में किसी वस्तु, व्यक्ति, घटना या भाव का अल्प शब्दों में यथावत् चित्रण किया जाता है, उसे 'रेखाचित्र' कहते हैं। यह शब्द अंग्रेज़ी के 'स्केच' शब्द का हिन्दी रूपान्तरण है तथा यह दो शब्दों 'रेखा' और 'चित्र' के योग से बना है।

रेखाचित्र में साहित्य तथा चित्रकला का सौन्दर्यपूर्वक मेल-जोल दिखाई पड़ता है। जिस प्रकार चित्रकार तूलिका तथा रंगों के द्वारा सजीव चित्र का चित्रण करता है, उसी प्रकार रेखाचित्रकार शब्दों के माध्यम से ऐसा भावपूर्ण चित्र प्रकट करता है, जो उसकी यथार्थ संवेदना को मूर्त स्वरूप प्रदान करने में सफल होता है।

संस्मरण

किसी तथ्य या स्मरणीय घटना को जब किसी व्यक्ति विशेष के द्वारा उसके यथार्थ रूप को सशक्त एवं तीक्ष्ण भाषा-शैली में प्रकट किया जाता है, तो उसे संस्मरण कहते हैं। इसका अर्थ है—'सम्यक् स्मरण' अर्थात् संस्मरण में रचनाकार स्वयं अपनी अनुभव की हुई किसी व्यक्ति तथा घटना का स्नेह-सम्बन्ध तथा कलात्मकता के साथ वर्णन प्रकट करता है।

इसका सम्बन्ध मुख्यत: महापुरुषों से होता है। इसमें रचनाकार अपनी तुलना में उस व्यक्ति को अधिक महत्त्व देता है, जिसका वह संस्मरण रचित करता है।

रेखाचित्र में किसी के चरित्र का कलात्मक तथा भावात्मक चित्र प्रदर्शित किया जाता है, किन्तु संस्मरण में किसी के चरित्र का वास्तविक रूप प्रस्तुत किया जाता है। हिन्दी के प्रमुख संस्मरण-रचनाकारों में श्रीनारायण चतुर्वेदी, पद्मसिंह शर्मा, बनारसी चतुर्वेदी आदि के नाम उल्लेखनीय हैं।

यात्रावृत्त

जिस गद्य-रचना में लेखक के द्वारा किसी यात्रा के प्रत्यक्ष ज्ञान का यथावत् कलात्मक वर्णन किया जाता है, उसे 'यात्रावृत्त' कहते हैं। इसमें रचनाकार विशेष स्थलों की यात्रा का सौन्दर्य तथा रसीला वर्णन इस दृष्टि से करता है कि जो पाठक उन स्थलों की यात्रा करने में असमर्थ हों, वे उसका मानसिक हर्ष प्राप्त कर सकें और घर बैठे ही उन स्थलों के कृत्रिम दृश्यों, वहाँ निवासित लोगों के आचरण, खान-पान, रहन-सहन तथा राजनीतिक पहलुओं आदि से रू-ब-रू हो सकें। यात्रा-साहित्य का यह उद्देश्य रहता है कि रचनाकार अपनी यात्रा से प्राप्त हुए मनोरंजन तथा ज्ञान पाठकों तक पहुँचा सकें।

भेंटवार्ता

जब रचनाकार किसी व्यक्ति-विशेष से भेंट करके उसके चरित्र, व्यवहार, भाषा आदि से सम्बन्धित प्रश्नों को साहित्यिक रूप से रचकर पाठकों के समक्ष प्रकट करता है, तो वह रचना भेंटवार्ता या साक्षात्कार कहलाती है। भेंटवार्ता हिन्दी में 'भेंट', 'चर्चा', 'विशेष चर्चा', 'साक्षात्कार' तथा 'इण्टरव्यू' आदि नामों से विख्यात है। इस प्रकार भेंटवार्ता वह रचना है, जिसके द्वारा भेंटकर्ता किसी महान् व्यक्ति के चरित्र और जीवन में प्रश्नों के झरोखे से झाँककर उसके भीतरी पक्षों (आन्तरिक दृष्टिकोण) को पाठकों के समक्ष प्रकट करता है। भेंटवार्ता वास्तविक भी होती है और कल्पित भी। वास्तविक भेंटवार्ता लिखने वालों में पद्मसिंह शर्मा 'कमलेश' और रणवीर रांगा के नाम विशिष्ट हैं।

पत्र-साहित्य

जब कोई रचनाकार अपने किसी मित्र, परिचित अथवा घनिष्ठ व्यक्ति को अपने सम्बन्ध में या किसी व्यक्ति-विशेष अथवा महत्त्वपूर्ण समस्या के सम्बन्ध में उसकी व स्वयं की सामाजिक तथा भावात्मक स्थिति को मद्देनजर रखकर तथा उसके प्रति विशेष आदर-सम्मान के भाव प्रस्तुत करते हुए निजीतौर पर पत्र उत्कीर्ण कर भेजता है और बदले में प्रतिवचन की उम्मीद रखता है, तो वह पत्र-साहित्य की रचना करता है। हिन्दी साहित्य में पत्र-प्रकाशन की शुरूआत द्विवेदी काल में हुई थी। पत्र सार्वजनिक भी हो सकते हैं और व्यक्तिगत भी। साहित्यिक दृष्टि से सार्वजनिक पत्र अधिक महत्त्वपूर्ण होते हैं।

डायरी

जब कोई रचनाकार अपने जीवन में घटित महत्त्वपूर्ण घटनाओं का तिथिबद्ध विवरण लिखित माध्यम के द्वारा प्रस्तुत करता है, तो उस रचना को 'डायरी' कहते हैं। इस कला का प्रारम्भ लगभग 1930 ई. के आस-पास माना जाता है। नरदेव शास्त्री वेदतीर्थ की डायरी **नरदेव शास्त्री वेदतीर्थ की जेल डायरी** के प्रकाशन के साथ ही हिन्दी में डायरी रचना की कला का उद्गम हुआ था। इनको प्रथम डायरी रचनाकार माना जाता है।

रिपोर्ताज

जिस गद्य-रचना में किसी घटना का दृष्टान्त विवरण प्रभावपूर्ण ढंग से प्रस्तुत किया गया हो, उसे 'रिपोर्ताज' कहते हैं। यह शब्द मूलत: फ्रांसीसी शब्द है और अंग्रेज़ी के 'रिपोर्ट' शब्द का पर्याय तथा साहित्यिक नाम है। इसकी शैली वर्णनात्मक एवं उल्लेखनीय होती है, जिसमें तीक्ष्णता, आत्मीयता, सहजता का विशिष्ट महत्त्व होता है। इसमें लेखक प्राप्त विषय को सहजता तथा रोचकता से पाठक को हृदयंगम कराने में सक्षम होता है।

विष्णु प्रभाकर, प्रकाशचन्द्र गुप्त, प्रभाकर माचवे आदि ने विनम्र तथा रमणीय रिपोर्ताज का सृजन किया है।

आलोचना

आलोचना शब्द का अर्थ है 'किसी पदार्थ, तथ्य आदि का परीक्षण स्पष्ट अथवा सही रूप में करना' अर्थात् किसी साहित्यिक रचना का सूक्ष्मतापूर्वक अवलोकन करते हुए उसके गुण-दोषों का भली-भाँति अध्ययन कर उसका विश्लेषण करना उसकी आलोचना कहलाता है। हिन्दी आलोचना की परम्परा का प्रारम्भ द्विवेदी युग से हुआ।

गद्य-काव्य

जिस रचना में कविता के गुणों का समावेश छन्द के बिना सम्भव होता है, उसे गद्य-काव्य कहते हैं। यह रचना गद्य तथा काव्य के बीच की रचना है, इसमें रचनाकार अपने हृदय की रागात्मकता को प्रकट करता है, जिससे पाठक उसे पढ़कर रसमय तथा मोहक हो जाता है। इसमें विचारों तथा भावों की अभिव्यक्ति की ओर लेखक का अधिक चित्त रहता है। इसकी शैली कवित्वपूर्ण तथा चमत्कार से युक्त होती है। गद्य-काव्य के रचनाकारों में राय कृष्णदास, वियोगी हरि, रामवृक्ष बेनीपुरी आदि के नाम विशिष्ट रूप से कथनीय हैं।

लघु कथा

लघु कथा एक ऐसी विधा है, जो धीरे-धीरे गद्य के क्षेत्र में अपनी एक विशिष्ट पहचान बना रही है। लघु कथा में आधुनिक मार्मिकता तथा संवेदना की प्रगाढ़ वेदना दिखाई पड़ती है। लघु कथा के कथाकारों में चित्रा मुद्गल, विष्णु नागर, असगर वजाहत, रमेश बत्रा, राजेन्द्र यादव आदि रचनाकारों के नाम विशेष रूप से उल्लेखनीय हैं।

विभिन्न गद्य-विधाओं के रचनाकारों के रचना सहित नाम

विधा का नाम		रचनाएँ	सम्बद्ध लेखक
निबन्ध	1.	कंकड़ स्तोत	भारतेन्दु हरिश्चन्द्र
	2.	हमारा कर्त्तव्य और युगधर्म	प्रतापनारायण मिश्र
	3.	आचरण की सभ्यता	सरदार पूर्णसिंह
	4.	चिन्तामणि	रामचन्द्र शुक्ल
	5.	ठलुआ क्लब, नर से नारायण	बाबू गुलाबराय
	6.	पाव भर आटा	वियोगी हरि
	7.	साहित्य देवता	माखनलाल चतुर्वेदी
	8.	कुछ विचार	प्रेमचन्द
	9.	कुछ बिखरे पन्ने, क्या लिखूँ, पंचपात्र, प्रबन्ध पारिजात	पदुमलाल पुन्नालाल बख्शी
	10.	इतिहास साक्षी है, खून की छींटे	भगवतशरण उपाध्याय
	11.	कल्पलता, कुटज, अशोक के फूल	हजारी प्रसाद द्विवेदी
	12.	विवेचनात्मक गद्य, शृंखला की कड़ियाँ	महादेवी वर्मा
	13.	गाँव सुखी हम सुखी, गीता प्रवचन	विनोबा भावे
	14.	गेहूँ और गुलाब	रामवृक्ष बेनीपुरी
	15.	अर्द्धनारीश्वर, उजली आग	रामधारी सिंह 'दिनकर'
	16.	अथाह सागर, अनन्त आकाश	जयप्रकाश भारती
	17.	कहनी-अनकहनी, ठेले पर हिमालय	धर्मवीर भारती
	18.	जीवन का काव्य, सर्वोदय	काका कालेलकर
	19.	सर्वोदय की बुनियाद	हरिभाऊ उपाध्याय
	20.	दृष्टिकोण, दक्षिण भारत की एक झलक	विनयमोहन शर्मा
	21.	गाँधीजी की देन	डॉ. राजेन्द्र प्रसाद
	22.	साहित्य	डॉ. राजेन्द्र प्रसाद
कहानी	1.	रानी केतकी की कहानी	इंशाअल्ला खाँ
	2.	राजा भोज का सपना	राज शिवप्रसाद सितारे 'हिन्द'
	3.	इन्दुमती	किशोरीलाल गोस्वामी
	4.	ग्यारह वर्ष का समय	रामचन्द्र शुक्ल
	5.	उसने कहा था	चन्द्रधर शर्मा 'गुलेरी'
	6.	झलमला	पदुमलाल पुन्नालाल बख्शी
	7.	प्रेमांजलि, पूस की रात, पंचपरमेश्वर	प्रेमचन्द
	8.	आँधी, आकाशद्वीप, इन्द्रजाल	जयशंकर प्रसाद
	9.	चाँद और टूटे हुए लोग	धर्मवीर भारती
उपन्यास	1.	परीक्षा गुरु	लाला श्रीनिवासदास
	2.	चन्द्रकान्ता, चन्द्रकान्ता सन्तति, भूतनाथ	देवकीनन्दन खत्री
	3.	सेवासदन, निर्मला, गोदान, कर्मभूमि	प्रेमचन्द
	4.	तितली	जयशंकर प्रसाद
	5.	त्यागपत्र	जैनेन्द्र
	6.	बाणभट्ट की आत्मकथा, पुनर्नवा, अनामदास का पोथा, चारुचन्द्र लेख	हजारी प्रसाद द्विवेदी
	7.	मृगनयनी	वृन्दावनलाल वर्मा
	8.	चित्रलेखा	भगवतीचरण वर्मा
	9.	सूरज का सातवाँ घोड़ा, गुनाहों का देवता	धर्मवीर भारती
	10.	पतितों के देश में	रामवृक्ष बेनीपुरी
	11.	शेखर : एक जीवनी	अज्ञेय
	12.	गिरती दीवारें	उपेन्द्रनाथ 'अश्क'
नाटक	1.	नहुष	गोपालचन्द्र गिरिधरदास
	2.	अन्धेर नगरी, सत्य हरिश्चन्द्र	भारतेन्दु हरिश्चन्द्र
	3.	कलिकौतुक, भारत-दुर्दशा, हठी हम्मीर	प्रतापनारायण मिश्र
	4.	छद्मयोगिनी, वीर हरदौल	वियोगी हरि
	5.	एक घूँट, चन्द्रगुप्त, अजातशत्रु, ध्रुवस्वामिनी, स्कन्दगुप्त	जयशंकर प्रसाद
	6.	कर्बला, प्रेम की वेदी, संग्राम	प्रेमचन्द
	7.	अन्धायुग, नदी प्यासी थी	धर्मवीर भारती
	8.	कुल्ली भाट	सूर्यकान्त त्रिपाठी 'निराला'
	9.	लहरों के राजहंस, आषाढ़ का एक दिन	मोहन राकेश
	10.	अम्बपाली	रामवृक्ष बेनीपुरी

विधा का नाम	रचनाएँ	सम्बद्ध लेखक
एकांकी	1. कुछ फीचर कुछ एकांकी	भगवतशरण उपाध्याय
	2. पृथ्वीराज की आँखें, दीपदान	डॉ. रामकुमार शर्मा
	3. नीली झील	धर्मवीर भारती
	4. भोर का तारा	जगदीशचन्द्र माथुर
जीवनी	1. आवारा मसीहा	विष्णु प्रभाकर
	2. कलम का सिपाही	अमृतराय
	3. गुरुनानक देव	हजारीप्रसाद द्विवेदी
	4. लोकमान्य तिलक, विज्ञान की विभूतियाँ, हमारे गौरव के प्रतीक	जयप्रकाश भारती
आत्मकथा	1. मेरी असफलताएँ	गुलाबराय
	2. नीड़ का निर्माण फिर, क्या भूलूँ क्या याद करूँ	हरिवंशराय बच्चन
	3. आत्मकथा	डॉ. राजेन्द्र प्रसाद
	4. अपनी खबर	पाण्डेय बेचन शर्मा 'उग्र'
रेखाचित्र	1. अतीत के चलचित्र, मेरा परिवार	महादेवी वर्मा
	2. माटी की मूरतें	रामवृक्ष बेनीपुरी
संस्मरण	1. स्मृति की रेखाएँ, पथ के साथी	महादेवी वर्मा
	2. सन् बयालीस के संस्मरण	श्रीराम शर्मा
	3. लोकमाता	काका कालेलकर
	4. बापू के आश्रम में, पुण्य स्मरण	हरिभाऊ उपाध्याय
	5. जंजीरें और दीवारें	रामवृक्ष बेनीपुरी
यात्रावृत्त-साहित्य	1. उस पार के पड़ोसी, हिमालय-प्रवास	काका कालेलकर
	2. कलकत्ता से पीकिंग, सागर की लहरों पर	भगवतशरण उपाध्याय
	3. पैरों में पंख बाँधकर	रामवृक्ष बेनीपुरी
	4. मेरी यूरोप यात्रा	डॉ. राजेन्द्र प्रसाद

विधा का नाम	रचनाएँ	सम्बद्ध लेखक
	5. रेती के फूल	रामधारी सिंह 'दिनकर'
आलोचना	1. अथाह सागर, अनन्त आकाश	जयप्रकाश भारती
	2. अध्ययन और आस्वाद, हिन्दी-काव्य-विमर्श	गुलाबराय
	3. फोर्ट विलियम कॉलेज, हिन्दी साहित्य का इतिहास	लक्ष्मीसागर वार्ष्णेय
	4. इतिहास के पन्नों पर	भगवतशरण उपाध्याय
	5. कबीर, नाथ सम्प्रदाय, हिन्दी साहित्य की भूमिका	हजारीप्रसाद द्विवेदी
	6. कवि प्रसाद का आँसू व अन्य कृतियाँ	विनयमोहन शर्मा
	7. त्रिवेणी, रस-मीमांसा	रामचन्द्र शुक्ल
	8. निराला की साहित्य-साधना	डॉ. रामविलास शर्मा
	9. रूपक-रहस्य, साहित्यलोचन	श्यामसुन्दर दास
	10. विश्व-साहित्य	पदुमलाल पुन्नालाल बख्शी
डायरी	1. सेवाग्राम की डायरी	श्रीराम शर्मा
	2. मेरी कॉलेज डायरी	धीरेन्द्र वर्मा
	3. मोहन राकेश की डायरी	मोहन राकेश
गद्य-काव्य	1. साधना संग्रह	राय कृष्णदास
	2. तरंगिणी-संग्रह	वियोगी हरि
भेंटवार्ता	1. भगवान महावीर : एक इण्टरव्यू	लक्ष्मीचन्द्र जैन
	2. चैखव : एक इण्टरव्यू	राजेन्द्र यादव
पत्र-पत्रिकाएँ	1. माधुरी, हंस, मर्यादा	प्रेमचन्द
	2. नागरी प्रचारिणी पत्रिका	श्यामसुन्दर दास
	3. हरिजन सेवक	वियोगी हरि

अभ्यास प्रश्न

1. निम्नलिखित कथनों में से कोई एक कथन सही है, उसे पहचानकर लिखिए।
(a) धर्मवीर भारती रीतिमुक्त काव्यधारा के प्रमुख कवि हैं।
(b) 'कुटज' डॉ. हजारीप्रसाद द्विवेदी का प्रसिद्ध निबन्ध है।
(c) 'उजली आग' यशपाल का निबन्ध-संग्रह है।
(d) 'डॉ. नगेन्द्र' ख्याति प्राप्त उपन्यासकार हैं।

2. निम्नलिखित कथनों में से कोई एक कथन सही है, उसे पहचानकर लिखिए।
(a) डॉ. रामविलास शर्मा जाने-माने आलोचक हैं।
(b) पदुमलाल पुन्नालाल बक्शी प्रसिद्ध नाटककार हैं।
(c) 'भारतीय संस्कृति' के लेखक डॉ. रामधारी सिंह 'दिनकर' हैं।
(d) 'चिन्तामणि' निबन्ध के लेखक वियोगी हरि हैं।

3. निम्नलिखित कथनों में से कोई एक कथन सही है, उसे पहचानकर लिखिए।
(a) इलाचन्द्र जोशी एकांकीकार के रूप में प्रसिद्ध हैं।
(b) 'झूठा सच' के लेखक यशपाल हैं।
(c) 'दैनिकी' प्रसिद्ध कहानी संग्रह है।
(d) राहुल सांकृत्यायन लब्ध-प्रतिष्ठित आलोचनाकार हैं।

4. निम्नलिखित कथनों में से कोई एक कथन सही है, उसे पहचानकर लिखिए।
(a) जयशंकर प्रसाद एक आलोचक के रूप में प्रसिद्ध हैं।
(b) 'प्रेमचन्द अपने घर में' की लेखिका शिवरानी देवी हैं।
(c) रामचन्द्र शुक्ल की गणना श्रेष्ठ कवि के रूप में होती है।
(d) 'रांगेय राघव' कवि के रूप में प्रसिद्ध हैं।

5. निम्नलिखित कथनों में से कोई एक कथन सही है, उसे पहचानकर लिखिए।
(a) श्यामसुन्दर दास प्रसिद्ध कवि हैं।
(b) 'तितली' जयशंकर प्रसाद का उपन्यास है।
(c) यशपाल निबन्धकार के रूप में प्रसिद्ध हैं।
(d) 'मिट्टी की ओर' रामचन्द्र शुक्ल का निबन्ध संग्रह है।

6. निम्नलिखित कथनों में से कोई एक कथन सही है, उसे पहचानकर लिखिए।
(a) आचार्य रामचन्द्र शुक्ल एक सुप्रसिद्ध कवि हैं।
(b) 'ममता' जयशंकर प्रसाद का एक महाकाव्य है।
(c) 'गोदान' प्रेमचन्द का प्रसिद्ध उपन्यास है।
(d) 'झाँसी की रानी' के लेखक उपेन्द्रनाथ 'अश्क' हैं।

7. निम्नलिखित कथनों में से कोई एक कथन सही है, उसे पहचानकर लिखिए।
(a) रामचन्द्र शुक्ल महान् नाटककार के रूप में प्रसिद्ध हैं।
(b) 'ममता' जयशंकर प्रसाद का प्रसिद्ध नाटक है।
(c) 'भारतीय संस्कृति निबन्ध' के लेखक डॉ. राजेन्द्र प्रसाद हैं।
(d) 'स्कन्दगुप्त' प्रेमचन्द का प्रसिद्ध उपन्यास है।

8. निम्नलिखित कथनों में से कोई एक कथन सही है, उसे पहचानकर लिखिए।
(a) विद्यानिवास मिश्र नाटककार के रूप में प्रसिद्ध हैं।
(b) डॉ. श्यामसुन्दर दास एक प्रख्यात कवि थे।
(c) 'ईर्ष्या तू न गई मेरे मन से' निबन्ध के लेखक जयप्रकाश भारती हैं।
(d) 'मित्रता' निबन्ध के लेखक आचार्य रामचन्द्र शुक्ल हैं।

9. निम्नलिखित कथनों में से कोई एक कथन सही है, उसे पहचानकर लिखिए।
(a) अमृतलाल नागर प्रसिद्ध एकांकी लेखक थे।
(b) रामविलास शर्मा प्रसिद्ध भेंट वार्ताकार थे।
(c) डॉ. नगेन्द्र ख्याति प्राप्त समालोचक हैं।
(d) जयप्रकाश भारती कवि के रूप में विख्यात हैं।

10. निम्नलिखित कथनों में से कोई एक कथन सही है, उसे पहचानकर लिखिए।
(a) वृन्दावन लाल वर्मा लब्धप्रतिष्ठित कवि हैं।
(b) 'बच्चन' प्रसिद्ध समालोचक थे।
(c) प्रकाश चन्द्र गुप्त ख्याति प्राप्त रिपोर्ताज लेखक थे।
(d) बनारसीदास चतुर्वेदी सशक्त लेखक हैं।

11. निम्नलिखित कथनों में से कोई एक कथन सही है, उसे पहचानकर लिखिए।
(a) डॉ. हजारीप्रसाद द्विवेदी नाटककार के रूप में प्रसिद्ध हैं।
(b) 'अजातशत्रु' के लेखक उदयशंकर भट्ट हैं।
(c) 'शेखर : एक जीवनी' अज्ञेय की कृति है।
(d) राजेन्द्र यादव शुक्ल-युग के प्रसिद्ध कहानीकार थे।

12. निम्नलिखित कथनों में से कोई एक कथन सही है, उसे पहचानकर लिखिए।
(a) आचार्य रामचन्द्र शुक्ल एक प्रसिद्ध निबन्धकार हैं।
(b) डॉ. हजारीप्रसाद द्विवेदी एक महान् कहानीकार के रूप में प्रसिद्ध हैं।
(c) जयशंकर प्रसाद एक प्रसिद्ध आलोचक हैं।
(d) 'उर्वशी' के लेखक जयप्रकाश भारती हैं।

13. निम्नलिखित कथनों में से कोई एक कथन सही है, उसे पहचानकर लिखिए।
(a) आचार्य हजारीप्रसाद द्विवेदी श्रेष्ठ संस्मरण लेखक हैं।
(b) 'तारसप्तक' का सम्पादन सच्चिदानन्द हीरानन्द वात्स्यायन 'अज्ञेय' ने किया है।
(c) 'गुनाहों का देवता' उपन्यास के लेखक प्रेमचन्द है।
(d) गुलाबराय प्रसिद्ध कवि हैं।

14. निम्नलिखित कथनों में से कोई एक कथन सही है, उसे पहचानकर लिखिए।
(a) डॉ. श्यामसुन्दर दास एक प्रख्यात नाटककार हैं।
(b) मुंशी प्रेमचन्द एक प्रसिद्ध उपन्यासकार हैं।
(c) जयप्रकाश भारती आलोचक के रूप में प्रसिद्ध हैं।
(d) 'गुनाहों का देवता' उपन्यास के लेखक कमलेश्वर हैं।

15. निम्नलिखित कथनों में से कोई एक कथन सही है, उसे पहचानकर लिखिए।
(a) जैनेन्द्र कुमार मुख्यतः नाटककार हैं।
(b) 'यामा' जयशंकर प्रसाद का कहानी-संग्रह है।
(c) आचार्य रामचन्द्र शुक्ल साहित्येतिहासकार हैं।
(d) डॉ. रामकुमार वर्मा कहानीकार हैं।

16. निम्नलिखित कथनों में से कोई एक कथन सही है, उसे पहचानकर लिखिए।
(a) रामचन्द्र शुक्ल महान् कवि के रूप में प्रसिद्ध हैं।
(b) 'संस्कृति के चार अध्याय' के लेखक रामधारी सिंह 'दिनकर' हैं।
(c) भारतेन्दु हरिश्चन्द्र रीतिकाल के रचनाकार हैं।
(d) 'स्कन्दगुप्त' धर्मवीर भारती की रचना है।

17. निम्नलिखित कथनों में से कोई एक कथन सही है, उसे पहचानकर लिखिए।
(a) विद्यानिवास मिश्र कवि के रूप में प्रसिद्ध हैं।
(b) 'स्कन्दगुप्त' आचार्य रामचन्द्र शुक्ल की नाट्यकृति है।
(c) जैनेन्द्र मूलतः डायरी लेखक हैं।
(d) 'मेरी तिब्बत यात्रा' राहुल सांकृत्यायन की कृति है।

18. निम्नलिखित कथनों में से कोई एक कथन सही है, उसे पहचानकर लिखिए।
(a) रामविलास शर्मा ख्याति प्राप्त कवि हैं।
(b) इलाचन्द्र जोशी सफल उपन्यासकार हैं।
(c) 'मैला आँचल' शैलेश मटियानी का प्रसिद्ध उपन्यास है।
(d) सियारामशरण गुप्त भेंटवार्ताकार हैं।

19. निम्नलिखित में से कोई एक कथन सही है, उसे पहचानकर लिखिए।
(a) 'ममता' जयशंकर प्रसाद का प्रसिद्ध उपन्यास है।
(b) 'क्या लिखूँ?' पदुमलाल पुन्नालाल बख्शी का निबन्ध है।
(c) 'उजली आग' रामधारी सिंह 'दिनकर' का महाकाव्य है।
(d) 'अजन्ता' के लेखक जयप्रकाश भारती हैं।

20. निम्नलिखित में से कोई एक कथन सत्य है, पहचानकर लिखिए।
(a) जयशंकर प्रसाद आलोचक के रूप में प्रसिद्ध हैं।
(b) आचार्य हजारीप्रसाद द्विवेदी निबन्धकार के रूप में प्रसिद्ध हैं।
(c) आचार्य रामचन्द्र शुक्ल कवि के रूप में प्रसिद्ध हैं।
(d) केशव रीतिसिद्ध कवि हैं।

21. निम्नलिखित में से कोई एक कथन सत्य है, पहचानकर लिखिए।
(a) 'तितली' जयशंकर प्रसाद की प्रसिद्ध कहानी है।
(b) 'सागर की लहरों पर' डॉ. भगवतशरण उपाध्याय द्वारा रचित 'यात्रा-वृत्तान्त' है।
(c) 'सूरज का सातवाँ घोड़ा' धर्मवीर भारती का निबन्ध-संग्रह है।
(d) 'हार की जीत' इलाचन्द्र जोशी की कहानी है।

22. निम्नलिखित में से कोई एक कथन सत्य है, पहचानकर लिखिए।
(a) पदुमलाल पुन्नालाल बख्शी कविरूप में प्रसिद्ध हैं।
(b) रायकृष्णदास गद्य गीतकार हैं।
(c) डॉ. रामकुमार वर्मा कहानीकार हैं।
(d) 'अवव्यात' केशवदास की रचना है।

23. निम्नलिखित में से कोई एक कथन सत्य है, पहचानकर लिखिए।
(a) श्यामसुन्दर दास प्रसिद्ध कवि हैं।
(b) मुंशी प्रेमचन्द कवि के रूप में प्रसिद्ध हैं।
(c) आचार्य रामचन्द्र शुक्ल निबन्ध, समालोचना और इतिहास लेखन के लिए प्रसिद्ध हैं।
(d) 'घर का रास्ता' आलोक धन्वा की कृति है।

24. निम्नलिखित में से कोई एक कथन सत्य है, पहचानकर लिखिए।
(a) गुलाबराय कवि के रूप में प्रसिद्ध हैं।
(b) आचार्य हजारीप्रसाद द्विवेदी कवि एवं प्रसिद्ध कहानीकार हैं।
(c) जयशंकर प्रसाद का ऐतिहासिक नाटकों के क्षेत्र में महत्त्वपूर्ण योगदान है।
(d) 'नयी कविता' पत्रिका के संपादक शिवदान सिंह चौहान हैं।

25. निम्नलिखित में से कोई एक कथन सत्य है, पहचानकर लिखिए।
(a) 'रानी केतकी की कहानी' मथुरानाथ शुक्ल ने लिखी है।
(b) भारतेन्दु हरिश्चन्द्र शुक्लोत्तर युग के उपन्यास लेखक हैं।
(c) 'कलम का सिपाही' की रचना अमृतराय ने की है।
(d) 'अंकुर' कहानी की रचना अज्ञेय ने की है।

26. निम्नलिखित में से कोई एक कथन सत्य है, पहचानकर लिखिए।
(a) 'उर्वशी' रामधारी सिंह 'दिनकर' द्वारा लिखित निबन्ध-संग्रह है।
(b) 'चिन्तामणि-भाग 1' आचार्य रामचन्द्र शुक्ल का निबन्ध ग्रन्थ है।
(c) 'सिद्धान्त और अध्ययन' बाबू गुलाबराय का आलोचना ग्रन्थ है।
(d) 'कमलेश्वर : मेरे हमसफर' महिमा मेहता की जीवनी है।

27. निम्नलिखित में से कोई एक कथन सत्य है, उसे पहचानकर लिखिए।
(a) 'हिमालय की पुकार' जयप्रकाश भारती का प्रसिद्ध नाटक है।
(b) 'संस्कृति के चार अध्याय' दिनकर जी का काव्य-संग्रह है।
(c) 'गुनाहों का देवता' धर्मवीर भारती का उपन्यास है।
(d) 'पुनर्नवा' हजारीप्रसाद द्विवेदी का आलोचनात्मक ग्रन्थ है।

28. निम्नलिखित में से कोई एक कथन सत्य है, पहचानकर लिखिए।
(a) हरिभाऊ उपाध्याय प्रसिद्ध उपन्यासकार हैं।
(b) डॉ. रामकुमार वर्मा एकांकी नाटककार के रूप में प्रसिद्ध हैं।
(c) डॉ. लक्ष्मीसागर वार्ष्णेय प्रसिद्ध कहानीकार थे।
(d) 'वन तुलसी की गन्ध' के रचनाकार अमृतराय हैं।

29. निम्नलिखित कथनों में से कोई एक कथन सत्य है, पहचानकर लिखिए।
(a) आचार्य रामचन्द्र शुक्ल एक प्रसिद्ध आलोचक हैं।
(b) डॉ. लक्ष्मीसागर वार्ष्णेय कवि के रूप में प्रसिद्ध हैं।
(c) भारतेन्दु हरिश्चन्द्र शुक्ल युग के लेखक हैं।
(d) वृन्दावनलाल वर्मा उपन्यासकार नहीं हैं।

30. निम्नलिखित कथनों में से कोई एक कथन सत्य है, पहचानकर लिखिए।
(a) मोहन राकेश द्विवेदी युग के कवि थे।
(b) भारतेन्दु आधुनिक गद्य के प्रवर्तक थे।
(c) प्रेमचन्द प्रसिद्ध निबन्धकार हैं।
(d) 'प्लाट का मोर्चा' रिपोर्ताज विवेकी राय का है।

31. निम्नलिखित में से कोई एक कथन सत्य है, पहचानकर लिखिए।
(a) रामचन्द्र शुक्ल एक कवि के रूप में प्रसिद्ध हैं।
(b) आचार्य रामचन्द्र शुक्ल एक आलोचक के रूप में प्रसिद्ध हैं।
(c) बाबू गुलाबराय एक नाटककार के रूप में प्रसिद्ध हैं।
(d) 'कविता क्या है' आलोचना बाबू गुलाबराय की है।

32. निम्नलिखित में से कोई एक कथन सही है, पहचानकर लिखिए।
(a) डॉ. राजेन्द्र प्रसाद कविरूप में प्रसिद्ध हैं।
(b) 'अपनी खबर' उग्र की आत्मकथा है।
(c) डॉ. लक्ष्मीसागर वार्ष्णेय उपन्यासकार हैं।
(d) 'गबन' व 'रंगभूमि' जयशंकर प्रसाद जी के उपन्यास हैं।

33. निम्नलिखित में से कोई एक कथन सत्य है, सत्य कथन को पहचानकर लिखिए।
(a) 'कंकाल' जयशंकर प्रसाद की प्रसिद्ध कहानी है।
(b) 'सिद्धान्त और अध्ययन' गुलाबराय द्वारा लिखित उत्कृष्ट आलोचना ग्रन्थ है।
(c) 'ठेले पर हिमालय' धर्मवीर भारती द्वारा लिखित कहानी-संग्रह है।
(d) 'नई कविता' और 'अस्तित्ववाद' रामाचन्द जोशी की आलोचना हैं।

34. निम्नलिखित में से कोई एक कथन सत्य है, उसे पहचानकर लिखिए।
(a) डॉ. श्यामसुन्दर दास प्रसिद्ध कवि थे।
(b) डॉ. लक्ष्मीसागर वार्ष्णेय नाटककार थे।
(c) आचार्य रामचन्द्र शुक्ल निबन्धकार थे।
(d) डॉ. राजेन्द्र प्रसाद एकांकीकार थे।

35. निम्नलिखित में से कोई एक कथन सही है, उसे पहचानकर लिखिए।
(a) आचार्य चतुरसेन शास्त्री ने कई संस्मरण तथा रेखाचित्र लिखे हैं।
(b) उपेन्द्रनाथ 'अश्क' प्रसिद्ध कहानी लेखक थे।
(c) डॉ. रामविलास शर्मा जीवनी साहित्य के प्रसिद्ध लेखक थे।
(d) बाबू गुलाबराय एक उपन्यासकार थे।

36. निम्नलिखित में से कोई एक कथन सत्य है, उसे पहचानकर लिखिए।
(a) डॉ. भगवतशरण उपाध्याय कवि के रूप में प्रसिद्ध हैं।
(b) 'नदी प्यासी थी' धर्मवीर भारती का नाटक है।
(c) 'अर्द्धनारीश्वर' दिनकर जी की प्रसिद्ध कहानी है।
(d) 'यामा' जयशंकर प्रसाद का कहानी-संग्रह है।

37. निम्नलिखित में से कोई एक कथन सत्य है, सत्य कथन को पहचानकर लिखिए।
(a) गुलाबराय उच्चकोटि के कहानीकार थे।
(b) डॉ. लक्ष्मीनारायण वार्ष्णेय हिन्दी के सुप्रसिद्ध समीक्षक और उच्चकोटि के निबन्धकार थे।
(c) 'चाँद और टूटे हुए लोग' धर्मवीर भारती का प्रसिद्ध उपन्यास है।
(d) पदुमलाल पुन्नालाल बख्शी प्रसिद्ध नाटककार थे।

38. निम्नलिखित में से कोई एक कथन सत्य है, सत्य कथन को पहचानकर लिखिए।
(a) पदुमलाल पुन्नालाल बख्शी एक कुशल सम्पादक, श्रेष्ठ निबन्धकार और विचारशील आलोचक थे।
(b) 'कुरुक्षेत्र' रामधारी सिंह 'दिनकर' का प्रसिद्ध निबन्ध-संग्रह है।
(c) 'जनमेजय का नागयज्ञ' जयशंकर प्रसाद का प्रसिद्ध उपन्यास है।
(d) पं. रामचन्द्र शुक्ल एक श्रेष्ठ नाटककार थे।

39. निम्नलिखित में से कोई एक कथन सत्य है, उसे पहचानकर लिखिए।
(a) जैनेन्द्र कुमार मुख्यतः नाटककार हैं।
(b) प्रेमचन्द कहानीकार और उपन्यासकार के रूप में प्रसिद्ध हैं।
(c) हजारीप्रसाद द्विवेदी कवि एवं कहानीकार हैं।
(d) बाबू गुलाबराय एक उपन्यासकार हैं।

40. निम्नलिखित में से कोई एक कथन सत्य है, उसे पहचानकर लिखिए।
(a) बाबू गुलाबराय महाकवि थे।
(b) डॉ. लक्ष्मीसागर वार्ष्णेय साहित्येतिहासकार थे।
(c) डॉ. राजेन्द्र प्रसाद नाटककार थे।
(d) 'रूस में पच्चीस मास' यात्रावृत्त सत्यदेव परिव्राजक का है।

41. निम्नलिखित में से कोई एक कथन सत्य है, उसे पहचानकर लिखिए।
(a) आचार्य रामचन्द्र शुक्ल एक उपन्यासकार थे।
(b) महादेवी वर्मा की प्रसिद्ध रचना 'गोदान' है।
(c) रामधारी सिंह 'दिनकर' एक राष्ट्रीय कवि हैं।
(d) 'वे लड़ेगें हजारों साल' रांगेय राघव की कृति है।

42. निम्नलिखित में से कोई एक कथन सत्य है, उसे पहचानकर लिखिए।
(a) प्रतापनारायण मिश्र शुक्लोत्तर युग के लेखक हैं।
(b) वृन्दावनलाल वर्मा शुक्ल युग के प्रमुख लेखक हैं।
(c) 'सरस्वती' का प्रकाशन धर्मवीर भारती ने किया है।
(d) 'क्षण बोले कण मुस्काए' विवेकी राय की कृति है।

43. निम्नलिखित में से कोई एक कथन सत्य है, उसे पहचानकर लिखिए।
(a) रायकृष्णदास गद्य गीतकार के रूप में प्रसिद्ध हैं।
(b) यशपाल निबन्धकार के रूप में प्रसिद्ध हैं।
(c) डॉ. लक्ष्मीसागर वार्ष्णेय कवि रूप में प्रसिद्ध हैं।
(d) 'काव्य के रूप' भारतेन्दु की आलोचना है।

44. निम्नलिखित कथनों में से कोई एक कथन सत्य है, सत्य कथन को पहचानकर लिखिए।
(a) 'कनुप्रिया' धर्मवीर भारती का प्रसिद्ध उपन्यास है।
(b) जयशंकर प्रसाद उच्चकोटि के छायावादी कवि, सफल नाटककार, सुप्रसिद्ध उपन्यासकार और श्रेष्ठ निबन्धकार थे।
(c) डॉ. भगवतशरण उपाध्याय द्वारा लिखित 'सागर की लहरों पर' एक उच्चकोटि का आलोचना ग्रन्थ है।

45. निम्नलिखित में से कोई एक कथन सत्य है, उसे पहचानकर लिखिए।
(a) डॉ. राजेन्द्र प्रसाद कवि के रूप में प्रसिद्ध हैं।
(b) 'निराला की साहित्य साधना' जीवन चरित्र पर लिखी साहित्यिक कृति है।
(c) हरिभाऊ उपाध्याय एक अच्छे कहानीकार थे।
(d) प्रेमचन्द प्रसिद्ध आलोचक हैं।

46. निम्नलिखित में से कोई एक कथन सत्य है, उसे पहचानकर लिखिए।
(a) हरिभाऊ उपाध्याय का हिन्दी नाट्य साहित्य के उन्नायकों में महत्त्वपूर्ण स्थान है।
(b) 'मिट्टी की ओर' रामधारी सिंह 'दिनकर' का निबन्ध-संग्रह है।
(c) 'कहनी-अनकहनी' डॉ. धर्मवीर भारती का नाटक है।
(d) 'गोदान' प्रेमचन्द की प्रसिद्ध काव्य-कृति है।

47. निम्नलिखित में से कोई एक कथन सत्य है, सत्य कथन को पहचानकर लिखिए।
(a) रामवृक्ष बेनीपुरी 'सरस्वती' पत्रिका के सम्पादक थे।
(b) डॉ. हजारीप्रसाद द्विवेदी हिन्दी के प्रसिद्ध आलोचक थे।
(c) 'रानी केतकी की कहानी' महादेवी वर्मा ने लिखी है।
(d) 'स्कन्दगुप्त' डॉ. रामकुमार वर्मा की रचना है।

48. निम्नलिखित में से कोई एक कथन सत्य है, उसे पहचानकर लिखिए।
(a) जयप्रकाश भारती अच्छे कवि थे।
(b) आचार्य रामचन्द्र शुक्ल प्रसिद्ध निबन्धकार थे।
(c) हरिभाऊ उपाध्याय अच्छे कहानीकार थे।
(d) 'उजली आग' डॉ. राजेन्द्र प्रसाद की रचना है।

49. निम्नलिखित में से कोई एक कथन सत्य है, उसे पहचानकर लिखिए।
(a) गुलाबराय प्रसिद्ध कवि थे।
(b) डॉ. लक्ष्मीसागर वार्ष्णेय प्रसिद्ध नाटककार थे।
(c) डॉ. भगवतशरण उपाध्याय इतिहास एवं पुरातत्त्व के विद्वान् थे।
(d) 'संस्कृति के चार अध्याय' के लेखक धर्मवीर भारती थे।

50. निम्नलिखित कथनों में से कोई एक कथन सत्य है, उसे पहचानकर लिखिए।

(a) डॉ. श्यामसुन्दर दास प्रसिद्ध कवि थे।
(b) पदुमलाल पुन्नालाल बख्शी प्रसिद्ध नाटककार थे।
(c) प्रेमचन्द कहानीकार और उपन्यासकार के रूप में प्रसिद्ध हैं।
(d) 'सूरज का सातवाँ घोड़ा' धर्मवीर भारती का प्रसिद्ध काव्यग्रन्थ है।
(e) डॉ. हजारीप्रसाद द्विवेदी प्रसिद्ध कवि हैं।
(f) 'कुरुक्षेत्र' रामधारी सिंह 'दिनकर' का निबन्ध-संग्रह है।
(g) डॉ. भगवतशरण उपाध्याय एक कहानीकार थे।

51. निम्नलिखित में से कोई एक कथन सत्य है, उसे पहचानकर लिखिए।

(a) माखनलाल चतुर्वेदी गद्य-काव्य के रचयिता थे।
(b) 'सुखसागर' इंशा अल्ला खाँ की रचना है।
(c) महादेवी वर्मा प्रगतिवादी कवयित्री थीं।
(d) डॉ. लक्ष्मीसागर वार्ष्णेय उपन्यासकार थे।

52. निम्नलिखित में से कोई एक कथन सत्य है, उसे पहचानकर लिखिए।

(a) हरिभाऊ उपाध्याय कवि के रूप में प्रसिद्ध हैं।
(b) 'उर्वशी' बाबू गुलाबराय की रचना है।
(c) आचार्य रामचन्द्र शुक्ल प्रसिद्ध निबन्धकार एवं समीक्षक के रूप में जाने जाते हैं।
(d) लक्ष्मीसागर वार्ष्णेय महान् नाटककार थे।

53. निम्नलिखित कथनों में से कोई एक कथन सही है, उस कथन को पहचानकर लिखिए।

(a) रामप्रसाद निरंजनी ने 'प्रेमसागर' ग्रन्थ लिखा था।
(b) भारतेन्दु 'आधुनिक हिन्दी साहित्य' के जनक थे।
(c) कौशिक ने 'रामचरितमानस' महाकाव्य की रचना की।
(d) पूर्णसिंह प्रसिद्ध कहानी लेखक थे।

54. निम्नलिखित में से कोई एक कथन सत्य है, उसे पहचानकर लिखिए।

(a) प्रेमचन्द एक प्रमुख नाटककार हैं।
(b) रामचन्द्र शुक्ल ने अनेक उपन्यास लिखे।
(c) 'कफन' प्रेमचन्द जी की कहानी है।
(d) 'ठेले पर हिमालय' के लेखक गुलाबराय हैं।

55. निम्नलिखित कथनों में से कोई एक कथन गलत है, उसे पहचानकर लिखिए।

(a) 'त्रिवेणी' रामचन्द्र शुक्ल की रचना है।
(b) 'आकाशदीप' और 'ममता' जयशंकर प्रसाद की रचनाएँ हैं।
(c) प्रेमचन्द को 'उपन्यास सम्राट' कहा जाता है।
(d) 'कुरुक्षेत्र' दिनकर का उपन्यास है।

56. निम्नलिखित कृतियों में से जयप्रकाश भारती की कृति कौन-सी है?

(a) तीर्थ सलिल
(b) उजली आग
(c) ठूँठा आम
(d) हिमालय की पुकार

57. निम्नलिखित कृतियों में से जयशंकर प्रसाद की कृति का नाम लिखिए।

(a) 'मकरन्द बिन्दु'
(b) 'चतुर चंचला'
(c) 'राज्यश्री'
(d) 'रसवन्ती'

58. निम्नलिखित कृतियों में से श्यामसुन्दर दास की कृति का नाम लिखिए।

(a) जंगल के बीच
(b) रूपक रहस्य
(c) ग्यारह वर्ष का समय
(d) कहनी-अनकहनी

59. निम्नलिखित कृतियों में से जयप्रकाश भारती की कृति का नाम लिखिए।

(a) ठूँठा आम (b) रेती के फूल
(c) कानन कुसुम (d) दुनिया रंग-बिरंगी

60. निम्नलिखित कृतियों में से रैदास की कृति का नाम लिखिए।

(a) 'चलो चाँद पर चलें' (b) 'तुम चन्दन हम पानी'
(c) 'प्रतिध्वनि' (d) 'अशोक के फूल'

61. निम्नलिखित में से रामचन्द्र शुक्ल की कृति का नाम लिखिए।

(a) 'विचार वीथी' (b) 'एक घूँट'
(c) 'वट पीपल' (d) 'उनका बचपन यूँ बीता'

62. निम्नलिखित कृतियों में से पदुमलाल पुन्नालाल बख्शी की कृति का नाम लिखिए।

(a) पंचपात्र (b) दुनिया रंग-बिरंगी
(c) त्रिवेणी (d) तितली

63. निम्नलिखित कृतियों में से अमृतराय की कृति का नाम लिखिए।

(a) सेवासदन (b) मैला आँचल
(c) चन्द्रगुप्त (d) कलम का सिपाही

64. निम्नलिखित कृतियों में से भगवतशरण उपाध्याय की कृति का नाम लिखिए।

(a) 'इण्डिया इन कालिदास' (b) उजली आग
(c) 'तीर्थ सलिल' (d) 'एक घूँट'

65. निम्नलिखित कृतियों में से जयशंकर प्रसाद की कृति का नाम लिखिए।

(a) तितली (b) बिखरे पन्ने
(c) रेती के फूल (d) मन्दिर और भवन

66. निम्नलिखित में से जयशंकर प्रसाद की कृति का नाम लिखिए।

(a) अथाह सागर (b) ठूँठा आम
(c) रेती के फूल (d) जनमेजय का नागयज्ञ

67. निम्नलिखित कृतियों में से रामचन्द्र शुक्ल की कृति का नाम लिखिए।

(a) अतीत के चलचित्र
(b) रसमीमांसा
(c) खून की छींटें
(d) लहरों के राजहंस

68. निम्नलिखित कृतियों में से गुलाबराय की कृति का नाम लिखिए।

(a) नर से नारायण (b) भूतनाथ
(c) साहित्यावलोकन (d) बाणभट्ट की आत्मकथा

69. निम्नलिखित कृतियों में से धर्मवीर भारती की कृति का नाम लिखिए।

(a) सूरज का सातवाँ घोड़ा (b) आवारा मसीहा
(c) दुनिया रंग-बिरंगी (d) अनामदास का पोथा

70. निम्नलिखित में से रामवृक्ष बेनीपुरी की कृति का नाम लिखिए।
(a) भोर का तारा (b) भाषा-विज्ञान
(c) पतितों के देश में (d) मृगनयनी

71. निम्नलिखित कृतियों में से रामवृक्ष बेनीपुरी की रचना है
(a) 'हिमालय की पुकार' (b) 'गेहूँ और गुलाब'
(c) 'मेरी असफलताएँ' (d) 'अर्द्धनारीश्वर'

72. निम्नलिखित कृतियों में से जयशंकर प्रसाद की रचना है
(a) चिन्तामणि (b) अजातशत्रु
(c) खून के छींटें (d) पैरों में पंख बाँधकर

73. निम्नलिखित में से डा. राजेन्द्र प्रसाद की रचना है
(a) रसमीमांसा (b) तितली
(c) अर्द्धनारीश्वर (d) गाँधीजी की देन

74. निम्नलिखित कृतियों में से जयप्रकाश भारती की रचना है
(a) एक घूँट (b) पंचपात्र
(c) शिक्षा एवं संस्कृति (d) अनन्त आकाश

75. निम्नलिखित में से सुभद्राकुमारी चौहान की कृति है
(a) मकरन्द बिन्दु (b) इन्द्रजाल
(c) रसमीमांसा (d) झाँसी की रानी

उत्तरमाला

1.	(b)	2.	(c)	3.	(b)	4.	(b)	5.	(b)	6.	(c)	7.	(c)	8.	(d)	9.	(c)	10.	(c)
11.	(c)	12.	(a)	13.	(b)	14.	(b)	15.	(c)	16.	(b)	17.	(d)	18.	(b)	19.	(b)	20.	(b)
21.	(b)	22.	(b)	23.	(c)	24.	(c)	25.	(c)	26.	(b)	27.	(c)	28.	(b)	29.	(a)	30.	(b)
31.	(b)	32.	(b)	33.	(b)	34.	(c)	35.	(c)	36.	(b)	37.	(b)	38.	(a)	39.	(b)	40.	(b)
41.	(c)	42.	(b)	43.	(a)	44.	(b)	45.	(b)	46.	(c)	47.	(b)	48.	(b)	49.	(c)	50.	(c)
51.	(a)	52.	(c)	53.	(b)	54.	(c)	55.	(d)	56.	(d)	57.	(c)	58.	(b)	59.	(d)	60.	(b)
61.	(a)	62.	(c)	63.	(d)	64.	(a)	65.	(a)	66.	(a)	67.	(b)	68.	(a)	69.	(a)	70.	(c)
71.	(b)	72.	(b)	73.	(d)	74.	(d)	75.	(d)										

अध्याय 03

रस, अलंकार तथा छन्द

रस से तात्पर्य

संस्कृत काव्यशास्त्र के आचार्यों ने रस को परिभाषित किया है। **भरत मुनि** ने अपनी कृति 'नाट्यशास्त्र' में सर्वप्रथम 'रस' का उल्लेख किया। उनके अनुसार—विभाव, अनुभाव तथा व्यभिचारी भाव के संयोग से 'रस' की निष्पत्ति होती है। **मम्मट** ने इस सूत्र की व्याख्या करते हुए लिखा है कि आलम्बन विभाव से उद्बुद्ध, उद्दीपन से उद्दीप्त, व्यभिचारी भाव से परिपुष्ट तथा अनुभाव से लेपित अभिव्यक्ति से जो चेतना उत्पन्न होती है, उसे 'रस-दशा' कहते हैं। यह स्थायी-भाव होता है। भरत मुनि ने 'रस निष्पत्ति' के लिए नाना भावों के उत्पन्न होने को उत्तरदायी माना है जिसका अर्थ है कि विभाव, अनुभाव तथा संचारी भाव स्थायी भाव के निकट आकर अनुकूलता ग्रहण करते हैं।

विभाव—जो व्यक्ति, पदार्थ या बाह्य विकार किसी अन्य व्यक्ति में भावोद्रेक उत्पन्न करता है,उन कारणों को 'विभाव' कहा जाता है। विभाव दो प्रकार के होते हैं—आलम्बन तथा उद्दीपन, सूर की गोपियों का आकर्षण कृष्ण के प्रति है। यहाँ कृष्ण आलम्बन विभाव हैं। कृष्ण मुरली बजाकर आकर्षित करते हैं। मुरली उद्दीपन विभाव के रूप में हैं।

अनुभाव—आलम्बन और उद्दीपन विभावों के कारण उत्पन्न होने वाले भावों को प्रकाशित करने वाली प्रक्रिया 'अनुभाव' कहलाती है। गोपियों के आकर्षण के साथ संकेत करना, लज्जित होना, कटाक्ष करना आदि 'अनुभाव' की श्रेणी में आता है।

व्यभिचारी (संचारी भाव)—व्यभिचारी अथवा संचारी भाव स्थायी भावों के लिए सहायक होते हैं। आचार्य भरत ने संचारी भाव में (1) देशकाल तथा अवस्था (2) उत्तम, मध्यम तथा अधम प्रकृति के लोग (3) वातावरण के प्रभाव तथा (4) स्त्री, पुरुष के स्वभाव में भेद से जो भाव उत्पन्न होते हैं वे संचारी भाव हैं। स्थायी भावों के साथ संचारी भाव भी सामने आते हैं; जैसे—गर्व, निर्वेद, शंका, आलस्य, ग्लानि, मद, दीनता आदि संचारी भाव हैं। संचारी भावों की संख्या 33 (तैंतीस) बतायी गई है।

स्थायी भाव—'विकारो मानसो भावः' अर्थात् मन का विकार 'भाव' है। आचार्य भरत ने 'नाट्यशास्त्र' में भावों की संख्या 49 बतायी है। जिसमें 33 संचारी भाव, 8 सात्विक तथा 8 स्थायी भाव हैं। भरत के अनुसार आठ स्थायी भाव हैं—रति, हास, शोक, क्रोध, उत्साह, भय, जुगुप्सा तथा विस्मय।

भरत के बाद आचार्यों ने भक्ति और वात्सल्य को भी स्थायी भाव मान लिया। आचार्य रामचन्द्र शुक्ल के अनुसार 'भाव' का जहाँ 'स्थायित्व' हो उसे 'स्थायी भाव' माना जाता है।

प्रत्येक स्थायी भाव से एक रस की निष्पत्ति होती है। भाव के आधार पर ही रसों की संख्या नौ बताई गई है। अभिनव गुप्त तथा मम्मट ने भी नौ रस माने हैं। ये रस हैं—शृंगार, भक्ति, करुण, रौद्र, वीर, भयानक, वीभत्स, अद्‌भुत तथा शान्त। आगे आचार्यों ने 'वात्सल्य' को एक अन्य रस के रूप में मान्यता दी। प्रत्येक रस की निष्पत्ति में अनुभाव, विभाव तथा संचारी भावों का संयोग भिन्न प्रकार से होता है।

रस के अंग

क्र.सं.	स्थायी भाव	रस
1.	रति	शृंगार
2.	उत्साह	वीर
3.	निर्वेद	शान्त
4.	शोक	करुण
5.	आश्चर्य	अद्‌भुत
6.	भय	भयानक
7.	क्रोध	रौद्र
8.	देव रति	भक्ति
9.	वत्सलता	वात्सल्य
10.	जुगुप्सा	वीभत्स

अलंकार से तात्पर्य

वामन के अनुसार अलंकार वह है जो किसी वस्तु को अलंकृत करे। जिस प्रकार आभूषण व्यक्ति को सुन्दरता प्रदान करते हैं, उसी प्रकार अलंकार भी कविता को सौन्दर्य प्रदान करता है। भामह, उद्‌भट, दण्डी तथा रुद्रट ने भी काव्य में अलंकार के महत्त्व को दर्शाया है। अलंकार मुख्यतः तीन प्रकार के होते हैं—

1. शब्दालंकार, 2. अर्थालंकार तथा 3. उभयालंकार।

ध्वनि के आधार पर अलंकार की सृष्टि 'शब्दालंकार' है। इस अलंकार में वर्ण या शब्दों की लयात्मकता होती है, यहाँ अर्थ का चमत्कार अधिक महत्त्वपूर्ण नहीं होता। अनुप्रास, यमक, पुनरुक्ति, वीप्सा वक्रोक्ति, श्लेष आदि शब्दालंकार हैं।

अर्थ को चमत्कृत या अलंकृति प्रदान करने वाले अलंकार अर्थालंकार होते हैं। एक शब्द के स्थान पर दूसरे शब्द को पर्याय के रूप में रख देने से अर्थ में व्यवधान आये बिना जो अलंकृति आती है, वही अर्थालंकार है। केशव अलंकारवादी थे। उन्होंने अपनी रचना 'कविप्रिया' में दण्डी से प्राप्त सिद्धान्तों के आधार पर 35 अर्थालंकारों की चर्चा की है।

जो अलंकार शब्द और अर्थ दोनों पर आधारित हो उसे उभयालंकार कहते हैं।

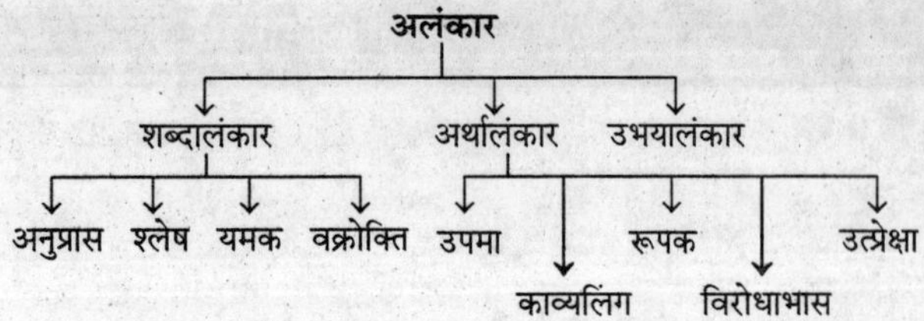

शब्दालंकार के उदाहरण

अनुप्रास—अनुप्रास में वर्णों की आवृत्ति होती है। इस आवृत्ति में किसी वर्ण या शब्द का एक से अधिक बार आना महत्त्व रखता है; जैसे—'मुदित महीपति मन्दिर आये। सेवक सचिव सुमन्त बुलाये।' इस पद में 'म' तथा 'स' की आवृत्ति लयात्मक है। अनुप्रास भी कई प्रकार के होते हैं। इनमें छेकानुप्रास, वृत्यानुप्रास, लाटानुप्रास इत्यादि प्रमुख हैं।

छेकानुप्रास में स्वरूप और क्रम से अनेक व्यंजनों की एक बार आवृत्ति होती है। वृत्यानुप्रास में एक व्यंजन की आवृत्ति बार-बार होती है तथा लाटानुप्रास में एक शब्द या वाक्यखण्ड की आवृत्ति उसी अर्थ में होती है।

श्लेष—शिलष्ट पदों से अनेक अर्थों के कथन को श्लेष कहते हैं। इसमें एक शब्द से एक से अधिक अर्थ सृष्ट होते हैं अथवा एक से अधिक अर्थ प्रकरण में अपेक्षित होते हैं; जैसे

''धन्ये, मैं पिता निरर्थक था
जाना तो अर्थागमोपाय
पर रहा सदा संकुचित काय।''—सरोज स्मृति *(निराला)*

इन पंक्तियों में 'निरर्थक' शब्द के दो अर्थ हैं—बेकार तथा बिना धन का। दोनों ही अर्थ प्रकरण के अनुसार ठीक हैं।

अर्थ तथा शब्द दोनों पक्षों पर लागू होने के कारण श्लेष को शब्दालंकार तथा अर्थालंकार दोनों में माना जाता है।

वक्रोक्ति में किसी अन्य अभिप्राय से कहे गए वाक्य का दूसरे व्यक्ति द्वारा कल्पित अर्थ प्राप्त करना महत्त्व रखता है। भामह ने शब्द और अर्थ की उक्ति काव्य अलंकार माना। कुंतक ने वक्रोक्ति को 'काव्य का जीवन' कहा।

वक्रोक्ति श्लेष की तरह ही अर्थ चमत्कार पैदा करता है। श्लेष में जहाँ चमत्कार का आधार एक शब्द के दो अर्थ होते हैं वहीं वक्रोक्ति में चमत्कार उक्ति के ध्वन्यर्थ द्वारा सामने आता है।

अर्थालंकार के उदाहरण

अर्थालंकार में उपमा, रूपक, उत्प्रेक्षा, अतिशयोक्ति, काव्यलिंग, विरोधाभास, दृष्टान्त जैसे अलंकार आते हैं।

दो वस्तुओं में समान धर्म के प्रतिपादन को 'उपमा' कहते हैं। उपमेय पर उपमान का आरोप या उपमान और उपमेय का अभेद **'रूपक'** कहलाता है। उपमेय में कल्पित अथवा अप्रस्तुत उपमान की सम्भावना **'उत्प्रेक्षा'** कहलाती है।

वाक्य या पद में किसी के वर्णन को बढ़ा-चढ़ाकर किया जाता है जिससे सीमा का अतिक्रमण हो तो, ऐसे अलंकार को **'अतिशयोक्ति अलंकार'** कहते हैं। अतिशयोक्ति का अर्थ होता है—उक्ति की अतिशयता।

किसी युक्ति से समर्थित की गई बात को 'काव्यलिंग अलंकार' कहते हैं। किसी बात के समर्थन में कोई न कोई युक्ति या कारण अवश्य दिया जाता है।

जिस पद में विरोध न होते हुए भी विरोध का आभास हो, वहाँ 'विरोधाभास अलंकार' होता है।

जहाँ उपमेय और उपमान तथा उनके साधारण धर्मों में बिम्ब-प्रतिबिम्ब भाव हो, उसे दृष्टान्त अलंकार कहते हैं; जैसे

''सुख-दु:ख के मधुर मिलन से
यह जीवन हो परिपूर्ण।
फिर घन से ओझल हो शशि,
फिर शशि में ओझल हो घन।।'' *(प्रसाद)*

यहाँ उपमेय और उपमान के मध्य बिम्ब-प्रतिबिम्ब का भाव स्पष्ट है।

छन्द से तात्पर्य

वर्णों की संख्या, क्रम मात्रागणना तथा यति-गति से सम्बन्ध रखने वाली नियमसृष्टि से नियोजित पद्यरचना 'छन्द' कहलाती है। गद्य का नियामक यदि व्याकरण है तो छन्द पद्य (काव्य) की रचना का मानक है, पद्यरचना का समुचित ज्ञान 'छन्दशास्त्र' के अध्ययन द्वारा ही सम्भव है।

'छन्द' हृदयगत सौन्दर्यभावना जाग्रत करती है। छन्दोबद्ध रचना में अधिक स्थायित्व होता है। हिन्दी में छन्दशास्त्र का अत्यधिक विकास हुआ है। हिन्दी में मूलत: दो प्रकार के छन्द हैं—मात्रिक तथा वार्णिक,

वर्ण गणना के आधार पर रचित छन्द 'वार्णिक छन्द' कहलाता है। यहाँ वर्ण की संख्या निर्धारित होती है। मात्रा की गणना के आधार पर छन्द 'मात्रिक छन्द' कहलाता है।

चरणों की अनियमित, असमान, स्वच्छन्द गति तथा भावानुकूल यति विधान ही मुक्त छन्द की विशेषता है।

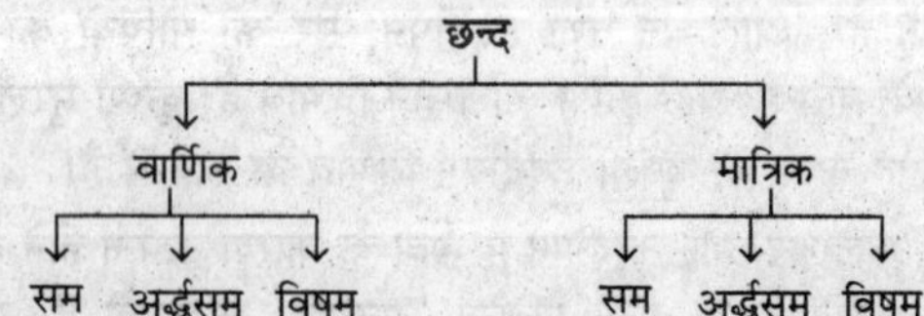

प्रमुख छन्दों का परिचय

1. **चौपाई**—चौपाई एक मात्रिक छन्द है। इसके प्रत्येक चरण में सोलह मात्राएँ होती हैं। पहले चरण की तुक दूसरे से तथा तीसरे चरण की चौथे चरण से मिलती है; जैसे
   प्रबिसि नगर कीजे सब काजा। हृदय राखि कोसलपुर राजा।।
   गरल सुधा रिपु अमिय मिताई। गोपद सिन्धु अनल सितलाई।।
2. **रोला**—रोला मात्रिक छन्द है। इसके प्रत्येक चरण में 24 मात्राएँ होती हैं। प्रत्येक चरण में 11 तथा 13 मात्राएँ होती हैं। प्रत्येक चरण के अन्त में दो गुरु या लघु वर्ण आते हैं;
   जैसे— हे देवी। यह नियम, सृष्टि में सदा अटल है,
   रह सकता है वही सुरक्षित, जिसमें बल है।
   निर्बल्का है नहीं जगत् में, कहीं ठिकाना,
   रक्षा साधन उसे प्राप्त हो, चाहे नाना।।

3. **हरिगीतिका**—यह मात्रिक छन्द है। इस छन्द के प्रत्येक चरण में 28 मात्राएँ होती हैं। 16 तथा 12 मात्राओं पर यति तथा अन्त में लघु-गुरु का प्रयोग प्रचलित है;
जैसे— एहि भाँति गौरि असीस सुनि, सिय सहित हिय हरषीं अली।
तुलसी भवानिहि पूजि पुनि-पुनि, मुदित मन मन्दिर चली।।
4. **दोहा**—यह मात्रिक अर्द्धसम छन्द है। इस छन्द के विषम चरणों में 13 मात्राएँ तथा सम चरणों में 11 मात्राएँ होती हैं;
जैसे— पवन तनय संकट हरण, मंगल मूरती रूप।
राम लखन सीता सहित, हृदय बसहिं सुरभूप।।
5. **सोरठा**—सोरठा दोहे का उलटा होता है। इस छन्द के विषम चरणों में 11 मात्राएँ तथा सम चरणों में 13 मात्राएँ होती हैं।
6. **सवैया**—यह एक वार्णिक समवृत छन्द है। इसके चरण में 22 से लेकर 26 तक अक्षर होते हैं।
कवित्त—यह भी वार्णिक समवृत छन्द है। इसमें 31 वर्ण होते हैं।
7. **द्रुतविलम्बित**—वार्णिक छन्द है जिसके प्रत्येक चरण में 12 वर्ण होते हैं।

अभ्यास प्रश्न

1. "तुम आ जाते एक बार।
कितनी करुणा, कितने सन्देश,
पथ में बिछ जाते बन पराग।"
इन पंक्तियों में कौन-सा रस सृजित होता है?
(a) श्रृंगार रस (b) वीर रस (c) अद्भुत रस (d) वीभत्स रस

2. "माता ऐसा बेटा जनिये,
कै शूरां कै भक्त् कहाय।"
इन पंक्तियों में कौन-सा रस सृजित होता है?
(a) श्रृंगार रस (b) वीर रस (c) अद्भुत रस (d) वीभत्स रस

3. "दुख ही जीवन की कथा रही,
क्या कहुँ, आज जो नहीं कही।"
इन पंक्तियों में कौन-सा रस सृजित होता है?
(a) करुण रस (b) श्रृंगार रस (c) अद्भुत रस (d) वीभत्स रस

4. "मेरी भव बाधा हरौ राधा नागरि सोइ।
जा तन की झाईं परै स्याम हरित दुति होइ।।"
इन पंक्तियों में कौन-सा रस है?
(a) भक्ति रस (b) श्रृंगार रस (c) अद्भुत रस (d) वीभत्स रस

5. 'वीरों का कैसा हो वसन्त' में किस रस की सृष्टि हुई है?
(a) वीर रस (b) श्रृंगार रस (c) अद्भुत रस (d) वीभत्स रस

6. "मेरे तो गिरिधर गोपाल दूसरो न कोई।
जाके सिर मोर मुकुट मेरो पति सोई।।"
इन पंक्तियों में कौन-सा रस है?
(a) हास्य रस (b) करुण रस (c) श्रृंगार रस (d) शान्त रस

7. "जेहिं गिरि चरण देहि हनुमन्ता।
चलेउ सो गा पाताल तुरन्ता।।"
इन पंक्तियों में किस रस की भावना है?
(a) वीर रस (b) अद्भुत रस (c) श्रृंगार रस (d) रौद्र रस

8. "कनक भूधराकार सरीरा।
समर भयंकर अतिबल बीरा।।"
इन पंक्तियों में किस रस की भावना है?
(a) अद्भुत रस (b) वीर रस (c) रौद्र रस (d) श्रृंगार रस

9. "अस कहि रघुपति चाप चढ़ावा। यह मत लछिमन के मन भावा।।
संधानेऊ प्रभु बिसिख कराला। उठी उदधि उर अन्तर ज्वाला।"
इन पंक्तियों में किस रस की सृष्टि हुई है?
(a) रौद्र रस (b) अद्भुत रस (c) वीर रस (d) श्रृंगार रस

10. "प्रकृति रही दुर्जेय, पराजित हम सब थे भूले मद में,
भोले थे, हाँ तिरते केवल सब विलासिता के नद में।"
इन पंक्तियों में कौन-सा रस दृष्टिगत होता है?
(a) अद्भुत रस (b) शान्त रस (c) श्रृंगार रस (d) वीर रस

11. "समरस थे जड़ या चेतन सुन्दर साकार बना था।
चेतनता एक विलसती आनन्द अखण्ड घना था।"
इन पंक्तियों में कौन-सा रस सृष्ट हुआ है?
(a) शान्त रस (b) श्रृंगार रस (c) वीर रस (d) रौद्र रस

12. "हे खग, मृग, हे मधुकर श्रेणी,
तुम देखी सीता मृगनयनी?"
इन पंक्तियों में कौन-सा रस है?
(a) संयोग श्रृंगार (b) करुण (c) वियोग श्रृंगार (d) अद्भुत

13. "जैहउं अवध कवन मुँह लाई।
नारि हेतु प्रिय भाइ गँवाई।।"
इन पंक्तियों में कौन-सा रस सृजित होता है?
(a) रौद्र रस (b) भयानक रस (c) करुण रस (d) श्रृंगार रस

14. 'चरण कमल बन्दौ हरि राई' में कौन-सा अलंकार है?
(a) उपमा (b) रूपक (c) अनुप्रास (d) श्लेष

15. "मैया मैं तो चन्द्र खिलौना लैहों" में कौन-सा अलंकार है?
(a) उत्प्रेक्षा (b) अन्योक्ति (c) अनुप्रास (d) रूपक

16. "बीती विभावरी जाग री
अम्बर-पनघट में डुबो रही तारा घट ऊषा नागरी"
इन पंक्तियों में कौन-सा अलंकार है?
(a) उत्प्रेक्षा (b) उपमा (c) रूपक (d) उपमेयोपमा

17. अनुराग किस रस का स्थायी भाव है?
(a) भयानक रस (b) भक्ति रस (c) वात्सल्य रस (d) शान्त रस

18. वीर रस का स्थायी भाव है
(a) भय (b) शोक (c) निर्वेद (d) उत्साह

19. "निसिदिन बरसत नयन हमारे,
सदा रहत पावस रितु हम पर जब से स्याम सिधारे।"
इन पंक्तियों में कौन-सा रस सृजित होता है?
(a) करुण रस (b) रौद्र रस
(c) वियोग श्रृंगार रस (d) शान्त रस

20. निम्न में कौन मात्रिक छन्द है?
(a) दोहा (b) चौपाई (c) रोला (d) ये सभी

21. निम्न में कौन वार्णिक छन्द है?
(a) दोहा (b) रोला (c) सवैया (d) चौपाई

22. "मंगल भवन अमंगल हारी।
द्रवहु सो दशरथ अजिर बिहारी।।"
इन पंक्तियों में किस छन्द का प्रयोग हुआ है?
(a) सोरठा (b) चौपाई (c) दोहा (d) सवैया

23. "निज भाषा उन्नति अहै सब उन्नति को मूल।
बिन निजभाषा ज्ञान के मिटै न हिय को शूल।।"
इन पंक्तियों में किस छन्द का प्रयोग हुआ है?
(a) दोहा (b) रोला (c) चौपाई (d) बरवै

24. "ऊँचे उठो दिव्य कला दिखाओ,
संसार में पूज्य पुन: कहलाओ।"
इन पंक्तियों में कौन-सा छन्द है?
(a) उपेन्द्रवज्रा (b) सवैया (c) इन्द्रवज्रा (d) कवित्त

25. 'छन्दशास्त्र' के प्रणेता आचार्य माने जाते हैं
(a) पतंजलि (b) पिंगल (c) पाणिनी (d) मनु

26. "कनक-कनक ते सौ गुनी मादकता अधिकाय।
या खाये बौराय नर, वा पाये बौराय।।"
इन पंक्तियों में किस अलंकार का प्रयोग हुआ है?
(a) यमक (b) अनुप्रास (c) श्लेष (d) प्रतीप

27. "करत-करत अभ्यास के जड़मति होत सुजान।
रसरी आवत जात पर सिल पर परत निशान।।"
इन पंक्तियों में किस अलंकार का प्रयोग हुआ है?
(a) दृष्टान्त (b) रूपक (c) उत्प्रेक्षा (d) विरोधाभास

28. "सूर-सूर तुलसी ससि उडगन केशवदास।
और कवि खद्योत सम जहँ-तहँ करे प्रकास।।"
इन पंक्तियों में किस अलंकार का प्रयोग हुआ है?
(a) अनुप्रास (b) श्लेष (c) यमक (d) सन्देह

29. "सोहत ओढ़े पीत पट, श्याम सलौने गात,
मनो नीलमणि सैल पर, आतप पर्‌यो प्रभात।।"
इन पंक्तियों में किस अलंकार का प्रयोग हुआ है?
(a) रूपक (b) उपमा (c) उत्प्रेक्षा (d) पुनरुक्ति

30. "दृग उरझत टूटत कुटुम, जुरत चतुर चित प्रीति।
परति गाँठ दुरजन हियै, दई नई यह रीति।।"
इन पंक्तियों में किस अलंकार का प्रयोग हुआ है?
(a) विभावना (b) असंगति (c) व्यतिरेक (d) उत्प्रेक्षा

31. जहाँ उपमान की अपेक्षा उपमेय का गुण विशेष के कारण उत्कर्ष बताया जाए, वहाँ कौन-सा अलंकार है?
(a) व्यतिरेक (b) विभावना (c) उत्प्रेक्षा (d) रूपक

32. 'हे प्रभु आनन्ददाता ज्ञान हमको दीजिए' किस छन्द में है?
(a) हरिगीतिका (b) मालिनी (c) गीतिका (d) वसन्ततिलका

33. "नील परिधान बीच सुकुमार,
खुल रहा मृदुल अधखुला अंग।
खिला हो ज्यों बिजली का फूल
मेघ बन बीच गुलाबी रंग।"
इन पंक्तियों में कौन-सा अलंकार है?
(a) उत्प्रेक्षा (b) श्लेष (c) रूपक (d) उपमा

34. जहाँ कारण के बिना अथवा कारण के विपरीत कार्य हो, वहाँ कौन-सा अलंकार होता है?
(a) विरोधाभास (b) विभावना (c) वक्रोक्ति (d) यमक

35. रस-निष्पत्ति में निम्न में कौन-सा कारक उत्तरदायी नहीं है?
(a) समभाव (b) विभाव
(c) अनुभाव (d) व्यभिचारी भाव

36. 'बिनु पग चलैं सुनै बिनु काना' इस पंक्ति में कौन-सा अलंकार है?
(a) उत्प्रेक्षा (b) विभावना (c) विशेषोक्ति (d) असंगति

37. "या अनुरागी चित्त की गति समुझै नहिं कोय।
ज्यों-ज्यों बूड़ै स्याम रंग त्यौं-त्यौं उज्ज्वल होय।।"
इस दोहे में कौन-सा अलंकार है?
(a) असंगति (b) विभावना (c) विरोधाभास (d) सन्देह

38. 'बन्दौ गुरु पद कंज' में कौन-सा अलंकार है?
(a) उपमा (b) रूपक (c) उत्प्रेक्षा (d) प्रतीप

39. 'पानी गये न ऊबरै मोती मानुस चून' में किस अलंकार का प्रयोग हुआ है?
(a) श्लेष (b) यमक (c) वीप्सा (d) सन्देह

40. निम्न में कौन-एक वार्णिक छन्द नहीं है?
(a) मत्तगयन्द (b) वसन्ततिलका (c) इन्द्रवज्रा (d) हरिगीतिका

41. "यशोदा हरि पालनै झुलावै
हलरावै दुलरावै मल्हावै जोइ-सोइ कछु गावै"
इन पंक्तियों में कौन-सा रस है?
(a) श्रृंगार (b) वात्सल्य (c) शान्त (d) करुण

42. रसों के संचारी भावों की संख्या कितनी है?
(a) 32 (b) 23 (c) 33 (d) 43

43. केशवदास ने किस तत्त्व को 'काव्य की आत्मा' कहा?
(a) अलंकार (b) रस (c) वक्रोक्ति (d) छन्द

44. "फूले कास सकल महि छाई।
जनु बरसा कृत प्रकट बुढ़ाई।।"
इन पंक्तियों में किस अलंकार का प्रयोग हुआ है?
(a) उत्प्रेक्षा (b) उपमा
(c) रूपक (d) श्लेष

45. वीभत्स रस का स्थायी भाव है
(a) विस्मय (b) क्रोध
(c) जुगुप्सा (d) शोक

46. 'लाज की मादक सुरा-सी लालिमा', इस पंक्ति में किस अलंकार का आयोजन है?
(a) यमक (b) उपमा
(c) वक्रोक्ति (b) विशेषोक्ति

47. 'मधुर-मधुर मेरे दीपक जल' में कौन-सा अलंकार है?
(a) अन्योक्ति (b) अतिशयोक्ति
(c) पुनरुक्ति (d) प्रतिवस्तूपमा

48. भरत के अनुसार रसों की संख्या कितनी है?
(a) आठ (b) दस
(c) बारह (d) चौदह

49. "रक्त है? या है नसों में क्षुद्र पानी
जाँच कर, तू सीस दे-देकर जवानी?"
इन पंक्तियों में कौन-सा रस सृजित होता है?
(a) वीर रस (b) वीभत्स रस
(c) रौद्र रस (d) शृंगार रस

50. "चहुँ दिसि कान्ह-कान्ह कहि टेरत
अंसुवन बहत पनारे।"
इन पंक्तियों में कौन-सा रस सृजित होता है?
(a) शृंगार रस (b) करुण रस
(c) शान्त रस (d) वीर रस

51. निम्न में कौन-सा अर्थालंकार है?
(a) काकूवक्रोक्ति (b) श्लेष
(c) यमक (d) रूपक

52. "सुख-दुख के मधुर मिलन से
यह जीवन हो परिपूर्ण।
फिर घन में ओझल हो शशि
फिर शशि में ओझल हो घन।।"
इन पंक्तियों में किस अलंकार की व्याप्ति है?
(a) विरोधाभास (b) दृष्टांत (c) काव्यलिंग (d) उत्प्रेक्षा

उत्तरमाला

1.	(a)	2.	(b)	3.	(a)	4.	(a)	5.	(a)	6.	(c)	7.	(b)	8.	(a)	9.	(a)	10.	(b)
11.	(a)	12.	(c)	13.	(c)	14.	(b)	15.	(d)	16.	(c)	17.	(c)	18.	(d)	19.	(c)	20.	(d)
21.	(c)	22.	(b)	23.	(a)	24.	(a)	25.	(b)	26.	(a)	27.	(a)	28.	(c)	29.	(c)	30.	(b)
31.	(a)	32.	(b)	33.	(a)	34.	(a)	35.	(a)	36.	(d)	37.	(a)	38.	(b)	39.	(a)	40.	(d)
41.	(b)	42.	(c)	43.	(a)	44.	(a)	45.	(c)	46.	(b)	47.	(c)	48.	(a)	49.	(a)	50.	(b)
51.	(d)	52.	(b)																

अध्याय 04

शब्द-शक्ति

शब्द का अर्थ बोध करानेवाली शक्ति 'शब्द शक्ति' कहलाती है। शब्द-शक्ति को संक्षेप में 'शक्ति' कहते हैं। इसे 'वृत्ति' या 'व्यापार' भी कहा जाता है।

हिन्दी के रीतिकालीन आचार्य चिन्तामणि ने लिखा है कि "जो सुन पड़े सो शब्द है, समुझि परै सो अर्थ" अर्थात् जो सुनाई पड़े वह शब्द है तथा उसे सुनकर जो समझ में आए वह उसका अर्थ है। स्पष्ट है कि जो ध्वनि हमें सुनाई पड़ती है, वह 'शब्द' है और उस ध्वनि से हम जो संकेत या मतलब ग्रहण करते हैं वह उसका 'अर्थ' है।

शब्द से अर्थ का बोध होता है। अत: शब्द हुआ 'बोधक' (बोध कराने वाला) और अर्थ हुआ 'बोध्य' (जिसका बोध कराया जाए)।

जितने प्रकार के शब्द होंगे उतने ही प्रकार की शक्तियाँ होंगी। शब्द तीन प्रकार के—वाचक, लक्षक एवं व्यंजक होते हैं तथा इन्हीं के अनुरूप तीन प्रकार के अर्थ-वाच्यार्थ, लक्ष्यार्थ एवं व्यंग्यार्थ होते हैं। शब्द और अर्थ के अनुरूप ही शब्द की तीन शक्तियाँ-अभिधा, लक्षणा एवं व्यंजना होती है।

शब्द शक्ति के प्रकार

प्रक्रिया या पद्धति के आधार पर शब्द-शक्ति तीन प्रकार की होती हैं

1. अभिधा   2. लक्षणा   3. व्यंजना

1. अभिधा

जिस शक्ति के माध्यम से शब्द का साक्षात् संकेतित (पहला/मुख्य/प्रसिद्ध/प्रचलित/पूर्वविदित) अर्थ बोध हो, उसे 'अभिधा' कहते हैं।

जैसे-'बैल खड़ा है।' इस वाक्य को सुनते ही बैल नामक एक विशेष प्रकार के जीव को हम समझ लेते हैं, उसे आदमी या किताब नहीं समझते।

यहाँ 'बैल' वाचक शब्द है जिसका मुख्यार्थ विशेष जीव है। परम्परा, कोश, व्याकरण आदि से यह अर्थ पूर्वविदित (पहले से मालूम) है। यानी शब्द और उसके अर्थ के बीच किसी प्रकार की बाधा नहीं है।

अभिधा का अर्थ है 'नाम'।) दूसरे शब्दों में नामवाची अर्थ को बतलाने वाला शक्ति को अभिधा कहते हैं। नाम जाति, गुण, द्रव्य या क्रिया का होता है और ये सभी साक्षात् संकेतित होते हैं। अभिधा को 'शब्द की प्रथमा शक्ति' भी कहा जाता है।)

उदाहरण निराला की 'वह तोड़ती पत्थर' कविता के आरम्भ में पंक्तियाँ अभिधा के प्रयोग का उदाहरण प्रस्तुत करती हैं।

"वह तोड़ती पत्थर।
देखा उसे मैंने इलाहाबाद के पथ पर।"

इन पंक्तियों में कवि, शब्दों से सीधे-सीधे जो अर्थ प्रकट करता है, वही अर्थ कविता का है-कवि ने पत्थर तोड़ती हुई स्त्री को इलाहाबाद के पथ पर देखा। इस शब्द-शक्ति के द्वारा तीन प्रकार के शब्दों का बोध होता है-रूढ़ शब्द (जैसे-कृष्ण), यौगिक शब्द (जैसे-पाठशाला) एवं योगरूढ़ शब्द (जैसे-जलज)।

2. लक्षणा

अभिधा के असमर्थ हो जाने पर जिस शक्ति के माध्यम से शब्द का अर्थ बोध हो, उसे 'लक्षणा' कहते हैं। लक्षणा की लिए तीन शर्तें हैं

(i) **मुख्यार्थ में बाधा** इसमें मुख्य अर्थ या अभिधेय अर्थ लागू नहीं होता है, वह बाधित (असंगत) हो जाता है।

(ii) **मुख्यार्थ एवं लक्ष्यार्थ में सम्बन्ध** जब मुख्य अर्थ बाधित हो जाता है, पर यह दूसरा अर्थ अनिवार्य रूप से मुख्य अर्थ से सम्बन्धित होता है।

(iii) **रूढ़ि या प्रयोजन** मुख्य अर्थ को छोड़कर उसके दूसरे अर्थ को अपनाने के पीछे या तो कोई रूढ़ि होती है या कोई प्रयोजन।

रूढ़ि कहते हैं प्रयोग-प्रवाह, प्रसिद्ध को अर्थात् वैसा बोलने का चलन है, तरीका है। किसी बात को कहने की जो प्रथा हो जाती है, वह 'रूढ़ि' कहलाती है।

जैसे-"मुझे देखते ही वह नौ दो ग्यारह हो गया।" इस वाक्य में 'नौ दो ग्यारह होना' (मुहावरा) का अर्थ है-'भाग जाना'। इसके बदले में यदि कोई कहे कि 'मुझे देखते ही वह दस चालीस हो गया।' या 'मुझे देखते ही वह ग्यारह दो नौ हो गया।' तो इसका कोई अर्थ नहीं होगा, क्योंकि ऐसी कोई रूढ़ि नहीं है। यानी भागने की रूढ़ि अर्थात् प्रसिद्ध नौ दो ग्यारह में ही है।

प्रयोजन कहते है अभिप्राय या मतलब को अर्थात् हमारे मन में कोई ऐसा अभिप्राय है जो प्रयुक्त शब्द से व्यक्त नहीं हो रहा है तब उसके लिए दूसरा शब्द प्रयोग कर अपना अभिप्राय प्रकट करते हैं। जैसे हम किसी को अतिशय मूर्ख कहना चाहते हैं तो "तुम मुर्ख हो।" कह देने से मूर्खता की अतिशयता प्रकट नहीं होती, लेकिन यदि हम कहे कि "तुम बैल हो।" तो इसका अर्थ है कि तुम अतिशय मूर्ख हो। यहाँ 'बैल' शब्द का प्रयोग मूर्खता की अतिशयता बताने के प्रयोजन से किया गया है।

उदाहरण

(i) **सभी मुहावरे व लोकोक्तियाँ** सभी मुहावरों एवं लोकोक्तियों में लक्षणा शब्द-शक्ति के सहारे अर्थ ग्रहण किया जाता है। जैसे-''उसके लिए चुल्लू भर पानी में डूब मरने की बात है।''-इस वाक्य में 'चुल्लू भर पानी में डूब मरना (मुहावरा) से हमें शब्दों का मुख्यार्थ अभीष्ट नहीं है। हम इनसे दूसरा अर्थ लेते हैं कि 'बड़ी लज्जा की बात है।'

इसी तरह 'राम चरण की जगह उसके भतीजे पिण्टू के घर के मालिक होने पर उसके पड़ोसी ने कहा-हंसा थे सो उड़ गए, कागा भये दीवाना।'-इस वाक्य में 'हंसा थे सो उड़ गए, कागा भये दीवान' (लोकोक्ति) से हम शब्दों का मुख्यार्थ नहीं लेते, बल्कि हम इनसे दूसरा अर्थ लेते हैं कि उक्त घर में 'सज्जन/योग्य/गुणवान व्यक्ति के स्थान पर दुर्जन/अयोग्य/गुणहीन व्यक्ति का अधिपत्य हो गया है।'

(ii) **एक पद्यबद्ध उदाहरण** निराला की 'वह तोड़ती पत्थर' कविता की अन्तिम पंक्ति

देखा मुझे उसी दृष्टि में
जो मार खा रोई नहीं।

दृष्टि मार नहीं खाती, प्राणी मार खाता है, दृष्टि नहीं रोती प्राणी रोता है। इसलिए दृष्टि 'जो मार खा रोई नहीं'-इस कथन में अभिधेय अर्थ या मुख्य अर्थ लागू नहीं होता, बाधित हो जाता है। तब हम उससे सम्बन्धित अन्य अर्थ दूसरा अर्थ लेते हैं-कवि उस स्त्री की बात कह रहा है जो जीवन संघर्ष में बार-बार मार खाकर या आघात झेलकर रोई नहीं।

(iii) **एक और पद्यबद्ध उदाहरण** दिनकर की काव्य-कृति 'रेणुका' से।

विद्युत की इस चकाचौंध में,
देख, दीप की लौ रोती है,
अरी, हृदय को थाम,
महल के लिए झोपड़ी बलि होती है।

इस पद्य का मुख्यार्थ स्पष्ट है कि विद्युत की इस चकाचौंध में दीप की लौ रोती है। अरी! हृदय को थाम ले, यहाँ महल के लिए झोपड़ी बलि होती है, किन्तु इसका लक्ष्यार्थ यह है कि महलों में रहने वाले लोगों को जो वैभव प्राप्त है वह वस्तुत: झोंपड़ी में रहने वाले मजदूरों के श्रम का ही परिणाम है। इस पद्य में 'महल' का अर्थ महल के निवासी अर्थात् 'धनी' और 'झोपड़ी' का अर्थ झोंपड़ी के निवासी अर्थात् 'निर्धन' अर्थ भी लक्षणा शब्द-शक्ति से गृहीत होते हैं। इसी प्रकार इस पद्य में प्रयुक्त 'विद्युत की चकाचौंध' का 'वैभव' अर्थ और 'दीपक की लौ का रोना' का 'श्रमिक जीवन' अर्थ भी लक्षणा शब्द-शक्ति द्वारा ज्ञात होते हैं।

3. व्यंजना

अभिधा व लक्षणा के असमर्थ हो जाने पर जिस शक्ति के माध्यम से शब्द का अर्थ बोध हो, उसे 'व्यंजना' कहते हैं।

'व्यंजना' (वि + अंजना) शब्द का अर्थ है-विशेष प्रकार का अंजन'। अंजन लगाने से आँखों की ज्योति बढ़ती है, पर विशेष प्रकार के अंजन लगाने से परोक्ष वस्तु भी दिखने लगती है। इसी प्रकार व्यंजना शब्द-शक्ति से अकथित अर्थ स्पष्ट होते हैं। जब अभिधा एवं लक्षणा, अर्थ व्यक्त करने में असमर्थ हो जाती है तब व्यंजना शक्ति काव्य के छिपे हुए व्यंग्यार्थ का बोध कराती है।

व्यंग्यार्थ को 'ध्वन्यार्थ', 'सूच्यार्थ', 'आक्षेपार्थ', 'प्रतीयमानार्थ' आदि भी कहा जाता है।

उदाहरण

(i) **प्रसिद्ध उदाहरण** 'सूर्य अस्त हो गया।' इस वाक्य के सुनने के उपरान्त प्रत्येक व्यक्ति इससे भिन्न-भिन्न अर्थ ग्रहण करता है। प्रसंग विशेष के अनुसार इस वाक्य के अनन्त व्यंजनार्थ हो सकते हैं।

वाक्य	प्रसंग विशेष (वक्ता-श्रोता)	अर्थ
सूर्य अस्त हो गया	पिता के पुत्र से कहने पर	पढ़ाई-लिखाई शुरू करो।
	सास के बहु से कहने पर	चूल्हा-चौका आरम्भ करो।
	किसान के हलवाहे से कहने पर	हल चलाना बन्द करो।
	पशुपालक के चरवाहे से कहने पर	पशुओं को घरे ले चलो।
	पुजारी के चेले से कहने पर	सन्ध्या-पूजन का प्रबन्ध करो।
	राहगीर के अपने साथी से कहने पर	ठहरने का इन्तजाम करो।
	कारवाँ-प्रमुख के उपप्रमुख से कहने पर	पड़ाव की व्यवस्था करो।

इस तरह इस एक वाक्य से वक्ता-श्रोता के अनुसार न जाने कितने अर्थ निकल सकते हैं। यहाँ जिसने भी अर्थ दिए गए हैं वे साक्षात् संकेतित नहीं है, इसलिए इनमें अभिधा शक्ति नहीं है। इनमें लक्षणा शक्ति भी नहीं है, कारण है कि उक्त वाक्य लक्षणा की शर्त मुख्यार्थ में बाधा को पूरा नहीं करता, क्योकि यहाँ सूर्य का जो मुख्यार्थ है वह मौजूद है। साफ है कि इनमें पाई जाने वाली शब्द-शक्ति व्यंजना है।

(ii) **एक पद्यबद्ध उदाहरण**

प्रभुहिं चितइ पुनि चितड़ महि राजत लोचन लोल।
खेलत मनसिज-मीन-जुग, विधुमण्डल डोल।। *-तुलसी*

यहाँ धनषु-यज्ञ के प्रसंग में सीता की मनोदशा का चित्रण किया गया है। इस पद्य की पहली पंक्ति का वाच्यार्थ/अभिधेयार्थ यह है कि सीता पहले राम की ओर देखती है और फिर धरती की ओर। इससे उनके चपल नेत्र शोभित हो रहे हैं, किन्तु व्यंजनार्थ यह है कि सीता के मन में इस समय उत्सुकता, हर्ष, लज्जा आदि के भाव क्षण-क्षण में प्रकट हो रहे हैं।

राम को देखकर उत्सुकता और हर्ष का भाव उत्पन्न होता है, साथ ही दूसरों की उपस्थिति का ध्यान कर उनके मन में तुरन्त लज्जा भी आ जाती है और वे धरती की ओर देखने लगती हैं, पर हर्ष और उत्सुकता के वशीभूत होने से वे अपने को रोक नहीं पाती और फिर राम की ओर देखती हैं, किन्तु लज्जावश फिर धरती की ओर देखने लगती हैं। इस प्रकार यह चक्र कुछ समय तक चलता रहता है।

स्पष्ट है कि उक्त पद्य की पहली पंक्ति से हमें हर्ष, उत्सुकता, लज्जा आदि भावों की जो प्रतीति होती है वह न तो अभिधा शक्ति से होती है और न लक्षणा शक्ति से, बल्कि व्यंजना शक्ति से होती है।

(iii) **एक और पद्यबद्ध उदाहरण**

चलती चाकी देख के दिया कबीरा रोय।
दो पाटन के बीच में साबुत बचा न कोय। *-कबीर*

यहाँ चलंती चक्की को देखकर कबीरदास के दु:खी होने की बात कही गई है। उसके द्वारा अर्थ व्यंजित होता है कि संसार चक्की के समान है, जिसके जन्म और मृत्यु रूपी दो पाटों के बीच आदमी पिसता रहता है।

अभिधा और लक्षणा में अन्तर

अभिधा और लक्षणा में अन्तर इस प्रकार हैं—

- अभिधा और लक्षणा दोनों शब्द-शक्तियाँ हैं। दोनों से शब्द के अर्थ का बोध होता है, पर अभिधा से शब्द के मुख्यार्थ का बोध होता है, किन्तु लक्षणा से मुख्यार्थ का बोध नहीं होता, बल्कि मुख्यार्थ से सम्बन्धित अन्य अर्थ (लक्ष्यार्थ) का बोध होता है। अभिधा का उदाहरण- 'बैल खड़ा है।'—इस वाक्य में बैल शब्द सुनते ही पशु विशेष का चित्र आँखों के सामने आ जाता है। लक्षणा का उदाहरण—'सुनील बैल है।'—सुनील को बैल कहने में मुख्यार्थ की बाधा है, क्योंकि कोई आदमी बैल नहीं हो सकता। बैल में जड़ता, बुद्धिहीनता आदि धर्म होते हैं। सुनील में भी बुद्धिहीनता है, इसलिए सादृश्य सम्बन्ध में बैल का लक्ष्यार्थ किया गया- बुद्धिहीन। बुद्धिहीनता का बोध हुआ लक्षणा के द्वारा। इसलिए इस वाक्य में लक्षणा है।
- अभिधा शब्द-शक्ति तत्काल अपने मुख्यार्थ का बोध करा देती है, पर लक्षणा शब्द-शक्ति अपने लक्ष्यार्थ का बोध तत्काल नहीं करा पाती है। लक्षणा के लिए तीन बातों का होना नितांत आवश्यक है—मुख्यार्थ में बाधा, मुख्यार्थ और लक्ष्यार्थ में सम्बन्ध तथा रूढ़ि या प्रयोजन। इस त्रयी के अभाव में लक्षणा की कल्पना नहीं की जा सकती, लेकिन अभिधा की जा सकती है।
- अभिधा शब्द-शक्ति शब्द की सबसे साधारण शक्ति है। इस शब्द-शक्ति का काव्य में कोई विशेष स्थान नहीं है, क्योंकि वाच्य (अभिधेय) शब्द में कोई चमत्कार नहीं रहता। लक्षक (लाक्षणिक) शब्द में चमत्कार रहता है, इसलिए इसकी काव्य में अधिक उपयोगिता है।

अभिधा, लक्षणा एवं व्यंजना में अन्तर

अभिधा, लक्षणा एवं व्यंजना के बीच अन्तर इस प्रकार हैं—

- अभिधा किसी शब्द के केवल उसी अर्थ को बतलाती है जो पहले से निश्चित और व्यवहार में प्रसिद्ध हो। यह अर्थ भाषा सीखते समय हमें बताया जाता है। शब्दकोश या व्याकरण से हम इस अर्थ को जानते हैं, किन्तु लक्षणा और व्यंजना से हम शब्दों के जो अर्थ निकालते हैं वे पहले से जाने हुए नहीं होते। लक्षणा से हम शब्दों से ऐसा अर्थ निकालते हैं, जो शब्दों में सामान्यत: नहीं लिया जाता। पर यह अर्थ सदैव मुख्यार्थ से सम्बन्धित ही होगा। व्यंजना के द्वारा हम शब्दों से ऐसा अर्थ भी निकालते हैं जो उनके मुख्यार्थ से सम्बन्धित न हों। दूसरे शब्दों में एक बात के भीतर जो दूसरी बात छिपी रहती है उसे व्यंजना शक्ति के द्वारा निकालते हैं।
- अभिधा शब्द की सबसे सामान्य शक्ति है। इसके द्वारा व्यक्त अर्थ में चमत्कार नहीं रहता है। दूसरी ओर लक्षणा और व्यंजना के अर्थ में विलक्षणता रहती है, इसलिए काव्य में जितना महत्त्व लक्षणा और व्यंजना का है, उतना अभिधा का नहीं। व्यंजना का काव्यशास्त्र (साहित्यशास्त्र) में बहुत महत्त्वपूर्ण स्थान हैं। भले ही व्याकरण, नैयायिक, मीमांसक, वेदांती आदि अभिधा के महत्त्व से सन्तुष्ट हो जाए, पर काव्यशास्त्र तो रसप्रधान है, रसास्वादन के बिना, सहृदय की तृप्ति नहीं होती और उस रसाभिव्यक्ति के लिए व्यंजना शक्ति की सत्ता नितांत आवश्यक है।
- अभिधा और लक्षणा का व्यापार केवल शब्दों में होता है, किन्तु व्यंजना का व्यापार शब्द और अर्थ दोनों में।
- वाचक और लक्षक तो केवल शब्द होते हैं, किन्तु व्यंजक केवल शब्द ही नहीं अपितु वक्ता, श्रोता, देश, काल, चेष्टा प्रकरण आदि भी व्यंजक होते हैं।

अभ्यास प्रश्न

1. शब्द शक्ति के कितने प्रकार हैं

(a) 3 (b) 4 (c) 5 (d) 2

2. मुख्यार्थ के बाधित होने पर जिस शक्ति से शब्द का अर्थ बोध हो उसे कहते हैं

(a) लक्षणा (b) अभिधा
(c) व्यंजना (d) इनमें से कोई नहीं

3. 'मुझे देखते ही वह नौ दो ग्यारह हो गया' वाक्य में कौन-सी शब्द शक्ति है

(a) व्यंजना (b) लक्षणा
(c) अभिधा (d) इनमें से कोई नहीं

4. मुहावरों व लोकोक्तियों में सामान्यत: कौन-सी शब्द शक्ति होती है

(a) व्यंजना (b) अभिधा
(c) लक्षणा (d) अभिधा व व्यंजना

5. व्यग्यार्थ का अन्य नाम है

(a) ध्वन्यार्थ (b) सूच्यार्थ
(c) आक्षेपार्थ (d) उपर्युक्त सभी

6. अभिधा किसे कहते हैं

(a) जिससे शब्द का साक्षात् संकेतित अर्थ बोध हो
(b) किसी बात को कहने की प्रथा
(c) 'a' और 'b' दोनों
(d) उपर्युक्त में से कोई नहीं

7. अभिधा के असमर्थ हो जाने पर किस शक्ति का प्रयोग किया जाता है।

(a) लक्षणा
(b) व्यंजना
(c) रूढि
(d) प्रयोजन

8. शब्द की सामान्य शक्ति निम्न में से कौन है

(a) अभिधा
(b) वाचक
(c) लक्षक
(d) उपर्युक्त में से कोई नहीं

उत्तरमाला

1.	(a)	2.	(a)	3.	(b)	4.	(c)	5.	(d)	6.	(a)	7.	(a)	8.	(a)					

अध्याय 05

हिन्दी भाषा और साहित्य

हिन्दी भाषा

भारत में प्रमुखत: आर्य परिवार व द्रविड़ परिवार की भाषाएँ बोली जाती हैं। उत्तर भारत की भाषाएँ आर्य परिवार की एवं दक्षिण भारत की भाषाएँ द्रविड़ परिवार की हैं। उत्तर भारत की भाषाओं में संस्कृत सबसे प्राचीन भाषा है। संस्कृत भाषा का उल्लेख ऋग्वेद में मिलता है। हिन्दी, संस्कृत की ही उत्तराधिकारिणी भाषा है। भारतीय आर्य भाषाओं को तीन कालखण्डों में विभाजित किया गया है

1. प्राचीन भारतीय आर्य भाषा (1500 ई. पूर्व से 500 ई. पूर्व तक)
2. मध्यकालीन भारतीय आर्य भाषा (500 ई. पूर्व से 1000 ई. तक)
3. आधुनिक भारतीय आर्य भाषा (1000 ई. से अब तक)

चारों वेद (ऋग्वेद, यजुर्वेद, सामवेद, अथर्ववेद), ब्राह्मण ग्रन्थ, उपनिषद् प्राचीन भारतीय आर्य भाषा काल के ही हैं। ऋग्वेद संस्कृत का प्राचीनतम ग्रन्थ है।

मध्यकालीन आर्य भाषा काल में तीन भाषाएँ विकसित हुईं

1. पालि भाषा (500 ई. पू. से 1 ई. तक)
2. प्राकृत भाषा (1 ई. से 500 ई. तक)
3. अपभ्रंश भाषा (500 ई. से 1000 ई. तक)

पालि भाषा बौद्ध धर्म की भाषा है, जिसका एक अन्य नाम **मागधी भाषा** भी है। बौद्ध साहित्य पालि भाषा में रचा गया है। त्रिपिटक की रचना भी पालि भाषा में हुई है। ये निम्न हैं

1. सुत्त पिटक 2. विनय पिटक 3. अभिधम्भ पिटक

जैन साहित्य प्राकृत भाषा में रचा गया है। प्राकृत भाषा के प्रमुख प्रकार निम्नलिखित हैं

1. शौरसेनी प्राकृत
2. पैशाची प्राकृत
3. महाराष्ट्री प्राकृत
4. अर्द्धमागधी प्राकृत
5. मागधी प्राकृत।

अपभ्रंश भाषा मध्यकालीन आर्यभाषा की तीसरी अवस्था है। अपभ्रंश का शाब्दिक अर्थ है—'बिगड़ा हुआ' या 'गिरा हुआ'। आचार्य हेमचन्द्र व वाग्भट्ट ने अपभ्रंश को ग्रामभाषा कहा है। दण्डी ने इसे आभीरादि की भाषा कहा है।

मार्कण्डेय व इतर आचार्यों ने अपभ्रंश के कुल तीन भेद बताए हैं

1. नागर (गुजरात की बोली)
2. उपनागर (राजस्थान की बोली)
3. ब्राचड़ (सिन्ध की बोली)

- डॉ. उदय नारायण तिवारी ने अपनी पुस्तक 'हिन्दी भाषा का उद्‌गम व विकास' में अपभ्रंश का जन्मकाल 700 ई. स्वीकारा है। डॉ. नामवर सिंह भी अपने ग्रन्थ 'हिन्दी के विकास में अपभ्रंश का योगदान' में 700 ई. स्वीकार करते हैं। डॉ. भोलानाथ तिवारी अपभ्रंश का जन्म 500 ई. के आसपास मानते हैं।
- अपभ्रंश का प्रयोग साहित्य में 12वीं शताब्दी तक होता रहा, परन्तु 1000 ई. तक यह बोली हिन्दी के रूप में प्रतिष्ठित हो गई थी।
- अपभ्रंश की ध्वनियाँ भी हिन्दी में प्रचलित हैं साथ ही कुछ नई ध्वनियों का भी हिन्दी में विकास हुआ। हिन्दी शब्दों की इसी अधिकता को लक्ष्य कर महापण्डित राहुल सांकृत्यायन और चन्द्रधर शर्मा 'गुलेरी' ने इस भाषा को पुरानी हिन्दी के नाम से सम्बोधित किया। इस प्रकार हम कह सकते हैं कि 1000 ई. के लगभग साहित्य में हिन्दी का प्रयोग अधिकांशत: होने लगा।
- हिन्दी ने अपभ्रंश की सारी प्रवृत्तियों को अपनाया है। संस्कृत, पालि, प्राकृत आदि संयोगात्मक भाषाएँ थीं, जबकि अपभ्रंश वियोगात्मक भाषा थी। संज्ञा, सर्वनाम के कारक रूपों के लिए अपभ्रंश में कारक चिह्न अलग से प्रयुक्त हुए। अपभ्रंश को उकार बहुला भाषा कहा गया है। सामान्यत: अपभ्रंश ट वर्ग प्रधान भाषा है। इसमें 'ण' की बहुलता है। अपभ्रंश में 2 वचन तथा दो लिंग मिलते हैं। नपुंसक लिंग का उदाहरण नागर अपभ्रंश में मिलता है।
- अपभ्रंश के महान् कवि स्वयंभू हैं, जिन्होंने 'पउमचरिउ', 'रिट्ठणेमिचरिउ' तथा स्वयंभू छन्द नामक तीन ग्रन्थों की रचना की। पउमचरिउ एक अपूर्ण ग्रन्थ है फिर भी इसमें राम का चरित्र विस्तार से वर्णित है। कथा के अन्त में राम निर्वाण प्राप्त करते हैं। अपभ्रंश के दूसरे कवि पुष्पदन्त 10वीं शताब्दी में हुए। इनकी भी तीन रचनाएँ हैं—महापुराण, णयकुमार चरिउ, जसहर चरिउ।

- अपभ्रंश के तीसरे प्रमुख कवि धनपाल ने 10वीं शताब्दी में 'भविसयत्तकहा' की रचना की। अपभ्रंश साहित्य के समर्थ कवियों में अब्दुल रहमान का नाम आता है, जिन्होंने 'सन्देशरासक' लिखा। सन्देशरासक एक खण्डकाव्य है, जिसमें विक्रमपुर की एक वियोगिनी की विरह कथा है। कनकामर मुनि की करकंउचरित अपभ्रंश काल की प्रसिद्ध रचना है।

अपभ्रंश काल की कुछ अन्य रचनाएँ निम्न तालिका में दी गई हैं

अपभ्रंश काल की रचनाएँ व रचनाकार

रचना	रचनाकार
शब्दानुशासन (प्राकृत व्याकरण)	जैन आचार्य हेमचन्द्र
प्रबन्ध चिन्तामणि	मेरुतुंग
प्राकृत पैंगलम	लक्ष्मीधर
राउलवेल	रोडा
सन्देशरासक	अब्दुल रहमान
पाहुडदोहा	रामसिंह
उपदेश रसायनरास	जिनदत्त सूरि
कीर्तिलता व कीर्तिपताका	विद्यापति
श्रावकाचार	देवसेन
मुक्तक रचनाएँ	सरहपा (सरहपाद)

- डॉ. सुनीति कुमार चटर्जी एवं बहुत से अन्य भाषाविदों ने अपभ्रंश को भारतीय आर्य भाषा के विकास की एक स्थिति माना है। अपभ्रंश भाषा से हिन्दी की विभिन्न बोलियों एवं भाषाओं का विकास हुआ है, जिनका उल्लेख इस प्रकार है

अपभ्रंश का क्षेत्रीय रूप	विकसित बोलियाँ अथवा भाषा
शौरसेनी अपभ्रंश	पश्चिमी हिन्दी, राजस्थानी, गुजराती
पैशाची अपभ्रंश	पंजाबी, लहँदा
ब्राचड़ अपभ्रंश	सिन्धी
खस अपभ्रंश	पहाड़ी
महाराष्ट्री अपभ्रंश	मराठी
अर्द्धमागधी अपभ्रंश	पूर्वी हिन्दी
मागधी अपभ्रंश	बिहारी, उड़िया, बांग्ला, असमिया

काव्यभाषा के रूप में अवधी : उदय एवं विकास

पूर्वी हिन्दी की तीन बोलियाँ हैं; अवधी, बघेली, छत्तीसगढ़ी। अवधी भाषा अवध क्षेत्र की भाषा है। इसका विकास अर्द्धमागधी अपभ्रंश से माना जाता है। भोलानाथ तिवारी, बाबूराम सक्सेना और सुनीति कुमार चटर्जी जैसे विद्वानों ने 'कोसली' से ही अवधी के विकास को स्वीकार किया है। भोलानाथ तिवारी स्पष्ट रूप से प्रमाणित करते हैं कि अवधी कोई आज की भाषा नहीं है, बल्कि पालि भाषा युगीन रचनाओं और अभिलेखों में अवधी का आरम्भिक रूप दिखाई देता है।

अवधी के विकास को तीन चरणों में बाँटा जा सकता है

1. आरम्भ से लेकर 1400 ई. तक विकास का प्रथम चरण
2. 1400 ई. से 1700 ई. तक विकास का द्वितीय चरण
3. 1700 ई. से आज तक विकास का तीसरा एवं आधुनिक चरण

अवधी के विकास का द्वितीय चरण सर्वाधिक महत्त्वपूर्ण है, क्योंकि इसी चरण में सूफी काव्यधारा, प्रेमाश्रयी काव्यधारा एवं रामकाव्य धारा का विकास हुआ। अवधी भाषा का प्रयोग सर्वप्रथम हिन्दी में सूफी कवियों ने अपनी रचनाओं में किया। मुल्ला दाउद कृत 'चन्दायन' (रचनाकाल 1379 ई.) सूफी प्रेमाख्यानों में सबसे पहली रचना है।

जायसी द्वारा रचित 'पद्मावत' अवधी भाषा की श्रेष्ठ अभिव्यक्ति है। जायसी सूफी कवियों की भाव अभिव्यक्ति के लिए अवधी को सराहते हैं। यथा

तुरकी अरबी हिन्दुई, भाषा जेती आहि।
जेहि मँहं मारग प्रेमकर, सबै सराहै ताहिं।।

तुलसीदास द्वारा रचित 'रामचरितमानस' अवधी भाषा की सर्वश्रेष्ठ रचना है। मधुसूदन कृत रामाश्रमेघ भी अवधी की बेहतरीन रचना है। 'भीमकवि' अवधी के प्रथम हिन्दू कवि हैं। 'डंगवै' व 'चक्रव्यूह' इनकी प्रसिद्ध रचना है।

अवधी भाषा में रचित रचनाएँ व रचनाकार

रचनाकार	रचनाएँ
तुलसीदास	रामचरितमानस, बरवै रामायण, पार्वती मंगल, रामललानहछू, कृष्णगीतावली
ईश्वरदास	सत्यवती कथा, भरतमिलाप, अंगद पैर
स्वामी अग्रदास	ध्यानमंजरी, कुण्डलिया, रामध्यानमंजरी, रामायण
रहीम	बरवैनायिकाभेद
लालदास	अवध विलास

आधुनिक काल की अवधी

मध्य प्रदेश के पूर्व मुख्यमन्त्री पण्डित द्वारिकानाथ मिश्र ने दोहा चौपाई शैली में अवधी भाषा में 'कृष्णायन' नामक ग्रन्थ की रचना की। यह अवधी का आधुनिक महाकाव्य है। वंशीधर शुक्ल भी अवधी भाषा के आधुनिक काल के कवि हैं। अवधी भाषा में रचित कुछ काव्य पंक्तियाँ व रचनाकार

1. जानत है वो सिरजनहारा, जो किछु मन मरम हमारा।
   हिन्दू मग्ग पर पाँव न राखेऊँ, का जो भाखा बहुत माखेऊँ।।
   (नूर मोहम्मद, सूफी कवि)
2. होइहें वही जो राम रचि राखा।
   जो जस करहिं तस फल चाखा।। *(तुलसीदास)*

काव्यभाषा के रूप में ब्रजभाषा : उदय एवं विकास

ब्रजभाषा पश्चिमी हिन्दी के अन्तर्गत बोली जाने वाली भाषा है। इस भाषा को तीन चरणों में बाँटा गया है

1. 1000 ई. से 1525 ई.
2. 1525 ई. से 1800 ई.
3. 1800 ई. से अब तक

- ब्रजभाषा का प्रारम्भिक विकास अपभ्रंशकालीन रचनाओं में भी दिखता है। ब्रजभाषा का द्वितीयकाल सुधीर अग्रवाल, आचार्य त्रिलोचन एवं अष्टछाप के कवियों में सूरदास, नन्ददास, कुम्भनदास, परमानन्ददास, गोविन्ददास व छीतस्वामी की रचनाओं को दर्शाता है।
- द्वितीय चरण की परिपक्वता रीतिकाव्य की रचनाओं में दिखाई पड़ती है। अष्टछाप के कवियों में वल्लभाचार्य के चार शिष्य सूरदास, नन्ददास, चतुर्भुजदास, गोविन्दस्वामी व छीतस्वामी थे।
- विट्ठलदास के शिष्य सूरदास ने ब्रजभाषा को साहित्यिक चरमोत्कर्ष पर पहुँचाया। 'सूरदास' द्वारा रचित 'सूरसागर', 'सूर सारावली', 'साहित्यलहरी' तीन रचनाएँ उपलब्ध होती हैं।
- 'भ्रमरगीत' सूरसागर का महत्त्वपूर्ण अंश है। नन्ददास कृत 'भंवरगीत' नामक काव्यग्रन्थ भी ब्रजभाषा में लिखा गया है। नन्ददास की प्रसिद्ध रचना 'रासपंचाध्यायी' है, जो रोला छन्द में रचित है। नन्ददास की भाषा में अनुप्रासंगिकता, काव्यात्मकता, चित्रोपमता एवं लाक्षणिकता भी दिखाई देती है।
- नन्ददास की अन्य रचनाएँ भगवत दशम स्कन्ध, सिद्धान्त पंचाध्यायी, रूपमंजरी, रसमंजरी, मानमंजरी, विरहमंजरी, नामचिन्तामणिमाला, अनेकार्थ नाममाला, दानलीला, मानलीला, ज्ञानमंजरी, श्यामसगाई, भ्रमरगीत, सुदामाचरित आदि हैं।
- 'जुगलमानचरित्र' कृष्णदास द्वारा रचित छोटा-सा ग्रन्थ है। 'परमानन्दसागर' परमानन्ददास की रचना है। 'द्वादशयश', 'भक्तिप्रताप' तथा 'हितजू को मंगल' चतुर्भुजदास द्वारा रचित ग्रन्थ हैं।
- चतुर्भुजदास कुम्भनदास के पुत्र थे। रसखान की दो रचनाएँ सुजान रसखान, प्रेमवाटिका ब्रजभाषा में उपलब्ध होती हैं। 'हितचौरासी' की रचना गोस्वामी हित हरिवंश ने की। ये राधावल्लभ सम्प्रदाय के समर्थक थे।
- मीराबाई ब्रजभाषा की प्रसिद्ध एवं एकमात्र कवयित्री हैं। माधुर्यभाव से उपासना करना इन्हें पसन्द था। मीराबाई की रचनाएँ, नरसी जी का मायरा, गीत गोविन्द की टीका, राग गोविन्द, राग सोरठा हैं।
- 'युगल शतक' का कृष्ण काव्य परम्परा में नाम आदर के साथ लिया जाता है। इसकी रचना श्री भट्ट ने की है। भारतेन्दु हरिश्चन्द्र, रत्नाकर आधुनिक काल के प्रमुख ब्रजभाषी कवि हैं। 'उद्धवशतक' की रचना रत्नाकर ने की। यह आधुनिक ब्रजभाषा का उत्तम ग्रन्थ है।
- ब्रजभाषा पश्चिमी हिन्दी की प्रमुख बोली है, परन्तु अपनी साहित्यिक समृद्धि के कारण मध्यकाल में यह भाषा के पद पर प्रतिष्ठित हो गई थी। रत्नाकर जी की मान्यता थी कि शौरसेनी क्षेत्र की भाषाओं की विशेषता शब्दों का उकारान्त होना है।
- पूर्व में यह भाषा बंगाल, असम, गुजरात, दक्षिण महाराष्ट्र, काठियावाड़, उत्तर में पंजाब तक फैली थी, परन्तु आधुनिक काल के आते-आते ब्रजभाषा कुछ ही क्षेत्रों तक सीमित रह गई। वर्तमान में यह मथुरा, आगरा, अलीगढ़, बुलन्दशहर, एटा, फिरोजाबाद, बदायूँ, बरेली, गुड़गाँव, भरतपुर, धौलपुर, करौली, जयपुर के पूर्वी भाग व ग्वालियर के पश्चिमी भाग में बोली जाती है। कृष्ण भक्त कवियों के अतिरिक्त यह भाषा रीतिकाल में भी प्रसिद्ध रही।

ब्रजभाषा की कुछ प्रमुख उपबोलियाँ इस प्रकार हैं

ब्रजभाषा की उपबोलियाँ

(i) **गाँववारी** आगरा के पूर्वी भाग में
(ii) **धौलपुरी** राजस्थान के धौलपुर क्षेत्र में
(iii) **भरतपुरी** भरतपुर में
(iv) **जदोवाटी** भरतपुर, करौली, ग्वालियर
(v) **सिकरवाड़ी** ग्वालियर के उत्तरी-पूर्वी भाग में
(vi) **कठेरिया** बदायूँ जिले में
(vii) **डांगी** भरतपुर, जयपुर, करौली
(viii) **माधुरी** मथुरा

- सूरदास जी ने ब्रजभाषा को इतना लोकप्रिय बना दिया था, जिससे तुलसी जैसे अवधी के सशक्त कवि को भी ब्रजभाषा में काव्य रचना करने के लिए विवश होना पड़ा। तुलसीदास जी ने गीतावली, विनयपत्रिका, कवितावली में भी ब्रजभाषा का प्रयोग किया है।
- नरोत्तमदास कृत 'सुदामाचरित' व नाभादास कृत 'भक्तमाल' में सुन्दर साहित्यिक ब्रजभाषा का प्रयोग किया गया है। रामचन्द्रिका, रसिकप्रिया, कविप्रिया आदि कृतियाँ केशवदास रचित ब्रजभाषा में ही हैं।
- ब्रजभाषा अपने क्षेत्र के बाहर भी अति लोकप्रिय रही। यद्यपि रीतिकाल में ब्रजभाषा का स्वरूप स्थिर हो जाना चाहिए था, किन्तु ऐसा न हो सका। भाषा में मनमाने प्रयोग होने लगे।
- शब्द समूह की दृष्टि से रीतिकालीन ब्रजभाषा में अरबी, फारसी, तुर्की के पर्याप्त शब्द आ गए हैं। भूषण की कविता में इस प्रकार के पर्याप्त शब्द हैं, परन्तु घनानंद की कविता में नहीं।
- घनानंद शुद्ध ब्रजभाषा के आदर्श कवि माने जाते हैं। रीतिकालीन कवि पद्माकर को रीतिकालीन ब्रजभाषा का अन्तिम कवि माना जा सकता है। बिहारी, घनानन्द, केशव, मतिराम, सेनापति, ग्वाल, पद्माकर, देव तथा चिन्तामणि आदि भी रीतिकालीन ब्रजभाषी कवि हैं।
- आधुनिक काल में भारतेन्दु युग में ब्रजभाषा की काव्य-भाषा के रूप में पर्याप्त प्रतिष्ठा रही। भारतेन्दु हरिचन्द्र, बाबू जगन्नाथ दास रत्नाकर, आदि आधुनिक काल के ब्रजभाषा के सशक्त कवि हैं। द्विवेदी युग में खड़ी बोली के प्रतिष्ठित हो जाने पर ब्रजभाषा की रचनाएँ कम होती गईं।
- हिन्दी की किसी भी भाषा को इतनी प्रतिष्ठा नहीं मिली जितनी कि ब्रजभाषा को। सिखों के दसवें गुरु ने भी ब्रजभाषा में अपनी रचनाएँ लिखीं। ब्रजभाषा ने लगभग 600 वर्षों तक हिन्दी काव्य पर शासन किया है।

विभाषा

विभाषा का क्षेत्र बोली की अपेक्षा अधिक विस्तृत होता है। यह एक प्रान्त या उपप्रान्त में प्रचलित होती है। एक विभाषा में स्थानीय भेदों के आधार पर कई बोलियाँ प्रचलित रहती हैं। विभाषा में साहित्यिक रचनाएँ भी लिखी जाती हैं। हिन्दी की कई विभाषाएँ हैं; जैसे— ब्रजभाषा, खड़ी बोली, अवधी, भोजपुरी, मैथिली आदि। बोली का विकास विभाषा में और विभाषा का विकास भाषा में होता है; जैसे—

बोली → विभाषा → भाषा

प्राय: यह देखा जाता है कि विभिन्न विभाषाओं में से कोई एक विभाषा अपने गुण-गौरव, साहित्यिक अभिवृद्धि, जन सामान्य में अधिक प्रचलन आदि के आधार पर राजकार्य के लिए चुन ली जाती है तथा उसे राजभाषा के रूप में या राष्ट्रभाषा घोषित कर दिया जाता है। उदाहरण के लिए खड़ी बोली दिल्ली, मेरठ तथा बिजनौर आदि की विभाषा होते हुए भी राष्ट्रीय स्तर पर स्वीकृत होने के कारण राष्ट्रभाषा के पद पर स्थापित है।

हिन्दी की बोलियों का वर्गीकरण तथा क्षेत्र

हिन्दी भारत के बहुसंख्यक लोगों की भाषा होने के साथ विश्व की तीसरी सबसे अधिक बोली जाने वाली भाषा है। हिन्दी ऐतिहासिक दृष्टि से युग-युग की मध्यदेशीय भाषाओं संस्कृत, पालि, प्राकृत, अपभ्रंश आदि की उत्तराधिकारिणी है। वस्तुत: हिन्दी सारे देश में व्याप्त है। व्यवहार में यह राष्ट्रभाषा है, परन्तु राजनीतिक स्वार्थों के कारण कुछ राज्यों में इसे मान्यता नहीं मिल पाई। इसलिए यह कहना ठीक नहीं है कि हिन्दी का क्षेत्र सम्पूर्ण भारत है।

इसका प्रयोग क्षेत्र बिहार, उत्तर प्रदेश, छत्तीसगढ़, झारखण्ड, उत्तराखण्ड, हरियाणा, हिमाचल प्रदेश, दिल्ली, राजस्थान व मध्य प्रदेश हैं। इस पूरे क्षेत्र को ही हिन्दी प्रदेश कहते हैं।

हिन्दी के अन्तर्गत आने वाली उपभाषाएँ एवं बोलियाँ इस प्रकार हैं ,

उपभाषाएँ	बोलियाँ
पश्चिमी हिन्दी	खड़ी बोली, ब्रजभाषा, बुन्देली, हरियाणवी, कन्नौजी
पूर्वी हिन्दी	अवधी, बघेली, छत्तीसगढ़ी
राजस्थानी	मारवाड़ी, जयपुरी, मेवाती, मालवी
पहाड़ी	गढ़वाली, कुमाऊँनी
बिहारी	मैथिली, मगही, भोजपुरी

उपरोक्त वर्गीकरण से स्पष्ट है कि हिन्दी भाषी क्षेत्र में कुल पाँच उपभाषाएँ व सत्रह बोलियाँ सम्मिलित हैं। इन बोलियो के क्षेत्र इस प्रकार हैं।

पश्चिमी हिन्दी

पश्चिमी हिन्दी का वर्गीकरण निम्नलिखित रूप से किया जा सकता है

- **खड़ी बोली** इस बोली को हिन्दुस्तानी, सरहिन्दी, बोल-चाल की हिन्दुस्तानी खड़ी बोली, कौरवी आदि नाम दिए गए हैं। सुनीति कुमार चटर्जी इसे जनपदीय हिन्दुस्तानी कहते हैं। कौरवी या खड़ी बोली रामपुर, मुरादाबाद, बिजनौर, मुजफ्फरनगर, मेरठ, सहारनपुर, देहरादून के मैदानी भाग, अम्बाला (पूर्वी भाग) तथा पटियाला के पूर्वी भागों में बोली जाती है।
- **ब्रजभाषा** मथुरा, आगरा, अलीगढ़, बरेली, बदायूँ, मैनपुरी, एटा, हाथरस, धौलपुर, भरतपुर जिले ब्रजभाषी क्षेत्र हैं।
- **बुन्देली** बुन्देला राजपूतों का प्रदेश होने के कारण इस क्षेत्र का नाम बुन्देलखण्ड पड़ा, उसकी बोली बुन्देलखण्डी या बुन्देली कहलाती है। यह बोली झाँसी, जालौन, हमीरपुर, उरई, बाँदा, ओरछा, सागर, सिवनी, होशंगाबाद, ग्वालियर के पूर्वी भाग व भोपाल के कुछ भाग में बोली जाती है।
- **हरियाणवी** हरियाणा तथा दिल्ली के ग्रामीण क्षेत्रों में यह बोली बोली जाती है। इसका एक अन्य नाम बांगरु बोली भी है।
- **कन्नौजी** इस बोली का केन्द्र कन्नौज है। यह पूर्व में कानपुर तक, दक्षिण में यमुना नदी तक और उत्तर में गंगापार हरदोई, शाहजहाँपुर, पीलीभीत, फर्रुखाबाद, इटावा इत्यादि जिलों में बोली जाती है।

पूर्वी हिन्दी

पूर्वी हिन्दी का वर्गीकरण उनके क्षेत्रों में प्रयोग के आधार पर निम्न रूप से किया जा सकता है

- **अवधी** अवध की बोली अवधी है। इसका प्रयोग क्षेत्र लखीमपुर खीरी, सीतापुर, लखनऊ, बाराबंकी, बहराइच, गोण्डा, फैजाबाद, उन्नाव, रायबरेली आदि जिले हैं।
- **बघेली** बघेलखण्ड में बघेल राजाओं का राज्य था, जिसकी राजधानी रीवा थी। अत: इसका केन्द्र रीवा है। इसके अतिरिक्त यह नागौर, सतना, शहडोल, मैहर में बोली जाती है।
- **छत्तीसगढ़ी** यह भाषा रायपुर, बिलासपुर, रायगढ़, दुर्ग, राजनान्दगाँव, कांकेर, सरगुजा, कोरबा में बोली जाती है।

राजस्थानी

राजस्थानी बोली का विभाजन निम्न रूप से किया जा सकता है

- **मारवाड़ी** राजस्थान के मारवाड़ क्षेत्र की बोली मारवाड़ी है। शुद्ध मारवाड़ी जोधपुर और उसके आस-पास बोली जाती है। कुछ मिश्रित रूप; जैसे—अजमेर, किशनगढ़, मेवाड़, सिरोही, पालनपुर व जैसलमेर में भी यह बोली जाती है।
- **जयपुरी** इस बोली का एक अन्य नाम ढूंढाणी भी है। यह बोली जयपुर व अजमेर में बोली जाती है।
- **मेवाती** यह बोली मेवात क्षेत्र में बोली जाती है। इसे उत्तरी राजस्थानी भी कहते हैं।
- **मालवी** यह बोली उज्जैन के अतिरिक्त प्रतापगढ़, रतलाम, इन्दौर और देवास में बोली जाती है।

पहाड़ी

पहाड़ी भाषा का वर्गीकरण निम्न रूप से किया जा सकता है

गढ़वाली यह बोली उत्तराखण्ड के गढ़वाल क्षेत्र की बोली है। इसके अन्तर्गत पौढ़ी गढ़वाल, टिहरी गढ़वाल, उत्तरकाशी, चमोली, रुद्रप्रयाग जिले शामिल हैं। इस बोली पर पंजाबी व राजस्थानी तथा कुछ हद तक वैशाली का प्रभाव रहा है।

कुमाऊँनी कुमाऊँ का पुराना नाम कूर्मांचल था। इसके अन्तर्गत नैनीताल, पिथौरागढ़, अल्मोड़ा व रानीखेत, बागेश्वर, चम्पावत जिले शामिल हैं, जहाँ यह भाषा बोली जाती है।

बिहारी

बिहारी बोली का वर्गीकरण निम्न रूप से किया जा सकता है

मैथिली मैथिली भाषा का सम्बन्ध मिथिला से है, जो वैशाली, विदेह और अंग जनपदों का संयुक्त प्रान्त है। विशुद्ध मैथिली दरभंगा, मुजफ्फरपुर, पूर्णिया, उत्तरी मुंगेर व उत्तरी भागलपुर में बोली जाती है। साहित्य की दृष्टि से यह सम्पन्न बोली है।

मगही मगध प्रान्त की बोली को मगही कहते हैं। पटना, गया, हजारीबाग, भागलपुर का कुछ भाग इत्यादि इसके प्रयोग क्षेत्र हैं।

भोजपुरी यह बोली बस्ती, गोरखपुर, देवरिया, गाजीपुर, बलिया, बनारस, जौनपुर (पूर्वी भाग), छपरा, चम्पारण में बोली जाती है। हिन्दी बोलियों में यह प्रयोग करने के आधार पर सबसे बड़ी बोली है। भारत के बाहर मॉरिशस में भी यह बोली जाती है।

नागरी लिपि का विकास

प्रत्येक भाषा की अपनी एक लिपि होती है, जिसमें उस भाषा को लिखा जाता है। लिपि का आधार लिखित संकेत होते हैं। लिपि दृश्य व दृष्टिगोचर होती है। हिन्दी देवनागरी में, अंग्रेजी रोमन में, उर्दू फारसी में तथा पंजाबी गुरुमुखी लिपि में लिखी जाती है। भारत की प्राचीन लिपियों में सिन्धु घाटी सभ्यता की लिपि, खरोष्ठी लिपि और ब्राह्मी लिपि प्रसिद्ध हैं। सिन्धु घाटी की लिपि चित्राक्षर तथा कुछ ध्वन्याक्षर थी। देवनागरी लिपि का आविष्कार ब्राह्मी लिपि से हुआ। देवनागरी लिपि का सर्वप्रथम प्रयोग गुजरात के राजा जयभट्ट के एक शिलालेख में हुआ है। यह लिपि हिन्दी प्रदेश के अतिरिक्त महाराष्ट्र व नेपाल में प्रचलित है। गुजरात में सर्वप्रथम प्रचलित होने से वहाँ के पण्डित वर्ग अर्थात् नागर ब्राह्मणों के नाम से इसे नागरी कहा गया। देवभाषा संस्कृत में इसका प्रयोग होने से इसके साथ 'देव' शब्द जुड़ गया। देवताओं की उपासना के लिए जो संकेत बनाए जाते थे, उन्हें देवनगर कहते थे। वे संकेत लिपि के समान थे। वहीं से इसे 'देवनागरी' कहा जाने लगा।

देवनागरी लिपि सुधार व संशोधन

सर्वप्रथम महादेव गोविन्द रानाडे ने लिपि सुधार समिति का गठन किया। काका कालेलकर ने 'अ' की बारहखड़ी का सुझाव दिया तथा स्वर ध्वनियों की संख्या को कम कर दिया गया; **जैसे**—अ, आ, अि, अी, अु, अू, अे, अै, ओ, औ। डॉ. श्यामसुन्दर दास ने पंचमाक्षर के स्थान पर अनुस्वार का प्रयोग करने का सुझाव दिया।

जैसे— हिन्दी-हिंदी, कण्ठ-कंठ

श्रीनिवास का सुझाव था कि महाप्राण ध्वनियों के स्थान पर अल्पप्राण ध्वनियाँ शामिल कर उनके नीचे कोई चिह्न लगाकर इस्तेमाल किया जाए। हिन्दी साहित्य सम्मेलन, प्रयाग ने 5 अक्टूबर, 1941 को लिपि सुधार हेतु एक बैठक की। जिसमें मात्राओं को उच्चारण क्रम में लगाने तथा छोटी 'इ' की मात्रा को व्यंजन के आगे लगाने का सुझाव पेश किया। 1947 ई. में उत्तर प्रदेश सरकार द्वारा गठित समिति की अध्यक्षता नरेन्द्र देव ने की जिसमें निम्न सुझाव पेश किए गए

(i) 'अ' की बारह खड़ी भ्रामक है।

(ii) मात्राएँ यथास्थान रहें, परन्तु उन्हें थोड़ा दाहिनी ओर लिखा जाए।

(iii) अनुस्वार व पंचमाक्षर के स्थान पर बिन्दी (ं) से काम चलाया जाए।

(iv) दो तरीकों से लिखे जाने वाले अक्षरों में निम्न अक्षरों को स्वीकार किया जाए अ, झ, ध, भ, ल

(v) **संयुक्त वर्णों** क्ष, त्र, ज्ञ, श्र को वर्णमाला में जगह दी जाए।

उपरोक्त सुझावों को कुछ हेर-फेर कर इन्हें स्वीकार कर लिया गया है। समय-समय पर इसमें सुधार होते रहे हैं। फारसी की क़, ख़, ग़, ज़, .फ ध्वनियाँ भी शामिल कर ली गई हैं। कुछ अंग्रेज़ी के शब्दों को भी शामिल किया गया है।

देवनागरी लिपि की वैज्ञानिकता

देवनागरी लिपि पर प्राय: दोषारोपण होता रहा है कि इसमें वर्णों की संख्या अधिक है, परन्तु वास्तविकता तो यह है कि यहाँ वर्णमाला का वर्गीकरण अत्यन्त वैज्ञानिक है। इसके वर्ण सभी ध्वनियों को प्रस्तुत करने में सक्षम हैं। पूरी वर्णमाला पहले स्वर व फिर व्यंजन में वर्गीकृत है। स्वरों के वर्गीकरण में भी ह्रस्व स्वर वर्ण के पश्चात् दीर्घ वर्ण निश्चित है;

जैसे— अ आ इ ई उ ऊ ऋ ए ऐ ओ औ अं अ:

व्यंजन वर्णों का वर्गीकरण कण्ठ्य, तालव्य, मूर्धन्य, दन्त्य, ओष्ठ्य, अन्त:स्थ, उष्म, संयुक्त व्यंजन व द्विगुण व्यंजनों के रूप में वर्गीकृत है। पुन: व्यंजनों को अल्पप्राण, महाप्राण, अघोष व सघोष में वर्गीकृत किया गया है। ऐसी विशेषता किसी अन्य लिपि में नहीं पाई जाती।

देवनागरी लिपि का वर्गीकरण

कण्ठ्य	क, ख, ग, घ, ङ
तालव्य	च, छ, ज, झ, ञ
मूर्धन्य	ट, ठ, ड, ढ, ण
दन्त्य	त, थ, द, ध, न
ओष्ठ्य	प, फ, ब, भ, म
अन्त:स्थ	य, र, ल, व
उष्म	श, ष, स, ह
संयुक्त व्यंजन	क्ष, त्र, ज्ञ, श्र
द्विगुण व्यंजन	ड़, ढ़
कुल स्वर	11
अनुस्वार	1
विसर्ग	1
व्यंजन	39
कुल वर्ण	52

देवनागरी लिपि की प्रमुख ध्वनियाँ तथा व्यंजन निम्नलिखित हैं

- **अघोष** वह ध्वनि, जिसके उच्चारण में स्वरतन्त्रियों में कम्पन नहीं होता; **जैसे**—क, ख, च, छ, ट, ठ आदि।
- **सघोष** वह ध्वनि, जिसके उच्चारण में स्वरतन्त्रियों में कम्पन हो; **जैसे**—ग घ, ज, झ, म आदि।
- **अल्पप्राण** व्यंजन जिसके उच्चारण में श्वास की मात्रा कम निकलती हो; **जैसे**—क, ग, ङ, च, ज, ञ आदि।
- **महाप्राण** व्यंजन जिसके उच्चारण में अत्यधिक श्वास निकले; **जैसे**—फ, छ, ठ, भ, ध
- संयुक्त व्यंजन क्ष = क् + ष् , त्र = त् + र् , ज्ञ = ज् + ञ स्वर ध्वनियों के उच्चारण में किसी अन्य ध्वनि की सहायता नहीं लेनी पड़ती, परन्तु व्यंजन के उच्चारण में अन्य ध्वनि की सहायता लेनी पड़ती है। देवनागरी लिपि एक अक्षरात्मक लिपि है। यह विशेषता अन्य लिपियों में नहीं पाई जाती।

राष्ट्रभाषा के प्रमुख प्रचारक

- राष्ट्रभाषा के प्रसार-प्रचार में मुख्य भूमिका निभाने वाले व्यक्ति–पण्डित मदन मोहन मालवीय, बाल गंगाधर तिलक, महात्मा गाँधी, काका कालेलकर, राजा राममोहन राय, महर्षि पुरुषोत्तमदास टण्डन, स्वामी विवेकानन्द, लाला लाजपतराय, सेठ गोविन्ददास, राजेन्द्र प्रसाद आदि।
- महात्मा गाँधी की मान्यता थी कि हिन्दी ही एकमात्र भाषा है जो हमारी राष्ट्रभाषा हो सकती है। कोई भी राष्ट्र तब तक उन्नति नहीं कर सकता जब तक कि इसकी कोई एक राष्ट्रभाषा न हो। हिन्दी सम्पूर्ण देश के जन-जन की भाषा है। वर्ष 1924 में कांग्रेस के 39वें अधिवेशन के सभापति गाँधीजी ने बेलगाँव (कर्नाटक) में कांग्रेस के कार्यक्रमों के लिए हिन्दी के प्रचार कार्य को शामिल किया। वर्ष 1925 में कानपुर कांग्रेस अधिवेशन में यह प्रस्ताव पारित किया गया कि कांग्रेस अपने सभी कार्य हिन्दी भाषा में करेगी।
- यह गांधीजी का ही प्रयास था कि वर्धा व मद्रास में राष्ट्रभाषा के प्रचार-प्रसार हेतु राष्ट्रभाषा प्रचार समिति की स्थापना हुई। वर्ष 1936 के फैजपुर में हुए कांग्रेस अधिवेशन में डॉ. राजेन्द्र प्रसाद की अध्यक्षता में 'राष्ट्रभाषा' का सम्मेलन आयोजित किया गया। बाल गंगाधर तिलक ने राष्ट्रीय चेतना को प्रबल बनाने के लिए वर्ष 1903 में 'हिन्द केसरी' नामक पत्रिका का आरम्भ किया।
- हिन्दी साप्ताहिक अभ्युदय का आरम्भ पण्डित मदन मोहन मालवीय द्वारा किया गया। 1910 ई. में मालवीय जी ने 'मर्यादा' नामक हिन्दी पत्रिका निकाली। यह पत्रिका प्रयाग से प्रकाशित होती थी। अदालतों में हिन्दी भाषा के प्रवेश का श्रेय भी मालवीय जी को जाता है।
- 1826 ई. में कोलकाता से प्रकाशित 'बंगदूत' के कुछ पृष्ठ हिन्दी में भी छपते थे। यह साप्ताहिक-पत्र राजा राममोहन राय निकालते थे।

सांस्कृतिक चेतना जाग्रत करने वाली आधुनिक कालीन संस्थाएँ

- ब्रह्म समाज 1828 राजा राममोहन राय
- तत्वबोधिनी सभा 1839 देवेन्द्र नाथ ठाकुर
- बालिका विद्यालय 1851 ज्योतिबा फुले
- प्रार्थना समाज 1867 केशवचन्द्र के सहयोग से
- रामकृष्ण मिशन 1896 स्वामी विवेकानन्द
- थियोसोफिकल सोसायटी 1882 कर्नल एच. एस. आलकाट एवं मैडम ब्लावत्सकी
- इण्डियन सोशल कॉन्फ्रेंस 1887 महादेव गोविन्द रानाडे
- अभिनव भारत संस्था 1904 वी डी सावरकर
- विश्वभारती 1912 रवीन्द्र नाथ टैगोर
- हिन्दू महासभा 1915 मदन मोहन मालवीय
- आर्य समाज 1875 स्वामी दयानन्द सरस्वती
- सर्वेण्ट्स ऑफ इण्डिया 1905 गोपाल कृष्ण गोखले सोसायटी

आर्य समाज का योगदान

आर्य समाज के संस्थापक स्वामी दयानन्द सरस्वती ने स्वभाषा, स्वदेश तथा स्वधर्म का आन्दोलन चलाया। इन्होंने 'सत्यार्थ प्रकाश' का प्रकाशन भी हिन्दी में किया। 1940 ई. में हिन्दी दैनिक 'विश्वबन्धु' का प्रकाशन गोस्वामी गणेशदास ने किया। इसका प्रकाशन लाहौर से होता था।

पंजाब में हिन्दी के प्रचार-प्रसार का कार्य श्रद्धाराम फुल्लौरी ने किया। 1867 ई. में महादेव गोविन्द रानाडे ने प्रार्थना समाज की स्थापना कर महाराष्ट्र में हिन्दी के प्रचार-प्रसार में उल्लेखनीय योगदान दिया। 1897 ई. में रामकृष्ण मिशन की स्थापना होने के बाद यहाँ से जो भी आध्यात्मिक पुस्तकें प्रकाशित होती थीं, उनका प्रकाशन हिन्दी में होता था।

वर्ष 1893 में राष्ट्रभाषा हिन्दी और राष्ट्रलिपि नागरी के प्रचार-प्रसार हेतु नागरी प्रचारिणी सभा की स्थापना हुई। हिन्दी के प्रचार-प्रसार में योगदान करने वाली संस्थाएँ।

- नागरी प्रचारिणी सभा 1893
- हिन्दी साहित्य सम्मेलन, प्रयाग 1910
- गुजरात विद्यापीठ, अहमदाबाद 1920
- हिन्दी विद्यापीठ, देवघर 1929
- राष्ट्रभाषा प्रचार समिति, वर्धा 1936
- असम राष्ट्रभाषा प्रचार समिति, गुवाहाटी 1938
- बम्बई हिन्दी विद्यापीठ, बम्बई 1938
- राष्ट्रभाषा परिषद्, पुणे, महाराष्ट्र 1945
- बिहार राष्ट्रभाषा परिषद्, पटना 1947
- अखिल भारतीय हिन्दी संस्था संघ 1964
- नागरी लिपि परिषद्, नई दिल्ली 1975
- केन्द्रीय हिन्दी निदेशालय, मानव संसाधन विकास मन्त्रालय 1960
- हिन्दी प्रचार समिति
- केरल हिन्दी प्रचार सभा, तिरुवनन्तपुरम

राष्ट्रभाषा के प्रचार-प्रसार में पत्र-पत्रिकाओं का योगदान

पत्र/पत्रिकाएँ	प्रकाशन स्थल/वर्ष
उदन्त मार्तण्ड	कलकत्ता, 1826
प्रजामित्र	कलकत्ता, 1834
प्रजाहितैषी	आगरा, 1860
हरिश्चन्द्र मैगजीन	बनारस, 1873
हिन्दी प्रदीप	प्रयाग, 1877
भारत मित्र	कलकत्ता, 1878
कवि वचन सुधा	बनारस, 1884
नागरी प्रचारिणी पत्रिका	बनारस, 1896
सरस्वती	पहले काशी से बाद में इलाहाबाद से, 1900 ई.
समालोचक	जयपुर, 1902
मर्यादा	प्रयाग, 1910
इन्दु	काशी, 1909
प्रताप	कानपुर, 1913
चाँद	प्रयाग, 1922
मतवाला	कलकत्ता, 1923
पंजाब केसरी	लाहौर, 1929
विशाल भारत	कलकत्ता

हिन्दी के विकास से सम्बन्धित संस्थाएँ

संस्था का नाम	स्थापना वर्ष
फोर्ट विलियम कॉलेज कलकत्ता, (पश्चिम बंगाल)	1800 ई.
हिन्दी उद्धारिणी प्रतिनिधि मध्य सभा प्रयाग, (उत्तर प्रदेश)	1884 ई.
नागरी प्रचारिणी सभा काशी, (उत्तर प्रदेश)	1893 ई.
हिन्दी साहित्य सम्मेलन प्रयाग, (उत्तर प्रदेश)	1910 ई.
दक्षिण भारत हिन्दी प्रचार संस्था मद्रास, (चेन्नई)	1915 ई.
अखिल भारतीय संगीत परिषद् बम्बई, (महाराष्ट्र)	1919 ई.
गुजरात विद्यापीठ अहमदाबाद, (गुजरात)	1920 ई.
हिन्दी विद्यापीठ देवघर, (झारखण्ड)	1929 ई.
नागरी लिपि सुधार समिति (गाँधीजी की अध्यक्षता में) इन्दौर, (मध्य प्रदेश)	1935 ई.
प्रगतिशील लेखक संघ लखनऊ, (उत्तर प्रदेश)	1936 ई.
राष्ट्रभाषा प्रचार समिति वर्धा, (महाराष्ट्र)	1936 ई.
असम राष्ट्रभाषा प्रचार समिति गुवाहाटी, (असम)	1938 ई.
बम्बई हिन्दी विद्यापीठ बम्बई, (महाराष्ट्र)	1938 ई.
इण्डियन पीपुल्स थियेटर एसोसिएशन बम्बई, (महाराष्ट्र)	1942 ई.
राष्ट्रभाषा परिषद् पुणे, (महाराष्ट्र)	1945 ई.
देवनागरी लिपि सुधार समिति (उत्तर प्रदेश)	1947 ई.
बिहार राष्ट्रभाषा परिषद् पटना, (बिहार)	1951 ई.
हिन्दी साहित्य अकादमी (नई दिल्ली)	1953 ई.
संगीत नाटक अकादमी (नई दिल्ली)	1953 ई.
नेशनल बुक ट्रस्ट (नई दिल्ली)	1957 ई.
राष्ट्रीय नाट्य विद्यालय (नई दिल्ली)	1959 ई.
नागरी लिपि परिषद् (नई दिल्ली)	1975 ई.
महात्मा गाँधी अन्तर्राष्ट्रीय हिन्दी विश्वविद्यालय वर्धा, (महाराष्ट्र)	1997 ई.

राजभाषा के रूप में हिन्दी का विकास

राजभाषा के रूप में हिन्दी का विकास निम्नलिखित रूप से हुआ है

- जिस भाषा में शासन का कामकाज सम्पादित होता है, उसे राजभाषा कहते हैं। अशोक के समय में पालि, मुगल काल में फारसी तथा ब्रिटिश काल में अंग्रेज़ी राजभाषा के पद पर सुशोभित थीं।
- पं. मदनमोहन मालवीय के सतत प्रयत्नों से वर्ष 1901 में संयुक्त प्रान्त की कचहरी की भाषा के रूप में हिन्दी को उर्दू के समान अधिकार मिला।
- भारतवर्ष के लिए हिन्दी भाषा का नाम सबसे पहले पं. मदनमोहन मालवीय ने सुझाया।
- संविधान सभा में हिन्दी को राजभाषा बनाने का प्रस्ताव गोपाल स्वामी आयंगर ने प्रस्तुत किया। भारतीय संविधान में हिन्दी को 14 सितम्बर, 1949 को मान्यता प्रदान की गई।
- संविधान के अनुच्छेद 343 के अनुसार, संघ की राजभाषा हिन्दी और लिपि देवनागरी है। संविधान के अनुच्छेद 344 में राजभाषा सम्बन्धी आयोग और संसद की समिति का उल्लेख है।
- संविधान के अनुच्छेद 344(1) के अनुसार, राष्ट्रपति ने 7 जून, 1955 को राजभाषा आयोग के गठन का आदेश जारी किया।
- संविधान के अनुच्छेद 344(4) के अनुसार, राजभाषा आयोग की सिफारिशों की जाँच के लिए एक समिति गठित की गई, जिसमें लोकसभा के 20 तथा राज्यसभा के 10, इस प्रकार कुल 30 सदस्य थे।
- राजभाषा आयोग के प्रथम अध्यक्ष बाल गंगाधर खेर थे। आयोग की प्रथम बैठक 15 जुलाई, 1955 को हुई थी।
- संविधान का अनुच्छेद 345 राज्य में प्रयुक्त होने वाली भाषाओं में किसी एक या अनेक या हिन्दी को शासकीय प्रयोजनों के लिए अंगीकृत करने से सम्बन्धित है।
- संविधान के अनुच्छेद 346 के अनुसार, एक राज्य तथा दूसरे राज्य के मध्य तथा राज्य व संघ के मध्य संचार की भाषा वही होगी, जो उस समय संघ की राजभाषा होगी।
- संविधान के अनुच्छेद 347 में किसी राज्य की जनसंख्या के किसी भाग द्वारा बोली जाने वाली भाषा के सम्बन्ध में विशेष उपबन्ध उल्लिखित हैं।
- संविधान के अनुच्छेद 348 में उच्चतम न्यायालय, उच्च न्यायालयों में और अधिनियमों, विधेयकों आदि के लिए प्रयोग की जाने वाली भाषा का उल्लेख है।
- संविधान के अनुच्छेद 349 में भाषा सम्बन्धी विधियों को अधिनियमित करने के लिए विशेष प्रक्रिया का उल्लेख हुआ है।
- संविधान के अनुच्छेद 350 में शिकायतों को दूर करने के लिए अभ्यावेदन में प्रयोग की जाने वाली भाषा का उल्लेख हुआ है।
- संविधान के अनुच्छेद 350(क) में प्राथमिक स्तर पर मातृभाषा में शिक्षा की सुविधाओं का उल्लेख हुआ है।
- संविधान के अनुच्छेद 350(ख) में भाषायी अल्पसंख्यक वर्गों के लिए राष्ट्रपति द्वारा विशेष अधिकारी की नियुक्ति का उल्लेख हुआ है।
- संविधान की अष्टम सूची [अनुच्छेद 344 (1) और 351] में 22 भाषाएँ सम्मिलित हैं।

अष्टम सूची में सम्मिलित 22 भाषाएँ

- आरम्भ में 14 भाषाओं को इस सूची में सम्मिलित किया गया, जो निम्न हैं (1) असमिया (2) बांग्ला (3) गुजराती (4) हिन्दी (5) कन्नड़ (6) कश्मीरी (7) मलयालम (8) मराठी (9) उड़िया (10) पंजाबी (11) संस्कृत (12) तमिल (13) तेलुगू (14) उर्दू।
- **21वें संशोधन** के अन्तर्गत वर्ष 1967 में सिन्धी भाषा (15) को शामिल किया गया।

71वें संशोधन के अन्तर्गत वर्ष 1992 में कोंकणी (16), मणिपुरी (17), नेपाली (18) भाषाओं को शामिल किया गया।

92वें संशोधन के अन्तर्गत वर्ष 2003 में बोडो (19), डोगरी (20), मैथिली (21), संथाली (22) भाषाओं को शामिल किया गया।

- संविधान के **अनुच्छेद 351** में हिन्दी भाषा के विकास के लिए निर्देशों का उल्लेख है।

- भारत की राजभाषा हिन्दी एवं अंग्रेज़ी दोनों हैं, क्योंकि संविधान के अनुच्छेद 120 की धारा 1 भाग 17 के अनुसार अनुच्छेद 348 के उपबन्धों के अधीन संसद का कार्य हिन्दी या अंग्रेज़ी में किया जाता है। संविधान में आश्वासन दिया गया था कि वर्ष 1965 से सारा कामकाज हिन्दी में होगा, परन्तु सरकारी नीतियों के कारण ऐसा न हो सका। वर्ष 1963 और वर्ष 1967 में राजभाषा अधिनियम द्वारा हिन्दी के साथ ही अंग्रेज़ी को सदा के लिए राजभाषा बना दिया गया।

सम्पर्क भाषा

डॉ. भोलानाथ तिवारी के अनुसार सम्पर्क भाषा वह भाषा है, जो हमें अन्य लोगों के सम्पर्क में लाए। वर्तमान में अंग्रेजी सम्पर्क भाषा का काम कर रही है, क्योंकि यदि हमें तमिल भाषा-भाषी व्यक्ति से सम्पर्क साधना है तो तमिल आनी चाहिए अन्यथा अंग्रेजी। हर जाति या देश की एक सम्पर्क भाषा होनी चाहिए एक ऐसी भाषा जो उस देश में कहीं भी चले जाने पर काम आए अर्थात् जिसका व्यवहार देशव्यापी हो। हिन्दी भारत में काफी लम्बे अरसे से सम्पर्क भाषा रही है।

दक्षिण से आकर मध्वाचार्य, बल्लभाचार्य, निम्बार्काचार्य और अन्य आचार्य सारे भारत में इसी भाषा के माध्यम से अपने धार्मिक विचारों का प्रचार करते रहे।

संचार माध्यम एवं हिन्दी

- रॉबर्ट एण्डरसन के अनुसार, वाणी, लेखन या संकेतों द्वारा विचारों अभिमतों या सूचना का विविध विनिमय करना संचार कहलाता है। संचार एक अर्थपूर्ण सन्देश है जिसमें एक व्यक्ति दूसरे व्यक्ति से सूचना का आदान-प्रदान करता है।
- संचार से सूचनाओं का आदान-प्रदान होने के साथ-साथ हमारा जनसम्पर्क बढ़ता है। हम एक-दूसरे को प्रभावित करते हैं, सूचनाएँ अधिक होने पर व्यक्ति अत्यधिक ज्ञानवान व शक्तिशाली होता है और वह ज्यादा-से-ज्यादा उच्च प्रस्थिति प्राप्त करता है। संचार के माध्यम हैं—रेडियो, टीवी, इन्टरनेट, फैक्स, समाचार-पत्र, पुस्तकें, पत्रिकाएँ, पोस्टर, पम्पलेट, वीडियो-ऑडियो, कैसेट, डीवीडी, सीडी उपग्रह संचार आदि।
- इन्टरनेट का उपयोग आज प्रायः जीवन के प्रत्येक क्षेत्र में हो रहा है। इस तकनीक का व्यापक उपयोग इलेक्ट्रॉनिक मेल के रूप में होता है। कम्प्यूटरों पर सन्देश टाइप करके इसे भेजने का काम, इसके द्वारा ही सम्पन्न होता है। इन्टरनेट सेवा का सर्वाधिक लाभ व्यापारियों, उद्यमियों, चिकित्सकों, शिक्षकों तथा वैज्ञानिक संस्थाओं को हुआ है। उद्यमियों और व्यापारियों को घर बैठे ही अन्तर्राष्ट्रीय बाजार का रुख पता चल जाता है।
- संचार के क्षेत्र में अत्याधुनिक संचार प्रणालियों का प्रयोग होने लगा है। सूचना प्रौद्योगिकी के प्रयोग से सूचना और सन्देश कम समय में अत्यधिक लोगों तक पहुँचाए जा सकते हैं। आधुनिक संचार प्रणाली की उपयोगिता सरकारी प्रशासन से लेकर कम्पनी प्रबन्धन, विपणन, बैंकिंग, बीमा, शिक्षा, घरेलू आँकड़ों के प्रोसेसिंग आदि तक फैली हुई है।
- आज भारत अन्तरिक्ष विज्ञान तथा उपग्रह संचार के क्षेत्र में नई उपलब्धियाँ हासिल करते हुए आत्मनिर्भरता की ओर बढ़ रहा है। इनसेट उपग्रहों की शृंखला भारत के लिए मील का पत्थर साबित हुई है। इसने देश में आधुनिकतम सूचना प्रौद्योगिकी का विकास करने में मदद पहुँचाई है।

भाषा व बोली में अन्तर

भाषा वैज्ञानिक दृष्टि से इनमें कोई अन्तर नहीं माना जाता है। समय व परिस्थिति के अनुसार भाषा बोली व बोली भाषा में परिवर्तित हो सकती है। फिर भी व्यावहारिक दृष्टि से इनमें कुछ अन्तर इस प्रकार हैं

- भाषा का क्षेत्र बोली की तुलना में अधिक विस्तृत होता है; जैसे—हिन्दी भाषा हिन्दी क्षेत्रों में फैली है, जबकि खड़ी बोली केवल पश्चिमी उत्तर प्रदेश में ही व्याप्त है।
- भाषा के अन्तर्गत एक से अधिक बोलियों का समावेश होता है, परन्तु एक से अधिक भाषाओं से अपना सम्बन्ध सिद्ध नहीं कर सकती।
- एक भाषा की बोलियों के बीच बोधगम्यता होती है, परन्तु दो भाषाओं के बीच यह सम्भव नहीं।
- भाषा को प्रभावित करने वाले अनेक कारक होते हैं। राजनीतिक कारणों से खड़ी बोली आधारित भाषा रूप को भाषा का दर्जा मिला, तो साहित्यिक कारणों से एक समय ब्रज और अवधी सिरमौर रही।
- भाषा अपने सम्बद्ध भौगोलिक क्षेत्र में शिक्षा का माध्यम होती है; जैसे—तमिल भाषा केवल तमिलनाडु में ही प्रचलित है। बोली शिक्षा का माध्यम नहीं हो सकती।
- भाषा से ही बोली का निर्माण होता है, बोली से भाषा नहीं बनती।
- बोली में परिवर्तन सम्भव है, परन्तु भाषा में यह सम्भव नहीं समाज भाषा के परम्परागत, व्याकरणबद्ध, प्राचीन रूप को सुरक्षित रखना चाहता है। विभिन्न भाषाओं के व्याकरण भी इसी दृष्टि से तैयार किए जाते हैं।
- भाषा का प्रयोग राष्ट्रीय एवं अन्तर्राष्ट्रीय स्तर पर सम्भव है, परन्तु बोली का नहीं। अंग्रेजी भाषा का प्रयोग अन्तर्राष्ट्रीय स्तर पर होता है, परन्तु बोली का प्रयोग केवल स्थानीय स्तर पर ही सम्भव है।
- साहित्य की रचना प्रायः भाषा में ही होती है। मध्यकाल में ब्रजभाषा व अवधी भाषा में साहित्य रचा गया। बोली में साहित्य की रचना बहुत कम होती है। लोक साहित्य की रचना ही बोली में होती है।
- भाषा का प्रयोग औपचारिक सन्दर्भों में होता है, जबकि बोली अनौपचारिक सन्दर्भों में।

अभ्यास प्रश्न

1. निम्न भाषाओं के कालक्रम के अनुसार कौन-सा सही है?
(a) संस्कृत, पालि, प्राकृत, अपभ्रंश
(b) पालि, संस्कृत, अपभ्रंश, प्राकृत
(c) अपभ्रंश, पालि, प्राकृत, संस्कृत
(d) अपभ्रंश, पालि, प्राकृत, संस्कृत

2. दक्षिण भारत की भाषाएँ किस परिवार की हैं?
(a) द्रविड़ परिवार (b) आर्य परिवार
(c) 1 और 2 दोनों (d) इनमें से कोई नहीं

3. हिन्दी भाषा की उत्पत्ति हुई है
(a) वैदिक संस्कृत (b) लौकिक संस्कृत
(c) शौरसेनी अपभ्रंश (d) प्राकृत

4. अपभ्रंश भाषा का काल इनमें से क्या है?
(a) 1500 ई. पू. से 500 ई. पू. (b) 500 ई. पू. से 1 ई. पू.
(c) 500 ई. पू. से 1000 ई. (d) 1000 ई. पू. से 1500 ई.

5. ऋग्वेद में किस भाषा का प्रयोग हुआ है?
(a) पालि (b) वैदिक संस्कृत
(c) अवहट्ठ (d) प्राकृत

6. इनमें से कौन-सा नाम अपभ्रंश के लिए प्रयुक्त नहीं होता?
(a) अवहट्ट (b) अवहत्थ
(c) देशभाषा (d) डिंगल

7. इनमें से कौन-सी भाषा वियोगात्मक भाषा है?
(a) संस्कृत (b) प्राकृत (c) अपभ्रंश (d) पालि

8. हिन्दी भाषा का प्रारम्भ कब से माना जाता है?
(a) 1500 ई. (b) 500 ई. (c) 1800 ई. (d) 1000 ई.

9. अपभ्रंश के भेद नागर, उपनागर व ब्राचड़ किसने दिए हैं?
(a) हेमचन्द्र (b) विद्यापति (c) लक्ष्मीधर (d) मार्कण्डेय

10. विभाषा का क्षेत्र किसकी अपेक्षा विस्तृत होता है?
(a) भाषा (b) बोली (c) उपभाषा (d) राजभाषा

11. विभाषा कहाँ प्रचलित होती है?
(a) एक प्रान्त में (b) उपप्रान्त में
(c) 'a' तथा 'b' दोनों (d) इनमें से कोई नहीं

12. हिन्दी की कितनी विभाषाएँ हैं?
(a) दो (b) चार (c) कई (d) तीन

13. बोली का विकास किसमें होता है?
(a) भाषा में (b) मानक भाषा में
(c) राजभाषा में (d) विभाषा में

14. कौन-सी भाषा, विभाषा होते हुए भी राष्ट्रभाषा के पद पर स्थापित है?
(a) बंगाली (b) पंजाबी (c) खड़ी बोली (d) राजस्थानी

15. पालि किस धर्म की भाषा है?
(a) वैदिक धर्म (b) बौद्ध धर्म
(c) जैन धर्म (d) सिक्ख धर्म

16. 'रामचरितमानस' किस भाषा में लिखी गई?
(a) ब्रज (b) भोजपुरी (c) अवधी (d) मागधी

17. अपभ्रंश की उत्तरकालीन अवस्था का नाम है
(a) पालि (b) प्राकृत (c) संस्कृत (d) अवहट्ठ

18. अपभ्रंश और पुरानी हिन्दी के मध्य का समय कहा जाता है
(a) उत्कर्ष काल (b) अवसान काल
(c) संक्रान्ति काल (d) प्राकृत काल

19. शौरसेनी अपभ्रंश से उत्पन्न भाषाएँ हैं
(a) ब्रजभाषा, अवधी, कुमाऊँनी और गढ़वाली
(b) पश्चिमी हिन्दी, राजस्थानी और गुजराती
(c) बिहारी, बांग्ला, उड़िया और असमिया
(d) लँहदा, पंजाबी, गुजराती और मराठी

20. बिहारी, बांग्ला, उड़िया और असमिया भाषाओं का उद्भव किस अपभ्रंश से हुआ है?
(a) मागधी (b) अर्द्धमागधी
(c) पैशाची (d) शौरसेनी

21. अर्द्धमागधी अपभ्रंश से किसका विकास हुआ है?
(a) पश्चिमी हिन्दी (b) पूर्वी हिन्दी
(c) मराठी (d) गुजराती

22. सुमेलित कीजिए।

सूची I		सूची II	
A.	शौरसेनी	1.	पूर्वी हिन्दी
B.	पैशाची	2.	असमिया
C.	मागधी	3.	लँहदा
D.	अर्द्धमागधी	4.	राजस्थानी
		5.	सिन्धी

कूट

	A	B	C	D		A	B	C	D
(a)	1	2	3	4	(b)	4	3	2	1
(c)	5	1	4	2	(d)	2	4	1	3

23. अपभ्रंश जब साहित्यिक भाषा थी, उस समय बोलचाल की भाषा कौन-सी थी?
(a) अवहट्ठ (b) पालि (c) देशभाषा (d) हिन्दी

24. निम्न भाषाओं को उनके प्रदेश से सुमेलित कीजिए

भाषा		प्रदेश	
A.	शौरसेनी अपभ्रंश	1.	मध्यदेश
B.	मागधी अपभ्रंश	2.	कश्मीर
C.	महाराष्ट्री अपभ्रंश	3.	बिहार
D.	पैशाची अपभ्रंश	4.	महाराष्ट्र

कूट

	A	B	C	D		A	B	C	D
(a)	4	3	2	1	(b)	2	3	4	1
(c)	1	3	4	2	(d)	2	4	1	3

25. पहाड़ी भाषा का विकास किस अपभ्रंश से हुआ है?
(a) मागधी (b) अर्द्धमागधी
(c) ब्राचड़ (d) खस

26. निम्नलिखित में से किस बोली में कृष्ण काव्य और रीतिकालीन साहित्य का सृजन हुआ?
(a) अवधी (b) भोजपुरी
(c) ब्रजभाषा (d) कौरवी

27. राजा लक्ष्मण सिंह हिन्दी के पक्षधर थे
(a) उर्दू मिश्रित हिन्दी (b) संस्कृतनिष्ठ हिन्दी
(c) हिन्दुस्तानी (d) ब्रजभाषा

28. हिन्दी के अन्तर्गत कुल कितनी बोलियाँ हैं?
(a) दस (b) पाँच (c) सत्रह (d) पन्द्रह

29. इनमें से कौन पश्चिमी हिन्दी की बोली नहीं है?
(a) मगही (b) बुन्देली
(c) बांगरू (d) खड़ी बोली

30. इनमें से कौन-सी बोली बिहारी हिन्दी की नहीं हैं?
(a) मारवाड़ी (b) मगही
(c) भोजपुरी (d) मैथिली

31. लखनऊ-बाराबंकी किस बोली के क्षेत्र में आते हैं?
(a) कन्नौजी (b) बैसवाड़ी
(c) अवधी (d) बुन्देली

32. मेरठ, सहारनपुर, बिजनौर किस बोली के क्षेत्र में आते हैं?
(a) खड़ी बोली (b) ब्रजभाषा
(c) कन्नौजी (d) अवधी

33. अवधी के प्रथम हिन्दू कवि हैं
(a) भीमकवि (b) मधूसूदन
(c) तुलसीदास (d) जायसी

34. 'हिन्दी भाषा का उद्‌गम व विकास' पुस्तक के लेखक हैं
(a) भोलानाथ तिवारी (b) देवेन्द्र कुमार शर्मा
(c) डॉ. नामवर सिंह (d) डॉ. उदयनारायण तिवारी

35. बघेली बोली का केन्द्र कहाँ माना जा सकता है?
(a) रीवा (b) रायपुर (c) भोपाल (d) इन्दौर

36. इनमें से ब्रजभाषा किस नगर की बोली नहीं है?
(a) मथुरा (b) आगरा (c) इटावा (d) हाथरस

37. इन्दौर-उज्जैन की बोली को क्या नाम दिया गया है?
(a) मारवाड़ी (b) मालवी (c) बघेली (d) छत्तीसगढ़ी

38. नैनीताल के आसपास बोली जाने वाली बोली का नाम क्या है?
(a) गढ़वाली (b) नेपाली
(c) कुमाऊँनी (d) लहँदा

39. भाषा वैज्ञानिक दृष्टि से हिन्दी के अन्तर्गत कितनी उपभाषाएँ एवं बोलियाँ मानी गई हैं?
(a) दो उपभाषाएँ-आठ बोलियाँ (b) पाँच उपभाषाएँ-सत्रह बोलियाँ
(c) एक उपभाषा पाँच बोलियाँ (d) उपरोक्त में से कोई नहीं

40. सिन्धी भाषा का विकास किस अपभ्रंश से हुआ?
(a) ब्राचड़ (b) पैशाची (c) शौरसेनी (d) मागधी

41. इनमें से असत्य कथन छाँटिए
(a) छत्तीसगढ़ी-बिलासपुर, रायपुर, दुर्ग की बोली है।
(b) विद्यापति भोजपुरी के कवि हैं।
(c) हरियाणवी का एक नाम बांगरू है।
(d) बघेली का क्षेत्र झाँसी-ललितपुर है।

42. इनमें से कौन-सा जिला ब्रजभाषा क्षेत्र में नहीं आता?
(a) अलीगढ़ (b) गाजियाबाद
(c) मथुरा (d) भरतपुर

43. मानक हिन्दी का मूल आधार कौन-सी बोली है ?
(a) ब्रजभाषा (b) खड़ी बोली
(c) उर्दू (d) हिन्दुस्तानी

44. कौरवी का अन्य नाम है
(a) हरियाणवी (b) ब्रजभाषा
(c) बुन्देली (d) खड़ी बोली

45. ढूँढाणी बोली का दूसरा नाम जो अधिक प्रचलित है, क्या है ?
(a) जयपुरी (b) मालवी (c) मेवाती (d) मारवाड़ी

46. ब्रजभाषा कहाँ बोली जाती है?
(a) इलाहाबाद (b) ओरछा एवं झाँसी
(c) मथुरा-वृन्दावन (d) बनारस

47. 'फर्रुखाबाद' में बोली जाने वाली बोली का नाम इनमें से क्या है?
(a) ब्रजभाषा (b) अवधी
(c) बुन्देली (d) कन्नौजी

48. कौन-सा क्षेत्र छत्तीसगढ़ी बोली का नहीं है?
(a) बिलासपुर (b) नन्दगाँव
(c) कांकेर (d) ललितपुर

49. खड़ी बोली का सर्वाधिक उपयुक्त प्राचीन नाम है
(a) रेख्ता (b) हिन्दवी (c) कौरवी (d) देहलवी

50. 'ढूँढाणी' राजस्थान के किस क्षेत्र में प्रचलित है?
(a) कोटा-बूँदी (b) अलवर-भरतपुर
(c) जयपुर-सवाई माधोपुर (d) जोधपुर-बीकानेर

51. पश्चिम से पूर्व की ओर जाते समय भाषाओं का सही क्रम है
(a) पंजाबी, कौरवी, अवधी, भोजपुरी
(b) भोजपुरी, अवधी, कौरवी, पंजाबी
(c) कौरवी, पंजाबी, अवधी, भोजपुरी
(d) कौरवी, भोजपुरी, अवधी, पंजाबी

52. मागधी अपभ्रंश से किस भाषा का विकास नहीं हुआ है?
(a) बिहारी (b) बंग्ला (c) असमिया (d) गुजराती

53. अपभ्रंश किस वर्ग प्रधान की भाषा है?
(a) क वर्ग (b) ट वर्ग (c) त वर्ग (d) प वर्ग

54. खड़ी बोली कहाँ बोली जाती है?
(a) झाँसी (b) कानपुर
(c) मेरठ (d) अलीगढ़

55. खड़ी बोली के लिए सुनीति कुमार चटर्जी ने किस शब्द का प्रयोग किया है?
(a) जनपदीय हिन्दुस्तानी (b) वर्नाक्युलर हिन्दुस्तानी
(c) कौरवी (d) रेख्ता

56. पश्चिमी हिन्दी की बोलियों की संख्या है
(a) दो (b) तीन (c) चार (d) पाँच

57. पूर्वी हिन्दी की बोलियाँ हैं
(a) अवधी, बघेली एवं छत्तीसगढ़ी
(b) ब्रज, अवधी और कन्नौजी
(c) भोजपुरी, बघेली, छत्तीसगढ़ी
(d) मैथिली, ब्रज और कन्नौजी

58. भोजपुरी, मगही और मैथिली बोलियाँ किससे सम्बन्धित हैं?
(a) पश्चिमी हिन्दी (b) पूर्वी हिन्दी
(c) बिहारी हिन्दी (d) राजस्थानी हिन्दी

59. निम्नलिखित बोलियों में से कौन-सी बोली उत्तर प्रदेश में नहीं बोली जाती है?
(a) अवधी (b) ब्रज (c) खड़ी बोली (d) मैथिली

60. इनमें से कौन-सा मेल उचित नहीं है?
(a) ब्रजभाषा-खड़ी बोली (b) अवधी-बघेली
(c) मारवाड़ी-छत्तीसगढ़ी (d) भोजपुरी-मैथिली

61. निम्नलिखित बोलियों का उत्तर से दक्षिण क्रम संयोजित करें
(a) मालवी, बांगरु, बुन्देली, मैथिली
(b) बांगरु, बुन्देली, मालवी, मैथिली
(c) मैथिली, मालवी, बुन्देली, बांगरु
(d) बुन्देली, मैथिली, बांगरु, मालवी

62. इनमें से कौन-सा मेल उचित नहीं है?
(a) मैथिली-बिहारी हिन्दी (b) मारवाड़ी-राजस्थानी हिन्दी
(c) बुन्देली-पूर्वी हिन्दी (d) कन्नौजी-पश्चिमी हिन्दी

63. इनमें से पश्चिमी हिन्दी की बोली कौन-सी नहीं है?
(a) ब्रजभाषा (b) बघेली
(c) कन्नौजी (d) बुन्देली

64. इनमें से कौन-सी राजस्थान की बोली नहीं है?
(a) मारवाड़ी (b) बुन्देली
(c) मेवाती (d) मालवी

65. हिन्दी भाषा की बोलियों के वर्गीकरण के आधार पर छत्तीसगढ़ी बोली है
(a) पूर्वी हिन्दी (b) पश्चिमी हिन्दी
(c) पहाड़ी हिन्दी (d) राजस्थानी हिन्दी

66. निम्नलिखित में से खड़ी बोली का प्रयोग सबसे पहले किस पुस्तक में हुआ?
(a) भक्तिसागर (b) सुखसागर
(c) काव्यसागर (d) प्रेमसागर

67. खड़ी बोली गद्य के विकास को किसने आगे बढ़ाया?
1. मुंशी सदासुखलाल 2. लल्लूलाल
3. इंशाअल्ला खाँ 4. सदल मिश्र
कूट
(a) 1 और 2 (b) 3 और 4
(c) 1, 2 और 3 (d) 1, 3, 2 और 4

68. खड़ी बोली को हिन्दुस्तानी किसने कहा है?
(a) उदयनारा (b) सुनीति कुमार चटर्जी
(c) जार्ज ग्रियर्सन (d) रवीन्द्रनाथ श्रीवास्तव

69. निम्न बोलियों को क्षेत्र के अनुसार सुमेलित कीजिए

	बोली		क्षेत्र
A.	बुन्देली	1.	लखनऊ
B.	अवधी	2.	इटावा
C.	ब्रज	3.	झाँसी
D.	कन्नौजी	4.	आगरा

A B C D
(a) 3 1 4 2
(b) 2 3 4 1
(c) 1 4 3 2
(d) 4 2 3 1

70. रोहतक, हिसार, करनाल कौन-सी बोली का क्षेत्र है?
(a) खड़ी बोली (b) बांगरू
(c) बुन्देली (d) मारवाड़ी

71. मेवाती किस वर्ग की बोली है?
(a) बिहारी (b) पश्चिमी हिन्दी
(c) राजस्थानी (d) पहाड़ी

72. देवनागरी लिपि की उत्पत्ति किससे हुई?
(a) खरोष्ठी (b) ब्राह्मी (c) पैशाची (d) कैथी

73. देवनागरी लिपि इनमें से किस प्रकार की लिपि है?
(a) ध्वन्यात्मक (b) वर्णात्मक
(c) चित्रात्मक (d) कुटिल

74. अधिकतर भारतीय भाषाओं का विकास किस लिपि से हुआ?
(a) शारदा लिपि (b) खरोष्टी लिपि
(c) कुटिल लिपि (d) ब्राह्मी लिपि

75. देवनागरी का प्रयोग किस भाषा को लिखने में नहीं किया जाता है?
(a) मराठी (b) हिन्दी
(c) नेपाली (d) सिन्धी

76. इनमें से कौन-सी विशेषता देवनागरी लिपि में नहीं है?
(a) स्पष्टता (b) निश्चितता
(c) ध्वन्यात्मकता (d) नियतता

77. हिन्दी भाषा किस लिपि में लिखी जाती है?
(a) देवनागरी (b) गुरुमुखी
(c) ब्राह्मी (d) सौराष्ट्री

78. वर्धा की राष्ट्रभाषा प्रचार समिति की ओर से देवनागरी लिपि में जो सुधार हुआ, वह किस नाम से जाना जाता है?
(a) स्वर खड़ी (b) अनुस्वार
(c) विसर्ग लोप (d) स्वर लोप

79. फोर्ट विलियम कॉलेज की स्थापना कब हुई?
(a) 1801 ई. (b) 1810 ई.
(c) 1800 ई. (d) 1802 ई.

80. फोर्ट विलियम कॉलेज की स्थापना कहाँ हुई?
(a) लखनऊ (b) हैदराबाद
(c) दिल्ली (d) कोलकाता

81. विश्व में सर्वाधिक बोली जाने वाली विश्व की तीसरी सबसे बड़ी भाषा है
(a) अंग्रेजी (b) चीनी
(c) हिन्दी (d) फ्रेंच

82. हिन्दुस्तानी विभाग की स्थापना सर्वप्रथम कहाँ हुई?
(a) फोर्ट विलियम कॉलेज, कोलकाता
(b) हिन्दू कॉलेज
(c) नालन्दा विश्वविद्यालय
(d) उपरोक्त में से कोई नहीं

83. फोर्ट विलियम कॉलेज के प्राचार्य गिलक्राइस्ट ने हिन्दी को क्या नाम दिया?
(a) उर्दू (b) शहरी हिन्दी
(c) ग्रामीण हिन्दी (d) इनमें से कोई नहीं

84. 'हिन्दुस्तानी' नाम किसने दिया है?
(a) डच (b) फ्रेंच (c) पुर्तगाली (d) अंग्रेज़ी

85. डॉ. सुनीति कुमार चटर्जी के अनुसार हिन्दी का प्रयोग कब से शुरू हुआ?
(a) 15वीं शताब्दी (b) 16वीं शताब्दी
(c) 17वीं शताब्दी (d) 18वीं शताब्दी

86. हिन्दी के प्रचार-प्रसार में योगदान देने वाली संस्थाओं का काल क्रम निर्धारित करें।
1. नागरी प्रचारिणी सभा, काशी
2. राष्ट्रभाषा प्रचार समिति, वर्धा
3. राष्ट्रभाषा परिषद्, पुणे
4. बिहार राष्ट्रभाषा परिषद्, पटना
कूट
(a) 1, 2, 3, 4 (b) 3, 2, 4, 1
(c) 2, 4, 1, 3 (d) 4, 2, 1, 3

87. राजभाषा आयोग का गठन कब हुआ?
(a) 1950 ई. (b) 1955 ई.
(c) 1960 ई. (d) 1976 ई.

88. राजभाषा अधिनियम कब निर्मित हुआ?
(a) 1947 ई. (b) 1960 ई.
(c) 1976 ई. (d) 1990 ई.

89. कचहरियों में नागरी भाषा का प्रयोग कब से प्रारम्भ हुआ?
(a) 1850 ई. (b) 1900 ई.
(c) 1920 ई. (d) 1950 ई.

90. इनमें से किस राज्य की राजभाषा हिन्दी नहीं है?
(a) जम्मू-कश्मीर (b) उत्तरांचल
(c) छत्तीसगढ़ (d) झारखण्ड

91. नागरी प्रचारिणी सभा, काशी की स्थापना कब हुई थी?
(a) 1880 ई. (b) 1850 ई.
(c) 1893 ई. (d) 1920 ई.

92. व्यापक क्षेत्र में व्यवहत होने वाली बहुसंख्यक लोगों की भाषा को क्या कहा जाता है?
(a) राष्ट्रभाषा (b) राजभाषा
(c) सम्पर्क भाषा (d) मातृभाषा

93. राजभाषा आयोग का गठन संविधान की किस धारा के अन्तर्गत किया गया?
(a) धारा 343 (b) धारा 351
(c) धारा 344 (d) धारा 350

94. किस अनुच्छेद के अनुसार संसद का कार्य हिन्दी या अंग्रेजी में होगा?
(a) अनुच्छेद 120 (b) अनुच्छेद 125
(c) अनुच्छेद 130 (d) अनुच्छेद 131

95. किस अनुच्छेद के अनुसार प्रान्तों के राज्य विधानमण्डलों का कार्य राज्य की राजभाषा में या हिन्दी अथवा अंग्रेजी में होगा?
(a) अनुच्छेद 201 (b) अनुच्छेद 120
(c) अनुच्छेद 210 (d) अनुच्छेद 102

96. राजभाषा का प्रावधान संविधान के किस अनुच्छेद में है?
(a) 343-350 (b) 343-351
(c) 342-343 (d) उपरोक्त में से कोई नहीं

97. हिन्दी के अतिरिक्त भारत में सरकारी काम किस भाषा में होता है?
(a) उर्दू (b) बंगाली
(c) पंजाबी (d) अंग्रेजी

98. हिन्दी दिवस मनाया जाता है
(a) 15 सितम्बर (b) 14 सितम्बर
(c) 13 सितम्बर (d) 12 सितम्बर

99. राजभाषा आयोग का गठन निम्नलिखित किस अनुच्छेद के अन्तर्गत है?
(a) अनुच्छेद 344 (b) अनुच्छेद 345
(c) अनुच्छेद 346 (d) अनुच्छेद 347

100. संविधान द्वारा स्वीकृत सरकारी कामकाज की भाषा कहलाती है
(a) राजभाषा (b) राष्ट्रभाषा
(c) विदेशी भाषा (d) राज्यभाषा

101. संघ की राजभाषा के रूप में हिन्दी को लिपि के रूप में मान्यता किस अनुच्छेद के अन्तर्गत मिली?
(a) 342 (b) 343 (c) 345 (d) 347

102. भारतीय संविधान ने हिन्दी को कब मान्यता प्रदान की?
(a) 14 सितम्बर, 1948
(b) 14 सितम्बर, 1949
(c) 14 सितम्बर, 1950
(d) 12 सितम्बर, 1949

103. कौन-सा गुण राष्ट्रभाषा के लिए आवश्यक नहीं है?
(a) बहुसंख्यक लोगों की भाषा
(b) सरकारी कामकाज की भाषा
(c) व्यापक क्षेत्र में व्यवहृत
(d) विस्तृत शब्द भण्डार

104. आठवीं अनुसूची में कौन-सी भाषा नहीं है?
(a) बोडो (b) नेपाली
(c) भोजपुरी (d) उड़िया

105. किस संशोधन अधिनियम द्वारा वर्ष 2003 में चार भाषाएँ जोड़ी गईं?
(a) 90वाँ संशोधन अधिनियम (b) 91वाँ संशोधन अधिनियम
(c) 92वाँ संशोधन अधिनियम (d) 14वाँ संशोधन अधिनियम

106. 92वाँ संशोधन अधिनियम में कौन-सी भाषाएँ जोड़ी गईं?
(a) बोडो, सन्थाली, नेपाली, डोगरी
(b) बोडो, सन्थाली, उड़िया, डोगरी
(c) बोडो, सन्थाली, मैथिली, डोगरी
(d) बोडो, उड़िया, कन्नड, मैथिली

107. संविधान सभा में हिन्दी को राजभाषा बनाने का प्रस्ताव किसने रखा?
(a) गोपाल स्वामी आयंगर (b) सरदार वल्लभ भाई पटेल
(c) डॉ. भीमराव अम्बेडकर (d) पं. जवाहरलाल नेहरू

108. भारतीय भाषाओं को भारतीय संविधान की किस अनुसूची में शामिल किया गया है?
(a) सप्तम (b) अष्टम (c) नवम (d) दशम

109. संविधान के किस अनुच्छेद में कहा गया है कि संघ की राजभाषा हिन्दी और लिपि देवनागरी होगी?
(a) 343 (b) 344
(c) 345 (d) 346

110. इनमें से किसको संविधान की अष्टम अनुसूची में सम्मिलित नहीं किया गया?
(a) डोगरी (b) मैथिली
(c) ब्रज (d) असमिया

111. किसी सीमित क्षेत्र में बोली जाने वाली स्थानीय भाषा को कहते हैं
(a) राष्ट्रभाषा (b) राजभाषा
(c) बोली (d) उपभाषा

112. किस भाषा में साहित्य की रचना नहीं होती?
(a) राष्ट्रभाषा (b) उपभाषा
(c) राजभाषा (d) बोली

113. हिन्दी साहित्य सम्मेलन प्रयाग की स्थापना किस वर्ष हुई?
(a) 1910 ई. (b) 1915 ई. (c) 1918 ई. (d) 1920 ई.

114. निम्नलिखित विधि के क्रियारूपों को उनकी बोली के साथ सुमेलित करें

सूची I		सूची II	
A.	करो	1.	अपभ्रंश
B.	करहु	2.	भोजपुरी
C.	करौ	3.	अवधी
D.	करा	4.	बांगरु
		5.	ब्रज

कूट
A B C D
(a) 4 3 5 2
(b) 5 1 3 4
(c) 2 3 4 5
(d) 1 5 2 3

115. सुमेलित कीजिए

सूची I		सूची II	
A.	हड़ौती	1.	उत्तराखण्ड
B.	बघेली	2.	उत्तर प्रदेश
C.	गढ़वाली	3.	राजस्थान
D.	कन्नौजी	4.	मध्य प्रदेश
		5.	हरियाणा

कूट
A B C D
(a) 5 1 2 3
(b) 3 4 2 1
(c) 3 4 1 2
(d) 4 1 5 3

उत्तरमाला

1.	(a)	2.	(a)	3.	(c)	4.	(c)	5.	(b)	6.	(d)	7.	(c)	8.	(d)	9.	(d)	10.	(b)
11.	(c)	12.	(c)	13.	(d)	14.	(c)	15.	(b)	16.	(c)	17.	(d)	18.	(c)	19.	(b)	20.	(a)
21.	(b)	22.	(b)	23.	(a)	24.	(c)	25.	(d)	26.	(c)	27.	(b)	28.	(c)	29.	(a)	30.	(a)
31.	(c)	32.	(a)	33.	(a)	34.	(d)	35.	(a)	36.	(c)	37.	(b)	38.	(c)	39.	(a)	40.	(a)
41.	(b)	42.	(b)	43.	(b)	44.	(d)	45.	(a)	46.	(c)	47.	(d)	48.	(d)	49.	(c)	50.	(c)
51.	(a)	52.	(d)	53.	(b)	54.	(c)	55.	(a)	56.	(d)	57.	(a)	58.	(c)	59.	(d)	60.	(c)
61.	(b)	62.	(c)	63.	(b)	64.	(b)	65.	(a)	66.	(b)	67.	(d)	68.	(b)	69.	(a)	70.	(b)
71.	(c)	72.	(b)	73.	(b)	74.	(d)	75.	(d)	76.	(c)	77.	(a)	78.	(a)	79.	(c)	80.	(d)
81.	(c)	82.	(a)	83.	(c)	84.	(c)	85.	(c)	86.	(a)	87.	(b)	88.	(c)	89.	(b)	90.	(a)
91.	(c)	92.	(a)	93.	(c)	94.	(a)	95.	(c)	96.	(b)	97.	(d)	98.	(b)	99.	(a)	100.	(a)
101.	(b)	102.	(b)	103.	(b)	104.	(c)	105.	(c)	106.	(c)	107.	(a)	108.	(b)	109.	(a)	110.	(c)
111.	(c)	112.	(b)	113.	(a)	114.	(a)	115.	(c)										

अध्याय 06

प्रयोजन मूलक हिन्दी

(हिन्दी और आधुनिक जनसंचार माध्यम)

प्रयोजन मूलक हिन्दी

प्रयोजन मूलक शब्द 'प्रयोजन' के साथ 'मूलक' प्रत्यय जोड़ने से बना है। प्रयोजन का अर्थ है– उद्देश्य तथा मूलक का अर्थ है– आधारित। अत: प्रयोजन मूलक भाषा से तात्पर्य किसी विशिष्ट उददेश्य के अनुसार प्रयुक्त भाषा है। प्रयोजन मूलक हिन्दी से अभिप्रय हिन्दी के विज्ञान, तकनीकी, विधि, संचार एवं अन्य गतिविधियों में प्रयुक्त होने वाली हिन्दी से है।

राजभाषा के अतिरिक्त अन्य नए-नए व्यवहार क्षेत्रों में हिन्दी का प्रचार तथा प्रसार होता है जैसे-रेलवे, प्लेटफार्म, धार्मिक संस्थान, विज्ञान और तकनीकी शिक्षा आदि सभी क्षेत्रों में हिन्दी का व्यापक प्रयोग होता है। व्यवहार के अलग-अलग क्षेत्रों में अलक-अलग प्रयोजन से हिन्दी का प्रयोग किया जाता है। बैंक में हिन्दी के प्रयोग का प्रयोजन अलग है तो सरकारी कार्यालयों में हिन्दी के प्रयोग का प्रयोजन अलग है। हिन्दी के इस स्वरूप को ही प्रयोजन मूलक हिन्दी कहते हैं।

प्रयोजनमूलक हिन्दी की प्रमुख विशेषताएँ इस प्रकार हैं

1. वैज्ञानिकता
2. अनुप्रयुक्तता
3. वाच्यार्थ प्रधानता
4. सरलता और स्पष्टता

अत: प्रयोजन मूलक भाषा के रूप में हिन्दी एक समर्थ भाषा है। स्वतन्त्रता के बाद प्रयोजन मूलक भाषा के रूप में स्वीकृत होने के बाद हिन्दी में न केवल तकनीकी शब्दावली का विकास हुआ है, वरन विभिन्न भाषाओं के शब्दों को अपनी प्रकृति के अनुरूप ढाल लिया है।

संचार

मनुष्य के अस्तित्व में आने के साथ ही उसे संचार की आवश्यकता का अनुभव हो गया होगा, क्योंकि अभिव्यक्ति मनुष्य की मूलभूत आवश्यकता है। बातचीत या संचार प्रक्रिया अभिव्यक्ति का ही माध्यम है। सामाजिक प्राणी होने के नाते संचार करना मनुष्य की प्रकृति है।

प्रत्येक व्यक्ति कुछ समझना तथा समझाना चाहता है। इस प्रकार संदेशों को भेजना और ग्रहण करना एक अनिवार्य प्रक्रिया हो जाती है।

संचार के लिए अंग्रेज़ी में **कम्युनिकेशन** शब्द का प्रयोग किया जाता है। **कम्यून** (Commune) का अर्थ **बाँटना** (to share) होता है। इसकी उत्पत्ति मूलत: लैटिन भाषा के शब्द 'कम्युनिस' (Communis) से हुई है, जिसका अभिप्राय है—'मन के किसी विचार या भाव को दूसरे के साथ बाँटना'। निष्कर्षत: कहा जा सकता है कि *संचार अपने भावों एवं विचारों को दूसरों से बाँटने की महत्त्वपूर्ण एवं सार्थक प्रक्रिया है।*

अमेरिकन सोसाइटी ऑफ़ ट्रेनिंग डायरेक्टर्स के अनुसार, आपसी समझ, विश्वास एवं बेहतर मानवीय संबंधों को स्थापित करने के लिए सूचना तथा विचारों का आदान-प्रदान ही **संचार** है।

कोलंबिया एन्साइक्लोपीडिया ऑफ़ कम्युनिकेशन में दी गई परिभाषा के अनुसार, *एक व्यक्ति और दूसरे व्यक्ति के बीच अर्थपूर्ण संदेशों का प्रेषण ही संचार है।*

संचार के तत्त्व

संचार के अंतर्गत हम संदेशों को भेजते तथा प्राप्त करते हैं। इसे संचार की तकनीकी भाषा में संकेतीकरण या एनकोडिंग (Encoding) और संकेतवाचन या डिकोडिंग (Decoding) कहा जाता है। संचार की पूरी प्रक्रिया मूलत: इसी 'एनकोडिंग-डिकोडिंग' पर आधारित होती है।

संचार प्रक्रिया में आने वाले मुख्य तत्त्व हैं

- प्रेषक/स्रोत
- संदेश
- संचार माध्यम
- संकेतीकरण
- संकेतवाचन
- ग्राहक/प्राप्तकर्ता
- प्रतिक्रिया/प्रभाव/फीडबैक

संचार प्रक्रिया एक घुमावदार या चक्राकार प्रक्रिया है, जिसमें केवल संदेश भेजना एवं प्राप्त करना ही शामिल नहीं हैं, अपितु संदेश के प्राप्तकर्ता की प्रतिक्रिया को प्रेषक तक पहुँचाना भी अत्यंत महत्त्वपूर्ण है। इसे **फीडबैक** कहा जाता है। फीडबैक संचार प्रक्रिया को पूरा करने तथा आगे जारी रखने के लिए आवश्यक होता है। फीडबैक के कारण प्रेषक ही प्राप्तकर्ता तथा प्राप्तकर्ता ही प्रेषक बन जाता है।

संचार के विभिन्न स्तर या रूप

संचार के बहुत से रूप या स्तर हैं, जिनमें से कुछ प्रमुख निम्न प्रकार हैं

- **स्वगत संचार** संचार के इस रूप को व्यक्तिगत संचार भी कहा जाता है। अकेले बैठा हुआ व्यक्ति मन-ही-मन, कुछ-न-कुछ सोचता ही रहता है। उसके मन में तर्क-वितर्क या कोई-न-कोई बात चलती ही रहती है। इस आत्म-विश्लेषण को स्वगत संचार के अंतर्गत रखा जाता है।
- **परस्पर संचार** इसे अंतर्वैयक्तिक संचार कहते हैं। इसमें दो या दो से अधिक लोग आमने-सामने बैठकर बातचीत करते हैं। परस्पर बातचीत, गपशप, चर्चा, बैठक आदि इसके उदाहरण हैं।
- **माध्यम-संचार** यह मीडिया अर्थात् संचार माध्यमों की सहायता से किया जाता है। इसमें संदेश को भेजने वाला (प्रेषक) अपना संदेश किसी माध्यम का प्रयोग करते हुए देता है। संदेश को प्राप्त करने वाला (प्राप्तकर्ता) सामने मौजूद नहीं होता। इसमें टेलीफोन, मोबाइल, पेजर या अन्य संचार माध्यमों का प्रयोग करते हुए संपर्क किया जाता है।
- **वक्ता एवं श्रोता-समूह संचार** संचार के इस रूप के अंतर्गत एक व्यक्ति बोलता है तथा श्रोताओं के समूह को संबोधित करता है। शिक्षक कक्षा को इसी प्रकार संबोधित करता है। शिक्षक संदेश का प्रेषक तथा विद्यार्थी प्रापक होते हैं। मंच से किसी राजनेता अथवा सामाजिक कार्यकर्ता द्वारा किया गया संबोधन आदि इसके अन्य उदाहरण हैं।

जनसंचार

सामान्यतः लोग समूह संचार को जनसंचार मान लेते हैं, क्योंकि जनसमूह या भीड़ दोनों ही प्रकार के संचारों में होता है। वास्तव में, समूह संचार एवं जनसंचार में मुख्य भेद यही है कि जब संचार की प्रक्रिया दो-तीन या उससे कुछ अधिक संख्या में उपस्थित लोगों के बीच होती है, तो वह **समूह संचार** कहा जाता है, किंतु जब किसी यंत्र का प्रयोग करके बहुत बड़े मिश्रित जनसमूह को संबोधित किया जाता है, तब उसे **जनसंचार प्रौद्योगिकी** कहा जाता है। यह उपकरण के माध्यम से एक बहुत बड़े जनसमूह को संदेश भेजने की प्रणाली है। मुद्रण यंत्र के आविष्कार के साथ ही जनसंचार युग का प्रारंभ हो गया था। 20वीं सदी की शुरूआत में रेडियो, टेलीविजन, इलेक्ट्रॉनिक माध्यमों के प्रचलन के साथ ही जनसंचार सामाजिक शक्ति के रूप में प्रकट हुआ। 20वीं शताब्दी के अंतिम दशक तक उपग्रह प्रणाली, कंप्यूटर, इंटरनेट इत्यादि पर आधारित जनसंचार माध्यमों ने विश्व को सूचना क्रांति के युग में पहुँचा दिया।

जनसंचार को विभिन्न विद्वानों ने अपने-अपने ढंग से परिभाषित करने का प्रयास किया है। सामान्यतः जनसंचार का अर्थ किसी उद्देश्य के लिए विकसित संचार माध्यमों के उपयोग द्वारा विस्तृत आकार के विभिन्न प्रापकों तक सूचनाओं एवं विचारों को पहुँचाना है।

'जनसंचार' को **मास कम्युनिकेशन** भी कहते हैं। इसके द्वारा अनेक वर्गों, जातियों, समुदायों और विचारधाराओं के लोगों के साथ संचार या बातचीत की जा सकती है। इसके अंतर्गत मुद्रण माध्यम (समाचार-पत्र, पत्रिकाएँ, पुस्तकें, पोस्टर, पैंफलेट, लीफलेट आदि), श्रव्य एवं दृश्य-श्रव्य माध्यम (रेडियो, ऑडियो कैसेट, फ़िल्म, टेलीविजन, वीडियो कैसेट, सीडी और डीवीडी आदि) तथा नव इलेक्ट्रॉनिक माध्यम (उपग्रह एवं कंप्यूटर प्रणाली अर्थात् इंटरनेट से जुड़े माध्यम) आते हैं। आजकल तेज़ी से प्रचलन में आई सोशल नेटवर्किंग वेबसाइट्स, *जैसे*—फेसबुक, ट्वीटर आदि को भी जनसंचार के माध्यमों के अंतर्गत रखा जा सकता है।

जनसंचार की विशेषताएँ

- जनसंचार प्रक्रिया में विशाल क्षेत्र में बिखरे हुए प्रापकों तक शीघ्रता से संपर्क हो जाता है। बिखरे हुए प्रापकों से तात्पर्य यह है कि प्रापक एक स्थान पर सीमित नहीं होते, बल्कि दूर-दूर तक फैले होते हैं। उनकी पृष्ठभूमि भी अलग-अलग होती है।
- जनसंचार किसी एक व्यक्ति या व्यक्ति विशेष के लिए कार्य नहीं करता। जनसंचार द्वारा प्रेषित सूचना समस्त जनता के लिए सामान्य रूप से खुली होती है।
- जनसंचार की प्रक्रिया सुस्पष्ट होती है तथा उसका ढाँचा भी स्पष्ट होता है।
- प्रतिपुष्टि (Feedback) जनसंचार प्रक्रिया को प्रभावी बनाती है। जनसंचार माध्यम से मिली सूचनाओं पर प्रापक की क्या प्रतिक्रिया है और सूचनाओं पर उसका क्या प्रभाव पड़ता है, आदि की जानकारी प्रतिपुष्टि के द्वारा हो जाती है।
- जनसंचार में संदेश चूँकि मिश्रित जनसमूह को लक्ष्य करके भेजा जाता है, परंतु जनसमूह की स्थितियाँ एवं रुचियाँ विभिन्न प्रकार की होती हैं, अतः संचार की विषय-वस्तु का चुनाव एवं विवेचन करना अत्यंत कठिन कार्य है। इसी कारण जनसंचार की एक महत्त्वपूर्ण विशेषता यह भी है कि इसमें व्यक्ति उस संदेश का चयन करता है, जो उसकी मान्यताओं एवं विशेषताओं के अनुकूल होता है।
- जनसंचार के विकास ने भौगोलिक एवं समय की सीमाओं को तोड़ दिया है। जनसंचार के कारण ही आज ग्लोबल विलेज की परिकल्पना साकार हो रही है। जनसंचार एक प्रहरी अथवा द्वारपाल की भाँति सजग होकर समाज की प्रत्येक गतिविधि पर निगाह एवं निगरानी रखता है।

जनसंचार प्रक्रिया के संघटक

जनसंचार प्रक्रिया के संघटक या तत्त्व संचार की प्रक्रिया जैसे ही होते हैं। हमने संचार को पढ़ते हुए प्रेषक या संचारक, ग्राहक या प्रापक, संदेश, संचार माध्यम एवं प्रतिक्रिया या प्रभाव (प्रतिपुष्टि) के बारे में सामान्य जानकारी प्राप्त कर ली है। वास्तव में, ये ही जनसंचार के भी प्रमुख घटक हैं। चूँकि 'संचार' मूल इकाई की भाँति है, जिसके एक विशेष रूप या स्तर के तौर पर जनसंचार को देखा जाता है। इस कारण जनसंचार में भी संचार के मूल तत्त्व एवं विशेषताएँ सन्निहित होती हैं।

इस प्रकार जनसंचार प्रक्रिया के निम्नलिखित संघटक होते हैं

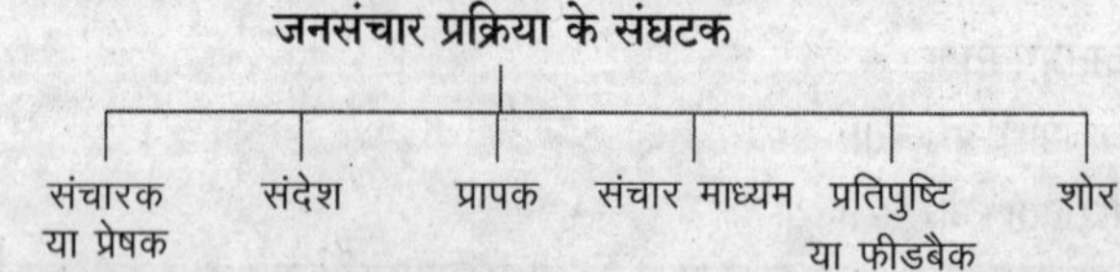

1. संचारक या प्रेषक

सूचना के संचार में संचारक की भूमिका मुख्य होती है। सूचना की प्रस्तुति एवं उसकी प्रभावशीलता संचारक या प्रेषक की प्रकृति पर निर्भर करती है। संचारक की प्रतिभा एवं साख जनसंचार की प्रभावशीलता में वृद्धि कर देते हैं। जनसंचार में प्रभावशीलता संवाद को अच्छी प्रकार से तैयार करने, प्रेषित करने, अच्छे लेखन एवं वाक् प्रस्तुति (बोलने) से आती है। जनसंचार माध्यमों की जटिलता के कारण संचारक अकेले कार्य न करके, सामूहिक प्रयास के द्वारा संचार माध्यम से संदेश संचारित करते हैं। उदाहरण के लिए समाचार-पत्र में सूचना के संचार में संपादक, सह-संपादक, रिपोर्टर, फोटोग्राफर, प्रिंटर इत्यादि अनेक लोगों का योगदान होता है। इस प्रकार जनसंचार में एक समय में एक से अधिक संचारक कार्य करते हैं।

2. संदेश

जनसंचार में संदेश एक मिश्रित जनसमूह के लिए होता है। इसलिए इसकी विषय-वस्तु का चयन एवं विवेचन सामान्य प्रापक को ध्यान में रखकर किया जाता है। संदेश के अंतर्गत संदेश की भाषा, अर्थ, संदर्भ, स्वरूप इत्यादि महत्त्वपूर्ण अवयव होते हैं। *संदेश का प्रभाव प्राय: दो रूपों में देखने को मिलता है*—**सकारात्मक एवं नकारात्मक**।

सकारात्मक संदेश से अभिप्राय उस संदेश से है, जो प्रापक को आकर्षित करता है, जबकि नकारात्मक संदेश प्रापक को आकर्षित नहीं करते और वे आलोचनात्मक भी होते हैं।

3. प्रापक

जनसंचार में प्रापक कई प्रकार के हो सकते हैं; *जैसे*—प्रापक, पाठक एवं द्रष्टा। ये सभी प्रापक समरूप न होकर सामाजिक वर्ग, संस्कृति, भाषा एवं रुचियों की दृष्टि से भिन्न-भिन्न होते हैं।

4. संचार माध्यम

संचार प्रक्रिया में संचार माध्यम का तात्पर्य ऐसी तकनीक अथवा उपकरण से है, जिसके द्वारा समान संदेश लगभग एक ही समय में बहुत-से व्यक्तियों तक पहुँचाया जा सके। जनसंचार माध्यम हमारे चारों ओर स्थित हैं। आज का युग उपग्रह तकनीक का युग है। इस युग में मनुष्य सूचनाओं, तथ्यों, आँकड़ों एवं विचारों के बिना प्रगति नहीं कर सकता। इस संदर्भ में जनसंचार माध्यम उपभोक्ता के लिए महत्त्वपूर्ण होते हैं।

वर्तमान युग में प्रेस या मुद्रण संचार माध्यम, इलेक्ट्रॉनिक सार्वजनिक माध्यम, चलचित्र तथा कंप्यूटर, इंटरनेट आदि जनसंचार के प्रमुख माध्यम हैं। जनसंचार माध्यम का संचालन व्यक्तिगत चयन से होता है। जनसंचार माध्यम से अभिप्राय यह नहीं है कि समाज का प्रत्येक व्यक्ति उससे जुड़ा रहे। उदाहरण के तौर पर समाचार-पत्र से केवल शिक्षित वर्ग ही जुड़ा रहता है। सभी पढ़े-लिखे व्यक्ति भी समाचार-पत्र का हमेशा समर्थन नहीं करते। उनकी रुचि टीवी, रेडियो या अन्य किसी जनसंचार माध्यम के लिए भी हो सकती है।

5. प्रतिपुष्टि या फीडबैक

जनसंचार में प्रतिपुष्टि की अपनी भूमिका है। इसमें फीडबैक धीमा एवं कमज़ोर या देर से मिलने वाला होता है। उदाहरणार्थ संपादक अपने समाचार-पत्र के प्रति लोगों की प्रतिक्रिया तुरंत नहीं जान पाता। टीवी तथा रेडियो द्वारा प्रसारित कार्यक्रम में प्रस्तुतकर्ता यह नहीं जान पाता कि दर्शकों ने कार्यक्रम पूरा देखा या बीच में ही छोड़ दिया। यद्यपि प्रापकों के पत्र समय-समय पर प्राप्त होते रहते हैं, लेकिन इनकी संख्या बहुत कम होती है। जनसंचार में फीडबैक समय-समय पर प्राप्त होता रहे, इसके लिए आवश्यक है कि समय-समय पर फीडबैक सर्वे कराया जाए, अन्यथा तो फीडबैक के अभाव में मीडिया बेअसर साबित होता जाता है।

6. शोर या विघ्न

जनसंचार में शोर या विघ्न की संभावना सर्वाधिक होती है। यह माध्यम में ही नहीं बल्कि जनसंचार प्रक्रिया के किसी भी बिंदु पर प्रविष्ट हो सकता है। उदाहरण के लिए, टीवी एवं रेडियो में विद्युत संबंधी गड़बड़ियाँ, घटिया मुद्रण, फ़िल्मों के घिसे-पिटे प्रिंट, बाहरी शोर इत्यादि। इनके कारण संदेश प्रदूषित होता है और प्रापक तक सही रूप में नहीं पहुँच पाता। अगर संदेश विकृत अवस्था में पहुँच भी जाए तो ग्राह्य नहीं होता, फलस्वरूप संचार विफल हो जाता है।

जनसंचार के माध्यम

जनसंचार का प्रवाह अत्यंत व्यापक एवं असीमित होता है। जनसंचार माध्यमों की महत्ता को दर्शाते हुए 'मार्शल मैक्लहॉन' ने लिखा है कि माध्यम ही संदेश है (Medium is the Message)। माध्यम का अर्थ मध्यस्थता करने वाला होता है। माध्यम को दो बिंदुओं को जोड़ने वाले साधन के रूप में देखा जा सकता है।

इसका अंग्रेज़ी पर्याय Media है। संचार माध्यम के द्वारा संप्रेषक एवं श्रोता के बीच सूचनाओं का परस्पर आदान-प्रदान होता है। *संचार माध्यमों के कुछ विशिष्ट उद्देश्य होते हैं; जैसे*—

- सूचना संग्रहण
- सूचना विश्लेषण
- सामाजिक मूल्यों एवं ज्ञान का संचरण
- सूचना-प्रसार
- मनोरंजन

जनसंचार माध्यमों को दो प्रमुख वर्गों में बाँटा जा सकता है

1. परंपरागत माध्यम
2. आधुनिक एवं विशिष्ट माध्यम

1. परंपरागत माध्यम

परंपरागत माध्यमों को 'लोक माध्यम' भी कहा जाता है। इसके अंतर्गत वार्ता, कथाएँ, मेले, उत्सव एवं पर्व, लोकगीत, लोकनाट्य (रासलीला, रामलीला, कठपुतली, तमाशा, नौटंकी आदि), शिलालेख, लोककलाएँ, मूर्तिकला (अजंता, एलोरा), वास्तुकला, ललित कलाएँ, विशेष संदेश प्रेषक पक्षी (कबूतर) आदि आते हैं। ये माध्यम लोकसंचार अथवा जनसंचार के माध्यम के रूप में प्रयुक्त एवं पीढ़ी-दर-पीढ़ी विकसित होते रहे हैं। इन माध्यमों ने भारत की सामाजिक एवं सांस्कृतिक विरासत को संरक्षित कर उसे आगे बढ़ाने में अपना महत्त्वपूर्ण योगदान दिया है। समय परिवर्तन के साथ इनके स्वरूप एवं महत्त्व में परिवर्तन हुए हैं, परंतु इनकी प्रासंगिकता पूरी तरह समाप्त नहीं हुई है। इसका कारण यह भी है कि इसका सीधा जुड़ाव सामान्य जन-जीवन से है।

2. आधुनिक एवं विशिष्ट माध्यम

आधुनिक एवं विशिष्ट माध्यम की निम्नलिखित प्रणाली/माध्यम हैं

(i) डाक-तार प्रणाली

डाक-तार प्रणाली आधुनिक युग का सबसे पुराना संचार माध्यम है। भारतीय डाक-तार विभाग की स्थापना के पश्चात् पत्र रेल, डाकवाहन एवं हवाई जहाजों द्वारा दूसरे प्रदेशों एवं देशों तक भेजे जाने लगे, जो विशाल जनसमुदाय के लिए संबंध एवं सूचना बनाए रखने का माध्यम बने। वर्तमान समय में भी यह प्रणाली सुचारू रूप से कार्य कर रही है।

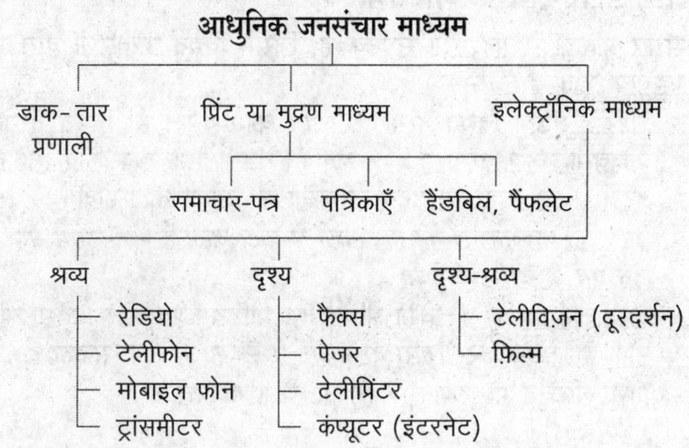

भारत में रेडियो सेवा एक दृष्टि में ...

प्रसारण उपलब्धता	*राष्ट्रीय*
मुख्यालय	*आकाशवाणी भवन, नई दिल्ली*
आदर्श वाक्य	*'बहुजन हिताय, बहुजन सुखाय'*
स्वामित्व	*प्रसार भारती*

सेवा का प्रकार	सरकारी
प्रसारण आरंभ होने की तिथि	1 अप्रैल, 1930 (इंडियन स्टेट ब्रॉडकास्टिंग सर्विस के रूप में)
ऑल इंडिया रेडियो की स्थापना	8 जून, 1936
विदेशी भाषा में प्रसारण की शुरूआत	1 अक्टूबर,1939 से पश्तो भाषा में प्रसारण के साथ
स्वतंत्रता प्राप्ति के समय रेडियो प्रसारण केंद्र	6 (दिल्ली, मुंबई, कोलकाता, चेन्नई, लखनऊ, तिरुचिरापल्ली)
अनुमानित रेडियो सेट्स (वर्ष 1947 में)	2,75,000
विविध भारती की शुरूआत	3 अक्टूबर, 1957
एफ एम प्रसारण की शुरूआत	23 जुलाई, 1977 से, चेन्नई में
विदेशी भाषाओं में प्रसारण (कुल भाषाएँ)	27 (जिनमें 16 विदेशी तथा 11 भारतीय भाषाएँ हैं।) (प्रसारण 108 देशों में सुना जा सकता है।)
'डायरेक्ट टू होम' सेवा के चैनल	21
'न्यूज ऑन फोन' सेवा की शुरूआत	25 फरवरी, 1998 (नई दिल्ली में)

(ii) प्रिंट या मुद्रण माध्यम

मुद्रण का आविष्कार 1450 ई. में जर्मनी के **गुटेनबर्ग** में हुआ। शिक्षित समुदाय के लिए यह एक वरदान जैसी बात साबित हुई। समाचार-पत्रों का प्रकाशन जीवन की अपरिहार्य आवश्यकता बन गया। 19वीं सदी के अंत तक (1870 ई.) भारत में भी समाचार-पत्र प्रकाशित होने लगे। धीरे-धीरे साप्ताहिक, मासिक एवं अर्द्धवार्षिक पत्र-पत्रिकाओं के प्रकाशन ने इस क्षेत्र में क्रांति ला दी। आजकल तो विभिन्न समाचार-पत्रों के सांध्य संस्करण भी निकलने लगे हैं। इन समाचार-पत्रों एवं पत्रिकाओं में राजनीति, खेल, फ़िल्म, कला, साहित्य, बाज़ार आदि जीवन के विभिन्न क्षेत्रों से जुड़े समाचार एवं जानकारी प्रकाशित की जाती है। विज्ञापन एवं सामाजिक जागरूकता के संदेशों को आम जनता तक पहुँचाने में मुद्रित माध्यम की अपनी एक विशिष्ट भूमिका है।

(iii) इलेक्ट्रॉनिक माध्यम

संचार प्रक्रिया में यह ऐसा संघटक है, जिसमें विद्युत उपकरणों द्वारा संदेश पहुँचाया जाता है; *जैसे—*

- **रेडियो** रेडियो विद्युत तरंगों के जरिए काम करता है। विद्युत तरंगों की फ्रीक्वेंसी प्रकाश तरंगों से भिन्न होती है। रेडियो प्रसारण के लिए 150 हज़ार हट्र्ज से 30 हज़ार मेगाहट्र्ज की तरंगों की आवश्यकता होती है।
- *इन तरंगों के अंतराल को तीन भागों में बाँटा जाता है—**मीडियम वेव, शार्ट वेव एवं अल्ट्रा-शार्ट वेव।***
- अल्ट्राशार्ट वेव की फ्रीक्वेंसी अधिक तथा मीडियम वेव की फ्रीक्वेंसी न्यूनतम होती है। *रेडियो तरंगों द्वारा दो प्रकार से संदेश भेजा जा सकता है--*
- (i) एंप्लीट्यूड मॉडुलेशन (ii) फ्रीक्वेंसी मॉडुलेशन
- ये दोनों लय के उतार-चढ़ाव की तकनीकें हैं। इनमें प्रभावशाली प्रसारण के लिए फ्रीक्वेंसी मॉडुलेशन का प्रयोग किया जाता है।
- भारत में रेडियो प्रसारण की विधिवत शुरूआत इसके आविष्कार के 40 वर्ष बाद वर्ष 1936 में ऑल इंडिया रेडियो की स्थापना द्वारा हुई। आज़ादी मिलने के समय तक देश में कुल 9 रेडियो स्टेशन थे। आज़ादी के उपरांत रेडियो प्रसारण क्षमता में वृद्धि एवं सुधार हुआ। आज रेडियो प्रसारण केंद्रों की क्षमता एवं संख्या बढ़ी है। वर्ष 1956 से भारतीय रेडियो सेवा को आकाशवाणी के नाम से जाना जाता है।
- **टेलीविजन** टेलीविजन आज संचार का सबसे शक्तिशाली एवं जनप्रिय माध्यम है। टेलीविजन का आविष्कार इंग्लैंड में हुआ। पेशे से इंजीनियर जॉन लागी बेयर्ड ने इसका आविष्कार किया था। भारत में टेलीविजन प्रसारण की शुरूआत **15 सितंबर, 1959** से हुई। **1 अप्रैल, 1976** से इसे इसके वर्तमान नाम 'दूरदर्शन' से जाना जाने लगा। आज दूरसंवेदी उपग्रहों के जरिए होने वाले डिजिटल प्रसारण ने दूरदर्शन के प्रभाव एवं गुणात्मक स्तर में अपार वृद्धि की है। करीब 200 चैनल टेलीविजन कार्यक्रमों का प्रसारण करके जन-सामान्य को मनोरंजन एवं ज्ञान उपलब्ध करा रहे हैं। धारावाहिक, शैक्षिक कार्यक्रम, खेल-प्रसारण, सिनेमा आदि दूरदर्शन (टेलीविजन) प्रसारण के अभिन्न अंग बन चुके हैं।
- **सिनेमा** सिनेमा मनोरंजन तथा जनसंचार का सशक्त माध्यम है। कला तथा संगीत के माध्यम से अभिव्यक्ति के साथ जनजागरूकता के क्षेत्र में सिनेमा का महत्त्व बढ़ा है। तकनीकी विकास के साथ सिनेमा की दुनिया में भी परिवर्तन हुआ है। श्वेत एवं श्याम फ़िल्मों से निकलकर रंगीन फ़िल्मों तक के सफर में भारतीय सिनेमा ने कई पड़ाव देखे हैं।
- सिनेमा का निर्माण दृश्य, ध्वनि तथा संगीत की त्रिआयामी प्रवृत्तियों के माध्यम से होता है। इसे सिनेमाघरों में निर्मित परदों पर दिखाया जाता है। जन-जागरूकता तथा आधुनिकीकरण को विस्तार देने में सिनेमा का कोई विकल्प नहीं है। इसके माध्यम से संदेश सीधे दर्शकों तक पहुँचाया जा सकता है। हिंदी सिनेमा अपनी पहुँच तथा संप्रेषणीयता के कारण महत्त्वपूर्ण जनसंचार माध्यम बन चुका है। इसके अन्तर्गत समाज, राजनीति तथा संस्कृति के विविध पक्षों को केंद्रीय विषय के रूप में लेकर फ़िल्में बनाई जाती हैं, जो समाज को अत्यधिक प्रभावित करने में निश्चित ही अपनी भूमिका निभाती हैं।
- **इंटरनेट** 'इंटरनेट' सूचना का संजाल अर्थात् नेटवर्क है, जिसके माध्यम से नई पीढ़ी अपने को एक-दूसरे से जोड़ने में सक्षम हुई है। इंटरनेट सूचनाओं के आदान-प्रदान का बेहतरीन माध्यम है। भारत में कंप्यूटर साक्षरता की बढ़ती प्रवृत्ति के कारण यह जनसंचार का माध्यम बनाता जा रहा है।
- इंटरनेट सिर्फ सूचनाओं के संप्रेषण अथवा वितरण का कार्य नहीं करता बल्कि मनोरंजन, ज्ञान तथा व्यक्तिगत संवादों का प्रसारण भी करता है। **ई-मेल, इंटरनेट** के द्वारा संचालित एक महत्त्वपूर्ण प्रक्रिया है, जिसके माध्यम से आपसी संप्रेषण की प्रक्रिया को दिशा दी जाती है।
- इंटरनेट के माध्यम से जनसंचार की प्रक्रिया तेजी से चल रही है। सभी पत्र-पत्रिकाओं ने अपनी वेबसाइटों पर समाचार तथा मनोरंजन का खजाना सजा रखा है। उन्हें निरंतर नियमित किया जाता है। **इंटरनेट पत्रकारिता** का हाल के वर्षों में अत्यधिक विस्तार हुआ है। हिंदी के समाचार-पत्रों ने भी अपने **ई-संस्करण** जारी किए हैं। ई-संस्करण को पढ़ने के लिए संबंधित निर्धारित प्रविष्टियों को भरकर उस समाचार-पत्र का एक सदस्य बनना जरूरी होता है।

जनसंचार माध्यमों का कार्य एवं महत्त्व

सभी जनसंचार माध्यम विभिन्न रूपों में समाज के लिए कार्य करते हैं। वास्तव में, वे देश एवं विश्व के विकास में एक निश्चित एवं महत्त्वपूर्ण भूमिका अदा करते हैं। *सामान्यत: जनसंचार के कार्य एवं महत्त्व को निम्नलिखित बिंदुओं के आधार पर समझा जा सकता है।*

(*i*) **सूचनाओं एवं समाचारों का एकत्रीकरण, विश्लेषण एवं प्रचार** जनसंचार माध्यम शिक्षा, ज्ञान तथा सूचनाओं का एकत्रीकरण, विश्लेषण एवं उनका प्रचार-प्रसार करते हैं। विश्लेषण का उद्देश्य लोगों को प्रभावित करना होता है। संचार माध्यमों द्वारा विश्लेषण उन्हीं घटनाओं का किया जाता है, जो लोगों के लिए आवश्यक एवं महत्त्वपूर्ण होती हैं। विश्लेषण प्रक्रिया द्वारा एक ही घटना अथवा विचार पर अनेक प्रकार के दृष्टिकोणों का विकास होता है। इनके द्वारा ज्ञान-वृद्धि भी होती है।

(*ii*) **मतैक्य एवं सर्वसम्मति बनाने में सहायक** जनसंचार माध्यम मतैक्य एवं सर्वसम्मति बनाने की दिशा में महत्त्वपूर्ण कार्य करते हैं। समाज की अपेक्षाओं को पूरा करने के लिए, समाज के सदस्यों को उनके उत्तरदायित्वों का बोध कराते हुए चुनौतीपूर्ण समस्याओं का हल ढूँढने हेतु समाज में मतैक्य का निर्माण करते हैं। इसके अतिरिक्त किसी घटना या प्रक्रिया के संदर्भ में विभिन्न दृष्टिकोणों का परीक्षण करके उचित दृष्टिकोण के विकास में मदद करते हैं।

(*iii*) **संस्कृति एवं विरासत के हस्तांतरण में सहायक** संस्कृति एवं विरासत का हस्तांतरण करने में जनमाध्यम के रूप में या लोकमाध्यम के रूप में जनसंचार माध्यम अपनी महत्त्वपूर्ण भूमिका अदा करते हैं। आधुनिक इलेक्ट्रॉनिक मीडिया विशेष रूप से रेडियो, टेलीविजन आदि इस क्षेत्र में उपयोगी सिद्ध हो सकते हैं।

(*iv*) **मनोरंजन** जनसंचार माध्यम लोगों का मनोरंजन भी करते हैं। संचार माध्यम; *जैसे*—लेख, वृत्तचित्र, फ़िल्म, कार्टून, कविता, संगीत इत्यादि लोगों को तनावमुक्त एवं मानसिक रूप से तरोताज़ा बनाने का कार्य भी करते हैं।

(*v*) **वस्तुओं एवं उत्पादों के विक्रय एवं विज्ञापन में मददगार** वर्तमान आर्थिक व्यवस्था में मार्केटिंग एवं वितरण प्रक्रिया में जनसंचार माध्यमों का उपयोग किया जाता है। विज्ञापन सामान्य जनता के नए उत्पादों एवं सेवाओं के विषय में उपयोगी तथा आकर्षक जानकारी उपलब्ध कराते हैं तथा मूल्यों से संबंधित जानकारी देकर ग्राहकों में विश्वास उत्पन्न करके उन्हें खरीदने के लिए प्रेरित करते हैं।

(*vi*) **शिक्षा की प्राप्ति एवं प्रसार में सहायक** मीडिया का उपयोग शैक्षिक क्रियाओं को संपन्न करने हेतु भी किया जाता है। समाजीकरण, सामान्य शिक्षा, कक्षा-कक्ष प्रशिक्षण आदि में संचार माध्यमों की विशिष्ट भूमिका है। मीडिया, समाज की सामाजिक परंपरा को सुदृढ़ रूप से रूपांतरित एवं प्रतिस्थापित करने का कार्य करता है।

(*vii*) **अन्य बहुआयामी उपयोग** विलियम स्टीफेंस के मत में जनसंचार माध्यमों का बहुआयामी उपयोग भी किया जाता है; *जैसे*—समय बिताने के लिए, आमोद—प्रमोद के लिए, भोजन बनाते हुए, लंबी यात्रा आदि में समाचार-पत्र, पुस्तक आदि पढ़ना; रेडियो, टेप, टीवी आदि सुनना-देखना। कई बार इन्हें स्टेटस सिंबल के रूप में भी प्रयुक्त किया जाता है। कहने का तात्पर्य है कि जनसंचार माध्यमों के बहुआयामी उपयोग हैं।

जनसंचार माध्यमों के लिए लेखन

जनसंचार माध्यमों के लिए लेखन सृजनात्मक लेखन की तरह ही होता है, अंतर केवल इतना है कि इसमें माध्यम विशेष की माँग तथा उसके पाठक, श्रोता अथवा दर्शक वर्ग का ध्यान रखा जाता है। जनसंचार माध्यमों के लिए लेखन बहुत-सी विधाओं में किया जा सकता है। *जनसंचार की कुछ प्रमुख विधाएँ इस प्रकार हैं—*

- समाचार रिपोर्ट
- फीचर
- लेख
- साक्षात्कार
- परिचर्चा
- विज्ञापन
- वार्ता
- नाटक
- कहानी
- वृत्तचित्र
- धारावाहिक
- आलेख

प्रस्तुत अध्याय में हम **समाचार लेखन** की चर्चा करते हुए, इसके अंतर्गत संपादकीय लेखन एवं रिपोर्ट लेखन पर अपना ध्यान केंद्रित करेंगे।

1. वैज्ञानिकता
2. अनुप्रयुक्तता
3. वाच्चार्थ प्रधानता
4. सरलता और स्पष्टता

अत: प्रयोजनमूलक भाषा के रूप में हिन्दी एक समर्थ भाषा है। स्वतन्त्रता के बाद प्रयोजनमूलक भाषा के रूप में स्वीकृत होने के बाद हिन्दी में न केवल तकनीकी शब्दावली का विकास हुआ है, वरन विभिन्न भाषाओं के शब्दों को अपनी प्रकृति के अनुरूप ढाल लिया है।

अभ्यास प्रश्न

1. प्रयोजन मूलक भाषा से क्या तात्पर्य है?
(a) सामान्य उद्देश्य से युक्त भाषा
(b) विशिष्ट उद्देश्य से युक्त भाषा
(c) निरुद्देश्य पूर्ण भाषा
(d) उपर्युक्त में से कोई नहीं

2. विज्ञान, तकनीक, विधि, संचार एवं अन्य गतिविधियों में प्रयुक्त होने वाली भाषा को क्या कहते है?
(a) तकनीकी हिन्दी (b) वैज्ञानिक हिन्दी
(c) प्रयोजन मूलक हिन्दी (d) शैक्षणिक हिन्दी

3. हिन्दी का प्रचार-प्रसार किस क्षेत्र में होता है?
(a) धार्मिक संस्थान (b) रेलवे प्लेटफार्म
(c) विज्ञान और तकनीकी शिक्षा (d) उपर्युक्त सभी

4. प्रयोजन मूलक हिन्दी की विशेषता है
(a) सरलता (b) स्पष्टता
(c) वैज्ञानिकता (d) ये सभी

5. प्रयोजन मूलक भाषा के रूप में हिन्दी कैसी भाषा है?
(a) असमर्थ (b) अस्पष्ट
(c) कठिन (d) समर्थ

6. हिन्दी प्रयोजन मूलक भाषा के रूप में कब स्वीकृत हुई
(a) स्वतन्त्रता से पहले (b) मध्ययुग में
(c) स्वतन्त्रता के बाद (d) आदिम युग में

7. विभिन्न भाषाओं के शब्दों को किसने अपनी प्रकृति के अनुरूप ढाल लिया?
(a) अंग्रेजी ने (b) हिन्दी ने
(c) बंगला ने (d) पंजाबी ने

8. मनुष्य की मूलभूत आवश्यकता क्या है
(a) अभिव्यक्ति (b) प्रकृति
(c) प्रेषक (d) इनमें से कोई नहीं

9. संचार के कितने तत्व हैं
(a) सात (b) चार
(c) दो (d) एक

10. संचार प्रक्रिया का तत्त्व नहीं है
(a) फीडबैक (b) प्राप्तकर्ता
(c) संदेश (d) पत्रकारिता

11. संचार के प्रमुख स्तर कौन से है
(a) स्वगत संचार (b) माध्यम संचार
(c) परस्पर संचार (d) ये सभी

12. मुद्रण माध्यम में आता है
(a) समाचार-पत्र (b) पुस्तकें
(c) पोस्टर (d) ये सभी

13. इलेक्ट्रॉनिक माध्यम में आता है
(a) उपग्रह (b) कम्प्यूटर प्रणाली
(c) पत्रिकाएँ (d) (a) तथा (b) दोनों

14. जनसंचार प्रक्रिया के संघटक है
(a) संचारक/प्रेषक (b) संदेश
(c) प्रापक (d) ये सभी

15. न्यूज ऑन फोन सेवा की शुरुआत कब हुई थी?
(a) 25 फरवरी (b) 20 अप्रैल
(c) 10 जून (d) 15 दिसम्बर

उत्तरमाला

1.	(b)	2.	(c)	3.	(d)	4.	(d)	5.	(d)	6.	(c)	7.	(b)	8.	(a)	9.	(a)	10.	(d)
11.	(d)	12.	(d)	13.	(d)	14.	(d)	15.	(a)										

मध्य प्रदेश
स्कूल शिक्षा विभाग के अन्तर्गत
उच्च माध्यमिक शिक्षक
पात्रता परीक्षा
2023 (ऑनलाइन)

प्रैक्टिस सेट्स (1-5)

मध्य प्रदेश उच्च माध्यमिक शिक्षक पात्रता परीक्षा

हिन्दी भाषा (भाग–'ब')

प्रैक्टिस सेट 1

निर्देश

1. सभी प्रश्नों के उत्तर दीजिए।
2. सभी प्रश्नों के अंक समान हैं।
3. प्रत्येक प्रश्न का केवल एक ही उत्तर दीजिए।
4. प्रत्येक प्रश्न के चार वैकल्पिक उत्तर दिए गए हैं। अभ्यर्थी सही उत्तर का चुनाव करें।

1. भाषा की सबसे छोटी इकाई है
(a) शब्द (b) व्यंजन
(c) स्वर (d) वर्ण

2. हिन्दी में मूलत: कितने वर्ण हैं?
(a) 52 (b) 50
(c) 40 (d) 46

3. हिन्दी भाषा में वे कौन-सी ध्वनियाँ हैं जो स्वतन्त्र रूप से बोली या लिखी जाती हैं?
(a) स्वर (b) व्यंजन
(c) वर्ण (d) अक्षर

4. संयुक्त को छोड़कर हिन्दी में मूल वर्णों की संख्या है।
(a) 36 (b) 44
(c) 48 (d) 53

5. स्वर कहते हैं
(a) जिनका उच्चारण 'लघु' और 'गुरु' में होता है
(b) जिनका उच्चारण बिना अवरोध अथवा विघ्न-बाधा के होता है
(c) जिनका उच्चारण स्वरों की सहायता से होता है
(d) जिनका उच्चारण नाक और मुँह से होता है

6. निम्नलिखित में से अग्र स्वर नहीं है
(a) अ (b) इ (c) ए (d) ऐ

7. हिन्दी में स्वरों के कितने प्रकार हैं?
(a) 1 (b) 2 (c) 3 (d) 4

8. हिन्दी वर्णमाला में 'अं' और 'अ:' क्या है?
(a) स्वर (b) व्यंजन
(c) अयोगवाह (d) संयुक्ताक्षर

9. जिनके उच्चारण में दीर्घ स्वर से भी अधिक समय लगता है, वे कहलाते हैं
(a) मूल स्वर (b) प्लुत स्वर
(c) संयुक्त स्वर (d) अयोगवाह

10. निम्नलिखित में से कौन स्वर नहीं है?
(a) अ (b) उ
(c) ए (d) ञ

11. निम्नलिखित विकल्पों में से तत्सम शब्द का चयन कीजिए
(a) गहरा (b) तीखा
(c) अटारी (d) निकृष्ट

12. निम्नलिखित शब्दों में से तद्‌भव शब्द का चयन कीजिए
(a) आश्रम (b) प्यास (c) प्रांगण (d) उद्वेग

13. शब्द–रचना के आधार पर अधोलिखित में से योगरूढ़ शब्द का चयन कीजिए
(a) पवित्र (b) कुशल (c) विनिमय (d) जलज

14. निम्नलिखित में कौन–सा शब्द देशज नहीं है?
(a) ढिबरी (b) पगड़ी
(c) पुष्कर (d) ढोर

15. अधोलिखित में 'रूढ़' शब्द कौन–सा है?
(a) मलयज (b) पंकज
(c) जलज (d) वैभव

16. इलायची का तत्सम शब्द है
(a) एला (b) इला
(c) अला (d) अल्ला

17. प्रस्तर का तद्‌भव शब्द है
(a) पाथर (b) पत्थर (c) पत्तर (d) फत्थर

18. हिन्दी में प्रयुक्त 'तुरूप' शब्द .... है।
(a) अंग्रेज़ी (b) डच
(c) रूसी (d) फ्रेंच

19. निम्नलिखित में कौन–सा शब्द तत्सम है?
(a) आँख (b) अग्र
(c) आग (d) आज

20. निम्नलिखित में रूढ़ शब्द कौन–सा है?
(a) वाचनालय (b) समतल
(c) विद्यालय (d) पशु

21. 'रीत्यनुसार' का सही सन्धि–विच्छेद है
(a) रीत्य + अनुसार (b) रीत + अनुसार
(c) रीति + अनुसार (d) रीत्य + अनुसार

22. 'अनुरूप' समस्त पद में कौन–सा समास है?
(a) तत्पुरुष (b) कर्मधारय
(c) अव्ययीभाव (d) बहुव्रीहि

23. 'देशान्तर' में कौन–सा समास है?
(a) बहुव्रीहि (b) द्विगु
(c) द्वन्द्व (d) कर्मधारय

24. 'निर्धन' में कौन–सी सन्धि है?
(a) यण् सन्धि (b) व्यंजन सन्धि
(c) विसर्ग सन्धि (d) अयादि सन्धि

25. 'व्याख्यान' में कौन–सी सन्धि है?
(a) गुण (b) दीर्घ
(c) यण् (d) विसर्ग

26. 'अत्युत्तम' के सन्धि–विच्छेद का सही विकल्प चुनिए
(a) अति + युत्तम (b) अत्य + उत्तम
(c) अत्यु + उत्तम (d) अति + उत्तम

27. 'हिमांशु' शब्द का सन्धि–विच्छेद कीजिए
(a) हिम + अंशु (b) हिमा + अंशु
(c) हिम + आंशु (d) हिमांश + उ

28. सप्त + ऋषि इससे बनी सन्धि है
(a) दीर्घ (b) यण्
(c) व्यंजन (d) गुण

29. 'षट् + रिपु' इससे बनी सन्धि है
(a) व्यंजन (b) यण
(c) आदेश (d) विसर्ग

30. किस शब्द में 'हार' प्रत्यय नहीं है?
(a) लुहार (b) खेवनहार
(c) जाननहार (d) पालनहार

31. शब्द सम्बन्धी अशुद्धियाँ कैसे उत्पन्न होती हैं?
(a) वाक्य निर्माण सम्बन्धी नियमों के अनुपालन से
(b) शब्द निर्माण सम्बन्धी नियमों के अनुपालन से
(c) अर्थ निर्माण सम्बन्धी नियमों के अनुपालन से
(d) उपरोक्त सभी

32. शब्द सम्बन्धी अशुद्धियों में किस प्रकार की अशुद्धियाँ आती हैं?
(a) वर्तनी सम्बन्धी (b) सन्धि सम्बन्धी
(c) व्यंजन सम्बन्धी (d) ये सभी

33. शब्द सम्बन्धी अशुद्धियों में किस प्रकार की अशुद्धियाँ नहीं आती?
(a) उपसर्ग सम्बन्धी (b) अनुस्वार सम्बन्धी
(c) चन्द्र-बिन्दु सम्बन्धी (d) अर्थ सम्बन्धी

34. शुद्ध शब्द का चयन कीजिए
(a) आधुनिक (b) कूआँ
(c) अनूकुल (d) साधूवाद

35. 'वहिष्कार' शब्द का शुद्ध रूप क्या होगा?
(a) वहीष्कार (b) बहिष्कार
(c) बहीषकार (d) इनमें से कोई नहीं

36. 'श्रृंगार' का शुद्ध रूप लिखिए।
(a) श्रिंगार (b) श्रृगार
(c) शृंगार (d) इनमें से कोई नहीं

37. अर्थ सम्बन्धी अशुद्धि का क्या कारण है?
(a) अर्थ की अज्ञानता के कारण गलत स्थान पर प्रयोग
(b) शब्द की अज्ञानता के कारण गलत स्थान पर प्रयोग
(c) भाव की अज्ञानता के कारण गलत स्थान पर प्रयोग
(d) उपरोक्त में से कोई नहीं

38. 'अध्यापक ने विद्यार्थी को बेफालतू' में बात सुना दी। रेखांकित शब्द में किस प्रकार की अशुद्धि हैं?
(a) शब्द सम्बन्धी (b) अर्थ सम्बन्धी
(c) भाव सम्बन्धी (d) इनमें से कोई नहीं

39. ''मैंने नानाजी के आदेश का पालन नहीं किया'' यहाँ 'आदेश' शब्द में किस प्रकार की अशुद्धि है?
(a) शब्द सम्बन्धी (b) अर्थ सम्बन्धी
(c) वाक्य सम्बन्धी (d) ये सभी

40. सही शब्द का चयन कीजिए
(a) आमिश (b) बिधि (c) भाग्यमान (d) प्रत्यूष

41. वाक्यों का वर्गीकरण कितने आधारों पर किया गया है?
(a) दो (b) तीन
(c) चार (d) पाँच

42. जिन वाक्यों में एक उद्देश्य तथा एक ही विधेय होता है, उसे कहते हैं
(a) एकल वाक्य (b) सरल वाक्य
(c) मिश्र वाक्य (d) संयुक्त वाक्य

43. मिश्र वाक्य कहते हैं
(a) जिनमें एक कर्ता और एक ही क्रिया होती है
(b) जिनमें एक से अधिक प्रधान उपवाक्य हों और वे संयोजक अव्यय द्वारा जुड़े हों
(c) जिनमें एक साधारण वाक्य तथा उसके अधीन दूसरा उपवाक्य हो
(d) उपरोक्त में से कोई नहीं

44. जिन वाक्यों में एक-से-अधिक प्रधान उपवाक्य हों और वे संयोजक अव्यय द्वारा जुड़े हों, उसे कहते हैं
(a) विधिवाचक (b) सरल वाक्य
(c) मिश्र वाक्य (d) संयुक्त वाक्य

45. वाक्य के गुणों में सम्मिलित नहीं है
(a) लयबद्धता (b) सार्थकता
(c) क्रमबद्धता (d) आकांक्षा

46. 'नाव में नदी है'—इस वाक्य में किस वाक्य गुण का अभाव है?
(a) आकांक्षा (b) क्रम
(c) योग्यता (d) आसक्ति

47. वाक्य गुण 'आकांक्षा' का अर्थ है
(a) भावबोध की क्षमता (b) सार्थकता
(c) श्रोता की जिज्ञासा (d) व्याकरणानुकूल

48. वाक्य गुण 'आसक्ति' का अर्थ है
(a) व्याकरणानुकूल (b) क्रमबद्धता
(c) योग्यता (d) समीपता

49. अर्थ के आधार पर वाक्य कितने प्रकार के होते है?
(a) आठ (b) दस
(c) तीन (d) चार

50. जिन वाक्यों से किसी कार्य या बात करने का बोध होता है, उन्हें कहते हैं
(a) आज्ञावाचक (b) विधानवाचक
(c) इच्छावाचक (d) संकेतवाचक

51. नीचे लिखे वाक्यों में से किसमें विराम-चिह्नों का सही प्रयोग हुआ है?
(a) हाँ, मैं सच कहता हूँ बाबूजी। माँ बीमार है। इसलिए मैं नहीं गया।
(b) हाँ मैं सच कहता हूँ। बाबूजी, माँ बीमार है। इसलिए मैं नहीं गया।
(c) हाँ, मैं सच कहता हूँ, बाबू जी, माँ बीमार हैं, इसलिए मैं नहीं गया।
(d) हाँ, मैं सच कहता हूँ, बाबू जी। माँ बीमार है इसलिए मैं नहीं गया।

52. विरामादि चिह्नों की दृष्टि से कौन-सा वाक्य शुद्ध है?
(a) पिता ने पुत्र से कहा–देर हो रही है, कब आओगे
(b) पिता ने पुत्र से कहा–देर हो रही है, कब आओगे?
(c) पिता ने पुत्र से कहा–''देर हो रही है, कब आओगे?''
(d) पिता ने पुत्र से कहा, ''देर हो रही है कब आओगे।

53. जहाँ वाक्य की गति अन्तिम रूप ले ले, विचार के तार एकदम टूट जाएँ, वहाँ किस चिह्न का प्रयोग किया जाता है?
(a) योजक (b) उद्धरण चिह्न
(c) अल्प विराम (d) पूर्ण विराम

54. किस वाक्य में विरामादि चिह्नों का सही प्रयोग हुआ है?
(a) आप मुझे नहीं जानते! महीने में मैं दो दिन ही व्यस्त रहता हूँ।
(b) आप, मुझे नहीं जानते? महीने में मैं, दो दिन ही व्यस्त रहता हूँ
(c) आप मुझे, नहीं जानते, महीने में मैं! दो दिन ही व्यस्त रहता हूँ
(d) आप मुझे नहीं, जानते; महीने में मैं दो दिन ही व्यस्त रहता हूँ?

55. किस वाक्य में विरामादि चिह्नों का सही प्रयोग हुआ है?
(a) मैं मनुष्य में, मानवता देखना चाहता हूँ। उसे देवता बनाने की मेरी इच्छा नहीं।
(b) मैं मनुष्य में मानवता देखना चाहता हूँ। उसे देवता बनाने की, मेरी इच्छा नहीं।
(c) मैं मनुष्य में मानवता, देखना चाहता हूँ। उसे देवता बनाने की मेरी इच्छा नहीं।
(d) मैं, मनुष्य में मानवता देखना चाहता हूँ। उसे देवता बनाने की मेरी इच्छा नहीं।

56. पूर्ण विराम के स्थान पर एक अन्य चिह्न भी प्रचलित है, वह है
(a) अल्प विराम (b) योजक चिह्न
(c) फुलस्टॉप (d) विवरण चिह्न

57. जब से हिन्दी में अन्तर्राष्ट्रीय अंकों 1, 2, 3, 4, 5, 6, 7, 8, 9, 0 का प्रयोग आरम्भ हुआ, तब से '।' के स्थान पर किसका प्रयोग होने लगा है?
(a) अर्द्ध विराम (b) अल्प विराम
(c) विस्मयादिबोधक (d) फुलस्टॉप

58. प्रश्नवाचक तथा विस्मयादिबोधक को छोड़कर सभी वाक्यों के अन्त में प्रयुक्त होता है
(a) पूर्ण विराम (b) अर्द्ध विराम
(c) उद्धरण चिह्न (d) विवरण चिह्न

59. किस वाक्य में विराम-चिह्नों का सही प्रयोग हुआ है?
(a) राम, मोहन, घर, पर्वत; संज्ञाएँ। यह, वह, तुम, मैं; सर्वनाम। लिखना, गाना, दौड़ना; क्रियाएँ।
(b) राम, मोहन, घर, पर्वत संज्ञाएँ; यह, वह, तुम, मैं सर्वनाम; लिखना, गाना, दौड़ना क्रियाएँ
(c) राम-मोहन, घर-पर्वत संज्ञाएँ! यह-वह-तुम-मैं सर्वनाम! लिखना-गाना-दौड़ना संज्ञाएँ।
(d) राम मोहन घर पर्वत संज्ञाएँ। यह वह तुम मैं सर्वनाम। लिखना, गाना, दौड़ना क्रियाएँ।

60. जहाँ पूर्ण विराम की अपेक्षा कम रुकना अपेक्षित हो, वहाँ .... चिह्न का प्रयोग किया जाता है।
(a) अर्द्ध विराम (b) अल्प विराम
(c) संक्षेप चिह्न (d) कोष्ठक

61. विप्र
(a) निर्धन (b) धनी
(c) ब्राह्मण (d) सैनिक

62. आविर्भाव
(a) मृत्यु (b) मोक्ष
(c) वानप्रस्थ (d) उत्पत्ति

63. निम्नलिखित में पर्यायवाची शब्द है
(a) अचिर, अचर (b) राधारमण, कंसनिकन्दन
(c) अम्बुज, अम्बुधि (d) नीरद, नीरज

64. कौन-सा विकल्प वैचारिक अन्तर के समानार्थी शब्दों का है?
(a) देखना, घूरना (b) बेहद, असीम
(c) जल, नीर (d) सौन्दर्य, खूबसूरती

65. 'नौका' शब्द का पर्याय बताइए।
(a) तिया (b) तरंगिणी
(c) तरी (d) तरणिजा

66. 'घर' के लिए यह पर्यायवाची नहीं है
(a) गृह (b) ग्रह
(c) आलय (d) निलय

67. 'पवन' का पर्यायवाची शब्द है
(a) मिलना (b) पूजना
(c) समीर (d) आदर

68. 'खर' का पर्यायवाची शब्द है
(a) खरगोश (b) शशक
(c) मूर्ख (d) गधा

69. अनिल पर्यायवाची है
(a) पवन का (b) चक्रवात का
(c) पावस का (d) अनल का

70. 'प्रसून' शब्द का पर्यायवाची है।
(a) वृक्ष (b) पुष्प (c) चन्द्रमा (d) अग्नि

निर्देश (प्र.सं. 71-75) *निम्नलिखित गद्यांश को पढ़कर पूछे गए प्रश्नों के उत्तर दीजिए।*

चुनाव पूर्व सर्वेक्षण एवं एक्जिट पोल का लोकतन्त्र में क्या महत्त्व है? यह प्रश्न विचारणीय है। लोकतन्त्र रूपी वृक्ष जनता द्वारा रोपा और सींचा जाता है, इसके पल्लवन एवं पुष्पन में मीडिया की विशेष भूमिका होती है। भारत एक लोकतान्त्रिक राष्ट्र है। लोकतान्त्रिक राष्ट्र में नागरिकों को विशिष्ट अधिकार और स्वतन्त्रताएँ प्राप्त होती हैं। भारतीय संविधान ने भी अनुच्छेद 19 (i) के अन्तर्गत नागरिकों को अभिव्यक्ति की स्वतन्त्रता प्रदान की है, लेकिन जनता के व्यापक हित पर प्रतिकूल प्रभाव डालने वाली स्वतन्त्रता बाधित भी की जानी चाहिए।

भारत जैसे अल्पशिक्षित देश में इस प्रकार के सर्वेक्षण अनुचित हैं। देश की आम जनता पर मीडिया द्वारा किए जाने वाले चुनाव पूर्व सर्वेक्षण और चुनाव के तुरन्त पश्चात् किए जाने वाले एक्जिट पोल का भ्रामक प्रभाव पड़ता है। वह विजयी होती पार्टी की ओर झुक जाती है। आज भी सामान्य लोगों के बीच ये आम धारणा है कि हम अपना वोट खराब नहीं करेंगे, जीतते प्रत्याशी को ही वोट देंगे।

वर्तमान में बाजारवाद अपने उत्कर्ष पर है और मीडिया इसके दुष्प्रभाव से अनछुआ नहीं है। यह कहना अतिशयोक्ति न होगी कि आज मीडिया भी अधिकाधिक संख्या में प्रसार और धन पाने को बुभुक्षित है। मीडिया सत्ताधारी और मजबूत राजनीतिक दलों के प्रभाव में भी रहता है। ये दल धन के बल पर लोक रुझान को अपने पक्ष में दिखाने में सफल हो जाते हैं और सम्पूर्ण चुनाव प्रक्रिया को ही धता बता देते हैं। इस प्रकार सत्ता एवं धन इन सर्वेक्षणों को प्रभावित करते हैं। इन्हें दूध का धुला नहीं कहा जा सकता। भारत जैसे लोकतान्त्रिक राष्ट्र में जहाँ जनता निर्वाचन प्रक्रिया के माध्यम से अपना मत अभिव्यक्त करती है, वहाँ इन सर्वेक्षणों के औचित्य-अनौचित्य पर विचार किया जाना चाहिए। न्यायालय को यदि संविधान के अनुसार चलने की बाध्यता है, तो संसद को संविधान में संशोधन करने की शक्ति प्राप्त है। वह अपने अधिकारों का प्रयोग करके कोई सार्थक प्रयास कर सकती है।

71. प्रतिकूल प्रभाव डालने वाली स्वतन्त्रता क्यों बाधित होनी चाहिए?
(a) श्रेष्ठ लोकतन्त्र की स्थापना हेतु
(b) वोट के सही उपयोग हेतु
(c) साफ-सुथरी चुनाव प्रक्रिया हेतु
(d) लोकहित को सर्वोपरि रखने हेतु

72. लेखक ने 'दूध का धुला न होना' किसे कहा है?
(a) मीडिया से सम्बन्धित लोगों को
(b) चुनाव पूर्व सर्वेक्षण एवं एक्जिट पोल को
(c) सत्ताधारी और बड़े राजनीतिक दलों को
(d) संसद और न्यायालय को

73. ''सम्पूर्ण चुनाव प्रक्रिया को ही धता बता देते हैं।'' इस कथन का भाव है

(a) विश्लेषणात्मक
(b) प्रतिक्रियात्मक
(c) उपहासात्मक
(d) सकारात्मक

74. गद्यांश से निष्कर्ष निकलता है कि

(a) निर्वाचन में मीडिया की भूमिका संदिग्ध रहती है
(b) भारत में चुनाव पूर्व सर्वेक्षण निरर्थक हैं
(c) चुनाव पूर्व सर्वेक्षण एवं एक्जिट पोल प्रतिबन्धित हों
(d) मीडिया धन से प्रभावित होता है

75. उपरोक्त गद्यांश का उपयुक्त शीर्षक बताइए

(a) चुनाव पूर्व सर्वेक्षण
(b) चुनाव पूर्व सर्वेक्षण एवं एक्जिट पोल
(c) चुनाव प्रक्रिया
(d) लोकतन्त्र और चुनाव सर्वेक्षण

76. निबन्ध का अर्थ है

(a) पूर्णतः बन्धन से मुक्त
(b) अच्छी तरह नियमों में बँधा हुआ
(c) पूर्णतः बन्धन में बँधा हुआ
(d) इनमें से कोई नहीं

77. निबन्ध के अंग हैं

(a) भूमिका (b) उपसंहार
(c) मध्य भाग (d) ये सभी

78. निबन्ध का शरीर या मूल भाग कहा जाता है।

(a) निष्कर्ष (b) मध्य भाग
(c) भूमिका (d) इनमें से कोई नहीं

79. 'रामचरितमानस' की रचना किस भाषा में की गई है?

(a) खड़ी बोली में (b) अवधी में
(c) ब्रजभाषा में (d) भोजपुरी में

80. इनमें से किस काल को हिन्दी साहित्य का 'स्वर्ण युग' कहा जाता है?

(a) आदिकाल (b) रीतिकाल
(c) भक्तिकाल (d) आधुनिक काल

81. रीतिकालीन परम्परा से सम्बन्धित ग्रन्थ कौन-सा है?

(a) सूरसागर (b) परिमल
(c) पृथ्वीराज रासो (d) बिहारी सतसई

82. रीतिबद्ध धारा के कवि हैं

(a) बिहारी (b) केशवदास
(c) घनानन्द (d) निराला

83. रीतिमुक्त कवि कौन हैं?

(a) मतिराम (b) पन्त
(c) प्रसाद (d) आलम

84. द्विवेदी युग से सम्बन्धित ग्रन्थ है

(a) यामा (b) साकेत (c) कामायनी (d) पल्लव

85. 'कितनी नावों में कितनी बार' के कवि हैं

(a) जयशंकर प्रसाद (b) स. ही. वा. 'अज्ञेय'
(c) रामधारी सिंह 'दिनकर' (d) धर्मवीर भारती

86. 'आँसू' की रचना किस कवि द्वारा की गई?

(a) बिहारी (b) नरपति नाल्ह
(c) जयशंकर प्रसाद (d) अज्ञेय

87. प्रयोगवाद के प्रवर्तक हैं

(a) निराला (b) 'अज्ञेय'
(c) जगन्नाथदास 'रत्नाकर' (d) मैथिलीशरण गुप्त

88. 'प्रेमवाटिका' किसकी रचना है?

(a) रसखान (b) सूरदास (c) घनानन्द (d) बिहारी

89. निम्नलिखित कथनों में से कोई एक कथन सही है, उसे पहचानकर लिखिए।

(a) धर्मवीर भारती रीतिमुक्त काव्यधारा के प्रमुख कवि हैं।
(b) 'कुटज' डॉ. हजारीप्रसाद द्विवेदी का प्रसिद्ध निबन्ध है।
(c) 'उजली आग' यशपाल का निबन्ध-संग्रह है।
(d) 'डॉ. नगेन्द्र' ख्याति प्राप्त उपन्यासकार हैं।

90. निम्नलिखित कथनों में से कोई एक कथन सही है, उसे पहचानकर लिखिए।

(a) डॉ. रामविलास शर्मा जाने-माने आलोचक हैं।
(b) पदुमलाल पुन्नालाल बक्शी प्रसिद्ध नाटककार हैं।
(c) 'भारतीय संस्कृति' के लेखक डॉ. रामधारी सिंह 'दिनकर' हैं।
(d) 'चिन्तामणि' निबन्ध के लेखक वियोगी हरि हैं।

91. निम्नलिखित कथनों में से कोई एक कथन सही है, उसे पहचानकर लिखिए।

(a) इलाचन्द्र जोशी एकांकीकार के रूप में प्रसिद्ध हैं।
(b) 'झूठा सच' के लेखक यशपाल हैं।
(c) 'दैनिकी' प्रसिद्ध कहानी संग्रह है।
(d) राहुल सांकृत्यायन लब्ध-प्रतिष्ठित आलोचनाकार हैं।

92. निम्नलिखित कथनों में से कोई एक कथन सही है, उसे पहचानकर लिखिए।

(a) जयशंकर प्रसाद एक आलोचक के रूप में प्रसिद्ध हैं।
(b) 'प्रेमचन्द अपने घर में' की लेखिका शिवरानी देवी हैं।
(c) रामचन्द्र शुक्ल की गणना श्रेष्ठ कवि के रूप में होती है।
(d) 'रांगेय राघव' कवि के रूप में प्रसिद्ध हैं।

93. निम्नलिखित कथनों में से कोई एक कथन सही है, उसे पहचानकर लिखिए।

(a) श्यामसुन्दर दास प्रसिद्ध कवि हैं।
(b) 'तितली' जयशंकर प्रसाद का उपन्यास है।
(c) यशपाल निबन्धकार के रूप में प्रसिद्ध हैं।
(d) 'मिट्टी की ओर' रामचन्द्र शुक्ल का निबन्ध संग्रह है।

94. निम्नलिखित कथनों में से कोई एक कथन सही है, उसे पहचानकर लिखिए।
(a) आचार्य रामचन्द्र शुक्ल एक सुप्रसिद्ध कवि हैं।
(b) 'ममता' जयशंकर प्रसाद का एक महाकाव्य है।
(c) 'गोदान' प्रेमचन्द का प्रसिद्ध उपन्यास है।
(d) 'झाँसी की रानी' के लेखक उपेन्द्रनाथ 'अश्क' हैं।

95. निम्नलिखित कथनों में से कोई एक कथन सही है, उसे पहचानकर लिखिए।
(a) रामचन्द्र शुक्ल महान् नाटककार के रूप में प्रसिद्ध हैं।
(b) 'ममता' जयशंकर प्रसाद का प्रसिद्ध नाटक है।
(c) 'भारतीय संस्कृति निबन्ध' के लेखक डॉ. राजेन्द्र प्रसाद हैं।
(d) 'स्कन्दगुप्त' प्रेमचन्द का प्रसिद्ध उपन्यास है।

96. निम्नलिखित कथनों में से कोई एक कथन सही है, उसे पहचानकर लिखिए।
(a) विद्यानिवास मिश्र नाटककार के रूप में प्रसिद्ध हैं।
(b) डॉ. श्यामसुन्दर दास एक प्रख्यात कवि थे।
(c) 'ईर्ष्या तू न गई मेरे मन से' निबन्ध के लेखक जयप्रकाश भारती हैं।
(d) 'मित्रता' निबन्ध के लेखक आचार्य रामचन्द्र शुक्ल हैं।

97. निम्नलिखित कथनों में से कोई एक कथन सही है, उसे पहचानकर लिखिए।
(a) अमृतलाल नागर प्रसिद्ध एकांकी लेखक थे।
(b) रामविलास शर्मा प्रसिद्ध भेंट वार्ताकार थे।
(c) डॉ. नगेन्द्र ख्याति प्राप्त समालोचक हैं।
(d) जयप्रकाश भारती कवि के रूप में विख्यात हैं।

98. निम्नलिखित कथनों में से कोई एक कथन सही है, उसे पहचानकर लिखिए।
(a) वृन्दावन लाल वर्मा लब्धप्रतिष्ठित कवि हैं।
(b) 'बच्चन' प्रसिद्ध समालोचक थे।
(c) प्रकाश चन्द्र गुप्त ख्याति प्राप्त रिपोर्ताज़ लेखक थे।
(d) बनारसीदास चतुर्वेदी सशक्त लेखक हैं।

99. ''हृदय की मुक्ति साधना के लिए मनुष्य की वाणी जो शब्द विधान करती है, उसे कविता कहते है।'' यह कथन है
(a) रामचन्द्र शुक्ल (b) जयशंकर प्रसाद
(c) पंडित जगन्नाथ (d) हजारी प्रसाद द्विवेदी

100. काव्य के कितने भेद हैं
(a) 3 (b) 2
(c) 4 (d) 5

101. 'उल्लंघन' में कौन-सा उपसर्ग है?
(a) उल् (b) उ
(c) उत् (d) न

102. 'बहिर्मुखी' शब्द में कौन-सा उपसर्ग है?
(a) बहिस (b) बहि
(c) बहिर् (d) बहिर

103. 'साहित्यिक' में कौन-सा प्रत्यय है?
(a) इक (b) इत्यिक (c) सा (d) क

104. 'भोला' का विलोम है
(a) चालाक (b) तेजस्वी
(c) बुद्धिमान (d) चंचल

105. 'यथार्थ' का विलोम शब्द है
(a) कृत्रिम (b) आदर्श
(c) उचित (d) अनुचित

106. 'विग्रह' का विलोम शब्द है
(a) सन्धि (b) अविग्रह
(c) आग्रह (d) ग्रहण

107. 'संकीर्ण' का विलोम शब्द है
(a) संक्षेप (b) विस्तार
(c) विकीर्ण (d) विस्तीर्ण

108. तुम क्यों उसके काम में <u>अड़चन डालते</u> रहते हो? उपरोक्त वाक्य के रेखांकित पद-बन्ध के लिए उपयुक्त मुहावरा कौन-सा होगा?
(a) जले पर नमक छिड़कना (b) पापड़ बेलना
(c) टाँग अड़ाना (d) मुँह की खाना

109. भाई! ध्यान रखें, झगड़ा कभी <u>एक ही तरफ</u> से नहीं होता। ऊपर दिए गए वाक्य के रेखांकित पद-बन्ध के लिए उपयुक्त मुहावरा कौन-सा होगा?
(a) एक म्यान में दो तलवारें नहीं समातीं
(b) एक करेला दूसरा नीम चढ़ा
(c) ताली एक हाथ से नहीं बजती
(d) एक हाथ लेना दूजे हाथ देना

110. 'अनजान सुजान, सदा कल्यान' लोकोक्ति का भावार्थ है
(a) अनजान और सुजान के साथ सदैव लाभ मिलता है
(b) भोला-भाला ज्ञानी कल्याणकारक होता है
(c) मूर्ख और ज्ञानी दोनों मजे में रहते हैं
(d) मूर्ख स्वयं को ज्ञानी समझकर नुकसान कराता है

111. 'यह प्रेम का पन्थ कराल महा' के लिए सही लोकोक्ति है
(a) अरु नेह सों नातो बड़ावतो है
(b) मन ही मन में उर भावनी है
(c) तलवार की धार पै धावनो है
(d) दुखदाई औ घोर सतावनी है

112. संक्षेपण का कौन-सा गुण है?
(a) शुद्धता (b) प्रवाह और क्रमबद्धता
(c) स्पष्टता (d) ये सभी

113. ''भाषा पर कबीर का जबरदस्त अधिकार था। वे वाणी के डिक्टेटर थे।'' प्रस्तुत कथन निम्नांकित लेखकों में से किस लेखक का है?
(a) नन्ददुलारे वाजपेयी (b) रामचन्द्र शुक्ल
(c) हजारीप्रसाद द्विवेदी (d) रामविलास शर्मा

114. निम्नलिखित कृतियों में से पदुमलाल पुन्नालाल बख्शी की कृति का नाम लिखिए।
(a) पंचपात्र (b) दुनिया रंग-बिरंगी
(c) त्रिवेणी (d) तितली

115. निम्नलिखित कृतियों में से भगवतशरण उपाध्याय की कृति का नाम लिखिए।
(a) 'इण्डिया इन कालिदास' (b) उजली आग
(c) 'तीर्थ सलिल' (d) 'एक घूँट'

116. वीभत्स रस का स्थायी भाव है
(a) विस्मय (b) क्रोध (c) जुगुप्सा (d) शोक

117. "निज भाषा उन्नति अहै सब उन्नति को मूल।
बिन निजभाषा ज्ञान के मिटै न हिय को शूल।।"
इन पंक्तियों में किस छन्द का प्रयोग हुआ है?
(a) दोहा (b) रोला
(c) चौपाई (d) बरवै

118. "ऊँचे उठो दिव्य कला दिखाओ,
संसार में पूज्य पुनः कहलाओ।"
इन पंक्तियों में कौन-सा छन्द है?
(a) उपेन्द्रवज्रा (b) सवैया
(c) इन्द्रवज्रा (d) कवित्त

119. "कनक-कनक ते सौ गुनी मादकता अधिकाय।
या खाये बौराय नर, वा पाये बौराय।।"
इन पंक्तियों में किस अलंकार का प्रयोग हुआ है?
(a) यमक (b) अनुप्रास
(c) श्लेष (d) प्रतीप

120. "करत-करत अभ्यास के जड़मति होत सुजान।
रसरी आवत जात पर सिल पर परत निशान।।"
इन पंक्तियों में किस अलंकार का प्रयोग हुआ है?
(a) दृष्टान्त (b) रूपक
(c) उत्प्रेक्षा (d) विरोधाभास

उत्तरमाला

1.	(d)	2.	(d)	3.	(a)	4.	(c)	5.	(b)	6.	(a)	7.	(c)	8.	(c)	9.	(b)	10.	(d)
11.	(d)	12.	(b)	13.	(d)	14.	(c)	15.	(d)	16.	(a)	17.	(b)	18.	(b)	19.	(b)	20.	(d)
21.	(c)	22.	(c)	23.	(d)	24.	(c)	25.	(c)	26.	(d)	27.	(a)	28.	(d)	29.	(a)	30.	(a)
31.	(d)	32.	(d)	33.	(a)	34.	(a)	35.	(b)	36.	(c)	37.	(c)	38.	(c)	39.	(b)	40.	(d)
41.	(a)	42.	(b)	43.	(c)	44.	(d)	45.	(a)	46.	(b)	47.	(c)	48.	(d)	49.	(a)	50.	(b)
51.	(c)	52.	(c)	53.	(d)	54.	(a)	55.	(b)	56.	(c)	57.	(d)	58.	(a)	59.	(b)	60.	(a)
61.	(c)	62.	(d)	63.	(b)	64.	(a)	65.	(c)	66.	(b)	67.	(c)	68.	(d)	69.	(a)	70.	(b)
71.	(d)	72.	(a)	73.	(c)	74.	(c)	75.	(b)	76.	(b)	77.	(d)	78.	(b)	79.	(b)	80.	(c)
81.	(d)	82.	(b)	83.	(d)	84.	(b)	85.	(b)	86.	(c)	87.	(b)	88.	(a)	89.	(b)	90.	(c)
91.	(b)	92.	(b)	93.	(b)	94.	(c)	95.	(c)	96.	(d)	97.	(c)	98.	(c)	99.	(a)	100.	(b)
101.	(c)	102.	(c)	103.	(a)	104.	(a)	105.	(b)	106.	(a)	107.	(d)	108.	(c)	109.	(c)	110.	(c)
111	(c)	112	(d)	113	(c)	114	(c)	115	(a)	116.	(c)	117.	(a)	118.	(a)	119.	(a)	120.	(a)

मध्य प्रदेश उच्च माध्यमिक शिक्षक पात्रता परीक्षा

हिन्दी भाषा (भाग–'ब')

प्रैक्टिस सेट 2

निर्देश

1. सभी प्रश्नों के उत्तर दीजिए।
2. सभी प्रश्नों के अंक समान हैं।
3. प्रत्येक प्रश्न का केवल एक ही उत्तर दीजिए।
4. प्रत्येक प्रश्न के चार वैकल्पिक उत्तर दिए गए हैं। अभ्यर्थी सही उत्तर का चुनाव करें।

1. उच्चारण के समय जीभ की स्थिति के अनुसार स्वरों के कितने भेद किए गए हैं?

(a) दो (b) तीन
(c) पाँच (d) सात

2. वे ध्वनियाँ जो स्वरों की सहायता के बिना उच्चारित नहीं हो सकतीं; वह क्या कहलाती हैं?

(a) स्वर (b) शब्द
(c) व्यंजन (d) संयुक्ताक्षर

3. निम्नलिखित में एक स्पर्श व्यंजन है

(a) श (b) छ
(c) ल (d) ह

4. हिन्दी वर्णमाला के अन्तिम पंचमाक्षरों का उच्चारण स्थान क्या है?

(a) अनुनासिक (b) कण्ठ्य
(c) तालव्य (d) मूर्धन्य

5. अन्तःस्थ व्यंजन हैं

(a) श, स, ह (b) क्ष, त्र, ज्ञ
(c) अं, अँ, अः (d) य, र, ल, व

6. श, ष, स और ह व्यंजन है

(a) उत्क्षिप्त (b) ऊष्म (c) स्पर्श (d) संयुक्त

7. उत्क्षिप्त व्यंजन है

(a) श, ष, स (b) य, र, ल
(c) क्ष, त्र, ज्ञ (d) ड़, ढ़

8. उत्क्षिप्त ध्वनि का प्रयोग हुआ है

(a) आरजू में (b) खसरा में (c) पढ़ाई में (d) जफ़र में

9. 'ज्ञ' वर्ण किन वर्णों के संयोग से बना है?

(a) ज + ञ (b) ज् + ञ
(c) ज + ञ् (d) ज् + ञ्

10. क्ष, त्र और ज्ञ की गणना स्वतन्त्र वर्णों में नहीं होती, क्योंकि

(a) ये संयुक्त व्यंजन हैं
(b) इनका प्रयोग केवल तत्सम शब्दों में ही होता है
(c) ये व्यंजन 'अर्द्धस्वर' माने गए हैं
(d) ये पूर्णतः स्वतन्त्र व्यंजन हैं

11. निम्नलिखित में तत्सम शब्द का चयन कीजिए

(a) बारात (b) वर्षा
(c) हाथी (d) आँसू

12. स्वतन्त्र सत्ता धारण न करने वाले शब्द क्या कहलाते हैं?
(a) रूढ़ (b) यौगिक
(c) योगरूढ़ (d) इनमें से कोई नहीं

13. निम्नलिखित में कौन 'यौगिक' शब्द है?
(a) लेखक (b) पुस्तक
(c) विद्यालय (d) योगी

14. 'यौगिक' शब्द कौन-सा है?
(a) पंकज (b) पाठशाला
(c) दिन (d) जलज

15. 'योगरूढ़' शब्द कौन-सा है?
(a) पीला (b) घुड़सवार
(c) लम्बोदर (d) नाक

16. जिस शब्द का कोई सार्थक खण्ड हो सके, उन्हें क्या कहते हैं?
(a) रूढ़ (b) यौगिक
(c) योगरूढ़ (d) मिश्रित

17. 'अंगीठी' का तत्सम शब्द है
(a) अग्निका (b) अनिष्ठका
(c) अग्निष्ठिका (d) अग्निष्ठकी

18. 'अगम' शब्द है
(a) तत्सम (b) तद्भव
(c) देशज (d) विदेशी

19. 'गँवार' का तत्सम शब्द है
(a) मूर्ख (b) गम्भीर
(c) ग्राहक (d) ग्रामीण

20. 'चोंच' का तत्सम शब्द कौन-सा है?
(a) चूँचूँ (b) चूँचुः
(c) चंचु (d) इनमें से कोई नहीं

21. 'प्रौढ़' का सही सन्धि-विच्छेद है
(a) प्रा + उढ़ (b) प्र + ऊढ़
(c) प्रौ + ढ़ (d) प्र + औढ़

22. 'चौमासा' में समास है
(a) द्वन्द्व (b) कर्मधारय
(c) द्विगु (d) तत्पुरुष

23. 'उल्लंघन' में कौन-सा उपसर्ग है?
(a) उल् (b) उ
(c) उत् (d) न

24. 'साहित्यिक' में कौन-सा प्रत्यय है?
(a) इक (b) इत्यिक
(c) सा (d) क

25. 'पंचामृत' में कौन-सा समास है?
(a) तत्पुरुष (b) द्वन्द्व
(c) कर्मधारय (d) द्विगु

26. 'रीत्यनुसार' शब्द का सन्धि-विच्छेद क्या होगा?
(a) रीत + अनुसार (b) रीति + अनुसार
(c) रीत्य + अनुसार (d) रीतु + अनुसार

27. 'त्रिवेणी' शब्द में कौन-सा समास है?
(a) द्वन्द्व (b) कर्मधारय
(c) बहुव्रीहि (d) द्विगु

28. 'कवीश्वर' शब्द का सही सन्धि-विच्छेद बताइए
(a) कवि + ईश्वर (b) कविश + वर
(c) कवि + इश्वर (d) कवी + ईश्वर

29. कौन-से शब्द में व्यंजन सन्धि है?
(a) देवर्षि (b) जानकीश (c) वागीश (d) कवीश

30. 'पंजाब' शब्द का सही सन्धि-विच्छेद क्या है?
(a) पंज + आब (b) पंजा + ब
(c) पंच + आब (d) पंचा + ब

31. निम्नांकित में शुद्ध वाक्य छाँटिए
(a) रेखा ने भोजन कर ली है।
(b) रेखा भोजन कर ली है।
(c) रेखा भोजन कर ली।
(d) रेखा ने भोजन किया है।

32. सही वाक्य है
(a) सीता ने अपनी सहेलियों को बुलाई।
(b) सीता ने अपनी सहेलियों को बुलाई।
(c) सीता ने अपनी सहेलियों को बुलाए।
(d) सीता ने अपनी सहेलियों को बुलाया।

33. निम्नलिखित प्रश्नों में दिए गए वाक्यों में से शुद्ध वाक्य का चयन कीजिए।
(a) वह एक विद्वान् महिला थी
(b) वह एक महिला विद्वान् थी
(c) वह एक विदुषी महिला थी
(d) एक विदुषी महिला थी वह

34. (a) वह सप्रमाण सहित अपनी बात बताएगा
(b) वह प्रमाण सहित अपनी बात बताएगा
(c) वह सप्रमाण के साथ अपनी बात बताएगा
(d) वह प्रमाण के सहित अपनी बात बताएगा

निर्देश (प्र.सं. 35-38) *प्रश्नों में चार वाक्यों में तीन त्रुटिपूर्ण हैं। त्रुटिरहित वाक्य छाँटकर उसे चिह्नित करें।*

35. (a) एक गीतों की पुस्तक ला दीजिए।
(b) एक गीत की पुस्तक ला दीजिए।
(c) गीतों की एक पुस्तक ला दीजिए।
(d) गीतों की एक पुस्तकें ला दीजिए।

36. (a) मैं पूरी रात में जागता रहा
(b) मैं सारी रात जागता रहा
(c) मैं सारी रात भर जागता रहा
(d) मैं पूरी रात भर जागता रहा

37. (a) जब तक मैं न आऊँ उस समय तब तुम पढ़ते रहना
(b) जब तक मैं नहीं आऊँ तब तक तुम पढ़ते रहना
(c) जब तक मैं नहीं आऊँ उस समय तक तुम पढ़ते रहना
(d) जब तक मैं न आऊँ तब तक तुम पढ़ते रहना

38. (a) यह काम मैं आसानीपूर्वक कर सकता हूँ
(b) यह काम मैं आसानी के साथ कर सकता हूँ
(c) यह काम मैं आसानी सहित कर सकता हूँ
(d) यह काम मैं आसानी से कर सकता हूँ

निर्देश (प्र.सं. 39-40) *निम्नलिखित प्रश्नों में कौन-सा वाक्य शुद्ध है?*

39. (a) वह सब लोग भले हैं।
(b) भीड़ में चार जयपुर के व्यक्ति थे।
(c) मनुष्य ईश्वर की उत्कृष्टतम कृति है।
(d) वह सारे गुप्त रहस्य प्रकट कर देगा।

40. (a) राम को अनुत्तीर्ण होने की आशंका है
(b) राम को अनुत्तीर्ण होने का शक है।
(c) जंगल में प्रातःकाल के समय बहुत सुहावना दृश्य होता है।
(d) मेरे से मत पूछो।

41. जिन वाक्यों से किसी बात या कार्य न होने का बोध होता है, उन्हें कहते हैं
(a) आज्ञावाचक (b) विस्मयवाचक
(c) निषेधवाचक (d) संकेतवाचक

42. 'श्याम स्कूल जाओ'-वाक्य है
(a) विधानवाचक (b) निषेधवाचक
(c) संकेतवाचक (d) आज्ञावाचक

43. जिस वाक्य से आश्चर्य का बोध हो, उसे कहेंगे
(a) विस्मयवाचक (विस्मयादिबोधक)
(b) सन्देहवाचक
(c) इच्छावाचक
(d) प्रश्नवाचक

44. 'अहा! कितना सुन्दर दृश्य है'—वाक्य किस प्रकार का है?
(a) निषेधवाचक (b) विस्मयवाचक
(c) इच्छावाचक (d) आज्ञावाचक

45. 'रमेश पढ़ा-लिखा है या नहीं'—वाक्य है
(a) विधानवाचक (b) इच्छावाचक
(c) सन्देहवाचक (d) आज्ञावाचक

46. जिन वाक्यों से किसी प्रकार की इच्छा या कामना का बोध होता है, उसे कहते हैं
(a) संकेतवाचक (b) सन्देहवाचक
(c) विधानवाचक (d) इच्छावाचक

47. 'आपका भविष्य उज्ज्वल हो'—वाक्य है
(a) इच्छावाचक (b) आज्ञावाचक
(c) विधानवाचक (d) संकेतवाचक

48. 'जो पढ़ेगा वह उत्तीर्ण होगा'—वाक्य है
(a) सन्देहवाचक (b) संकेतवाचक
(c) आज्ञावाचक (d) विधानवाचक

49. निम्न में से कौन-सा वाक्य मिश्र वाक्य नहीं है?
(a) मैंने एक पुस्तक खरीदी जो नई है।
(b) यह वही बच्चा है जिसे बैल ने मारा।
(c) एक विज्ञान गोष्ठी हुई जिसमें अनेक वक्ता बोले।
(d) वह परिश्रमी ही नहीं वरन् ईमानदार भी है।

50. सरल वाक्य है।
(a) उसके आने का समय निश्चित नहीं है।
(b) मुझे बताओ कि तुम कहाँ रहते हो।
(c) वह घर पर मिलेगा, तो मैं अवश्य बात करूँगा।
(d) उपरोक्त में से कोई नहीं

51. ऐसे उपवाक्यों के बीच जो परस्पर सम्बद्ध होने पर भी स्वतन्त्र वाक्य प्रतीत होते हैं, वहाँ किस चिह्न का प्रयोग होता है?
(a) पूर्ण विराम (b) अर्द्ध विराम
(c) अल्प विराम (d) निर्देश चिह्न

52. जहाँ पर अल्प विराम के प्रयोग से भ्रान्ति होने की सम्भावना हो, वहाँ पर किस चिह्न का प्रयोग अनिवार्य हो जाता है?
(a) अर्द्ध विराम (b) विस्मयादिबोधक
(c) प्रश्नवाचक (d) योजक

53. वाक्य में जहाँ अर्द्ध विराम की अपेक्षा कम रुकना पड़ता हो, वहाँ प्रयुक्त होता है
(a) पूर्ण विराम (b) अल्प विराम (c) अर्द्ध विराम (d) ये सभी

54. पूर्ण विराम के बाद सर्वाधिक प्रयुक्त होने वाला विराम-चिह्न है
(a) विस्मयादिबोधक (b) प्रश्नवाचक
(c) अल्प विराम (d) अर्द्ध विराम

55. वाक्य में जहाँ सबसे कम रुकना पड़ता हो, वहाँ प्रयुक्त होता है
(a) विवरण निर्देश (b) निर्देश चिह्न
(c) अर्द्ध विराम (d) अल्प विराम

56. एक ही वाक्य या वाक्यांश में एक ही तरह के पद, शब्द, पदबन्ध या वाक्यांश एकसाथ आने पर ········ लगाया जाता है।
(a) अल्प विराम (b) अर्द्ध विराम
(c) पूर्ण विराम (d) विस्मयादिबोधक

57. निषेधसूचक 'नहीं' और स्वीकारसूचक 'हाँ' के बाद कुछ लिखना हो, तो कौन-सा चिह्न प्रयुक्त किया जाएगा?
(a) पूर्ण विराम (b) अल्प विराम
(c) अर्द्ध विराम (d) इनमें से कोई नहीं

58. समुच्चयबोधक अव्यय का लोप होने पर प्रयुक्त होता है
(a) पूर्ण विराम (b) अर्द्ध विराम (c) अल्प विराम (d) अविराम

निर्देश (प्र.सं. 59 से 60 तक) *प्रत्येक प्रश्न में जिस विकल्प में विराम-चिह्नों का सही प्रयोग हुआ है, उसका चयन कीजिए।*

59. (a) कह सकते हैं कि वाक्य, अनुशासित शब्दों की व्यवस्थित कड़ी है।
(b) कह सकते हैं, ''कि वाक्य अनुशासित शब्दों की कड़ी है!''
(c) कह सकते हैं कि; वाक्य अनुशासित शब्दों की कड़ी है।
(d) कह सकते हैं–कि वाक्य अनुशासित शब्दों-की-कड़ी है।

60. (a) घर जाकर, उसने नहाया। कपड़े धोए। और सारे घर की सफाई की।
(b) घर जाकर उसने नहाया, कपड़े धोए और सारे घर की सफाई की।
(c) घर जाकर उसने–नहाया–कपड़े–धोए और, सारे घर की सफाई की।
(d) घर, जाकर, उसने नहाया; कपड़े धोए और सारे घर की सफाई की

61. 'कानन' शब्द का पर्यायवाची नहीं है
(a) जंगल (b) अरण्य
(c) विपिन (d) इनमें से कोई नहीं

62. 'नियति' शब्द का समानार्थी शब्द है
(a) चरित्र (b) स्वभाव
(c) भाग्य (d) कर्म

निर्देश (प्र.सं. 63-65) *प्रश्नों में दिए गए शब्दों के पर्याय (समानार्थक शब्द) के लिए चार-चार विकल्प दिए गए हैं; उचित विकल्प चुनिए।*

63. स्वच्छ
(a) निर्मल (b) पंकिल
(c) नीरज (d) नीरद

64. ग्रीष्म
(a) गर्मी (b) वर्षा
(c) तपन (d) पावक

65. शाश्वत
(a) आंशिक (b) साकार
(c) चिरंतन (d) लौकिक

निर्देश (प्र.सं. 66-68) *प्रश्नों में दिए गए शब्दों के पर्याय (समानार्थक शब्द) के लिए विकल्प दिए गए हैं; उन विकल्पों में से सही विकल्प का चयन कीजिए।*

66. सुगंध
(a) इत्र (b) सौरभ
(c) चंदन (d) केसर

67. जंगल
(a) बहिन (b) द्रुमदल
(c) कानन (d) कुसुम

68. बादल
(a) पयोधि (b) अंबुज
(c) अंबुधि (d) पयोद

69. 'व्यवहार' और 'मत' शब्दों के सही पर्याय हैं
(a) 'आचार' और 'विचार'
(b) आचरण और सिद्धान्त
(c) विचार और राय
(d) बरताव और निर्णय

70. निम्न विकल्पों में से जो 'चतुर' शब्द का समानार्थी नहीं है वह छाँटिए।
(a) नागर (b) पटु
(c) देवप्रिय (d) दक्ष

निर्देश (प्र.सं. 71-75) *निम्नलिखित गद्यांश को पढ़कर पूछे गए प्रश्नों के उत्तर दीजिए।*

शिक्षा जीवन के सर्वांगीण विकास हेतु अनिवार्य है। शिक्षा के बिना मनुष्य विवेकशील और शिष्ट नहीं बन सकता। विवेक से मनुष्य में सही और गलत का चयन करने की क्षमता उत्पन्न होती है। विवेक से ही मनुष्य के भीतर उसके चहुँ ओर नित्य प्रति होते घटनाक्रमों के प्रति एक छिद्रान्वेषी दृष्टिकोण उत्पन्न होता है। शिक्षा ही मानव को मानव के प्रति मानवीय भावनाओं से पोषित करती है।

शिक्षा से मनुष्य अपने परिवेश के प्रति जाग्रत होकर कर्त्तव्याभिमुख हो जाता है। 'स्व' से 'पर' की ओर अग्रसर होने लगता है। निर्बल की सहायता करना, दुखियों के दु:ख दूर करने का प्रयास करना, दूसरों के दु:ख से दु:खी हो जाना और दूसरों के सुख से स्वयं सुख का अनुभव करना जैसी बातें एक शिक्षित मानव में सरलता से देखने को मिल जाती हैं। इतिहास, साहित्य, राजनीतिशास्त्र, समाजशास्त्र, दर्शनशास्त्र इत्यादि पढ़कर विद्यार्थी विद्वान् ही नहीं बनता वरन् उसमें एक विशिष्ट जीवन दृष्टि, रचनात्मकता और परिपक्वता का सृजन भी होता है। शिक्षित सामाजिक परिवेश में व्यक्ति अशिक्षित सामाजिक परिवेश की तुलना में सदैव ही उच्च स्तर पर जीवन यापन करता है।

परन्तु आज शिक्षा का अर्थ बदल रहा है। शिक्षा भौतिक आकांक्षा की चेरी बनती जा रही है। व्यावसायिक शिक्षा के अंधानुकरण में छात्र सैद्धान्तिक शिक्षा से दूर होते जा रहे हैं। रूस की क्रान्ति, फ्रांस की क्रान्ति, अमेरिकी क्रान्ति, समाजवाद, पूँजीवाद, राजनीतिक व्यवस्था, सांस्कृतिक मूल्यों आदि की सामान्य जानकारी भी व्यावसायिक शिक्षा ग्रहण करने वाले छात्रों को नहीं है। यह शिक्षा का विशुद्ध रोजगारकरण है। शिक्षा के प्रति इस प्रकार का संकुचित दृष्टिकोण अपनाकर विवेकशील नागरिकों का निर्माण नहीं किया जा सकता।

भारत जैसे विकासशील देश में शिक्षा रोजगार का साधन न होकर साध्य हो गई है। इस कुप्रवृत्ति पर अंकुश लगाना अनिवार्य है। जहाँ मानविकी के छात्रों को पत्रकारिता, साहित्य-सृजन, विज्ञापन, जनसम्पर्क इत्यादि कोर्स भी कराए जाने चाहिए ताकि उन्हें रोजगार के लिए न भटकना पड़े वहीं व्यावसायिक कोर्स करने वाले छात्रों को मानविकी के विषय; जैसे—इतिहास, साहित्य, राजनीतिशास्त्र व दर्शन आदि का थोड़ा बहुत अध्ययन अवश्य कराना चाहिए ताकि समाज को विवेकशील नागरिक प्राप्त होते रहें, तभी समाज में सन्तुलन बना रह सकेगा।

71. छिद्रान्वेषी दृष्टिकोण से लेखक का क्या तात्पर्य है?
(a) समन्वय की भावना उत्पन्न होना
(b) उपयुक्त और अनुपयुक्त का बोध होना
(c) मानवीयता का विकास होना
(d) विवेकशीलता का विकास होना

72. "शिक्षा ही मानव को मानव के प्रति मानवीय भावनाओं से पोषित करती है।" इस कथन के लिए उपयुक्त विकल्प चुनिए
(a) कटुता
(b) सहृदयता की भावना का विकास
(c) विनम्रता की भावना का विकास
(d) घृणा की भावना का विकास

73. शिक्षा से मनुष्य 'स्व' से 'पर' की ओर अभिगमन करने लगता है, क्यों?
(a) शिक्षा मनुष्य को संवेदनशील बनाती है
(b) शिक्षा से मनुष्य में सेवा भाव उत्पन्न होता है
(c) शिक्षा मनुष्य को कर्त्तव्यपरायण बनाती है
(d) शिक्षा मनुष्य में मानवीय भाव भरती है

74. वर्तमान शिक्षा भौतिक आकांक्षा की चेरी किस प्रकार बन गई है?
(a) शिक्षा के मात्र व्यावसायिक पक्ष को देखा जा रहा है
(b) शिक्षा को मात्र सैद्धान्तिक बनाकर रख दिया गया है
(c) शिक्षा रचनात्मकता और परिपक्वता की सर्जक बन गई है
(d) शिक्षा को मात्र रोजगार से सम्बद्ध कर दिया गया है

75. उपरोक्त गद्यांश का उपयुक्त शीर्षक क्या होगा?
(a) शिक्षा
(b) शिक्षा का जीवन में महत्त्व
(c) शिक्षा का बदलता स्वरूप
(d) सैद्धान्तिक व व्यावसायिक शिक्षा

76. पत्र के प्रकार हैं।
(a) दो (b) तीन
(c) चार (d) इनमें से कोई नहीं

77. पत्र को लिखने का क्रम कहलाता है।
(a) पत्र के प्रकार (b) पत्र के अंग
(c) पत्र के शीर्षक (d) पत्र का विवरण

78. पत्र में सर्वप्रथम लिखा जाता है।
(a) पत्र लिखने वाले का नाम व पता
(b) पत्र पाने वाले का नाम व पता
(c) तिथि व स्थान
(d) इनमें से कोई नहीं

79. निम्नलिखित कथनों में से कोई एक कथन सही है, उसे पहचानकर लिखिए।
(a) डॉ. हजारीप्रसाद द्विवेदी नाटककार के रूप में प्रसिद्ध हैं।
(b) 'अजातशत्रु' के लेखक उदयशंकर भट्ट हैं।
(c) 'शेखर : एक जीवनी' अज्ञेय की कृति है।
(d) राजेन्द्र यादव शुक्ल-युग के प्रसिद्ध कहानीकार थे।

80. निम्नलिखित कथनों में से कोई एक कथन सही है, उसे पहचानकर लिखिए।
(a) आचार्य रामचन्द्र शुक्ल एक प्रसिद्ध निबन्धकार हैं।
(b) डॉ. हजारीप्रसाद द्विवेदी एक महान् कहानीकार के रूप में प्रसिद्ध हैं।
(c) जयशंकर प्रसाद एक प्रसिद्ध आलोचक हैं।
(d) 'उर्वशी' के लेखक जयप्रकाश भारती हैं।

81. निम्नलिखित कथनों में से कोई एक कथन सही है, उसे पहचानकर लिखिए।
(a) आचार्य हजारीप्रसाद द्विवेदी श्रेष्ठ संस्मरण लेखक हैं।
(b) 'तारसप्तक' का सम्पादन सच्चिदानन्द हीरानन्द वात्स्यायन 'अज्ञेय' ने किया है।
(c) 'गुनाहों का देवता' उपन्यास के लेखक प्रेमचन्द है।
(d) गुलाबराय प्रसिद्ध कवि हैं।

82. निम्नलिखित कथनों में से कोई एक कथन सही है, उसे पहचानकर लिखिए।
(a) डॉ. श्यामसुन्दर दास एक प्रख्यात नाटककार हैं।
(b) मुंशी प्रेमचन्द एक प्रसिद्ध उपन्यासकार हैं।
(c) जयप्रकाश भारती आलोचक के रूप में प्रसिद्ध हैं।
(d) 'गुनाहों का देवता' उपन्यास के लेखक कमलेश्वर हैं।

83. निम्नलिखित कथनों में से कोई एक कथन सही है, उसे पहचानकर लिखिए।
(a) जैनेन्द्र कुमार मुख्यतः नाटककार हैं।
(b) 'यामा' जयशंकर प्रसाद का कहानी-संग्रह है।
(c) आचार्य रामचन्द्र शुक्ल साहित्येतिहासकार हैं।
(d) डॉ. रामकुमार वर्मा कहानीकार हैं।

84. निम्नलिखित कथनों में से कोई एक कथन सही है, उसे पहचानकर लिखिए।
(a) रामचन्द्र शुक्ल महान् कवि के रूप में प्रसिद्ध हैं।
(b) 'संस्कृति के चार अध्याय' के लेखक रामधारी सिंह 'दिनकर' हैं।
(c) भारतेन्दु हरिश्चन्द्र रीतिकाल के रचनाकार हैं।
(d) 'स्कन्दगुप्त' धर्मवीर भारती की रचना है।

85. निम्नलिखित कथनों में से कोई एक कथन सही है, उसे पहचानकर लिखिए।
(a) विद्यानिवास मिश्र कवि के रूप में प्रसिद्ध हैं।
(b) 'स्कन्दगुप्त' आचार्य रामचन्द्र शुक्ल की नाट्यकृति है।
(c) जैनेन्द्र मूलतः डायरी लेखक हैं।
(d) 'मेरी तिब्बत यात्रा' राहुल सांकृत्यायन की कृति है।

86. निम्नलिखित कथनों में से कोई एक कथन सही है, उसे पहचानकर लिखिए।
(a) रामविलास शर्मा ख्याति प्राप्त कवि हैं।
(b) इलाचन्द्र जोशी सफल उपन्यासकार हैं।
(c) 'मैला आँचल' शैलेश मटियानी का प्रसिद्ध उपन्यास है।
(d) सियारामशरण गुप्त भेंटवार्ताकार हैं।

87. निम्नलिखित में से कोई एक कथन सही है, उसे पहचानकर लिखिए।
(a) 'ममता' जयशंकर प्रसाद का प्रसिद्ध उपन्यास है।
(b) 'क्या लिखूँ?' पदुमलाल पुन्नालाल बख्शी का निबन्ध है।
(c) 'उजली आग' रामधारी सिंह 'दिनकर' का महाकाव्य है।
(d) 'अजन्ता' के लेखक जयप्रकाश भारती हैं।

88. निम्नलिखित में से कोई एक कथन सत्य है, पहचानकर लिखिए।
(a) जयशंकर प्रसाद आलोचक के रूप में प्रसिद्ध हैं।
(b) आचार्य हजारीप्रसाद द्विवेदी निबन्धकार के रूप में प्रसिद्ध हैं।
(c) आचार्य रामचन्द्र शुक्ल कवि के रूप में प्रसिद्ध हैं।
(d) केशव रीतिसिद्ध कवि हैं।

89. "तुम आ जाते एक बार।
कितनी करुणा, कितने सन्देश,
पथ में बिछ जाते बन पराग।"
इन पंक्तियों में कौन-सा रस सृजित होता है?
(a) श्रृंगार रस (b) वीर रस
(c) अद्‌भुत रस (d) वीभत्स रस

90. "माता ऐसा बेटा जनिये,
कै शूरां कै भक्त् कहाय।"
इन पंक्तियों में कौन-सा रस सृजित होता है?
(a) श्रृंगार रस (b) वीर रस
(c) अद्‌भुत रस (d) वीभत्स रस

91. "दुख ही जीवन की कथा रही,
क्या कहुँ, आज जो नहीं कही।"
इन पंक्तियों में कौन-सा रस सृजित होता है?
(a) करुण रस (b) श्रृंगार रस
(c) अद्‌भुत रस (d) वीभत्स रस

92. "मेरी भव बाधा हरौ राधा नागरि सोइ।
जा तन की झाईं परै स्याम हरित दुति होइ।।"
इन पंक्तियों में कौन-सा रस है?
(a) भक्ति रस (b) श्रृंगार रस (c) अद्‌भुत रस (d) वीभत्स रस

93. 'वीरों का कैसा हो वसन्त' में किस रस की सृष्टि हुई है?
(a) वीर रस (b) श्रृंगार रस
(c) अद्‌भुत रस (d) वीभत्स रस

94. "मेरे तो गिरिधर गोपाल दूसरो न कोई।
जाके सिर मोर मुकुट मेरो पति सोई।।"
इन पंक्तियों में कौन-सा रस है?
(a) हास्य रस (b) करुण रस
(c) श्रृंगार रस (d) शान्त रस

95. "जेहिं गिरि चरण देहि हनुमन्ता।
चलेउ सो गा पाताल तुरन्ता।।"
इन पंक्तियों में किस रस की भावना है?
(a) वीर रस (b) अद्‌भुत रस
(c) श्रृंगार रस (d) रौद्र रस

96. "कनक भूधराकार सरीरा।
समर भयंकर अतिबल बीरा।।"
इन पंक्तियों में किस रस की भावना है?
(a) अद्‌भुत रस (b) वीर रस
(c) रौद्र रस (d) श्रृंगार रस

97. "अस कहि रघुपति चाप चढ़ावा। यह मत लछिमन के मन भावा।।
संधानेऊ प्रभु बिसिख कराला। उठी उदधि उर अन्तर ज्वाला।"
इन पंक्तियों में किस रस की सृष्टि हुई है?
(a) रौद्र रस (b) अद्‌भुत रस
(c) वीर रस (d) श्रृंगार रस

98. "प्रकृति रही दुर्जेय, पराजित हम सब थे भूले मद में,
भोले थे, हाँ तिरते केवल सब विलासिता के नद में।"
इन पंक्तियों में कौन-सा रस दृष्टिगत होता है?
(a) अद्‌भुत रस (b) शान्त रस
(c) श्रृंगार रस (d) वीर रस

99. "समरस थे जड़ या चेतन सुन्दर साकार बना था।
चेतनता एक विलसती आनन्द अखण्ड घना था।"
इन पंक्तियों में कौन-सा रस सृष्ट हुआ है?
(a) शान्त रस (b) श्रृंगार रस
(c) वीर रस (d) रौद्र रस

100. "हे खग, मृग, हे मधुकर श्रेणी,
तुम देखी सीता मृगनयनी?"
इन पंक्तियों में कौन-सा रस है?
(a) संयोग श्रृंगार (b) करुण
(c) वियोग श्रृंगार (d) अद्‌भुत

101. व्याकरण की दृष्टि से कौन-सा शब्द अशुद्ध है?
(a) विरहणी (b) गृहिणी (c) विभीषण (d) जगद्‌गुरु

102. निम्न में से किस शब्द की वर्तनी सही है?
(a) अनुग्रहीत (b) अनुगृहीत
(c) अनग्रहीत (d) अनुग्रहित

103. शुद्ध वर्तनी का चयन कीजिए
(a) अहुण्य (b) अक्षुण्य
(c) अक्षुण्ण (d) अक्ष्णुण

104. वर्तनी की दृष्टि से निम्नलिखित में शुद्ध शब्द है
(a) रचियता (b) रचयिता
(c) रचईता (d) रचियिता

105. निम्न में से कौन-सा शब्द विदेशी है?
(a) लोटा (b) चाकू
(c) आटा (d) पेट

106. 'ऋजुता' का सही विलोम है
(a) टेढ़ापन (b) वक्रता
(c) बाँकापन (d) तिरछापन

107. 'स्थावर' का विलोम शब्द है
(a) जंगल (b) सम्पत्ति
(c) जंगम (d) स्थापना

108. 'निर्दय' का विलोम शब्द है
(a) सहृदय (b) सह्य
(c) सभय (d) सदय

109. 'अवर' शब्द का विलोम होगा

(a) दूसरा (b) अपर (c) प्रवर (d) अधम

110. 'सारंग' का अनेकार्थक शब्द समूह है

(a) चन्द्रमा, भौंरा, रति-क्रीड़ा, चाबुक
(b) चन्दन, हाथी, भौंरा, कोयल
(c) चन्द्रमा, जत्था, असत्य, भौंरा
(d) हाथी, विष, चूना, चन्द्रमा

111. निम्न में से 'बहुमूल्य' का उचित अर्थ होगा

(a) जिसका मूल्य बहुत अधिक हो
(b) जिसका मूल्य कोई दे न सके
(c) जिसका मूल्य कम हो
(d) जो मूल्यहीन हो

112. 'अर्वाचीन' शब्द का विलोम होगा

(a) प्राचीन (b) अद्यतन (c) अधुनातन (d) सनातन

113. 'अत्यधिक' का विलोम शब्द क्या है?

(a) अत्यल्प (b) अत्याधिक
(c) अनधिगत (d) अनधीन

निर्देश (प्र. सं. 114-115) *नीचे दिये गये मुहावरे/लोकोक्तियों के अर्थ बताइएये।*

114. आस्तीन का साँप होना

(a) छिपा हुआ मित्र होना
(b) विश्वासघाती मित्र होना
(c) दुष्टों की संगति होना
(d) हानिकारक शत्रु होना

115. ईंट का जवाब पत्थर से देना

(a) किसी की दुष्टता का करारा जवाब देना
(b) युद्धात्मक विनाश करना
(c) वाक् युद्ध करना
(d) गाली-गलौज करना

116. 'आधे-अधूरे' नाटक के रचनाकार हैं

(a) अमृतलाल नागर (b) मन्नू भण्डारी
(c) मोहन राकेश (d) निर्मल वर्मा

117. 'चाँद का मुँह टेढ़ा है' के लेखक हैं

(a) यशपाल
(b) नागार्जन
(c) गजानन माधव मुक्तिबोध
(d) अमृतराय

118. 'चन्द्र बिना ज्यों यामिनी, ज्यों जामिनी बिनु चन्द' पंक्ति में कौन-सा अलंकार है?

(a) मानवीकरण (b) उत्प्रेक्षा
(c) अन्योन्य (d) अपह्नुति

119. निम्नांकित पद्य किस छन्द में है?

''नवल सुन्दर श्याम शरीर की
सजल नीरद सी कल कान्ति थी।''

(a) मालिनी (b) इन्द्रवज्रा (c) द्रुतविलम्बित (d) शालिनी

120. माधुर्य गुण में किस वर्ग के अक्षरों का निषेध है?

(a) 'क' वर्ग (b) 'ट' वर्ग
(c) 'च' वर्ग (d) 'प' वर्ग

उत्तरमाला

1.	(b)	2.	(c)	3.	(b)	4.	(a)	5.	(d)	6.	(b)	7.	(d)	8.	(c)	9.	(b)	10.	(a)
11.	(b)	12.	(b)	13.	(c)	14.	(b)	15.	(c)	16.	(b)	17.	(c)	18.	(c)	19.	(d)	20.	(c)
21.	(b)	22.	(c)	23.	(c)	24.	(a)	25.	(d)	26.	(b)	27.	(d)	28.	(a)	29.	(c)	30.	(c)
31.	(d)	32.	(d)	33.	(c)	34.	(b)	35.	(d)	36.	(b)	37.	(d)	38.	(d)	39.	(d)	40.	(a)
41.	(c)	42.	(d)	43.	(a)	44.	(b)	45.	(c)	46.	(d)	47.	(a)	48.	(b)	49.	(d)	50.	(a)
51.	(b)	52.	(a)	53.	(b)	54.	(c)	55.	(d)	56.	(a)	57.	(b)	58.	(c)	59.	(a)	60.	(b)
61.	(d)	62.	(c)	63.	(a)	64.	(a)	65.	(c)	66.	(b)	67.	(c)	68.	(d)	69.	(a)	70.	(c)
71.	(d)	72.	(a)	73.	(c)	74.	(c)	75.	(b)	76.	(a)	77.	(b)	78.	(a)	79.	(c)	80.	(a)
81.	(b)	82.	(b)	83.	(c)	84.	(b)	85.	(d)	86.	(b)	87.	(b)	88.	(b)	89.	(a)	90.	(b)
91.	(a)	92.	(a)	93.	(a)	94.	(c)	95.	(b)	96.	(a)	97.	(a)	98.	(b)	99.	(a)	100.	(c)
101.	(a)	102.	(b)	103.	(c)	104.	(b)	105.	(b)	106.	(b)	107.	(c)	108.	(d)	109.	(c)	110.	(b)
111	(a)	112	(a)	113	(a)	114	(b)	115	(a)	116.	(c)	117.	(c)	118.	(c)	119.	(c)	120.	(b)

मध्य प्रदेश उच्च माध्यमिक शिक्षक पात्रता परीक्षा

हिन्दी भाषा (भाग–'ब')

प्रैक्टिस सेट 3

निर्देश

1. सभी प्रश्नों के उत्तर दीजिए।
2. सभी प्रश्नों के अंक समान हैं।
3. प्रत्येक प्रश्न का केवल एक ही उत्तर दीजिए।
4. प्रत्येक प्रश्न के चार वैकल्पिक उत्तर दिए गए हैं। अभ्यर्थी सही उत्तर का चुनाव करें।

1. हिन्दी में व्यंजन वर्णों की संख्या है
(a) 28 (b) 30
(c) 33 (d) 35

2. कण्ठ्य ध्वनियाँ (व्यंजन) कौन-सी हैं?
(a) च, छ, ज, झ (b) ट, ठ, ड, ढ
(c) क, ख, ग, घ (d) प, फ, ब, भ, म

3. 'श' ध्वनि का उच्चारण स्थान है
(a) गूर्धन्य (b) तालव्य
(c) दन्त्य (d) ओष्ठ्य

4. मूर्धन्य ध्वनियाँ कौन-सी हैं?
(a) च, छ, ज, झ (b) ट, ठ, ड, ढ
(c) त, थ, द, ध (d) प, फ, ब, भ, म

5. त, थ, द, ध, स आदि का उच्चारण स्थान है
(a) तालव्य (b) दन्त्य
(c) मूर्धन्य (d) दन्त्योष्ठ्य

6. जिन व्यंजनों के उच्चारण में दोनों ओष्ठों द्वारा श्वास का अवरोध होता है, वे क्या कहलाते हैं?
(a) मूर्धन्य व्यंजन (b) ओष्ठ्य व्यंजन
(c) तालव्य व्यंजन (d) कण्ठ्य व्यंजन

7. यदि नीचे का होंठ पूरी तरह काट दिया जाए, तो किस ध्वनि के उच्चारण में कठिनाई होगी?
(a) 'ल' (b) 'ब'
(c) 'ध' (d) 'ख'

8. 'व' व्यंजन का उच्चारण स्थान है
(a) दन्त्य (b) ओष्ठ्य
(c) मूर्धन्य (d) दन्त्योष्ठ्य

9. वर्त्स्य व्यंजन कौन-सा है?
(a) न (b) त
(c) स (d) ह

10. स्वर रहित 'र' का प्रयोग हुआ है
(a) ट्रक में (b) पुनर्निर्माण में
(c) त्राटक में (d) शत्रु में

11. मजिस्ट्रेट शब्द है
(a) तत्सम (b) तद्भव
(c) देशज (d) विदेशज

12. निम्नलिखित में से कौन-सा शब्द 'देशज' है?
(a) अग्नि (b) प्रार्थना
(c) खेत (d) लोटा

13. निम्नलिखित में से कौन 'यौगिक' शब्द है?
(a) कवि (b) पत्र
(c) छात्रावास (d) गायक

14. 'योगरूढ़' शब्द कौन-सा है?
(a) नीला (b) धैर्यवान
(c) पीताम्बर (d) आँख

15. नीचे दिए गए विकल्पों में से तत्सम शब्द का चयन कीजिए
(a) पड़ोसी (b) गोधूम
(c) बहू (d) शहीद

16. कौन-सा शब्द 'देशज' नहीं है?
(a) अण्टा (b) कलाई
(c) जूता (d) चमचा

17. जिन शब्दों की उत्पत्ति का पता नहीं चलता, उन्हें कहा जाता है
(a) तत्सम (b) तद्भव
(c) देशज (d) यौगिक

18. निम्नलिखित में कौन-सा शब्द तत्सम नहीं है?
(a) आँख (b) नयन
(c) नेय (d) दृग

19. 'आज' का तत्सम शब्द है
(a) अजः (b) आजः
(c) अद्य (d) इदम्

20. 'किवाड़' शब्द है
(a) तद्भव (b) तत्सम
(c) देशज (d) इनमें से कोई नहीं

21. व्यंजन सन्धि के उदाहरण हैं
(a) उल्लास, संगम, तथास्तु
(b) सम्भावना, सद्भावना, बहिष्कार
(c) वातावरण, उल्लास, संस्कृत
(d) उल्लास, संगम, सम्भावना

22. 'देव जो महान् है'' यह किस समास का उदाहरण है?
(a) तत्पुरुष (b) अव्ययीभाव
(c) कर्मधारय (d) बहुव्रीहि

23. 'योगदान' में कौन-सा समास है?
(a) बहुव्रीहि (b) अव्ययीभाव
(c) तत्पुरुष (d) कर्मधारय

24. 'उच्छवास' का सही सन्धि-विच्छेद है?
(a) उत् + श्वास (b) उत् + छवास
(c) उच् + श्वास (d) उच् + छवास

25. 'बहिर्मुखी' शब्द में कौन-सा उपसर्ग है?
(a) बहिस (b) बहि
(c) बहिर् (d) बहिर

26. दो वर्णों के मेल से होने वाले विकार को कहते हैं?
(a) सन्धि (b) समास (c) उपसर्ग (d) प्रत्यय

27. सन्धि के प्रकार होते हैं
(a) एक (b) दो
(c) तीन (d) चार

28. 'राकेश' का सही सन्धि-विच्छेद है
(a) राके + ईश (b) राक + एश
(c) राका + ईश (d) राका + इश

29. 'भानूदय' में प्रयुक्त सन्धि का नाम है
(a) गुण सन्धि (b) दीर्घ सन्धि
(c) व्यंजन सन्धि (d) वृद्धि सन्धि

30. 'अति + आचार' सन्धि-विच्छेद है
(a) अतिचार का (b) अत्याचार का
(c) अत्यचार का (d) इनमें से कोई नहीं

31. (a) बन्दूक एक उपयोगी अस्त्र है।
(b) यह मेरा पुस्तक है।
(c) इन्हें एक पुत्र है।
(d) भारत में अनेकों जातियाँ हैं।

32. (a) रागिनी अपने आप चली गई।
(b) रागिनी खुद चली गई।
(c) रागिनी अपने से ही चली गई।
(d) रागिनी आपके आप चली गई।

33. (a) आपने आपके घर जाएँ।
(b) आप ही आपके घर जाएँ।
(c) आप अपने घर जाएँ।
(d) आप आपकी घर जाएँ।

34. शुद्ध वाक्य छाँटिए
(a) नेताजी को आज वहाँ जाना है।
(b) नेताजी ने आज वहाँ जाना है।
(c) आज वहाँ नेताजी ने जाना है।
(d) वहाँ आज नेताजी ने जाना है।

निर्देश (प्र.सं. 35-37) *प्रश्नों में दिए गए वाक्यों में से शुद्ध वाक्य का चयन कीजिए।*

35. (a) मैंने तेरे को बोला था। (b) मैंने तुमको कहा था।
(c) मैंने तुमसे कहा था। (d) मैंने तेरे से कहा था।

36. (a) आज बेहद गर्मी है। (b) आज बेशुमार गर्मी है।
(c) आज अधिक गरमी है। (d) आज अनाधिक गरमी है।

37. (a) मैं मेरा काम करता हूँ
(b) मैं मेरी काम करता हूँ
(c) मैं अपुन का काम करता हूँ
(d) मैं अपना काम करता हूँ

निर्देश (प्र.सं. 38-40) *दिए गए प्रश्नों में चार विकल्पों में से शुद्ध वाक्य का चयन कीजिए।*

38. (a) फल बच्चे को काटकर खिलाओ
(b) बच्चे को काटकर फल खिलाओ
(c) बच्चे को फल काटकर खिलाओ
(d) काटकर फल बच्चे को खिलाओ

39. (a) बैल और बकरी घास चरती हैं।
(b) बैल और बकरी घास चरते हैं।
(c) बैल और बकरी घास चरता है।
(d) बैल और बकरी घास चरती है।

40. (a) 'रामचरितमानस' एक धार्मिक ग्रंथ है।
(b) 'राम चरितमानस' एक धार्मिक ग्रंथ है।
(c) 'राम चरित मानस' एक धार्मिक ग्रंथ है।
(d) 'रामचरित मानस' एक धार्मिक ग्रंथ है।

41. इनमें से मिश्र वाक्य कौन है?
(a) यौवन चरित्र निर्माण का समय है।
(b) जो लोग स्वस्थ रहते हैं, उन्हें वैद्य के पास नहीं जाना पड़ता।
(c) करो या मरो।
(d) उपरोक्त में से कोई नहीं

42. संयुक्त वाक्य पहचानिए
(a) उत्तर देने का यह ढंग ठीक नहीं है
(b) उसे गर्व है कि वह उच्चकुल में पैदा हुआ
(c) दवा लो और बुखार कम हो जाएगा
(d) उपरोक्त सभी

43. इनमें से विधानवाचक वाक्य कौन है?
(a) यह एक अनुकरणीय उदाहरण नहीं है।
(b) इस बात से किसी को इनकार नहीं है।
(c) मुझे कौन वोट नहीं देगा?
(d) यह बात सभी को स्वीकार्य है।

44. 'शायद' में भी वाक्य है
(a) सन्देहवाचक (b) संकेतवाचक
(c) इच्छार्थक (d) विधानवाचक

45. वाक्य के घटक या अंग होते हैं
(a) उद्देश्य और विधेय (b) कर्ता और क्रिया
(c) कर्म और क्रिया (d) कर्म और विशेषण

46. भाववाच्य वाला वाक्य इनमें से कौन-सा है?
(a) मालती खाना खाती है (b) रमेश खाना खा सकता है
(c) हिमेश से दौड़ा नहीं जाता (d) रक्षा दौड़ नहीं सकती

47. निम्नलिखित में से क्रिया-विशेषण उपवाक्य है
(a) मेरे पास एक गुड़िया है जो नाचती है
(b) मेरी इच्छा है कि मैं एक उपन्यास लिखूँ
(c) जब बारिश हो रही थी तब मैं घर में था
(d) कविता ने कहा कि सुनीता ने शादी कर ली

48. हाथी जंगल में रहते हैं—यह वाक्य है
(a) विधानवाचक (b) अनिश्चयवाचक
(c) निषेधवाचक (d) प्रश्नवाचक

49. वह हार गया परन्तु यह आश्चर्य है—यह वाक्य है
(a) मिश्र वाक्य (b) सरल वाक्य
(c) संयुक्त वाक्य (d) इनमें से कोई नहीं

50. निम्नलिखित में से इच्छार्थक वाक्य है
(a) सौरभ को बुलाओ (b) तुम्हारा मंगल हो
(c) तुमने सुना होगा (d) आज विद्यालय में अवकाश है

51. (a) राम की पत्नी दोनों बच्चे और नौकर घूमने गए हैं।
(b) राम की पत्नी : दोनों बच्चे : और नौकर घूमने गए हैं।
(c) राम की पत्नी, दोनों बच्चे और नौकर घूमने गए हैं।
(d) राम, की पत्नी दोनों, बच्चे और नौकर, घूमने गए हैं।

52. (a) जीना, मरना, सुख, दु:ख, हानि, लाभ और होनी, अनहोनी लगे ही रहते हैं।
(b) जीना मरना; सुख दु:ख; हानि लाभ और होनी, अनहोनी; लगे ही रहते हैं।
(c) जीना मरना, सुख दु:ख, हानि-लाभ और होनी, अनहोनी लगे ही रहते हैं।
(d) जीना-मरना, सुख-दु:ख, हानि-लाभ और होनी, अनहोनी लगे ही रहते हैं।

53. (a) नहीं, यह मुझसे न होगा।
(b) नहीं यह, मुझसे न होगा।
(c) नहीं! यह मुझसे न होगा?
(d) नहीं! यह मुझसे न होगा

54. एक व्यक्ति से प्रश्न किए जाने पर उत्तर नहीं मिलता या गलत उत्तर मिलता है, तो दूसरे से प्रश्न किए जाने पर वाक्यांश में कौन-सा चिह्न लगाया जाता है?
(a) प्रश्नवाचक (b) विस्मयवाचक
(c) पूर्ण विराम (d) अर्द्ध विराम

55. विनय, व्यंग्य, उपहास को व्यक्त करने के लिए किस विराम-चिह्न का प्रयोग किया जाता है?
(a) प्रश्नवाचक (b) विस्मयादिबोधक
(c) पूर्ण विराम (d) अल्प विराम

56. दो विपरीतार्थक शब्दों के बीच किस चिह्न का प्रयोग होता है?
(a) योजक (b) विस्मयादि
(c) अल्प विराम (d) अर्द्ध विराम

57. जब दो शब्दों में एक सार्थक और दूसरा निरर्थक हो तब वहाँ लगाया जाता है
(a) उद्धरण चिह्न
(b) योजक चिह्न
(c) प्रश्नवाचक चिह्न
(d) विस्मयादिसूचक चिह्न

58. जब दो संयुक्त क्रियाएँ एकसाथ प्रयुक्त हों तो कौन-सा चिह्न लगाया जाता है?
(a) अल्प विराम (b) पूर्ण विराम
(c) योजक (d) इनमें से कोई नहीं

59. किस वाक्य में विराम-चिह्न का गलत प्रयोग हुआ है?
(a) बुद्ध ने घर-घर जाकर उपदेश दिए
(b) उसके पास कपड़ा-लत्ता कुछ है भी या नहीं
(c) विराम-चिह्नों का प्रयोग सही नहीं हुआ है
(d) पिता-पुत्र में झगड़ा हो गया

60. निम्न में से कौन-सा विराम-चिह्न अंग्रेज़ी भाषा में प्रचलित नहीं है?
(a) ; (b) ,
(c) ! (d) ।

61. पर्यायवाची शब्द का कौन-सा युग्म सही नहीं है?
(a) वसुमती-धरती (b) वाजि-सिंह
(c) मरीचि-किरण (d) वह्नि-आग

62. सुधाकर शब्द किसका पर्यायवाची है?
(a) सिन्धु (b) जलाशय
(c) चन्द्रमा (d) बादल

63. 'अद्‌भुत' शब्द का समानार्थी नहीं है
(a) अद्वितीय (b) आश्चर्यजनक
(c) भयानक (d) अपूर्व

64. 'पापी' शब्द का समानार्थी शब्द है
(a) पामर (b) निर्दयी
(c) कुत्सित (d) अधम पाव की

65. 'फूल' शब्द का समानार्थी नहीं है
(a) पुष्प (b) सरोज
(c) प्रसून (d) मंजरी

66. 'मृषा' किस शब्द का पर्याय है?
(a) मिथ्या (b) मृत्यु
(c) मुक्ति (d) मित्र

67. 'अरविन्द' शब्द का पर्यायवाची है।
(a) केवड़ा (b) कमल
(c) गुलाब (d) कचवृक्ष

68. 'अरण्य' का पर्यायवाची है
(a) कानन (b) देवदारु
(c) अकेला (d) हरियाली

69. 'असुर' का समानार्थी है
(a) पापी (b) भूत
(c) राक्षस (d) उद्दंड

70. 'आनन्द' का पर्यायवाची है
(a) सहकार (b) स्पृहा
(c) प्रमाद (d) प्रमोद

निर्देश (प्र.सं. 71-75) *निम्नलिखित गद्यांश को पढ़कर पूछे गए प्रश्नों के उत्तर दीजिए।*

पुरुषार्थ दार्शनिक विषय है, पर दर्शन का जीवन से घनिष्ठ सम्बन्ध है। वह थोड़े-से विद्यार्थियों का पाठ्य विषय मात्र नहीं है। प्रत्येक समाज को एक दार्शनिक मत स्वीकार करना होता है। उसी के आधार पर उसकी राजनीतिक, सामाजिक और कौटुम्बिक व्यवस्था का व्यूह खड़ा होता है। जो समाज अपने वैयक्तिक और सामूहिक जीवन को केवल प्रतीयमान उपयोगिता के आधार पर चलाना चाहेगा उसको बड़ी कठिनाइयों का सामना करना पड़ेगा।

एक विभाग के आदर्श दूसरे विभाग के आदर्श से टकराएँगे। जो बात एक क्षेत्र में ठीक जँचेगी वही दूसरे क्षेत्र में अनुचित कहलाएगी और मनुष्य के लिए अपना कर्त्तव्य स्थिर करना कठिन हो जाएगा। इसका तमाशा आज दीख पड़ रहा है। चोरी करना बुरा है, पर पराये देश का शोषण करना बुरा नहीं। झूठ बोलना बुरा है, पर राजनैतिक क्षेत्र में सच बोलने पर अड़े रहना मूर्खता है। घरवालों के साथ, देशवासियों के साथ और परदेशियों के साथ बर्ताव करने के लिए अलग-अलग आचारावलियाँ बन गई हैं। इससे विवेकशील मनुष्य को कष्ट होता है।

71. सामाजिक व्यवस्था को चलाने के लिए आवश्यकता होती है
(a) आचार संहिता बनाने की
(b) विशेष दर्शन बनाने की
(c) विरोधाभासों को दूर करने की
(d) एक सफल रणनीति बनाने की

72. समाज के लिए दर्शन महत्त्वपूर्ण है, क्योंकि
(a) इससे समाज की व्यवस्था संचालित होती है
(b) इससे सामाजिक जीवन की उपयोगिता में वृद्धि होती है
(c) यह समाज को सही दृष्टि प्रदान करता है
(d) इससे राजनीति की रणनीति निर्धारित होती है

73. समाज में जीवन प्रतीयमान उपयोगिता के आधार पर नहीं चल सकता, क्योंकि
(a) सभी व्यक्तियों का जीवन दर्शन भिन्न होता है
(b) आचार संहिताएँ सभी के लिए अलग-अलग हैं
(c) एक ही बात भिन्न-भिन्न क्षेत्रों में उचित या अनुचित हो सकती है
(d) सभी मनुष्य विवेकशील नहीं होते

74. विवेकशील मनुष्य को कष्ट पहुँचाने वाले विरोधाभास हैं
(a) सभी व्यक्तियों पर एक ही दर्शन थोपने का प्रयास
(b) परिवार, देश और विदेशी लोगों लिए पृथक् आचार संहिता
(c) समाज विशेष के लिए नैतिक मूल्य और नियमों का निर्धारण
(d) दर्शन के अनुसार राजनीतिक, सामाजिक तथा पारिवारिक-व्यवस्था का निर्धारण

75. गद्यांश का उपयुक्त शीर्षक है
(a) समाज और दर्शन
(b) दर्शन और सामाजिक आचरण
(c) दर्शन और सामाजिक व्यवस्था
(d) समाज में दर्शन का महत्त्व

76. गद्य-खण्ड में व्यक्त विचारों को कम-से-कम शब्दों में लिखना, क्या कहलाता है?
(a) पल्लवन (b) संक्षेपण
(c) शब्द भण्डार (d) इनमें से कोई नहीं

77. संक्षेपण में सर्वथा किन बातों का त्याग किया जाता है?
(a) अप्रासंगिक (b) असम्बद्ध
(c) अनावश्यक (d) ये सभी

78. संक्षेपण पढ़ लेने के बाद किसे पढ़ने की आवश्यकता नहीं होती
(a) सार (b) विचारों को
(c) मूल सन्दर्भ (d) इनमें से कोई नहीं

79. संक्षेपण के कितने गुण हैं?
(a) चार (b) पाँच
(c) तीन (d) छः

80. संक्षेपण का प्रधान गुण कौन-सा है?
(a) संक्षिप्तता (b) पूर्णता
(c) स्पष्टता (d) इनमें से कोई नहीं

81. निम्नलिखित में से कोई एक कथन सत्य है, पहचानकर लिखिए।
(a) 'तितली' जयशंकर प्रसाद की प्रसिद्ध कहानी है।
(b) 'सागर की लहरों पर' डॉ. भगवतशरण उपाध्याय द्वारा रचित 'यात्रा-वृत्तान्त' है।
(c) 'सूरज का सातवाँ घोड़ा' धर्मवीर भारती का निबन्ध-संग्रह है।
(d) 'हार की जीत' श्लाचन्द्र जोशी की कहानी है।

82. निम्नलिखित में से कोई एक कथन सत्य है, पहचानकर लिखिए।
(a) पदुमलाल पुन्नालाल बख्शी कविरूप में प्रसिद्ध हैं।
(b) रायकृष्णदास गद्य गीतकार हैं।
(c) डॉ. रामकुमार वर्मा कहानीकार हैं।
(d) 'अवव्यात' केशवदास की रचना है।

83. निम्नलिखित में से कोई एक कथन सत्य है, पहचानकर लिखिए।
(a) श्यामसुन्दर दास प्रसिद्ध कवि हैं।
(b) मुंशी प्रेमचन्द कवि के रूप में प्रसिद्ध हैं।
(c) आचार्य रामचन्द्र शुक्ल निबन्ध, समालोचना और इतिहास लेखन के लिए प्रसिद्ध हैं।
(d) 'घर का रास्ता' आलोक धन्वा की कृति है।

84. निम्नलिखित में से कोई एक कथन सत्य है, पहचानकर लिखिए।
(a) गुलाबराय कवि के रूप में प्रसिद्ध हैं।
(b) आचार्य हजारीप्रसाद द्विवेदी कवि एवं प्रसिद्ध कहानीकार हैं।
(c) जयशंकर प्रसाद का ऐतिहासिक नाटकों के क्षेत्र में महत्त्वपूर्ण योगदान है।
(d) 'नयी कविता' पत्रिका के संपादक शिवदान सिंह चौहान है।

85. निम्नलिखित में से कोई एक कथन सत्य है, पहचानकर लिखिए।
(a) 'रानी केतकी की कहानी' मथुरानाथ शुक्ल ने लिखी है।
(b) भारतेन्दु हरिश्चन्द्र शुक्लोत्तर युग के उपन्यास लेखक हैं।
(c) 'कलम का सिपाही' की रचना अमृतराय ने की है।
(d) 'अंकुर' कहानी की रचना अज्ञेय ने की है।

86. निम्नलिखित में से कोई एक कथन सत्य है, पहचानकर लिखिए।
(a) 'उर्वशी' रामधारी सिंह 'दिनकर' द्वारा लिखित निबन्ध-संग्रह है।
(b) 'चिन्तामणि-भाग 1' आचार्य रामचन्द्र शुक्ल का निबन्ध ग्रन्थ है।
(c) 'सिद्धान्त और अध्ययन' बाबू गुलाबराय का आलोचना ग्रन्थ है।
(d) 'कमलेश्वर : मेरे हमसफर' महिमा मेहता की जीवनी है।

87. निम्नलिखित कथनों में से कोई एक कथन सत्य है, उसे पहचानकर लिखिए।
(a) 'हिमालय की पुकार' जयप्रकाश भारती का प्रसिद्ध नाटक है।
(b) 'संस्कृति के चार अध्याय' दिनकर जी का काव्य-संग्रह है।
(c) 'गुनाहों का देवता' धर्मवीर भारती का उपन्यास है।
(d) 'पुनर्नवा' हजारीप्रसाद द्विवेदी का आलोचनात्मक ग्रन्थ है।

88. निम्नलिखित में से कोई एक कथन सत्य है, पहचानकर लिखिए।
(a) हरिभाऊ उपाध्याय प्रसिद्ध उपन्यासकार हैं।
(b) डॉ. रामकुमार वर्मा एकांकी नाटककार के रूप में प्रसिद्ध हैं।
(c) डॉ. लक्ष्मीसागर वार्ष्णेय प्रसिद्ध कहानीकार थे।
(d) 'प्वन तुलसी की गन्ध' के रचनाकार अमृतराय है।

89. निम्नलिखित कथनों में से कोई एक कथन सत्य है, पहचानकर लिखिए।
(a) आचार्य रामचन्द्र शुक्ल एक प्रसिद्ध आलोचक हैं।
(b) डॉ. लक्ष्मीसागर वार्ष्णेय कवि के रूप में प्रसिद्ध हैं।
(c) भारतेन्दु हरिश्चन्द्र शुक्ल युग के लेखक हैं।
(d) वृन्दावनलाल वर्मा उपन्यासकार नहीं हैं।

90. निम्नलिखित कथनों में से कोई एक कथन सत्य है, पहचानकर लिखिए।
(a) मोहन राकेश द्विवेदी युग के कवि थे।
(b) भारतेन्दु आधुनिक गद्य के प्रवर्तक थे।
(c) प्रेमचन्द प्रसिद्ध निबन्धकार हैं।
(d) 'प्लाट का मोर्चा' रिपोर्ताज विवेकी राय का है।

91. "जैहउं अवध कवन मुँह लाई।
नारि हेतु प्रिय भाइ गँवाई।।"
इन पंक्तियों में कौन-सा रस सृजित होता है?
(a) रौद्र रस (b) भयानक रस
(c) करुण रस (d) श्रृंगार रस

92. 'चरण कमल बन्दौ हरि राई' में कौन-सा अलंकार है?
(a) उपमा (b) रूपक (c) अनुप्रास (d) श्लेष

93. ''मैया मैं तो चन्द्र खिलौना लैहो'' में कौन-सा अलंकार है?
(a) उत्प्रेक्षा (b) अन्योक्ति
(c) अनुप्रास (d) रूपक

94. ''बीती विभावरी जाग री
अम्बर-पनघट में डुबो रही तारा घट ऊषा नागरी''
इन पंक्तियों में कौन-सा अलंकार है?
(a) उत्प्रेक्षा (b) उपमा
(c) रूपक (d) उपमेयोपमा

95. अनुराग किस रस का स्थायी भाव है?
(a) भयानक रस (b) भक्ति रस
(c) वात्सल्य रस (d) शान्त रस

96. वीर रस का स्थायी भाव है
(a) भय (b) शोक
(c) निर्वेद (d) उत्साह

97. ''निसिदिन बरसत नयन हमारे,
सदा रहत पावस रितु हम पर जब से स्याम सिधारे।''
इन पंक्तियों में कौन-सा रस सृजित होता है?
(a) करुण रस (b) रौद्र रस
(c) वियोग श्रृंगार रस (d) शान्त रस

98. निम्न में कौन मात्रिक छन्द है?
(a) दोहा (b) चौपाई
(c) रोला (d) ये सभी

99. निम्न में कौन वार्णिक छन्द है?
(a) दोहा (b) रोला
(c) सवैया (d) चौपाई

100. ''मंगल भवन अमंगल हारी।
द्रवहु सो दशरथ अजिर बिहारी।।''
इन पंक्तियों में किस छन्द का प्रयोग हुआ है?
(a) सोरठा (b) चौपाई
(c) दोहा (d) सवैया

101. काव्यशास्त्र के अनुसार रसों की सही संख्या है
(a) आठ (b) नौ
(c) दस (d) ग्यारह

102. 'रसतरंगिणी' किसकी रचना है?
(a) भामह (b) विश्वनाथ
(c) भानुदत्त (d) दण्डी

103. संचारी भावों की सही संख्या है
(a) 27 (b) 29
(c) 31 (d) 33

104. 'रसमञ्जरी' के रचयिता कौन हैं?
(a) कुन्तक (b) भानुदत्त
(c) हेमचन्द्र (d) भामह

105. अथ का विलोम शब्द है
(a) पूर्व (b) अन्त
(c) इति (d) अनन्त

106. 'समष्टि' का विपरीतार्थी शब्द
(a) विशिष्ट (b) अशिष्ट
(c) अपुष्टि (d) व्यष्टि

107. 'बिना पढ़ा हुआ अंश' वाक्यांश के लिए शब्द होगा–
(a) अपठित (b) अपभ्रंश
(c) मौलिक (d) अपठनीय

108. 'किसी बात का गूढ़ रहस्य जानने वाला' वाक्य के लिए एक शब्द क्या होगा?
(a) मर्मज्ञ (b) सुविज्ञ
(c) विद्वान् (d) निगूढ़

109. 'कर' शब्द का उपयुक्त अनेकार्थक समूह है
(a) कृ, क्रिया, विशेषण
(b) सुधाकर, दिवाकर, हिमकर
(c) दुष्कर, पीकर, खाकर
(d) हाथ, किरण, करना

110. 'पत्र' शब्द का अनेकार्थक शब्द समूह सही है
(a) पन्ना, पंख, मोती
(b) पत्ता, चिट्ठी, पंख
(c) पानी, पत्र, सूर्य
(d) पवित्र, पन्ना, साँप

111. 'आगे कुआँ पीछे खाई' का अर्थ है
(a) चारों तरफ जल ही जल होना
(b) रास्ते का बन्द होना
(c) दोनों ओर मुसीबत
(d) बीच में निकल भागना

112. 'दुष्ट अपनी दुष्टता नहीं छोड़ता' के लिए उचित लोकोक्ति है
(a) खिसियानी बिल्ली खम्भा नोचे
(b) गंगा गए तो गंगादास, जुमना गए तो जमुनादास
(c) कबहुँ निरामिष होय न कागा
(d) जिस पत्तल में खाया, उसी में छेद करना

113. किस प्रकार के निबंधों में समास शैली प्रयुक्त होती है?
(a) भावात्मक (b) विवरणात्मक
(c) वर्णनात्मक (d) विचारात्मक

114. तुलसीदास की रचना 'कवितावली' किस भाषा में लिखी गई है?
(a) अवधी
(b) ब्रजभाषा
(c) मैथिली
(d) भोजपुरी

115. 'पहाड़ पर लालटेन' किसकी रचना है?
(a) रमेशचन्द्र शाह (b) शिवानी
(c) मंगलेश डबराल (d) नागार्जुन

116. अव्ययीभाव समास का उदाहरण है
(a) लवकुश
(b) भरपेट
(c) त्रिभुवन
(d) छत्रधारी

117. भरत के अनुसार रसों की संख्या कितनी है?
(a) आठ (b) दस (c) बारह (d) चौदह

118. 'उपादान लक्षणा' और 'लक्षण-लक्षणा' किस लक्षणा शब्द शक्ति के भेद हैं?
(a) गौणी लक्षणा (b) शुद्धा लक्षणा
(c) सरोपा लक्षणा (d) प्रयोजनवती लक्षणा

119. "हाथ पैर बचाकर काम करो।" वाक्य में शब्द-शक्ति है
(a) लक्षण-लक्षणा (b) उपादान लक्षणा
(c) सरोप लक्षणा (d) साध्यवसाना

120. प्रयोजनमूलक हिंदी को कहा जाता है।
(a) सरकारी हिंदी (b) उद्देश्य रहित हिंदी
(c) राष्ट्रीय हिंदी (d) कामकाजी हिंदी

उत्तरमाला

1.	(c)	2.	(c)	3.	(b)	4.	(a)	5.	(b)	6.	(b)	7.	(b)	8.	(d)	9.	(a)	10.	(b)
11.	(d)	12.	(d)	13.	(c)	14.	(c)	15.	(b)	16.	(d)	17.	(c)	18.	(a)	19.	(c)	20.	(a)
21.	(d)	22.	(c)	23.	(d)	24.	(a)	25.	(c)	26.	(a)	27.	(c)	28.	(c)	29.	(b)	30.	(b)
31.	(a)	32.	(a)	33.	(c)	34.	(a)	35.	(c)	36.	(a)	37.	(d)	38.	(c)	39.	(b)	40.	(a)
41.	(b)	42.	(c)	43.	(d)	44.	(a)	45.	(a)	46.	(c)	47.	(c)	48.	(a)	49.	(c)	50.	(b)
51.	(c)	52.	(d)	53.	(a)	54.	(c)	55.	(b)	56.	(a)	57.	(b)	58.	(c)	59.	(c)	60.	(d)
61.	(b)	62.	(c)	63.	(c)	64.	(b)	65.	(d)	66.	(a)	67.	(b)	68.	(a)	69.	(c)	70.	(d)
71.	(b)	72.	(a)	73.	(c)	74.	(b)	75.	(b)	76.	(b)	77.	(d)	78.	(c)	79.	(d)	80.	(a)
81.	(b)	82.	(b)	83.	(c)	84.	(c)	85.	(c)	86.	(b)	87.	(c)	88.	(b)	89.	(a)	90.	(b)
91.	(c)	92.	(b)	93.	(d)	94.	(c)	95.	(c)	96.	(d)	97.	(c)	98.	(d)	99.	(c)	100.	(b)
101.	(b)	102.	(c)	103.	(d)	104.	(b)	105.	(c)	106.	(d)	107.	(a)	108.	(a)	109.	(d)	110.	(b)
111.	(c)	112.	(c)	113.	(d)	114.	(b)	115.	(c)	116.	(b)	117.	(a)	118.	(b)	119.	(b)	120.	(d)

मध्य प्रदेश उच्च माध्यमिक शिक्षक पात्रता परीक्षा

हिन्दी भाषा (भाग–'ब')

प्रैक्टिस सेट 4

निर्देश

1. सभी प्रश्नों के उत्तर दीजिए।
2. सभी प्रश्नों के अंक समान हैं।
3. प्रत्येक प्रश्न का केवल एक ही उत्तर दीजिए।
4. प्रत्येक प्रश्न के चार वैकल्पिक उत्तर दिए गए हैं। अभ्यर्थी सही उत्तर का चुनाव करें।

1. जे हाल मिसकीं मकुन तगाफुल दुराय नैना, बनाय बतियाँ - इस प्रसिद्ध पंक्ति के रचनाकार हैं
(a) अमीर खुसरो (b) कबीर
(c) रज्जब (d) मलिक मुहम्मद जायसी

2. 'इक्कीसवीं सदी का लड़का' किस कहानीकार की कृति है?
(a) क्षमा शर्मा (b) मोहिनी छाबड़ा
(c) महेश दर्पण (d) वीरेन्द्र सक्सेना

3. निम्नलिखित में कौन-सी रचना के लेखक का नाम सही नहीं है?
(a) जुलूस रुका है – विवेकी राय
(b) शिखरों के सेतु – शिवप्रसाद सिंह
(c) तुम चन्दन हम पानी – विद्यानिवास मिश्र
(d) सदाचार का तावीज – श्रीलाल शुक्ल

4. किसमें तालव्य ध्वनियों का प्रयोग हुआ है?
(a) पापा (b) बाबा (c) मामा (d) चाचा

5. 'वीणापाणि' में समास है
(a) बहुव्रीहि (b) कर्मधारय
(c) द्विगु (d) अव्ययीभाव

6. रीतिकाल को सर्वप्रथम श्रृंगार काल नाम रखने का सुझाव किसने दिया?
(a) आचार्य रामचन्द्र शुक्ल
(b) आचार्य विश्वनाथ प्रसाद मिश्र
(c) आचार्य हजारी प्रसाद द्विवेदी
(d) रामकुमार वर्मा

7. 'छोटी हल्की गोल और किनारेदार थाली दिखाओ' - वाक्य में अपेक्षित है
(a) दो अल्प विराम और एक पूर्ण विराम
(b) तीन अल्प विराम, यह योजक चिन्ह और एक पूर्ण विराम
(c) चार अल्प विराम और एक पूर्ण विराम
(d) चार अल्प विराम, एक योजक चिन्ह और एक पूर्ण विराम

8. हिन्दी में मुक्त छन्द के प्रवर्तक कवि हैं
(a) अज्ञेय (b) निराला
(c) मुक्तिबोध (d) धूमिल

9. 'संभवत: अब मुझे ही न जाना पड़े।' इस वाक्य में अर्थ की दृष्टि से वाक्य का कौन-सा भेद है?
(a) निषेधवाचक (b) संदेहवाचक
(c) इच्छावाचक (d) विधानवाचक

10. 'नरसी जी का मायरा' किसकी रचना है?
(a) हरिदास (b) रहीम (c) मीराबाई (d) रसखान

11. अष्टाध्यायी के रचनाकार हैं
(a) कात्यायन (b) पाणिनि
(c) कैवट (d) पतंजलि

12. आचार्य रामचन्द्र शुक्ल के अनुसार 'छायावाद में प्राप्त होने वाली 'प्रतीक शैली' पर किस साहित्य का प्रभाव है?
(a) अंग्रेजी (b) फ्रांसीसी
(c) बांग्ला (d) फारसी

13. 'चलती चाकी देख के दिया कबीरा रोय दो पाटन के बीच में साबुत बचा न कोय' प्रस्तुत दोहे में प्रयुक्त शब्द शक्ति है
(a) अभिधा (b) लक्षणा
(c) व्यंजना (d) इनमें से कोई नहीं

14. निम्न में से कौन-सा युग्म सुमेलित नहीं है?
(a) इन्द्रावती – नूर मुहम्मद
(b) हंस जवाहिर – कासिम शाह
(c) चित्रावली – उसमान
(d) मधुमालती – कुतुबन

15. 'जिसे तत्काल उचित उत्तर या उपाय सूझ जाय' के लिए एक शब्द है
(a) प्रतिभाशाली (b) बुद्धिमान
(c) प्रत्युत्पन्नमति (d) अक्लमन्द

16. "प्रयोगवाद अपने आप में इष्ट नहीं है, वह साधन है... प्रयोग द्वारा कवि अपने सत्य को अधिक अच्छी तरह जान सकता है और अधिक अच्छी तरह अभिव्यक्ति कर सकता है, वस्तु और शिल्प दोनों क्षेत्र में प्रयोग फलप्रद होता हैं"- यह कथन किसका है?
(a) भवानी प्रसाद मिश्र (b) नरेश मेहता
(c) अज्ञेय (d) रघुवीर सहाय

17. 'जब तें इत तें घनश्याम सुजान अचानक की बलसंग सिधारे कर पै मुखचन्द धरे सजनी नित सोचति है तू कहा मन मारे' प्रस्तुत पंक्तियों में किस संचारी भाव का उल्लेख है?
(a) मोह (b) स्मृति
(c) ग्लानि (d) वितर्क

18. सोमप्रभ सूरि की रचना है
(a) कुमारपालचरित (b) कुमारपालप्रतिबोध
(c) प्रबन्ध चिन्तामणि (d) भविसयत्तकहा

19. निम्नलिखित में से एक 'सूर्य' का पर्यायवाची है
(a) रस (b) निचोड़
(c) अर्क (d) सार

20. अन्त:स्थ व्यंजन है
(a) च, छ, ज, झ (b) त, थ, द, ध
(c) प, फ, ब, भ (d) य, र, ल, व

21. 'यथाशक्ति' में समास है
(a) अव्ययीभाव (b) बहुव्रीहि
(c) द्वन्द्व (d) तत्पुरुष

22. ज्ञानपीठ पुरस्कार से पुरस्कृत कृति है
(a) कामायनी (b) पल्लव
(c) परिमल (d) चिदम्बरा

23. निम्न में से कौन-सा शब्द 'उत्तर' का विलोम नहीं है?
(a) प्रश्न (b) दक्षिण
(c) पूर्व (d) अनुत्तर

24. 'फूल मरै पै मरै न बासू' यह प्रसिद्ध उक्ति किस कवि की हैं?
(a) दादू (b) कबीर
(c) रैदास (d) जायसी

25. निम्नलिखित में कौन-सा शुद्ध है?
(a) अत्योक्ति (b) पृगति
(c) वाल्मीकि (d) सप्तृषि

26. 'मानव-प्रकृति का ज्ञान तुलसीदास से अधिक उस युग में किसी को नहीं था।' यह कथन किसका है?
(a) रामचन्द्र शुक्ल (b) हजारी प्रसाद द्विवेदी
(c) रामविलास शर्मा (d) विश्वनाथ त्रिपाठा

27. निम्न उपन्यास में कौन उसके लेखकों के साथ सुमेलित नहीं है?
(a) झीनी झीनी बीनी चदरिया – अब्दुल विस्मिला
(b) पहला पड़ाव – श्रीलाल शुक्ल
(c) भैयादास की माड़ी – भीष्म साहनी
(d) अब्दुल्ला दीवाना – शंकर शेष

28. विलोम की दृष्टि से असंगत युग्म है
(a) ऊँट - ऊँटनी (b) प्राचीन - अर्वाचीन
(c) शूर - भीरु (d) साँड़ - साड़िनी

29. 'अ-कहानी' आन्दोलन के पुरस्कर्ता माने जाते हैं
(a) गंगा प्रसाद 'विमल' (b) मोहन राकेश
(c) रवीन्द्र कालिया (d) रमेश वक्षी

30. 'किन्नर देश में' किस विधा की रचना है?
(a) निबन्ध (b) संस्मरण
(c) रिपोर्ताज (d) यात्रा-वृत्तान्त

31. हिन्दी में प्रथम अलंकार निरूपक आचार्य हैं
(a) भिखारीदास (b) केशवदास
(c) मतिराम (d) चिन्तामणि

32. निम्नलिखित में अव्ययीभाव समास का उदाहरण है
(a) रातोंरात (b) कपड़छन
(c) मनमाना (d) ठकुरसुहाती

33. 'नयनों की नीलम की घाटी
जिस रस घन से छा जाती हो
वह कौंध की जिससे अन्तर की
शीतलता ठण्डक पाती हो
प्रस्तुत पंक्तियाँ कामायनी के किस सर्ग से ली गई हैं?
(a) लज्जा (b) वासना
(c) श्रद्धा (d) काम

34. एक वाक्य शुद्ध है
(a) तट पर लगे वृक्ष और लताओं से नदी की शोभा बढ़ गयी थी
(b) सभा में उपस्थित हर एक सदस्यों का यही मत था
(c) ऋषि-मुनि आदियों के द्वारा हमें ज्ञान मिला
(d) अनसूया अत्रि ऋषि की पत्नी थी

35. 'तुम्हारे मुँह में घी - शक्कर' का सही अर्थ होगा
(a) ईश्वर करे, तुम्हारा समाचार सत्य हो
(b) तुम्हारी बातें मीठी लगती हैं
(c) तुम्हें मिठाई की कभी कमी न हो,
(d) सदैव मीठी बात ही बोला करो

36. इनमें से एक विदेशी भाषा का शब्द है
(a) कतार (b) पंक्ति
(c) श्रेणी (d) शृंखला

37. 'निश्चय' शब्द में कौन-सी सन्धि है?
(a) गुण सन्धि (b) दीर्घ सन्धि
(c) यण सन्धि (d) विसर्ग सन्धि

38. शांतिप्रिय द्विवेदी कृत 'परिव्राजक की प्रजा' क्या है?
(a) जीवनी (b) आत्मकथा
(c) यात्रा साहित्य (d) रेखाचित्र

39. 'जो कम खर्च करने वाला है' के लिए एक शब्द है
(a) अव्ययी (b) मितव्ययी
(c) सद्व्ययी (d) कृपण

40. निम्नलिखित में एक रचना 'राष्ट्रीय सांस्कृतिक धारा' की नहीं है?
(a) हम विषपायी जन्म के (b) सूत की माला
(c) प्रभाव फेरी (d) विसर्जन

41. 'बिहारी अकेले कवि हैं जिन्होंने ग्रामीण संस्कृति के विरुद्ध घृणा की अभिव्यक्ति की है' यह किसका कथन है?
(a) रामचन्द्र शुक्ल (b) हजारी प्रसाद द्विवेदी
(c) डॉ. नगेन्द्र (d) बच्चन सिंह

42. 'रससूत्र' के किस व्याख्याता ने रस-निष्पत्ति की प्रक्रिया की पुष्टि चित्र तुरंग न्याय के आधार पर की है?
(a) शंकुक (b) लोल्लट
(c) अभिनवगुप्त (d) भट्टनायक

43. निम्नलिखित में अघोष-महाप्राण ध्वनि है
(a) ख (b) क (c) ड (d) ध

44. 'संबत सोरह सै इकतीसा।
करउँ कथा हरि पद धरि सीसा।।'
उपर्युक्त पंक्तियों में किस प्रसिद्ध ग्रन्थ के रचनाकाल का संकेत किया गया है?
(a) पदमावत (b) अनुराग बाँसुरी
(c) रामचरित मानस (d) रामचरित चिन्तामणि

45. 'निस्सहाय हिन्दू' उपन्यास के लेखक कौन हैं?
(a) प्रतापनारायण मिश्र (b) बालकृष्ण भट्ट
(c) लज्जाराम शर्मा (d) राधाकृष्ण दास

46. मंगलेश डबराल का कविता संग्रह है
(a) ठेले पर हिमालय (b) पहाड़ पर लालटेन
(c) घास में दुबका आकाश (d) हरी घास पर क्षण भर

47. 'भाग्य' का पर्यायवाची नहीं है
(a) प्रारब्ध (b) नीयत (c) भवितव्य (d) नियति

48. निम्नलिखित में से किस रचना और उसकी विधा का नाम सही नहीं है?
(a) ऋण जल धन जल – रिपोर्ताज
(b) क्या भूलूँ क्या याद करूँ – आत्मकथा
(c) आवारा मसीहा – जीवनी
(d) जूठन – संस्मरण

49. हिन्दी के किस आचार्य ने 'छल' नामक संचारी भाव को प्रचारित किया?
(a) रामचन्द्र शुक्ल (b) डॉ. नगेन्द्र
(c) देव (d) भिखारीदास

50. 'ताँबे की कीड़े' नामक लघुनाटक के लेखक हैं
(a) मोहन राकेश (b) भुवनेश्वर प्रसाद
(c) रामकुमार वर्मा (d) लक्ष्मीनारायण मिश्र

51. 'पंत जी की रचनाओं 'वीणा' और 'पल्लव' दोनों में अंग्रेजी कविताओं से लिए हुए भाव और अंग्रेजी भाषा के लाक्षणिक प्रयोग बहुत मिलते हैं'-यह कथन किसका है?
(a) डॉ. नगेन्द्र (b) रामचन्द्र शुक्ल
(c) रामविलास शर्मा (d) डॉ. बच्चन सिंह

52. 'आपने क्या कहा सो मैंने नहीं सुना' वाक्य में अपेक्षित है
(a) एक प्रश्नवाचक चिन्ह, एक पूर्ण विराम
(b) एक अल्प विराम, एक पूर्ण विराम
(c) एक पूर्ण विराम
(d) एक प्रश्नवाचक चिन्ह

53. अयोध्या सिंह उपाध्याय 'हरिऔध' द्वारा रचित 'ठेठ हिन्दी का ठाठ' किस विधा की रचना है?
(a) काव्य (b) नाटक
(c) उपन्यास (d) अनुवाद

54. 'रत्नाकर जोपम कथा' पुस्तक का सम्बन्ध किससे है?
(a) महायानी सिद्ध (b) वज्रयानी सिद्ध
(c) नाथ (d) जैन

55. 'कबीर का भक्ति आन्दोलन विद्रोहमूलक है, तो गो, तुलसीदास का प्रतिरोधात्मक' - यह विचार व्यक्त करने वाले विद्वान् हैं
(a) रामचन्द्र शुक्ल (b) डॉ. नगेन्द्र
(c) डॉ. बच्चन सिंह (d) डॉ. रामविलास शर्मा

56. 'उर्दू' आगत शब्द है
(a) फारसी (b) अरबी
(c) पश्तो (d) तुर्की

57. मीराबाई की उपासना है
(a) माधुर्य भाव (b) सख्य भाव
(c) दास्य भाव (d) वात्सल्य भाव

58. 'कान्हा' शब्द है
(a) तत्सम शब्द (b) तद्भव शब्द
(c) अर्ध-तत्सम (d) अर्थ तद्भव

59. निम्न में कौन गीति नाट्य नहीं है?
(a) जयशंकर प्रसाद - करुणालय (b) मैथिलीशरण गुप्त - अनघ
(c) धर्मवीर भारती - अंधा युग (d) सुमित्रानन्दन पन्त - ज्योत्सना

60. भक्तिकाल के किस कवि ने बरवै नायिका भेद लिखा है?
(a) रहीम (b) रसखान
(c) नन्ददास (d) कृष्णदास

61. 'कान पर जूँ न रेंगना' मुहावरा का सही अर्थ क्या है?
(a) कान के पास धीरे से कहना
(b) कान के निकट नहीं सुनाई देना
(c) कान के जूँ बालों तक जाते हैं
(d) बिल्कुल ध्यान न देना

62. पहाड़ी हिन्दी का विकास किस अपभ्रंश से माना गया है?
(a) व्राचड़ (b) मागधी
(c) पैशाची (d) खस

63. निम्नलिखित में से कौन-सा 'धनुष' का पर्याय नहीं है?
(a) शरासन (b) असि
(c) कोदंड (d) पिनाक

64. निम्नलिखित में से घनानन्द की रचना नहीं है
(a) प्रिया प्रसाद (b) भावना प्रकाश
(c) प्रीति पावस (d) पक्षी विलास

65. 'घड़ों पानी पड़ना' मुहावरा का अर्थ है
(a) घड़े से पानी गिराना (b) पानी की कीमत समझना
(c) अत्यन्त संकुचित सोचना (d) अत्यन्त लज्जित होना

66. निम्न में से कौन-सा 'बहुव्रीहि समास' का उदाहरण नहीं है?
(a) चन्द्रशेखर (b) चक्रपाणि
(c) चन्द्रकान्ति (d) राजपुरुष

67. जहाँ उपमेय का प्रतिषेध कर उपमान की स्थापना की जाए, वहाँ अलंकार है
(a) उत्प्रेक्षा (b) रूपक
(c) रूपकातिशयोक्ति (d) अपह्नुति

68. इनमें से एक 'पतवार' का पर्यायवाची है
(a) अर्जुन (b) दुर्योधन
(c) कर्ण (d) नकुल

69. 'कारण के अभाव में कार्य की उत्पत्ति होना', किस अलंकार का परिचायक है?
(a) श्लेष (b) विरोधाभास
(c) विभावना (d) विशेषोक्ति

70. बरवै छन्द है
(a) सम मात्रिक (b) अर्द्ध सम मात्रिक
(c) विषम मात्रिक (d) अर्द्ध विषम मात्रिक

71. निम्न में से कौन-सी रचना 'सर्वेश्वरदयाल सक्सेना' की नहीं है?
(a) पागल कुत्तों का मसीहा (b) खूँटियों पर टँगे लोग
(c) काठ की घण्टियाँ (d) एक शहर की मौत

72. शौरसेनी अपभ्रंश के अन्तर्गत आने वाली भाषा नहीं है?
(a) गुजराती (b) सिन्धी
(c) राजस्थानी (d) पश्चिमी हिन्दी

73. एक तत्सम शब्द है
(a) डाकिनी (b) तेल
(c) न्योछावर (d) तर्जनी

74. 'तुलसीदास चन्दन घिसें' निबन्ध के लेखक हैं
(a) विद्यानिवास मिश्र (b) हरिशंकर परसाई
(c) कुबेरनाथ राय (d) शरद जोशी

75. 'बूढ़े मुँह मुहासे' प्रहसन के लेखक हैं
(a) राधाचरण गोस्वामी
(b) राधाकृष्ण दास
(c) खड़ग बहादुर मल्ल
(d) प्रताप नारायण मिश्र

76. 'दोपहर' में समास है
(a) द्विगु (b) द्वन्द्व (c) बहुव्रीहि (d) कर्मधारय

77. निम्नलिखित वाक्यों में कौन-सा शुद्ध है?
(a) मैं आपका दर्शन करने आया हूँ
(b) मेरे लिए ठंडी बर्फ और गर्म आग लाओ
(c) शब्द केवल संकेत मात्र हैं
(d) मैं आप पर श्रद्धा रखता हूँ

78. एक में उपसर्ग का प्रयोग है
(a) कुनकुना (b) कुदरत
(c) कुढ़न (d) कुढंग

79. 'चाय' आगत शब्द है
(a) जापानी (b) चीनी
(c) जर्मन (d) पुर्तगाली

80. लिंग की दृष्टि से एक वाक्य शुद्ध है
(a) चाय फीका है
(b) दही खट्टा है
(c) चाँदी सोने से कम महँगा है
(d) मिसरी मीठा है

81. 'पुष्य' या 'पुण्ड' को हिन्दी का प्रथम कवि किस आलोचक ने माना है?
(a) राहुल सांकृत्यायन (b) दशरथ ओझा
(c) राम विलाम शर्मा (d) शिवसिंह सेंगर

82. शेखर जोशी की कहानी है
(a) कर्मनाशा की हार (b) मेरा पहाड़
(c) पंचलाइट (d) महुए का पेड़

83. इनमें से एक का अर्थ 'एतराज' है
(a) विघ्न (b) विपत्ति (c) संकट (d) आपत्ति

84. 'विज्ञानगीता' किसके द्वारा लिखी गई है?
(a) नाभादास (b) तुलसीदास
(c) केशवदास (d) मलूकदास

85. ''इतिवृत्त और आलोचना का समवेत रूप होने से वह इतिहास आज भी प्रकाश-स्तम्भ बना हुआ है'' इस कथन में जिस 'इतिहास' की ओर संकेत किया गया है, उसके लेखक हैं
(a) आचार्य रामचन्द्र शुक्ल (b) गार्सा द तासी
(c) मिश्र बन्धु (d) जॉर्ज ग्रियर्सन

86. 'एक दिन बोलेंगे पेंड़' काव्य संग्रह के रचनाकार हैं
(a) राजेश जोशी (b) सौमित्र मोहन
(c) शेखर जोशी (d) अरुण कमल

87. इस बोली में कर्ता कारक ही बिभक्ति का प्रयोग नहीं होता?
(a) कन्नौजी (b) बुन्देली
(c) अवधी (d) मेवाती

88. किसकी वर्तनी शुद्ध है
(a) अनन्नास (b) अक्षौहणी
(c) आक्समिक (d) आकाल

89. 'उत्तररामचरित' का प्रधान रस है
(a) शान्त (b) करुण
(c) श्रृंगार (d) वीर

90. 'संत साहित्य' के सम्बन्ध में कौन-सा कथन उचित प्रतीत नहीं होता है?
(a) सन्त साहित्य एक वैचारिक भूमि पर स्थित है
(b) रामचन्द्र शुक्ल के अनुसार यह इस्लामिक आक्रमण से पराजित हिन्दू जनता की असहाय मन:स्थिति का परिणाम है
(c) सन्त साहित्य को मात्र भजन पूजन के स्तर पर देखा जा सकता है
(d) हजारी प्रसाद द्विवेदी के अनुसार सन्त साहित्य या भक्ति आन्दोलन भारतीय चिन्ता धारा का स्वाभाविक विकास है

91. निम्नलिखित में से कौन-सा अलंकार ग्रन्थ नहीं है?
(a) भाषाभूषण (b) शिवराज भूषण
(c) ललितललाम (d) अंगदर्पण

92. 'शैशव के सुन्दर प्रभाव का मैंने नवविकास देखा।
यौवन की मादक लाली में यौवन का हुलास देखा।।'
पंक्तियाँ किसके द्वारा लिखी गई हैं?
(a) हरिवंशराय बच्चन (b) भगवतीचरण वर्मा
(c) विद्यावती कोकिल (d) सुभद्रा कुमारी चौहान

93. मनोहर श्याम जोशी का उपन्यास है
(a) कसप (b) दिल्ली दूर है
(c) मुझे चाँद चाहिए (d) कितने पाकिस्तान

94. बहुवचन की दृष्टि से एक वाक्य शुद्ध है
(a) चिड़िया उड़ गयीं (b) चिड़ियें उड़ गयीं
(c) चिड़ियाएँ उड़ गयीं (d) चिड़ियाँ उड़ गयीं

95. हिन्दी के मार्क्सवादी समीक्षक हैं
(a) आचार्य रामचन्द्र शुक्ल
(b) डॉ. नगेन्द्र
(c) डॉ. नामवर सिंह
(d) नन्द दुलारे बाजपेयी

96. 'आँखें बिछाना' मुहावरा का सही अर्थ है
(a) प्रायश्चित करना
(b) आँखें थक जाना
(c) अपेक्षा करना
(d) हृदय से आदर करना

97. 'छायावाद बड़ी सहृदयता के साथ प्रभावसाम्य पर ही विशेष लक्ष्य रखकर चला है' छायावाद के सम्बन्ध में यह कथन किसका है?
(a) आचार्य रामचन्द्र शुक्ल
(b) आचार्य नन्द दुलारे वाजपेयी
(c) आचार्य हजारी प्रसाद द्विवेदी
(d) डॉ. शान्तिप्रिय द्विवेदी

98. 'किसी शुभकार्य को विधिविधान और श्रद्धापूर्वक करना' क्या कहलाता है?
(a) प्रार्थना (b) अभ्यर्थना
(c) अनुष्ठान (d) मंत्रणा

99. 'बचपन की स्मृतियाँ' के लेखक हैं
(a) महादेवी वर्मा (b) रामवृक्ष बेनीपुरी
(c) शान्तिप्रिय द्विवेदी (d) राहुल सांकृत्यायन

100. 'मरने के लिए तैयार हो जाना' - अर्थ देने वाला मुहावरा है
(a) सिर पर खून सवार होना
(b) सिर पर भूत सवार होना
(c) सिर पर कफन बाँध लेना
(d) आँखों में खून उतर आना

101. 'कुवलयमाला कथा' के लेखक हैं
(a) सोमप्रभ सूरि (b) उद्योतन सूरि
(c) धर्मसूरि (d) मुनि जिनविजय

102. 'अजिर' शब्द का अर्थ है
(a) युवा (b) आँगन
(c) वार्धक्य (d) जरावस्था

103. विष्णु प्रभाकर कृत 'आवारा मसीहा' क्या है?
(a) आत्मकथा (b) जीवनी साहित्य
(c) रेखाचित्र (d) यात्रा साहित्य

104. विलोम की दृष्टि से एक युग्म अशुद्ध है
(a) गमन - आगमन (b) निषिद्ध - विहित
(c) आमिष - सामिष (d) व्यास - समास

105. एक वाक्य शुद्ध है
(a) आपकी राय से यह काम जरूरी है।
(b) वहाँ मिष्ठान की बड़ी दुकान है।
(c) भारत काश्मीर से लगा कर कन्याकुमारी तक फैला है
(d) उन्होंने बहुत-सी पुस्तकें एकत्रित कर ली हैं।

106. निर्गुण भक्तिकाव्य धारा में 'उदासी सम्प्रदाय' के प्रवर्तक कौन हैं?
(a) दादू दयाल (b) रज्जब
(c) श्रीचन्द (d) मलूकदास

107. 'समष्टि' शब्द का विलोम क्या है?
(a) समूह (b) समग्र
(c) विशिष्ट (d) व्यष्टि

108. 'अमिय हलाहल मद भरे, सेत स्याम रतनार।
जियत मरत झुकि - झुकि परत, जेहि चितवत इक बार।।'
उपर्युक्त दोहे में अलंकार है
(a) परिसंख्या (b) मुद्रा
(c) यथासंख्या (d) विभावना

109. 'भ्रूणहत्या' निबन्ध के लेखक हैं
(a) भारतेन्दु हरिश्चन्द्र (b) श्याम सुन्दर दास
(c) महादेवी वर्मा (d) ठाकुर जगमोहन सिंह

110. इस बोली में उत्तम पुरुष एक वचन के स्थान पर उत्तम पुरुष बहुवचन का प्रयोग किया जाता है
(a) अवधी (b) खड़ी बोली
(c) ब्रज (d) हरियाणवी

111. 'नई कविता' के विषय में असत्य कथन है
(a) इसमें नए भावबोधों की अभिव्यक्ति हुई है
(b) इनमें जीवन के प्रति आस्था दिखाई पड़ती है
(c) नई कविता के रचयिताओं में अधिकांश प्रगतिवाद और प्रयोगवाद के खेमे में रह चुके हैं
(d) यह कविता हासोन्मुख मध्यवर्गीय समाज के जीवन का चित्र है

112. 'जो मर रहा हो' के लिए एक शब्द है
(a) मुमुक्षु (b) मुमूर्षु
(c) मुमुक्षा (d) मुमूर्षा

113. तारसप्तक का प्रकाशन काल है
(a) 1943 ई. (b) 1951 ई.
(c) 1950 ई. (d) 1959 ई.

114. 'जहाँ उपमेय स्वयं अपना उपमान हो' वहाँ अलंकार है
(a) उपमेयोपमा (b) मालोपमा
(c) व्यतिरेक (d) अनन्वय

115. संक्षेपण में किसको प्रधानता दी जाती है?
(a) पुनरावृत्ति (b) व्याख्या
(c) मूल विषय (d) अनावश्यक विषय

निर्देश (प्र. सं. 116-120) *दिए गए लेखांश को पढ़कर नीचे दिए गए प्रश्नों के उत्तर दीजिए।*

लेखांश

कुन्ती अपने लाड़ले लाल को, अपने हृदय के टुकड़े को, अपने प्यारे नवजात शिशु को नदी में छोड़कर लौट आई। वह छोटी नदी थी। वायु अनुकूल थी, दैव की गति जानी नहीं जाती। वह नदी चम्बल नदी में जाकर मिलती है। अब शिशु की पिटारी बहती-बहती चम्बल नदी में आ गई। इटावे के पास चम्बल नदी आकर यमुना में मिलती है। अत: चम्बल के प्रवाह के साथ वह भी यमुना में आ गई और यमुना के साथ प्रयाग की ओर बढ़ी। तीर्थराज प्रयाग में जाकर यमुना, गंगा में मिल जाती है। अत: अब वह मंजूषा शिशु को लेकर काशी की ओर बहने लगी। उसके साथ न कोई मल्लाह था न पथ प्रदर्शक। भाग्य उसे स्वयं ही बहाकर ले जा रहा था। काशीपुरी, पाटलिपुत्र आदि राज्यों की सीमा को पार करती हुई गंगा के प्रवाह के साथ वह मंजूषा बिना किसी रुकावट के आगे बढ़ी चली जा रही थी। आगे चलकर वह अंग देश की सीमा में पहुँची। अब मानो उसकी यात्रा समाप्त होगी उसी समय चम्पा नगरी के राजा अधिरथ अपनी स्त्री राधा और अपने सेवकों के सहित गंगा स्नान करने आए थे। उन्होंने दूर से इस सुन्दर-सी पेटी को जाह्नवी की लहरों के साथ क्रीड़ा करते देखा। अन्त में उन्होंने अपने सेवकों को आज्ञा दी-सामने यह जो मंजूषा बहती जा रही है, उसे पकड़ कर लाओ।

116. कुन्ती अपने नवजात सुकुमार शिशु को कहाँ छोड़कर आई थी?
(a) तालाब (b) नदी
(c) समुद्र (d) कुआँ

117. मंजूषा को कौन लेकर जा रहा था?
(a) सेवक (b) मल्लाह
(c) पथप्रदर्शक (d) भाग्य

118. राजा अधिरथ ने सेवकों को क्या आज्ञा दी थी?
(a) मंजूषा को लाने की
(b) शिशु को लाने की
(c) सेना को लाने की
(d) राधा को लाने की

119. चम्पा नगरी के राजा किसके साथ गंगा-स्नान करने आए थे?
(a) राधा और सेवक (b) सेना और सेवक
(c) राधा और सेना (d) सेना और शिशु

120. अधिरथ ने जान्हवी की लहरों के साथ किसे क्रीड़ा करते देखा था?
(a) कुन्ती के पुत्र को (b) पेटी को
(c) छोटे शिशु को (d) सेवक को

उत्तरमाला

1.	*(a)*	2.	*(a)*	3.	*(d)*	4.	*(d)*	5.	*(a)*	6.	*(b)*	7.	*(a)*	8.	*(b)*	9.	*(b)*	10.	*(c)*
11.	*(b)*	12.	*(b)*	13.	*(c)*	14.	*(d)*	15.	*(c)*	16.	*(c)*	17.	*(b)*	18.	*(b)*	19.	*(c)*	20.	*(d)*
21.	*(a)*	22.	*(d)*	23.	*(d)*	24.	*(d)*	25.	*(c)*	26.	*(b)*	27.	*(d)*	28.	*(d)*	29.	*(a)*	30.	*(d)*
31.	*(b)*	32.	*(a)*	33.	*(a)*	34.	*(d)*	35.	*(a)*	36.	*(a)*	37.	*(d)*	38.	*(b)*	39.	*(b)*	40.	*(c)*
41.	*(d)*	42.	*(a)*	43.	*(a)*	44.	*(c)*	45.	*(d)*	46.	*(b)*	47.	*(b)*	48.	*(d)*	49.	*(c)*	50.	*(b)*
51.	*(b)*	52.	*(b)*	53.	*(c)*	54.	*(b)*	55.	*(c)*	56.	*(d)*	57.	*(a)*	58.	*(b)*	59.	*(d)*	60.	*(a)*
61.	*(d)*	62.	*(d)*	63.	*(b)*	64.	*(d)*	65.	*(d)*	66.	*(d)*	67.	*(d)*	68.	*(c)*	69.	*(c)*	70.	*(b)*
71.	*(d)*	72.	*(b)*	73.	*(a)*	74.	*(b)*	75.	*(a)*	76.	*(a)*	77.	*(d)*	78.	*(d)*	79.	*(b)*	80.	*(b)*
81.	*(d)*	82.	*(b)*	83.	*(d)*	84.	*(c)*	85.	*(a)*	86.	*(b)*	87.	*(c)*	88.	*(a)*	89.	*(b)*	90.	*(c)*
91.	*(d)*	92.	*(d)*	93.	*(a)*	94.	*(d)*	95.	*(c)*	96.	*(d)*	97.	*(a)*	98.	*(c)*	99.	*(d)*	100.	*(c)*
101.	*(b)*	102.	*(b)*	103.	*(b)*	104.	*(c)*	105.	*(b)*	106.	*(c)*	107.	*(d)*	108.	*(c)*	109.	*(a)*	110.	*(a)*
111.	*(d)*	112.	*(b)*	113.	*(a)*	114.	*(d)*	115.	*(c)*	116.	*(b)*	117.	*(d)*	118.	*(a)*	119.	*(a)*	120.	*(b)*

मध्य प्रदेश उच्च माध्यमिक शिक्षक पात्रता परीक्षा

हिन्दी भाषा (भाग–'ब')

प्रैक्टिस सेट 5

निर्देश

1. सभी प्रश्नों के उत्तर दीजिए।
2. सभी प्रश्नों के अंक समान हैं।
3. प्रत्येक प्रश्न का केवल एक ही उत्तर दीजिए।
4. प्रत्येक प्रश्न के चार वैकल्पिक उत्तर दिए गए हैं। अभ्यर्थी सही उत्तर का चुनाव करें।

1. वीर रस का स्थायी भाव क्या है?
(a) क्रोध (b) भय (c) साहस (d) उत्साह

2. तुलसी रघुवीर प्रिया श्रम जानि है, बैठि बिलंब लौ कंटक काढ़े।
जानकी नाह को नेह लख्यो, पुलकी तन वारि विलोचन बाढ़े।।
यहाँ कौन-सा रस है?
(a) करुण रस (b) श्रृंगार रस (c) शांत रस (d) रौद्र रस

3. निम्नलिखित में से 'गीतिका' छंद का उदाहरण है
(a) दिवस का अवसान समीप था
(b) तारे डूबे तम टल गया, छा गई व्योम लाली
(c) हे प्रभो! आनंददाता ज्ञान हमको दीजिए
(d) उपरोक्त सभी

4. सुमेलित कीजिए।

	सूची I		सूची II
A.	श्लेष	1.	जहाँ उपमेय में उपमान की संभावना हो
B.	उत्प्रेक्षा अनेक	2.	जहाँ एक शब्द के अर्थ निकले
C.	अतिश्योक्ति बिंब	3.	उपमेय और उपमान प्रतिबिम्ब रूप से चित्रित हों
D.	दृष्टांत	4.	किसी वस्तु का बढ़ा-चढ़ा कर वर्णन हो

	A	B	C	D
(a)	1	4	3	2
(b)	3	4	2	1
(c)	2	1	4	3
(d)	4	3	2	1

5. इनमें से संकलनत्रय में किसकी गणना नहीं है?
(a) समय संकलन (b) स्थान संकलन
(c) प्रभाव संकलन (d) कार्य संकलन

6. मोहन राकेश द्वारा लिखित 'आखिरी चट्टान' किस विधा की रचना है?
(a) यात्रा वृत्तांत (b) समीक्षा
(c) कहानी (d) ललित निबंध

7. अमृतलाल नागर द्वारा रचित 'यशपाल बड़ा ठोस आदमी है' यह कौन-सी विधा है?
(a) संस्मरण (b) रिपोर्ताज
(c) कहानी (d) आत्मकथा

8. 'भारत दुर्दशा' के रचनाकार कौन हैं?
(a) जयशंकर प्रसाद
(b) हजारी प्रसाद द्विवेदी
(c) विष्णु प्रभाकर
(d) भारतेन्दु

9. कहु रे मधुकर! मधु मतवारे।
कहा करौ निर्गुण लै कै हौं जीवहु कान्ह हमारे।
ये पंक्तियाँ किस काव्य की हैं?
(a) यशोधरा (b) साकेत
(c) भ्रमरगीत (सूरसागर) (d) जयद्रथ वध

10. हिंदी शब्द भण्डार में कितने प्रकार के शब्द हैं?
(a) 8 (b) 6 (c) 2 (d) 4

11. निम्नलिखित सूचियों को सुमेलित कीजिए।

सूची I		सूची II
A.	च	1. ओष्ठ्य
B.	व	2. तालव्य
C.	द	3. कोमल तालव्य
D.	क	4. दंत्य

	A	B	C	D
(a)	2	1	4	3
(b)	1	2	3	4
(c)	3	4	2	1
(d)	4	3	1	2

12. इनमें से कौन-सा शब्द बहुव्रीहि समास का उदाहरण है?
(a) पीतांबर (b) पाप-पुण्य
(c) आजीवन (d) चौमासा

13. सुमेलित कीजिए

सूची I		सूची II
A.	शैल	1. नीर
B.	अंबु	2. पहाड़
C.	सदन	3. पावक
D.	अनल	4. गेह

	A	B	C	D
(a)	1	3	4	2
(b)	2	1	4	3
(c)	2	3	1	4
(d)	3	4	2	1

14. सुमेलित कीजिए

सूची I	सूची II
A. टाँग अड़ाना	1. क्रोध बढ़ाना
B. आग में घी डालना	2. अड़चन डालना
C. दाल न गलना	3. चुगली करना
D. कान भरना	4. वश न चलना

	A	B	C	D
(a)	2	1	4	3
(b)	1	3	4	2
(c)	1	4	2	3
(d)	3	2	1	4

15. पृथ्वीराज रासो के कवि कौन हैं?
(a) बीसलदेव (b) चंद बरदाई
(c) जयशंकर प्रसाद (d) जायसी

16. 'रामचरितमानस' की भाषा है
(a) भोजपुरी (b) अवधी
(c) ब्रजभाषा (d) मैथिली

17. विद्यापति किसके आश्रित कवि थे?
(a) राज सिंह (b) नरसिंह
(c) शिव सिंह (d) कीर्ति सिंह

18. 'रामचरितमानस' में कितने काण्ड (सोपान) हैं?
(a) 11 (b) 9
(c) 10 (d) 7

19. बिहारी ने करीब कितने दोहे लिखे हैं?
(a) 2000 (b) 5000
(c) 8500 (d) 700

20. इनमें भारतेन्दु युग के साहित्यकार नहीं हैं
(a) बालकृष्ण भट्ट (b) प्रतापनारायण मिश्र
(c) प्रेमचंद (d) ठाकुर जगमोहन सिंह

21. 'कामायनी' के प्रमुख पात्र हैं
(a) राम (b) कृष्ण
(c) रतनसेन (d) मनु

22. इनमें सुमित्रानन्दन पन्त की रचना नहीं है
(a) ग्रंथि (b) वीणा
(c) परिमल (d) पल्लव

23. धूमिल की रचनाएँ है
(a) 'संसद से सड़क तक' व 'कल सुनना मुझे'
(b) शहर अब भी संभावना है व 'एक पतंग अनंत में'
(c) महा प्रस्थान व प्रबाद पर्व
(d) 'चाँद का मुंह टेढ़ा है' व 'एक साहित्यिक की डायरी'

24. श्रद्धा नामक पात्र किस महाकाव्य में है?
(a) कामायनी (b) साकेत
(c) प्रिय प्रवास (d) गोदान

25. 'वरदान' उपन्यास के लेखक कौन हैं?
(a) प्रेमचंद (b) भीष्म साहनी
(c) कमलेश्वर (d) यशपाल

26. 'परदा' कहानी के लेखक कौन हैं?
(a) यशपाल (b) मोहन राकेश
(c) कमलेश्वर (d) राजेन्द्र यादव

27. 'आषाढ़ का एक दिन' के रचनाकार कौन हैं?
(a) जगदीशचंद्र माथुर (b) मोहन राकेश
(c) नरेश मेहता (d) धर्मवीर भारती

28. काव्य का 'सर्वस्व' कहा गया है
(a) ध्वनि (b) अलंकार
(c) वक्रोक्ति (d) रीति

29. सारी बीच नारी है कि नारी बीच सारी है;
कि सारी ही की नारी है कि नारी ही की सारी है;
यहाँ कौन-सा अलंकार है?
(a) अन्योक्ति (b) विरोधाभास
(c) संदेह (d) उपमा

30. "राम दूत अतुलित बल धामा" इसमें कितनी मात्राएँ हैं?
(a) 22 (b) 18 (c) 8 (d) 16

31. हिंदी जासूसी तिलस्मी उपन्यासों का श्री गणेश करने का श्रेय किसको प्राप्त है?
(a) प्रेमचंद (b) नगेन्द्र
(c) देवकीनंदन राय (d) ओमप्रकाश

32. 'शिरीष के फूल' नामक रचना की विधा है
(a) उपन्यास (b) नाटक
(c) काव्य (d) ललित निबंध

33. इनमें स्वातंत्र्योत्तर हिंदी व्यंग्यकार नहीं हैं
(a) रवीन्द्रनाथ त्यागी (b) श्रीलाल शुक्ल
(c) नरेन्द्र कोहली (d) बालमुकुन्द गुप्त

34. महादेवी वर्मा का 'गौरा गाय' किस विद्या की रचना है?
(a) ललित निबन्ध (b) आत्मकथा
(c) व्यंग्य (d) रेखाचित्र

35. 'आकाश दीप' के मुख्य पात्र हैं
(a) चंपा और बुद्धगुप्त (b) चंद्रगुप्त और अलका
(c) अशोक और चारुमित्रा (d) होरी और बुधिया

36. 'सुंदर कांड' में प्रमुख पात्र हैं
(a) हनुमान (b) भरत
(c) केकैयी (d) लक्ष्मण

37. 'इ' स्वर के उच्चारण में जीभ का कौन-सा भाग आवश्यक है?
(a) अग्र भाग (b) मध्य भाग
(c) पश्च भाग (d) कोई नहीं

38. निम्नलिखित बोलियों को क्षेत्र के अनुसार सुमेलित कीजिए

	सूची I		सूची II
A.	अवधी	1.	मथुरा
B.	ब्रज	2.	बनारस
C.	भोजपुरी	3.	मुँगेर
D.	मैथिली	4.	इलाहाबाद

	A	B	C	D
(a)	2	3	4	1
(b)	1	4	2	3
(c)	3	2	4	1
(d)	4	1	2	3

39. खड़ीबोली के जन्म का समय माना जाता है
(a) 1000 ई. के आसपास
(b) 500 ई. के आसपास
(c) 800 ई. के आसपास
(d) 500 ई. के आसपास

40. इति + आदि = 'इत्यादि' यह कौन-सी संधि है?
(a) वृद्धि संधि (b) अयादि संधि
(c) गुण संधि (d) यण संधि

41. निम्नलिखित शब्दों में पुल्लिंग का चयन कीजिए।
(a) रात (b) साँस
(c) मूर्खता (d) मोती

42. सुमेलित कीजिए

	सूची I		सूची II
A.	अल्प विराम	1.	;
B.	विस्मयादिबोधक चिह्न	2.	,
C.	अर्धविराम	3.	–
D.	निर्देश चिह्न	4.	!

	A	B	C	D
(a)	1	3	4	2
(b)	2	4	1	3
(c)	1	2	4	3
(d)	3	1	2	4

43. अशुद्ध वाक्य पहचानिए।
(a) राम ने एक किताब खरीदे
(b) सीता ने खाया
(c) राम ने कहानी सुनी है
(d) मैंने घोड़ा देखा

44. 'लड़की जाए' यह वाक्य किस काल में है?
(a) पूर्ण भूतकाल (b) वर्तमान काल
(c) संभाव्य भविष्यत् काल (d) सामान्य भूतकाल

45. 'मोहन ने पढ़ा है' यह वाक्य संदिग्ध भूतकाल में होता है
(a) मोहन ने पढ़ा (b) मोहन ने पढ़ा होगा
(c) मोहन पढ़ रहा था (d) मोहन ने पढ़ा था

46. इनमें से जायसी की रचना नहीं है
(a) पद्मावत् (b) अखरावट
(c) इंद्रावती (d) आखिरी कलाम

47. बीसल देव रासो के रचनाकार कौन हैं?
(a) नरपति नाल्ह (b) चंदबरदाई
(c) घनपाल (d) जयानक

48. "मोको कहाँ ढूँढै बंदे, मैं तो तेरे पास में" यह किसकी पंक्ति है?
(a) रहीम (b) कबीर
(c) बिहारी (d) तुलसी

49. 'बिनु गोपाल बैरिनि भई कुंजै' यह किसका पद है?
(a) केशवदास (b) जयंशकर प्रसाद
(c) सूरदास (d) कबीर

50. रहीम किसके दरबार में कवि थे?
(a) पृथ्वीराज (b) अकबर
(c) रतनसेन (d) भोजराज

51. 'नदी के द्वीप' किनकी रचना है?
(a) मैथिलीशरण गुप्त (b) निराला
(c) नागार्जुन (d) अज्ञेय

52. राम कथा पर आधारित काव्य कौन-सा है?
(a) रश्मिरथी (b) भूमिजा
(c) आत्मजयी (d) कामायनी

53. नीहार, रश्मि, नीरजा ये काव्य संग्रह किनके हैं?
(a) सुमित्रानन्दन पन्त (b) निराला
(c) मुक्तिबोध (d) महादेवी वर्मा

54. बाबू श्यामसुंदर दास किस रूप में प्रसिद्ध हैं?
(a) प्रयोगवादी कवि (b) छायावादी कवि
(c) व्यंग्य लेखक (d) आलोचक

55. अयोध्यासिंह उपाध्याय 'हरिऔध' का प्रसिद्ध काव्य है
(a) कामायनी (b) प्रिय प्रवास
(c) कुरुक्षेत्र (d) साकेत

56. निम्नलिखित सूचियों को सुमेलित कीजिए।

	सूची I		सूची II
A.	प्रेमचंद	1.	आकाशदीप
B.	जयशंकर प्रसाद	2.	शतरंज के खिलाड़ी
C.	भगवती प्रसाद वाजपेयी	3.	अपना अपना भाग्य
D.	जैनेंद्र कुमार	4.	निंदिया लागी

	A	B	C	D
(a)	2	3	1	4
(b)	2	1	4	3
(c)	3	2	1	4
(d)	4	3	2	1

57. सुमेलित कीजिए

	सूची I		सूची II
A.	गोविंदवल्लभ पन्त	1.	स्कंदगुप्त
B.	लक्ष्मीनारायण मिश्र	2.	वरमाला
C.	जयशंकर प्रसाद	3.	उत्सर्ग
D.	चतुरसेन शास्त्री	4.	सिंदूर की होली

	A	B	C	D
(a)	1	3	2	4
(b)	3	2	4	1
(c)	4	3	2	1
(d)	2	4	1	3

58. खण्डकाव्य की परिभाषा है

(a) किसी आदर्श पुरुष के जीवन के एक विशिष्ट अंश की मार्मिक कथा प्रस्तुति

(b) किसी आदर्श पुरुष के संपूर्ण जीवन की कथा प्रस्तुति

(c) किसी मनुष्य के जीवन की काल्पनिक गद्य रचना

(d) पूर्ण नाटकीय रचना, जिसमें मानव जीवन के किसी एक पक्ष की अभिव्यक्ति हो

59. शब्दालंकार में यह नहीं है

(a) यमक (h) श्लेष
(c) अनुप्रास (d) उपमा

60. छन्द में प्राय: कितने चरण होते हैं?

(a) तीन (b) सात
(c) आठ (d) चार

61. इनमें कौन शब्द शक्ति का भेद नहीं है?

(a) व्यंजना (b) श्रोता
(c) अभिधा (d) लक्षणा

62. सुमेलित कीजिए

	सूची I		सूची II
A.	आचार्य हजारी प्रसाद द्विवेदी	1.	राष्ट्र का स्वरूप
B.	बनारसीदास चतुर्वेदी	2.	वसंत आ गया
C.	वासुदेवशरण अग्रवाल	3.	दाँत
D.	प्रतापनारायण मिश्र	4.	मेरी तीर्थ यात्रा

	A	B	C	D
(a)	3	1	2	4
(b)	1	3	2	4
(c)	2	4	1	3
(d)	4	2	3	1

63. शरद जोशी द्वारा लिखित व्यंग्य लेख नहीं है

(a) हम भ्रष्टन के भ्रष्ट हमारे (b) दो व्यंग्य नाटक
(c) शोक सभा (d) जीप पर सवार इल्लियाँ

64. इनमें से कौन-सी रचना आत्मकथा है?

(a) बचपन (b) ठेले पर हिमालय
(c) निंदारस (d) आखिरी चट्टान

65. इनमें से कौन-सा कवि रीतिबद्ध कवि हैं?

(a) धनानन्द (b) ठाकुर
(c) देव (d) बिहारी

66. कनक कनक ते सौ गुनी मादकता अधिकाय।
या खाये बौराय है, वा पाए बौराय।।
इन पंक्तियों में कौन-सा अलंकार है?

(a) यमक (b) विभावना (c) वक्रोक्ति (d) उपमा

67. 'प' ध्वनि का उच्चारण स्थान है

(a) मूर्धन्य (b) तालव्य
(c) दंत्य (d) ओष्ठ्य

68. जिस भाषा में अरबी, फारसी, तुर्की शब्दों का अधिक प्रयोग होता है वह कौन-सी भाषा है?

(a) हिन्दुस्तानी (b) भोजपुरी
(c) अवधी (d) मैथिली

69. निम्नलिखित में से तत्सम शब्द है

(a) गृह (b) घर
(c) घड़ा (d) बेगम

70. 'सज्जन' का संधि विच्छेद होगा

(a) सद् + जन (b) स + जन
(c) सत् + जन (d) सज + जन

71. सही शब्द की वर्तनी पहचानिए

(a) अतिवृष्ट (b) अतीवृष्टी
(c) अतिव्रष्टि (d) अतीव्रष्टी

72. शुद्ध वाक्य पहचानिए।

(a) मैं तुम को देखा (b) राम ने लिख चुका
(c) मोहन ने रोटी खाई (d) गोपाल मुझे दो कलम दिए

73. जिसे किसी बात के जानने की इच्छा हो, उसे कहते हैं

(a) मुमुक्षु (b) सर्वज्ञ
(c) सहिष्णु (d) जिज्ञासु

74. 'ऊँट' शब्द का स्त्रीलिंग रूप है

(a) ऊँटी (b) ऊँटनी
(c) ऊँटे (d) ऊँटीन

75. इनमें ज्ञानाश्रयी शाखा के संत कवि नहीं हैं

(a) मलूकदास (b) धर्मदास
(c) रैदास (d) परमानंद दास

76. निम्नलिखित में से कौन-सी पंक्ति पद्मावत की नहीं है?
(a) तन चितउर मन राजा कीन्हा, हिय सिंघल बुद्धि पद्मिनि चीन्हा।।
(b) भूलि चकोर दीठि मुख लावा, मेघ घटा महँ चंद देखावा।।
(c) मधुकर हँसि समुझाय, सौंह दै बूझति साँच, न हाँसी।।
(d) ओहिस लान जौ पहुँचै कोई। तब हम कहव ???।।

77. 'रामचंद्रिका' के कवि कौन हैं?
(a) केशवदास (b) सूरदास
(c) तुलसीदास (d) बिहारी

78. पृथ्वीराज किसके प्रति अनुरक्त था?
(a) पद्मिनी (b) कमलिना
(c) संयोगिता (d) चंद्रिका

79. 'तुम म्हारे घर आवो जी प्रीतम प्यारा'
चुन चुन कलियाँ मैं सेज बनाऊँ, भोजन करूँ मैं सारा।।
ये किनकी पंक्तियाँ हैं?
(a) मीराबाई (b) महादेवी वर्मा
(c) विद्यापति (d) भूषण

80. इनमें मैथिलीशरण गुप्त की रचना नहीं है
(a) भारत भारती (b) जयद्रथ वध
(c) प्रेम पथिक (d) यशोधरा

81. 'कुकुरमुत्ता', 'नए पत्ते' तथा 'तुलसीदास' किनकी कृतियाँ हैं?
(a) जयशंकर प्रसाद (b) महादेवी वर्मा
(c) सुमित्रानन्दन पन्त (d) निराला

82. नागार्जुन का असली नाम क्या है?
(a) कमलनाथ मिश्र (b) राजनाथ मिश्र
(c) वैद्यनाथ मिश्र (d) रामनाथ शर्मा

83. नई कविता के तीसरा सप्तक के कवि कौन हैं?
(a) केदारनाथ सिंह
(b) महादेवी वर्मा
(c) रामकुमार वर्मा
(d) सुमित्रानन्दन पन्त

84. अलंकारों के कितने भेद हैं?
(a) 8 (b) 12
(c) 6 (d) 3

85. वृंदावनलाल वर्मा का प्रसिद्ध उपन्यास कौन-सा है?
(a) दादा कामरेड (b) मृगनयनी
(c) भाग्यवती (d) सेवासदन

86. 'आदमी का बच्चा' कहानी का मुख्य पात्र कौन है?
(a) बग्गा साहब (b) अमरकांत
(c) मिस्टर शामनाथ (d) बेनी माधव

87. 'युगे युगे क्रांति' के रचनाकार कौन हैं?
(a) विष्णु प्रभाकर (b) जैनेंद्र
(c) बालकृष्ण भट्ट (d) शरद जोशी

88. आचार्य वामन के अनुसार काव्य के कितने गुण हैं?
(a) बारह (b) नौ
(c) बीस (d) तीन

89. निम्नलिखित पंक्तियों में कौन-सा काव्य गुण है?
नील परिधान बीच सुकुमार,
खिल रहा मृदुल अध खुला अंग।
खिला हो ज्यों बिजली का फूल,
मेघ वन बीच गुलाबी रंग।।
(a) माधुर्य गुण (b) ओज गुण
(c) प्रसाद गुण (d) रजोगुण

90. 'कबीरा खड़ा बाजार में' नाटक में रचयिता कौन हैं?
(a) सुदर्शन चोपड़ा (b) भीष्म साहनी
(c) गिरिराज किशोर (d) गोविंद दास

91. 'सदाचार का ताबीज' के लेखक कौन हैं?
(a) हरिशंकर परसाई (b) शरद जोशी
(c) श्रीलाल शुक्ल (d) धर्मवीर भारती

92. 'क्रोध' निबन्ध के लेखक कौन हैं?
(a) रामचंद्र शुक्ल (b) बालकृष्ण भट्ट
(c) रामविलास शर्मा (d) महावीर प्रसाद द्विवेदी

93. घीसू और माधौ किस कहानी के पात्र हैं?
(a) अलबम (b) परीक्षा
(c) शरणदाता (d) कफन

94. पद्मावत् के रतनसेन की पत्नी का नाम क्या है?
(a) कमलावती (b) नागमती
(c) वेदवती (d) मृगावती

95. तार सप्तक, दूसरा सप्तक, तीसरा सप्तक का संपादन किसने किया?
(a) अज्ञेय (b) धूमिल
(c) रघुवंश (d) त्रिलोचन

96. इनमें से अपभ्रंश भाषा का काल कौन-सा है?
(a) 1000 ई. पू. से 500 ई. तक
(b) 1500 ई. पू. से 500 ई. पू. तक
(c) 500 ई. पू. से 100 ई. तक
(d) 500 ई. से 1000 ई. तक

97. 'कार्य' शब्द का तद्भव रूप है
(a) कर्म (b) कार (c) कर (d) काज

98. सही शब्द की वर्तनी पहचानिए।
(a) क्रोधाग्नि (b) क्रोदाग्नि
(c) क्रोधाग्नी (d) इनमें से कोई नहीं

99. 'यथाशक्ति' में कौन-सा समास है?
(a) बहुव्रीहि (b) अव्ययीभाव
(c) द्विगु (d) तत्पुरुष

100. 'मूक' शब्द का विलोम रूप है
(a) अंधा (b) लंगडा (c) वाचाल (d) बात

101. 'मान न मान मैं तेरा मेहमान' का अर्थ है
(a) पैसे से सब काम हो जाते हैं
(b) अपराध करके किसी को डाँटना
(c) जबर्दस्ती गले पड़ना
(d) सावधान रहने से लाभ होता है

102. 'आकाश' का पर्यायवाची शब्द नहीं है
(a) अंबक (b) अंबर
(c) व्योम (d) नभ

103. महाराष्ट्र के भक्तों में किनका नाम सबसे पहले आता है?
(a) सूरदास (b) तुलसीदास
(c) मीराबाई (d) नामदेव

104. पंचगंगा घाट में कबीर किसके पैरों के नीचे पड़े थे?
(a) शंकराचार्य (b) वल्लभाचार्य
(c) रामानंद (d) मध्वाचार्य

105. सूरदास किसके शिष्य थे?
(a) शंकराचार्य (b) रामानुजाचार्य
(c) कृष्णाचार्य (d) वल्लभाचार्य

106. इनमें तुलसीदास की रचना नहीं है
(a) कवितावली (b) गीतावली
(c) विनयपत्रिका (d) रामचंद्रिका

107. रीतिकाल के मुख्य कवियों में हैं
(a) खुसरो (b) रहीम
(c) पल्टूदास (d) मतिराम

108. इनमें भारतेंदु का नाटक नहीं है
(a) भारत दुर्दशा (b) प्रेम जोगिनी
(c) चंद्रावली (d) राज्यश्री

109. 'हालावाद' के प्रतिष्ठित कवि हैं
(a) नरेश मेहता (b) हरिवंशराय बच्चन
(c) अमिताभ बच्चन (d) धूमिल

110. 'कनुप्रिया' काव्य किनके संबंध में है?
(a) राम-सीता (b) राजा-रानी
(c) भाई-बहन (d) राधा-कृष्ण

111. सर्वेश्वर दयाल सक्सेना की रचनाएँ हैं
(a) 'जादू नहीं कविता' व 'सात भाइयों के बीच चंपा'
(b) 'आमने सामने' व 'आत्मजयी'
(c) 'सतरंगे पंखोंवाली' व 'तालाब की मछलियाँ'
(d) 'एक सूनी नाव' व 'जंगल का दर्द'

112. शब्द शक्ति के कितने भेद हैं?
(a) दो (b) सात (c) आठ (d) तीन

113. बाबू देवकीनंदन का प्रसिद्ध उपन्यास है
(a) चंद्रकांता (b) सम्राट अशोक
(c) हल्दीघाटी (d) चंद्रिका

114. 'सोमा बुआ' किस कहानी में मुख्य पात्र हैं?
(a) अकेली (b) मैकू (c) पंचलाइट (d) शरणदाता

115. इनमें जगदीशचंद्र माथुर का नाटक नहीं है
(a) कोणार्क (b) शारदीया
(c) पहला राजा (d) अंधायुग

निर्देश (प्र. सं. 116-120) *दिए गए लेखांश को पढ़कर नीचे दिए गए प्रश्नों के उत्तर दीजिए।*

लेखांश

राष्ट्र के सर्वांगीण विकास के लिए चरित्र निर्माण परम आवश्यक है। जिस प्रकार वर्तमान में भौतिक निर्माण का कार्य अनेक योजनाओं के माध्यम से तीव्र गति के साथ सम्पन्न हो रहा है, वैसे ही वर्तमान की सबसे बड़ी आवश्यकता यह है कि देशवासियों के चरित्र निर्माण के लिए भी प्रयत्न किया जाए। उत्तम चरित्रवान व्यक्ति ही राष्ट्र की सर्वोच्च सम्पदा है। जनतन्त्र के लिए तो यह एक महान कल्याणकारी योजना है। जन-समाज में राष्ट्र, संस्कृति, समाज एवं परिवार के प्रति हमारा क्या कर्त्तव्य है इसका पूर्ण रूप से बोध कराना एवं राष्ट्र में व्याप्त समग्र भ्रष्टाचार के प्रति निषेधात्मक वातावरण का निर्माण करना ही चरित्र निर्माण का प्रथम सोपान है। पाश्चात्य शिक्षा और संस्कृति के प्रभाव से आज हमारे मस्तिष्क में भारतीयता के प्रति 'हीन भावना' उत्पन्न हो गई है। चरित्र निर्माण, जोकि बाल्यावस्था से ही ऋषिकुल, गुरुकुल, आचार्यकुल की शिक्षा के द्वारा प्राचीन समय से किया जाता था, आज की लॉर्ड मैकाले की शिक्षा पद्धति से संचालित स्कूलों एवं कॉलेजों के लिए एक हास्यास्पद विषय बन गया है। आज यदि कोई पुरातन संस्कारी विद्यार्थी संध्यावन्दन या शिक्षा-सूत्र रखकर भारतीय संस्कृतिमय जीवन बिताता है, तो अन्य छात्र उसे 'बुद्धू' या अप्रगतिशील कहकर उसका मजाक उड़ाते हैं। आज हम अपने भारतीय आदर्शों का परित्याग करके पश्चिम के अन्धानुकरण को ही प्रगति मान बैठे हैं। इसका घातक परिणाम चारित्र्य-दोष के रूप में आज देश में सर्वत्र दृष्टिगोचर हो रहा है।

116. चरित्र निर्माण की परम आवश्यकता है
(a) राष्ट्र के सर्वांगीण विकास के लिए
(b) राष्ट्र की योजनाओं के संचालन के लिए
(c) मानवमात्र के कल्याण के लिए
(d) समाजोपयोगी कार्यों के लिए

117. जनतन्त्र के लिए लाभकारी हो सकते हैं
(a) धनवान व्यक्ति
(b) उत्तम चरित्रवान व्यक्ति
(c) शक्तिशाली सिपाही
(d) निष्ठावान श्रमिक

118. उन्नत राष्ट्र के लिए विकास का प्रथम सोपान है
(a) जनता में साम्प्रदायिक सद्भाव
(b) राजनीतिक के कुशल दाँव-पेंच
(c) चरित्र निर्माण के लिए शैक्षिक वातावरण
(d) भ्रष्टाचार के प्रति निषेधात्मक वातावरण

119. अप्रगतिशील रूप में मजाक उड़ाया जाता है, जो
(a) सत्संग में अधिक समय नहीं बिताता है
(b) धार्मिक वातावरण में जीवन बिताता है
(c) भारतीय संस्कृतिमय जीवन बिताता है
(d) पाश्चात्य संस्कृति को हृदय से अपनाता है

120. भारतीयता के प्रति हीन भावना का कारण है
(a) लॉर्ड मैकाले की शिक्षा पद्धति
(b) प्राचीन गुरुकुल की शिक्षा पद्धति
(c) वर्तमान वैज्ञानिक शिक्षा पद्धति
(d) पुरातन संस्कारी संस्कृतिमय जीवन

उत्तरमाला

1.	(d)	2.	(b)	3.	(c)	4.	(c)	5.	(c)	6.	(a)	7.	(a)	8.	(d)	9.	(c)	10.	(d)
11.	(a)	12.	(a)	13.	(b)	14.	(a)	15.	(b)	16.	(b)	17.	(c)	18.	(d)	19.	(d)	20.	(c)
21.	(d)	22.	(c)	23.	(a)	24.	(a)	25.	(a)	26.	(a)	27.	(b)	28.	(b)	29.	(c)	30.	(d)
31.	(c)	32.	(d)	33.	(d)	34.	(d)	35.	(a)	36.	(a)	37.	(a)	38.	(d)	39.	(a)	40.	(d)
41.	(d)	42.	(b)	43.	(a)	44.	(c)	45.	(b)	46.	(c)	47.	(a)	48.	(b)	49.	(c)	50.	(b)
51.	(d)	52.	(b)	53.	(d)	54.	(d)	55.	(b)	56.	(b)	57.	(d)	58.	(a)	59.	(d)	60.	(d)
61.	(b)	62.	(c)	63.	(c)	64.	(a)	65.	(c)	66.	(a)	67.	(d)	68.	(a)	69.	(a)	70.	(c)
71.	(a)	72.	(c)	73.	(d)	74.	(b)	75.	(d)	76.	(c)	77.	(a)	78.	(c)	79.	(a)	80.	(c)
81.	(d)	82.	(c)	83.	(a)	84.	(d)	85.	(b)	86.	(a)	87.	(a)	88.	(d)	89.	(a)	90.	(b)
91.	(a)	92.	(a)	93.	(d)	94.	(b)	95.	(a)	96.	(d)	97.	(d)	98.	(a)	99.	(b)	100.	(c)
101.	(c)	102.	(a)	103.	(d)	104.	(c)	105.	(d)	106.	(d)	107.	(d)	108.	(d)	109.	(b)	110.	(d)
111.	(d)	112.	(d)	113.	(a)	114.	(a)	115.	(d)	116.	(a)	117.	(b)	118.	(d)	119.	(c)	120.	(a)